● 中学数学拓展丛书

本册书是湖南省教育厅科研课题"教育数学的研究"（编号06C310）成果之十

数学测评探营

SHUXUE CEPING TANYING

沈文选　杨清桃　编著

哈尔滨工业大学出版社
HARBIN INSTITUTE OF TECHNOLOGY PRESS

内 容 提 要

本书共分八章,第一章数学测评的意义;第二章数学测评的内容与要求;第三章从数学测评到测评数学的研究;第四章测评数学内容设计的知识与能力并重方略;第五章测评数学内容的资源开发;第六章测评数学基本题型试题的命制;第七章测评数学特殊性试题的命制;第八章从测评数学试题中发掘研究素材.

本书可作为高等师范院校、教育学院、教师进修学院数学专业及国家级、省级中学数学骨干教师培训班教材或教学参考书,亦是广大中学数学教师及数学爱好者的数学视野拓展读物.

图书在版编目(CIP)数据

数学测评探营/沈文选,杨清桃编著. —哈尔滨:哈尔滨工业大学出版社,2019.5
 (中学数学拓展丛书)
 ISBN 978-7-5603-7878-7

Ⅰ.数… Ⅱ.①沈… ②杨… Ⅲ.中学数学课－教学参考资料 Ⅳ.G633.603

中国版本图书馆 CIP 数据核字(2018)第 276597 号

策划编辑	刘培杰　张永芹
责任编辑	刘春雷
封面设计	孙茵艾
出版发行	哈尔滨工业大学出版社
社　　址	哈尔滨市南岗区复华四道街 10 号　邮编 150006
传　　真	0451 – 86414749
网　　址	http://hitpress.hit.edu.cn
印　　刷	哈尔滨市工大节能印刷厂
开　　本	787mm×1092mm　1/16　总印张 25.5　总字数 558 千字
版　　次	2019 年 5 月第 1 版　2019 年 5 月第 1 次印刷
书　　号	ISBN 978-7-5603-7878-7
定　　价	58.00 元

(如因印装质量问题影响阅读,我社负责调换)

序

我和沈文选教授有过合作,彼此相熟.不久前,他发来一套数学普及读物的丛书目录,包括数学眼光、数学思想、数学应用、数学模型、数学方法、数学史话等,洋洋大观.从论述的数学课题来看,该丛书的视角新颖,内容充实,思想深刻,在数学科普出版物中当属上乘之作.

阅读之余,忽然觉得公众对数学的认识很不相同,有些甚至是彼此矛盾的.例如:

一方面,数学是学校的主要基础课,从小学到高中,12 年都有数学;另一方面,许多名人在说"自己数学很差"的时候,似乎理直气壮,连脸也不红,好像在宣示:数学不好,照样出名.

一方面,说数学是科学的女王,"大哉数学之为用",数学无处不在,数学是人类文明的火车头;另一方面,许多学生说数学没用,一辈子也碰不到一个函数,解不了一个方程,连相声也在讽刺"一边向水池注水,一边放水"的算术题是瞎折腾.

一方面,说"数学好玩",数学具有和谐美、对称美、奇异美,歌颂数学家的"美丽的心灵";另一方面,许多人又说,数学枯燥、抽象、难学,看见数学就头疼.

数学,我怎样才能走近你,欣赏你,拥抱你?说起来也很简单,就是不要仅仅埋头做题,要多多品味数学的奥秘,理解数学的智慧,抛却过分的功利,当你把数学当作一种文化来看待的时候,数学就在你心中了.

我把学习数学比作登山,一步步地爬,很累,很苦.但是如果你能欣赏山林的风景,那么登山就是一种乐趣了.

登山有三种意境.

首先是初识阶段.走入山林,爬得微微出汗,坐拥山色风光.体会"明月松间照,清泉石上流"的意境.当你会做算术,会记账,能够应付日常生活中的数学的时候,你会享受数学给你带来的便捷,感受到好似饮用清泉那样的愉悦.

其次是理解阶段.爬到山腰,大汗淋漓,歇足小坐.环顾四周,云雾环绕,满目苍翠,心旷神怡.正如苏轼名句:"横看成岭侧成峰,远近高低各不同.不识庐山真面目,只缘身在此山中."数学理解到一定程度,你会感觉到数学的博大精深,数学思维的缜密周全,数学的简捷之美,使你对符号运算能够有爱不释手的感受.不过,理解了,还不能创造."采药山中去,云深不知处."对于数学的伟大,还莫测高深.

第三则是登顶阶段.攀岩涉水,越过艰难险阻,到达顶峰的时候,终于出现了"会当凌绝顶,一览众山小"的局面.这时,一切疲乏劳顿、危难困苦,全都抛到九霄云外."雄关漫道真如铁",欣赏数学之美,是需要代价的.当你破解了一道数学难题,"蓦然回首,那人却在,灯火阑珊处"的意境,是语言无法形容的快乐.

好了,说了这些,还是回到沈文选先生的丛书.如果你能静心阅读,它会帮助你一步步攀登数学的高山,领略数学的美景,最终登上数学的顶峰.于是劳顿着,但快乐着.

信手写来,权作为序.

张奠宙
2016 年 11 月 13 日
于沪上苏州河边

附 文

(文选先生编著的丛书,是一种对数学的欣赏.因此,再次想起数学思想往往和文学意境相通,2007 年年初曾在《文汇报》发表一短文,附录于此,算是一种呼应.)

数学和诗词的意境

张奠宙

数学和诗词,历来有许多可供谈助的材料.例如:

一去二三里,烟村四五家.
亭台六七座,八九十枝花.

把十个数字嵌进诗里,读来朗朗上口.郑板桥也有题为《咏雪》的诗云:

一片二片三四片,五六七八九十片.
千片万片无数片,飞入梅花总不见.

诗句抒发了诗人对漫天雪舞的感受.不过,以上两诗中尽管嵌入了数字,却实在和数学没有什么关系.

数学和诗词的内在联系,在于意境.李白的题为《送孟浩然之广陵》的诗云:

> 故人西辞黄鹤楼,烟花三月下扬州.
> 孤帆远影碧空尽,唯见长江天际流.

数学名家徐利治先生在讲极限的时候,总要引用"孤帆远影碧空尽"这一句,让大家体会一个变量趋向于0的动态意境,煞是传神.

近日与友人谈几何,不禁联想到初唐诗人陈子昂的题为《登幽州台歌》的诗中的名句:

> 前不见古人,后不见来者.
> 念天地之悠悠,独怆然而涕下.

一般的语文解释说:上两句俯仰古今,写出时间绵长;第三句登楼眺望,写出空间辽阔;在广阔无垠的背景中,第四句描绘了诗人孤单寂寞、悲哀苦闷的情绪,两相映照,分外动人.然而,从数学上看来,这是一首阐发时间和空间感知的佳句.前两句表示时间可以看成是一条直线(一维空间).陈老先生以自己为原点,前不见古人指时间可以延伸到负无穷大,后不见来者则意味着未来的时间是正无穷大.后两句则描写三维的现实空间:天是平面,地是平面,悠悠地张成三维的立体几何环境.全诗将时间和空间放在一起思考,感到自然之伟大,产生了敬畏之心,以至怆然涕下.这样的意境,数学家和文学家是可以彼此相通的.进一步说,爱因斯坦的四维时空学说,也能和此诗的意境相衔接.

贵州省六盘水师专的杨老师告诉我,他的一则经验.他在微积分教学中讲到无界变量时,用了宋朝叶绍翁的题为《游园不值》中的诗句:

> 春色满园关不住,一枝红杏出墙来.

学生每每会意而笑.实际上,无界变量是说,无论你设置怎样大的正数 M,变量总要超出你的范围,即有一个变量的绝对值会超过 M.于是,M 可以比喻成无论怎样大的园子,变量相当于红杏,结果是总有一枝红杏越出园子的范围.诗的比喻如此恰切,其意境把枯燥的数学语言形象化了.

数学研究和学习需要解题,而解题过程需要反复思索,终于在某一时刻出现顿悟.例如,做一道几何题,百思不得其解,突然添了一条辅助线,问题豁然开朗,欣喜万分.这样的意境,想起了王国维用辛弃疾的词来描述的意境:"众里寻他千百度.蓦然回首,那人却在,灯火阑珊处."一个学生,如果没有经历过这样的意境,数学大概是学不好的了.

前言

音乐能激发或抚慰情怀，绘画使人赏心悦目，诗歌能动人心弦，哲学使人获得智慧，科技可以改善物质生活，但数学却能提供以上的一切．

——Klein

数学就是对于模式的研究．

——A. N. 怀特海

甚至一个粗糙的数学模型也能帮助我们更好地理解一个实际的情况，因为我们在试图建立数学模型时被迫考虑了各种逻辑可能性，不含混地定义了所有的概念，并且区分了重要的和次要的因素．一个数学模型即使导出了与事实不符合的结果，它也还可能是有价值的，因为一个模型的失败可以帮助我们去寻找更好的模型．应用数学和战争是相似的，有时一次失败比一次胜利更有价值，因为它帮助我们认识到我们的武器或战略的不适当之处．

——A. Renyi

人们喜爱音乐，因为它不仅有神奇的乐谱，而且有悦耳的优美旋律！

人们喜爱画卷，因为它不仅描绘出自然界的壮丽，而且可以描绘人间美景！

人们喜爱诗歌，因为它不仅是字词的巧妙组合，而且有抒发情怀的韵律！

人们喜爱哲学,因为它不仅是自然科学与社会科学的浓缩,而且使人更加聪明!人们喜爱科技,因为它不仅是一个伟大的使者或桥梁,而且是现代物质文明的标志!

而数学之为德,数学之为用,难以用旋律、美景、韵律、聪明、标志等词语来表达!你看,不是吗?

数学精神,科学与人文融合的精神,它是一种理性精神!一种求简、求统、求实、求美的精神!数学精神似一座光辉的灯塔,指引数学发展的航向!数学精神似雨露阳光滋润人们的心田!

数学眼光,使我们看到世间万物充满着带有数学印记的奇妙的科学规律,看到各类书籍和文章的字里行间有着数学的踪迹,使我们看到满眼绚丽多彩的数学洞天!

数学思想,使我们领悟到数学是用字母和符号谱写的美妙乐曲,充满着和谐的旋律,让人难以忘怀,难以割舍!让我们在思疑中启悟,在思辨中省悟,在体验中领悟!

数学方法,它是人类智慧的结晶,也是人类的思想武器!它像画卷一样描绘着各学科的异草奇葩般的景象,令人目不暇接!它的源头又是那样地寻常!

数学解题,它是人类学习与掌握数学的主要活动,它是数学活动的一个兴奋中心!数学解题理论博大精深,提高其理论水平是永远的话题!

数学技能,它是人类在数学知识的学习过程中逐步形成并发展的一种大脑操作方式,它是一种智慧!它是数学能力的一种标志!操握数学技能是追求的一种基础性目标!

数学应用,给我们展示出了数学的神通广大,它在各个领域与角落闪烁着人类智慧的火花!

数学建模,呈现出了人类文明亮丽的风景!特别是那呈现出的抽象彩虹——一个个精巧的数学模型,璀璨夺目,流光溢彩!

数学竞赛,许多青少年喜爱的一种活动,这种数学活动有着深远的教育价值!它是选拔和培养数学英才的重要方式之一.这种活动可以激励青少年对数学学习的兴趣,可以扩大他们的数学视野,促进创新意识的发展!数学竞赛中的专题培训内容展示了竞赛数学亮丽的风景!

数学测评,检验并促进数学学习效果的重要手段.测评数学的研究是教育数学研究中的一朵奇葩!测评数学的深入研究正期待着我们!

数学史话,充满了前辈们创造与再创造的诱人的心血机智.让我们可以从中汲取丰富的营养!

数学欣赏,对数学喜爱的情感的流淌.这是一种数学思维活动的崇高表情!数学欣赏,引起心灵震撼!真、善、美在欣赏中得到认同与升华!从数学欣赏中领略数学智慧的美妙!从数学欣赏走向数学鉴赏!从数学文化欣赏走向文化数学研究!

因此,我们可以说,你可以不信仰上帝,但不能不信仰数学.

从而,提高我国每一个人的数学文化水平及数学素养,是提高我国各个民族整体素质的重要组成部分,这也是数学基础教育中的重要目标.为此,笔者构思了《中学数学拓展丛书》.

这套丛书是笔者学习张景中院士的教育数学思想,对一些数学素材和数学研究成果进行再创造并以此为指导思想来撰写的;是献给中学师生,试图为他们扩展数学视野、提高数学素养以响应张奠宙教授的倡议:建构符合时代需求的数学常识,享受充满数学智慧的精彩人生的书籍.

前言
QIAN YAN

不积小流,无以成江河;不积跬步,无以至千里.没有积累便没有丰富的素材,没有整合创新便没有鲜明的特色,这套丛书的写作,是笔者在多年资料的收集、学习笔记的整理及笔者已发表的文章的修改并整合的基础上完成的.因此,每册书末都列出了尽可能多的参考文献,在此,衷心地感谢这些文献的作者.

这套丛书,作者试图以专题的形式,对中小学中典型的数学问题进行广搜深掘来串联,并以此为线索来写作的.

这一本是《数学测评探营》.

探营,是指要采取各种方法深入到第一线获取第一手材料.

要检验数学教育的效果,离不开对被教育者的评价,其中最重要的一环就是用数学测量的方法来检测教育效果.

什么是数学测量呢?数学测量就是根据教育测量的方法表对数学教育效果或过程加以确定.

数学测量不能直接测量,它只能通过检测心理现象的外显行为或外在表现特征来推知个体的心理能力和个性特点等.同时,数学测量很难排除一些无关因素的影响,使之出现随机性或误差.

进行数学测量必须要有相应的测量工具.数学测量的主要工具就是测验,数学测量所用的测验总是由一组题目组成,题目是构成测验的元素,好的测验必须是优良的题目的组合.比如一个以选拔性为目的的测验就应当把具有不同学业水平的考生区分开来,而若该测验中某一道题目所有的考生都得满分或都不得分,这一道题就失了区分不同学业水平考生的效用.可见,选好题目是数学教育进行科学测量的一项重要工作.

作者有着多年参与过大型测评试题命制的较多体验,以多年的亲身经历对数学测评进行了探讨,提出了从数学测评到测评数学研究的课题,探营了测评数学内容设计的知识与能力并重略,测评数学内容的资源开发,测评数学试题中基本题型以及特殊性试题的命制等问题.在这其中,作者提出了一些见解,并以大量的现实考试题为例说明了一些观点,数学高考是一种极为重要的数学测评.因此,例题中高考试题占了较大的比例.

从事测评数学研究是为了更好地进行数学测评,数学测评是数学教育中的一项重要工作,因而从事测评数学研究也就是从事教育教学研究的一部分.这也是作者对研究教育数学做的一些工作.

测评数学的研究,是教育数学研究中的一朵奇葩.教育测量理论的发展,给数学测量工作带来了无限的生机,因而深入研究测评数学是一项任务艰巨而又前途无量的事业.

衷心感谢张奠宙教授在百忙中为本丛书作序!

衷心感谢刘培杰数学工作室,感谢刘培杰老师、张永芹老师等诸位老师,是他们的大力支持和精心编辑,使得本书以这样的面目展现在读者面前!

衷心感谢我的同事邓汉元教授,我的朋友赵雄辉、欧阳新龙、黄仁寿,我的研究生们:羊明亮、吴仁芳、谢圣英、彭喜、谢立红、陈丽芳、谢美丽、陈淼君、孔璐璐、邹宇、谢罗庚、彭云飞等对我写作工作的大力协助,还要感谢我的家人对我们写作的大力支持!

沈文选 杨清桃
2018年6月于岳麓山下

第一章 数学测评的意义

1.1 什么是测评？什么是数学测评？ ……………………………… 1
1.2 数学测评的功能和地位 ………………………………………… 3
   1.2.1 数学测评的功能 …………………………………………… 3
   1.2.2 数学测评的地位 …………………………………………… 4
1.3 数学测验的多种形式 …………………………………………… 5
   1.3.1 诊断性测验 ………………………………………………… 5
   1.3.2 成绩测验 …………………………………………………… 6
   1.3.3 学能测验 …………………………………………………… 6
   1.3.4 速度测验和难度测验 ……………………………………… 6
   1.3.5 目标参照性测验 …………………………………………… 7
   1.3.6 常模参照性测验 …………………………………………… 7
1.4 数学测验的统计指标 …………………………………………… 8
   1.4.1 几个常用的特征量数 ……………………………………… 8
   1.4.2 信度 ………………………………………………………… 10
   1.4.3 效度 ………………………………………………………… 16
   1.4.4 难度 ………………………………………………………… 22
   1.4.5 区分度 ……………………………………………………… 25

第二章 数学测评的内容与要求

2.1 数学知识的内容与要求 ………………………………………… 27
2.2 数学思想方法的内容与要求 …………………………………… 28
   2.2.1 函数与方程的思想 ………………………………………… 29
   2.2.2 数形结合的思想 …………………………………………… 29
   2.2.3 分类与整合的思想 ………………………………………… 30
   2.2.4 化归与转化的思想 ………………………………………… 30
   2.2.5 特殊与一般的思想 ………………………………………… 31
   2.2.6 有限与无限的思想 ………………………………………… 31
   2.2.7 或然与必然的思想 ………………………………………… 32
2.3 数学能力的内容与要求 ………………………………………… 32
   2.3.1 数学能力结构 ……………………………………………… 34
   2.3.2 数学测评考查原则 ………………………………………… 37

  2.3.3 高考对数学能力的考查要求 …………………………… 39
2.4 非智力因素的要求 ……………………………………………… 49

第三章 从数学测评到测评数学的研究

3.1 形势的发展给数学测评提出了新的挑战 ……………………… 52
3.2 迎接数学测评的新挑战提出了新的研究课题 ………………… 53
3.3 研究测评数学是一个新课题 …………………………………… 54
3.4 测评数学内容应体现的特征 …………………………………… 59
  3.4.1 知识基础,综合有控 ……………………………………… 60
  3.4.2 设计新颖,表述简约 ……………………………………… 60
  3.4.3 设问灵活,"四度"适宜 …………………………………… 61
  3.4.4 求解需变,系统开放 ……………………………………… 64
  3.4.5 结构和谐,解法多样 ……………………………………… 66
  3.4.6 思维灵动,研有余味 ……………………………………… 69
3.5 研究探讨测评数学的着眼点 …………………………………… 81
  3.5.1 着眼于数学本质、数学理性思维的呈现 ………………… 82
  3.5.2 着眼于数学思想、方法的贯通 …………………………… 86
  3.5.3 着眼于对数学能力的探究 ………………………………… 97
  3.5.4 着眼于逻辑结构的调整 ………………………………… 108
  3.5.5 着眼于对数学美的追求 ………………………………… 109
3.6 测评数学的测评目标模型探讨 ………………………………… 115
  3.6.1 威尔逊的测评目标模型介绍 …………………………… 115
  3.6.2 我国学者对测评目标模型的探索 ……………………… 121

第四章 测评数学内容设计的知识与能力并重方略

4.1 源于教材,寻求变化 ……………………………………………… 126
4.2 高于教材,网络交汇 ……………………………………………… 129
4.3 探讨解法,估量效能 ……………………………………………… 132
4.4 探索立意,开发题源 ……………………………………………… 136
4.5 实践检验,评价分析 ……………………………………………… 138

第五章 测评数学内容的资源开发

5.1 测评数学内容的素材资源开发 ………………………………… 148
  5.1.1 数学教材内容的开发 …………………………………… 148
  5.1.2 数学名题的开发 ………………………………………… 150
  5.1.3 高等数学背景素材的开发 ……………………………… 153
  5.1.4 现实生活、工农业生产等方面的素材的开发 ………… 155
  5.1.5 初等数学研究素材的发掘 ……………………………… 155
  5.1.6 测评数学内容的重新开发 ……………………………… 163
5.2 测评数学试题命制技术资源开发 ……………………………… 165
  5.2.1 测试题拟制技术 ………………………………………… 166

  5.2.2 测试题拟制方式 …………………………………………… 166
  5.2.3 测试题编制技术与方式 ……………………………………… 169

第六章 测评数学基本题型试题的命制

6.1 测评数学试题的命题原则 …………………………………………… 176
  6.1.1 科学性原则 ………………………………………………… 176
  6.1.2 适标性原则 ………………………………………………… 178
  6.1.3 整体性原则 ………………………………………………… 179
  6.1.4 明确、简洁性原则 ………………………………………… 181
  6.1.5 规范性原则 ………………………………………………… 182
  6.1.6 公平性原则 ………………………………………………… 184
6.2 测评数学选择题的命制 ……………………………………………… 186
  6.2.1 选择题的特点与功能 ……………………………………… 186
  6.2.2 选择题的设计与命制 ……………………………………… 189
6.3 测评数学填空题的命制 ……………………………………………… 197
  6.3.1 填空题的特点与功能 ……………………………………… 197
  6.3.2 填空题的设计与命制 ……………………………………… 198
6.4 测评数学解答题的命制 ……………………………………………… 204
  6.4.1 解答题的特点与功能 ……………………………………… 204
  6.4.2 解答题设计的指导思想 …………………………………… 206
  6.4.3 解答题设计的步骤与案例 ………………………………… 209

第七章 测评数学特殊性试题的命制

7.1 测评数学探究性试题的命制 ………………………………………… 216
  7.1.1 数学探究的内涵和意义 …………………………………… 216
  7.1.2 数学探究的学习要求与学习特点 ………………………… 216
  7.1.3 测评数学探究性试题的命制与案例 ……………………… 218
7.2 测评数学应用性试题的命制 ………………………………………… 230
  7.2.1 数学应用性试题的内涵和意义 …………………………… 230
  7.2.2 测评数学应用性试题的命制与案例 ……………………… 232
7.3 测评数学把关性试题的命制 ………………………………………… 249
  7.3.1 数学把关性试题的内涵和意义 …………………………… 249
  7.3.2 测评数学把关性试题的命制与案例 ……………………… 251
7.4 测评数学研究性学习能力检测试题的命制 ………………………… 305
  7.4.1 研究性学习能力检测试题的内涵 ………………………… 306
  7.4.2 研究性学习能力检测试题的命制思路与案例 …………… 308
7.5 测评数学素养检测试题的命制 ……………………………………… 315

第八章 从测评数学试题中发掘研究素材

8.1 发掘出学习者的研究性学习素材 …………………………………… 319
  8.1.1 研究性学习的意义与特点 ………………………………… 319
  8.1.2 从测评数学试题中发掘出学习者的研究性学习素材 …… 320
8.2 发掘出教师的研究活动素材 ………………………………………… 346
  8.2.1 研究测评数学试题是数学教师的重要工作 ……………… 346
  8.2.2 从测评数学试题中发掘出研究活动素材 ………………… 348

主要参考文献 ……………………………………………………………… 371
作者出版的相关书籍与发表的相关文章目录 …………………………… 372
编后语 ……………………………………………………………………… 375

第一章 数学测评的意义

1.1 什么是测评？什么是数学测评？

测评既包括测量，又包括评价或评估.

在教育测量学中，测量(measurement)是指根据某种标准，将实施测验的结果化为分数（或等级），用以表达受试者对所测问题了解多少的一种工作历程. 测验(test)或称心理测验(mental test 或 psychological test)，是由多个问题构成的用来鉴别能力或性格差异的工具，测验是测量的手段和工具. 测验有多种形式，教育上使用最多的是性向测验(aptitude test)和成就测验(achievement test). 与测量一词比较，测验结果所显示的是受试者所从事的工作表现的优劣程度；而测量的历程，则是对受试者表现以数学的多寡（或等级的高低）给予"他能做到多少"的解释.

心理测量是指依据一定的法则，用数字对人的心理特征的行为表现加以确定. 教育测量(educational measurement)在本质上属于心理测量，是心理测量的原理和方法在教育领域的应用. 教育测量也有广义和狭义之分，狭义的教育测量又包括成绩（成就）测量，是对学习结果——知识、技能的测量. 我们讨论的教育测量一般是指广义的教育测量.

人们较易理解的测量是物理测量，如日常生活中的度、量、衡都是司空见惯的，都可以进行直接的测量. 与物理测量相比，教育测量的对象是复杂得多的人，因而教育测量不能直接测量，它只能通过检测心理现象的外显行为或外在表现特征来推知个体的心理能力和个性特点等. 同时，教育测量很难排除一些无关因素的影响，诸如知识水平、教学条件、师资水平、情绪、健康状况、主试人导向等多方面因素都或多或少地影响到教育测量的结果，使之出现随机性或误差.

显然，教育测量的间接性、多元性和随机性决定它比物理测量要复杂困难得多. 但是，美国心理与教育测量学家桑代克(Thorndike, E. L.)和麦柯尔(Mc Call, W. A.)早就提出一个假说："凡是存在必有数量，既有数量即可测量."[①]

这就是说，事物的质可以转化为量来计算. 教育测量的存在既然是必要的，我们自然希望其亦能够合理存在，即能够尽量减少和排除内在的或外在的无关因素的影响，提高测量的准确性. 这就要求教育测量必须在技术和工具上狠下功夫，才有可能与物理测量相媲美，加强人们的心理认同感.

---

① 桑代克 R L,哈根 E P. 译者的话[M]//叶佩华,邹有华,刘蔚成. 心理与教育的测量和评价. 北京:人民教育出版社,1985:3.

进行测量必须要有相应的测量工具．显然，测量工具的性能好，测量的效果必然也好．物理测量借助于量尺、温度计、计时器、磅秤等工具，不同的工具又有不同的量纲单位，也就是说，它们各有不同的参照标准，这样才能使其测量结果具有可比性或可加性等性质．教育测量的主要工具则是测验．测验旨在对教育效果进行科学的测量，因此，关注教育测量的科学性就成为必然．教育测量学研究的主要内容就是测验的编制和使用以及测验结果的评价．

教育测量所用的测验总是由一组题目组成，题目是构成测验的元素．好的测验必须是优良的题目的组合．比如，一个以选拔性为目的的测验就应当可以把具有不同学业水平的考生区分开来，而若该测验中某一道题目所有的考生都得满分或都不得分，这一道题就失去了区分不同学业水平考生的效用，可见，选好题目是教育进行科学的测量的一项重要工作．[①]

测量应具有可靠性、客观性．如物理测量中长度的度量：用一把尺子度量某一物体的长度，那么无论何人、何时、何地进行这项测量工作，其结果应该是一致的，唯有如此，这把尺子才是可靠的；而若不同的人使用，或同一个人在不同时间、地点使用，测量的结果并不一样，这把尺子便是不可靠的．教育测量亦同此理．一个好的测验应当在不同的人使用、不同的时间、地点施测同样具有一致性．要想确保这样的一致性，无论是物理测量，还是教育测量，都必须进行科学的测量．对教育测量而言，我们就要研究和讨论测验的可靠性和客观性，这就是测验的信度问题；我们还要研究和讨论测验反映测量目的的有效性，这就是测验的效度问题．这两个评价指标缺一不可，可靠的测验并不一定有效．因此，寻求和编制具有优良信度和效度的测验是教育进行科学的测量的必要工作．

测验的结果一般都以分数或等级来表示．因此，测验分数的评定及比较、等级的划分以至对各个测验分数的解释等问题，也是教育测量学不可忽视的问题．

学校、社会对测验的要求是多种多样的，如高考、升学考试、招技术工种、招行政管理人员、军人入伍、公务员选拔、研究生入学考试、成人高考、高中毕业会考，等等．不同的测验目的有不同的测验要求，不同的测验又有不同的编制要求和不同的分数评定体系等．上述这些问题的研究亦需要科学的教育测量理论．

所谓评价或评估，就是对从事的工作或测量效果或结果进行价值或目标上的评判或估量．具体地说，它是依据预定的目标，通过一定的手段（包括测量、测验等），广泛地收集信息，并运用恰当的信息处理技术，获取可靠的证据，对从事工作的效果，测量的结果等进行价值分析，并做出评判或估量．

教育测量是教育评价（education evaluation）的基础，测量的结果是教育评价的依据，评价是对测量结果的解释过程，如果不依据测量结果进行价值分析和判定，测量结果就会失去意义．

数学测评是指对数学的教学及数学学习效果进行测量、评价或评估．

数学测评是数学教育中的一项重要工作，尤其是数学测评的专业性很强，这就使我们更

---

① 张敏强．教育测量学[M]．北京：人民教育出版社，1998：2-3．

为注重科学的测评,这就要对数学测评做深入研究,这样才能保证数学测评的科学性.

1.2 数学测评的功能和地位

数学测评具有一般教育测评的功能和地位,又有数学的特殊性功能和地位.

当今的世界是充满决策的世界,如果学校能对学生的心理和教育进行全面系统的测评,根据测评所得的结果反馈于教学,那么必可在实际的教育、教学决策中发挥很大的功用.数学测评有如下功能:

1.2.1 数学测评的功能

1. 因材施教

教育的一条基本原则就是"因材施教".实际的教育过程欲体现这一原则,就要求教师必须了解自己的学生.了解的依据一般有二:一是基于经验之上的主观直觉;二是借助于科学的客观测量.前者是前科学的方法,有时并不可靠,常常是很大程度上受到主体状态的影响.例如,对学生能力、知识水平等方面的测量,主观直感可以在一定范围内使教师了解学生的特点,但这并不完全靠得住,很容易受到教师的好恶、成见、情绪等多方面因素的影响.因而,为了更准确、更客观地了解自己的学生,使用测验并依据测验结果来了解学生是必不可少的.唯有如此,教师才能够针对学生的具体情况做出相应的合理安排,依据学生能力和已有知识水平的个别差异做出适当的教学决策,比如说编班、分组、开特殊课、课后个别辅导、进行分层教学,等等.所谓有的放矢,其效必佳.

由于数学学科比其他学科学生之间差距更大,数学测评对因材施教有特殊作用.

2. 选拔人才

数学测评是一种选拔人才的重要手段.为了确保教育质量,确保培养出高层次、高水平的人才,并最高效益地使用好有限的教育经费和教育设施,必须甄选出最有可能成功的学生.随着社会与科技的发展,凭借个人经验的选拔已无法满足实际的需要,高效、准确的决策辅助工具——测验——便尤其必要.比如,各级升学考试、全国高校入学考试等,数学学科都是必测评的.只有科学地利用数学测评这一工具,才会提高选拔人才的可靠性和科学性.

随着社会化大生产的发展,人类的分工越来越精细,数学素养要求也越来越高,各种特殊素养测验应运而生,并应用于不同部门和不同领域,使人员与工作之间建立最佳搭配,大大提高了人才选拔和职业训练的效率.

3. 诊断补救

始于20世纪初的测验运动的最直接的原因,在于了解那些心理上有缺陷的儿童,对他们做出早期诊断并进行早期矫治方面的特殊功效.

除临床外,测验的诊断功能亦体现在数学教育工作之中.学生在校的适应不良和学习困难缘于何故?可能因素很多,如缺乏某方面知识或某种能力,具有某种不良性格或习惯,等等. 测验能够将人的行为进行多方比较, 从而确定一个人的相对的长处和短处, 找出问题症结之所在, 为有效解决问题提供较可靠的信息. 教师可以依据这些信息, 有针对性地采取补救措施, 对症下药, 才能事半功倍, 达到最佳教学效果.

4. 评价教学

测验的评价功能在教学评估中既可面向教师与教学方法, 亦可面向学生与学业成就. 测验可以选拔与评定学校管理人员与教师, 提高师资水平; 还可以评价和鉴定教材与教学方法, 从而提高教学质量. 根据单元考试、期中与期末的综合考试等, 可以对学生的学业成就做出评定, 决定学生的等级成绩, 使教师得以了解学生, 亦使学生得以自我了解和自我评价.

5. 就业指导

由于普及教育的实现, 在校的学生面临着一个共同的选择: 以何种职业迈入社会? 个人的能力倾向、知识范围、兴趣特长、职业价值观、个性特征等多方面因素综合的决定一个人最适合和应该选择何种职业. 特别是进入数字化时代以来, 社会各项工作要求人的数学素养越来越高, 数学测评可以对学生的数学素养进行全面评估, 从而为其就业提供有效的指导. 学生可以根据各种测验结果帮助自我决策, 以使自己能在社会上发挥出最大潜力和作用.

综上, 我们从五个方面讨论了数学测评的一些功能.

1.2.2 数学测评的地位

下面, 我们再来讨论数学测评的地位. 这也是一般教育测评的地位再加上教学测评的特殊地位.

学校的教育测评要求每一位教育工作者都应该做好教育测评这一工作, 但由于许多实际的原因, 许多教育工作者对此比较盲目. 许多教育工作者不仅不会出考试题, 还非常缺乏教育测评理论的学习和了解, 显然, 这对提高测试质量和改善测验等方面的工作就难以进行了. 这可以说是教育界急需改善的状况. 因此, 教育测评研究工作在教育中的地位是不可忽视的.

首先, 教育测评是教育科学研究和教育教学改革的基本工具. 要想发展教育事业, 就必须适应科学技术的发展来改进教学体制, 并引入新的教材和采用新的教法. 但是, 好的体制、教材和教法要通过教育效果来体现, 而教育效果通常又由学生的测验成绩来说明. 现在按数学课程标准, 全国编写了多套改革试用的教材, 譬如有:"人教版""北京版""湖南版""上海版"等. 使用这些教材既要执行全国统一的数学课程标准要求, 又要结合本地的实际, 还要反映地方的教育水平. 而判别和了解教材的优劣和质量高低, 则须通过相当长时间的教学实验和对学生进行的考核, 并尽量排除各种干扰因素, 最终才能对不同教材的质量做出评定.

其次, 教育测评是教育过程中的一个重要环节. 教育是一个完整的系统, 从教育控制论的角度看, 教育过程可以被看作教师对学生学习进程的影响和控制的过程, 而测验考试为这一过程提供了反馈信息. 教师可以利用反馈信息来改进教学、提高教学质量, 学生可以利用反馈信息改善学习方法并提高效率, 抓住重点和解决难题. 削弱教育测评就等于削弱教育质量检查,而没有质量检查的反馈,就失去了对教育过程的控制. 可见,教育过程是离不开测验考试的. 显然,数学教育过程也是离不开数学测评的.

第三,教育测评是相关学科的基础,并成为社会科学研究的一种重要工具. 在教育学科中与教育测评密切相关的学科有教育统计学、教育评价学等,教育测评的结果成为这些相关学科的主要数据与资料来源. 在数学教育中,数学测评亦成为一种重要的研究工具,其结果被作为定量化研究的指标. 没有数学测评,那么再完善的统计方法、评价技术亦无用武之地;又若数学测评没有进行科学的测评,其结果必然会有偏差,这些不准确、不可靠的数据又会不可避免地导致错误的结论、错误的解释,最终会导致错误的决策. 可见,数学测评的科学性在此有至关重要的作用.

由于数学是一种侧重于理性思维的学科,所以数学测评在教育测评中有着特殊的地位,它是分区度高、选拔性强的教育测评.

1.3 数学测验的多种形式

数学测验具有一般教育测验的多种形式.[①]

测验的形式可按不同的标准分成各种类别. 例如,从用途上分,一般可分为成绩测验、学能测验、品格测验等;从分数标定和解释上分,可分为目标参照性测验和常模参照性测验;从测验方法上分,可分为笔试、口试和操作测验等;从测验方式上分,可分为综合测验、分离式或单一式测验等;从测验规模上分,可分为个体测验和团体测验,团体测验又可分成各种级别测验、各种层次测验、各个阶段测验等;从测验要求上分,可分为难度测验、速度测验、选拔测验等,如此等等. 测验的种类和形式还有许多,在这里,我们仅讨论中学数学教育中应用得比较多的几种测验.

1.3.1 诊断性测验

诊断性测验在评测学生掌握某一部分教育内容的情况时使用,是一种具有诊断性质的测验. 通过这种测验可及时看到学生的学习情况,直接获得教学的反馈信息,调整教学的进度和教学的方式、方法. 这种测验一般在课堂上进行,学生的情况通常比较相近. 测验的安排多为主讲教师根据本人教学的需要自行命题,灵活性比较大. 学生的成绩主要作为了解教学情况之用,不一定作为衡量水平之用. 这种测验的范围比较小,内容比较集中,目标单一,试题往往只围绕一个核心进行命题,关键是能否抓住考查内容的重点和难点,抓住了要点才能促进教学. 在试题的设计上要十分注意其诊断作用,即通过试题的解答,能清楚地反映学生对某一特定的知识点和教学方法是否理解和掌握,有时还得反映其熟练程度和深刻程度. 一般说来,不宜采用综合性试题.

---

① 教育部考试中心. 高考数学测量理论与实践[M]. 北京:高等教育出版社,2007:2-3.

诊断性测验的主要特点在于：第一，诊断性测验一般注重与诊断相关的目标，对每一特定的目标需要提供大量题目，且每个题目之间只有很小的差异；第二，测验题目一般以对成功学习特殊技巧的详细分析以及常见的学习错误的分析研究为依据；第三，题目难度一般较低，重在确定学生所犯学习错误的类型以及学习困难的根源所在；第四，诊断性测验一般限于课程教学中有限的部分内容，且通常按若干部分的测验分数和测验记录来分析，很少用于测验全部内容.

1.3.2 成绩测验

学生在一定阶段的时间内完成了某一教学大纲或教材的学习，为了检测他们的学习成绩，往往对其进行成绩测验.例如，每学期的期中、期末，甚至升级、毕业测验，都属于这类测验.这是一种检查学习进度的测验，测验内容为所考查的阶段内的教学内容.试题的命制可看作对所考核的教学内容进行抽样.这种抽样不应被认为是随机抽样，而应该被认为是能比较好地反映教学内容的全貌的抽样.因此，必须对教学内容和教学要求深入地分析，弄清其中的主次轻重，命题时应把握住基本的和重点的内容，而且在设问上也应考虑不同的层次要求，使之通过检测能较好地反映学生对所学内容的掌握程度，包括学到知识之多寡以及理解和掌握的程度.如果采用百分制来评定成绩，得60分也就应该是相当于掌握了60%左右的教学内容.如果试题的知识覆盖面太少，或者覆盖的多为次要部分，则难以实现这样的测验目的，在试题的难度控制上也有同样的问题，太浅、太深都会使测验失效.这类测验通常是按班组进行，而且多数情况下由教师根据所教的内容自行命题.因此，校际之间的检测成绩往往难以比较，也难以用它来评估学生.

1.3.3 学能测验

这类测验旨在测量考生完成某项任务的能力倾向，这些能力倾向在很大程度上带有潜在性，即在测验时，考生也不一定已具备这些能力，而只是具备发展这些能力的基础和倾向.这类检测并不完全根据以往的教学内容来命题，更主要的依据是对学能结构的分析，以往的教学内容作为命题的取材，往往是选用那些可作为学能基础的内容，在要求上也不一定局限于教学要求这个层次上.这类测验往往带有选拔的性质，应有较好的区分度，使能力倾向的大小和优劣能得到较为细致的区分.

各类入学测验实质上都可作为学能检测来对待，成绩测验与学能测验的基本区别在于：前者着重的是现时所达到的水平，后者着重的是未来的发展倾向和趋势.从这一角度看，由于历史的原因，在高中毕业会考制度建立之前，我国普通高等学校招生入学统一考试(简称高考)既有成绩测验的特征，又兼有学能测验的选拔性质.随着高中毕业会考制度的实施和成熟，高考学能测验的性质日显突出，对能力和学习潜力的考查逐步得到加强.

1.3.4 速度测验和难度测验

在数学测验中对解题速度都有一定的要求，因为任何测验都应在规定的时间内解答一定数量的试题,这本身就表明了对速度的要求. 所谓速度测验,指的是测量考生完成某一任务的速度之测验. 速度的要求往往是在能力要求的基础上提出的,突出速度的测验在能力要求上往往比较集中单一. 例如,破题的速度测验,数或式的四则运算的速度测验,解方程的速度测验,作图的速度测验,等等. 对于大规模的综合性测验,一般较难把速度要求放在首位. 速度测验的试题,其题量往往比较大,对速度也往往提出定量化要求. 例如,计算速度测验通常也会规定一小时要完成多少个算式的计算任务.

难度测验主要是考查考生掌握知识的深度和水平,试题的数量不多,但其中有些很难的试题只有少数考生能够解答,虽然考生有机会接触所有的题目,但并不是每个考生都能完成全卷.

速度的快慢往往反映了思维的灵活性和敏捷性,因此,在一些大规模的测验中往往含有较多的考查项目和相应试题,其用意不在于要求考生都能全部完成,主要的目的是借助它测量考生解答试题的速度,从一个重要的侧面考查考生的能力,提高测验的区分度. 而难度测验则更加注重思维的深刻性,反映了思维的强度和深度.

1.3.5　目标参照性测验

目标参照性测验,也称为目标参考性测验,或者尺度参考性测验. 凡是评分时参照某一事先规定的尺度标准和目标,并用评出的分数作为考生成绩的反映和标识,这样的测验统称为目标参照性测验. 一般说来,单科(或单项)的成绩测验和水平测验多属于目标参照性测验,而多科的水平检测则往往介于目标参照性测验和常模参照性测验之间.

目标参照性测验所给的分数并不考虑其他考生的情况,只是相对于给定的标准加以评定. 只有达到规定的目标标准或尺度标准才算通过,或称及格、达标. 分数的解释离不开具体的试题,孤立的一个分数也反映不出考生成绩在全体考生中所处的地位. 不同学校、不同时间的测验成绩,缺乏可比性. 在目标参照性检测中,可能全体考生都达到及格,也可能全部不及格. 社会上许多任职资格测验都属于目标参照性测验,通过测验并达到及格,才能领取从事该项工作的证书或执照.

1.3.6　常模参照性测验

常模参照性测验,也叫常模参考性考试. 在这种测验中,反映考生成绩的分数与目标参照性测验不同,它不是以事先制定的尺度标准为参照点,而是参照某个常模来反映考生的分数. 这里所说的常模是指某一考生群在检验中的成绩(通常用该群考生的卷面分数的平均分与标准差来刻画这个成绩). 也就是说,常模参照性测验中,反映考生成绩的分数是结合其他考生的成绩来给出的,从所给的分数便可看出考生在某群考生中的地位,是优是劣,一目了然. 这样做,对于以选拔为目的的大规模测验,无疑是必要的. 这是因为,选择一个考生,就必须将他与其他的考生进行比较,分出高下,才能决定取舍,不能光看他一个人的测验卷面分数,这个道理显而易见. 事实上,在常模参照性测验这个概念及其给分方法提出之前,人们已经明白了这个道理,也已懂得用排名次的方法解决这个问题.即是说,用序数来反映考生的测验成绩.

在常模参照性测验中,测验的内容和要求同样必须根据测验的目的和用途给予明确的规定.命题时,同样要力求准确和稳定地反映这种规定,试题不能忽易忽难,波动太大.同时,命题时必须更好地了解考生的实际,提高试题的区分度,使测验结果的卷面分数(通常称之为原始分)能尽可能切实地反映考生的成绩,这是建立"常模"的基础.

1.4 数学测验的统计指标

测验是一种有意识地测量人的个体差异的活动.测验结果要有一个量化过程,这就要借助于测验的分数.通过测验分数把被测人的某些心理特征及发展水平量化地表示出来,体现出个体之间的差异,同时体现出群体之间的差异,能为我们评价个体和群体提供量化的依据,以实现不同的测验目标.

1.4.1 几个常用的特征量数

测验分数必须通过整理和统计,用某些数值来表示它的全貌和各种特征,才能比较参加同次考试的不同群体的发展水平以及分析试题、试卷的质量.描述分数某个特征的量数,称为特征量数.特征量数是试题、试卷分析的基础数据.

1. 算术平均数

算术平均数是反映分数集中位置的特征数值,可以看成一批分数的代表值.它有两个作用:(1)用来代表某个群体的一般水平;(2)用作同次考试中不同群体的比较.

假定某一批分数为 n 个,表示为 $x_1, x_2, \cdots, x_n$,这批分数的算术平均数记为 $\bar{x}$,则

$$\bar{x} = \frac{1}{n}(x_1 + x_2 + \cdots + x_n)$$

简记为

$$\bar{x} = \frac{1}{n}\sum_{i=1}^{n} x_i$$

所选的这批分数,可以是描述某道试题的,也可以是描述整个试卷的,分别表示某道试题或整卷的平均分.

一批分数在正态分布或接近正态分布的情况下,用算术平均数为其代表值是比较理想的,但如果一批分数的最高分数与最低分数相差甚大,且数目又少时,算术平均数的代表性就会受到影响.

2. 标准差

用平均分来反映两个群体的差异往往是不全面的.

一组分数的每一个数与平均数的差的平方的平均值称为方差,记为 σ^2,即

$$\sigma^2 = \frac{1}{n}\sum_{i=1}^{n}(x_i - \bar{x})^2$$

方差的算术平方根称为标准差,记为 σ,即

$$\sigma = \sqrt{\frac{1}{n}\sum_{i=1}^{n}(x_i - \bar{x})^2}$$

为了简化计算,标准差有简化公式

$$\sigma = \sqrt{\frac{1}{n}\cdot\sum_{i=1}^{n}x_i^2 - (\bar{x})^2}$$

标准差是名数,以原始量数的单位为单位,它是一组数据离中趋势的典型代表. 一般来说,标准差越小,表明这组数据对平均数的离中趋势越小,总体显得比较整齐;标准差越大,表明这组数据对平均数的离中趋势越大,总体显得参差不齐.

有了平均分与标准差两个数据,我们就能较好地对两群体的数学教学情况做出客观的评价.

在实际统计中,由于总体学生人数太多,往往采用随机抽样的方法,在一般情况下,学生考试成绩的分布总是高分、低分的较少,在平均分附近的人数较多,即所谓接近正态分布. 因此,样本的标准差必然与总体的标准差存在误差. 数学上可以证明,随机样本的标准差小于相应的总体标准差,通过误差分析能得出一个计算标准差的修正公式

$$S = \sqrt{\frac{1}{n-1}\sum_{i=1}^{n}(x_i - \bar{x})^2}$$

在统计学上,习惯用 S 表示样本标准差,用 σ 表示总体标准差.

3. 变异系数

标准差是用来比较两个群体的离中趋势的,但是如果两个群体的测量单位不同,或者虽然测量单位相同,但平均数相关很大时,用标准差不能直接比较. 一般引入"变异系数"这个相对差异量数来比较它们的离散程度.

变异系数是一个群体的标准差除以它的算术平均数,再乘以 100,记为 CV. 变异系数是一个比率,乘以 100 是为了化成百分数的形式. 其公式

$$CV = \frac{\sigma}{\bar{x}} \times 100$$

或

$$CV = \frac{S}{\bar{x}} \times 100$$

4. 相关系数

事物或现象之间存在的互相关系,称为相关. 例如,学生的中学成绩与大学成绩的关系,学生的数学成绩与物理成绩的关系,学生数学课程的成绩与数学竞赛成绩的关系,等等. 为了计算某两种量数的相关程度,教育统计上还有一个重要的特征量数——相关量数. 最常用的相关量数是相关系数,它是用来表示两种量数的相关程度的. 计算相关系数最常用的是计

算积差相关系数，用 r_{xy} 表示，并有

$$r_{xy} = \frac{\sum(x \cdot y) - \dfrac{\sum x \cdot \sum y}{n}}{\sqrt{\sum x^2 - \dfrac{(\sum x)^2}{n}} \cdot \sqrt{\sum y^2 - \dfrac{(\sum y)^2}{n}}}$$

其中，x 表示 $x_i(i=1,2,\cdots,n)$，y 表示 $y_i(i=1,2,\cdots,n)$，r_{xy} 是两数列 $\{x_n\}$，$\{y_n\}$ 的相关系数，n 是项数。本公式适用于已知两列原始分数的情况。

在实际计算中，如果已经计算出两列分数的平均分和标准差，可用较方便的计算公式置换。事实上

$$r_{xy} = \frac{\sum(x \cdot y) - \dfrac{\sum x \cdot \sum y}{n}}{\sqrt{\sum x^2 - \dfrac{(\sum x)^2}{n}} \cdot \sqrt{\sum y^2 - \dfrac{(\sum y)^2}{n}}} \quad ①$$

$$= \frac{\sum[(x-\bar{x}) \cdot (y-\bar{y})]}{\sqrt{\sum(x-\bar{x})^2 \cdot \sum(y-\bar{y})^2}} \quad ②$$

$$= \frac{\sum[(x-\bar{x}) \cdot (y-\bar{y})]}{n S_x \cdot S_y} \quad ③$$

这里，公式②用于已知两列分数的平均分时，公式③用于已知两列分数的平均分和标准差时。

相关系数 r 满足 $-1 < r < 1$，当 $r > 0$ 时称为正相关，当 $r < 0$ 时称为负相关。r 在区间 $(-0.30, 0)$ 或区间 $(0, 0.30)$ 内，称为些微相关；r 在区间 $(0.30, 0.50)$ 或区间 $(-0.50, -0.30)$ 内，称为切实相关；r 在区间 $(-0.80, -0.50)$ 或区间 $(0.50, 0.80)$ 内，称为显著相关；r 在区间 $(0.80, 1.00)$ 或区间 $(-1.00, -0.80)$ 内，称为高度相关。

求积差相关系数的两列量数，必须是存在一定程度的相互联系的量，计算相关系数才有意义。比如，计算某个班的英语成绩与另一个班的数学成绩的相关系数。既不是相同的学生，又不是相近的学科，这种计算就失去了实际意义。相关系数的计算，还要求两列量数的数据个数必须相同，且一般不要少于 30 个，因为取少了，由于一些偶然的情况会导致与事实不符的相关系数。

1.4.2　信度[①]

信度是衡量测验分数一致性或可靠性的一个指标，即用一个或一组测验对同一被试群体施测多次，所得结果的一致性程度，以及测验分数所反映被试真实水平（即真分数）的可靠性程度。如果对一组学生用同一个测验实施两次，测试的结果完全一样，可以认为该测验完全可靠，这时它的信度系数为 1。但在现实中这种测验是很难找到的。在测量心理属性的

---

① 这一部分内容参考了田万海等的著作《数学教学测量与评估》（上海教育出版社，1998:37-66）。

教学测量中,与测量目标无关的变量(或因素)对测量的不准确和不一致的效应,使这类测量产生各种误差. 误差越大,信度越低;而误差越小,信度越高. 因此,确定测验的客观性和可靠性程度的关键在于控制各种误差,使测验能测出心理属性的客观量数,并使其具有良好的稳定性. 怎样提高测验的信度,是值得进一步研究的问题.

1. 信度的概念

我们知道,影响信度的主要因素是测量中的误差. 那么误差又是如何产生的呢? 一般情况下,测量资料存在三种误差. 一是抽样误差,它是由机遇或抽样变动而造成的误差. 它的估计值 $S_{\bar{x}}$ 是样本标准差 S 与样本容量 n 的算术平方根之比,由于测验取样容量 n 总是相当大,因此 $S_{\bar{x}}$ 很小,可以忽略不计. 二是随机误差,它是由偶然因素引起的无规律的误差,是由心理属性的行为反应所造成的. 三是系统误差,它是由与检测目标无关的某种常定因素所引起的恒定的、有规律性变化的误差. 由于这种误差的影响,可使每个学生的得分普遍偏高或普遍偏低,但是,它在测验成绩中不会引起不一致性. 因此,测验的可靠性主要是研究如何控制随机误差问题. 为此,我们将通过真分数、随机误差与所得分数的关系来揭示随机误差对信度的影响程度.

(1)真分数.

在无数次测验中所得分数的期望值称作真分数. 由于测量误差在测验中不可避免地存在,因此,真分数只是理论上的概念. 根据真分数理论,我们可以将学生个体的测验实际得分 X 表示成真分数 T 与随机误差分数 E 的和,即

$$X = T + E$$

真分数理论存在着两个假设:一是真分数与误差分数相互独立,即真分数与误差分数的相关系数 r_{TE} 为 0;二是由于随机误差是无规律的,不会倾向于任何一个方面,所以当测量次数 n 足够大时,随机误差的总和 $\sum_{i=1}^{n} E_i$ 为 0.

随机误差反映了在一定条件下,测验的某一种特性. 像 $X = T + E$ 那样,一个团体测验所得分数的方差(S_X^2)可以表示成真分数方差(S_T^2)与随机误差分数方差(S_E^2)的和,即

$$S_X^2 = S_T^2 + S_E^2$$

(2)信度.

信度是反映测验成绩在不同条件下一致性程度的指标. 信度在理论上被定义为:在一组测验中真分数方差与所得分数方差之比,即

$$r_{XX} = \frac{S_T^2}{S_X^2}$$

这里的 r_{XX} 也称为信度系数.

由上述两式,可得

$$r_{XX} = \frac{S_X^2 - S_E^2}{S_X^2} = 1 - \frac{S_E^2}{S_X^2}$$

信度反映了在所得分数的方差中,测验受随机误差影响的程度,也就是测验的可靠程度. 由信度的理论定义可知,信度系数 r_{XX} 的范围是 $[0,1]$. 当 $r_{XX} = 0.90$ 时,可以认为测验所得分数中有 90% 的方差来自真分数的方差,仅有 10% 来自测量的随机误差. 同时,所得分数的方差强调团体测验的一致性,这就说明信度不仅与测量工具有关,而且还与受测团体有关. 因此讨论信度时,必须明确标明在某种条件下,用于某一团体的测验所具有的可靠性程度.

信度的另一个含义是:测验所得分数与真分数的相关系数 r_{XT} 的平方,就是

$$r_{XX} = r_{XT}^2$$

信度和真分数一样是一个无法确切知道的理论概念,只能通过一些估计的方法来推断. 一般情况下,在规模较大的测验中,信度系数应不低于 0.90,以达到 0.95 为好;学校平时测验的信度系数也应不低于 0.60.

(3) 影响信度的因素.

由误差来源可知,随机误差是影响信度的因素. 它的主要表现,一是测验内容的自身方面,如测验内容取样的多少、作答时猜测的概率、指导语的清晰程度;二是施测过程方面,如测验环境、测验时间、主试因素、意外干扰、阅卷评分;三是受测者自身方面,如应试动机、焦虑心理、生理因素、测验的经验与技巧等. 除了随机误差以外,影响测验信度的还有如下因素.

① 受测团体的范围.

信度系数与相关系数一样,受到分数分布范围的影响,受测团体的水平越接近,测验分数的分布范围越小,随机误差的影响就越大,信度就越低. 反之,测验分数分布范围越大,信度就越高. 从信度的理论定义可知,随机误差方差 S_E^2 在相同受测条件和同一个团体中一般比较稳定. 当受测者的水平越不一致时,所得分数方差 S_X^2 就会增大,随机误差方差与所得分数方差的比 S_E^2/S_X^2 就会相应减小,于是信度系数 r_{XX} 就随之增大. 例如,在数学学科高考和会考中市示范中学、区(县)示范中学、普通中学分类所得分数方差均小于全市所得分数方差,这三类学校分别的统计信度低于全市学校总体的信度. 它反映了不同受测团体对信度的影响.

② 测验的长度.

测验所含题目的数量称作测验的长度. 测验的题目越多,测量学生水平的可靠性越高,即信度越高.

在一般情况下,测验长度增加时信度也随之提高. 如果在某个测验中增加与该测验同质的试题,并且它们具有相同的难度,就可以改进信度. 由斯皮尔曼 - 布朗 (Spearman - Brown) 公式

$$r_{nn} = \frac{nr_{tt}}{1 + (n-1)r_{tt}}$$

可导出计算测验长度的公式

$$n = \frac{r_{nn}(1 - r_{tt})}{r_{tt}(1 - r_{nn})}$$

其中,n 是增加试题后的测验长度与原测验长度的比率,r_{tt} 是原测验信度系数,r_{nn} 是增加测

验长度为原测验的 n 倍的信度系数.

由计算测验公式可以确定一个信度较低的测验,需要增加多少题目才能使它的信度达到预期的目标. 例如,某测验的信度系数是 0.75,要增加多少长度才能使信度达到 0.90? 由于

$$n = \frac{0.90 \times (1-0.75)}{0.75 \times (1-0.90)} = 3$$

所以当原测验信度为 0.75 时,测验题量需增加到原来的 3 倍,才可使信度达到 0.90. 另外,当测验长度过长,需要删减适当题目,而删减多少才不致对信度造成较大的影响,这也可利用计算公式做出断定.

③测验的难度.

测验的难易将会影响分数的分布范围. 测验太易或太难都会使分数的分布范围缩小,随之使信度降低. 这就需要研究,测验应该具有怎样的难度才能提高信度. 本节后 1.4.4 节将继续讨论这个问题.

我们知道,根据解释测验成绩的参照标准,可以把测验划分为常模参照测验和目标参照测验. 在常模参照测验中,测验的成绩以常模作为参照标准进行解释. 所谓常模,是指参加测验的全体学生或者一个标准化样本(经过选择,能代表全体学生的一个学生群体)在测验中实际达到的平均水平. 而目标参照测验是以事先制定的标准或表示完成这一标准程度的等级分数作为参照标准解释成绩的一种测验. 以下分别讨论常模参照测验和目标参照测验的信度.

2. 常模参照测验的信度

由于真分数无法直接测量,前面所述的信度定义是一种理论概念,所以只能根据测验所得分数来推算信度. 对常模参照测验来说,主要有稳定性信度、等值性信度和内在一致性信度.

(1)稳定性信度.

对一组受测者先后两次施测同一测验所得分数的一致性称作稳定性信度,它通常被表示为两次测验所得分数的相关系数(以下称稳定系数). 由于两次测验先后进行,所以又称为再测信度.

计算稳定系数的方法是求两次测验分数的积差相关系数. 如果收集到的是原始数据,可用下列公式计算

$$r_{u} = r_{X_1 X_2} = \frac{\sum_{i=1}^{n} x_{1i} x_{2i} - \left(\sum_{i=1}^{n} x_{1i}\right)\left(\sum_{i=1}^{n} x_{2i}\right)/n}{\sqrt{\sum_{i=1}^{n} x_{1i}^2 - \left(\sum_{i=1}^{n} x_{1i}\right)^2/n} \sqrt{\sum_{i=1}^{n} x_{2i}^2 - \left(\sum_{i=1}^{n} x_{2i}\right)^2/n}}$$

其中,r_u 是信度系数,x_{1i}, x_{2i} 是第 i 个受测者先后两次测验所得分数,n 是受测人数. 如果收集到的数据还有两次测验的平均数和标准差,则上式为

$$r_{u} = r_{X_1 X_2} = \frac{\sum_{i=1}^{n} x_{1i} x_{2i}/n - \bar{x}_1 \bar{x}_2}{S_{X_1} S_{X_2}}$$

其中 $\bar{x}_1, \bar{x}_2$ 分别表示两次测验分数的平均数，S_{X_1}, S_{X_2} 分别表示两次测验分数的标准差.

在计算稳定系数时，首测与再测时间间隔的长短应该依据测验的性质、题型、题量和受测者的特点来决定.

稳定性信度适用于包含几个相关程度很低的不同性质内容的测验. 稳定性信度适用于速度测验而不适用于难度测验. 速度测验的测题数量较多，且有一定的时间限制，受测者很难记住前一次测验的内容，受记忆影响较小. 难度测验则相反.

(2) 等值性信度.

两个复份测验之间分数的一致性称作等值性信度，通常被表示为两个复份测验分数的相关系数(以下称等值系数). 所谓复份测验是指在测验性质、内容、题型、题量、难度等方面均为一致的 A, B 两个测验，这两个测验中的一个几乎是另一个复本，所以等值性信度又称为复本信度.

计算等值系数的方法是，先用 A 卷施测，然后在较短的时间间隔内用 B 卷施测，再求它们得分的积差相关系数.

为了排除施测的顺序效应，可以让一半受测者先答 A 卷，再答 B 卷，另外一半受测者则相反. 求得相关系数后，需要进行显著性检验. 相关系数较高的两份测验不一定具有"等值"的意义. 由于难度不同、变异幅度不同的两份试卷之间也可能具有较高的相关，因此，在对测验内容定性评价的基础上，应该考查测验的正确反应比率和完成测验的时间，观察它们之间是否存在显著性差异.

等值性信度是考查测验可靠性的较好方法. 它不仅适用于难度测验，也适用于速度测验. 常用等值性信度作追踪研究或探讨某些影响测验成绩的因素.

(3) 内在一致性信度.

在一个测验中，各个测题上所得成绩的一致性称作内在一致性信度. 测验内部的一致性是确定测验中的所有题目是否测量了同一个心理属性. 一般情况下，可以用分半相关、库德-理查逊(Kuder-Richardson)公式或 α 系数来计算内在一致性系数.

① 分半相关.

当一种测验既无复份，又不可能重复进行时，通常用分半相关来估计测验的信度. 一个测验施测后，将题目分成两个假设相等但又独立的部分，求这两部分测验得分的积差相关系数. 它是一个测验的分半相关量，即分半测验信度系数 r_{hh} 的估计量. 整份测验的信度系数可用斯皮尔曼-布朗公式的特殊形式来测量，即

$$r_{tt} = \frac{2r_{hh}}{1+r_{hh}}$$

应当注意，在应用上式时，分半的两部分测验须满足在平均数、标准差、分布形态、测题间相关、内容、形式和题数上都相似的假设条件. 否则，测验的信度估计将会产生误差. 若用下列两个公式，则不需要满足上述假设.

弗拉南根(Flanagan)公式

$$r_{tt} = 2\left(1 - \frac{S_a^2 + S_b^2}{S_t^2}\right)$$

其中, S_a^2, S_b^2 分别为两分半测验分数的方差, S_t^2 是整份测验分数的方差.

卢龙(Rulon)公式

$$r_{tt} = 1 - \frac{S_d^2}{S_t^2}$$

其中, S_d^2 是两个分半测验分数之差的方差, S_t^2 是整份测验分数的方差.

②库德-理查逊公式.

由于一个测验的两分方法很多,因此求得的信度系数也不相同. 用库德-理查逊公式计算内在一致性信度,可以避免由于任意分半而造成的偏差,当题目以 0,1 评分时尤为合适.

应用库德-理查逊公式须满足的假设与斯皮尔曼-布朗公式的相同.

库德-理查逊(K-R20)公式

$$r_{tt} = \frac{n}{n-1}\left(1 - \frac{\sum p_i q_i}{S_t^2}\right)$$

其中, r_{tt} 是 K-R 信度系数, S_t^2 是测验总分的方差, p_i 是第 i 题答对人数的比率, $q_i = 1 - p_i$, 是第 i 题答错人数的比率, n 是题目数.

如果题目难度接近,可以应用 K-R21 公式

$$r_{tt} = \frac{n}{n-1}\left(1 - \frac{n\bar{p}\bar{q}}{S_t^2}\right)$$

其中, $\bar{p}$, $\bar{q}$ 分别是各题答对和答错人数比率的平均数.

由于分半信度是根据被分成相等的两部分测验计算的,它们之间的同质性较强;K-R 公式是根据对测验试题的答对与答错两部分计算的,它们之间的异质性较强. 因此,所求信度系数后者较低,尤其是用 K-R21 公式,所得信度系数更低些.

③α 系数.

当测验题目是多值评分时,克伦巴赫(Cronbach)提供了更通用的公式

$$r_{tt} = \frac{n}{n-1}\left(1 - \frac{\sum S_i^2}{S_t^2}\right)$$

其中, $\sum S_i^2$ 代替了 $\sum p_i q_i$, S_i^2 是每个测验题目得分的方差.

在通常情况下,当测验是同质性时,其内在一致性信度较高;当测验是异质性时,其稳定信度较高.

上述三种估计信度的方法主要用于衡量学生的相对水平,区分他们之间差异的常模参照测验. 它们都是研究教育测验的一致性程度,不同的是研究的侧面各不相同. 稳定性信度是估计不同时间测验的一致性;等值性信度是估计不同形式测验的一致性;内在一致性信度是估计一个测验中,在不同测题上所得分数的一致性.

3. 目标参照测验的信度

目标参照测验强调注重于考查学生对教学内容熟练掌握的程度,在教与学各个环节处理得较好或较差的情况下,受测团体的水平将比较一致,测验分数的分布范围比较小.这样,即使测验具有一定的稳定性或可靠性,它的信度系数仍然较低.根据目标参照测验的特点,可用下面较为简便的方法估计信度.

(1) 阶段比较法.

对数学学科内部某一分支的目标参照测验,可用阶段比较法来判断测验的信度.例如,施测"不等式"的内容.先对学生进行"不等式的性质"的目标参照测验,鉴别出学生通过和未通过的类别.学生经过下一阶段的学习,再进行"不等式证明"的目标参照测验.如果前阶段通过的学生中后阶段未通过的比率较高,经过考察,发现这些学生不会证明的原因是没有真正熟练掌握不等式的性质,那么说明前阶段的测验可靠性较低.

阶段比较法还适用于同一知识内容在不同时期(或不同水平上)的目标参照测验.例如,先对学生施测较低水平的目标参照测验,找出通过的学生,经过一段时间学习,再用较高水平的目标参照测验施测.如果第一次测验通过的学生已具备学习下阶段内容的条件,他们在下阶段学习中又确实取得成功,也就是说,对通过第一次测验的学生进行第二次测验,如果达到熟练掌握的学生人数比率较高,那么说明该测验信度较高.

(2) 比率系数估计法.

以甲、乙两个复份的目标参照测验对同一组学生施测,用两个测验都通过和都未通过的人数之和与该组学生总数之比作为测验的信度系数.

表 1-1 甲、乙两个测验的通过情况

		甲测验	
		通过	未通过
乙测验	通过	a	b
	未通过	c	d

根据表 1-1,信度系数为

$$r_{tt} = \frac{a+d}{n}, \quad n = a+b+c+d$$

如果两次测验都通过与都未通过的人数之和与总人数之比的比值较高,可以认为测验具有稳定性.

1.4.3 效度

在物理测量中,使用某种合适的测量工具测量物体所获得的数量资源(即数值与单位)可以对所要测量物体的属性给出明确的意义.但在教学测量中,用分数描述行为反应的心理属性,它的意义就不那么明确了. 例如,学生的某次数学测验成绩是依赖他们掌握语文或物理的知识和能力所得到的,那么这次数学成绩在很大程度上并不能反映所要测量的逻辑思维、运算和空间想象等方面的心理属性. 因此,需要考察测验到底测量了哪些心理属性,对这些心理属性能够测量到什么程度,这就是测验的有效性. 为了估计测验的有效性,需要建立参照目标. 我们常常把反映某种属性的有效客观目标称作效标. 它可用一份测验卷来体现,用这份测验卷去测试学生称作效标测量,由此得到的分数称作效标分数.

一个测验的有效性,必须着眼于该测验本身所具有的独特的目的、功能和适用范围. 对于某种独特的目的、功能和适用范围是正确、有效的测验,对另一种目的、功能和适用范围可能就是不正确、无效的. 不存在对于任何目的、功能和适用范围都有效的测验. 此外,由于测验是通过行为样本,对特定的某种属性作间接测量,它只能达到某种程度的正确性,一般用两个测验分数之间的相关系数表示,这种相关程度越高,可称该测验的效度越好. 因此,只有程度上的不同而不存在全有或全无的差别,而且测验的有效性是相对的.

1. 效度的概念

(1) 效度.

我们知道,个体的测验分数可以表示成真分数与误差分数之和. 根据真分数理论,可以进一步将真分数表示成与测验目的有关的有效分数 V 和与测验目的无关的系统误差分数 SE 之和

$$T = V + SE$$

这样,个体的测验分数可表示成

$$X = V + SE + E$$

对于团体的测验分数方差,相应地有以下关系

$$S_T^2 = S_V^2 + S_{SE}^2$$

$$S_X^2 = S_V^2 + S_{SE}^2 + S_E^2$$

其中,S_V^2 是有效分数方差,S_{SE}^2 是系统误差分数方差.

效度是测验有效性或准确性的指标,在理论上被定义为:有效分数方差与测验所得分数方差之比,即

$$V_{al} = \frac{S_V^2}{S_X^2}$$

这里,V_{al} 表示效度系数.

由效度的理论定义可知,效度系数 V_{al} 的范围是 $[0,1]$.

由于效度分析可以针对各种要求运用各种程序,而在特定的条件下,使用不同的分析方法可以得到不同的效度. 因此,一个测验可以具有不同的效度指标. 当我们讨论一个测验的效度时,只有界定了它的条件,效度才有确切的意义.

(2) 效度与信度的关系.

由测验分数方差的关系式可以知道,效度的提高受到信度的制约. 当 S_E^2 减小时,S_T^2 增

大,但是 S_T^2 的增大只是给 S_V^2 提供了增大的可能性. 因此,减少随机误差方差 S_E^2 可以提高信度,但并不一定能提高效度,只有当有效分数方差 S_V^2 也提高时,效度才随之提高. 因此,信度高是效度高的必要条件,但不是充分条件.

另外,降低信度,也会使效度降低. 例如,测验信度和它的效标测量信度降低时,会使测验和效标之间的相关程度减弱(即效度降低). 为了估计测验与效标真分数之间的相关系数,可以用如下公式

$$r_c = \frac{r_{xy}}{\sqrt{r_{xx} r_{yy}}}$$

校正. 式中,r_c 是测试与效标真分数的相关系数,r_{xy} 是实得的测验分数与效标分数之间的相关系数,r_{xx},r_{yy} 分别是测验和效标测量的信度. 由于相关系数 $|r_c| \leq 1$,所以由上式可知

$$r_{xy} \leq \sqrt{r_{xx} r_{yy}}$$

当效标测量信度未知时,用其最大值代入,则有

$$r_{xy} \leq \sqrt{r_{xx}}$$

由此可知,效度系数的最大值为信度系数的算术平方根.

(3) 影响效度的因素.

影响测验的效度除了有测验本身、测验实施过程、被试主观状态等因素外,还有以下主要因素:

①受测样本.

测验的效度系数是依据样本中的受测者在测验和效标上的得分,求其相关系数而得到的. 一个测验施测于不同的样本,由于受测者的年龄、文化程度以及经验背景上的差别,效度就会随之不同,因此,受测样本的选取是用来考查效度所依据的重要因素. 例如,初中学业成就测验,用初三毕业生的成绩作受测样本确定效度才是合理的.

样本容量的大小与效度系数的高低有一定关系. 样本容量越大,测量误差就会有相互抵消的趋势,由此会有助于提高测验和效标测量的信度,同时有助于提高效度系数.

此外,样本的同质性也会影响效度系数. 当测验的其他条件均相同时,样本的测验分数和效标分数分布范围越小,则效度系数就越小. 因此,随机抽样可以保证样本中受测者的异质性,有利于提高效度系数. 在估计预测效度时,如果测验分数的样本范围缩小,则会因测验分数范围的缩小而低估了测验的效度. 例如,以高一数学期末考试的成绩为效标,估计初中升学考试的预测效度时,以进入高中的学生作为样本来计算二者的相关系数,却没有包括参加升学考试但在中专、技校、职校中学习和未进入各类学校的学生,这样就缩小了效标成绩的分布范围,因而会低估它的预测效度. 为此可用公式

$$r = \frac{r'(S_x/S_x')}{\sqrt{1 - r'^2 + r'^2 (S_x^2/S_x'^2)}}$$

予以校正. 式中,r 是校正后的效度系数,r' 是样本范围受到条件限制时的效度系数,S_x 和 S_x'

分别是两个样本范围内测验分数的标准差.

②效标.

选择适当的效标是统计效度的先决条件. 一个测验由于采用的效标不同,其效度可能会大相径庭. 甚至,由于效标选择不当,可能导致无法衡量测验的效度.

2. 常模参照测验的效度

对常模参照测验来说,主要有效标关联效度、内容效度和结构效度.

(1)效标关联效度.

测验的效标又可称为准则,它是衡量测验效度的参照标准. 既然是参照标准,就必须充分反映所要测量的属性,并且是独立于该测验的"标准尺子",而不是根据被检验的测验制定的尺子,否则就会误入"循环"的圈子. 我们可以用一类标准化测验作为某次测验的效标. 由于标准化测验是一种取样范围大,覆盖面宽,并经过专家鉴定和权威性机构认定的测验(如国家级高考、省级各类会考等),所以它具有有效的客观标准效应. 选择适当的效标是件既重要又困难的工作,需要根据不同的测验类别有区分地加以选择. 例如,教学测验可以采用相应的学科成绩或教师评定的等级作为效标,但不能用某种特殊能力或特殊训练的成绩作效标. 效标还可能随着时间和个别差异的变化而改变. 因此,效标需要有一定的可靠性(即信度).

测验对效标行为具有代表性的程度或进行预测的有效程度称作效标关联效度(又可称准则关联效度). 这里以测验分数与其效标分数之间的相关系数来表示效度系数. 根据效标资料收集的时间,又可分为共时效度和预测效度. 共时效度的效标资料可以与测验同时收集,它是以测验分数与现有效标分数之间的相关系数表示效度,所关心的是测验是否取代了效标的有效性. 预测效度的效标资料需要经过一定时间以后才能收集,它是以测验分数与其未来效标分数之间的相关系数表示效度,所关心的是受测者的测验分数对于其未来成就预测的有效程度.

由于测验分数和效标分数这两个变量的类别不同,两者的相关系数的计算方法也不同. 以下介绍几种常用的方法.

①积差相关法.

当测验分数和效标分数是连续变量时,可以用这两组分数的积差相关系数表示效度系数. 将有关的数据代入积差相关公式,得 r.

然后必须对 r 的值进行显著性检验. 假设这样的两个变量不相关,则统计量

$$t = \frac{r}{\sqrt{1-r^2}} \sqrt{n-2}$$

服从自由度 $f = n - 2$ 的 t 分布. 给定显著性水平 α,比较用上式计算得 t 的值与 $t_{\frac{\alpha}{2}}(n-2)$ 的大小,若 $|t| \geq t_{\frac{\alpha}{2}}(n-2)$,则这两个变量显著相关,否则不显著相关.

②二列相关法.

若测验分数和效标分数是两个正态的连续变量,并且由于某种原因被分为两个类别

(如学校被分为示范学校和非示范学校,学生成绩被分为及格和不及格等),测验的效标关联效度系数可用二列相关系数公式

$$r_b = \frac{\overline{x}_p - \overline{x}_q}{S_t} \cdot \frac{pq}{y}$$

求得. 其中, r_b 是二列相关系数, p 是两个类别中某一类别的频率, q 是另一类别的频率($q = 1 - p$), $\overline{x}_p, \overline{x}_q$ 分别是两个类别对应的连续变量的平均数, S_t 是连续变量的总体标准差, y 为正态曲线下 p 值纵线的高度.

二列相关系数公式还有另一种形式

$$r_b = \frac{\overline{x}_p - \overline{x}_t}{S_t} \cdot \frac{p}{y}$$

其中, $\overline{x}_t$ 是连续变量的总体平均数.

当测验分数和效标分数有一个是连续变量,另一个为两个类别变量或该变量的分布是双峰分布时,可用点二列相关系数公式

$$r_{pbi} = \frac{\overline{x}_p - \overline{x}_q}{S_t} \cdot \sqrt{pq}$$

③等级相关法.

当测验分数和效标分数(或其中一个)以等级次序表示时,效标关联效度系数可以用等级相关系数公式

$$r = 1 - \frac{6\sum_{i=1}^{n} d_i^2}{n(n^2 - 1)}$$

求得. 其中, r 是等级相关系数, d_i 是第 i 个测验分数和效标分数的等级差, n 是受测人数.

(2)内容效度.

测验的题目对所要测量的内容具有代表性的程度称作内容效度. 它反映测验题目在所要测量的内容范围和教学目标内取样是否充分和确切的问题,主要用于学科成绩测验. 内容效度一般不用数量化指标来表示,主要依靠在某种依据的基础上做出逻辑分析. 为了提高测验的内容效度,首先要注意界定检测的内容范围,其次要注意基于经验判断基础上的系统取样. 目前,大多数学科成绩测验试题的编制者根据教学目标的分类,先拟就测验的蓝图,将各部分内容和教学目标各层次按确定的比重表达出来,然后编制测题,以满足提高内容效度的要求.

评价内容效度,一般由学科专家根据所要测量的心理属性和内容范围的界定,以及各部分内容、认知层次的比重,用分析的方法对测验做出判断. 如果专家认为,不仅每个测题,而且整个测验与预期的测量属性之间吻合程度较高,那么测验具有较高的内容效度,否则就认为内容效度较低. 这种评价方法缺乏数量化指标,可能带有一定的主观性. 由于不同的专家对同一门学科的内容范围和教学目标可能有不同的理解,不同的专家对同一个测题的性能也可能有不同的理解,因此,对整个测验的内容效度所做的判断就有可能不一致,但在现阶

段,它还是一种简单而又容易操作的方法.

在有些情况下,可以借助比较平均数差异的显著性来评价内容效度.

对同一组受测者用一个测验的两个复本在教学或训练前后施测,该测验内容的有效性可以由两次测验成绩差异的显著性加以判断.若两次测验分数的平均数之差在统计上有显著性差异,则表明测验所测量的内容正是教学或训练的内容,可以认为测验内容具有有效性.反之,可以认为内容效度较低或缺乏有效性.

如果用效标关联效度表示测验的有效性,虽然不需要考查测验的内容效度,但是对于效标的测量仍然要考查它的内容效度.

(3)结构效度.

测验对假设的理论概念或心理属性测量的有效程度称作结构效度.对于这些理论概念或心理属性所决定的行为反应的潜在特性无法给予操作性的定义.实际上没有效标能够测量这些假设的心理属性,只能寻求其他方法估计效标分数.评价结构效度的目的在于从心理特性的理论观点上对测验的结果加以解释和探讨.

确定结构效度的方法,一般是根据某种结构理论提出各种心理属性或行为的假设结构编制测验,然后以测验结果为依据,运用相关因素分析或实验等方法,验证测验结果是否符合上述假设结构.

推算结构效度,常用下面的方法:

①测验内容法.

用测验的内容和考查要求规定所要测量的结构性质,它的内容效度就为结构效度提供了依据.例如,在编制考查空间想象能力的测验时,将内容和要求描述成:

画水平放置的平面多边形直观图;

叙述两条异面直线的公垂线及距离的定义;

判断异面直线所成角的大小;

证明直线和平面平行的判定定理,并能将线面平行与线线平行互相转化;

用线面垂直的定义和判定定理进行证明和计算;

用三垂线定理及其逆定理进行证明和计算;

判断两个平面的位置;

根据二面角及其平面角的定义进行计算和证明.

上述内容和考查要求可提供该测验的结构效度.它由画空间直观图的技能、逻辑推理能力和空间想象能力所组成,同时给出了该测验由教学目标的各水平层次所组成的认知结构效度.这种方法是通过研究测验的内容结构来界定所测量的结构框架.

②相关系数法.

对同一组受测者施测新编制的、需要确定其结构的测验与已知其结构效度的测验,求它们所得分数的相关系数.若相关程度高,则表明新编制测验与已知结构的测验具有相同的结构效度.反之,两个测验测量的结构效度不同.

③因素分析法.

评价结构效度最主要、最精确的方法是因素分析法(有关因素分析法的原理和方法,可参见有关书籍).应用因素分析法可确定一个测验测量了哪几个主要的心理因素,这些因素在总方差中所占的比率.

因素分析法是一种多元统计分析方法.它可以将观察得到的一组随机变量 x_i 用另一组随机变量 f_j 来表示

$$x_i = \sum_{j=1}^{n} a_{ij} f_j + E_i \quad (i = 1,2,\cdots,n; j = 1,2,\cdots,m)$$

当 $m < n$ 时,变量 f_j 就是变量 x_i 的因素,一般称为公共因素,a_{ij} 是 x_i 在 f_j 上的负荷,E_i 是误差.这些公共因素不可能直接观察到,它们包含在可观察的变量之中,并且决定着可观察变量,是测验中最基本的变量.因素分析的功能在于使人们可以在众多的变量中确定少量且又十分重要的几个互相正交的因素向量,同时最大限度地解释这组变量的总方差.因素分析的"因素抽取"步骤就是确定因素向量的过程;"向量旋转"步骤是为了使得到的因素有比较明确的含义,以便对公共因素做出合理的解释.

3. 目标参照测验的效度

目标参照测验主要是检查学生的学习效果,考查学生对规定的内容掌握得如何,或是否达到某种目标.如果全体学生都已经掌握,他们所得分数的方差是 0.根据影响效度的因素——受测团体同质性可知,即使这类测验再有效,效标关联效度也不会高,所以目标参照测验的主要评价方法是内容效度.

此外,还可以考察测验的分数,是否能区分以效标行为水平所界定的不同的团体来确定效度.例如,中学数学某一内容的测验是以"及格"和"不及格"评定学生成绩的,那么效标行为水平将学生分成及格组与不及格组两组.若两组受测者在测验分数上有显著性差异,则可认为测验是有效的,即测验可对效标水平进行"质"的区分.

例如,以 60 分为及格线,根据效标成绩将学生分为及格组和不及格组两组,其成绩统计数据如表 1-2.

表 1-2 成绩统计数据

	x_i	S_i^2	n_i
及格组	80.25	212.56	16
不及格组	57	108	14

利用独立小样本统计量求得 $t = 3.964$,查 t 分布表,$t_{0.05} = 2.048$,$v = 28$,因为 $t = 3.964 > t_{0.05} = 2.048$,于是表明,根据效标成绩划分的两组学生在测验成绩上有显著性差异,因此,该测验具有有效性.

1.4.4 难度

一个测验的信度和效度在很大程度上取决于该测验的题目参数(难度和区分度),编制和筛选具有适当参数的题目是改善测验信度和效度的前提. 在通常情况下只要讨论常模参照测验中题目的难度和区分度.

受测团体中被试者在答案范围内回答题目的程度称为难度. 一般用难度指数 p 表示题目的难度.

1. 题目难度的计算

当题目的评分为多值时,受测者的得分可能是 $x(x=1,2,\cdots,n,n$ 为该题满分数). 所谓难度指数(有时也称得分率),就是该题平均得分数 $\bar{x}$ 与满分数 n 之比,即

$$p = \frac{\bar{x}}{n}$$

由此可见,平均分越高,p 值越大,题目的难度越小;平均分越低,p 值越小,题目的难度越大.

当题目为二值评分(即 0,1 评分)时,上式可变形为

$$p = \frac{R}{N}$$

其中,N 是答题人数,R 是答对人数. 这种难度指数也称为通过率,一般用于是非题或多项选择题.

由通过率可知,答对人数越多,p 值越大,题目的难度越小;答对人数越少,p 值越小,题目的难度越大.

形式为多选一的选择题有多个可能的答案供受测者选择. 选择正确答案的人数可能会受猜测概率的影响,可供选择的答案越少,这种概率的影响就越大. 对此,可以用公式

$$O_p = \frac{kp-1}{k-1}$$

对难度指数 p 进行校正. 其中,O_p 是校正后的难度指数,p 是校正前的难度指数,k 是每个题目可供选择的答案数.

2. 题目难度的等距量表

在进行测量时,用来表示一些对象和事件的某些特征的指标称作量表. 根据不同的单位和参照点,从低级到高级,从模糊到精确,可以用不同的量表表示. 用平均得分比率或答对人数比率表示难度,仅说明事物含有某种属性的多少,它是无相等单位的、不具有等距性和可加性的顺序量表. 这种量表只能表示事物间的大小、次序关系,不能反映两个比率间的数量差异. 我们可以把这种量表转换成不仅有大小关系,而且有相等单位和规定参照点的等距量表,使其能表示题目之间难度差异的大小.

题目的难度指数以多少为宜,以及它与方差、测验信度、效度、成绩分布的关系,都是值得进一步研究的问题.

3. 难度指数与方差的关系

当题目以 0,1 评分时,难度指数 p 是 N 个受测者中答对人数的平均数

$$p = \frac{1+1+1+\cdots+0+0}{N} = \frac{\sum x}{N}$$

即
$$\sum x = Np$$

答对分数的平方和是
$$\sum x^2 = 1^2 + 1^2 + 1^2 + \cdots + 0^2 + 0^2 = Np$$

由原始数据计算方差,得
$$S^2 = \frac{\sum x^2}{N} - \left(\frac{\sum x}{N}\right)^2 = \frac{Np}{N} - \left(\frac{Np}{N}\right)^2$$
$$= p - p^2 = p(1-p) = pq$$

由此可知,答对人数比率与答错人数比率之积正是题目得分的方差.

4. 难度对信度与效度的影响

我们知道,测验总分的方差可由各个题目的方差和协方差求得
$$S_i^2 = \sum_{i=1}^{n} p_i q_i + 2 \sum_{i=1}^{n} r_{ij} \sqrt{p_i q_i p_j q_j}$$

其中,p_i,q_i 分别是题目 i 答对与答错人数的比率,r_{ij} 是题目 i 和题目 j 之间的相关系数. 上式可变形为
$$S_i^2 - \sum_{i=1}^{n} p_i q_i = 2 \sum_{i=1}^{n} r_{ij} \sqrt{p_i q_i p_j q_j}$$

注意到,该等式的左边就是 K-R20 公式的分子,当 r_{ij} 增大时,等式右边随之增大,K-R 信度系数也增大. 这说明提高题目间的相关程度,使题目间的难度接近时,信度系数就会提高. 但是,预测效度又要求题目的难度有所差异,差异越大,效度越高. 也就是说,难度接近的题目对预测效度不利. 可见,内在一致性信度与预测效度之间存在着矛盾. 因此实施一个测验应该根据测验的目的,使上述矛盾的两个方面保持合理的得失.

5. 难度与测验分数的分布

对于一个测验,不能为了追求高信度,使每个题目的难度都很接近,也不能为了追求高效度,而使题目的难度从最易到最难全都涉及. 在一般情况下,标准化的样本组所构成的测验分数分布呈正态分布(图 1-1);如果题目太难,频数集中于分布的左侧,呈现正偏态(图 1-2);如果题目太易,频数集中于分布的右侧,呈现负偏态(图 1-3).

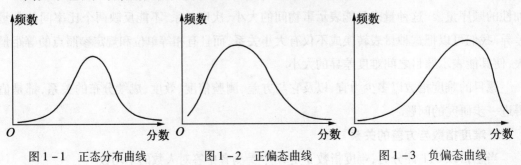

图 1-1　正态分布曲线　　　图 1-2　正偏态曲线　　　图 1-3　负偏态曲线

测验中各个题目的难度必须与测验的性质、目的协调.如果是筛选尖子生的数学竞赛,应该尽可能有相当难度的题目;如果为选拔学生进入高一级学校学习的能力测验或学业成就测验,应尽量使题目的难度适中;如果是教学状态测验,应以基本的、难度较低的题目为主.尽管难度适中的测验以难度指数 0.5 为宜,但并不是测验中每一题的难度都为 0.5.因为这会使测验分数的分布呈双峰状态,即 50% 的学生将所有题目都答对,另外 50% 的学生将所有题目都答错.测验题的难度应有合理的分布,如分布在 0.3~0.7,这样可使测验的成绩接近正态分布,并使测验的难度适中.

1.4.5 区分度

题目对受测者作答反应的鉴别程度称为区分度.它是题目对受测者心理属性进行区分能力的指标.题目区分度的高低意味着测题对于能力强与弱的学生在测验分数上区分和鉴别度的高低.因此,它是编制常模参照测验中筛选题目的主要指标.

1. 题目区分度的计算

根据测验题目和已经具备的数据资料可以确定题目的区分度.

(1) 分组法.

将受测团体按某题目得分的高低排列,取高分人数的 27% 为一组,他们的得分率记为 P_H;低分人数的 27% 为另一组,他们的得分率记为 P_L,则该题的区分度为

$$D = P_H - P_L$$

当题目是 0,1 评分时,P_H,P_L 分别是高、低分组在该题答对人数的比率;当题目是多值评分时,P_H,P_L 分别是高、低分组在该题的得分率.

(2) 相关法.

当题目为 0,1 评分时,可以用二列相关系数 r_b 和点二列相关系数 r_{pbi}(见 1.4.2 节二列相关法)计算题目的区分度,其中,r_b,r_{pbi} 均为区分度,p,q 是某题答对与答错的人数比率,$\bar{x}_p$,$\bar{x}_q$ 分别是该题答对、答错的受测者测验总分的平均数,S_t 是所有受测者测验总分的标准差.

当题目为多值评分时,可以用受测者在某题上的得分与其测验总分之间的积差相关计算区分度.

(3) 方差法.

我们知道,方差是反映一组受测者分数离散程度的指标,题目得分的离散程度越高,区分度也越高.

经统计分析可以知道积差相关系数 r 与方差 S^2 之间有很高的一致性.在实际应用中,为了选择区分度高的题目,用方差 S^2 作为区分度指标较为恰当.这是由于:S^2 的计算是因题目而异的,不受其他题目的影响;由研究得到的 $S^2 = b_0 + b_1 r$ 与 $r = b_0' + b_1' S^2$,表明 b_1 远大于 b_1',因而 S^2 更能拉开点与点之间的距离,这对衡量区分度的高低给出了比 r 更精确的尺度;

当 r 小于 $\alpha=0.05$ 或 $\alpha=0.01$ 的临界值时,在统计意义上比较它们的大小都是没有显著性价值的,但是对 S^2 却无此顾虑,并且它的计算比较简单.

(4)特征曲线法.

用受测团体中受测者所得测验总分与他们在某题的得分率绘制的题目特征曲线给出一种简单形象的区分度分析方法. 观察特征曲线的变化趋势,可以清楚地区分该题目对哪一部分学生的成绩具有考查功能. 例如,抽取 100 个考生作为绘制题目特征曲线的样本,他们的测验总分在某一分数段上的人数和在某一试题(该试题满分 6 分)上的得分率情况可列成表 1-3.

表 1-3 100 个考生某试题得分情况

测验总分	30	40	50	60	70	80	90	100	110	120	130	140	150
人数	2	1	4	27	16	15	7	5	10	6	3	3	1
平均得分	1.08	1.20	1.38	1.38	1.80	2.28	2.52	3.90	4.39	4.68	4.86	4.98	5.22
得分率	0.18	0.20	0.23	0.23	0.30	0.38	0.42	0.65	0.73	0.78	0.81	0.83	0.87

以测验总分为横坐标轴,该题的得分率为纵坐标轴,将每个受测者的得分情况在直角坐标系内描点并连线,即为该题得分情况的特征曲线.

2. 区分度与难度的关系

用方差 S^2 作为区分度的指标,由方差与答对率 p 的关系可知,题目的方差依赖于难度而变化,当 p 接近于 1 或 0 时, $S^2=pq$ 都接近于 0;可以证明当 $p=0.5$ 时, pq 达到最大. 由此可知,中等难度的题目,它的区分度最大. 例如,某题如果在 10 个受测者中仅有 1 人答对,这个答对者与其他 9 人中每人都有差异,该题共有 $1\times 9=9$ 个差异;如果 10 个受测者中仅有 2 人答对,该题共有 $2\times 8=16$ 个差异;如果 10 个受测者中有 5 人答对,该题共有 $5\times 5=25$ 个差异,这时差异最大,所以区分度最高.

3. 区分度与信度、效度的关系

题目的区分度受到难度的影响,区分度与难度又涉及测验的信度与效度,它们之间相互制约,颇为复杂. 因此,了解它们之间的关系,对于提高测验的质量是有益的.

我们知道,当测量误差的方差 S_E^2 在总体中保持稳定时,测验总分的方差 S_X^2 越大,则信度越大. 由测验总分方差与题目区分度 D 的关系式

$$S_X^2 = \frac{(\sum D)^2}{6}$$

可知,提高题目的区分度,测验总分方差随之增大,测验的信度就相应地提高. 另外,当题目的区分度用题目得分与测验总分的相关系数表示时,题目的区分度就是它的信度和效度. 由于题目的区分度是以测验总分为内部效标的题目效度,因此,一般来说,各题的区分度都较高时,测验的信度和效度也都会提高.

第二章 数学测评的内容与要求

数学测评的目标大致可分为四个方面:数学知识、数学思想方法、数学能力、数学素养及品质(包括非智力因素)等.

2.1 数学知识的内容与要求

数学教育中,数学教学所涉及的概念、法则、性质、公式、公理、定理等是数学课程的基础知识.这类知识,也称为陈述性知识或说明性知识,对这类知识的学习主要表现为理解和记忆.陈述性知识是静态的,被激活后往往是信息的再现.又因为数学是有严密逻辑体系的知识系统,各部分内容有所联系,组成一个整体结构,所以基础知识还应包括各部分内容之间的联系和关系.

在数学测评中,根据不同的测评对象、不同的测评要求等,确定测评的数学知识内容.在这里,我们侧重讨论有一定规模的数学测评.

一般地,对知识内容要求由低到高分为三个层次,依次是了解、理解和掌握、灵活和综合运用,且高一级的层次要求包含低一级的层次要求.各个层次的要求如下.

(1)了解:要求对所列知识内容的含义及其相关背景有初步的、感性的认识,知道有关内容,并能在有关的问题中直接应用.

(2)理解和掌握:要求对所列知识内容有较深刻的理性认识,能够解释、举例或变形、推断,并能利用所列知识解决有关问题.

(3)灵活和综合运用:要求系统地掌握知识的内在联系,能运用所列知识分析和解决较为复杂的或综合性的问题.

数学学科的系统性和严密性决定了数学知识之间深刻的内在联系,包括各部分知识在各自的发展过程中的纵向联系和各部分知识之间的横向联系.要善于从本质上抓住这些联系,进而通过分类、梳理、综合,构建数学测评试题的结构框架.对数学基础知识的测评,要求全面又突出重点,对于支撑学科知识体系的重点知识,测评时要保持较高的比例,构成数学试题的主体.注重学科的内在联系和知识的综合性,不刻意追求知识的覆盖面.从学科的整体高度和思维价值的高度考虑问题,在知识网络交汇点设计试题,使测评达到必要的深度.

例如,在数学高考测评中,对平面向量这一知识内容就可给出如下的考试内容和考试要求.

考试内容:

向量,向量的加法与减法,实数与向量的积,平面向量的坐标表示,线段的定比分点,平面向量的数量积,平面上两点间的距离,平移.

考试要求：

(1) 理解向量的概念，掌握向量的几何表示，了解共线向量的概念．

(2) 掌握向量的加法和减法．

(3) 掌握实数与向量的积，理解两个向量共线的充要条件．

(4) 了解平面向量的基本定理，理解平面向量的坐标的概念，掌握平面向量的坐标运算．

(5) 掌握平面向量的数量积及其几何意义．了解用平面向量的数量积可以处理有关长度、角度和垂直的问题，掌握向量垂直的条件．

(6) 掌握平面上两点间的距离公式以及线段的定比分点和中点坐标公式，并且能熟练运用．掌握平移公式．

关于其他知识内容及要求可参考有关测验文件（或书籍），我们就不列出了．

2.2 数学思想方法的内容与要求

数学知识常分为两类，除了陈述性知识外，还有一类是程序性的知识，它是关于怎样进行认知活动的知识，主要表现为数学思想和数学方法．在现行的中学数学教材和教学中，数学思想和方法很少直接表述，而只是蕴含其中，相对于陈述性知识的教学，数学思想和数学方法的传授只是渗透在教学过程中间，是在学习陈述性知识的过程中潜移默化地获取的．程序性知识是动态的，被激活后是信息的转换和迁移，是创造性思维的基础．

为了使学习者真正理解数学思想和方法，并能应用它解决问题，数学教育研究者们进行了较深入的研究，总结了中学数学学习中比较重要的思想和方法，进行了层次划分和系统归类．数学思想和方法可划分为三大类．它们是：数学思想，数学思维方法和具体的数学方法．其中数学思想又划分为两大"基石"思想、两大"支柱"思想、两大"主梁"思想（可参见本套丛书的《数学思想领悟》）．在这中间，又侧重于具有综合性的函数与方程的思想、数形结合的思想、分类与整合的思想、化归与转化的思想、特殊与一般的思想、有限与无限的思想、或然与必然的思想等几类．数学思维方法主要包括分析法、综合法、归纳法、演绎法、观察法、试验法、特殊化法等．具体的数学方法主要指配方法、换元法、待定系数法等其他一些具体方法．

测验对数学思想和方法的考查是以知识为依托，以能力为目的的．数学思想和方法是数学知识在更高层次上的抽象和概括，它蕴含于数学知识发生、发展和应用的过程中．因此在测验中对数学思想和方法的考查必然要与数学知识相结合，以数学知识为素材，考查考生对数学思想和方法的理解和掌握的程度．考生能力的高低又与数学思想和方法的掌握紧密相关．对数学思想方法的理解、掌握程度高的考生，其能力自然也高．数学测验对能力的考查就是以数学思想和方法为基础的．

测验对数学思想和方法的考查是贯穿于整份试卷之中的．客观型试题虽以考查数学基础知识、基本技能为主，但对数学思想和方法的考查也应蕴含其中．解答题的考查则要求能更深刻地体现出数学思想和方法在考查创新意识、考查应用意识、考查综合能力中的地位与作用. 测验对数学思想和方法的考查既要注重全面,又要突出重点,还要体现出层次性. 同一道试题中会涉及不同的数学思想和方法,同一种数学思想和方法在不同的试题中又有不同层次的要求. 测验对数学思想和方法的考查,既要从整体意义和思想含义立意,突出通性通法,善待特殊技巧,又要从本质上考查数学思想和方法的掌握程度.

下面以数学高考测评为例,介绍教育部考试中心所编写的高考数学测量中对几种带综合性的数学思想方法的考查要求.

2.2.1 函数与方程的思想

函数是高中代数内容的主干,它主要包括函数的概念、图像和性质,重点学习了几类典型的函数. 函数思想是对函数内容在更高层次上的抽象、概括与提炼,是从函数各部分内容的内在联系和整体角度来考虑问题、研究问题和解决问题的. 函数思想贯穿于高中代数的全部内容,它是在学习指数函数、对数函数以及三角函数的过程中逐渐形成,并为研究这些函数服务的. 在研究方程、不等式、复数、数列、解析几何等其他内容时,函数思想也起着十分重要的作用.

方程是初中代数的主要内容. 初中阶段主要学习了几类方程和方程组的解法,但在初中阶段很难形成方程的思想. 所谓方程的思想,就是突出研究已知量与未知量之间的等量关系,通过设未知数,列方程或方程组,解方程或方程组等步骤,达到求值目的的解题思路和策略,它是解决各类计算问题的基本思想,是运算能力的基础.

函数与方程、不等式是通过函数值等于 0、大于 0 或小于 0 而相互关联的,它们之间既有区别又有联系. 函数与方程的思想既是函数思想与方程思想的体现,也是两种思想综合运用的体现,是研究变量与函数、相等与不等过程中的基本数学思想.

高考把函数与方程的思想作为几种思想方法的重点来考查,使用选择题和填空题考查函数与方程思想的基本运用,而在解答题中,则从更深的层次,在知识网络的交汇处,从思想方法与相关能力的关系角度进行综合考查.

2.2.2 数形结合的思想

数学研究的对象是数量关系和空间形式,即"数"与"形"两个方面. "数"与"形"两者之间并不是孤立的,而是有着密切的联系. 在一维空间,实数与数轴上的点建立了一一对应的关系;在二维空间,实数对与坐标平面上的点建立了一一对应的关系,进而可以使函数解析式与函数图像,方程与曲线建立起一一对应的关系,使对数量关系的研究可以转化为图形性质的研究. 反之,也可以使对图像性质的研究转化为对数量关系的研究. 这种解决数学问题过程中"数"与"形"相互转化的研究策略,即是数形结合的思想.

在使用过程中,由"形"到"数"的转化往往比较明显,而由"数"到"形"的转化却需要转化的意识. 因此,数形结合思想的使用往往偏重于由"数"到"形"的转化.

在高考中,充分利用选择题和填空题的题型特点(这两类题型只需写出结果而无需写出解答过程),为考查数形结合的思想提供了方便,能突出考查考生将复杂的数量关系问题转化为直观的几何图形问题来解决的意识.而在解答题中,考虑到推理论证的严密性,对数量关系问题的研究仍突出代数的方法而不提倡使用几何的方法,解答题中对数形结合思想的考查以由"形"到"数"的转化为主.

2.2.3 分类与整合的思想

分类是自然科学乃至社会科学研究中的基本逻辑方法,是研究数学问题经常使用的数学思想方法.正确地对事物进行分类,通常应从所研究的具体问题出发,选取恰当的标准,然后根据对象的属性,把它们不重不漏地划分为若干类别.科学地分类,一个是标准的统一,一个是不重不漏,划分只是手段,分类研究才是目的,因此还需要在分好的类别下逐个进行研究.其中体现的是由大化小,由整体化部分,由一般化特殊的解决问题的方法,它的研究基本方向是"分".但是"分"与"合"既是矛盾的对立面,又是矛盾的统一体,有"分"必然有"合".当分类解决完这个问题之后,还必须把它们整合到一起,因为我们研究的毕竟是这个问题的全体.这样,有分有合,先分后合,这不仅是分类与整合思想解决问题的主要过程,也是这种思想方法的本质属性.

高考将分类与整合思想的考查放在了比较重要的位置,并以解答题为主进行考查,考查时要求考生理解什么样的问题需要分类研究,为什么要分类,如何分类以及分类后如何研究与最后如何整合,由此突出考查考生思维的严谨性和周密性.

2.2.4 化归与转化的思想

所谓化归与转化的思想是指在研究解决数学问题时采用某种手段将问题通过变换使之转化,进而使问题得到解决的一种解题策略.一般情况下,总是将复杂的问题化归转化为简单的问题,将难解的问题化归转化为容易求解的问题,将未解决的问题化归转化为已解决的问题.

化归与转化的思想是解决数学问题时经常使用的基本思想方法,它的主要特点是灵活性与多样性.一个数学问题,我们可以视其为一个数学系统或数学结构,组成其要素之间的相互依存和相互联系的形式是可变的,但其变形并不唯一,而是多种多样的.所以,应用数学变换的方法去解决有关数学问题时,就没有一个统一的模式可以遵循.在此正需要我们依据问题本身所提供的信息,利用所谓的动态思维去寻求有利于问题解决的变换途径和方法,并从中进行选择.

高考十分重视对化归转化思想的考查,要求考生熟悉数学变换的思想,有意识地运用数学变换的方法去灵活解决有关的数学问题.一些常用的变换方法是考查的重点,如一般与特殊的转化,繁与简的转化,构造转化,命题的等价转化等.

2.2.5 特殊与一般的思想

人们对一类新事物的认识往往是从这类事物的个体开始的.通过对某些个体的认识与研究,逐渐积累对这类事物的了解,逐渐形成对这类事物的总体认识,发现特点,掌握规律,形成共识,由浅入深,由现象到本质,由局部到整体,由实践到理论.这种认识事物的过程是由特殊到一般的认识过程.但这并不是目的,还需要用理论指导实践,用所得到的特点和规律解决这类事物中的新问题,这种认识事物的过程是由一般到特殊的认识过程.于是这种由特殊到一般再由一般到特殊反复认识的过程,就是人们认识世界的基本过程之一.数学研究也不例外,这种由特殊到一般,由一般到特殊的研究数学问题的基本认识过程,就是数学研究中的特殊与一般的思想.

在教学过程中,对公式、定理、法则的学习往往都是从特殊开始,通过总结归纳得出来的,证明后,又使用它们来解决相关的数学问题.在数学中经常使用的归纳法、演绎法就是特殊与一般思想方法的集中体现,既然它是数学中经常使用的数学思想方法,那么它必然成为高考考查的重点.在高考中,会有意设计一些能集中体现特殊与一般思想的试题,从考过的试题来看,曾设计过利用一般归纳法进行猜想的试题;设计过由平面到立体、由特殊到一般进行类比猜想的试题;还着重体现选择题的特点,考查特殊与一般的思想方法,突出体现特殊化方法的意义与作用.通过构造特殊函数、特殊数列,寻找特殊点,确定特殊位置,利用特殊值、特殊方程等,研究解决一般问题、抽象问题、运动变化的问题、不确定的问题等.随着教材的全面推广,高考以新增内容为素材,突出考查特殊与一般的思想必然成为今后命题改革的方向.

2.2.6 有限与无限的思想

数学研究的对象可以是特殊的或一般的,可以是具体的或抽象的,可以是静止的或运动的,可以是有限的或无限的,它们之间都是矛盾的对立统一.正是由于对象之间的对立统一,为我们解决这些对立统一的事物提供了研究的方法.有限与无限相比,有限显得具体,无限显得抽象,对有限的研究往往先于对无限的研究,对有限个对象的研究往往有章法可循,并积累了一定的经验,而对无限个对象的研究,却往往不知如何下手,显得经验不足.于是将对无限的研究转化成对有限的研究,就成了解决无限问题的必经之路.反之,当积累了解决无限问题的经验之后,可以将有限问题转化成无限问题来解决.这种无限化有限,有限化无限的解决数学问题的方法就是有限与无限的思想.

在数学教学过程中,虽然开始学习的数学都是有限的数学,但其中也包含无限的成分,只不过没有进行深入的研究.在学习有关数及其运算的过程中对自然数、整数、有理数、实数、复数的学习都是研究有限个数的运算,但实际上各数集内元素的个数都是无限的.对图形的研究,知道直线和平面都是可以无限延展的.在解析几何中,学习过的抛物线的渐近线,已经开始有极限的思想体现在其中.学习了数列的极限和函数的极限之后,使中学阶段对无限的研究又上了一个新台阶,集中体现了有限和无限的数学思想. 使用极限的思想解决数学问题,比较明显的是立体几何中求球的体积和表面积,采用无限分割的方法来解决. 实际上是先进行有限次分割,然后再求和、求极限. 我们认为,这是典型的有限与无限数学思想的应用.

函数是对运动变化的动态事物的描述,体现了变量数学在研究客观事物中起到的重要作用. 导数是对事物变化快慢的一种描述,并由此可进一步处理和解决函数的增减性、极大值、极小值、最大值、最小值等实际问题,是研究客观事物变化率和最优化问题的有力工具. 通过学习和考查,可以体验研究和处理不同对象所用的不同数学概念和相关理论以及变量数学的力量.

高考中对有限与无限思想的考查才刚刚起步,并且往往是在考查其他数学思想和方法的过程中同时考查有限与无限的思想. 例如,在使用由特殊到一般的归纳思想时,含有有限与无限的思想;在使用数学归纳法证明时,解决的是无限的问题,体现的是有限与无限的思想,等等. 随着高中课程的改革,对新增内容的考查在逐步深入,必将加强对有限与无限思想的考查,设计出突出体现有限与无限思想的新颖试题.

2.2.7 或然与必然的思想

世间万物是千姿百态、千变万化的,人们对世界的了解、对事物的认识是从不同侧面进行的,人们发现事物或现象可以是确定的,也可以是模糊的,或随机的. 为了了解随机现象的规律性,便产生了概率论这一数学分支. 概率是研究随机现象的,随机现象有两个最基本的特征,一是结果的随机性,即重复同样的试验,所得到的结果并不相同,以至于在试验之前不能预料试验的结果;二是频率的稳定性,即在大量重复试验中,每个试验结果发生的频率"稳定"在一个常数附近. 了解一个随机现象就是要知道这个随机现象中所有可能出现的结果,知道每个结果出现的概率. 知道这两点就说对这个随机现象研究清楚了. 概率研究的是随机现象,研究的过程是在"偶然"中寻找"必然",然后再用"必然"的规律去解决"偶然"的问题,这其中所体现的数学思想就是或然与必然的思想.

随着新教材的推广,高考中对概率内容的考查已放在了重要的位置. 通过对教学中所学习的等可能性事件的概率、互斥事件有一个发生的概率、相互独立事件同时发生的概率、n 次独立重复试验恰有 k 次发生的概率、随机事件的分布列与数学期望等重点内容的考查,在考查考生基本概念与基本方法的同时,考查在解决实际应用问题中或然与必然的辩证关系,体现或然与必然的数学思想.

2.3 数学能力的内容与要求

谈到数学能力,一般认为应将数学能力区分为两种水平:一种是独立创造具有社会价值的数学新成果的能力;另一种是在数学学习过程中学习数学的能力. 中学阶段数学教学应着重培养的和大学入学考试应着重考查的应是第二种数学能力. 因此把数学能力区分为两种水平是有意义的.但这两种数学能力有什么关系?它们有多大程度的相关?这是很重要的问题.因为,如果这两种能力很不相同或相关很低,那么数学教学培养学生数学能力的意义就值得怀疑,数学考试能否有效考查学生的潜能,能否发现具有数学天赋的学生也值得讨论.这也是考试更加关心的问题.因为现行的高考在一定的教学范围内命题.更多的是要求学生应用一些已知的知识和方法解决问题.这其中也包含一些创造的成分,即命题人员创设的一些情境对命题人员和教师来说是已知的.但对考生来说却是陌生的,需要考生将已知的知识和方法进行重新组合,适用于新的情境.这需要考生有一定的创造性,但还达不到我们常说的数学家的创造的程度.①

关于这两种数学能力之间的关系,可以归纳为三种不同观点:第一种是以数学家阿达玛(Hadamard)为代表的,认为这两种数学能力本质是相同的,只是在程度上不同;第二种是以勃金汉姆(Buckingham)和贝兹(Betz)为代表的,认为这两种能力性质不同,中、小学生在其学习过程中表现出的机动灵活性与科学家的创造活动具有本质的区别;第三种观点是以克鲁捷茨基(Krutetski)为代表,其观点与前两种观点有所不同,这种观点认为学习数学的能力是创造性数学能力的一种表现,"对于数学,彻底的、独立的和创造性的学习是发展创造数学活动能力的先决条件——是对那些包含新的和社会意义的内容的问题,独立地列出公式并加以解决的先决条件".中、小学生的数学能力是高水平数学能力的初级阶段.

对于中、小学生的学习和数学家的工作,从思维过程和思维结果等方面分析,我们认为创造可以分为三个层次:

(1)思维过程在主观上或在一定范围内是新颖的,需要变革主观上或此范围内客观上的某些固有的观念;心理活动的成果在主观上或在以上的范围内的客观上具有新颖性,但没有理论或实践上的价值.

(2)思维过程在主观和客观上都具有新颖性,需要改变人们的一些固有观念;心理活动的成果具有新颖性和价值,在一定范围内客观上也具有理论或实践上的价值.

(3)思维过程是独特、新颖的,它需要改变以前公认的看法,或者否定这些结论,并且思维过程具有强烈的机动性和稳定性;心理过程的成果在主观和客观上都是新颖的,揭示客观事物的本质和内在联系,具有非凡的价值和划时代的意义.

三种创造分属不同的层次,但彼此之间并不是相互独立和不可逾越的,第三层次实际是第二层次的最高水平,只是在客观范围和成果的理论及实践价值上不同.

根据以上的理解,可以认为,两种数学能力都是在创造性的数学活动中形成和发展起来的.正因为如此,它们才具有必然的联系.但由于形成两种能力的实际创造活动分属不同的层次,因而又有区别.首先,学习数学的能力是形成数学家的数学能力的前提.其次,中学生和数学家都具有数学能力的因子,正如克鲁捷茨基所认为的,在任何领域,每个人都有相应

---

① 这一部分内容参考了教育部考试中心编写的《高考数学测量讨论与实践》(高等教育出版社,2007).

的能力,但每个人所具有的数学能力因子的强弱程度不同,每个人组合这些因子的方式也不同.两种数学能力的区别也主要表现在这两方面.最后,数学能力形成后并不是固定不变的,仍要不断地发展、变化.特别是中、小学生学习数学的能力,发展变化更大,可能要经过一个不断重建结构的过程,即在发展过程中各种能力因子不断增强,也不断以新的方式重组其能力因子.高考所考查的主要是中、小学生的数学能力.

以此为基础,明确了数学能力的要点:

(1)数学能力是进行数学活动的能力,是在数学活动中形成和发展起来的,存在于数学活动之中,并且在数学活动中表现.数学能力是动态的概念,存在于变动状态和发展之中,并且影响着个体综合能力的发展.

(2)数学能力是有效认识客观事物,保证顺利地进行数学活动的稳定的心理特征的综合,是影响主体所有数学活动效率的最直接、最基本的因素.作为数学能力实质的个性心理特征就是这种认知特点的概括化形式,它以某种机能系统或结构的形式在个体身上固定下来,因而具有相对稳定的性质.

(3)数学能力是个性化的心理特征.数学能力的直接来源是认知过程,在每一个具体的认知过程中,主体都会表现某些认知特点,这些认知特点既具有一般性,又具有特殊性,每一具体认知过程的特点通过自身长期不断的概括,逐渐形成一种主体的一般数学活动的认知特点.

(4)数学能力区别于数学知识和技能,知识、技能及活动经验是数学活动的结果,对数学能力的形成和发展起重要作用,但这些结果本身并不是数学能力.数学能力存在于活动之中,但并不是数学活动的个别动作和具体内容.数学能力是在获得数学知识和数学技能的过程中发展起来的,不可能在这个过程之外形成和发展.

(5)能力包括各种心理过程——知觉、注意、记忆、想象、思维等各方面的特征,数学能力在各方面都应有其子成分.

(6)完成任何一次较为复杂的数学活动,所需要的不是单独一种数学能力,而是一系列能力,这种顺利完成一项活动的可能性所依赖的能力的独特组合,称为这种数学活动的复合能力.

2.3.1 数学能力结构

某些数学能力是数学技能(参见本丛书中的《数学技能操握》)的升华,因而它的结构成分也与这些技能密切相关.

根据心理学对能力的研究,能力包括各种心理过程——知觉、注意、记忆、想象、思维等方面的个性特征,作为能力的一种特殊形态或成分的数学能力理应包括各种心理过程的个性特征,因此我们所关心的是具有数学特点的能力因素.从这一观点出发,根据数学的抽象性、概括性的特点及数学活动"三段论"的观点,我们把数学活动中这种特殊的知觉及注意归属于有数学特征的能力——数学注意力、观察力;记忆、注意、想象、思维方面的数学能力成分,我们分别记以数学记忆能力、运算能力、空间想象能力和数学思维能力,这些都是具有数学特征的能力.此外,数学活动作为一种特殊的活动(第三阶段:数学理论的应用),我们分析出一种特殊的能力成分,即数学化能力.如此我们得到数学能力结构中的如下能力成分:数学注意能力、数学观察能力、数学记忆能力、数学运算能力、空间想象能力、数学思维能力、数学化能力,其中数学思维能力是数学能力的核心.

1. 数学注意能力

数学注意能力是指在数学活动中,心理对数学对象的指向和集中的能力.

在数学活动中,不管是学习新知识还是解决新问题,都要从注意开始.注意能力的强弱极大地影响着数学活动的效果,在数学教学中,教师应重视培养学生的注意能力.由于注意能力的强弱是从注意的广度、注意的稳定性、注意的分配、注意的转移这 4 个方面来衡量的,因此,培养学生的注意能力就是要提高学生注意的广度和稳定性,改善学生注意的分配与转移.

2. 数学观察能力

观察力在心理学上是指有意识、有目的、有组织的知觉能力,也称作思维知觉.而数学观察能力侧重于在掌握数学概念时,善于舍弃非本质特征,抓住本质特征的能力;在学习数学知识时善于发现知识的内在联系,形成知识结构或体系的能力;在学习数学原理时,能从数学事实或现象展现中,掌握数学法则或规律的能力;在解决数学问题时,善于识别命题的特征,发现隐含条件,正确选择解题途径和数学模型的能力及解题的辨析能力.

3. 数学记忆能力

数学记忆能力的特征是从数学学科特定的特征中产生的,是一种对于概括、形式化结构和逻辑模式的记忆力.

教育实践表明,数学能力强的学生把推理或论证的模式记得很牢,而并不是去强记一些事实和具体数据,不是机械的记忆,而是对语义结构的记忆和对证明方案、基本思路的记忆.因此,数学记忆力的本质在于对典型的推理和运算模式的概括的记忆力.根据布卢姆对知识的分类,按被回忆的材料将数学记忆力分为如下几种:对具体数学事实、术语的记忆力;对数学概念、算法的记忆力;对数学原理、法则、通则的记忆力;对数学问题类型标志、解题模式的记忆力;对数学解题方法、思想的记忆力.

4. 数学运算能力

运算能力是指根据算理和算法对数与式进行运算的能力.它要求运算要正确、迅速、合理,并对运算结果的正确性进行判断、验算.运算能力不仅依赖于基础知识、运算技能,而且依赖于对算理、通法的理解和灵活运用,是注意能力、观察能力、记忆能力、逻辑思维能力和数学形象思维能力等多种能力的综合反映.

运算能力是数学能力的一个重要成分,培养学生具有正确、迅速、合理的运算能力是中学数学教学的目的之一.

中学数学运算主要包括数的计算、式的恒等变形、方程和不等式的同解变形、初等函数运算、初等超越运算、各种几何量的计算、集合的简单运算、极限运算,以及微分、积分、概率、统计的运算.这些内容是学习数学的基础,也是学习其他学科和解决实际问题的必备条件.培养数学运算能力,就是要培养对数值进行运算的能力和对数式进行变形的能力,并要求运算要正确、迅速、合理.

5. 空间想象能力

空间想象能力是用数学处理空间形式,探明其关系、结构特征的一种想象能力,是一种对几何结构表象的建构能力以及对表象的加工能力.

空间想象能力分为三个不同层次的成分:空间观念、建构表象的能力、表象操作能力.

空间观念:空间观念的第一层意思就是空间感,即能在大脑中建立二维映象,能对二维平面图形三维视觉化.第二层意思就是实物的几何化.第三层意思就是空间几何机构的二维表示以及由二维图形表示想象出基本元素间的空间机构关系.

建构表象的能力:即在文辞语言描述、指导下构想几何形状的能力.

表象操作能力:对大脑中建立的表象进行加工或操作以便建构新的表象的能力.

6. 数学思维能力

有关数学思维能力结构的研究表明,数学思维能力包括:(1)发现属性能力;(2)数学变式能力;(3)发现相似性能力;(4)数学推理能力;(5)数学转换能力;(6)直觉思维能力;(7)形成数学概念的概括能力;(8)形成数学通则通法的概括能力;(9)迁移概括能力;(10)发现关系的能力;(11)识别模式的能力;(12)运用思维块能力.

数学思维能力各构成因素之间具有不同程度的相关性,既有正相关,也有负相关,既有高相关,也有弱相关,显示了数学思维能力结构的复杂性,表明了各能力因素之间既相互依存、相互促进,又相互抑制、相互干扰,而并非如通常所想象的那样,对一种能力的训练必有利于另一种能力的提高,一种能力的发展必然促进其他能力的发展.但由各负相关系数的绝对值极小又可知,这种抑制作用又极微弱,也就是说,单项能力的训练提高对另一种能力的发展可能起一些微弱的副作用,轻度抑制它的发展,但对整体数学思维能力仍有益(能力因素与数学思维能力正相关),这提醒了人们,数学专项能力训练要合理安排,不可太过偏重,要致力于各能力因素的协同发展,以促进数学思维能力结构的发展与变化.

通过以上相关分析可以看出,数学思维能力结构并不是诸多构成因素的简单组合和堆积,而是在各因素之间有着各种不同的但却相对稳定的关系.各因素之间既有相互依存、相互促进的关系,即一种因素的发展可以促进另一种因素的发展,有利于整体思维水平的提高,又存在着相互抑制、相互干扰的关系,即一种因素的水平过于低下或过高都会限制其他因素的发展,以致降低整体水平,或一种因素的过度发展,可能会轻微影响另一种因素的发展.这说明数学思维能力结构具有整体性功能,是一个系统结构.

发现相似性的能力、形成数学通则通法的概括能力和迁移概括能力比较重要.数学转换能力,数学变式能力和识别模式能力可谓同等重要.如此,在12种构成因素中,发现相似性能力、形成数学通则通法的概括能力、迁移概括能力、数学转换能力、数学变式能力、识别模式的能力、数学推理能力、运用思维块能力和直觉思维能力较之发现属性能力、形成数学概

念的概括能力、发现关系的能力更为重要. 这里次要因素解释为构成数学思维能力的基础能力因素可能更为合理.

由各能力因素的意义知,运用思维块能力、迁移概括能力和直觉思维能力是较高层次的能力因素,这些能力因素的形成要有其他能力作基础.

这样,就得到数学思维能力的一个塔式结构图式(表2-1):

表2-1

直觉思维能力 迁移概括能力 运用思维块能力	高层次
数学转换能力 数学推理能力 识别模式的能力 发现相似性能力 形成数学通则通法的概括能力 数学变式能力	中层次
发现属性能力 发现关系的能力 形成数学概念的概括能力	低层次

总之,数学思维能力结构是一个具有整体性和层次性特点的系统结构. 这对我们进一步设计高考数学能力的测试与命题提供了一定的理论根据.

7. 数学化能力

数学化,从广义上讲是人们在观察现实世界时,运用数学的方法分析、研究各种具体现象,并加以整理、组织(包括数据的收集、整理、描述等)的过程;狭义上讲是对某一现象或规律用数学的语言描述的过程. 我们理解的数学化能力主要是指将一个现实问题转化为数学问题或已知的数学模型. 作为数学活动的一个主要环节——数学理论的应用,数学化能力是至关重要的,它与数学思维能力一起成为应用数学解决实际问题能力的核心.

2.3.2 数学测评考查原则

1. 加强数学能力的考查

数学测评对能力的考查以考查逻辑思维能力为核心,全面考查各种能力,强调综合性、应用性,切合考生实际,运算能力是思维能力和运算技能的结合,它不仅包括数的运算,还包括式的运算. 对考生运算能力的考查主要是以含字母的式的运算为主,同时要兼顾算理和逻辑推理的考查. 空间想象能力是对空间形式的观察、分析、抽象的能力,图形的处理与图形的变换都要注意与推理相结合. 分析问题和解决问题的能力是上述三种基本数学能力的综合体现,对数学能力的考查要以数学基础知识、数学思维和方法为基础,加强思维品质的考查.对数学应用问题,要把握好提出问题所涉及的数学知识和方法的深度和广度,要切合我国中学数学教学的实际.

2. 运用数学知识考查一般心理能力

一般能力是特殊能力的基础,一般能力的发展为特殊能力的发展创造了有利条件,一般能力是通过数学知识的数学训练以及生活实践培养和增强的.数学知识结构和人的认知能力有各自的逻辑结构和发展序列,两种结构、两个序列互相容纳、互相匹配,学生的知识和能力互相促进、共同发展.由于数学的特点,各分科在建构学生的知识结构中发挥着不同的作用.以数学知识为思维材料和操作对象,考查考生对材料的组织、存储和提取的能力,对知识的记忆、理解、运用、分析与综合的能力,考查一般性的,可在不同分科领域、不同的生活和工作领域中进行迁移的能力.

数学不应等同于数学知识(事实性结论)的汇集,而应把数学活动包含进行,将其看成人类的一种创造性活动,从而除事实性结论外,还应把"问题""语言""方法"等同样看成是数学(或者说数学活动)的重要组成部分.只有立足于人类社会正经历着由工业社会向信息社会的重要转变的事实,才能更好地认识数学教育的作用和功能.与帮助学生"学会数学地思考"相比,我们更应当帮助学生由数学学会思维.

数学测评要发挥基础学科的作用,测量顺利完成各种活动所必备的基本心理能力,特别是高考不同于学校课程的成绩考试,也不同于一般的"智力测验",它不是测量我们通常认识的人的聪明程度,它所测量的是各方面已经得到发展的能力.它所考查的基本能力是学生在多年与环境的相互作用中发展起来的,是学校教育的结果,是那些影响大学中各种学习活动的、比较稳定的、表现在认知方面的心理特征.学习能力既不同于智力,也不同于专业知识技能,这可以从以下几方面进行区分.

知识和技能主要来源于教育和有意义的学习,智力则在某种程度上受到人的遗传特征影响,学习能力不仅反映教育和有意义学习的结果,而且反映课外学习和无意学习的结果.

一般地讲,智力是很难改变的,知识技能则较容易因训练和遗忘而改变,大学学习能力是需要通过课内外较长时间学习才能发生变化的能力,与智力相比,它可以通过教育而变化;与知识相比,它不会因训练和遗忘而在短时期内发生变化.

人的智力几乎影响人在各个方面、各个领域的活动,知识技能则仅影响人在有限领域的活动.学习能力是指那些影响到大学学习中各种活动的心理特征.

当高考在考查学习能力的时候,以学生目前的表现为基础,更加关注的是学生在以后的大学学习中的表现将会如何.与此不同,知识考试则主要关注学生现在对某一部分知识的掌握情况.

数学测评中要求学生有一定的数学知识基础,这些课程当然不是先天的技能,而是在学校学到的,如果一个学生没有学过代数和几何课程,即使他非常聪明,他在数学考试中也不会得到很好的成绩.

3. 综合考查数学能力

在测验中,对数学能力的考查是以知识为基础,以问题为载体的,应当注意的是,各种分科能力具有同等重要的意义."同等重要"有几个含义:一是数学能力要求不是以能力层次为出发点划分的,而是以数学能力因素的不同方面和不同特点划分的,不存在谁高谁低的问题;二是这些能力要求在测验中的地位是相同的,可以用不同的材料,通过不同的形式考查,不存在哪种能力重要,哪种能力不重要的问题;三是这些能力因素是有内在联系的,这种联系反映在试题上就表现为一道试题可能有多种能力要求.一般来说,孤立地强调考查某一种能力是不适宜的.考生解决问题的过程是综合运用各种能力的过程.因此,测验中对能力的考查也应强调综合考查.再比如,许多测验在考查逻辑思维能力时,经常与运算能力结合考查,通过具体的计算推导或证明问题的结论;同时,在计算题中,也较多地融入了逻辑推理的成分,边推理边计算.因此在考查过程中应明确能力考查的目的,全面准确理解能力考查的意义,摆正各种能力考查之间的关系,确定合适的比重.

2.3.3 高考对数学能力的考查要求[①]

数学是一门思维的科学,是培养理性思维的重要载体,通过空间想象、直觉猜想、归纳抽象、符号表达、运算推理、演绎证明和模式构建等诸方面,对客观事物中的数量关系和数学模式做出思考和判断,形成和发展理性思维,构成数学能力的主体.对能力的考查,强调"以能力立意".就是以数学知识为载体,从问题入手,把握学科的整体意义,用统一的数学观点组织材料,对知识的考查侧重于理解和应用,尤其是综合和灵活的应用,以此来检测考生将知识迁移到不同的情境中去的能力,从而检测出考生个体理性思维的广度和深度以及进一步学习的潜能.

对能力的考查,是以思维能力为核心,全面考查各种能力,强调综合性、应用性,切合考生实际.运算能力是思维能力和运算技能的结合,它不仅包括数的运算,还包括式的运算,对考生运算能力的考查主要是算理和逻辑推理的考查,以含字母的式的运算为主.空间想象能力是对空间形式的观察、分析、抽象的能力,考查时注意与推理相结合.实践能力在考试中表现为解答应用问题,考查的重点是客观事物的数学化,这个过程主要是依据现实的生活背景,提炼相关的数量关系,构造数学模型,将现实问题转化为数学问题,并加以解决.命题时要坚持"贴近生活,背景公平,控制难度"的原则,要把握好提出问题所涉及的数学知识和方法的深度和广度,要切合我国中学数学教学的实际,让数学应用问题的难度更加符合考生的水平,引导考生自觉地置身于现实社会的大环境中,关心自己身边的数学问题,促使学生在学习和实践中形成和发展数学应用的意识.

高考数学科的能力要求包括思维能力、运算能力、空间想象能力以及实践能力和创新意识.

（1）思维能力.要求会对问题或资料进行观察、比较、分析、综合、抽象与概括;会用演

---

① 教育部考试中心.高考数学测量理论与实践[M].北京:高等数学出版社,2007:182-239.

绎、归纳和类比进行推理;能合乎逻辑地、准确地进行表述.

(2)运算能力. 要求会根据法则、公式进行正确运算、变形和处理数据;能根据问题的条件,寻找与设计合理、简捷的运算途径;能根据要求对数据进行估计和近似计算.

(3)空间想象能力. 要求能根据条件做出正确的图形,根据图形想象出直观形象;能正确地分析出图形中基本元素及其相互关系;能对图形进行分解、组合与变换;会运用图形与图表等手段形象地揭示问题的本质.

(4)实践能力. 要求能综合应用所学数学知识、思想和方法解决问题,包括解决在相关学科、生产、生活中的数学问题;能阅读、理解对问题进行陈述的材料;能够对所提供的信息资料进行归纳、整理和分类,将实际问题抽象为数学问题,建立数学模型;应用相关的数学方法解决问题并加以验证,并能用数学语言正确地表述、说明.

(5)创新意识. 要求能从数学的角度发现问题、提出问题,能够应用所学的数学知识和方法进行独立思考、探索、研究、解决问题.

创新意识和创造能力是理性思维的高层次表现,在数学学习和研究过程中,知识的迁移、组合、融会的程度越高,展示能力的区域就越宽泛,显现出的创造意识也就越强. 命题时要注意试题的多样性,设计考查数学主体内容,体现数学素质的题目,反映数、形运动变化的题目,研究型、探索型或开放型的题目,让考生独立思考,自主探索,发挥主观能动性,研究问题的本质,寻求合适的解题工具,梳理解题程序,为考生展现创新意识、发挥创造能力创设广阔的空间.

在综合考查学科能力的同时,还重视对考生一般心理能力的考查. 这种考查仍以学科知识为思维材料和操作对象,考查考生对材料的组织、存储、提取的能力;对知识的记忆、理解、运用、分析与综合的能力;一般还考查在不同学科领域,不同的生活和工作领域中进行迁移的能力. 随着课程改革的深入,研究性学习课程已成为一个独具特色的课程领域,高考对研究性学习课程的考查将突出考查考生提出问题、分析问题和解决问题的能力,考查考生的创新意识和应用意识,考查考生的数学探究能力、数学建模能力、数学交流能力和数学实践能力.

为了加强在高考中对能力的考查力度,近年来突出了以能力立意的命题思想. 一道试题包括立意、情境、设问三个方面,立意是试题的考查目的;情境是实现立意的材料和介质;设问是试题的呈现形式. 以能力立意命题就是先确定试题在能力方面的考查目的,然后根据能力考查的要求,选择适宜的数学内容,设计恰当的设问方式. 强调以能力立意,使命题工作发生了深刻的变化. 以能力立意命题,保障了高考突出能力与学习潜能考查的要求,使知识考查切实服务于能力考查;拓展了命题思路,在选材时视野更为宽广,不拘泥于学科知识的束缚,更多地着眼于数学学科的一般思想方法,着眼于普遍价值和有实际意义的问题;有利于题型设计易于形成综合自然、新颖脱俗的试题;有利于在全卷的整合时,对试题的整体布局、层次安排,有高屋建瓴之势;将促进高考命题改革向纵深发展.

下面,我们介绍高考数学科在能力立意下对能力考查的具体要求.

1. 思维能力

高考对思维能力的考查提出了三个层次的要求：会对问题或资料进行观察、比较、分析、综合、抽象与概括；会用演绎、归纳和类比进行推理，能准确、清晰、有条理地进行表述．

(1) 演绎推理．

数学是一个各部分紧密联系的逻辑系统，形成逻辑推理是基本方法．由概念组成命题，由命题组成判断，由判断组成证明．在数学领域中只有被严密逻辑证明了的结论才被承认为正确的，因此数学是体现逻辑最为彻底的学科．中学没有逻辑学科，数学就很自然地承担了这方面的责任，因此数学考试中着重考查演绎推理的能力．

演绎推理能力是指从定义出发进行分析、推理、论证的能力，其重点是三段论推理．大学对合格新生的要求一方面是掌握一定的数学知识，但更重要的是具有一定的能力．在大学数学基础课程中，学生普遍感到困难的是线性代数，如向量空间．究其原因，是学生利用定理、定义进行抽象推理的能力没有达到要求．

高考对逻辑思维能力的考查主要体现为对演绎推理的考查．试卷中考查演绎推理的试题比例较大，命题时既考虑使用选择题、填空题的形式进行考查，又考虑使用解答题型，以证明题的形式重点进行考查．

(2) 归纳推理．

所谓归纳推理，简单地说，就是合理的猜测方法．归纳推理与通常所说的论证推理是有差异的，论证推理是严密可靠的，而归纳推理所得到的结论的科学性有待证明．一般来说，严格的数学理论是建立在论证推理之上的，而数学结论及相应的证明又是靠归纳推理才得以发现的．随着教学改革的发展，在教学中培养学生严格的逻辑推理固然是重要的，但归纳推理也是必不可少的，因为归纳推理是创造性思维的基础．

(3) 直觉思维．

数学思维主要是逻辑思维，逻辑思维操作的对象是概念，并严格遵循形式逻辑推理的规则．直觉思维区别于逻辑思维的重要特征就是在没有经过严格的逻辑推理之前，迅速对事物做出判断，得出结论．而这种结论还需要严格的逻辑证明．事实上，直觉思维得出的结论并不是主观臆断，而是以扎实的知识为基础，以对事物敏锐的观察、深刻的理解为前提的．

直觉思维是指不受固定的逻辑规则约束，直接领悟事物本质的一种思维方式．在直觉思维过程中，人们以已有的知识为根据，对研究的问题提出合理的猜想和假设，含有一个飞跃的过程，往往表现为突然的认识和领悟．直觉思维的特性主要表现在思维对象的整体性，思维产生的突发性，思维过程的非逻辑性，思维结果的创造性和超前性以及思维模式的灵活性和敏捷性等．

逻辑思维与直觉思维是两种基本的思维形式，逻辑思维在数学中始终占据着主导地位，而直觉思维又是思维中最活跃、最积极、最具有创造性的．逻辑思维与直觉思维形成了辩证的互补关系，它们的辩证运动构成了完整的数学思维过程．直觉思维为逻辑思维提供了动力并指示着方向，逻辑思维则对直觉思维做出检验与反馈，是直觉思维的深入和精化．

既然直觉思维与逻辑思维一起组成数学思维,那么在高考命题中,很自然地要考虑如何对直觉思维进行考查.考生在考试过程中直觉思维活动的结果是可以在卷上反映出来的,但思维过程则很难反映出来.因此,选择题、填空题的题型对考查考生的直觉思维有特别的作用.在设计试题时,应该从多种方法、多个角度来考虑,使试题尽量具有多种思考方法,能给考生提供较多的思维空间.由于考生在解答时思考的思维方式不同,所以他们解题所花费的时间也必定不同.这时便以解答时间的长短来衡量考生的思维水平,解答正确而所用时间较少的考生,其思维水平较高,在他们的思维过程中,必定含有直觉思维的因素.

我们平时往往会有一种误解,认为数学就是十分严格的,就是滴水不漏的.但实际上,严格与非严格之间存在着辩证的关系,是可以互补.合情推理与似真推理在解决数学问题尤其是实际问题中起着越来越大的作用.

(4) 数学语言.

语言以思维为基础,思维成果需要用语言或文字来表达.数学语言是数学特有的形式化符号体系,依靠这种语言进行思维能够使思维在可见的形式下再现出来.数学语言包括文字语言、符号语言和图形语言.在试题中主要是文字语言,辅之以图形语言,文字语言包括日常生活的语言,还有数学学科内的特殊语言.高考中考核的重点是文字语言,并要求考生能够根据实际情况进行各种语言间的转换.对语言的考查包括两方面的要求:一方面,要求考生有一定的语言表达能力,能清楚、准确、流畅地表达自己的解题过程,并要求表达合乎条理,层次清楚,合乎逻辑,准确规范地使用名词、术语和数学符号,书写清楚;另一方面,要求考生读懂题目的叙述,把所给的文字和数学符号翻译成数学关系输入大脑,以便于大脑加工.

用符号表示的数学语言具有它的独特性,特定的符号有特定的含义,高考中以突出考查符号语言的形式考查思维能力,重点考查对符号语言的阅读、识别和理解,考查抽象思维.

我们学习符号语言时,另一个比较集中的内容就是立体几何.除了常规的平行、垂直符号以外,还引入了集合的符号.由于立体几何研究的主要内容是空间图形,因此,三种语言的相互转化就成了解决立体几何问题的重要过程,也是高考考查的重点.

高考对文字语言的考查,往往以应用问题的形式进行,在考查阅读理解文字语言的基础上,进一步考查建立数学模型解决实际问题的能力.随着高考命题改革的深入,有些创新型试题也从对文字语言的理解开始,在考查阅读理解文字语言的基础上,考查创新意识.

2. 运算能力

运算能力是思维能力和运算技能的结合.它不仅包括数的运算,还包括式的运算,对考生运算能力的考查主要是以含字母的式的运算为主,同时要兼顾对算理和逻辑推理的考查.

运算能力主要是数与式的组合与分解变形的能力,包括数字的计算、代数式和某些超越式的恒等变形、集合的运算、解方程与不等式、三角恒等变形、数列极限的计算、几何图形中的计算等.运算结果具有存在性、确定性和最简性.

运算能力是一项基本能力,在代数、立体几何、平面解析几何等学科中都有所体现.在高考中半数以上的题目需要运算,运算不仅是只求出结果,有时还可以辅助证明.运算能力是最基础的又是应用最广的一种能力.

高考对运算能力的考查提出了三个方面的要求:会根据法则、公式进行数、式、方程的正确运算、变形和数据处理;能根据问题的条件,寻求设计合理、简捷的运算途径;能根据要求对数据进行估计和近似计算.

随着高考命题改革的推进,高考对运算能力的考查会更偏重于与思维能力的结合,适当淡化对烦琐数学运算的考查,适当加强对含有字母式子运算的考查,加强对算理、算律的考查,强调运算路径的合理、简捷.

(1)运算的熟练性.

运算的熟练性是对考生思维敏捷性的考查. 在日常教学中,学生学习了大量的运算公式和运算法则,在课后的练习中,学生做了大量的练习,通过练习积累了一些运算的经验. 由于高考是在规定时间内完成的选拔性考试,其中对运算的考查自然含有熟练程度的要求. 高考中对运算熟练性的考查不是以增大运算量来体现的,而是在降低运算量的情况下,考查考生的常规运算是否能达到熟练的程度. 熟练的标志有两层含意,一是运算结果的正确性,在运算过程中出现差错往往是运算不熟练造成的;二是运算过程所占用的时间,也就是在算对的前提下算快,快是运算能力强的重要标志.

(2)运算的合理性.

运算的合理性是运算能力的核心. 一般一个较复杂的运算,往往是由多个较简单的运算组合而成的,如何确定运算目标?怎样将各部分有机地联系在一起? 这是运算合理性的主要标志,是运算能力的体现.

运算的合理性表现为运算要符合算理,运算过程中的每一步变形都要有所依据,或依据概念,或依据法则,可以说运算的每一步变形都是演绎法的体现. 运算过程包含着思维过程,运算离不开思维.

运算的合理性表现在运算目标的确定上. 运算的目的是要得到化简的数值结果或代数式等,有时是完成推理和判断的工具. 对一些比较直接、简单的运算目标一般考生还能把握,但对一些比较复杂的运算目标,需要经过几步运算才能达到最后结果,考生一般都感到解答困难,突出表现是三角函数的恒等变形. 有一阶段,对三角函数的考查一般以证明恒等式的形式出现,一般考生不能从等式两边的特点分析出化简的方向,证明中表现的目的性不明确,滥用公式,把有关的三角公式都写上,分辨不出用公式的目的. 近年来为加强对运算的目的性考查,将证明恒等式改为求值. 一般是给出一个比较简单的三角函数式的值,求一个比较复杂的三角函数式的值,或反之. 在求曲线的轨迹方程时,如何消去方程组中的参数,也有确定运算目标的问题.

运算的合理性还表现在运算途径的选择上. 合理选择运算途径不仅是运算迅速的需要,也是运算准确性的保证. 运算的步骤越多,越烦琐,出错的可能性也会越大. 因而,根据问题的不同条件和特点,合理选择运算途径是提高运算能力的关系. 考生应灵活地运用公式、法则和有关的运算律,掌握同一个问题的多种运算方法和途径,并善于通过观察、分析、比较,做出合理的选择.因此,运算能力的考查中包括了对思维能力的要求以及对思维品质(如思维的灵活性、敏捷性、深刻性)的考查.

对概率计算问题的考查,往往不是考查计算过程,而是考查如何列式,是对算理的考查,体现运算的合理性.

(3)运算的简捷性.

运算的简捷性是指运算过程中所选择的运算路径短、运算步骤少、运算时间省,运算的简捷性是运算合理性的标志,是运算速度的要求.

高考对运算简捷性的考查,主要体现在运算过程中概念的灵活应用、公式的恰当选择、数学思维方法的合理使用,尤其是合理使用数学思维方法,可以简化运算,提高速度.其中数形结合的思想、函数与方程的思维、等价转化的思维、换元法等数学思维方法在简化运算中都有重要的作用.

运算的简捷性是对考生思维深刻性、灵活性的考查.

3. 空间想象能力

数学是研究现实世界空间形式和数量关系的科学,空间想象能力是在研究现实世界空间形式的过程中产生并为之服务的.空间想象能力是对空间形式的观察、分析、抽象的能力,图形的处理与图形的变换都要注意与推理相结合.

高考对空间想象能力提出了三个方面的要求:能根据条件画出正确的图形,根据图形想象出直观形象;能正确地分析出图形中基本元素及其相互关系;能对图形进行分解、组合与变形.

(1)根据题设条件想象和画出图形.

首先要识别图形,包括几何体的形状、大小,几何体间的位置关系;几何体中各元素在平面上、空间中的相互位置关系以及相对于特定位置的排列顺序.在立体几何中,由于立体图形是在平面内绘出的,图形并不能完全反映几何体的真实结构和关系,只是反映几何体的一定特点,所以对观察和分析就有一系列的特殊要求,即不能分析真实的几何体,而只能分析和几何体有区别的直观图.直观图只有立体感,不能完全真实准确地再现相应的几何体,不能根据图形的直观启发直接进行推导或计算,所以识别图形就相当重要了.

对立体几何内容一般都使用三种题型进行考查,考虑到阅卷的因素,立体几何解答题往往给出图形,而选择题和填空题则是除个别题外,一般不给出图形.这就需要考生根据题目的题设条件,先画出图形,然后再进行研究.

(2)将概念与图形结合.

立体几何图形的特征是通过概念来描述的,对概念的理解是解题的基础.要求考生能够理解概念的本质,根据对概念的叙述想象出图形,分解出解题所需要的要素,在必要的时候画出草图,辅助解题.

在考题中,一般只给出最简单的图形及最基本的条件.在解答时需要考生以此为依托,根据定义和性质自己画出所需要的线、面,对照图形,将概念、性质灵活地应用于图形.

在高考试题中,将概念与图形相结合考查空间想象能力,不仅用选择题和填空题进行考查,在解答题中,位置关系的证明、角与距离的计算等,也都离不开对概念的考查,只不过侧重点不同,结合的深浅程度略有区别.

(3)图形处理.

对图形的处理,一方面是指对图形的分割、补全、折叠、展开等变形,通过对图形的直观处理,一般能辅助解题,使解题过程简捷、明快;另一方面是指对图形的平移变形处理,包括添加辅助线、辅助面和变形处理,将立体直观图中的某个平面移出体外,平面化的处理及对复杂图形简单化、非标准图形标准化的变形处理,等等.

对空间图形的处理能力是空间想象能力深化的标志,是高考从深层次上考查空间想象能力的主要方面.

4. 实践能力

能综合应用所学数学知识、思维和方法解决问题,包括解决在相关学科、生产、生活中的数学问题;能阅读、理解对问题进行陈述的材料;能够对所提供的信息资料进行归纳、整理和分类,将实际问题抽象为数学问题,建立数学模型;应用相关的数学方法解决问题并加以验证,并能用数学语言正确表述、说明.

实践能力是将客观事物数学化的能力.主要过程是依据现实的生活背景,提炼相关的数量关系,构造数学模型,将现实问题转化为数学问题,并加以解决.

加强实践能力的考查是时代发展的需要,是教育改革的需要,同时也是数学学科的特点所决定的.从1993年开始,数学学科逐步加强了数学应用的考查,但并没有急于求成,最初是在选择题和填空题中出现,目的是引起中学教学对应用问题的重视,在思维上和实践上做好充分的准备.从1995年开始,在解答题中命制了应用题,虽然连续两年应用题的得分率都不高,但两年的试题都得到了中学教师的肯定和支持.1997年命题时在总结前两年经验的基础上,进一步研究了应用问题的特点和考生能够达到的水平,降低了问题的起点,使多数考生都能入手做题,达到了试题水平和考生能力的匹配.回顾20多年来应用问题的测验经验,可以总结出应用问题的特点和命题原则.

(1)创设新颖情境,考查解决实际问题的能力.

应用问题的立意是考查灵活应用所学知识和方法解决实际问题的能力.创设的情境比较新颖,如1995年淡水鱼价格和政府补贴问题,1996年的粮食产量、人口增长、耕地流失问题,1999年的轧钢问题,2000年的西红柿成本与售价问题,2001年的旅游产业问题,2002年的城市汽车保有量问题,2003年的乒乓球赛计分问题和台风问题.从2004开始,全国已有十多个省市单独命题,各套试卷都坚持考查应用问题.随着新的课程改革的推进,高考中新增加了概率统计内容的考量,因而此后将应用题考查的内容大都围绕考查概率统计知识设计了.但湖南省的试卷在应用题考查方面有许多特色.既有以概率统计知识为背景,又有以其他知识为背景的.

(2)结合我国的实际情况和当前亟待解决的问题编拟试题,有时代气息,有教育价值.

1995年普通高考试题结合我国社会主义市场经济的背景,编拟了有关政府对淡水鱼的补贴问题,强调在市场经济中,政府并不是无所作为的,还应当加强对经济的调控,但这种调控,不是靠行政命令,而更多的是依靠税收、补贴、利率等经济杠杆进行调节. 1996年的试题是有关人口、土地、资源、环境保护等的问题,这些问题在世界范围内都是十分严峻的重要问题. 恰当调控人口增长、减少耕地流失、保护生态环境是我国的基本国策,解决本题的过程也是对考生的一次深刻的国情教育,教育学生要本着对整个人类、对子孙后代负责的精神,妥善处理发展和环境保护的问题、短期利益和长远利益的关系,为后代留下一个资源丰富、整洁优美的环境,"心田存一点,子种孙耕". 2002年文、理两科各有一道填空题和选择题的应用题,题中的信息来源真实可靠,分别选自新华社2002年3月12日电和2002年3月5日九届人大五次会议《政府工作报告》,具有很强的即时性.

(3)密切结合教材,考查本学科的重点内容.

1995年的应用题是有关函数、方程和不等式的,这是教材中的重要内容,试题要求考生从文字语言中找到变量之间的依存关系,转化为中学数学的熟悉问题——求函数解析式、定义域,解不等式. 1997年的试题与此类似,要求考生先建立数学模型,把全程运输成本 y 表示为速度 v 的函数,并指出函数的定义域;其函数结构可归结为 $\frac{a}{x}+bx(a,b,x\in \mathbf{R}^*)$ 的极值问题,应用平均值不等式可求出使全程运输成本最小的速度 v 的表达式. 1996年的增长率问题在教材中是作为指数函数的应用出现的,教材中有相应的练习题和习题,考生比较熟悉. 根据人口是以几何级数增长,土地是以算术级数减少,以此为背景,编拟了等差数列与等比数列结合的试题.

随着新教材的使用,导数和概率统计部分成为考查的重点,此后就以导数求最值、积分求面积及分析数据求概率等为背景编制应用题考查.

(4)问题涉及的数学知识和方法要有一定的深度和广度,要有综合性,要有适当的难度和计算量,突出数学在解决实际问题时的应用价值.

1995年的数学模型来自经济学中价格平衡理论,市场平衡价格只有经过精确的计算才能确定;而关于耕地流失问题,虽然列出算式后可以根据算式计算出结果的精确数值,但在实际问题中,各种测量值本身有一定的精确度,也有一定的误差,在计算中,比测量精度更"精确"的数值是没有实际意义的,这也体现出近似计算的意义. 数学的作用在于根据实际问题的要求确定一定的计算精度,估计计算过程中的误差,并对误差加以控制,在此体现出数学的应用价值. 在近似计算中有各种法则. 实际上,这些法则是根据实际问题的要求,在计算过程中不断总结出来的. 1997年的试题在应用平均值不等式时要注意: $v=\sqrt{\dfrac{a}{b}}$ 并不一定使全程运输成本最小,还要进一步和 c 比较,才能得出结论. 实际上,该题对考生的要求分为三个层次:列出 y 的函数表达式并求出定义域;应用平均值不等式;将 $\sqrt{\dfrac{a}{b}}$ 与 c 比较. 通过这三个层次将不同水平的考生区分出来.因此可以说该题是在发挥应用题的甄别和选拔功能方面进行的一次成功的尝试.2002年的汽车保有量试题是需转化为递推数列来研究的,在求得 $b_n+1=\dfrac{x}{0.06}+\left(30-\dfrac{x}{0.06}\right)\times 0.94^n$ 之后,想利用已知条件列方程时,必须对 $\left(30-\dfrac{x}{0.06}\right)$ 的取值进行讨论以决定函数 $f(n)=\left(30-\dfrac{x}{0.06}\right)\times 0.94^n$ 的单调性,对数学思想和方法有较高的要求.

(5)对数学语言的考查,包括对普通语言和数学语言的问题理解能力和文字表达能力的考查.

对普通语言的考查要求将日常生活或一般问题中的普通生活语言转化为数学语言,本质是考查对一般语言的理解、抽象和转化能力.在过去几年里,这方面的考查都是结合应用问题考查的,在应用问题中考查阅读能力的重点是对普通语言的转化能力.

2000年的应用题,我们给出了西红柿的市场售价与上市时间的函数图像,西红柿种植成本与上市时间的函数图像,通过识别函数图像由"形"到"数"得到函数解析式.然后再进一步研究,这是使用应用问题考查图形语言的一个例子.

(6)注意应用层次,控制试题难度.

数学应用问题大致可分为以下四个不同的层次:(1)直接套用现有公式计算;(2)利用现有的数学模型对应用问题进行定量分析;(3)对于经过加工提炼、忽略了次要因素、保留下来的诸因素关系比较清楚的实际问题建立数学模型;(4)对原始的实际问题进行分析加工,提炼数学模型.对于以上四个层次,我们认为直接套用公式计算与实际背景关系不大,达不到考查应用的目的,而直接面对原始的实际问题则又要求过多的实际经验与其他方面的专门知识以至数学反降为次要,因此,考查应用问题应以(2)(3)两个层次为宜.

(7)背景公平,叙述简明易懂,评分客观.

为保证考试的公平性,应用题所涉及的实际问题情境应是考生所熟悉的.应用问题不完全等同于实际问题,在解决应用问题或将实际问题抽象为数学问题的过程中所涉及的有关知识和方法是考生已经学过的.在编拟应用题时应注意:一方面高考是纸笔限时考试,考生的思考时间是有限的;另一方面为了表述清楚应用情境,便于考生理解、抽象数学关系,通常应用问题的叙述较长,考生需要较长时间理解题意.因此题目的叙述应当明确,避免歧义,便于考生理解.

应用问题都有一定的实际背景,需要考虑的条件较多,解决方法一般也是在综合考虑各方面的限制条件后得出的结果,解决的方法很多,因此答案一般不唯一.近几年在应用题的命题过程中,为保证评卷客观、公正,便于操作,控制评分误差,题目命题时适当地限制了一些条件,相对抽象、规范化,控制答案的数量,有固定客观的答案,有明确的评分标准.事实上,应用问题对命题的评分都提出了新的问题,也提供了试验的素材,今后在开放题型的命制、多答案的试题和评分等方面都可以进行更进一步的探索.

如果说考查应用问题的初衷主要是引导中学数学对数学应用的重视,那么应用问题的实际考查在客观上达到了区分鉴别考生的目的.因此在教学中应避免平时不重视应用问题,只在考前做一些专题讲座的应急做法,在日常教学中应以应用问题作为突破口,提高学生的数学素养,真正达到素质教育的目的.

(8)逐步体现对"研究性学习"的考查.

研究性学习课程作为重要内容已被列入我国《国家九年义务教育课程计划(实验稿)》,已成为我国当前课程改革的一大亮点.高考应用问题的实践性应反映出研究性学习课程的特点.2002年高考文科数学全国卷的第22题,设计了用三角形纸片剪拼正棱柱的试题,考查考生动脑、动手的能力,试题的解答并不需要多么深奥的数学知识,也没有烦琐冗长的计算或严格的逻辑证明,是体现考查"研究性学习"的一次有益尝试.

5. 创新意识

创新意识是指对新颖的信息、情境和设问,选择有效的方法和手段收集信息,综合与灵活地应用所学的数学知识、思维和方法,进行独立的思考、探索和研究,提出解决问题的思路,创造性地解决问题.

思维能力、运算能力、空间想象能力是学生进行数学学习的基础,是对学生认识数学特点的概括,是学生在数学活动中表现和培养的,带有明显的数学特点,因此被认为是数学能力,与之相比,创新意识属于更高的层次,有着更宽泛的内涵.

高考对创新意识的考查,主要是要求考生不仅能理解一些概念、定义,掌握一些定理、公式,更重要的是能够应用这些知识和方法解决数学中和现实生活中的比较新颖的问题.数学教育的目的不单单是让学生掌握一些知识,也不是把每个人都培养成数学家,而是把数学作为材料和工具,通过数学的学习和训练,在知识和方法的应用中提高综合能力和基本素质,形成科学的世界观和方法论.因此,高考对实践能力和创新意识的考查,其意义已超出了数学学习,对提高学习和工作能力,对今后的人生都有重要的意义.

具有创新性质的思维活动表现为:

(1)从题目的条件中提取有用的信息,从题目的求解(求证)中考虑需要的信息;

(2)在记忆系统里储存的数学信息中提取有关的信息作为解决本题的依据,推动(1)中信息的延伸;

(3)将(1),(2)中获得的信息联系起来,进行加工、组合,主要是通过分析和综合,一方面从已知到未知,另一方面从未知到已知,寻找正反两个方面的知识的"衔接点"——一个固有的或确定的数学关系;

(4)将(3)中的思维过程整理,形成一个从条件到结论的行动序列.

高考中对创新意识的考查要求考生能够将能力要素进行有机组合.能力要素的有机组合首先是各种能力的综合,但又不是所有能力的要素的综合,是解题所需能力要素的组合.提取题目的信息和储存的知识信息是认识事物的开始,要将这些信息联系起来,进行加工、组合,主要是通过分析和综合.分析即了解事物的状态、性质、特点、本身的意义、发生和发展的过程,与其他事物的关系,还包括预测事物的发展趋势,因此分析是主体对客体客观的反应. 而解决问题则是主体的行为,能动地按照主体的意志改造客观世界,实现主体的意志,达到主客体在新的基础上的统一,因此它包括观察能力和记忆能力,还包括其他一些能力的综合运用.

能力要素之间存在着内在的联系,这种联系反映在试题上就表现为一道试题可能有多种能力要求,因此高考对创新意识的考查也体现在综合考查中. 在考查思维能力时经常与运算能力结合考查,通过具体的计算推导或证明问题的结论. 在计算题中也较多地融入了逻辑推理的成分,边推理边计算. 综合考查能力所使用的素材可以是代数、三角,也可以是立体几何、解析几何,在知识网络的交汇处设计试题往往更能体现对能力综合考查的要求. 试题是以问题为中心,而不是以知识为中心,解答时从分析、思考到求解,需要综合应用所学数学知识、思维和方法,带有明显的综合性质,对处理问题的灵活性和机敏性有一定的考查要求. 此外,在熟练运用数学语言、符号、图表、图形、表述解题过程和解答结果方面,也有一定程度的考查要求.

2.4 非智力因素的要求

影响人的学习与才能成长的非智力因素主要包括信仰、理想、兴趣、情感、情绪、毅力、心态和性格等. 这些因素对不同专业人才成长与发展的影响虽然不尽相同,但是各类技术人才、管理人才对以上因素都应有一定的要求.

现代教育理论的研究与实践证明,非智力因素对人才成长的影响有时比智力因素还要重要. 事实上,信仰、理想、兴趣和情感通常是产生学习和创造力的源泉;情绪与毅力则是意志力的反映;心态与性格则直接影响着人的应变能力与协作精神,乃至学习与工作的活力,等等. 诸多非智力因素的好坏优劣,对人的成才都有着影响深刻、作用长久的特点. 不过,从实践的角度来看,要对各种非智力因素进行专门和系统的考查,是一件十分困难的事情. 长期以来,在高考中对考生有关非智力因素的考核主要是通过老师和学校对考生所给的评语与鉴定实现. 而在学科考试中,几乎不提及,这是一种缺陷与不足.

从以往的实践看,考生报考高校时,其所在学校所给的评语与鉴定通常显得比较简单和粗糙,对于录取的影响并不大,只有极少数的评语与鉴定在录取时发挥作用,而绝大多数考生往往只是凭借学科考试成绩的优劣决定其是否被录取. 面对这样的现实,有必要对学科考试中的非智力因素的考查提出要求,以求学科考试成绩也能从一定的角度反映考生的非智力因素的状况. 当然,这方面的考查,既不应该,也不可能作为学科考试的主要内容.

长期以来,高考在分科考试的模式下,各科试题历来都十分注意避免"越科过界". 这种观点在很大程度上制约着学科考试中能力考查的拓展,而且也显得与时代的发展不相称.

当今世界,随着社会的进步,现代科技的高速发展,推动了信息时代和知识经济时代的发展,人类赖以生存的物质环境与文化环境已经发生了根本的变化,许多以往被认为是专门性的、只有少数人才得以掌握的知识与技术,如今已成为社会大众的普通常识.这一点从大众传媒的多样化及传媒中使用的大量科技语言、科技术语、数据、资料和信息可以得到充分的显示,各种学科知识的相互渗透和融会的现象正在不断和迅速地扩展着,一个现代人必须具备的常识,较之以往任何时代都要更多.

在数学学科的考试中,对非智力因素的考查要求可从大环境与小环境这两个层面上进行说明.

高考是在一定的环境和氛围中进行的,考生就在这个特定的环境与氛围中来呈现自己的知识基础、能力层次、学习潜质与心理素质,对环境的适应性最能反映出一个人的非智力因素的状况.因此,对非智力因素的考查必须着重于环境的营造.不同的环境氛围,对人的非智力因素的要求会有所不同.

高考中的数学考试,首先是指考试置于高考的这个大环境中,对考生的非智力因素也就提出了一定的要求,这方面的要求主要是情绪和心态.考生在考场应试时,应力求情绪平和稳定,心态上应有适度的兴奋、自信.要达到这样的要求,有赖于长期的培养和训练.对于面临高考的考生来说,绝大多数人是头一回参加规模这么大、场面这么严肃紧张的考试,心理上难免会有压力,情绪紧张几乎不可避免.因此,这里所说的情绪平和稳定的要求只是说力求做到,实则难以做到.力求做到是指尽最大可能克服畏惧、恐慌和盲目乐观等不良情绪,使自己的真实水平在考试中能够得到正常的发挥.

在高考中,情绪不宜亢奋激动,不宜大起大落,应力求平和稳定,心态上又要自信,并保持适度的兴奋,才能促进思维的活跃,使自己处于比较理想的竞技状态.对考生来说,高考是人生历程上的一次影响深远的竞争.为了在竞争中取胜,考前的各种安排应力求使自己在考试期间处于最佳的竞技状态.在这当中,心态是最为重要的一环.

高考是一场紧张的手脑并用的竞技,没有敏捷的思维、快速的书写,难以获得好成绩.因此,自信和适度的兴奋也十分重要.缺乏自信,就会犹豫不决,患得患失;没有适度的兴奋,思维就活跃不起来,更不要说敏捷的思维了;要是过度兴奋,则极易失常,因难以把握分寸而犯错.由此可见良好的心态是最佳竞技状态的基础,这样的心理素质对未来的学习与工作无疑也有着深刻的影响,因而也就成为高考要求的一个重要方面.

此外,再来看看高考数学考试中的小环境,这里所说的小环境是指数学试题与试卷本身.这个环境是数学科特有的,它对考生的心理素质和非智力因素有一定的要求.当然,数学试卷和试题主要是对学科知识与能力方面的考查.当我们将注意力转移到试卷的整体这个角度上时,便可发现:试卷和试题所提供的是让考生展现自己成绩的一个特殊的小环境,它不同于考生在平常的学习或日常生活中遇到的呈现自己的知识与能力的环境.事实上,对于相同的数学问题,考生在不同环境下解答的心态是有差别的,他们承受的心理压力不同,解答的速度与效果也不同.根据这个特点,高考数学学科的考试更加注重对考生非智力因素的考查,其要求主要是意志、毅力、对挑战与挫折的态度、战胜困难的决心等.

在高考数学试卷和试题中,难点的设置与分布既有序,又有变化,并非年年都是一个模样.考生在考试解题过程中所遇到的难度梯度的变化会有起有伏,这直接影响着考生的思绪和心态.有的人能够适应,有的人较难适应,从而反映了考生们的不同心理素质.因此,考生的非智力因素自然成为影响考试成绩的一个不可忽略的因素,也就在一定程度上达到了考查非智力因素的目的.

在高考数学科考试中,设置一定数量的新颖性试题,无论是情境上的新颖,还是背景上的新颖,抑或是题型外观上的新颖,试题内在的新颖,都能起到考查非智力因素的作用.这是因为人们接触到新事物时,心理上的反应首先表现为情绪上的变化,其次才是知识与能力的调动.对于这一点,考生应当有自觉的认识.在考试实践中,考生在面对新颖性试题中的失利,许多时候并不是因为知识和学科能力上的欠缺,而是心理准备不足,从而未能真正发挥应有的水平.

无疑,为了取得优异的高考成绩,考生在复习和备考时,除了学科知识与能力上要有充分的准备,还得注重良好心理素质的培养与锻炼.

第三章 从数学测评到测评数学的研究

测评文化历史悠久.中国是最早采用竞争笔试制度的国家,公元 605 年,隋炀帝设科取士,开科举考试先河.唐朝设明算科,选拔数学人才交吏部使用.1888 年,清政府设算学科举科目,有 32 人应考,录取了一名举人.长期的科举意识,形成了一种测评文化.

许多人一生都要经历多次考试,有大的考试,也有小的考试.

考试是一种重要的教育测评方式,许多考试是偏重于考查能力的选拔性测评.选择性测评不仅要判断、评价被测评者是否达到某种水平,还要按照选拔的标准和选拔人数,从水平较高及相近的被测评群体中挑选出最佳人选.在测评中,由于数学学科的特殊地位,因此数学测评是人们最为关注的一种专业测评.特别是在进行数学教育评价或评估的改革中,提出了要加强对能力和素质的考查宗旨,因而,数学测评成为人们关注的焦点,成为改革的重点之一.

在这样的背景下,人们对数学测评理论与实践体系进行了较深入的探讨.不仅研究了数学测评的意义、目的、性质与理论基础,数学测评内容的类型与特点,测评内容的范围与要求,测评设计与效能评价等;还通过每年各种各样的测评实践,检验其测评理论,并运用统计学理论将其度量化(如信度、效度、区分度等)来完善其体系.

3.1 形势的发展给数学测评提出了新的挑战

数学是一门思维的科学,是培育理性精神的主要园地.在基础教育中,通过空间想象、直觉猜想、归纳抽象、符号表达、运算推理、演绎证明和模式构建等方面,对客观事物中的数量关系和数学模式做出思考和判断,形成和发展理性思维与精神,打好数学基础并培养提高数学能力.

数学测评,就是要测评被测者必备的数学基础和一定的数学能力(特别是学术倾向能力).数学知识的积累和数学技能的掌握是最重要的数学学习目标,是解决一切问题的基础,因此数学知识和技能及形成的各种能力是数学测评目标的主体结构.与知识内容密切相关的是数学思想方法,数学本身就是具有方法论意义的学科,各种方法具有普遍意义,因而数学思想方法也是数学测评的重要目标.

当前,数学的研究不断深入,并出现许多新的观点、思想,如关于数学具有原始形态、学术形态、教育形态等的提出,又如计算机正改变数学面貌的观点等,使得人们对数学的认识也发生了深刻的变化.世界范围的数学教育出现新的发展趋势,我国的基础教育也开始了新一轮的课程改革,评价理论和测试理论也汇聚了新的研究成果.所有这些都对我国的数学测评改革产生了积极影响,这就要求我们在新的理论指导下,研究新的测评理论,创新测评设计.

在数学测评中,如何适应新的形势,突出思维模式、思维容量和思维层次,更好地体现如上目标与要求就成为一种新的挑战.

3.2 迎接数学测评的新挑战提出了新的研究课题

迎接数学测评研究的新挑战出现了如下新的研究课题:

为了全面推进素质教育,实现评价制度的改革,数学测评的内容应注意在考查知识的基础上注重考查能力,考查被测者在新的情景中运算基础知识的能力,测评题的解答有一定的开放度,提倡发散性思维和创新精神,降低测评题的绝对难度,从测评题的能力要求上体现区分度.在这种思想的指导下,数学测评的设计理念应发生质的变化,从知识立意转向能力立意.数学测评中的试卷和试题也发生了深刻的变化:突出能力立意,创设新的情景,依托"三基"考查能力;测评题条件结论开放,拓展被测者思维空间;提供新的信息,考查被测者获取信息、加工信息的能力;不强调知识结构的完整性和系统性,不强调知识点的覆盖率,减少运算量,降低测评问题数学内容的难度;让计算器进入数学测试等.因而测评内容的知识量、运算量、推理量、思维量都应研究出科学依据.这是数学测评内容科学性的量度课题.

一道测评问题如何体现能力立意是有深刻的内涵的,这就需要我们运用教育学、心理学、数学测量学的理论来对数学问题进行改造.同样的空间形式、同样的数量关系,可以用不同的数学问题,可以设计不同的提问方式,以不同的测评目标来反映.这是数学测评内容科学性的呈现课题.

一道测评题如何有效体现对数学思想方法及综合能力的测评,也是有文章可作的.例如,客观型试题虽以考查数学基础知识、基础技能为主,但对数学思想和方法的考查也要蕴含其中;解答题不仅要更深刻地体现对数学思想和方法的测评,还要能对数学综合能力进行测评.这是数学测评内容科学性的效度课题.

数学学习中的能力主要包括:思维能力、运算能力、空间想象能力、学习新的数学知识的能力、探究数学问题的能力、运用数学知识解决实际问题的能力、数学创新能力等.这些能力的测评都是以各种各样的数学问题来体现的.例如,体现学习能力问题,就包括概念学习型、定理(公式)学习型、方法学习型等问题;体现探究能力型问题,就包括探究规律型、判断存在型、判断真假型、结论开放型、追溯条件型等问题;体现应用能力型问题,就包括简单应用型、数学建模型等问题;体现创新能力型问题,就包括类比发现型、拓展推广型、设计构造型等问题.如此,这些都是数学测评内容科学性的维度课题.

当然,测评问题对能力的测评应以测评逻辑思维能力为核心,全面测评各种能力,强调综合性、应用性,切合被测者实际.运算能力是思维能力和运算技能的结合.它不仅包括数的运算,还包括式的运算.对运算能力的测评,随着学习年段增加,逐步以含字母的式的运算为重点,同时也要兼顾算理和逻辑推理的测评.空间想象力是对空间形式的观察、分析、抽象能力,图形的处理与图像的变换都要注意与推理相结合.分析问题和解决问题的能力是上述三种基本数学能力的综合体现.各种能力要求在测评中的地位是相同的,可以用不同的材料,通过不同的形式测评.由于各种能力因素是有内在联系的,这种联系在测评问题中表现为一道问题可能有多种能力要求.这些是数学测评内容科学性的梯度课题.

我国恢复高考30多年以来,从所命制的数学试题的情况来看,或多或少地出现了这样或那样的不足,这也给数学测评提出了如何改进的问题.这是数学测评内容科学性的实践检验课题.

总之,形势的发展为迎接数学测评的新挑战提出了一系列的研究课题,这些课题我们可以归纳到数学内容研究的范畴.这也就是提出了研究测评数学的新课题.

3.3 研究测评数学是一个新课题

什么是测评数学？笔者认为,应当从数学测评这个大系统的全局需要,来提出对数学测评的数学内容、体系的要求,诚如人们认识"从数学应用到应用数学""从数学计算到计算数学""从数学教育到教育数学"一样,亦有"从数学测评到测评数学"的历史发展的必然性.因而"测评数学"研究课题的提出是水到渠成的事情.

测评数学就是为了更科学地进行数学测评,而对测评内容进行深入的研究,创造或再创造出数学测评中的数学内容,使得这些数学内容更科学、更合理、更能体现数学的本质,体现数学的理性精神与数学思想方法,体现数学的求简、求美追求等.因而,测评数学也是教育数学研究中的一个重要方面.

美国学者怀尔德(Wilder)在探讨数学发展的动力时,提出了与生物的进化相类似,数学的发展也是由其内在力量(即已有的数学工作及数学传统对于进一步研究的影响)和外部力量共同决定的,并称这两种力量分别为"遗传力量"和"环境力量".

如果说数学测评理论为测评数学的提出与发展提供了环境力量的话,那么为了测评数学的发展,我们首先应发掘其遗传力量,其次应探讨测评数学的内容体系与特点.

如何发掘其遗传力量？什么叫更科学、更合理？应当有具体的内涵.笔者认为,除了对测评题的命制方法进行深入研究之外,还应对测评题的命制原则进行深入的研究,以及对测评内容的科学性量度、呈现、效度、维度、梯度、实践检验等进行深入的探讨.为了深入地、系统地探讨这些问题,笔者认为,可从已设计出的大量的测评题中总结经验教训,并以测评数学研究的观点进行探讨.有了一定的研究基础之后,再探讨如何建立与完善测评数学的理论体系.

例如,对于2006年高考数学上海卷中的一道测评题,著名的特级教师贺信淳就给予了高度评价.[①]

---

① 贺信淳.试评一道优秀的高考试题[J].数学通报,2007(5):44-46.

2006年高考数学上海卷第22题：

已知函数 $y = x + \dfrac{a}{x}$ 有如下性质：如果常数 $a > 0$，那么该函数在 $(0, \sqrt{a}]$ 上是减函数，在 $[\sqrt{a}, +\infty)$ 上是增函数.

(1) 如果函数 $y = x + \dfrac{2b}{x}(x > 0)$ 的值域是 $[6, +\infty)$，求 b 的值；

(2) 研究函数 $y = x^2 + \dfrac{c}{x^2}(c > 0)$ 在定义域内的单调性，并说明理由；

(3) 对于函数 $y = x + \dfrac{a}{x}$ 和 $y = x^2 + \dfrac{a}{x^2}(a > 0)$ 做出推广，使它们都是你推广的函数的特例. 研究推广后的函数的单调性，写出结论（不必证明）. 并求函数 $F(x) = \left(x^2 + \dfrac{1}{x}\right)^n + \left(\dfrac{1}{x^2} + x\right)^n$（$n$ 是整数）在区间 $\left[\dfrac{1}{2}, 2\right]$ 上的最大值和最小值（可利用你研究的结论）.

贺老师认为，这是一道较好地体现了数学教育的新理念、较好地把握了高考命题的新方向、要求合理、难度适中、能指引中学数学教育的目标和方法走上正确道路的一道优秀试题.

我们先来看考生解题时的一般思路和方法，分析解答时所需的知识和技能，再来研究这些知识与技能和中学数学教学的相关性.

(1) 可以想象，考生在审题时，当读到"已知函数 $y = x + \dfrac{a}{x}$"时，就能感觉到它是一个式子熟悉但却没有学习过的一个陌生的函数，关于它，头脑中没有已经存储的知识可供应用，从此开始了探索之路. 但是凭借对函数一般知识的掌握，应能想到它的定义域是 $(-\infty, 0) \cup (0, +\infty)$，而且应不难发现它是一个奇函数，图像应关于原点成中心对称……. 当读到"如果常数 $a > 0$，那么该函数在 $(0, \sqrt{a}]$ 上是减函数，在 $[\sqrt{a}, +\infty)$ 上是增函数"时，考生就可以依赖形象思维的习惯，想象到这个函数的图像的大致形状，在头脑中形成函数图像的大致的示意图如图 3-1，这将成为协助思维、解决问题的有力工具…….

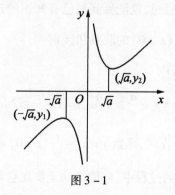

图 3-1

这说明，试题是建立在中学数学的核心内容——函数的基础上的. $y = x + \dfrac{a}{x}$ 是一个课本范围之外有一定陌生感的函数.这就给解题过程开辟了一个探索活动的平台,一个考验考生创造性思维能力的平台.考生审题的过程,需要活用有关函数的基础知识,对题目的已知信息进行整理和开拓,就为探索活动做好了准备;而这种灵活调动和运用基础知识的能力,恰是中学数学课程中"三基"教学应当进行的基本素质的培养,是数学教学追求的思维素质和数学素质培养的重要目标之一.

(2)当考生在问题(1)中读到"函数 $y = x + \dfrac{2^b}{x}(x>0)$ 的值域是 $[6,+\infty)$"时,考生就应根据"值域"的概念联想到"函数在 $x>0$ 时的最小值是6",且"取极值点是 $(\sqrt{a},6)$",从而求出此时 a,b 的值

$$\sqrt{a} + \dfrac{a}{\sqrt{a}} = 6 \Rightarrow a = 9$$

$$3 + \dfrac{2^b}{3} = 6 \Rightarrow b = \log_2 9$$

某些考生也能产生有跨度的联想,引用"不等式的性质",则有更直截了当的简捷求法:

$$y = x + \dfrac{2^b}{x} \geq 2\sqrt{2^b} = 6, 当 x = \dfrac{2^b}{x}, 即 x = \sqrt{2^b} 时取等号. 于是,也可得$$

$$b = \log_2 9$$

解答这一问并不难,但解答途径却没有成例可循,只能通过"具体问题具体分析"寻求解题途径.这就能充分显示考生对数学基础方法和基本技能的灵活运用,要求的是联想快速,运用流畅,结果准确,命题的设计者坚持了对基础的考查,但又迂回而不晦涩,坚持体现"着眼于能力"的改革大方向.

(3)问题(2)是"结论开放"的问题,用"研究"作为引语,突出体现考查数学教学方向的重要改革:着力培养探索精神和探索能力.

"函数 $y = x^2 + \dfrac{c}{x^2}$(常数 $c>0$)"又是一个考生没有学习过的,但又"似曾相识"的函数.只有有"探索勇气",又有一定的"探索能力"才能上路,显然是提高了要求.

考生若能主动运用换元的思想,就能做到对已有知识的迁移,看到面对的函数 $y = x^2 + \dfrac{c}{x^2}(c>0)$ 和已知函数 $y = x + \dfrac{a}{x}(a>0)$ 的联系和区别:

把 x^2 看作 t,就有如下的类比

$$y = x + \dfrac{a}{x} \geq 2\sqrt{a}, y = t + \dfrac{c}{t} \geq 2\sqrt{c}$$

且可知当 $x^2 = \dfrac{c}{x^2}(c>0)$,即 $x = \sqrt[4]{c}$ 时,函数 $y = x^2 + \dfrac{c}{x^2}(c>0)$ 有最小值.

考生在观察函数的解析式的过程中,应能主动地发现它是偶函数,从而就能依赖存储于头脑中的偶函数的图像特征,形成这个函数的图像的大致形状如图3-2,直观地得到函数的单调性如下:当 $x \in (-\infty, -\sqrt[4]{c}) \cup (0, \sqrt[4]{c})$ 时是减函数,当 $x \in (-\sqrt[4]{c}, 0) \cup (\sqrt[4]{c}, +\infty)$ 时是

增函数.

考生应当知道,在数学研究中,观察和推想的可信度再高也不能代替证明,所以考生还应有运用数学知识进行论证的能力. 虽然证明函数单调性的方法和过程学生是经历过的,但完成证明也并不轻松:在讨论

$$y_2 - y_1 = \left(x_2^2 + \frac{c}{x_2^2}\right) - \left(x_1^2 + \frac{c}{x_1^2}\right)$$

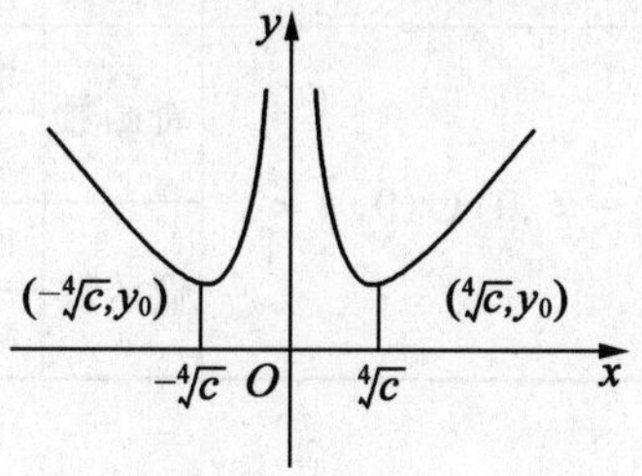

图 3-2

的符号时却还是需要考生有一定的式子变形能力和不等式性质的运用能力.

为了便于讨论,考生常应作如下的变形

$$\begin{aligned}
y_2 - y_1 &= (x_2^2 - x_1^2) - \left(\frac{c}{x_1^2} - \frac{c}{x_2^2}\right) \\
&= (x_2^2 - x_1^2) - c \cdot \frac{x_2^2 - x_1^2}{x_1^2 x_2^2} \\
&= (x_2^2 - x_1^2)\left(1 - \frac{c}{x_1^2 x_2^2}\right) \\
&= (x_2 + x_1)\left(1 + \frac{\sqrt{c}}{x_2 x_1}\right)(x_2 - x_1)\left(1 - \frac{\sqrt{c}}{x_2 x_1}\right)
\end{aligned}$$

并要会用不等式的性质推理:

当 $0 < x_1 < x_2 \leq \sqrt[4]{c}$ 时,有 $x_2 - x_1 > 0$,且由

$$0 < x_1 x_2 \leq \sqrt[4]{c} \cdot \sqrt[4]{c} = \sqrt{c}$$

可得

$$\frac{\sqrt{c}}{x_2 x_1} < \frac{\sqrt{c}}{\sqrt{c}} = 1$$

才能得出 $y_2 - y_1 < 0$,从而证明 $(0, \sqrt[4]{c})$ 是函数的单调递减区间,类似可以证明 $(\sqrt[4]{c}, +\infty)$ 是函数的单调递增区间……

问题(2)的解答过程说明,考生应具备主动进行知识迁移的能力和对已有的知识和技能灵活运用的能力,而不只是背诵和模仿. 论证能力更是数学素质的重要组成部分,先"设(猜)想,再求证". 肯定或否定一个命题,更是探求问题的必经之路,这是这个命题方式的潜在意义,也是考生表现自己这种潜质的舞台.

(4)"由特殊到一般"和"由一般到特殊"既是数学发展的重要途径,也是解决数学问题的常用策略方法. 试题的设计者在问题(3)中提出了一个更具抽象性、更具探索性,要有更

高水平的数学素养才能解决的问题,把已经获得的结论推广到一般情形.虽然为了量力性原则,暂不要求证明,但却要完成一次独立的、具有创造性的探究活动.

首先,考生要把已经得到的结论系统化、条理化,为完成由特殊到一般的抽象过程准备条件.前面得到的两个特殊函数和它的单调性可以归纳如表3-1:

表3-1

	解析式	定义域	奇偶性		单调区间
$n=1$	$y=x+\dfrac{a}{x}(a>0)$	$x\in(-\infty,0)\cup(0,+\infty)$	奇函数	增	$x\in(-\infty,-\sqrt{a})\cup(\sqrt{a},+\infty)$
				减	$x\in(-\sqrt{a},0)\cup(0,\sqrt{a})$
$n=2$	$y=x^2+\dfrac{a}{x^2}(a>0)$		偶函数	增	$x\in(-\sqrt[4]{a},0)\cup(\sqrt[4]{a},+\infty)$
				减	$x\in(-\infty,-\sqrt[4]{a})\cup(0,\sqrt[4]{a})$

于是可以在这个基础上"推(猜)想"出后续的几个"特殊的"函数应有的结论(表3-2):

表3-2

	解析式	定义域	奇偶性		单调区间
$n=3$	$y=x^3+\dfrac{a}{x^3}(a>0)$	$x\in(-\infty,0)\cup(0,+\infty)$	奇函数	增	$x\in(-\infty,-\sqrt[6]{a})\cup(\sqrt[6]{a},+\infty)$
				减	$x\in(-\sqrt[6]{a},0)\cup(0,\sqrt[6]{a})$
$n=4$	$y=x^4+\dfrac{a}{x^4}(a>0)$		偶函数	增	$x\in(-\sqrt[8]{a},0)\cup(\sqrt[8]{a},+\infty)$
				减	$x\in(-\infty,-\sqrt[8]{a})\cup(0,\sqrt[8]{a})$

于是,考生就可以从这些成系列的函数和它们的性质中发现规律性的表现,从实验数量的积累而产生认识上的质的飞跃,"推(猜)想"出几个似乎应有的"一般的"结论:

推广所得的函数为:$y=x^n+\dfrac{a}{x^n}$(常数$a>0$).

它的单调性为:

(1)当n为奇数时,在$(0,\sqrt[2n]{a}]$和$[-\sqrt[2n]{a},0)$上是减函数;在$(-\infty,-\sqrt[2n]{a}]$和$[\sqrt[2n]{a},+\infty)$上是增函数.

(2)当n为偶数时,在$(-\infty,-\sqrt[2n]{a}]$和$(0,\sqrt[2n]{a}]$上是减函数;在$[-\sqrt[2n]{a},0)$和$[\sqrt[2n]{a},+\infty)$上是增函数.

命题设计者的要求并不止于此,而是立即转入对考生在既没有启发诱导,也没有例题引路的条件下,独立自主地运用新知识的能力的考查,它要求考生探求一个完全陌生的函数$F(x)=\left(x^2+\dfrac{1}{x}\right)^n+\left(\dfrac{1}{x^2}+x\right)^n$($n$是正整数)在区间$\left[\dfrac{1}{2},2\right]$上的最大值和最小值.为了让考生少走弯路,还善意地给了一个提示:"可以利用你研究的结论".

"化归"的思想和策略,是解决数学问题的重要思想和策略,"把有关函数$F(x)=$

$\left(x^2+\dfrac{1}{x}\right)^n+\left(\dfrac{1}{x^2}+x\right)^n$ 的问题化归为有关函数 $y=x^n+\dfrac{a}{x^n}$ 的问题"必将成为考生探索的必由之路. 这就要求考生有对式子的观察能力(发现 $F(x)$ 的两个括号中, 各有函数 $y=x^n+\dfrac{a}{x^n}$ 的"元素"), 对数学知识的熟稔(迅速联想到"二项式定理"和评估构造 $y=x^n+\dfrac{a}{x^n}$ 型函数的可能性)和扎实的式子变形的技能(正确地运用公式并熟练地完成式子的变形), 从而顺利得到

$$F(x)=C_n^0\left(x^{2n}+\dfrac{1}{x^{2n}}\right)+C_n^1\left(x^{2n-3}+\dfrac{1}{x^{2n-3}}\right)+\cdots+C_n^r\left(x^{2n-3r}+\dfrac{1}{x^{2n-3r}}\right)+\cdots+C_n^n\left(x^n+\dfrac{1}{x^n}\right)$$

观察这个式子的结构, 不难发现它是 $n+1$ 个形如 $\lambda\left(x^k+\dfrac{1}{x^k}\right)$ 的函数之和, 而其中每一个函数的单调性和最小值都是已知的, 问题就接近解决了!

高水平的考生如能知道每一个函数取得最小值的时刻和单调区间都是相同的, 就可以胜利地走到终点:

由于 $F(x)$ 在 $x=1$ 时取得最小值, 那么它在 $\left[\dfrac{1}{2},1\right]$ 上是减函数, 在 $[1,2]$ 上是增函数, 且有 $F\left(\dfrac{1}{2}\right)=F(2)$, 所以可知 $F(x)$.

(1)当 $n=\dfrac{1}{2}$ 或 $n=2$ 时, 函数 $F(x)$ 取得最大值

$$F(x)_{\text{最大}}=F\left(\dfrac{1}{2}\right)=F(2)=\left(x^2+\dfrac{1}{x}\right)^n+\left(\dfrac{1}{x^2}+x\right)^n$$
$$=\left(\dfrac{9}{2}\right)^n+\left(\dfrac{9}{4}\right)^n=\left(\dfrac{9}{4}\right)^n(2^n+1)$$

(2)当 $n=1$ 时, 函数 $F(x)$ 取得最小值

$$F(x)_{\text{最小}}=F(1)=\left(x^2+\dfrac{1}{x}\right)^n+\left(\dfrac{1}{x^2}+x\right)^n=2^{n+1}$$

读了贺老师的这些评价, 你们有什么感想吗? 是否感觉到这样的测试题测试的知识是基础的, 但又不太难, 题设表述简约、知识量、运算量、推理量、思维量是有度的, 试题又体现开放, 解法也多样, 测试后也颇有余味呢? 这能否启发我们探究优秀的数学测评题有些什么特征?

3.4 测评数学内容应体现的特征

著名数学家波利亚(Pólya)说:"掌握数学就意味着善于解题". 我们反思这句话:"解什么样的题更有利于掌握数学?"他又说"一个专心的认真备课的教师能够拿出一个有意义的但又不太复杂的题目, 去帮助学生发掘问题的各个方面, 使得通过这道题, 就好像通过一道

门户,把学生引入一个完整的理论领域"(可参见本套书中的《数学解题引论》中的 1.1 节).数学问题并不是纯客观的孤立的问题系统 R,而是由 R 与解题主体 M 构成的整体.一个 R 是否成为问题,首先是 R 对于 M 是否成为问题性系统;其次是 M 是否有解决 R 的意向和要求.由此可见,那些不能激发考生思考的、过于简单或者过于繁难的题目,那些多次重复、使人乏味,或者远离考生需要,被考生认为不想去做的数学试题,都不能看成具有测评价值的数学问题.

测评数学试题应体现怎样的特征才能具有测评价值呢？我们可由上例归结发掘如下：

3.4.1 知识基础,综合有控

测评试题所考查的知识应是最基础的,考查的知识点应不是孤立的、单一的.一般地,小题两个或两个以上,不超过四个,大题可稍多一点,但综合程度也要适当控制.

例 1 (2010 年高考安徽卷题)设向量 $\boldsymbol{a}=(1,0),\boldsymbol{b}=(\frac{1}{2},\frac{1}{2})$ 则下列结论正确的是

( )

A. $|\boldsymbol{a}|=|\boldsymbol{b}|$ 　　　　　　　　B. $\boldsymbol{a}\cdot\boldsymbol{b}=\frac{\sqrt{2}}{2}$

C. $\boldsymbol{a}-\boldsymbol{b}$ 与 $\boldsymbol{b}$ 垂直　　　　　D. $\boldsymbol{a}//\boldsymbol{b}$

评述 本题设计短小精悍.起点低、坡度缓,侧重基础,考查较全.主要考查的知识点有：向量的坐标运算、向量的模、数量积的计算以及向量平行与垂直的充要条件.

例 2 (2010 年高考江西卷题)等比数列 $\{a_n\}$ 中, $a_1=2$, $a_2=8$, 函数 $f(x)=x(x-a_1)\cdot(x-a_2)$,则 $f'(0)=$

( )

A. 2^6 　　　　　　　　　　B. 2^9

C. 2^{12} 　　　　　　　　　D. 12^{15}

评述 此题将数列知识与导数知识进行有机结合,重点考查等比数列的通项公式、等比数列的性质、多项式函数的导数的定义及运算等.

3.4.2 设计新颖,表述简约

测评试题的设计新颖,包括形式新颖,也包括材料及背景新颖,它们或以最新科技信息为背景;或以现实生活情境为蓝本;或以数学文化(史)为媒介;或以高等数学知识为载体;或改编成题,推陈出新,不落俗套,给人以别样的韵味.

何谓简约？按照《现代汉语词典》中的释义:简略;节俭."简约"不是简单的压缩和简化,也不是概括化下的表述不完整.相反,它是一种更深广的丰富,是寓丰富于简单之中."简约"给人的是一种明了、凝练的感觉,在去繁就简的同时,极其完美地保留了事物本身经典的部分,它包括两个方面:一是题目的表述,二是解题过程的表述.

例 3 (2010 年高考全国卷题)已知函数 $f(x)=|\lg x|$.若 $0<a<b$, $f(a)=f(b)$,则 $a+$

$2b$ 的取值范围是 ( )

A. $(2\sqrt{2},+\infty)$ B. $[2\sqrt{2},+\infty)$
C. $(3,+\infty)$ D. $[3,+\infty)$

评述 此题是由"已知函数 $f(x)=|\lg x|$,若 $0<a<b$,$f(a)>f(b)$,求证:$ab<1$"改编而得到的. 由函数 $f(x)=|\lg x|$,若 $0<a<b$,$f(a)=f(b)$,易得 $ab=1$,又 $0<a<b$,可知 $0<a<1<b$,$a+2b=a+\dfrac{2}{a}$,如果运用均值不等式得 $a+\dfrac{2}{a}\geqslant 2\sqrt{2}$,选 B 就错了. 因为当且仅当 $a=\sqrt{2}$ 不合题意,也就是等号取不到;选 A 也不对,因为 $a+\dfrac{2}{a}$ 的下界不是 $2\sqrt{2}$,考虑到"对勾函数" $y=x+\dfrac{2}{x}$ 在 $(0,1)$ 上单调递减,有 $a+2b>3$,故正确答案应选 C. 题目的条件可谓熟也,要求的问题也不陌生,通过对成题的稍加改编,给人的感觉像是一股清新的空气迎面扑来.

例 4 (2009 年高考全国卷题)已知 AC,BD 为圆 $O:x^2+y^2=4$ 的两条相互垂直的弦,垂足为 $M(1,\sqrt{2})$,则四边形 $ABCD$ 面积的最大值为_____.

评述 如果按照常规方法求解的话,可能会让人产生计算量大的感叹,因此望而却步. 也违背"小题不宜大做"的原则. 由于四边形 $ABCD$ 的面积 $S=\dfrac{1}{2}AC\times BD$,而 AC,BD 的长度又无法求出,怎么办?根据"整体性策略"从等价表示 AC,BD 的地方开始思考,然后逐步推理出其他不确定的未知条件,过点 O 作弦 AC,BD 的弦心距 d_1,d_2,就有 $d_1^2+d_2^2=OM^2=3$,于是 $AC^2=4^2-4d_1^2$,$BD^2=4^2-4d_2^2$,然后运用基本不等式可求出结果.

四边形 $ABCD$ 的面积 $S=\dfrac{1}{2}|AC|\cdot|BD|=2\sqrt{(4-d_1^2)(4-d_2^2)}\leqslant 8-(d_1^2+d_2^2)=5$,从而四边形 $ABCD$ 面积的最大值为 5. 此题的内容表述和解题过程的表述是多么简约,但解题思路的探求充满着智慧和挑战.

3.4.3 设问灵活,"四度"适宜

设问是试题的呈现形式. 测评数学解答题的设问一般应比较灵活巧妙,解答题一般是两问或三问,问与问之间相互衔接. 一般说来,前问对后问有启发作用,后问对前问有依赖作用,巧妙设问往往暗含命题教师很深的设计意图.

例 5 (2007 年高考四川卷题)设函数 $f(x)=\left(1+\dfrac{1}{n}\right)^x$ ($n\in\mathbf{N}$,且 $n>1$,$x\in\mathbf{R}$).

(I)当 $x=6$ 时,求 $\left(1+\dfrac{1}{n}\right)^x$ 的展开式中二项式系数最大的项;

(II)对任意的实数 x,证明:$\dfrac{f(2x)+f(2)}{2}>f'(x)$ ($f'(x)$ 是 $f(x)$ 的导函数);

(III)是否存在 $a\in\mathbf{N}$,使得 $an<\sum\limits_{k=1}^{n}\left(1+\dfrac{1}{k}\right)^k<(a+1)n$ 恒成立?若存在,试证明你的

结论,并求出 a 的值;若不存在,请说明理由.

评述 此题中三个小题的层次分明,能力层次和个性品质要求按低、中、高呈阶梯上升:(Ⅰ)考运算能力,(Ⅱ)考逻辑推理能力,(Ⅲ)考思维能力、探究精神和创新意识.这样设计能有效区分各种能力层次考生的水平.第(Ⅰ)问设计体现了高考的人文关怀,可能既有送分的意图,又有为第(Ⅱ)、(Ⅲ)问提示解题思路的深意.第(Ⅱ)问的入口宽、解法多,考查了学生思维的广阔性、灵活性、敏捷性.第(Ⅲ)问考查了数学探究意识,考查了学生思维的深刻性、探究性、创造性.第(Ⅲ)问有较高的难度和很好的区分度,真正起到了压轴的作用,很多优秀考生也感到无从下手,这表明学生数学探究意识需要提高,其实第(Ⅲ)问并不太难,可采用先赋值探索结论然后证明的方法予以解答.

"四度"指我们在前面谈到的迎接数学测评的新挑战提出了新的研究课题中的关于数学测评内容科学性的量度(知识量、运算量、推理量、思考量)、效度、维度、梯度."四度"不仅标志着试题的科学性,也关系到试题的难度.

一般说来,在审读试题和解答试题的过程中,需要用到的知识量愈大,试题愈难.这个因素虽然为试题本身所固有,但是难以给出客观的衡量方法.这是因为试题的审读与解答过程是由各个考生分别独立进行的.由于审读理解的角度不同、固解法不同,在整个过程中用到的知识点和知识量都可能有所差别.因此,衡量一道试题所含知识量的多少,试题命制时要重点关注,不同考生个体所用的知识量之间也可有联系.因而,控制试题的知识量是命制试题时需要有经验的命题者对试题尽其所能进行各种解法的尝试.并加以比较、分析,才能对试题要求的知识量的取值范围有个比较切合实际的估计.

同样地,试题解答所需运算量愈大、运算愈繁,则试题的绝对难度愈大.这个因素的量化与客观评定遇到的困难,与上述的知识量类似,都与解答者有关.为了得到运算量取值范围的估计,同样还得依靠有经验的命题者的仔细分析和推敲.

这里所说的推理量指解题过程中逻辑推理的步骤数.一般说来,逻辑关联愈复杂,推理步骤也愈多,试题绝对难度就愈大.这个因素的估计同样与估计人有关,预测和调控时,同样需要命题者认真琢磨、探究和评估.

上述三个因素是在试题解答中呈现出来的可见因素.只要解答已经给出,便可以直接进行考察与评判,其可测性还是较强的,对试题的解答个案而言,也具有客观性.难点是如何处理个案间的差异.从提高试题的质量这个角度看,为了使考试有较高的信度和鉴别度,命题时加强这种差异性的控制是难度设计中的一项重要的工作.例如,对于一道试题的不同解法,彼此间的知识量(或运算量,或推理量)差别不太大时,则可认为用该题对考生实施考查时是较为公平的,对试题绝对难度的评估也较为可信.要是对不同解法,评估上述三个因素时出现差别很大,而且不同解法的产生源于随机因素或偶然因素时,则可认为这样的试题用于考查难以较为确切地测试考生的能力.

对于同一试题的不同解法,上述三个因素的量值之差异如果源于思考的深刻与否,则又是另一番情景,即:洞察力好,思考深入,产生简捷解法;否则,思考能力薄弱,得以繁杂的费时解法作为代价.这种情形是常有的事.

对数学试题的解答,在接读试题之后,写出解答之前,通常都有一番思考分析的历程,而且在解答的书写过程中,往往还会遇到一些事先未曾预见的问题或障碍,需经进一步思考才能解决.思考要求愈高,思考量愈大的试题,其绝对难度也愈大.因此,作为影响试题绝对难度的另一个重要因素的是思考量.

如果把解答试题的整个过程看作是一个信息的接收、提取、加工、传递与输出的过程,其中的激活触发量就是思考量,而思考的深浅程度则表现为这种激活触发的难易程度.这里,谓之激活触发,是指人脑中对信息的反应与转移几乎看不见、摸不着,往往间接呈现为某些行为动作.因而,思考量这个因素的量化与判定较之前面的三个因素更困难.直接检测这个因素的方法几乎不存在,只能设法间接检测.比如:试题的陈述是否顺畅?语言文字、符号术语和示图是否规范、准确?是否有隐晦、费解之嫌?试题的模式、情境是否常见?设问是否明白清楚?有无歧义?有无陷阱和关卡?由已知条件到导出结论之间的跨度如何?是大还是小?转折是多还是少?转折的复杂程度如何?试题考查的知识、技能和方法是否生僻?通用性如何?等等.试题的这些特点(或称因素)都对试题的思考的多寡有着深刻的影响,同时多数是可测的事项,因此,许多研究者便将其适当归类,归结为若干个独立影响试题难度的因素,分别量化,借以解决思考量不可直接检测的困难.

例6 (2006年高考全国卷题)用长度分别为2,3,4,5,6(单位:cm)的5根细棒围成一个三角形(允许连接,但不允许折断),能够得到的三角形的最大面积为 ( )

A. $8\sqrt{5}$ cm²   B. $6\sqrt{10}$ cm²

C. $3\sqrt{55}$ cm²   D. 20 cm²

评述 此题没有一个现成的数学公式或定理可以作为解答本题的依据.要在短短的几分钟时间内计算出所有可以组成的三角形的面积是不现实的.当联想到"算术平均数与几何平均数"时,不难知道,"和为定值的几个正数,当它们相等时其乘积最大".由此,我们不难感悟和猜想:对周长一定的三角形,边长越接近时面积越大.从而以2+5,3+4,6作为三角形的三边得到的三角形面积最大,计算这个等腰三角形的面积可知选B.本题体现了"多考点想,少考点算"的命题理念.

例7 (2011年高考全国卷题)如图3-3,函数 $y = \dfrac{1}{1-x}$ 的图像与函数 $y = 2\sin \pi x (2 \leq x \leq 4)$ 的图像所有交点的横坐标之和等于 ( )

A. 2   B. 4

C. 6   D. 8

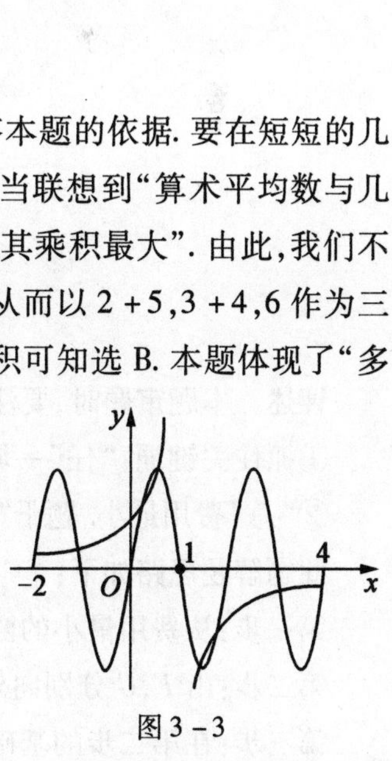

图3-3

评述 本题只需真正理解反比例函数及正弦函数两个基本函数模型,熟悉其图像,分析对称性,很少的运算就能解决问题.而函数 $y = \dfrac{k}{x+a}$,$y = A\sin(\omega x + \varphi)$ 是函数学习的重点内容,这样的考查对于教与学中重视基础知识的理解有好的引导.

3.4.4 求解需变,系统开放

"需变"就是试题求解时需变式、变换和引申以体现系统开放.变式就是将数学中各种知识点有效地结合起来,从最简单的问题入手,不断交换问题的条件和结论,层层推进,不断揭示问题的本质,从不断的变化中寻找数学的规律性.变换和引申是数学研究和发展的重要方式,体现于数学的方方面面.并不是所有的试题都具有需变性.我们要善于从变式、引申变换的角度求解问题,这样做不仅能增长知识,而且还有利于形成有机的知识网络结构,开阔视野,启迪思维.

例8 (2012年高考福建卷题)某地规划道路建设,在方案设计图中,圆点表示城市,两点之间的连线表示两城市间可铺设道路,连线上的数据表示两城市间铺设道路的费用,要求从任一城市都能到达其余各城市,并且铺设道路的总费用最小.例如:在三个城市道路设计中,若城市间可铺设道路的路线图,如图3-4,则最优设计方案如图3-5,此时铺设道路的总费用最小为10.

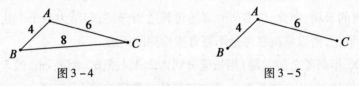

图3-4   图3-5

现给出该地区可铺设道路的线路图,如图3-6,则铺设道路的总费用最小为_____.

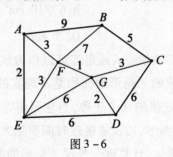

图3-6

评述 本题审题时,要注意到如下两点:

①抓住关键词:"任"一城市都能到达其余"各"城市.

②"总"费用最小.题干"例如"——图3-4到图3-5是解决图3-6问题的"关键".

此题解题思路如下:

第一步:从费用最小的两个城市开始,联结F,G,费用为1;

第二步:由F,G分别向外拓展,联通GD,则联通三城市F,G,D的费用为$1+2=3$;

第三步:在第二步的基础上,再联通GC,则联通四城市F,G,D,C的费用为$1+2+3=6$;

第四步:在第三步的基础上,再联通CB,则联通五城市F,G,D,C,B的费用为$1+2+3+5=11$;

第五步,在第四步的基础上,再联通 FA(或 FE),则联通六城市 A(或 E),F,G,D,C,B 的费用为 $3+1+2+3+5=14$;

第六步:在第五步的基础上,再联通 EA(或 AE),则联通七城市 A,E,F,G,D,C,B 的总费用为 $2+3+1+2+3+5=16$;

故,铺设道路的最小总费用为 16.

这个问题需要考生在"认真读懂题目、准确理解题意"的基础上,带着"约定规则"(题意)选择最小费用的两个城市开始,逐步往外扩展,从而得到最佳(费用最少)的设计方案,求出最小总费用.整个思维过程是考生在日常学习过程中形成的优秀思维品质的一种展现,功到自然成、花儿自然开.不需要什么高深的知识和方法,甚至小学生、初中生都可以很开心地解答此题.那种搞题海战术、死背题型、死记套路的考生(甚至老师)还可能出现一筹莫展的情况.本题背景与考生生活联系紧密、分析和解决的问题考生感到很实际意义,解决问题的过程考查了考生平常的学习习惯、行为素养、思维品质.

例9 (2012年高考湖南卷题)设 $N=2^n(n\in \mathbf{N}^*,n\geq 2)$,将 N 个数 $x_1,x_2,\cdots,x_N$ 依次放入编号为 $1,2,\cdots,N$ 的 N 个位置,得到排列 $P_0=x_1x_2\cdots x_N$.将该排列中分别位于奇数与偶数位置的数取出,并按原顺序依次放入对应的前 $\frac{N}{2}$ 和后 $\frac{N}{2}$ 个位置,得到排列

$$P_1=x_1x_3\cdots x_{N-1}x_2x_4\cdots x_N$$

将此操作称为 C 变换,将 P_1 分成两段,每段 $\frac{N}{2}$ 个数,并对每段作 C 变换,得到 P_2;当 $2\leq i\leq n-2$ 时,将 P_i 分成 2^i 段,每段 $\frac{N}{2^n}$ 个数,并对每段作 C 变换,得到 P_{i+1}.例如,当 $N=8$ 时

$$P_2=x_1x_5x_3x_7x_2x_6x_4x_8$$

此时 x_7 位于 P_2 中的第 4 个位置.

(1) 当 $N=16$ 时,x_7 位于 P_2 中的第_____个位置;

(2) 当 $N=2^n(n\geq 8)$ 时,x_{173} 位于 P_4 中的第_____个位置.

评述 本题审题时应关注到如下五点:

①依次编号"站队"的一定是 2^n 个数,即 $P_0=x_1x_2\cdots x_N$ 的个数一定是偶数.

第(1)问的 $N=16$,即 $P_0=x_1x_2x_3x_4x_5x_6\cdots x_{16}$,可设为 $(1,2,3,4,5,6,\cdots,16)$.

第(2)问的 $N=2^n(n\geq 8)$ 时,即 $P_0=x_1x_2x_3x_4\cdots x_{2^n-1}x_{2^n}$,括号里的 $n\geq 8$ 主要是为了保证一定有 x_{173} 的存在,因为 $2^7=128,2^8=256$.

②最关键的"C 变换"(后面所有"游戏"的规则).由 P_i 得到 P_{i+1} 段的陈述有点抽象、晦涩、难于理解,但先可以按照前面叙述的 C 变换"操作"下去,后面就自然理解.

第(1)问的 $P_2=x_1x_3x_5x_7\cdots x_{15}x_2x_4x_6\cdots x_{16}$,即为 $(1,3,5,7,\cdots,2,4,6,8,\cdots)$. x_7 排在 P_1 中的第 4 位上.

第(2)问的

即为 $P_1 = x_1 x_3 x_5 \cdots x_{2^n-1} \uparrow x_2 x_4 \cdots x_{2^n}$

即为 $P_1 = (1357\cdots(2^n-1) \uparrow 2468\cdots 2^n)$.

由 $173 = 1 + 2(k-1) \Rightarrow k = 87$ 知，x_{173} 排在 P_1 的第 87 位上．

③由"C 变换"求 P_2．

第(1)问的 $P_2 = x_1 x_5 x_9 x_{13} x_3 x_7 x_{11} x_{15} x_2 x_6 \cdots x_{16}$，即 $(1,5,9,13,3,7,11,15,2,6,\cdots,16)$，$x_7$ 位于 P_2 中的第 6 个位置．

第(2)问的
$$P_2 = x_1 x_5 x_9 \cdots \uparrow x_3 x_7 \cdots \uparrow x_2 x_6 \cdots \uparrow x_4 x_8 \cdots x_{2^n}$$

即为 $P_2(159\cdots \uparrow 37\cdots \uparrow 26\cdots \uparrow 48\cdots 2^n)$.

由 $173 = 1 + 4(k-1) \Rightarrow k = 44$ 知，x_{173} 排在 P_2 的第 44 位上(在第一段内)．

④由"C 变换"得 P_3．

由"C 变换"规则知第(2)问的
$$P_3 = x_1 x_9 x_{17} \cdots \uparrow x_5 x_{13} \cdots \uparrow x_3 x_{11} \cdots \uparrow x_7 \cdots \uparrow x_2 \cdots \uparrow x_6 \cdots \uparrow x_4 \cdots \uparrow x_8 \cdots x_{2^n}$$

由 $173 = 1 + 8(k-1) \Rightarrow$ 找不到正整数 k 使等式成立，所以 x_{173} 不在 P_3 的第一段上．

由 $173 = 5 + 8(k-1) \Rightarrow k = 22$ 知，x_{173} 排在 P_3 的第二段的第 22 位上．

由"C 变换"规则知 P_0 的 2^{n-1} 个奇数已经均分成了四段，每段有 $\frac{2^{n-1}}{4} = 2^{n-3}$ 个数．

所以 x_{173} 排在 P_3 的第 $2^{n-3} + 22$ 个位置上．

⑤由"C 变换"得 P_4．

由"C 变换"规则知第(2)问的 $P_4 = x_1 x_{17} \cdots \uparrow x_9 x_{25} \cdots \uparrow x_5 \cdots \uparrow x_{13} \cdots \uparrow x_{2^n}$

由第④步知 x_{173} 应排在 P_4 的第三段或第四段了．由 $173 = 5 + 16(k-1) \Rightarrow$ 找不到正整数 k 使等式成立，所以 x_{173} 未在 P_4 的第三段上．由 $173 = 13 + 16(k-1) \Rightarrow k = 11$ 知，x_{173} 排在 P_4 的第四段的第 11 位上．由 P_3 知第二段奇数有 2^{n-3} 个，所以 P_4 的第三段有 $\frac{2^{n-3}}{2} = 2^{n-4}$ 个数，故 x_{173} 排在 P_4 的 2^{n-3}(P_3 的第一段即 P_4 的第一、二段) $+ 2^{n-4}$(P_4 的第三段) $+ 11$(x_{173} 排在 P_4 第四段的具体位置) $= 3 \times 2^{n-4} + 11$ 个位置上．

通过以上五步对题意的变式理解，对该问题有了一个透彻的剖析．确实是一道考查学生综合能力的好题．此题还可以拓展让学生求 x_{248} 在 P_6 的第几个位置上．

3.4.5 结构和谐，解法多样

结构是由许多节点和连线组成的稳定的系统．和谐性是指在不同的数学对象或同一数学对象的不同组成部分之间存在的内在联系或共同规律．数学题的标准形式包括两个最基本的要素：条件(已知，前提)、结论(未知，求解，求证，求作)．结构的和谐性是指各条件之间彼此独立，共同存在于统一体内．不存在条件缺少或多余(不包括一些开放题)、条件之间相容；语义表达清楚，不会产生歧义、误解、难懂等现象．通过条件的运用，能够解决要求的问题.

例10 (2013年高考湖南卷题)在等腰直角三角形 ABC 中, $AB = AC = 4$, 点 P 是边 AB 上异于 A, B 的一点, 光线从 P 出发, 经 BC, CA 反射后又回到点 P, 如图 3-7. 若光线 QR 经过 $\triangle ABC$ 的重心, 则 AP 等于 ( )

A. 2 B. 1
C. $\dfrac{8}{3}$ D. $\dfrac{4}{3}$

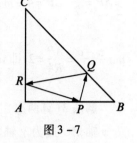

图 3-7

评述 此题立意新颖, 结构和谐, 解题方法也富有灵活性, 体现了较高的思维价值.

解法1(点对称法) 如图 3-8 所示, 以点 A 为坐标原点, AB 边为 x 轴, AC 边为 y 轴, 建立平面直角坐标系, 则点 A 的坐标为 $(0,0)$, 点 B 的坐标为 $(4,0)$, 点 C 的坐标为 $(0,4)$. G 为重心且坐标为 $\left(\dfrac{4}{3}, \dfrac{4}{3}\right)$, 设点 P 坐标为 $(m,0)$ $(m > 0)$, 则点 P 关于 BC 边与 AC 边的对称点 D 和 E 都在直线 RQ 上, 所以点 E 的坐标为 $(-m,0)$, 而直线 BC 的方程为

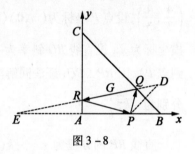

图 3-8

$y = -x + 4$, 根据对称易求得点 D 的坐标为 $(4, 4-m)$, 所以直线 RQ 的方程为 $y = \dfrac{4-m}{4+m}(x + m)$, 把点 G 代入此方程, 得 $\dfrac{4}{3} = \dfrac{4-m}{4+m} \cdot \left(\dfrac{4}{3} + m\right)$, 解出 $m = 0$(舍去)或 $m = \dfrac{4}{3}$, 即 $AP = \dfrac{4}{3}$.

解法2(平面几何法) 如图 3-9 所示, G 为等腰 $\mathrm{Rt}\triangle ABC$ 的重心, 延长 CG 交 AB 边于点 D, 过点 A, B 作 CD 的平行线分别与 RQ 延长线相交于点 E, F. 设 $AP = m$ $(m > 0)$, $\angle PRQ = \alpha$. 因 PQ, QR 分别为入射光线与反射光线, 由反射原理可知 $\angle PQB = \angle RQC$, 同理 $\angle CRQ = \angle ARP$. 由 $\triangle ABC$ 为等腰直角三角形, 得 $\angle B = \angle C = \dfrac{\pi}{4}$; 所以有 ①$\angle BPQ = \pi - (\angle PQB + \angle B) = \angle CRQ = \pi - (\angle RQC + \angle C) = \angle ARP$, 在 $\mathrm{Rt}\triangle ARP$ 中, ②$\angle ARP + \angle APR = \dfrac{\pi}{2}$. 由①②可知 $\angle APR + \angle BPQ = \dfrac{\pi}{2}$, 则 $\angle RPQ = \dfrac{\pi}{2}$, 即 $RP \perp PQ$. 由平行线截线段成比例定理, 得 $\dfrac{RA}{CR} = \dfrac{AE}{CG}$, $\dfrac{QB}{CQ} = \dfrac{BF}{CG}$, 故 $\dfrac{RA}{CR} + \dfrac{QB}{CQ} = \dfrac{BF + AE}{CG}$, 在梯形 $AEFB$ 中, DG 为中位线 $= \dfrac{BF + AE}{2}$, $\dfrac{RA}{CR} + \dfrac{QB}{CQ} = \dfrac{2DG}{CG} = 1$, 即 ③$\dfrac{QB}{CQ} = \dfrac{CR - RA}{CR}$. 由前面的论证易知, $\triangle BQP \sim \triangle CQR \Rightarrow$ ④$\dfrac{QB}{CQ} = \dfrac{BP}{CR} = \dfrac{QP}{QR} = \sin \alpha$. 由③④两式可知 $\dfrac{QB}{CQ} = \dfrac{CR - RA}{CR} = \dfrac{BP}{CR}$, 即 $CR - RA = BP \Leftrightarrow AC - 2RA = AB - AP$, $RA =$

$\frac{1}{2}AP = \frac{m}{2}, BP = 4-m, CR = 4-\frac{m}{2}$, ⑤ $\sin\alpha = \frac{4-m}{4-\frac{m}{2}} = \frac{2\tan\frac{\alpha}{2}}{1+\tan^2\frac{\alpha}{2}}$. 而在 Rt△$RAP$ 中, $\tan\angle ARP =$
$\tan\frac{\pi-\alpha}{2} = \frac{AP}{RA} = 2$, 即 $\tan\frac{\alpha}{2} = \frac{1}{2}$, 代入式⑤中得 $\frac{4-m}{4-\frac{m}{2}} = \frac{4}{5}$, 解出 $m = \frac{4}{3}$, 即 $AP = \frac{4}{3}$.

解法 3(算两次) 如图 3-10 所示, 以点 A 为坐标原点, AB 边为 x 轴, AC 边为 y 轴, 建立平面直角坐标系, 则点 A 的坐标为 $(0,0)$, 点 B 的坐标为 $(4,0)$, 点 C 的坐标为 $(0,4)$, G 为重心且坐标为 $\left(\frac{4}{3}, \frac{4}{3}\right)$, 设点 P 坐标为 $(m,0)(m>0)$, 点 R 坐标为 $(0,y_R)$, 点 Q 的横坐标为 x_Q. 设直线 RQ 斜率为 $k(k\neq 0$, 因为 $k=0$ 时, 显然不会回到点 P), 因 $RP\perp PQ$(证法同解法 2), 则直线 RP 与直线 PQ 的斜率分别为 $-k, \frac{1}{k}$.

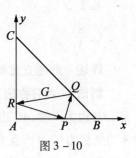

图 3-10

直线 RP 的方程为 $y = -k(x-m)$, 令 $x=0, y_R = km$, 同理直线 RQ 的方程为 $y-\frac{4}{3} = k\left(x-\frac{4}{3}\right)$, 令 $x=0, y_R = \frac{4}{3} - \frac{4}{3}k$, 得 ① $km = \frac{4}{3} - \frac{4}{3}k$.

而直线 PQ 的方程为 $y = \frac{1}{k}(x-m)$, 直线 BC 的方程为 $y = -x+4$, 联立两者解出 $x_Q = \frac{4k+m}{k+1}$. 同理, 联立直线 RQ 与直线 BC 的方程, 同样得出 $x_Q = \frac{8+4k}{3(k+1)}$, 得 $\frac{4k+m}{k+1} = \frac{8+4k}{3(k+1)}$ ⇔ ② $8k+3m=8$.

由①②解出 $k=1, m=0$(舍去) 或 $k=1, m=\frac{4}{3}$, 即 $AP = \frac{4}{3}$.

测评数学试题一般应有多种解法, 一题多解是连通知识网络的有效手段, 体现了发散思维和收敛思维的辩证统一, 有利于对考生元认知的检测.

例 11 (2006 年高考湖南卷题) 如图 3-11, $OM\parallel AB$, 点 P 在由射线 OM、线段 OB 及 AB 的延长线围成的阴影区域(不含边界)内, 且 $\overrightarrow{OP} = x\overrightarrow{OA} + y\overrightarrow{OB}$, 则实数对 (x,y) 可以是 (   )

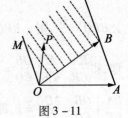

图 3-11

A. $\left(\frac{1}{4}, \frac{3}{4}\right)$ B. $\left(-\frac{2}{3}, \frac{2}{3}\right)$

C. $\left(-\frac{1}{4}, \frac{3}{4}\right)$ D. $\left(-\frac{1}{5}, \frac{7}{5}\right)$

评述 此题不仅结构和谐, 解法更是多样.

解法 1 据平面向量的基本定理, 有 $\overrightarrow{OP} = a\overrightarrow{OM} + b\overrightarrow{OB}$, 其中 $a\in \mathbf{R}^*$, $0<b<1$(否则 $\overrightarrow{OM}$

和 $\overrightarrow{OB}$ 合成的向量 $\overrightarrow{OP}$ 就不在阴影区域内). 又 $OM // AB$, 所以存在正实数 l 使 $\overrightarrow{OM} = l\overrightarrow{AB}$. 于是 $\overrightarrow{OP} = al\overrightarrow{AB} + b\overrightarrow{OB} = al(\overrightarrow{OB} - \overrightarrow{OA}) + b\overrightarrow{OB} = -al\overrightarrow{OA} + (al+b)\overrightarrow{OB}$. 又 $\overrightarrow{OP} = x\overrightarrow{OA} + y\overrightarrow{OB}$, 从而 $\begin{cases} x = -al \\ y = al+b \end{cases}$, 故 $x + y = -al + al + b = b \in (0, 1)$, 选 C.

解法 2 由图 3-12 知,$x < 0$,当 $x = -\dfrac{1}{4}$ 时,作向量 $\overrightarrow{OC}$,使 $\overrightarrow{OC} = -\dfrac{1}{4}\overrightarrow{OA}$,作向量 $\overrightarrow{OG} = y\overrightarrow{OB}$,以 OC 和 OG 为边作平行四边形, 则点 P 在线段 DE 上. 由于 $\triangle CDO \sim \triangle OBA$,且 $|\overrightarrow{OC}| = \dfrac{1}{4}|\overrightarrow{OA}|$,所 以 $\overrightarrow{CD} = \dfrac{1}{4}\overrightarrow{OB}$,$\overrightarrow{CE} = \dfrac{5}{4}\overrightarrow{OB}$,故 $\dfrac{1}{4} < y < \dfrac{5}{4}$,选 C.

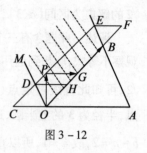

图 3-12

解法 3 考虑排除法求解. 对于 A:$x = \dfrac{1}{4}, y = \dfrac{3}{4}$,此时 $\overrightarrow{OP} = \dfrac{1}{4}\overrightarrow{OA} + \dfrac{3}{4}\overrightarrow{OB}$,则点 P 只能 在射线 OA 和 OB 围成的区域内,不可能在阴影区域内,排除 A;对于 B:$x = -\dfrac{2}{3}, y = \dfrac{2}{3}$,此时 $\overrightarrow{OP} = -\dfrac{2}{3}\overrightarrow{OA} + \dfrac{2}{3}\overrightarrow{OB} = -\dfrac{2}{3}(\overrightarrow{OA} - \overrightarrow{OB}) = -\dfrac{2}{3}\overrightarrow{BA}$,则点 P 只能在射线 OM 上,不合题意,排 除 B;对于 D:$x = -\dfrac{1}{5}, y = \dfrac{7}{5}$,此时 $\overrightarrow{OP} = -\dfrac{1}{5}\overrightarrow{OA} + \dfrac{7}{5}\overrightarrow{OB} = -\dfrac{1}{5}(\overrightarrow{OA} - \overrightarrow{OB}) + \dfrac{6}{5}\overrightarrow{OB} = -\dfrac{1}{5}\overrightarrow{BA} + \dfrac{6}{5}\overrightarrow{OB}$,则点 P 只能在射线 AB 的上方,不合题意,排除 D. 故选 C.

解法 4 特别地,取 $OB = BA, OB \perp BA$,则 $\begin{cases} x < 0 \\ y > 0 \\ \overrightarrow{OP} \cdot \overrightarrow{OB} = 0 \\ \overrightarrow{BP} \cdot \overrightarrow{BO} = 0 \end{cases}$,即 $\begin{cases} x < 0 \\ y > 0 \\ x + y > 0 \\ x + y < 1 \end{cases}$. 从而答案只能选 C.

解法 5 由于 $\overrightarrow{OP} = x\overrightarrow{OA} + y\overrightarrow{OB} = x(\overrightarrow{OA} - \overrightarrow{OB}) + (x+y)\overrightarrow{OB} = x\overrightarrow{BA} + (x+y)\overrightarrow{OB}$,要使点 P 在由射线 OM、线段 OB 及 AB 的延长线围成的阴影区域内,必须 $x < 0$,且 $0 < x + y < 1$,分析 四个选项,立即可得答案 C.

解法 6 以 $\overrightarrow{OA}$ 和 $\overrightarrow{OB}$ 为单位基底(O 为原点)建立坐标系,P 的坐标为 (x, y),那么直线 AB 的方程为 $y = -x + 1$,即 $x + y = 1$;OM 的方程为 $y = -x$,即 $x + y = 0$. 要使点 P 在所给定 的阴影区域内,那么其坐标 (x, y) 应满足 $0 < x + y < 1$. 结合四个选项进行验证,可知答案为 C.

3.4.6 思维灵动,研有余味

测评试题若能激起思维的灵气,则可促使其灵感的生成. 所谓灵气,它是一种细微的精灵之气,是一种存在内心,现于无形的,只能体会不可言传的精神或风采. 现在许多选拔性考试的试题都侧重于考能力,单靠死记硬背或机械性"题海战术"式的训练已经行不通了,必须扎根基础、注重方法、提升解题能力.

例 12 (2009 年高考江西卷题)若不等式 $\sqrt{9-x^2}<k(x+2)-\sqrt{2}$ 的解集为区间 $[a,3]$,且 $b-a=2$,则 $k=$ _____.

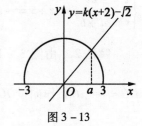

图 3-13

评述 此题含有三个未知量 a,b,k,只有两个条件,似乎不可解. 观察不等式,联想到运用数形结合的方法,画出直线 $y=k(x+2)-\sqrt{2}$,可知此直线过定点 $(-2,-\sqrt{2})$,而 $y=\sqrt{9-x^2}$ 表示圆心在原点,半径为 3 的上半圆,通过旋转直线可以发现满足题意的解集为区间 $[a,3]$,所以 $b=3$,又 $b-a=2$,故 $a=1$,所以直线与半圆的交点为 $(1,2\sqrt{2})$,代入可得 $k=\sqrt{2}$.

在数学测评中,并不是要求所有的数学测试题在解答后都具有研究价值,而是要求每一道数学测评题解答后仍有余味. 这里的研究就是主动地对已完成的思维过程进行周密而有批判性的再思考,是对已形成的数学思想、方法和知识从另一个角度或另一种方式进行再认识,或提出疑问作为新的思考点,进而探究出新的结论或假设. 研究过程的核心是试图从多种视角看待问题. 由于它是以自己的行为为思维对象的,因此将产生高一层次的思维成果,达到对象的重新组织. 只有优质题才能从它的背景、思路、方法、运用等操作层面上去反思,提炼出更有价值的、能反映数学本质的规律.

下面的例子,是测试题结论可以推广的情形:

例 13 (2013 年高考湖南卷题)在直角坐标系 xOy 中,曲线 C_1 上的点均在圆 $C_2:(x-5)^2+y^2=9$ 外,且对 C_1 上任一点 M,M 到直线 $x=-2$ 的距离等于该点与圆 C_2 上点距离的最小值.

(Ⅰ)求曲线 C_1 的方程;

(Ⅱ)设 $P(x_0,y_0)(y_0\neq\pm3)$ 为圆 C_2 外任一点,过 P 作圆 C_2 的两条切线,分别与曲线 C_1 相交于点 A,B 和 C,D. 证明:当点 P 在直线 $x=-4$ 上运动时,四点 A,B,C,D 的纵坐标之积为定值.

评述 易求(证)得:(Ⅰ)曲线 C_1 的方程为 $y^2=20x$;

(Ⅱ)当点 P 在直线 $x=-4$ 上运动时,四点 A,B,C,D 的纵坐标之积为定值 6 400.

此题求解后,就有研究的价值,这道试题可推广得到如下的结论:

命题 1 在直角坐标系 xOy 中,曲线 C_1 上的点均在圆 $C_2:(x-\frac{p}{2})^2+y^2=r^2(\frac{p}{2}>r>0)$ 外,且对 C_1 上任一点 M,M 到直线 $x=r-\frac{p}{2}$ 的距离等于该点与圆 C_2 上点的最小值,则:

(Ⅰ)曲线 C_1 的方程为 $y^2=2px$;

(Ⅱ)设 $P(x_0,y_0)(y_0\neq\pm r)$ 为圆 C_2 外任一点,过点 P 作圆 C_2 的两条切线,分别与曲线

C_1 相交于点 A,B 和 C,D. 当点 P 在直线 $x = -\sqrt{\left(\frac{p}{2}\right)^2 - r^2}$ 上运动时，四点 A,B,C,D 的纵坐标之积为 $p^2(p^2 - 2r^2)$ (定值).

证明 （Ⅰ）设 M 的坐标为 $M(x,y)$，由条件得 $\left|x + \frac{p}{2} - r\right| = \sqrt{\left(x - \frac{p}{2}\right)^2 + y^2} - r$. 易知圆 C_2 上的点位于直线 $x = r - \frac{p}{2}$ 的右侧，于是 $x + \frac{p}{2} - r > 0$，所以 $\sqrt{\left(x - \frac{p}{2}\right)^2 + y^2} = x + \frac{p}{2}$，化简得 C_1 的方程为 $y^2 = 2px$.

（Ⅱ）当点 P 在直线 $x = -\sqrt{\left(\frac{p}{2}\right)^2 - r^2}$ 上运动时，点 P 的坐标为 $P\left(-\sqrt{\left(\frac{p}{2}\right)^2 - r^2}, y_0\right)$，又 $y_0 \neq \pm r$，则过点 P 且与圆 C_2 相切的直线的斜率 k 存在且不为 0，每条切线都与抛物线有两个交点，切线方程为 $y - y_0 = k\left(x + \sqrt{\left(\frac{p}{2}\right)^2 - r^2}\right)$，即 $kx - y + y_0 + k\sqrt{\left(\frac{p}{2}\right)^2 - r^2} = 0$. 于是

$$\frac{\left|\frac{kp}{2} + y_0 + k\sqrt{\left(\frac{p}{2}\right)^2 - r^2}\right|}{\sqrt{k^2 + 1}} = r.$$ 化简整理得 $(p^2 - 4r^2 + p\sqrt{p^2 - 4r^2})k^2 + 2(p + \sqrt{p^2 - 4r^2})y_0 k + 2(y_0^2 - r^2) = 0$.

设过点 P 所作的两条切线 PA, PC 的斜率分别为 k_1, k_2，由根与系数的关系得

$$k_1 + k_2 = \frac{-2(p + \sqrt{p^2 - 4r^2})y_0}{p^2 - 4r^2 + p\sqrt{p^2 - 4r^2}}$$

由 $\begin{cases} y - y_0 = k_1\left(x + \sqrt{\left(\frac{p}{2}\right)^2 - r^2}\right) \\ y^2 = 2px \end{cases}$，消去 x，得 $k_1 y^2 - 2py + p(2y_0 + k_1\sqrt{p^2 - 4r^2}) = 0$.

设四点 A, B, C, D 的纵坐标分别是 y_1, y_2, y_3, y_4，则 $y_1 y_2 = \frac{p(2y_0 + k_1\sqrt{p^2 - 4r^2})}{k_1}$. 同理可得 $y_3 y_4 = \frac{p(2y_0 + k_2\sqrt{p^2 - 4r^2})}{k_2}$. 于是

$$\begin{aligned}
y_1 y_2 y_3 y_4 &= p^2 \cdot \frac{(2y_0 + k_1\sqrt{p^2 - 4r^2})(2y_0 + k_2\sqrt{p^2 - 4r^2})}{k_1 k_2} \\
&= p^2 \cdot \frac{4y_0^2 + 2y_0\sqrt{p^2 - 4r^2}(k_1 + k_2) + k_1 k_2(p^2 - 4r^2)}{k_1 k_2} \\
&= p^2 \cdot \frac{4y_0^2 + 2y_0\sqrt{p^2 - 4r^2} \cdot \frac{-2(p + \sqrt{p^2 - 4r^2})y_0}{p^2 - 4r^2 + p\sqrt{p^2 - 4r^2}} + k_1 k_2(p^2 - 4r^2)}{k_1 k_2} \\
&= p^2 \cdot \frac{4y_0^2 - 4y_0^2 + k_1 k_2(p^2 - 4r^2)}{k_1 k_2} = p^2 \cdot \frac{k_1 k_2(p^2 - 4r^2)}{k_1 k_2}
\end{aligned}$$

$$= p^2(p^2 - 4r^2)$$

所以,当点 P 在直线 $x = -\sqrt{\left(\dfrac{p}{2}\right)^2 - r^2}$ 上运动时,四点 A,B,C,D 的纵坐标之积为 $p^2(p^2-4r^2)$(定值).

类似地,对例10研究,也可得到如下推广结论:

命题2 在等腰直角三角形 ABC 中,$AB = AC = a(a>0)$,点 P 是边 AB 上异于 A,B 的一点,光线从 P 出发,经 BC,CA 两边反射后又回到点 P. 若光线 QR 经过 $\triangle ABC$ 的重心,则 P 为边 AB 的三等分点,即 $AP = \dfrac{a}{3}$.

证明 如图3-9所示,以点 A 为坐标原点,边 AB 为 x 轴,边 AC 为 y 轴,建立平面直角坐标系,则点 A 的坐标为 $(0,0)$,点 B 的坐标为 $(a,0)$,点 C 的坐标为 $(0,a)$,G 为重心且坐标为 $\left(\dfrac{a}{3}, \dfrac{a}{3}\right)$. 设点 P 坐标为 $(m,0)(m>0)$,则点 P 关于边 BC 与边 AC 的对称点 D 和 E 都在直线 RQ 上,所以点 E 坐标为 $(-m,0)$,而直线 BC 的方程为 $y = -x + a$,根据对称易求得点 D 坐标为 $(a, a-m)$,所以直线 RQ 的方程为 $y = \dfrac{a-m}{a+m}(x+m)$,把点 G 代入此方程,即为 $\dfrac{a}{3} = \dfrac{a-m}{a+m}\left(\dfrac{a}{3} + m\right)$,解出 $m = 0$(舍去)或 $m = \dfrac{a}{3}$,即 $AP = \dfrac{a}{3}$,结论得证.

例14 (2009年高考湖北卷题)过抛物线 $y^2 = 2px(p>0)$ 的对称轴上一点 $A(a,0)(a>0)$ 的直线与抛物线相交于 M,N 两点,自 M,N 两点向直线 $l:x = -a$ 作垂线,垂足分别为 M_1,N_1.

(Ⅰ)当 $a = \dfrac{p}{2}$ 时,求证:$AM_1 \perp AN$;

(Ⅱ)记 $\triangle AMM_1, \triangle AM_1N_1, \triangle ANN_1$ 的面积分别为 S_1, S_2, S_3,是否存在 λ,使得对任意的 $a > 0$,都有:$S_2^2 = \lambda S_1 S_3$ 成立. 若存在,求出 λ 的值;若不存在,说明理由.

评述 由于第(Ⅱ)问的结论是对于抛物线的一般结论,因而可研究这个结论可否推广到其他圆锥曲线. 安徽阜阳一中的杨碧明老师等经研究有如下命题(数学通报,2011(4)).

命题3 (椭圆情形)过定点 $A(t,0)$ 作直线交椭圆 $\dfrac{x^2}{a^2} + \dfrac{y^2}{b^2} = 1(a > b > 0)$ 于 M,N 两点,过点 M,N 分别作椭圆的切线:l_1, l_2 且 l_1 与 l_2 相交于点 P,则有:

(Ⅰ)点 P 的轨迹为一直线 l(或 l 的一部分);

(Ⅱ)过点 M,N 分别作(Ⅰ)中点 P 的轨迹所在直线 l 的垂线,垂足分别为 M_1, N_1,记 $\triangle AMM_1, \triangle AM_1N_1, \triangle ANN_1$ 的面积分别为 S_1, S_2, S_3,则有:$S_2^2 = 4S_1 S_3$.

下面,给出椭圆情形的证明.

(Ⅰ)设直线 MN 的方程为 $x = my + t, M(x_1, y_1), N(x_2, y_2)$.

联立:$\begin{cases} \dfrac{x^2}{a^2} + \dfrac{y^2}{b^2} = 1 \\ x = my + t \end{cases}$,消去 x 得

$$(b^2m^2+a^2)y^2+2b^2mty+b^2t^2-a^2b^2=0 \qquad (*)$$

所以 $y_1+y_2=-\dfrac{2b^2ml}{b^2m^2+a^2}$，$y_1y_2=\dfrac{b^2(t^2-a^2)}{b^2m^2+a^2}$.

因为过点 M 的切线为

$$\dfrac{x_1x}{a^2}+\dfrac{y_1y}{b^2}=1 \qquad ①$$

过点 N 的切线为

$$\dfrac{x_2x}{a^2}+\dfrac{y_2y}{b^2}=1 \qquad ②$$

联立①、②解得：$x=\dfrac{a^2(y_2-y_1)}{x_1y_2-x_2y_1}$，$y=-\dfrac{b^2(x_2-x_1)}{x_1y_2-x_2y_1}$.

因为 $x_1=my_1+t, x_2=my_2+t$

所以 $x=\dfrac{a^2(y_2-y_1)}{x_1y_2-x_2y_1}=\dfrac{a^2(y_2-y_1)}{(my_1+t)y_2-(my_2+t)y_1}=\dfrac{a^2}{t}$

$y=-\dfrac{b^2(x_2-x_1)}{x_1y_2-x_2y_1}=-\dfrac{b^2m(y_2-y_1)}{(my_1+t)y_2-(my_2+t)y_1}=-\dfrac{b^2m}{t}$

所以点 P 的坐标为 $P(\dfrac{a^2}{t},-\dfrac{b^2m}{t})$.

（1）当点 $A(t,0)$ 在椭圆内部（包括长轴的两顶点），即 $|t|\leqslant a$ 时，l_1 与 l_2 的交点 P 的轨迹为直线：$x=\dfrac{a^2}{t}, x\in\mathbf{R}$；

（2）当点 $A(t,0)$ 在椭圆外部，即 $|t|>a$ 时，由方程 $(*)$ 得

$$\Delta=4b^4m^2t^2-4(b^2m^2+a^2)(b^2t^2-a^2b^2)>0$$

$$\Rightarrow b^2m^2>t^2-a^2 \Rightarrow m>\dfrac{\sqrt{t^2-a^2}}{b} \text{ 或 } m<-\dfrac{\sqrt{t^2-a^2}}{b}$$

所以 l_1 与 l_2 的交点 P 为直线的一部分

$$x=\dfrac{a^2}{t}, y\in\left(-\infty,-\dfrac{b\sqrt{t^2-a^2}}{t}\right)\cup\left(\dfrac{b\sqrt{t^2-a^2}}{t},+\infty\right)$$

即点 P 的轨迹为直线 $x=\dfrac{a^2}{t}$ 在椭圆外的部分. 所以点 P 的轨迹为一直线或直线的一部分.

（Ⅱ）因为 $x_1=my_1+t, x_2=my_2+t$，所以

$$x_1+x_2=m(y_1+y_2)+2t=\dfrac{2a^2t}{b^2m^2+a^2}$$

$$\begin{aligned}x_1x_2&=(my_1+t)(my_2+t)\\&=m^2y_1y_2+mt(y_1+y_2)+t^2\\&=\dfrac{m^2b^2(t^2-a^2)}{b^2m^2+a^2}-\dfrac{2b^2m^2t^2}{b^2m^2+a^2}+t^2\end{aligned}$$

$$= \frac{a^2(t^2 - b^2 m^2)}{b^2 m^2 + a^2}$$

于是 $S_1 S_3 = \frac{1}{2} |MM_1| \cdot |A_1 M_1| \cdot \frac{1}{2} |NN_1| \cdot |A_1 N_1|$

$$= \frac{1}{2} \left| x_1 - \frac{a^2}{t} \right| \cdot |y_1| \cdot \frac{1}{2} \left| x_2 - \frac{a^2}{t} \right| \cdot |y_2|$$

$$= \frac{1}{4} \left| x_1 x_2 - \frac{a^2}{t}(x_1 + x_2) + \frac{a^4}{t^2} \right| \cdot |y_1 y_2|$$

$$= \frac{1}{4} \left| \frac{a^2(t^2 - a^2)(t^2 - a^2 - b^2 m^2)}{(b^2 m^2 + a^2) t^2} \right| \cdot \left| \frac{b^2(t^2 - a^2)}{b^2 m^2 + a^2} \right|$$

$$= \frac{1}{4} \frac{a^2 b^2 (t^2 - a^2)^2 \cdot |t^2 - a^2 - b^2 m^2|}{(b^2 m^2 + a^2)^2 t^2}$$

$$= \frac{1}{4} \frac{a^2 b^2 (t^2 - a^2)^2 \cdot (a^2 + b^2 m^2 - t^2)}{(b^2 m^2 + a^2)^2 t^2} \quad (因为 b^2 m^2 > t^2 - a^2)$$

$$S_2^2 = \frac{1}{4} |M_1 N_1|^2 \cdot |AA_1|^2 = \frac{1}{4} |y_1 - y_2|^2 \cdot \left| t - \frac{a^2}{t} \right|$$

$$= \frac{(t^2 - a^2)^2}{4 t^2} [(y_1 + y_2)^2 - 4 y_1 y_2]$$

$$= \frac{(t^2 - a^2)^2}{4 t^2} \cdot \left[\frac{4 b^2 m^2 t^2}{(b^2 m^2 + a^2)^2} - 4 \cdot \frac{b^2(t^2 - a^2)}{b^2 m^2 + a^2} \right]$$

$$= \frac{a^2 b^2 (t^2 - a^2)^2 \cdot (a^2 + b^2 m^2 - t^2)}{(b^2 m^2 + a^2)^2 t^2}$$

所以 $S_2^2 = 4 S_1 S_3$.

注 从以上证明可知,当 $a = b$ 时,"椭圆 $\frac{x^2}{a^2} + \frac{y^2}{b^2} = 1$"变为圆,所以以上结论对于圆也能成立. 而对于双曲线情形也有类似的结论:

命题 4 (双曲线情形)过定点 $A(t, 0)$ 作直线交双曲线: $\frac{x^2}{a^2} - \frac{y^2}{b^2} = 1(a > 0, b > 0)$ 于 M, N 两点,过点 M, N 分别作双曲线的切线: l_1, l_2, 且 l_1 与 l_2 相交于点 P, 则有:

(Ⅰ)点 P 的轨迹为一直线 l(或 l 的一部分);

(Ⅱ)过点 M, N 分别作(Ⅰ)中点 P 的轨迹所在直线 l 的垂线,垂足分别为 M_1, N_1, 记 $\triangle AMM_1, \triangle AM_1 N_1, \triangle ANN_1$ 的面积分别为 S_1, S_2, S_3, 则有: $S_2^2 = 4 S_1 S_3$.

以上结论的证明与椭圆情形类似,有兴趣的读者可自行证之.

如果,我们又将定点 $A(t, 0)$ 改为平面内任意一点 $A(m, n)$ 时,结论仍成立,于是有如下推广:

命题 5 过定点 $A(m, n)$ 作直线交抛物线 $y^2 = 2 p x (p > 0)$ (或椭圆: $\frac{x^2}{a^2} + \frac{y^2}{b^2} = 1 (a > b > 0)$ 或双曲线: $\frac{x^2}{a^2} - \frac{y^2}{b^2} = 1 (a > 0, b > 0)$) 于 M, N 两点,过点 M, N 分别作双曲线的切线: l_1, l_2,

且 l_1 与 l_2 相交于点 P,则有:

（Ⅰ）点 P 的轨迹为一直线 l（或 l 的一部分）；

（Ⅱ）过点 M,N 分别作（Ⅰ）中点 P 的轨迹所在直线 l 的垂线,垂足分别为 M_1,N_1,记 $\triangle AMM_1$, $\triangle AM_1N_1$, $\triangle ANN_1$ 的面积分别为 S_1,S_2,S_3,则有: $S_2^2 = 4S_1S_3$.

对于例 14 的第（Ⅱ）问还可进一步推广得:

命题 6 过定点 $A(t,0)$ 作直线交抛物线 $y^2 = 2px(p>0)$（或椭圆: $\frac{x^2}{a^2} + \frac{y^2}{b^2} = 1 (a>b>0)$,或双曲线: $\frac{x^2}{a^2} - \frac{y^2}{b^2} = 1 (a>0, b>0)$）于 M,N 两点,过点 M,N 分别作抛物线（或椭圆,或双曲线）的切线 l_1, l_2,且 l_1 与 l_2 相交于点 P,则有

（Ⅰ）点 P 的轨迹为一直线（或 l 的一部分）；

（Ⅱ）过点 M,N,A 分别作（Ⅰ）中点 P 的轨迹所在直线 l 的垂线,垂足分别为 M_1,N_1,A_1,记 $\triangle A_1MM_1$, $\triangle A_1MN$, $\triangle A_1NN_1$ 的面积分别为 S_1,S_2,S_3,则对任意实数 a 都有 $S_2^2 = 4S_1S_3$ 成立.

证明
$$S_1' = S_{\triangle AMM_1} = \frac{1}{2}|MM_1| \cdot |A_1M_1| = \frac{1}{2}|x_1 - a| \cdot |y_1|$$

$$S_2' = S_{\triangle AM_1N_1} = \frac{1}{2}|M_1N_1| \cdot |AA_1| = a \cdot |y_1 - y_2|$$

$$S_3' = S_{\triangle ANN_1} = \frac{1}{2}|NN_1| \cdot |A_1N_1| = \frac{1}{2}|x_2 - a| \cdot |y_2|$$

$$S_1 = S_{\triangle A_1MM_1} = \frac{1}{2}|MM_1| \cdot |A_1M_1| = \frac{1}{2}|x_1 - a| \cdot |y_1|$$

$$S_2 = S_{\triangle A_1M_1N_1} = \frac{1}{2}|AA_1|(|A_1M_1| + |A_1N_1|) = a \cdot |y_1 - y_2|$$

$$S_3 = S_{\triangle A_1NN_1} = \frac{1}{2}|NN_1| \cdot |A_1N_1| = \frac{1}{2}|x_2 - a| \cdot |y_2|$$

从而 $S_{\triangle AMM_1} = S_{\triangle A_1MM_1}$, $S_{\triangle AM_1N_1} = S_{\triangle A_1MN}$, $S_{\triangle ANN_1} = S_{\triangle A_1NN_1}$,故 $S_2^2 = 4S_1S_3$ 成立.

注 椭圆和双曲线的得到类似于命题 3、4 来证.

又若将定点 $A(t,0)$ 改为平面内任意一点 $A(m,n)$ 则有如下结论:

命题 7 过定点 $A(m,n)$ 作直线交抛物线 $y^2 = 2px(p>0)$（或椭圆 $\frac{x^2}{a^2} + \frac{y^2}{b^2} = 1 (a>b>0)$,或双曲线 $\frac{x^2}{a^2} - \frac{y^2}{b^2} = 1 (a>0, b>0)$）于 M,N 两点,过点 M,N 分别作抛物线（或椭圆或双曲线）的切线 l_1, l_2,且 l_1 与 l_2 相交于点 P,则有:

（Ⅰ）点 P 的轨迹为一直线 l（或 l 的一部分）；

（Ⅱ）过点 M,N,A 分别作直线 l 的垂线,垂足分别为 M_1,N_1,A_1,记 $\triangle A_1MM_1$, $\triangle A_1MN$, $\triangle A_1NN_1$ 的面积分别为 S_1,S_2,S_3,则有 $S_2^2 = 4S_1S_3$.

下面的例子是测试题的解法可以探究,对试题可以拓展探究的情形:

例15 (2007年高考江苏卷题)在平面直角坐标系 xOy 中,过 y 轴正方向上一点 $C(0,c)$ 任作一直线,与抛物线 $y=x^2$ 相交于 A,B 两点,一条垂直于 x 轴的直线,分别与线段 AB 和直线 $l:y=-c$ 交于 P,Q 两点.

(Ⅰ)若 $\overrightarrow{OA}\cdot\overrightarrow{OB}=2$,求 c 的值;

(Ⅱ)若 P 为线段 AB 的中点,求证:QA 为此抛物线的切线;

(Ⅲ)试问(Ⅱ)的逆命题是否成立?说明理由.

评述 此题主要考查抛物线的性质、直线与抛物线的位置关系、向量的数量积、导数的应用、简易逻辑等基础知识和基本运算,考查分析问题、探索问题的能力,是一道容易上手且值得探究的好题. 湖北襄樊的高慧明老师作了如下探究(数学教学,2008(2)):

(Ⅰ)**常规解法1** 设过点 C 的直线方程是 $y=kx+c$,代入 $y=x^2$,得 $x^2-kx-c=0(c>0)$,设 $A(x_1,x_1^2),B(x_2,x_2^2)$,则

$$x_1+x_2=k \qquad ①$$
$$x_1x_2=-c \qquad ②$$

由 $\overrightarrow{OA}\cdot\overrightarrow{OB}=2$,得 $x_1x_2+(x_1x_2)^2=2$,即 $c^2-c-2=0$,故 $c=2$(由于 $c>0$,因此舍掉 $c=-1$).

常规解法2 设 $A(x_1,y_1),B(x_2,y_2)$,由 $\overrightarrow{OA}\cdot\overrightarrow{OB}=2$ 得 $x_1x_2+y_1y_2=2$.

于是 $x_1x_2+(kx_1+c)(kx_2+c)=2$,从而 $(k^2+1)x_1x_2+kc(x_1+x_2)+c^2=2$,将①、②两式代入得 $c^2-c-2=0$,故 $c=2$(舍去 $c=-1$).

特殊解法1 设 $A(x_1,x_1^2),B(x_2,x_2^2)$,因 $\overrightarrow{OA}\cdot\overrightarrow{OB}=2$,则 $x_1x_2+(x_1x_2)^2=2$,从而 $x_1x_2=-2,x_1x_2=1$(舍去). 直线 AB 的斜率为 $k=\dfrac{x_1^2-x_2^2}{x_1-x_2}=x_1+x_2$,因为 $\begin{cases}x_1^2=kx_1+c\\x_2^2=kx_2+c\end{cases}$,所以 $x_1^2+x_2^2=k(x_1+x_2)+2c,(x_1+x_2)^2-2x_1x_2=k(x_1+x_2)+2c,k^2+4=k^2+2c$,所以 $c=2$.

注 关键揭示隐含条件:"$k=x_1+x_2$".

特殊解法2 设 $A(x_1,x_1^2),B(x_2,x_2^2)$,因为 $\overrightarrow{OA}\cdot\overrightarrow{OB}=2$,所以 $x_1x_2+(x_1x_2)^2=2$,所以 $x_1x_2=-2,x_1x_2=1$(舍去),因为 $\dfrac{x_1^2-c}{x_1-0}=\dfrac{x_2^2-c}{x_2-0}$,化简得 $c=-x_1x_2=2$.

注 关键揭示隐含条件:"$c=-x_1x_2$".

创新解法1 假设 $AB/\!/x$ 轴,则 $A(-\sqrt{c},c),B(\sqrt{c},c)$,因 $\overrightarrow{OA}\cdot\overrightarrow{OB}=2$,故 $-c+c^2=2$,所以 $c=2$(舍去 $c=-1$).

创新解法2 设 $A(x_1,y_1),B(x_2,y_2)$,由 $\overrightarrow{OA}\cdot\overrightarrow{OB}=2$ 得 $x_1x_2+y_1y_2=2$,因 A,B 两点在抛物线 $y=x^2$ 上,不妨取 $A(-1,1),B(2,4)$,由 A,B,C 三点共线易得 $c=2$.

创新解法3 假设 $AB/\!/x$ 轴,则 $A(-\sqrt{c},c),|\overrightarrow{OA}|=\sqrt{c+c^2},\cos\angle AOC=\dfrac{c}{\sqrt{c+c^2}}$,所以

$$\vec{OA} \cdot \vec{OB} = |\vec{OA}| \cdot |\vec{OB}| \cdot \cos 2\angle AOC$$
$$= (\sqrt{c+c^2})^2 (2\cos^2 \angle AOC - 1)$$
$$= (c+c^2)\left(\frac{2c^2}{c+c^2} - 1\right) = c^2 - c = 2$$

因此 $c = 2$（舍去 $c = -1$）.

注 创新解法的创新之处在于"从特殊情形或极端情形"入手获解.

(Ⅱ) **常规解法 1** 过点 A 的切线方程是 $y - y_1 = 2x_1(x - x_1)$，即 $y = 2x_1 x - x_1^2$，因 P 是 AB 的中点，所以 $Q\left(\dfrac{k}{2}, -c\right)$，把 $x = \dfrac{k}{2}$ 代入 $y = 2x_1 x - x_1^2$，得 $y = kx_1 - x_1^2$，即 $y = kx_1 - y_1 = -c$，即以 A 为切点的切线过点 Q，所以 AQ 为抛物线的切线.

常规解法 2 过点 Q 且以 $2x_1$ 为斜率的直线 l' 的方程是 $y = -c + 2x_1\left(x - \dfrac{k}{2}\right)$，把 $x = x_1$ 代入，得 $y = -c + 2x_1\left(x_1 - \dfrac{x_1 + x_2}{2}\right) = x_1 x_2 + x_1^2 - x_1 x_2 = x_1^2$，因此直线 l' 过点 A，所以 AQ 为抛物线的切线.

常规解法 3 将直线 l' 的方程 $y = -c + 2x_1\left(x - \dfrac{k}{2}\right)$ 与抛物线的方程 $y = x^2$ 联立，可证此方程组有唯一解 $\begin{cases} x = x_1 \\ y = x_1^2 \end{cases}$，故 AQ 为抛物线的切线.

注 以上三种常规解法（通法）的关键是证明"过点 A（点 Q）且以切线斜率 $2x_1$ 为斜率的直线，必通过点 Q（点 A）".

常规解法 4 因为 P 是 AB 的中点，所以 $Q\left(\dfrac{x_1+x_2}{2}, -c\right)$，$k_{AQ} = \dfrac{x_1^2 + c}{x_1 - \dfrac{x_1+x_2}{2}} = \dfrac{x_1^2 - x_1 x_2}{\dfrac{x_1 - x_2}{2}} = 2x_1$，又对 $y = x^2$ 求导，有 $y' = 2x$，故以 A 为切点的切线斜率 $k_A = 2x_1$，则 $k_{AQ} = k_A$，所以 AQ 为抛物线的切线.

常规解法 5 因为 P 是 AB 的中点，所以 $Q\left(\dfrac{k}{2}, -c\right)$，$k_{AQ} = \dfrac{y_1 + c}{x_1 - \dfrac{k}{2}}$，又 $x_1^2 - kx_1 - c = 0$，故 $c = x_1^2 - kx_1$，则 $k_{AQ} = 2 \cdot \dfrac{x_1^2 + (x_1^2 - kx_1)}{2x_1 - k} = 2x_1$，又 $y' = 2x$，故以 A 为切点的切线斜率 $k_A = 2x_1$，从而 $k_{AQ} = k_A$，所以 AQ 为抛物线的切线.

注 以上两种常规解法（通法）的关键是证明"$k_{AQ} = k_A$".

常规解法 6 设过点 C 的直线方程是 $y = kx + c$，代入 $y = x^2$，得 $x^2 - kx - c = 0$，$x_1 = \dfrac{k - \sqrt{k^2 + 4c}}{2}$. 因 P 是 AB 的中点，故 $Q\left(\dfrac{k}{2}, -c\right)$，则 $k_{AQ} = \dfrac{y_1 + c}{x_1 - \dfrac{k}{2}} = \dfrac{\left(k \cdot \dfrac{k - \sqrt{k^2+4c}}{2} + c\right) + c}{\dfrac{k - \sqrt{k^2+4c}}{2} - \dfrac{k}{2}} =$

$k-\sqrt{k^2+4c}$.

因此 AQ 的直线方程是 $y=(k-\sqrt{k^2+4c})\left(x-\dfrac{k}{2}\right)-c$.

代入 $y=x^2$，得 $x^2-(k-\sqrt{k^2+4c})x+\dfrac{k}{2}(k-\sqrt{k^2+4c})+c=0$，$\Delta=(k-\sqrt{k^2+4c})^2-4\left[\dfrac{k}{2}(k-\sqrt{k^2+4c})+c\right]=0$，故 AQ 为抛物线的切线.

常规解法 7 $k_{AQ}=\dfrac{x_1^2+c}{x_1-\dfrac{x_1+x_2}{2}}=\dfrac{x_1^2-x_1x_2}{\dfrac{x_1-x_2}{2}}=2x_1$，即 AQ 的直线方程是 $y-y_1=2x_1(x-x_1)$，即 $y=2x_1x-x_1^2$，代入 $y=x^2$，得 $x^2-2x_1x+x_1^2=0$，则 $\Delta=(-2x_1)^2-4x_1^2=0$，故 AQ 为抛物线的切线.

注 常规解法 6 和常规解法 7 的关键是证明"$\Delta=0$".

常规解法 8 由 $x^2-kx-c=0$ 得 $x_1=\dfrac{k-\sqrt{k^2+4c}}{2}$. 设过点 Q 与抛物线相切的左切线方程是 $y+c=m\left(x-\dfrac{k}{2}\right)$，代入 $y=x^2$，得 $x^2-mx+\dfrac{km}{2}+c=0$，从而 $\Delta=m^2-4\left(\dfrac{km}{2}+c\right)=0$，$m=k-\sqrt{k^2+4c}$ 或 $m=k+\sqrt{k^2+4c}$（舍去），所以切点的横坐标是 $\dfrac{m}{2}=\dfrac{k-\sqrt{k^2+4c}}{2}=x_1$，所以 AQ 为抛物线的切线.

注 常规解法 8 的关键是证明"过点 Q 与抛物线相切的左切线的切点是点 A".

创新解法 设 $A(x_1,x_1^2),B(x_2,x_2^2)$，以 A,B 为切点的切线方程分别是 $y-x_1^2=2x_1(x-x_1)$，$y-x_2^2=2x_2(x-x_2)$，联立解得 $\begin{cases}x=\dfrac{x_1+x_2}{2}\\ y=x_1x_2=-c\end{cases}$，即两切线交点必为点 Q，故 AQ 为抛物线的切线.

注 此解法的创新之处是揭示了隐含条件"A,B 两点是对称的"，从而减少了计算量.

（Ⅲ）**常规解法 1** 设 $A(x_1,x_1^2),B(x_2,x_2^2)$，以 A 为切点的切线方程是 $y-x_1^2=2x_1(x-x_1)$，令 $y=-c$，得 $x=\dfrac{-c-x_1^2}{2x_1}+x_1=\dfrac{x_1^2-c}{2x_1}=\dfrac{x_1^2+x_1x_2}{2x_1}=\dfrac{x_1+x_2}{2}$，即 Q 的横坐标是 $\dfrac{x_1+x_2}{2}$，P 是 AB 的中点，所以逆命题成立（显然，此解法是（Ⅱ）中常规解法 1 的逆向推理）.

常规解法 2 设 $A(x_1,x_1^2),B(x_2,x_2^2),Q(x_0,-c)$，因为 AQ 为抛物线的切线，所以 $\dfrac{x_1^2+c}{x_1-x_0}=2x_1$. 又 $c=-x_1x_2$，所以 $\dfrac{x_1^2-x_1x_2}{x_1-x_0}=2x_1$，化简得 $x_1^2-2x_0x_1+x_1x_2=0$，而 $x_1\neq 0$，故 $x_0=\dfrac{x_1+x_2}{2}$，P 是 AB 的中点，所以逆命题成立.

注 审题时要深挖题中的"隐含条件"，否则解题不畅、不全、不准，象本题中的 $x_1\neq 0$ 就较易忽视(因 $x_1=0$ 时,直线与轴将会重合,与题设不符).

常规解法 3 设 $A(x_1,x_1^2),B(x_2,x_2^2),Q(x_0,-c)$,因为 AQ 为抛物线的切线,所以 $\dfrac{x_1^2+c}{x_1-x_0}=2x_1$,即 $x_1^2-2x_0x_1-c=0$,因为 A,B 是对称的,所以 $x^2-2x_2x_0-c=0$,则 x_1,x_2 均为方程 $x^2-2x_0x-c=0$ 的两根,所以 $x_1+x_2=2x_0$,即 $x_0=\dfrac{x_1+x_2}{2}$,所以 P 是 AB 的中点,故逆命题成立(此解法也是本题(Ⅱ)中常规解法 2 的逆向推理).

常规解法 4 因为本题(Ⅱ)的证明步步可逆,所以逆命题成立.

常规解法 5 因为以 A 为切点的抛物线的切线唯一,所以逆命题成立.

拓展研究

探究 1 由已知条件 $\overrightarrow{OA}\cdot\overrightarrow{OB}=2$,我们可求出 $c=2$,那么 $c=2$ 是巧合吗?不妨设 $\overrightarrow{OA}\cdot\overrightarrow{OB}=t$,于是我们就可以得到如下命题:

命题 8 过 y 轴正方向上一点 $C(0,c)$ 任作一直线 m 与抛物线 $x^2=2py$ 相交于 A,B 两点,若 $\overrightarrow{OA}\cdot\overrightarrow{OB}=t$,则 $c=p+\sqrt{p^2+t}$ 或 $c=p-\sqrt{p^2+t}$.

由此可见,直线 m 与抛物线 $x^2=2py$ 相交于 A,B 两点,若 $\overrightarrow{OA}\cdot\overrightarrow{OB}=t$,则直线 m 经过定点 $(0,p+\sqrt{p^2+t})$ 或 $(0,p-\sqrt{p^2+t})$.

证明 设直线 m 的方程为 $y=kx+c$,代入抛物线方程 $x^2=2py$,得 $x^2-2pkx-2pc=0$,令 $A(x_1,y_1),B(x_2,y_2)$.

由 $\overrightarrow{OA}\cdot\overrightarrow{OB}=t$,有 $x_1x_2+y_1y_2=c^2-2pc=t$,解之得 $c=p+\sqrt{p^2+t}$ 或 $c=p-\sqrt{p^2+t}$.

注 由于原题中增加了"过 y 轴正方向上一点 $C(0,c)$"这一条件,因此只有 $c=p+\sqrt{p^2+t}$ 一解.

探究 2 当 $\overrightarrow{OA}\cdot\overrightarrow{OB}=0$ 时,$OA\perp OB$,即 $\angle AOB=90°$.那么此时我们又可得到什么结论呢?实际上只要令命题 1 中的 $t=0$,便可得:

命题 9(1) 直线 m 与抛物线 $x^2=2py$ 相交于 A,B 两点,若 $\overrightarrow{OA}\cdot\overrightarrow{OB}=0$,则直线 m 经过定点 $(0,2p)$ 或 $(0,0)$.

证明 设直线 m 的方程为 $y=kx+c$,代入抛物线方程 $x^2=2py$,得 $x^2-2pkx-2pc=0$,令 $A(x_1,y_1),B(x_2,y_2)$.

由 $\overrightarrow{OA}\cdot\overrightarrow{OB}=0$,有 $x_1x_2+y_1y_2=c^2-2pc=0$.

解之得 $c=2p$ 或 $c=0$,即直线 m 经过定点 $(0,2p)$ 或 $(0,0)$.反之,我们还可得到:

命题 9(2) 若直线 m 经过点 $(0,2p)$,且与抛物线 $x^2=2py$ 相交于 A,B 两点,则 $\overrightarrow{OA}\cdot\overrightarrow{OB}=0$.

证明 设直线 m 的方程为 $y=kx+2p$,代入抛物线方程 $x^2=2py$,得 $x^2-2pkx-4p^2=0$.

令 $A(x_1,y_1),B(x_2,y_2)$,则 $\overrightarrow{OA}\cdot\overrightarrow{OB}=x_1x_2+y_1y_2=4p^2-4p^2=0$.

利用上述结论,我们可快速解出 2004 年高考重庆卷理、文第 21 题:

(理)设 $p>0$ 是一常数,过点 $Q(2p,0)$ 的直线与抛物线 $y^2=2px$ 交于相异两点 A,B,以线段 AB 为直径作圆 H(H 为圆心). 试证:抛物线的顶点在圆 H 的圆周上;并求圆 H 的面积最小时直线 AB 的方程.

(文)设直线 $ay=x-2$ 与抛物线 $y^2=2x$ 交于相异两点 A,B,以线段 AB 为直径作圆 H(H 为圆心). 试证:抛物线的顶点在圆 H 的圆周上;并求 a 的值,使圆 H 的面积最小.

探究 3 当 P 为线段 AB 的中点时,QA 为此抛物线的切线,那么直线 QB 呢? 由题意可知,点 Q 的坐标为 $\left(\dfrac{x_1+x_2}{2},-c\right)$,则直线 QB 的斜率为 $k_{QB}=\dfrac{x_2^2+c}{x_2-\dfrac{x_1+x_2}{2}}$.

因为 $x_1 \cdot x_2 = -c$,所以 $k_{QB}=\dfrac{x_2^2-x_1 \cdot x_2}{x_2-\dfrac{x_1+x_2}{2}}=\dfrac{x_2 \cdot (x_2-x_1)}{\dfrac{x_2-x_1}{2}}=2x_2$,而 $y=x^2$ 的导数为 $y'=2x$,所以点 $B(x_2,y_2)$ 处切线的斜率为 $2x_2$,即直线 QB 为该抛物线的切线. 于是我们可进一步得到:

命题 10 过 y 轴正方向上一点 $C(0,c)$ 任作一直线,与抛物线 $x^2=2py$ 相交于 A,B 两点,一条垂直于 x 轴的直线,分别与线段 AB 和直线 $l:y=-c$ 交于 P,Q,若 P 为线段 AB 的中点,则 QA,QB 都是此抛物线的切线.

注 利用命题 10,我们就可以做出抛物线上任意一点处的切线. 这是作抛物线切线的一个简便方法.

探究 4 设线段 PQ 的中点为 D,因为 $P\left(\dfrac{x_1+x_2}{2},\dfrac{x_1^2+x_2^2}{4p}\right)$,$Q\left(\dfrac{x_1+x_2}{2},-c\right)$,而 $c=-\dfrac{x_1 \cdot x_2}{2p}$,则点 D 的坐标为 $\left(\dfrac{x_1+x_2}{2},\dfrac{(x_1+x_2)^2}{8p}\right)$,显然,$D$ 为抛物线上一点. 于是我们有以下命题:

命题 11 过 y 轴正方向上一点 $C(0,c)$ 任作一直线,与抛物线 $x^2=2py$ 相交于 A,B 两点,一条垂直于 x 轴的直线,分别与线段 AB 和直线 $l:y=-c$ 交于 P,Q,当 P 为线段 AB 的中点时,线段 PQ 的中点 D 在抛物线上.

探究 5 延长 AO,设直线 AO 与 l 相交于点 E. 因为 $A(x_1,y_1)$,$E(x_E,-c)$,则 $\dfrac{y_1}{x_1}=\dfrac{-c}{x_E}$,化简得 $x_E=x_2$,联结 BE,显然 $BE \perp l$. 于是我们得到以下命题:

命题 12 延长 AO,与直线 l 相交于点 E,则有 $BE \perp l$. 同样,延长 BO,与直线 l 相交于点 F,则有 $AF \perp l$.

探究 6 在直线与抛物线位置关系的问题中,我们不得不讨论一下直线经过焦点的情况. 于是可以得到:

命题 13(1) 一条直线经过抛物线 $x^2=2py$ 的焦点,且与抛物线相交于 A,B 两点,则分

别过点 A,B 的切线互相垂直且它们的交点在此抛物线的准线上.

证明 设 $A(x_1,y_1), B(x_2,y_2)$,经过焦点的直线方程为 $y=kx+\dfrac{p}{2}$,将 $y=kx+\dfrac{p}{2}$ 代入抛物线方程 $x^2=2py$,得 $x^2-2pkx-p^2=0$,则 $x_1 \cdot x_2 = -p^2$.

因为 $y'=\left(\dfrac{x^2}{2p}\right)'=\dfrac{x}{p}$,所以在 $A(x_1,y_1), B(x_2,y_2)$ 两点处的切线斜率分别为 $\dfrac{x_1}{p}, \dfrac{x_2}{p}$,于是经过 A, B 两点的切线方程分别为

$$y-y_1=\dfrac{x_1}{p}(x-x_1)$$

$$y-y_2=\dfrac{x_2}{p}(x-x_2)$$

因 $\dfrac{x_1}{p} \cdot \dfrac{x_2}{p} = \dfrac{-p^2}{p^2} = -1$,则经过 A, B 两点的切线互相垂直.联立这两个方程,得

$$\begin{cases} y-y_1=\dfrac{x_1}{p}(x-x_1) \\ y-y_2=\dfrac{x_2}{p}(x-x_2) \end{cases}$$

解之得

$$\begin{cases} x=\dfrac{x_1+x_2}{2} \\ y=\dfrac{x_1 \cdot x_2}{2p} \end{cases}$$

而 $x_1 \cdot x_2 = -p^2$,所以 $y=-\dfrac{p}{2}$,即过 A, B 两点的切线的交点在抛物线的准线上.

这个结论稍作改变,即为 2006 年高考全国卷(Ⅱ)题:

已知抛物线 $x^2=4y$ 的焦点为 F,两点 A, B 是抛物线上的两动点,且 $\overrightarrow{AF}=\lambda\overrightarrow{FB}(\lambda>0)$.过 A, B 两点分别作抛物线的切线,设其交点为 M.

(Ⅰ)证明:$\overrightarrow{FM} \cdot \overrightarrow{AB}$ 为定值;(Ⅱ)设 $\triangle ABM$ 的面积为 S,写出 $S=f(\lambda)$ 的表达式,并求 S 的最小值.

反之,对于命题 13(1),我们也有:

命题 13(2) 若抛物线 $x^2=2py$ 的两条切线的交点在抛物线的准线上,则联结两个切点 A, B 的直线一定经过抛物线的焦点.

3.5 研究探讨测评数学的着眼点

数学测评题的命制是数学测评的中心环节,也是测评数学研究的主体.如何将数学材料改造或创造成成功的数学测评题.这又可以从哪些方面着眼呢?

3.5.1 着眼于数学本质、数学理性思维的呈现

数学测评试题应呈现数学本质、数学理性思维，这是理所当然的. 这是命制人员高度关注的重要方面. 下面的几道试题是对数学本质、数学理性思维呈现得比较好的测评试题.

例1 已知平面上 A, B, C 三点满足 $|\overrightarrow{AB}| = 3, |\overrightarrow{BC}| = 4, |\overrightarrow{CA}| = 5$，则 $\overrightarrow{AB} \cdot \overrightarrow{BC} + \overrightarrow{BC} \cdot \overrightarrow{CA} + \overrightarrow{CA} \cdot \overrightarrow{AB}$ 的值等于 _____.

答案 -25. 此题可以有如下四种思路：

思路1 因为 $|\overrightarrow{AB}|^2 + |\overrightarrow{BC}|^2 = |\overrightarrow{CA}|^2$，所以 $\angle B = 90°$. 以 B 为原点建立直角坐标系，则 A, C 的坐标分别为 $(3,0), (0,4)$（图略）. 注意：$\overrightarrow{AB} \cdot \overrightarrow{BC} = 0$，所以

$$\overrightarrow{AB} \cdot \overrightarrow{BC} + \overrightarrow{BC} \cdot \overrightarrow{CA} + \overrightarrow{CA} \cdot \overrightarrow{AB} = \overrightarrow{BC} \cdot \overrightarrow{CA} + \overrightarrow{CA} \cdot \overrightarrow{AB}$$
$$= (0,4) \cdot (3,-4) + (3,-4) \cdot (-3,0)$$
$$= 0 \times 3 + 4 \times (-4) + 3 \times (-3) + (-4) \times 0 = -25$$

思路2 因为 $\angle B = 90°$，有 $\overrightarrow{AB} \cdot \overrightarrow{BC} = 0$，所以

$$\overrightarrow{AB} \cdot \overrightarrow{BC} + \overrightarrow{BC} \cdot \overrightarrow{CA} + \overrightarrow{CA} \cdot \overrightarrow{AB}$$
$$= |\overrightarrow{BC}| \cdot |\overrightarrow{CA}| \cos(\pi - C) + |\overrightarrow{CA}| \cdot |\overrightarrow{AB}| \cos(\pi - A) = -25$$

思路3 因为 $\angle B = 90°$，所以 $\overrightarrow{AB} \cdot \overrightarrow{BC} = 0$，从而

$$\overrightarrow{AB} \cdot \overrightarrow{BC} + \overrightarrow{BC} \cdot \overrightarrow{CA} + \overrightarrow{CA} \cdot \overrightarrow{AB} = \overrightarrow{BC} \cdot \overrightarrow{CA} + \overrightarrow{CA} \cdot \overrightarrow{AB} = \overrightarrow{CA} \cdot (\overrightarrow{AB} + \overrightarrow{BC})$$
$$= \overrightarrow{CA} \cdot \overrightarrow{AC} = -|\overrightarrow{AC}|^2 = -25$$

思路4 由广义对称思想出发可得如下更为一般的解法

$$\overrightarrow{AB} \cdot \overrightarrow{BC} + \overrightarrow{BC} \cdot \overrightarrow{CA} + \overrightarrow{CA} \cdot \overrightarrow{AB}$$
$$= \frac{1}{2}[(\overrightarrow{AB} \cdot \overrightarrow{BC} + \overrightarrow{BC} \cdot \overrightarrow{CA}) + (\overrightarrow{BC} \cdot \overrightarrow{CA} + \overrightarrow{CA} \cdot \overrightarrow{AB}) + (\overrightarrow{CA} \cdot \overrightarrow{AB} + \overrightarrow{AB} \cdot \overrightarrow{BC})]$$
$$= \frac{1}{2}(\overrightarrow{BC} \cdot \overrightarrow{CB} + \overrightarrow{CA} \cdot \overrightarrow{AC} + \overrightarrow{AB} \cdot \overrightarrow{BA})$$
$$= \frac{1}{2}(-3^2 - 4^2 - 5^2) = -25$$

评述 此题考查了平面向量数量积的计算方法，突出了对运算技能的考查. 题中涉及的内容体现了平面向量的本质特征，各种求解思路体现了数学的理性思维.

由于向量具有"数"与"形"的双重身份，因此其运算形式丰富多彩，独具魅力. 向量的符号语言和坐标语言沟通了向量与实数之间的联系，而向量的线性运算及数量积的运算性质为解决该题提供了保证. 思路1、思路2和思路3都利用了 $\angle B = 90°$ 这一条件，而思路4根据广义对称思想，利用整体配凑的方法，不仅未用 $\angle B = 90°$ 这一条件，还揭示出了一个更一般的结论：

已知平面上三点 A,B,C 满足 $|\overrightarrow{AB}|=a,|\overrightarrow{BC}|=b,|\overrightarrow{CA}|=c$,则

$$\overrightarrow{AB}\cdot\overrightarrow{BC}+\overrightarrow{BC}\cdot\overrightarrow{CA}+\overrightarrow{CA}\cdot\overrightarrow{AB}=-\frac{1}{2}(a^2+b^2+c^2)$$

解法的多样性体现在对运算能力的考查中,包含对思维能力的要求和对思维品质的考查. 特别是思路 4 巧用对称性,不仅能简化运算,揭示问题的本质,还可以激发学生学习数学的兴趣、培养学生对数学美的感受.

注 此例为 2004 年高考浙江卷题.

例 2 如图 3-14,已知 AD 为 $\triangle ABC$ 的角平分线,$AB<AC$,在 AC 上截取 $CE=AB$,M,N 分别为 BC,AE 的中点,求证:$MN\parallel AD$.

思路 1 从题中所给特殊条件思考.

由于题设中给出了 2 个中点,为了充分利用中点的条件,还需找中点. 为此,联结 BE,记 BE 中点为 F,联结 FN,FM. 由 FN 为 $\triangle EAB$ 的中位线,用数字表示有关的角,如图 3-14,可得

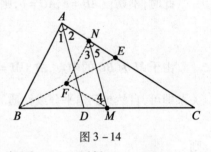

图 3-14

$$FN=\frac{1}{2}AB,\quad 且 \quad FN\parallel AB$$

又因为 FM 为 $\triangle BCE$ 的中位线,所以 $FM=\frac{1}{2}CE$,且 $FM\parallel CE$. 又 $CE=AB$,则 $FN=FM$,故 $\angle 3=\angle 4$,但 $\angle 4=\angle 5$,因此 $\angle 3=\angle 5$. 又

$$\angle 1+\angle 2=\angle 3+\angle 5$$

而 $\angle 1=\angle 2,\angle 3=\angle 5$,则 $\angle 2=\angle 5$,故 $MN\parallel AD$.

评述 探究上述思路的来源,关键是由中点联想到中位线定理,由 $AB=CE$ 进一步联想构建以 AB,CE 为底边的三角形,从而发现相应的辅助线 BE,形成解题思维. 这样的思路也是命题者的立意所在,主要考查学生是否认识了该问题的本质,从而呈现出学生是否具备良好的提取信息能力、完备、条理化的知识结构,恰当的联想能力,必要的迁移能力.

思路 2 由图形的结构特点进行思考.

由于 $AB=CE$,但两者的位置决定了它们无法形成有机的联系,联想到条件中的角平分线 AD,正好是构建轴对称的核心元素. 因此,想到把 $\triangle ABD$ 沿轴 AD 翻折,如图 3-15. 于是,$AB=AB'=CE$,故有 $AE=CB'$. 从 M 为 BC 中点再联想到中位线,但这时另一个中点 G(对称点连线段 BB' 与轴 AD 的交点)

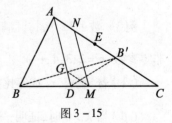

图 3-15

的出现却是恰到好处. 于是,联结 GM,自然就有 $GM\parallel CB'$,且 $GM=\frac{1}{2}CB'$,由于 N 为 AE 的中点,则 $GM=AN$,因此四边形 $AGMN$ 为平行四边形,即 $AD\parallel MN$.

评述 上述思路,从图形中蕴藏的特殊结构——轴对称出发进行变化,使该问题的本质呈现出来,从而简捷证明.

思路 3 从图中变与不变的逻辑关系思考.

如图 3-14, 当 △ABC 确定后, 根据条件, 点 D, M 的位置也随之确定, 于是, 决定 MN 是否平行于 AD 的可变元素就是点 N, 而点 N 的位置又是由点 E 唯一确定的, 所以如果说当 CE = AB 时, 有 MN∥AD, 那么反之当 MN∥AD 时, 就应有 CE = AB. 于是, 从反面这个角度看问题, 最容易想到的是平行与线段关系——平行出比例, 于是想到用 CN:AC = CM:CD 来证明平行!

此时, 不妨设 $AB = a, AC = b$, 则 $CE = AB = a$. 因为 N 为 AE 的中点, 所以 $CN = \dfrac{a+b}{2}$, 从而

$$CN:AC = (a+b):2b$$

由于 M 为 BC 的中点, 故 $CM = \dfrac{1}{2}BC$, 因此要计算 CM:CD 的值, 只需找到 CD 与 BC 的关系即可, 自然想到角平分线性质. 由 AD 平分 ∠BAC, 可得

$$CD:BD = b:a$$

则
$$CD:BC = b:(a+b)$$

于是
$$CM:CD = (a+b):2b$$

故
$$CN:AC = CM:CD$$

所以
$$MN\parallel AD$$

评述 以上思路是从变与不变的逻辑关系加以分析的, 充分暴露出问题的构造过程, 揭示了结论形成的原因, 问题的本质也就彻底显现出来! 几何问题从本质上说就是验证从条件到结论的逻辑关系, 因此, 上述角度的分析可以更清晰地把握证明的思路.

几何证明的思路要"合乎情理、力求自然", 否则就像是波利亚所说的"从帽子中掏出来的兔子". 从问题的已知和结论出发, 根据有关信息和结构特点进行适当的联想, 发现解决问题的突破口, 这是解决问题的基本方法和途径; 又在充分考察图形的基础上, 发现问题的"变"与"不变"因素, 进一步分析"变"与"不变"的逻辑关系, 这样更能发现图形的本质特征, 能得到更多、更简洁且"合乎情理"的解决问题的方法.

上述例 2 的各种求解思路表示可以从不同角度考查学生对该问题本质的认识.

例 3 数列 $\{x_n\}$, $\{y_n\}$ 满足 $x_1 = x_2 = 1, y_1 = y_2 = 2$, 并且 $\dfrac{x_{n+1}}{x_n} = \lambda \dfrac{x_n}{x_{n-1}}, \dfrac{y_{n+1}}{y_n} \geq \lambda \dfrac{y_n}{y_{n-1}}$ (λ 为非零参数, $n = 2, 3, 4, \cdots$).

(Ⅰ) 若 x_1, x_3, x_5 成等比数列, 求参数 λ 的值;

(Ⅱ) 当 $\lambda > 0$ 时, 证明 $\dfrac{x_{n+1}}{y_{n+1}} \leq \dfrac{x_n}{y_n}$ ($n \in \mathbf{N}^*$);

(Ⅲ) 当 $\lambda > 1$ 时, 证明 $\dfrac{x_1 - y_1}{x_2 - y_2} + \dfrac{x_2 - y_2}{x_3 - y_3} + \cdots + \dfrac{x_n - y_n}{x_{n+1} - y_{n+1}} < \dfrac{\lambda}{\lambda - 1}$ ($n \in \mathbf{N}^*$).

评述 本题是一道与数列有关的证明不等式的试题, 实际涉及数列的知识并不多, 主要还是不等式的证明. 在数学测评中常以证明的方式考查用演绎的方法所体现出来的思维能

力. 可以认为不等式的证明是考查理性思维的最佳题型,其中演绎思维起着关键的作用.

本题第(Ⅰ)问是计算,求参数 λ 的值,主要体现方程的思想,但必须由已知条件推导出数列 $\left\{\dfrac{x_{n+1}}{x_n}\right\}$ 是以 $\dfrac{x_2}{x_1}=2$ 为首项,λ 为公比的等比数列,才能由 $x_3^2=x_1\cdot x_5$ 列方程. 推出等比数列的过程正是演绎推理的过程.

由已知 $x_1=x_2=1$,且

$$\dfrac{x_3}{x_2}=\lambda\,\dfrac{x_2}{x_1}\Rightarrow x_3=\lambda,\ \dfrac{x_4}{x_3}=\lambda\,\dfrac{x_3}{x_2}\Rightarrow x_4=\lambda^3,\ \dfrac{x_5}{x_4}=\lambda\,\dfrac{x_4}{x_3}\Rightarrow x_5=\lambda^6$$

若 x_1,x_3,x_5 成等比数列,则 $x_3^2=x_1x_5$,即 $\lambda^2=\lambda^8$,而 $\lambda\neq 0$,解得 $\lambda=\pm 1$.

第(Ⅱ)问是不等式的证明,可以认为,每一步的推理都包含着演绎推理的过程.

由已知,$\lambda>0,x_1=x_2=1$ 及 $y_1=y_2=2$,可得 $x_n>0,y_n>0$. 由不等式的性质,有

$$\dfrac{y_{n+1}}{y_n}\geqslant\lambda\,\dfrac{y_n}{y_{n-1}}\geqslant\lambda^2\,\dfrac{y_{n-1}}{y_{n-2}}\geqslant\cdots\geqslant\lambda^{n-1}\dfrac{y_2}{y_1}=\lambda^{n-1}$$

这里所说不等式的性质就是不等式的传递性

$$a>b,b>c\Rightarrow a>c$$

这一步骤的演绎推理,写完整了应如下叙述

$$\dfrac{y_{n+1}}{y_n}\geqslant\lambda\,\dfrac{y_n}{y_{n-1}},\dfrac{y_n}{y_{n-1}}\geqslant\lambda\,\dfrac{y_{n-1}}{y_{n-2}}$$

由不等式的传递性,得

$$\dfrac{y_{n+1}}{y_n}\geqslant\lambda^2\,\dfrac{y_{n-1}}{y_{n-2}}$$

同样,由等式的传递性,可得

$$\dfrac{x_{n+1}}{x_n}=\lambda\,\dfrac{x_n}{x_{n-1}}=\lambda^2\,\dfrac{x_n}{x_{n-1}}=\lambda^2\,\dfrac{x_{n-1}}{x_{n-2}}=\cdots=\lambda^{n-1}\dfrac{x_2}{x_1}=\lambda^{n-1}$$

这体现的也是演绎推理.

最后,再用等量代换及代数式恒等变形,得

$$\dfrac{y_{n+1}}{y_n}\geqslant\lambda^{n-1}=\dfrac{x_{n+1}}{x_n}\quad(n\in\mathbf{N}^*)$$

故 $\dfrac{x_{n+1}}{y_{n+1}}\leqslant\dfrac{x_n}{y_n}(n\in\mathbf{N}^*)$.

证明的几个关键步骤使用的都是演绎推理.

第(Ⅲ)问还是不等式的证明,仍旧离不开演绎推理.

当 $\lambda>1$ 时,由(Ⅱ)可知 $y_n>x_n\geqslant 1(n\in\mathbf{N}^*)$.

又由(Ⅱ)可知 $\dfrac{x_{n+1}}{y_{n+1}}\leqslant\dfrac{x_n}{y_n}(n\in\mathbf{N}^*)$,由于都是正数,则有

$$\dfrac{y_{n+1}}{x_{n+1}}\geqslant\dfrac{y_n}{x_n}\quad(\text{演绎推理})$$

于是 $\dfrac{y_{n+1}}{x_{n+1}} - 1 \geqslant \dfrac{y_n}{x_n} - 1$ （利用不等式的性质进行的演绎推理）

即 $\dfrac{y_{n+1} - x_{n+1}}{x_{n+1}} \geqslant \dfrac{y_n - x_n}{x_n}$

可变形为 $\dfrac{y_{n+1} - x_{n+1}}{y_n - x_n} \geqslant \dfrac{x_{n+1}}{x_n} = \lambda^{n-1}$ $(n \in \mathbf{N}^*)$

这一步变形实际也是利用不等式的性质进行的演绎推理. 再进行倒数变形, 得

$$\dfrac{y_n - x_n}{y_{n+1} - x_{n+1}} \leqslant \left(\dfrac{1}{\lambda}\right)^{n-1}$$ （仍旧是演绎推理）

再变形为

$$\dfrac{x_n - y_n}{x_{n+1} - y_{n+1}} \leqslant \left(\dfrac{1}{\lambda}\right)^{n-1}$$

于是 $\dfrac{x_1 - y_1}{x_2 - y_2} + \dfrac{x_2 - y_2}{x_3 - y_3} + \cdots + \dfrac{x_n - y_n}{x_{n+1} - y_{n+1}}$

$\leqslant 1 + \dfrac{1}{\lambda} + \cdots + \left(\dfrac{1}{\lambda}\right)^{n-1}$ （还是利用不等式的性质进行的演绎推理）

$= \dfrac{1 - \left(\dfrac{1}{\lambda}\right)^n}{1 - \dfrac{1}{\lambda}} < \dfrac{\lambda}{\lambda - 1}.$

我们认为, 演绎法本身并不深奥, 使用它证明也并不困难, 问题的关键在于思路的产生和具体的操作. 怎样运用各种变形？怎样利用恒等变形或等量替换？怎样利用不等式的传递性、等式的传递性？这些问题的解决是要害所在, 是理性思维的体现.

3.5.2 着眼于数学思想、方法的贯通

数学测评题对数学思想和方法的渗透是以知识为依托, 以能力为目的, 贯穿于整份试卷之中的, 每道试题也都要蕴含不同层次的要求. 特别是在大题中, 应对某些典型数学思想或方法进行贯通.

例 4 设 P 是椭圆 $\dfrac{x^2}{a^2} + y^2 = 1(a > 1)$ 短轴的一个端点, Q 为椭圆上的一个动点, 求 $|PQ|$ 的最大值.

评述 本题是一个以解析几何为素材求最值的问题. 我们知道, 求最值的方法较多, 有几何法和代数法, 而代数法中又可以用初等函数的方法、求导的方法、使用平均值定理与平均值不等式的方法等. 实际上, 无论使用什么具体的方法, 都是对函数求最值, 因此可以认为求最值的问题都可以归纳为函数问题, 是函数思想的集中体现.

解本题时, 函数解析式容易列出.

依题意, 可设 $P(0,1), Q(x,y)$, 则

$$|PQ| = \sqrt{x^2 + (y-1)^2}$$

又因为点 Q 在椭圆上，所以

$$x^2 = a^2(1-y^2)$$

将其代入 $|PQ|$ 的式子中，平方后，可得函数解析式

$$|PQ|^2 = a^2(1-y^2) + y^2 - 2y + 1$$

化简后，整理成标准式为

$$|PQ|^2 = (1-a^2)y^2 - 2y + (a^2+1)$$

这是一个以 y 为自变量的二次函数，系数中含有参数 a.

由于点 Q 在椭圆上，有 $|y| \leq 1$，又由已知有 $a > 1$，在这些限制条件下研究上述二次函数的最大值.

先将二次函数进行配方变形，再进行研究

$$|PQ|^2 = (1-a^2)\left(y - \frac{1}{1-a^2}\right)^2 - \frac{1}{1-a^2} + 1 + a^2$$

若 $a \geq \sqrt{2}$，则 $\left|\dfrac{1}{1-a^2}\right| \leq 1$，于是当 $y = \dfrac{1}{1-a^2}$ 时，$|PQ|^2$ 取得最大值 $\dfrac{a^4}{a^2-1}$，$|PQ|$ 取得最大值 $\dfrac{a^2\sqrt{a^2-1}}{a^2-1}$.

若 $1 < a < \sqrt{2}$，则当 $y = -1$ 时，$|PQ|^2$ 取得最大值 4，$|PQ|$ 取得最大值 2.

解完之后会发现：表面上看，本题是一个解析几何综合题，实际上所用解析几何的知识较少，完全是一个函数题，是二次函数求最值的问题. 题目中没有给出函数，而需要列出函数解析式，然后再研究函数的有关性质，这是函数思想的本质.

注 此例为 2006 年高考全国卷试题.

例 5 如图 3-16，D 是 Rt△ABC 斜边 BC 上一点，$AB = AD$，记 $\angle CAD = \alpha$，$\angle ABC = \beta$.

（Ⅰ）证明 $\sin \alpha + \cos 2\beta = 0$；

（Ⅱ）若 $AC = \sqrt{3}DC$，求 β 的值.

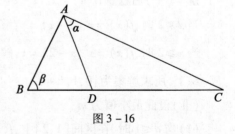

图 3-16

评述 本题是一道三角形中的三角函数证明与求值的问题. 对于三角求值问题，除了要研究已知与所求中角的关系、三角函数的种类以及运算的形式外，还应该给予特别重视的就是往往要用到方程的思想.

第（Ⅱ）问是求角 β 的值，应该考虑要用到第（Ⅱ）问中的已知等式 $AC = \sqrt{3}DC$ 以及第（Ⅰ）问要证明的结论 $\sin \alpha + \cos 2\beta = 0$. 在 △$ADC$ 中，由正弦定理得 $\dfrac{DC}{\sin \alpha} = \dfrac{AC}{\sin(\pi - \beta)}$，即 $\dfrac{DC}{\sin \alpha} = \dfrac{\sqrt{3}DC}{\sin \beta}$，所以 $\sin \beta = \sqrt{3}\sin \alpha$. 由（Ⅰ），$\sin \alpha = -\cos 2\beta$，所以

即 $$\sin\beta = -\sqrt{3}\cos 2\beta = -\sqrt{3}(1-2\sin^2\beta)$$
$$2\sqrt{3}\sin^2\beta - \sin\beta - \sqrt{3} = 0$$

解得 $$\sin\beta = \frac{\sqrt{3}}{2} \quad \text{或} \quad \sin\beta = -\frac{\sqrt{3}}{2}$$

因为 $0 < \beta < \frac{\pi}{2}$, 所以 $\sin\beta = \frac{\sqrt{3}}{2}$, 从而 $\beta = \frac{\pi}{3}$.

上面的解法实际就是将第(Ⅱ)问中的已知等式由正弦定理转化为 $\sin\beta = \sqrt{3}\sin\alpha$, 再与第(Ⅰ)问的结论 $\sin\alpha + \cos 2\beta = 0$ 联立, 解方程组消去 $\sin\alpha$, 得到一个关于 β 的三角方程, 然后再化成同名函数, 解出 $\sin\beta$, 最终求得 β 的值. 这种三角求值问题集中体现的就是方程的思想.

注 此例为 2006 年高考湖南卷题.

例 6 已知 $a \in \mathbf{R}$, 函数 $f(x) = x^2|x-a|$.

(Ⅰ) 当 $a = 2$ 时, 求使 $f(x) = x$ 成立的 x 的集合;

(Ⅱ) 求函数 $y = f(x)$ 在区间 $[1,2]$ 上的最小值.

评述 本题主要考查运用导数研究函数性质的方法, 考查分类讨论的数学思想和分析推理能力.

本题是对分类讨论的思想考查得非常充分和深入的一道试题. 在第(Ⅰ)问中要对 x 的取值进行讨论, 第(Ⅱ)问中对 a 的取值进行讨论, 并且要分四种情况, 这在测评试题中是经常见的. 本题是 2005 年高考江苏卷的一道试题, 因为江苏省选用的是选修 1 课程, 导数部分只能考查多项式函数的求导, 所以试题范围通过增加讨论层次和讨论情况的数目达到能力考查的目的.

解 (Ⅰ) 由题意, $f(x) = x^2|x-2|$.

当 $x < 2$ 时, $f(x) = x^2(2-x) = x$, 解得 $x = 0$ 或 $x = 1$;

当 $x \geq 2$ 时, $f(x) = x^2(x-2) = x$, 解得 $x = 1 + \sqrt{2}$.

综上, 所求解集为 $\{0, 1, 1+\sqrt{2}\}$.

(Ⅱ) 设此最小值为 m.

(1) 当 $a \leq 1$ 时, 在区间 $[1,2]$ 上, $f(x) = x^3 - ax^2$.

因为 $$f'(x) = 3x^2 - 2ax = 3x\left(x - \frac{2}{3}a\right) > 0, x \in (1,2)$$

则 $f(x)$ 是区间 $[1,2]$ 上的增函数, 所以 $m = f(1) = 1 - a$.

(2) 当 $1 < a \leq 2$ 时, 在区间 $[1,2]$ 上, $f(x) = x^2|x-a| \geq 0$.

由 $f(a) = 0$ 知 $$m = f(a) = 0$$

(3) 当 $a > 2$ 时, 在区间 $[1,2]$ 上
$$f(x) = ax^2 - x^3$$

$$f'(x) = 2ax - 3x^2 = 3x\left(\frac{2}{3}a - x\right)$$

若 $a \geq 3$,在区间 $(1,2)$ 内, $f'(x) > 0$,从而 $f(x)$ 为区间 $[1,2]$ 上的增函数,由此得
$$m = f(1) = a - 1$$

若 $2 < a < 3$,则 $1 < \frac{2}{3}a < 2$.

当 $1 < x < \frac{2}{3}a$ 时, $f'(x) > 0$,从而 $f(x)$ 为区间 $\left[1, \frac{2}{3}a\right]$ 上的增函数;

当 $\frac{2}{3}a < x < 2$ 时, $f'(x) < 0$,从而 $f(x)$ 为区间 $\left[\frac{2}{3}a, 2\right]$ 上的减函数.

因此,当 $2 < a < 3$ 时, $m = f(1) = a - 1$ 或 $m = f(2) = 4(a - 2)$.

当 $2 < a \leq \frac{7}{3}$ 时, $4(a-2) \leq a - 1$,故 $m = 4(a-2)$;

当 $\frac{7}{3} < a < 3$ 时, $a - 1 < 4(a-2)$,故 $m = a - 1$.

综上所述,所求函数的最小值

$$m = \begin{cases} 1 - a, & \text{当 } a \leq 1 \text{ 时} \\ 0, & \text{当 } 1 < a \leq 2 \text{ 时} \\ 4(a-2), & \text{当 } 2 < a \leq \frac{7}{3} \text{ 时} \\ a - 1, & \text{当 } a > \frac{7}{3} \text{ 时} \end{cases}$$

例7 如图 3-17,已知椭圆 $C: \frac{x^2}{a^2} + \frac{y^2}{b^2} = 1 (a > b > 0)$ 的左、右焦点分别是 F_1, F_2,离心率为 e. 直线 $l: y = ex + a$ 与 x 轴, y 轴分别交于点 A, B, M 是直线 l 与椭圆 C 的一个公共点, P 是点 F_1 关于直线 l 的对称点. 设 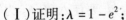.

(Ⅰ)证明: $\lambda = 1 - e^2$;

(Ⅱ)确定 λ 的值,使得 $\triangle PF_1F_2$ 是等腰三角形.

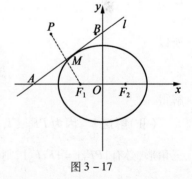

图 3-17

评述 作为解析几何大题,本题难度不大,有一定的运算量(字母运算),可以按部就班,将各个几何条件逐步转化,直接求解. 另外,若能善加思考,则可进一步简化运算.

本题的第(Ⅰ)问可以看作是已知椭圆 $\frac{x^2}{a^2} + \frac{y^2}{b^2} = 1$ 与直线 $y = ex + a$ 交于点 M,试用 $a, b,$ e 表示 $\frac{AM}{AB}$ 的值. 也可用方程的思想列出关于 λ 的方程,从而求解.

本题第(Ⅱ)问中,"$\triangle PF_1F_2$ 是等腰三角形"这句话可以转化为"$|PF_1| = |F_1F_2|$". 一方面,我们可以根据对称求出点 P 的坐标. 然后利用两点间的距离公式列出方程;另一方

面，$|PF_1|$的长度实际上就是 F_1 到直线 l 距离的 2 倍，这样我们就不必求对称点的坐标.

（Ⅰ）**证法 1** 因为 A,B 分别是直线 $l: y = ex + a$ 与 x 轴, y 轴的交点，所以 A,B 的坐标分别是 $\left(-\dfrac{a}{e}, 0\right), (0, a)$.

由 $\begin{cases} y = ex + a \\ \dfrac{x^2}{a^2} + \dfrac{y^2}{b^2} = 1 \end{cases}$，得 $\begin{cases} x = -c \\ y = \dfrac{b^2}{a} \end{cases}$，这里 $c = \sqrt{a^2 + b^2}$，所以点 M 的坐标是 $\left(-c, \dfrac{b^2}{a}\right)$.

由 $\overrightarrow{AM} = \lambda \overrightarrow{AB}$ 得 $\left(-c + \dfrac{a}{e}, \dfrac{b^2}{a}\right) = \lambda\left(\dfrac{a}{e}, a\right)$，即 $\begin{cases} \dfrac{a}{e} - c = \lambda \dfrac{a}{e} \\ \dfrac{b^2}{a} = \lambda a \end{cases}$，解得 $\lambda = 1 - e^2$.

证法 2 因为 A,B 分别是直线 $l: y = ex + a$ 与 x 轴, y 轴的交点，所以 A,B 的坐标分别是 $\left(-\dfrac{a}{e}, 0\right), (0, a)$. 设 M 的坐标是 (x_0, y_0)，由 $\overrightarrow{AM} = \lambda \overrightarrow{AB}$ 得 $\left(x_0 + \dfrac{a}{e}, y_0\right) = \lambda\left(\dfrac{a}{e}, a\right)$. 所以有

$$\begin{cases} x_0 = \dfrac{a}{e}(\lambda - 1) \\ y_0 = \lambda a \end{cases}$$

因为点 M 在椭圆上，所以

$$\dfrac{x_0^2}{a^2} + \dfrac{y_0^2}{b^2} = 1$$

即

$$\dfrac{\left[\dfrac{a}{e}(\lambda - 1)\right]^2}{a^2} + \dfrac{(\lambda a)^2}{b^2} = 1$$

所以

$$\dfrac{(1 - \lambda)^2}{e^2} + \dfrac{\lambda^2}{1 - e^2} = 1$$

$$e^4 - 2(1 - \lambda)e^2 + (1 - \lambda)^2 = 0$$

解得 $e^2 = 1 - \lambda$，即 $\lambda = 1 - e^2$

（Ⅱ）**解法 1** 因为 $PF_1 \perp l$，所以 $\angle PF_1F_2 = 90° + \angle BAF_1$ 为钝角. 要使 $\triangle PF_1F_2$ 为等腰三角形，必有 $|PF_1| = |F_1F_2|$，则 $\dfrac{1}{2}|PF_1| = c$.

设点 F_1 到 l 的距离为 d，由

$$\dfrac{1}{2}|PF_1| = d = \dfrac{|e(-c) + 0 + a|}{\sqrt{1 + e^2}} = \dfrac{|a - ec|}{\sqrt{1 + e^2}} = c$$

得

$$\dfrac{1 - e^2}{\sqrt{1 + e^2}} = e$$

所以 $e^2 = \dfrac{1}{3}$，于是 $\lambda = 1 - e^2 = \dfrac{2}{3}$. 即当 $\lambda = \dfrac{2}{3}$ 时，$\triangle PF_1F_2$ 为等腰三角形.

解法 2 因为 $PF_1 \perp l$，所以 $\angle PF_1F_2 = 90° + \angle BAF_1$ 为钝角. 要使 $\triangle PF_1F_2$ 为等腰三角

形,必有 $|PF_1| = |F_1F_2|$.

设点 P 的坐标是 (x_0, y_0),则

$$\begin{cases} \dfrac{y_0 - 0}{x_0 + c} = -\dfrac{1}{e} \\ \dfrac{y_0 + 0}{2} = e \cdot \dfrac{x_0 - c}{2} + a \end{cases}$$

解得

$$\begin{cases} x_0 = \dfrac{e^2 - 3}{e^2 + 1} c \\ y_0 = \dfrac{2(1 - e^2)a}{e^2 + 1} \end{cases}$$

由 $|PF_1| = |F_1F_2|$ 得

$$\left[\dfrac{(e^2 - 3)e}{e^2 + 1} + c\right]^2 + \left[\dfrac{2(1 - e^2)a}{e^2 + 1}\right]^2 = 4c^2$$

两边同时除以 $4a^2$,化简得

$$\dfrac{(e^2 - 1)^2}{e^2 + 1} = e^2$$

从而 $e^2 = \dfrac{1}{3}$,于是 $\lambda = 1 - e^2 = \dfrac{2}{3}$,即当 $\lambda = \dfrac{2}{3}$ 时,$\triangle PF_1F_2$ 为等腰三角形.

综上,考查了采用化归与转化的数学思想方法可给出上述问题的两种解法.

注 此例为 2005 年高考湖南卷题.

例 8 设 $f(x)$ 是定义在 $\mathbf{R}$ 上的奇函数,且 $y = f(x)$ 的图像关于直线 $x = \dfrac{1}{2}$ 对称,则 $f(1) + f(2) + f(3) + f(4) + f(5) = $ _____.

评述 本题考查函数的奇偶性和对称性,同时考查数形结合的思想和逻辑推理能力. 解题的切入点是先根据奇偶性求出 $f(0)$ 的值,然后根据奇偶性和对称性求出其他函数值,即先研究函数的一般性质,再求特殊的函数值.

因为 $f(x)$ 是定义在 R 上的奇函数,所以

$$f(-0) = -f(0) = f(0) \Rightarrow f(0) = 0$$

因为 $f(x)$ 的图像关于直线 $x = \dfrac{1}{2}$ 对称,所以

$$f(1) = 0$$

又由 $f(x)$ 是定义在 $\mathbf{R}$ 上的奇函数知

$$f(-1) = -f(1) = 0$$

依次可得 $f(2) = f(3) = f(4) = f(5) = 0$

所以 $f(1) + f(2) + f(3) + f(4) + f(5) = 0$

例 9 已知数列 $\{\log_2(a_n - 1)\}$ $(n \in \mathbf{N}^*)$ 为等差数列,且 $a_1 = 3, a_2 = 5$,则 $\lim\limits_{n \to \infty} \left(\dfrac{1}{a_2 - a_1} + \dfrac{1}{a_3 - a_2} + \cdots + \dfrac{1}{a_{n+1} - a_n}\right)$ 等于 ( )

A. 2   B. $\dfrac{3}{2}$

C. 1   D. $\dfrac{1}{2}$

评述 由题可知,数列 $\{\log_2(a_n-1)\}(n\in \mathbf{N}^*)$ 为等差数列,其首项为 $\log_2(a_1-1)=1$,公差为 $\log_2(a_2-1)-\log_2(a_1-1)=2-1=1$,所以其通项为 $\log_2(a_n-1)=n$,故
$$a_n=2^n+1, a_{n+1}-a_n=2^n$$
则
$$\lim_{n\to\infty}\left(\frac{1}{a_2-a_1}+\frac{1}{a_3-a_2}+\cdots+\frac{1}{a_{n+1}-a_n}\right)$$
$$=\lim_{n\to\infty}\left(\frac{1}{2}+\frac{1}{2^2}+\cdots+\frac{1}{2^n}\right)=1$$

本题是一道数列与极限的小型综合题.首先,由已知条件求出公差;其次,求出通项公式,然后代入所求极限的式子进行化简,化简后恰为一等比数列;最后,求这个等比数列前 n 项和的极限.求极限的过程本身就是将无限转化为有限,用有限来研究无限,体现出有限与无限的思想.

注 本题是 2005 年高考湖南卷题.

例 10 如图 3-18,联结 $\triangle ABC$ 各边的中点得到一个新的 $\triangle A_1B_1C_1$,又联结 $\triangle A_1B_1C_1$ 各边的中点得到 $\triangle A_2B_2C_2$,如此无限继续下去,得到一系列三角形:$\triangle ABC$,$\triangle A_1B_1C_1$,$\triangle A_2B_2C_2$,$\cdots$.这一系列三角形趋向于一个点 M.已知 $A(0,0)$,$B(3,0)$,$C(2,2)$,则点 M 的坐标是_____.

评述 本题是一个无限次联结,构造无数个三角形的问题.在题目的已知条件中描述了如何联结,构造 $\triangle A_1B_1C_1$,也描述了第二次联结,构造 $\triangle A_2B_2C_2$,然后使用同样的方法"无限继续下去".构造出一系列的三角形,研究这些三角形趋向于某一点的坐标.从题目的设计来看,是典型的由有限到无限变化的问题,是极限问题.

由有限去研究无限,主要是研究它的发展趋势,而这种趋势必然带有某种规律性,只要抓住了规律,那么便可以由规律得到趋势.

如图 3-19,联结 AA_1,BB_1,CC_1,令三条中线的交点为 M.下面我们联结三条中位线,得到第一个三角形,再以三条中位线与三条中线的三个交点为顶点画三角形,如此继续下去,规律已经发现,趋势便可以找到,这些三角形的极限位置正是 $\triangle ABC$ 的重心.由此可以求出它的坐标为 $\left(\dfrac{5}{3},\dfrac{2}{3}\right)$.

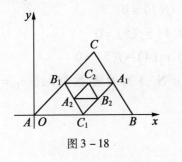

图 3-18

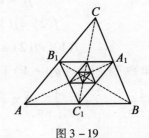

图 3-19

本题是以无限次画图的方法来考查极限思想的. 所谓极限思想,就是由有限次研究它的规律,由此产生变化的趋势,体现出由有限去研究无限,解决抽象的无限问题的思想. 本题是一道典型的突出考查有限与无限思想的试题,它的思想核心是用有限去研究无限.

注 此例为2006年高考全国卷题.

例11 甲、乙两人各射击1次,击中目标的概率分别是$\frac{2}{3}$和$\frac{3}{4}$. 假设两人射击是否击中目标相互之间没有影响;每人各次射击是否击中目标相互之间也没有影响.

（Ⅰ）求甲射击4次,至少有1次未击中目标的概率；

（Ⅱ）求两人各射击4次,甲恰好击中目标2次且乙恰好击中目标3次的概率；

（Ⅲ）假设某人连续2次未击中目标,则中止其射击. 问:乙恰好射击5次后,被中止射击的概率是多少?

评述 本题主要考查相互独立事件同时发生或互斥事件有一个发生时的概率的计算方法,考查运用概率知识解决实际问题的能力.

第（Ⅰ）问中求"至少有1次未击中目标"可以从反面求其概率；第（Ⅱ）问中先求出甲恰有2次击中目标的概率,乙恰有3次击中目标的概率,再利用相互独立事件发生的概率公式求解；第（Ⅲ）问设出相关事件,利用相互独立事件发生的概率公式求解,并注意利用对立、互斥事件发生的概率公式.

事实上,（Ⅰ）记"甲连续射击4次至少有1次未击中目标"为事件A_1. 由题意,射击4次,相当于做4次独立重复试验,故

$$P(A_1) = 1 - P(\overline{A_1}) = 1 - \left(\frac{2}{3}\right)^4 = \frac{65}{81}$$

（Ⅱ）记"甲射击4次,恰有2次击中目标"为事件A_2,"乙射击4次,恰有3次击中目标"为事件B_2,则

$$P(A_2) = C_4^2 \cdot \left(\frac{2}{3}\right)^2 \cdot \left(1 - \frac{2}{3}\right)^{4-2} = \frac{8}{27}$$

$$P(B_2) = C_4^3 \cdot \left(\frac{3}{4}\right)^2 \cdot \left(1 - \frac{3}{4}\right)^{4-3} = \frac{27}{64}$$

由于甲、乙射击相互独立,故

$$P(A_2 \cdot B_2) = P(A_2) \cdot P(B_2) = \frac{8}{27} \times \frac{27}{64} = \frac{1}{8}$$

（Ⅲ）记"乙恰好射击5次后被中止射击"为事件A_3,"乙第i次射击未击中"为事件D_i ($i = 1, 2, 3, 4, 5$),则$A_3 = D_5 D_4 \overline{D_3} (\overline{D_2 D_1})$,且$P(D_i) = \frac{1}{4}$. 由于各事件相互独立,故

$$P(A_3) = P(D_5)P(D_4)P(\overline{D_3})P(\overline{D_2 D_1})$$

$$= \frac{1}{4} \times \frac{1}{4} \times \frac{3}{4} \times \left(1 - \frac{1}{4} \times \frac{1}{4}\right) = \frac{45}{1\,024}$$

概率的应用,主要是指由已知事件的概率研究解决由它们组成的复合事件的概率,由此体现出来的数学思想方法仍旧是或然与必然的思想,揭示的是或然与必然之间的辩证关系. 本题是由已知事件的概率求新事件的概率问题,涉及互斥事件有一个发生的概率,相互独立事件同时发生的概率以及对立事件的概率等. 根据各事件之间的关系,便可以由已知事件的概率求未知事件的概率. 从而得到该事件发生的可能性,即规律性,体现出对随机事件的研究,从"或然"到"必然"的方法与过程.

例 12 已知平面内一动点 P 到点 $F(1,0)$ 的距离与点 P 到 y 轴的距离的差等于 1.

(Ⅰ) 求动点 P 的轨迹 C 的方程;

(Ⅱ) 过点 F 作两条斜率存在且互相垂直的直线 l_1, l_2,设 l_1 与轨迹 C 相交于点 A, B,l_2 与轨迹 C 相交于点 D, E,求 $\overrightarrow{AD} \cdot \overrightarrow{EB}$ 的最小值.

评述 此题为 2011 年高考湖南卷试题.

此题两问分别是以人教版教材中的例题和习题改编的,第(Ⅱ)问是圆锥曲线的一个性质,考查了解析几何的通性通法,并考查了分类讨论思想,函数与方程思想,数形结合思想,化归与转化思想. 由于本题的解法很多,所以能有效考查学生思维的发散性,灵活性,严谨性. 心理学的研究表明,发散思维是创造性思维的核心,从而,本题达到了考查学生创新意识的目标,因此本题是一道能有效考查数学基础知识,基本思想和思维能力的优秀试题.

(Ⅰ) **解法 1** (利用求轨迹方程的一般方法或称五步法)

设 $P(x,y)$,则 $\sqrt{(x-1)^2+y^2} - |x| = 1$,若 $x < 0$,则 $\sqrt{(x-1)^2+y^2} + x = 1$,化简整理得 $y = 0$;若 $x \geq 0$,则 $\sqrt{(x-1)^2+y^2} - x = 1$,化简整理得 $y^2 = 4x$;故动点 P 的轨迹 C 的方程为 $y = 0(x < 0)$ 和 $y^2 = 4x(x \geq 0)$.

解法 2 (利用定义法)

原题意等价于动点 P 到点 $F(1,0)$ 的距离与点 P 到直线 $x = \pm 1$ 的距离相等,若是 $x = 1$,则轨迹是一条射线,其方程为 $y = 0(x < 0)$;若是 $x = -1$,则由定义知轨迹是抛物线,其方程为 $y^2 = 4x(x \geq 0)$. 下同解法 1.

(Ⅱ) **解法 1** (利用抛物线的定义表示长度)

设 $A(x_1,y_1), B(x_2,y_2), D(x_3,y_3), E(x_4,y_4)$,并设 l_1 的方程为 $y = k(x-1)$,则 l_2 的方程为 $y = \dfrac{-1}{k}(x-1)$,将 $y = k(x-1)$ 代入 $y^2 = 4x$,消去 y 并化简得 $k^2x^2 - (2k^2+4)x + k^2 = 0$,则 $x_1 + x_2 = 2 + \dfrac{4}{k^2}, x_1 \cdot x_2 = 1$. 同理得 $x_3 + x_4 = 2 + 4k^2, x_3 \cdot x_4 = 1$,从而 $\overrightarrow{AD} \cdot \overrightarrow{EB} = (\overrightarrow{AF} + \overrightarrow{FD}) \cdot (\overrightarrow{EF} + \overrightarrow{FB}) = \overrightarrow{AF} \cdot \overrightarrow{FB} + \overrightarrow{FD} \cdot \overrightarrow{EF} = |\overrightarrow{AF}| \cdot |\overrightarrow{FB}| + |\overrightarrow{FD}| \cdot |\overrightarrow{EF}| = (x_1+1)(x_2+1) + (x_3+1)(x_4+1) = x_1x_2 + (x_1+x_2) + x_3x_4 + (x_3+x_4) + 2 = 8 + 4\left(k^2 + \dfrac{1}{k^2}\right) \geq 8 + 4 \cdot 2\sqrt{k^2 \cdot \dfrac{1}{k^2}} = 16$,当且仅当"$k^2 = \dfrac{1}{k^2}$,即 $k = \pm 1$"等号成立,故 $(\overrightarrow{AD} \cdot \overrightarrow{EB})_{\min} = 16$.

解法 2 （利用直线的参数方程表示长度）

设 l_1 的参数方程为 $x=1+t\cos\alpha, y=t\sin\alpha$，则 l_2 的参数方程为 $x=1+t\cos\left(\alpha+\dfrac{\pi}{2}\right), y=t\sin\left(\alpha+\dfrac{\pi}{2}\right)$，并设 A,B,D,E 四点对应的参数分别为 t_1,t_2,t_3,t_4。将 l_1 的参数方程代入 $y^2=4x$ 并整理得 $t^2\sin^2\alpha-4t\cos\alpha-4=0$，则 $t_1t_2=\dfrac{-4}{\sin^2\alpha}$，同理 $t_3t_4=\dfrac{-4}{\sin^2\left(\alpha+\dfrac{\pi}{2}\right)}=\dfrac{-4}{\cos^2\alpha}$。又同解法 1 有，$\overrightarrow{AD}\cdot\overrightarrow{EB}=|\overrightarrow{AF}|\cdot|\overrightarrow{FB}|+|\overrightarrow{FD}|\cdot|\overrightarrow{EF}|=|t_1t_2|+|t_3t_4|=\dfrac{4}{\cos^2\alpha}+\dfrac{4}{\sin^2\alpha}=\dfrac{4}{\sin^2\alpha\cos^2\alpha}=\dfrac{16}{\sin^2 2\alpha}\geq 16$，当且仅当"$l_1$ 的倾斜角 $\alpha=\dfrac{\pi}{4}$ 或 $\dfrac{3\pi}{4}$"等号成立，故 $(\overrightarrow{AD}\cdot\overrightarrow{EB})_{\min}=16$。

解法 3 （利用抛物线的极坐标方程表示长度）

以 F 为极点，x 轴为极轴建立极坐标系，则抛物线的极坐标方程为 $\rho=\dfrac{2}{1-\cos\theta}$，设 $A(\rho_1,\alpha), D\left(\rho_2,\alpha+\dfrac{\pi}{2}\right), B(\rho_3,\alpha+\pi), E\left(\rho_4,\alpha+\dfrac{3\pi}{2}\right)$，则同解法 1 得 $\overrightarrow{AD}\cdot\overrightarrow{EB}=|\overrightarrow{AF}|\cdot|\overrightarrow{FB}|+|\overrightarrow{FD}|\cdot|\overrightarrow{EF}|=\rho_1\rho_3+\rho_2\rho_4=\left(\dfrac{2}{1-\cos\alpha}\right)\cdot\left[\dfrac{2}{1-\cos(\alpha+\pi)}\right]+\left[\dfrac{2}{1-\cos\left(\alpha+\dfrac{\pi}{2}\right)}\right]\cdot\left[\dfrac{2}{1-\cos\left(\alpha+\dfrac{3\pi}{2}\right)}\right]=\dfrac{4}{1-\cos^2\alpha}+\dfrac{4}{1-\sin^2\alpha}=\dfrac{4}{\sin^2\alpha\cos^2\alpha}$，下同解法 2。

注 本例还可以进一步推广拓展。

对一般情形的抛物线，$\overrightarrow{AD}\cdot\overrightarrow{EB}$ 是否存在最小值呢？经过一番探究，则可得到下面一个优美性质。

性质 1 如图 3-20，设抛物线 $C:y^2=2px(p>0)$ 的焦点为 F，过点 F 作两条斜率存在且互相垂直的直线 l_1,l_2，设 l_1 与 C 相交于点 A,B，l_2 与 C 相交于点 D,E，则 $(\overrightarrow{AD}\cdot\overrightarrow{EB})_{\min}=4p^2$。

证明 以 F 为极点，x 轴为极轴建立极坐标系，则抛物线的极坐标方程为 $\rho=\dfrac{p}{1-\cos\theta}$，设 $A(\rho_1,\alpha), D\left(\rho_2,\alpha+\dfrac{\pi}{2}\right), B(\rho_3,\alpha+\pi), E\left(\rho_4,\alpha+\dfrac{3\pi}{2}\right)$，则同解法 1 得 $\overrightarrow{AD}\cdot\overrightarrow{EB}=|\overrightarrow{AF}|\cdot|\overrightarrow{FB}|+|\overrightarrow{FD}|\cdot|\overrightarrow{EF}|=\rho_1\rho_3+\rho_2\rho_4=\left(\dfrac{p}{1-\cos\alpha}\right)\cdot\left[\dfrac{p}{1-\cos(\alpha+\pi)}\right]+\left[\dfrac{p}{1-\cos\left(\alpha+\dfrac{\pi}{2}\right)}\right]\cdot\left[\dfrac{p}{1-\cos\left(\alpha+\dfrac{3}{2}\pi\right)}\right]=\dfrac{p^2}{1-\cos^2\alpha}+\dfrac{p^2}{1-\sin^2\alpha}=\dfrac{p^2}{\sin^2\alpha}+\dfrac{p^2}{\cos^2\alpha}=\dfrac{p^2}{\sin^2\alpha\cos^2\alpha}=\dfrac{4p^2}{\sin^2 2\alpha}\geq 4p^2$。故

$(\overrightarrow{AD} \cdot \overrightarrow{EB})_{\min} = 4P^2.$

椭圆和抛物线都是圆锥曲线,椭圆中是否也有类似的性质,经过一番探究,得到如下结论:

性质 2 如图 3-21,设椭圆 $C: \dfrac{x^2}{a^2} + \dfrac{y^2}{b^2} = 1(a > b > 0)$ 的一个焦点为 F,离心率为 e,焦点到相应准线的距离为 p,过点 F 作两条斜率存在且互相垂直的直线 l_1, l_2,设 l_1 与 C 相交于点 A、B,l_2 与 C 相交于点 D, E,则 $(\overrightarrow{AD} \cdot \overrightarrow{EB})_{\min} = \dfrac{4e^2 p^2}{2 - e^2}$.

证明 以 F 为极点,x 轴为极轴建立极坐标系,则椭圆的极坐标方程为 $\rho = \dfrac{ep}{1 - e\cos\theta}$,设 $A(\rho_1, \alpha), D\left(\rho_2, \alpha + \dfrac{\pi}{2}\right), B(\rho_3, \alpha + \pi), E\left(\rho_4, \alpha + \dfrac{3\pi}{2}\right)$,则同解法 1 得

$\overrightarrow{AD} \cdot \overrightarrow{EB} = |\overrightarrow{AF}| + |\overrightarrow{FB}| \cdot |\overrightarrow{FD}| + |\overrightarrow{EF}| = \rho_1 \rho_3 + \rho_2 \rho_4$

$= \left(\dfrac{ep}{1 - e\cos\alpha}\right) \cdot \left[\dfrac{ep}{1 - e\cos(\alpha + \pi)}\right] + \left[\dfrac{ep}{1 - e\cos\left(\alpha + \dfrac{\pi}{2}\right)}\right] \cdot \left[\dfrac{ep}{1 - e\cos\left(\alpha + \dfrac{3\pi}{2}\right)}\right]$

$= \dfrac{e^2 p^2}{(1 - e^2 \cos^2 \alpha)} + \dfrac{e^2 p^2}{(1 - e^2 \sin^2 \alpha)}$

$= \dfrac{e^2 p^2 (2 - e^2)}{(1 - e^2 \cos^2 \alpha)(1 - e^2 \sin^2 \alpha)}$

$= \dfrac{e^2 p^2 (2 - e^2)}{1 - e^2 + e^4 \sin^2 \alpha \cos^2 \alpha} = \dfrac{e^2 p^2 (2 - e^2)}{1 - e^2 + \dfrac{e^4 \sin^2 2\alpha}{4}}$

$\geqslant \dfrac{e^2 p^2 (2 - e^2)}{1 - e^2 + \dfrac{e^4}{4}}$

$= \dfrac{4 e^2 p^2 (2 - e^2)}{(2 - e^2)^2} = \dfrac{4 e^2 p^2}{2 - e^2}$

当且仅当"l_1 的倾斜角 $\alpha = \dfrac{\pi}{4}$ 或 $\dfrac{3\pi}{4}$"等号成立,故 $(\overrightarrow{AD} \cdot \overrightarrow{EB})_{\min} = \dfrac{4 e^2 p^2}{2 - e^2}$.

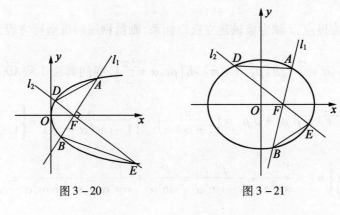

图 3-20　　　　　图 3-21

3.5.3 着眼于对数学能力的探究

数学测评中对数学能力的探究体现于各个方面：思维能力、运算能力、空间想象能力、实践能力、创新意识等. 这里主要谈谈对创新意识的探究，而对创新意识的探究要求被测者能够将能力要素进行有机地整合. 能力要素的有机整合首先是各种能力的综合，但又不是所有能力要素的综合，是解题所需的能力要素的组合，提取题目的信息和储存的知识信息是认识事物的开始，要将这些信息联系起来，进行加工、组合，主要是通过分析和综合. 分析即了解事物的状态、性质、特点、本身的意义，发生和发展的过程，与其他事物的关系，还包括预测事物的发展趋势，因此是主体对客体客观的反应，而解决问题则是主体的行为，能动地按照主体的意志改造客观世界，实现主体的意志，达到主客体在新的基础上的统一，因此它包括观察能力和记忆能力，还包括其他一些能力的综合运用.

能力要素之间存在着内在的联系，这种联系反映在试题上就表现为一道试题可能有多种能力要素，因此数学测评对能力的深究应强调综合测试，在测试思维能力时经常与运算能力结合考查，通过具体的计算推导或证明问题的结论. 在计算题中也较多地融入了逻辑推理的成分，边推理边计算. 综合测试能力所使用的素材可以是代数、三角，也可以是立体几何、解析几何，在知识网络的交汇处设计试题往往更能体现对能力综合测试的要求. 试题是以问题为中心，而不是以知识为中心，解答时从分析、思考到求解，需要综合应用所学数学知识、思想和方法，带有明显的综合性质，对处理问题的灵活性和机敏性有一定的测试要求. 此外，在熟练运用数学语言、符号、图表、图形、表述解题过程和解答结果等方面，也有一定程度的测评要求.

例 13 函数 $f(x) = \sum_{n=1}^{19} |x - n|$ 的最小值为 （　　）

A. 190　　　　B. 171　　　　C. 90　　　　D. 45

评述 从题目上看，此题就是一个常规的求绝对值函数的最小值问题，关键是如何研究解决. 如果把求和符号写成常规形式，即研究解决

$$f(x) = |x-1| + |x-2| + |x-3| + \cdots + |x-19|$$

的最小值. 通过深入分析有如下两种方案.

方案 1 如果能考虑到多与少的关系，一般与特殊的关系，由此构想出研究解决问题的方法. 先研究

$$f_1(x) = |x-1|, f_2(x) = |x-1| + |x-2|$$
$$f_3(x) = |x-1| + |x-2| + |x-3|$$

的最小值，由此产生规律，最后再研究 $f(x)$ 的最小值也就十分方便了.

可以利用绝对值的几何意义进行研究. $|x-1|$ 表示在数轴上 x 与 1 两点间的距离，则 $f_1(x) = |x-1|$ 在 $x=1$ 时取得最小值 0. 同样，$|x-1| + |x-2|$ 的最小值，表示在数轴上到两点 1 和 2 的距离之和的最小值，当 x 在 1 与 2 之间时，取得最小值 1. $|x-1| + |x-2| + |x-$

3|的最小值表示到1,2,3三点距离之和的最小值,当 $x = 2$ 时,取得最小值 $3 - 1 = 2$.

通过对以上特例的研究,其规律性已经显现,再解决求 $f(x) = \sum_{n=1}^{19} |x - n|$ 的最小值则不成问题. 当 $x = \frac{19+1}{2} = 10$ 时,$f(x)$ 取得最小值 $(19-1) + (18-2) + (17-3) + \cdots + (11-9) = 18 + 16 + 14 + \cdots + 2 = 90$.

常规的探索发现型试题常给出问题研究的顺序,$n = 1$ 时如何,$n = 2$ 时如何,$n = 3$ 时如何,猜想 $n = k$ 时如何,再给出证明即可. 而本题则不然,虽然让考生解决的是 $n = 19$ 的情况,但希望考生能从 $n = 1, n = 2, n = 3$ 开始探索研究,发现规律.

上述方案也可简写为,注意到生活经验并考虑到特殊情形,由绝对值式所表示的几何意义,知 $|x - n|$ 表示数轴上的动点 x 到定点 $n(n = 1, 2, \cdots, 19)$ 的距离,当动点取点 $1, 2, \cdots, 19$ 的中间定点时,距离的和最小,即 $x = 10$ 时,有

$$f_{\max}(x) = 9 + 8 + \cdots + 1 + 0 + 1 + \cdots + 9 = 90$$

方案 2 注意式子的变形,即知 $|x - n| = \sqrt{(x - n)^2} \geq 0$,要使 $f(x) = \sum_{n=1}^{19} |x - n|$ 最小,只需 $g(x) = \sum_{n=1}^{19} (x - n)^2$ 最小. 由于

$$g(x) = (x - 1)^2 + (x - 2)^2 + \cdots + (x - 19)^2$$
$$= 19x^2 - 2(1 + 2 + \cdots + 19)x + 1^2 + 2^2 + \cdots + 19^2$$

当 $x = \frac{2(1 + 2 + \cdots + 19)}{2 \times 19} = \frac{190}{19} = 10$ 时,$g(x)$ 最小. 故 $x = 10$ 时,$f_{\min}(x) = \sum_{n=1}^{19} |10 - x| = 90$.

这些自己先确定研究解决问题的方案,再探索研究解决新问题的试题,是对创新意识深入测试的探索.

有了这些研究成果,再研究 $f_n(x) = \sum_{n=1}^{k} |x - n|$ 的最小值(其中 k 是正整数)也就不成问题了.

注 此例为 2006 年高考全国卷题.

例 14 二次函数 $y = ax^2 + bx + c(x \in \mathbf{R})$ 的部分对应值如表 3-3:

表 3-3

x	-3	-2	-1	0	1	2	3	4
y	6	0	-4	-6	-6	-4	0	6

则不等式 $ax^2 + bx + c > 0$ 的解集是_____.

评述 本题是一道与二次函数、二次不等式有关的试题. 从考查的内容上看,好像属于纯初中内容,但试题形式与思维要求上又高于初中. 首先,已知二次函数给出的形式与众不

同,给出的是一组自变量与函数的对应值,从形的角度看,是给出了一组点. 表面上看给出的条件过多,有些好像没有必要,或许有人会认为这是一道条件多余的试题. 但我们却认为它很有新意,虽然有些条件是可以由其他已知条件求出来的,但不要求考生去求,而是给出来以便于考生观察思考,要求考生观察这个图表,研究以表的形式给出的函数信息,对这个函数产生感悟. 上升到思维,便能对所求得出判断. 通过函数值得 0 的两个点,可知一元二次方程 $ax^2 + bx + c = 0$ 的两个根为 $x_1 = -2, x_2 = 3$. 再根据这两个根两侧函数值的正负,便可知这条抛物线的开口方向. 由 $x = -3$ 时,$y = 6 > 0$ 便可知这条抛物线的开口向上. 于是,二次不等式 $ax^2 + bc + c > 0$ 的解集便可直接写出,为 $\{x \mid x < -2 \text{ 或 } x > 3\}$.

本题是通过对图表的分析、研究、判断,进行直觉思维,做出科学决策,这道题得以产生直觉思维的素材既不是"数",也不是"形",而是图表. 图表中的已知条件显得过多,其目的正是要求考生对所提供的信息进行排查与筛选,抓住有用的关键信息,为产生直觉思维服务. 本题构思新颖,设计独特,考查目标明确,是一道以考查直觉思维能力为主的好题.

注 此例为 2004 年高考全国卷题.

例 15 如图 3-22,以椭圆 $\dfrac{x^2}{a^2} + \dfrac{y^2}{b^2} = 1 (a > b > 0)$ 的中心 O 为圆心,分别以 a 和 b 为半径作大圆和小圆. 过椭圆右焦点 $F(c, 0) (c > b)$ 作垂直于 x 轴的直线交大圆于第一象限内的点 A. 联结 OA 交小圆于点 B. 设直线 BF 是小圆的切线.

(Ⅰ)证明 $c^2 = ab$,并求直线 BF 与 y 轴的交点 M 的坐标;

(Ⅱ)设直线 BF 交椭圆于 P, Q 两点,证明 $\overrightarrow{OP} \cdot \overrightarrow{OQ} = \dfrac{1}{2} b^2$.

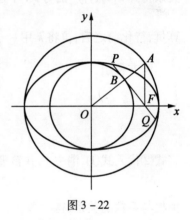

图 3-22

评述 本题是一道解析几何综合题,所涉及的知识内容较多,涉及圆、椭圆、直线等相关知识,并且两问中分别都有证明,但是我们应该明确,解析几何综合题的已知与设问无论怎样变化,计算永远是核心. 也可以这样认为,解析几何的答题是以考查计算能力为主的试题,其计算的关键步骤是消参. 如何消参? 如何将所列的等式化简? 其中主要体现的是运算的合理性.

我们都知道,解析几何是用代数的方法来研究、解决解析几何问题,但我们也不该忽视图形对数量关系的反作用. 在运算之前合理列出相关等式. 有时离不开图形的作用. 合理利用图形列等式是运算合理性的表现之一. 第(Ⅰ)问中,证明 $c^2 = ab$,可在图中寻找 a, b, c 相应的几何表示. 不难发现在 Rt△AOF 中,由已知 FB 为斜边 AO 上的高,并且 $|OF| = c$,$|OA| = a$,$|OB| = b$,由平面几何中直角三角形的射影内定理便可直接得出 $c^2 = ab$.

为求直线 BF 的方程,由于 $BF \perp OA$,则可先求直线 OA 的斜率. 在 Rt△AOF 中,求出

$AF = \sqrt{OA^2 - OF^2} = \sqrt{a^2 - c^2} = b$,于是 $k_{OA} = \dfrac{b}{c}$,则 $k_{BF} = -\dfrac{c}{b}$,于是直线 BF 的方程为 $y = -\dfrac{c}{b}(x-c)$.令 $x=0$,求得 $y = \dfrac{c^2}{b} = \dfrac{ab}{b} = a$,所以直线 BF 与 y 轴的交点坐标为 $(0,a)$.

第(Ⅱ)问进入解析几何的正题,主要研究直线与椭圆的关系,解题步骤主要是解方程组和消参.由第(Ⅰ)问,直线 BF 的方程已经求出,为 $y = -\dfrac{c}{b}(x-c) = -\dfrac{c}{b}x + a$,与椭圆方程联立,得方程组 $\begin{cases} \dfrac{x^2}{a^2} + \dfrac{y^2}{b^2} = 1 \\ y = -\dfrac{c}{b}x + a \end{cases}$.

所证明等式的左端是 $\overrightarrow{OP} \cdot \overrightarrow{OQ}$.如果 $P(x_1, y_1)$,$Q(x_2, y_2)$,则 $\overrightarrow{OP} \cdot \overrightarrow{OQ} = x_1 x_2 + y_1 y_2$,很显然需要解上面的方程组,将一次方程代入二次方程,消去一个未知数,然后利用根与系数的关系得到 $x_1 x_2, y_1 y_2$ 的等式.不过,为了运算的简捷,我们把 $-\dfrac{c}{b}$ 用 k 来代替可以大大降低运算量,待化简之后,再将 k 用 $-\dfrac{c}{b}$ 代回.这种替换变形以简化运算体现了运算的合理性.

解方程组

$$\begin{cases} \dfrac{x^2}{a^2} + \dfrac{y^2}{b^2} = 1 & \text{①} \\ y = kx + a & \text{②} \end{cases}$$

将式②代入式①,消去 y,并整理,得

$$(b^2 + a^2 k^2)x^2 + 2a^3 kx + a^4 - a^2 b^2 = 0$$

由根与系数的关系,得

$$x_1 x_2 = \dfrac{a^4 - a^2 b^2}{b^2 + a^2 k^2} = \dfrac{a^2(a^2 - b^2)}{b^2 + a^2 k^2}$$

将 $k^2 = \dfrac{c^2}{b^2} = \dfrac{ab}{b^2} = \dfrac{a}{b}$ 代入并化简得(注意:结论与 c 无关,应将 c 消去)

$$x_1 x_2 = \dfrac{a^2(a^2 - b^2)}{b^2 + a^2 \cdot \dfrac{a}{b}} = \dfrac{a^3 b^2}{a^3 + b^3}$$

下面还要再求 $y_1 y_2$,可以利用式②变形,将

$$y_1 = kx_1 + a, y_2 = kx_2 + a$$

两边分别相乘再化简,但其中不仅会有 k,还要再用到 $x_1 + x_2$.不如索性再一次将式②变形后代入式①消去 x,这其中也体现出合理性.

将式②变形后代入式①,并化简,得

$$(b^2 + a^2 k^2)y^2 - 2ab^2 y + a^2 b^2 - a^2 b^2 k^2 = 0$$

由根与系数的关系,得

$$y_1y_2 = \frac{a^2b^2 - a^2b^2k^2}{b^2 + a^2k^2} = \frac{a^2b^2(1-k^2)}{b^2 + a^2k^2}$$

$$= \frac{a^2b^2\left(1 - \frac{a}{b}\right)}{b^2 + a^2 \cdot \frac{a}{b}} = \frac{a^2b^2(b-a)}{a^3 + b^3}$$

到此完成了 x_1x_2 与 y_1y_2 的计算,下面的任务则是将其相加,并想方设法消去参数 a,即

$$\vec{OP} \cdot \vec{OQ} = x_1x_2 + y_1y_2 = \frac{a^3b^2}{a^3+b^3} + \frac{a^2b^2(b-a)}{a^3+b^3} = \frac{a^2b^3}{a^3+b^3}$$

直接一次性消去 a 是不现实的. 运算的合理性有时还体现在为了简化计算,也许需要先变成较繁;为了前进,也许需要先后退一、两步. 这些辩证关系在运算过程中有时起着十分重要的作用,这种运算途径的选择是对运算合理性的较高要求.

下面的化简、消参除用到立方差公式外,还要反复使用 $c^2 = ab, c^2 = a^2 - b^2$,即

$$\vec{OP} \cdot \vec{OQ} = \frac{a^2b^3}{a^3+b^3} = \frac{a^2b^3}{(a+b)(a^2-ab+b^2)}$$

$$= \frac{a^2b^3}{(a+b)(a^2-c^2+b^2)} = \frac{a^2b^3}{(a+b)\cdot 2b^2}$$

$$= \frac{a^2b}{2(a+b)} = \frac{a \cdot ab}{2(a+b)}$$

$$= \frac{ac^2}{2(a+b)} = \frac{a(a^2-b^2)}{2(a+b)}$$

$$= \frac{1}{2}(a^2 - ab) = \frac{1}{2}(a^2 - c^2) = \frac{1}{2}b^2$$

解析几何解答题对大部分考生而言比较困难,往往做不到底而半途而废,主要问题是计算问题,是计算能力不高的表现,不能合理地消参是解决这类问题的障碍所在.

注 此例为 2006 年高考全国卷题.

例 16 自然状态下的鱼类是一种可再生的资源,为持续利用这一资源,需从宏观上考察其再生能力及捕捞强度对鱼群总量的影响. 用 x_n 表示某鱼群在第 n 年年初的总量,$n \in \mathbf{N}^*$,且 $x_1 > 0$. 不考虑其他因素,设在第 n 年内鱼群的繁殖量及被捕捞量都与 x_n 成正比,死亡量与 x_n^2 成正比,这些比例系数依次为正常数 a, b, c.

(Ⅰ) 求 x_{n+1} 与 x_n 的关系式;

(Ⅱ) 猜想:当且仅当 x_1, a, b, c 满足什么条件时,每年年初鱼群的总量保持不变? (不要求证明)

(Ⅲ) 设 $a = 2, c = 1$,为保证对任意 $x_1 \in (0, 2)$,都有 $x_n > 0, n \in \mathbf{N}^*$,则捕捞强度 b 的最大允许值是多少? 证明你的结论.

注 此例为 2005 年高考题.

评述 容易写出 x_{n+1} 与 x_n 的关系式. 要使每年年初鱼群的总量保持不变,即 x_n 恒为常

数,只需 x_n 恒等于 x_1.

对于第(Ⅲ)问,当 $a=2, c=1$ 时,要使 $x_n>0(n\in \mathbf{N}^*)$ 恒成立,由于 x_{n+1} 与 x_n 之间有递推关系: $x_{n+1}=x_n(3-b-x_n)$,所以只需 $\begin{cases}3-b-x_n>0\\x_n>0\end{cases}$,恒成立,也即"$x_n>0$ 恒成立"等价于"$0<x_n<3-b(n\in \mathbf{N}^*)$".

上述结论对 x_1 也应成立. 由于题目要求:"对任意 $x\in(0,2)$,都有 $x_n>0, n\in \mathbf{N}^*$",所以,也就要求;"对任意 $x_1\in(0,2), 0<x_1<3-b$ 恒成立". 因此, $3-b\geq 2$,即 $b\leq 1$. 由此猜测 b 的最大允许值可能为 1.

这样,我们就求出了"$0<x_n<3-b(n\in \mathbf{N}^*)$"的一个必要条件,这个条件是否充分,还需加以验证,也即我们可以用数学归纳法去证明我们的猜想:"在 $b=1$ 时,对任意 $x_1\in(0,2)$,都能保证 $0<x_n<2(n\in \mathbf{N}^*)$".

事实上 (Ⅰ)从第 n 年初到第 $n+1$ 年初. 鱼群的繁殖量为 ax_n,被捕捞量为 bx_n,死亡量为 cx_n^2,因此

$$x_{n+1}-x_n=ax_n-bx_n-cx_n^2, n\in \mathbf{N}^* \qquad ①$$

即
$$x_{n+1}=x_n(a-b+1-cx_n), n\in \mathbf{N}^* \qquad ②$$

(Ⅱ)若每年年初鱼群总量保持不变,则 x_n 恒等于 $x_1, n\in \mathbf{N}^*$. 从而由式①得 $x_n(a-b-cx_n)$ 恒等于 $0, n\in \mathbf{N}^*$. 所以 $a-b-cx_1=0$,即 $x_1=\dfrac{a-b}{c}$.

因为 $x_1>0$,所以 $a>b$.

猜想:当且仅当 $a>b$,且 $x_1=\dfrac{a-b}{c}$ 时,每年年初鱼群的总量保持不变.

(Ⅲ)若 b 的值使得 $x_n>0, n\in \mathbf{N}^*$.

由 $x_{n+1}=x_n(3-b-x_n), n\in \mathbf{N}^*$,知

$$0<x_n<3-b, n\in \mathbf{N}^*$$

特别地,有 $0<x_1<3-b$,即 $0<b<3-x_1$. 而 $x_1\in(0,2)$,所以 $b\in(0,1]$. 由此猜测: b 的最大允许值是 1.

以下证明:当 $x_1\in(0,2), b=1$ 时,都有 $x_n\in(0,2), n\in \mathbf{N}^*$.

(1)当 $n=1$ 时,结论显然成立.

(2)假设当 $n=k$ 时结论成立,即 $x_k\in(0,2)$,则当 $n=k+1$ 时

$$x_{k+1}=x_k(2-x_k)>0$$

又因为
$$x_{k+1}=x_k(2-x_k)=-(x_k-1)^2+1\leq 1<2$$

所以
$$x_{k+1}\in(0,2)$$

故当 $n=k+1$ 时结论也成立.

综上所述,为保证对任意 $x_1\in(0,2)$,都有 $x_n>0, n\in \mathbf{N}^*$,则捕捞强度 b 的最大允许值是 1.

本题的素材选取了生态资源保护这一影响到国民经济可持续发展的重大现实问题. 鱼类资源就是一种需要保护的自然生态资源, 保护得好, 对国民经济的可持续发展会起到促进作用, 如果不要管理, 失去控制, 乱捕乱捞, 鱼类资源就可能枯竭, 我国当前实行的休渔制度就是保护生态资源可持续利用的一种有力措施. 将这种当前亟待解决的紧迫问题编成数学应用题, 不仅考查考生的实践能力与应用意识, 同时也对考生进行了国情教育和可持续发展的教育.

例17 对于 $n \in \mathbf{N}^*$, 把 n 表示为 $n = a_0 \times 2^k + a_1 \times 2^{k-1} + a_2 \times 2^{k-2} + \cdots + a_{k-1} \times 2^1 + a_k \times 2^0$. 当 $i = 0$ 时, $a_i = 1$; 当 $1 \leq i \leq k$ 时, a_i 为 0 或 1. 记 $I(n)$ 为上述表示中 a_i 为 0 的个数 (例如: $1 = 1 \times 2^0$, $4 = 1 \times 2^2 + 0 \times 2^1 + 0 \times 2^0$, 故 $I(1) = 0$, $I(4) = 2$), 则

（Ⅰ） $I(12) = $ _____ ;

（Ⅱ） $\sum_{n=1}^{127} 2^{I(n)} = $ _____ .

评述 该题是一个新定义问题, 既考查了考生的阅读理解能力, 又考查了考生的归纳推理能力, 同时也考查了考生的快速计算能力, 有一定的难度. 该题虽然是一个新定义问题, 但给人以很强的似曾相识的感觉. 这是一道以"二进制"(可见普通高中课程标准实验教科书《数学 3. 必修. A 版》)为背景的题目: 任意正整数 n 均可表示成 $n = a_0 \times 2^k + a_1 \times 2^{k-1} + \cdots + a_k \times 2^0$ (其中 $k \in \mathbf{N}$, $a_1, \cdots, a_k \in \{0, 1\}$, $a_0 = 1$), 也可记作 $n = (a_0 a_1 \cdots a_k)_2$, $a_0, a_1, \cdots, a_k$ 都叫作 n 的二进制表示数码.

该题的第（Ⅰ）小问, 显然是考查考生对新定义问题的阅读理解能力, 只要读懂题, 即能迅速得到答案: 因为 $12 = 1 \times 2^3 + 1 \times 2^2 + 0 \times 2^1 + 0 \times 2^0$, 所以 $I(12) = 2$.

第（Ⅱ）小问有一定的难度, 需要综合运用计算原理、二项式定理与数列的知识: 记 $n = a_0 \times 2^k + a_1 \times 2^{k-1} + a_2 \times 2^{k-2} + \cdots + a_{k-1} \times 2^1 + a_k \times 2^0 = (a_0, a_1, \cdots, a_k)_2$, 例如 $127 = (1\ 1\ 1\ 1\ 1\ 1\ 1)_2$.

对于任意的 $n \in \{1, 2, \cdots, 127\}$, 设 $n = (a_0, a_1, \cdots, a_k)_2$ (其中 $a_0 = 1$, $k = 0, 1, 2, \cdots, 6$), 因此这种表示法中:

有 0 个 0 的数有 $7 = C_7^1$ 个 (1, 2, 3, $\cdots$, 7 位数各 1 个), 即 $I(n) = 0$ 的 n 有 7 个;

有 1 个 0 的数有 $0 + 1 + 2 + \cdots 6 = C_7^2$ 个 (1, 2, 3, $\cdots$, 7 位数分别有 0, 1, 2, $\cdots$, 6 个), 即 $I(n) = 1$ 的 n 有 C_7^2 个;

有 2 个 0 的数有 $0 + C_2^2 + C_3^2 + \cdots + C_6^2 = C_7^3$ 个 (2, 3, 4, $\cdots$, 7 位数分别有 0, C_2^2, C_3^2, $\cdots$, C_6^2 个), 即 $I(n) = 2$ 的 n 有 C_7^3 个;

有 3 个 0 的数有 $0 + C_3^3 + C_4^3 + C_5^3 + C_6^3 = C_7^4$ 个 (3, 4, 5, 6, 7 位数分别有 0, C_3^3, C_4^3, C_5^3, C_6^3 个), 即 $I(n) = 3$ 的 n 有 C_7^4 个;

有 4 个 0 的数有 $0 + C_4^4 + C_5^4 + C_6^4 = C_7^5$ 个 (4, 5, 6, 7 位数分别有 0, C_4^4, C_5^4, C_6^4 个), 即 $I(n) = 4$ 的 n 有 C_7^5 个;

有 5 个 0 的数有 $0 + C_5^5 + C_6^5 = C_7^6$ 个(5,6,7 位数分别有 $0, C_5^5, C_6^5$ 个),即 $I(n) = 5$ 的 n 有 C_7^6 个;

有 6 个 0 的数有 $C_6^6 = C_7^7$ 个,即 $I(n) = 6$ 的 n 有 C_7^7.

所以 $\sum_{n=1}^{127} 2^{I(n)} = C_7^1 \times 2^0 + C_7^2 \times 2 + C_7^3 \times 2^2 + C_7^4 \times 2^3 + C_7^5 \times 2^4 + C_7^6 \times 2^5 + C_7^7 \times 2^6 = \dfrac{(1+2)^7 - 1}{2} = 1093$.

或者通过归纳、推理而得结果:注意到 $I(2^r) = r, I(2^{r+1}) = r+1, I(2^{r+1} - 1) = 0$,且当 $2^r \leq n \leq 2^{r+1} - 1$ 时,$0 \leq I(n) \leq r$,可分别令 $r = 0,1,2,\cdots,6$,分组计算 $I(n)$,再计算 $\sum_{n=2^r}^{2^{r+1}-1} 2^{I(n)}$,就可发现规律:$\sum_{n=2^r}^{2^{r+1}-1} 2^{I(n)} = 3^r$,最后计算 $\sum_{r=0}^{6} 3^r$ 即得结果.

由上面的探讨可以猜想,n 的取值上限不一定是某个常数,可以是形如 $2^m - 1$ 的任意正整数,即 $\sum_{n=1}^{2^m-1} 2^{I(n)}$ 是可求的. 为此,我们先计算 $\sum_{n=2^r}^{2^{r+1}-1} 2^{I(n)}$ $(r \in \mathbf{N}^*)$.

设 $2^r \leq n \leq 2^{r+1} - 1, r \in \mathbf{N}^*, r \leq m-1$,且 $n = a_0 \times 2^r + a_1 \times 2^{r-1} + a_2 \times 2^{r-2} + \cdots + a_{r-1} \times 2^1 + a_r \times 2^0$,其中 $a_0 = 1, a_i \in \{0,1\}, 1 \leq i \leq r$,则 $I(n) = t(t = 0,1,2,\cdots,r) \Leftrightarrow a_1, a_2, \cdots, a_r$ 中有 t 个为 0,其余 $r - t$ 个为 1,故使 $I(n) = t$ 的 n 有 C_r^t 个取值. 从而

$$\sum_{n=2^r}^{2^{r+1}-1} 2^{I(n)} = \sum_{t=0}^{r} C_r^t 2^t = (1+2)^r = 3^r$$

故 $\sum_{n=1}^{2^m-1} 2^{I(n)} = \sum_{r=0}^{m-1} \left(\sum_{n=2^r}^{2^{r+1}-1} 2^{I(n)} \right) = \sum_{r=0}^{m-1} 3^r = \dfrac{3^m - 1}{2}$.

显然,本题第(Ⅱ)问中,$m = 7$,于是 $\sum_{n=1}^{127} 2^{I(n)} = \dfrac{3^7 - 1}{2} = 1\,093$.

容易证明,对任意 $a > 0$,均有 $\sum_{n=1}^{2^m-1} a^{I(n)} = \sum_{r=0}^{m-1} \left(\sum_{n=2^r}^{2^{r+1}-1} a^{I(n)} \right) = \sum_{r=2}^{m-1} (a+1)^r = \dfrac{(a+1)^m - 1}{a}$.

由 n 的表示形式可以看出,$n = a_0 \times 2^k + a_1 \times 2^{k-1} + a_2 \times 2^{k-2} + \cdots + a_{k-1} \times 2^1 + a_k \times 2^0$ $(a_0 = 1, a_i \in \{0,1\}, 1 \leq i \leq k)$ 实际上是把十进制数 n 表示成二进制数 $(a_0 a_1 a_2 \cdots a_k)_2$,$I(n)$ 即为 n 的二进制表示中 a_i 为 0 的个数. 由前述结论知,$I(n)$ 具有性质:$\sum_{n=1}^{2^m-1} a^{I(n)} = \dfrac{(a+1)^m - 1}{a}$,其中 $a > 0$. 那么,在 n 的其他进制表示中,$I(n)$ 是否也具有类似的性质呢?

设 $n = a_0 \times s^k + a_1 \times s^{k-1} + a_2 \times s^{k-2} + \cdots + a_{k-1} \times s^1 + a_k \times s^0$ $(a_0 = 1,2,\cdots,s-1, a_i \in \{0,1,2,\cdots,s-1\}, 1 \leq i \leq k, s \leq n)$ 为 n 的 s 进制表示,$I(n)$ 为上述表示中 a_i 等于 0 的个数.

先考虑 $s^r \leq n \leq s^{r+1} - 1 (r \in \mathbf{N}^*)$.

令 $n = a_0 \times s^r + a_1 \times s^{r-1} + a_2 \times s^{r-2} + \cdots + a_{r-1} \times s^1 + a_r \times s^0$,其中 $a_0 = 1,2,\cdots,s-1, a_i \in$

$\{0,1,2,\cdots,s-1\}$,$1\leq i\leq r$,则 $I(n)=t(t=0,1,2,\cdots,r)\Leftrightarrow a_1,a_2,\cdots,a_r$ 中有 t 个为 0,其余 $r-t$ 个各有 $s-1$ 个非零取值,又 a_0 有 $s-1$ 个取值,因此使 $I(n)=t$ 的 n 有 $(s-1)^{r-t+1}C_r^t$ 个,故

$$\sum_{n=s^r}^{s^{r+1}-1} a^{I(n)} = \sum_{t=0}^{r}(s-1)^{r-t+1}C_r^t a^t = (s-1)\sum_{t=0}^{r}C_r^t(s-1)^{r-t}a^t$$
$$= (s-1)(s+a-1)^r$$

故

$$\sum_{n=1}^{s^m-1} a^{I(n)} = \sum_{r=0}^{m-1}\left(\sum_{n=s^r}^{s^{r+1}-1} a^{I(n)}\right) = \sum_{r=0}^{m-1}(s-1)(s+a-1)^r$$
$$= \frac{(s-1)[(s+a-1)^m-1]}{s+a-2}$$

可以证明,若 $I(n)$ 是 $a_i(1\leq i\leq k)$ 等于某个 $s_0(s_0\in\{0,1,2,\cdots,s-1\})$ 的个数,则上面的结论仍然成立.

由上面的探讨,我们可以得到关于该题的一个一般性的结论:

定理 设 $n=a_0\times s^k+a_1\times s^{k-1}+a_2\times s^{k-2}+\cdots+a_{k-1}\times s^1+a_k\times s^0(s\leq n)$ 为 n 的 s 进制表示,其中 $a_0=1,2,\cdots,s-1,a_i\in\{0,1,2,\cdots,s-1\}$,$1\leq i\leq k$.$I(n)$ 为上述表示中 a_i 等于某个 s_0 ($s_0\in\{0,1,2,\cdots,s-1\}$) 的个数,$a$ 是给定的正数,则 $\sum_{n=1}^{s^m-1} a^{I(n)} = \frac{(s-1)[(s+a-1)^m-1]}{s+a-2}$.

注 此题为 2011 年高考湖南卷试题. 此题还可以考虑下述变式:①

变式1 当正整数 n 取遍 $1,2,3,\cdots,127$(注意 $127=(1111111)_2$)时,n 的二进制表示数码中含 1 个 1,2 个 1,3 个 1,$\cdots$,7 个 1 的正整数 n 分别有多少个?

事实上,由正整数 n 的二进制表示可知,对于 $n\in\{1,2,3,\cdots,127\}$,可把 n 唯一表示成七位二进制数码 $n=(b_6\cdots b_1 b_0)_2$,即 $n=b_6\times 2^6+\cdots+b_1\times 2^1+b_0\times 2^0$. 二进制表示数码与二进制表示的不同在于前者开头可以是连续的若干个 0,而后者的首位数码是 1.

所以,n 的二进制表示数码中 1 的个数与 n 的二进制表示中 1 的个数一样. 由此得:当正整数 n 取遍 $1,2,3,\cdots,127$ 时,n 的二进制表示数码中含 1 个 1,2 个 1,3 个 1,$\cdots$,7 个 1 的正整数 n 分别有 $C_7^1,C_7^2,C_7^3,\cdots,C_7^7$ 个.

变式2 当正整数 n 取遍 $1,2,3,\cdots,127$ 时,n 的二进制表示数码中含 0 个 0,1 个 0,2 个 0,$\cdots$,6 个 0 的正整数 n 分别有多少个?

事实上,在正整数 n 的二进制表示中首位数码一定是 1,后面的数码是 0 或 1,所以可让表示数码中含 0 个 1,1 个 1,2 个 1,3 个 1,$\cdots$,7 个 1 的正整数 n 分别有 $2^5-1,C_5^1\cdot 2^4,C_5^2\cdot 2^3,C_5^3\cdot 2^2,C_5^4\cdot 2,C_5^5$ 个.

---

① 甘志国. 对 2011 年高考湖南卷理科第 16 题的研究[J]. 数学教学,2012(11):45-46.

变式 3 当正整数 n 取遍 $1,2,3,\cdots,242$ 时,n 的三进制表示数码中含 0 个 2,1 个 2,2 个 2,3 个 2,4 个 2,5 个 2 的正整数 n 分别有多少个?

事实上,分别有 $2^5-1,C_5^1\cdot 2^4,C_5^2\cdot 2^3,C_5^3\cdot 2^2,C_5^4\cdot 2,C_5^5$ 个.

变式 4 当正整数 n 取遍 $1,2,3,\cdots,h$(其中 $h=(\underbrace{22\cdots 2}_{k\uparrow})_3$)时,$n$ 的三进制表示数码中含 0 个 0,1 个 0,2 个 0,$\cdots$,$k-1$ 个 0 的正整数 n 分别有多少个?

事实上,含有 i 个 0 的正整数 n 有 $C_i^i\cdot 2+C_{i+1}^i\cdot 2^2+C_{i+2}^i\cdot 2^3+\cdots+C_{k-1}^i\cdot 2^{k-i}$ ($i=0,1,\cdots,k-1$) 个.

可用错位相减法求得:当 $i=0,1,2,3$ 时,答案分别为
$$2^{k+1}-2,(k-2)2^k-2,(C_{k-2}^2+1)2^{k-1}-2,C_{k-2}^3+k-4)2^{k-2}+2$$

例 18 (Ⅰ)给出两块相同的正三角形纸片,如图 3-23 中(1)、(2),要求用其中一块剪拼成一个正三棱锥模型,另一块剪拼成一个正三棱柱模型,使它们的全面积都与原三角形的面积相等. 请设计一种剪拼方法,分别用虚线标示在图 3-23 的(a)、(b)中,并作简要说明;

(Ⅱ)试比较你剪拼的正三棱锥与正三棱柱的体积的大小;

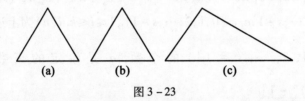

图 3-23

(Ⅲ)如果给出的是一块任意三角形的纸片,如图 3-23(c). 要求剪拼成一个直三棱柱模型,使它的全面积与给出的三角形的面积相等,请设计一种剪拼方法,用虚线标示在图 3-23(3)中,并做简要说明.

评述 本题以学生的现实生活和社会实践为基础,挖掘信息资源,在用三角形剪拼叠成多面体的问题中,给出的基本条件是"两块相同的正三角形纸片";提出的基本要求是:用其中一块剪拼成正三棱锥,另一块剪拼成正三棱柱,使它们的全面积与原来的三角形面积相等. 本题要求学生观察、思考、实验、探究、创作,是一个"考察"和"做"的过程,以思维活动为主要形式,强调考生的亲身经历,要求考生积极参与活动. 在第(Ⅱ)问中,将感性、形象的思维上升到理性、逻辑的思维,应用自己在立体几何课中学习的基本原理和方法进行比较和计算. 在此基础上,进一步总结一般规律,为第(Ⅲ)问提出的更高要求做好准备. 第(Ⅲ)问给出的是一块任意三角形的纸片,要求剪拼成直三棱柱. 与前两问的条件和结论进行比较,条件一般化了,由"正三角形"变为"任意三角形",同时结论也一般化了,由"正三棱柱"变为"直三棱柱". 但其中不变的是什么呢? 本题在设计之初只有前两问,都是针对正三角形的特殊情况,所以只要取剪下的四边形的较长一组邻边为原三角形边长的 $\frac{1}{4}$ 即可. 但对一般的三角形又是怎样的情况呢? 这促使命制人员探索一般的规律. 因为要围成的多面体都是直棱柱,所以侧棱和底面垂直,由此可以产生一种较为自然的想法,在特殊情况的启发下,产生

一般方法. 取三角形的内心,画角平分线,取顶点到内心连线的中点,向各边画垂线,这样就可以逐步完成剪拼的任务,如图 3 – 24 和图 3 – 25. 考生在涂、画、剪拼、组合、探索、尝试等一系列的活动中发现问题和解决问题,体验和感受生活,发展实践能力和创新能力.

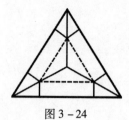

图 3 – 24

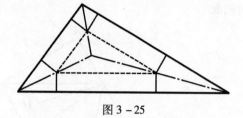

图 3 – 25

上述解答过程体现了研究性学习的发展性和生成性的特点,同时突出体现了操作性测验的特点. 操作性测验呈现的一系列综合性的复杂任务、问题或情境需由考生自己完成. 操作性测验鼓励考生面对复杂的问题,思考重点的步骤,自己设计操作过程,并得出相应的结论. 操作性测验不是要求考生按照题目的要求程序进行推理或计算,而是给出一个更接近于现实生活的任务,要求考生不是给出数据,而是给出一个完整的设计方案,并能用语言进行清晰准确的描述,通过考生在设计方案、完成任务中的表现来考查其创新能力与应用意识.

研究性学习具有开放的特性,面对每一个考生的个性发展,尊重每一个考生发展的特殊需要,并鼓励个性的特殊需要与特殊发展,鼓励奇思妙想,独出心裁. 本题在设计时也充分考虑到了解答应具有开放性的特点. 考生会根据自己的思维途径,得到相应的解决办法. 用正三角形剪拼正三棱柱时,还提供了以下两种方法,如图 3 – 26 和图 3 – 27. D,E,F 分别为 AB,AC,BC 的中点,$\triangle ADE$ 和 $\triangle EFC$ 分别作正三棱柱的上下底面,在图 3 – 26 中,将平行四边形 $BFED$ 再剪成全等的三个小平行四边形,再将每个小平行四边形剪拼成矩形,这三个矩形恰好作正三棱柱的三个侧面. 在图 3 – 27 中,将平行四边形 $BFED$ 先剪成两个全等的等边三角形,再沿对角线剪成六个全等的三角形,将两个三角形拼成一个平行四边形,最后再剪拼成矩形,也可以得到正三棱柱的三个侧面.

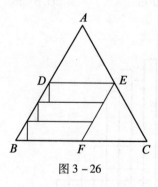

图 3 – 26

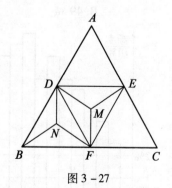

图 3 – 27

在第(Ⅲ)问中,对任意三角形的剪拼可以用类似的办法来解决. 如图 3 – 28,D,E,F 分别为 AB,AC,BC 的中点,M,N 分别为 $\triangle DFE$,$\triangle BFD$ 的内心,用 $\triangle ADE$ 和 $\triangle EFC$ 分别作直三棱柱的上下底面,将 $\triangle DME$ 与 $\triangle NBF$ 的 DM 与 NF 两边重合,组成平行四边形;将 $\triangle DBN$ 与

△EMF 的 DN 与 MF 两边重合组成平行四边形,将△DMF 与△DNF 的两边 DM 与 NF 重合组成平行四边形,这三个平行四边形的一边长分别与 DE,AD,AE 相等,这边上的高为两个全等三角形内切圆的半径.于是将这三个平行四边形再剪拼成三个矩形后,恰为直三棱柱的三个不同侧面.

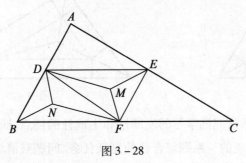

图 3-28

注 此题为 2002 年高考全国卷题.

3.5.4 着眼于逻辑结构的调整

检测逻辑思维能力是数学测评的重点之一,所以控制测评数学试题的逻辑结构也是至关重要的.测评试题本身的逻辑结构影响着被测评者的逻辑思维能力.

张景中院士在探讨教育数学的优劣标准时,首先就提出了"逻辑结构越简单越好".因此,笔者认为,把握测评数学的逻辑结构要求应注意到:推理步骤(即逻辑链环节)总数要少,推理路径要多(即呈放射型逻辑结构)而短,推理过程"宽度"(即涉及知识的纵深面)要小.

对于这一点,作者也是有深刻教训的.

例 19 根据某水文观测点的历史统计数据,得到某条河流水位的频率分布直方图如图 3-29,从图中可以看出,该水文观测点平均至少一百年才遇到一次的洪水的最低水位是
( )

A. 48 m   B. 49 m   C. 50 m   D. 51 m

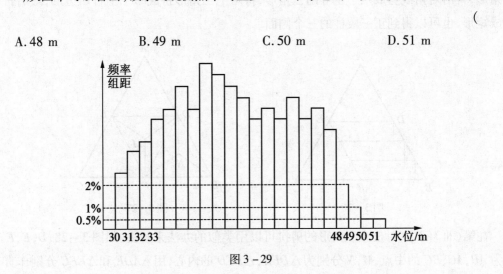

图 3-29

评述 这道题的题干中"平均""至少""才""最低"等,表明逻辑结构并不简单.测量结

果是考生低分组的正确率为30.0%,高分组的正确率为33.4%.这道题的区分度为0.031,这可以说没有区分度.这是一道不成功的测评试题.不成功的主要原因是逻辑结构没调整好.

注 此例为2008年高考湖南卷试题.

例20 在平面直角坐标系 xOy 上,给定抛物线 $L:y=\frac{1}{4}x^2$. 实数 p,q 满足 $p^2-4q\geq 0$, x_1, x_2 是方程 $x^2-px+q=0$ 的两根,记 $\varphi(p,q)=\max\{|x_1|,|x_2|\}$.

(I)过点 $A\left(p_0,\frac{1}{4}p_0^2\right)(p_0\neq 0)$,作 L 的切线交 y 轴于点 B. 证明:对线段 AB 上的任一点 $Q(p,q)$,有 $\varphi(p,q)=\frac{|p_0|}{2}$;

(II)设 $M(a,b)$ 是定点,其中 a,b 满足 $a^2-4b>0$, $a\neq 0$. 过 $M(a,b)$ 作抛物线 L 的两条切线 l_1,l_2,切点分别为 $E\left(p_1,\frac{1}{4}p_1^2\right)$, $E'\left(p_2,\frac{1}{4}p_2^2\right)$, l_1,l_2 与 y 轴分别交于点 F, F'. 线段 EF 上异于两端点的点集记为 X. 证明:$M(a,b)\in X\Leftrightarrow |P_1|<|P_2|\Leftrightarrow \varphi(a,b)=\frac{|p_1|}{2}$.

(III)设 $D=\{(x,y)|y\leq x-1, y\geq \frac{1}{4}(x+1)^2-\frac{5}{4}\}$. 当点 (p,q) 取遍 D 时,求 $\varphi(p,q)$ 的最小值(记为 $\varphi_{\min}$)和最大值(记为 $\varphi_{\max}$).

评述 在这道题中,定义了一个二元函数 $\varphi(p,q)$,在第一问中,要证明这个二元函数在平面的一个区域(线段)取常数值;第二问,要证明几个充分必要条件;最后一问,要求这个函数在某个区域上的最大最小值.对于一个定义域非全平面的二元函数,这道题要讨论的问题意义不清楚.没有明确的背景,其解法也是形式地推演.对高中生来说,能看懂这道题所要回答的三个问题较困难,而且问题的编造痕迹重,只看重形式推演,很难让人理解其意义.

该题在表述方面,无论是文字表述(例如,刚给出一个抛物线,突然就出现一个和它无关的二次方程,定义一个二元函数)还是符号语言(如 $\varphi(p,q)$ 的表达式),都不自然.加上符号过多,即使是大学数学系的学生也较难读懂.

因而这道题受到了有关专题的质疑与批评(见张饴兹等文《体现课标理念,突出导向作用》数学通报,2012(2))

这道题被质疑的原因是逻辑结构没调整好.

注 此题为2011年高考广东卷试题.

3.5.5 着眼于对数学美的追求

古代哲学家普洛克拉斯(Procrustes)指出:"哪里有数学,哪里就有美."罗素(Russell)也说过:数学美是一种冷而严肃的美;著名数学家冯·诺依曼(John von Neumann)在研究数学家的数学创造活动时,注意到数学美与数学创造的过程和方法有着密切的联系,他说:"归结到关键的论点:我认为数学家无论是选择题材还是判断成功的标准主要都是美学的,对数学美的追求是数学研究与数学发展的深层动力."另外,在数学解题中,一个优美的图形,一行对称的式子,一次和谐自然的解题分析,一种开拓构思的解题方法等,都能唤起数学美感.而数学测评题无论在数学复习资料的采集上还是在各项数学测试的题源选择上均是优先考虑的对象,采撷并突出其中的美学因素可让考生认识到数学也是一个色彩绚丽的世界,从而对改变数学枯燥难学的误解,激发数学学习的积极性.由此可见,在数学测评题的编拟中,烘托和展现其中的数学美不仅符合数学的本质,而且能够为中学数学教育得以深入、顺利开展创造更好的条件以及更美好的前景.

一份好试卷的命制过程,不仅是实现对考查相关知识,能力的预设过程,同时也是一个实现美的过程.一道好的试题,就如同一杯醇厚的茶,散发着清香,引人入胜,时刻体现数学之美.它是命制者的智慧结晶,能将考生带入一个充满美的世界.

数学美是一种科学美.美的因素丰富多彩,美的内容含义深刻.只有形式美、内涵美的测试题目,才能更有效地使被测试者进行观察、记忆、思维、想象等,从而发掘他们的各方面的数学潜能.而发掘数学潜能,发展数学能力正是数学测评的重要功能之一.这是因为,当一个人接受某种命令,为完成某项任务,而十分专注地从事某项极有意义的,使之在感兴趣的研究活动时,利用美的启示,来认识美的形式或结构,发掘美的因素,追求美的结果,发挥美的潜意识作用,因而他的思维最为活跃,能力最易得到展示.

数学测评题的和谐深沉含蓄类,新颖精巧奇妙美(奇异、对称、简单、动态等)令人心旷神怡、精神振奋、茅塞顿开、情有独钟、流连忘返、苦心钻研.

1. 和谐性是美的最重要的特性之一

一道好的测评题首先应该是和谐的.这种和谐性表现在条件与条件之间,应该是相容的、独立的,不能是互相矛盾的或互为因果的;条件与结论之间应该是充分的,即从条件能够推出结论,但也不能过剩或过强.这里着重指出和谐性的另一方面的含义,即题目中的各条件之间,条件与结论之间,结论与结论之间应该是一个有机统一的整体.那种把一些互不相干的条件简单叠加在一起,人为地提高题目的复杂程度和综合性的做法,只能给人一种拼凑感,既不能激起解题人的美感和解题欲,也不能起到提高思维能力的作用.我们在编制测评题时应力戒这种现象.

例 21 已知数列 $\{a_n\}$ 为等差数列(公差 $d \neq 0$),$\{a_n\}$ 的部分项组成的数列 $a_{k_1}, a_{k_2}, a_{k_3}, a_{k_4}, \cdots, a_{k_n}, \cdots$ 恰为等比数列,其中 $k_1 = 1, k_2 = 5, k_3 = 17$,求 $k_1 + k_2 + k_3 + \cdots + k_n$.

评述 $a_{k_1} = a_1, a_{k_2} = a_5 = a_1 + 4d = a_1 q, a_{k_3} = a_{17} = a_1 + 16d = a_1 q^2$,由以上二式得 $a_1 = 2d$,$q = 3$,所以 $a_{k_n} = a_1 + (k_n - 1)d = (k_n + 1)d$.又 $a_{k_n} = a_1 q^{n-1} = 2d \cdot 3^{n-1}$,所以 $(k_n + 1)d = 2d \cdot 3^{n-1}, k_n = 2 \cdot 3^{n-1} - 1$.

于是 $k_1 + k_2 + k_3 + \cdots + k_n = \dfrac{2(1 - 3^n)}{1 - 3} - n = 3^n - 1 - n$.

如果追寻这道题的来源,发现此题是根据《代数学辞典》(日)第 749 题改编、拓宽、加深来的. 原题是：设公差非零的等差数列 $a_1, a_2, \cdots, a_n, \cdots$ 与等比数列 $b_1, b_2, \cdots, b_n, \cdots$ 有关系 $a_1 = b_1, a_3 = b_3, a_7 = b_5$，试求对怎样的 n, m，可使 $a_n = b_m$ 成立，并用 m 表达 n.（答案：$n = 2^{\frac{m+1}{2}} - 1, m$ 为奇数），改编后的题目将等差数列、等比数列的通项公式、前 n 项和公式的应用有机地综合在一起，毫无斧斫之痕迹，给人以一气呵成的感觉. 在考查的知识面和思维的力度方面，都较原题的要求为高.

2. 深沉、含蓄是美的另一种表现

东方人的审美情感中更讲究含蓄蕴藉、内涵丰富，一道好的有价值的测评题也应该给人以这样的美感. 无论是已知条件，还是解题思路，都应该具有一定的隐藏性和供探索的余地.

例22 下面的图中，函数 $y = \sqrt{2x-1} + \sqrt{1-2x} + 4$ 的图像为 （　　）

A　　B　　C　　D

评述 这是根据课本中的一道习题"求函数 $y = \sqrt{2x-1} + \sqrt{1-2x} + 4$ 的定义域"改编的. 虽是一道很简单的选择题，但其内涵丰富. 它把函数的概念考活了，它虽没有要求考生求定义域、值域，但考生必须从定义域、值域、对应法则这三要素上来审视这个函数，并对函数的图像表示法有一个透彻的理解. 与其说这道题考查了函数知识，倒不如说考查了函数思想，这是一道既简单又深邃的题.

例23 设 F 是椭圆 $\dfrac{x^2}{7} + \dfrac{y^2}{6} = 1$ 的右焦点，且椭圆上至少有 21 个不同的点 $P_i (i = 1, 2, 3, \cdots)$，使 $|FP_1|, |FP_2|, |FP_3|, \cdots$ 组成公差为 d 的等差数列，则 d 的取值范围为_____.

答案 $\left[-\dfrac{1}{10}, 0 \right) \cup \left(0, \dfrac{1}{10} \right]$.

评述 分析已知条件后可知，$FP_i (i = 1, 2, 3, \cdots)$ 都是椭圆的焦半径，这些焦半径的长组成等差数列，进行对称性的思考，很自然地想到应先确定这个数列的首项和尾项. 无论由直观还是由焦半径公式都可以得到，首尾两项的最大、最小取值分别为 $a+c$ 和 $a-c$. 由已知椭圆方程可求出 $a - c = \sqrt{7} - 1, a + c = \sqrt{7} + 1$，则由等差数列的定义，得 $|d| \leqslant \dfrac{(\sqrt{7}+1) - (\sqrt{7}-1)}{20}$，解这个不等式便可得结果. 但要注意 $d \neq 0$ 的条件限制.

这是一道解析几何与数列的综合题，解析几何中涉及与椭圆的焦半径有关的内容和求法以及焦半径的最大、最小值；数列中主要是等差数列的概念、公差及通项. 本题所涉及的知识内容并不复杂，但从审题开始，理解符号的意义，到确定首尾两项以及数列的增减性都有一定的审美思维要求，本题考查了阅读理解的能力、转化的能力、数学审美能力以及综合分析问题和解决问题的能力.

这道题的答案也体现了对称美,要求考生对数学美有较高领悟.

如果再追寻一下本题的数学背景和数字背景(数字6,7记录了高考时间6月7日,数字21记录了命题人员于4月21日集中),可让我们体验到含蓄美、奇妙美的感受.

这道题有其和谐深沉的数学本质,它隐含有椭圆的如下特性:

椭圆$\frac{x^2}{a^2}+\frac{y^2}{b^2}=1(a>b>0)$上有$n$个$P_1,P_2,\cdots,P_{n-1},P_n$(包括长轴端点),这些点在长轴上的射影为$Q_1,Q_2,\cdots,Q_{n-1},Q_n$,点$F$是椭圆的一个焦点,那么$|FP_1|,|FP_2|,\cdots,|FP_{n-1}|,|FP_n|$成等差数列的充要条件是

$$Q_1Q_2=Q_2Q_3=\cdots=Q_{n-2}Q_{n-1}=Q_{n-1}Q_n$$

值得指出的是,对于双曲线、抛物线也同样有这个特性.

注 此题为2004年高考湖南卷试题.

3. 面目新颖,构思精巧,可反映数学测评题的奇异美

数学测评试题,无论是条件、还是结论,都不同于一般的组合,而是构成了一个全新的解题背景,因而它的解题思路和解题程序不具有固定的模式,有一定的独创性.

例24 已知椭圆中心在坐标原点O,一条准线的方程是$x=1$,倾斜角为$45°$的直线l交椭圆于A,B两点,设线段AB的中点为M,直线AB与OM的夹角为α.

(Ⅰ)当$\alpha=\arctan 2$时,求椭圆方程;

(Ⅱ)当$\arctan 2<\alpha<\arctan 3$时,求椭圆短轴长的范围.

评述 (Ⅰ)由已知得$\frac{a^2}{c}=1$,可设椭圆方程为$\frac{x^2}{c}+\frac{y^2}{c-c^2}=1$.

设l的方程为$y=x+m$,由此式和上式消去y得$(2-c)x^2+2mx+m^2+c^2-c=0$,由上式可得

$$M\left(\frac{m}{c-2},\frac{(c-1)m}{c-2}\right)$$

所以$k_{OM}=c-1$,而$\left|\frac{k_{OM}-1}{1+k_{OM}}\right|=2$,所以$\left|\frac{c-2}{c}\right|=2$,解得$c=\frac{2}{3}$,故椭圆方程为$\frac{x^2}{\frac{2}{3}}+\frac{y^2}{\frac{2}{9}}=1$.

(Ⅱ)由$2<\left|\frac{c-2}{c}\right|<3$,解得$\frac{1}{2}<c<\frac{2}{3}$,而$b=\sqrt{c-c^2}$,所以$\frac{2\sqrt{2}}{3}<2b<1$.

这是一道求椭圆标准方程的题目. 第一个条件很普通,第二个条件具有一定的奇异性. 我们知道椭圆的一组平行弦的中点轨迹是椭圆的一条直径,因此尽管l不定,但因l的倾斜角已定,故OM的斜率仍然是确定的(可用方程中的待定系数表示),题中的第(Ⅱ)小题与第(Ⅰ)小题配对是很和谐的,第(Ⅰ)小题中α是一个确定的角,因而椭圆也就确定了,便存在一个求椭圆方程的问题,第(Ⅱ)小题中α在某一范围内变化,因而椭圆中的基本量也在某一范围内变化,便产生了求短轴长的范围的问题. 这体现该题的奇异美.

4. 对称性、简单性、动态性都是数学美的一种反映

生活中,对称现象无处不在,从建筑物到艺术作品,甚至是日常生活中的物品都存在着各种对称.对称美也存在于数学的方方面面,包括图形的对称、公式的对称、命题的对称等.对称美在试题中的融合,让考生在探索的过程中,深入感受数学美的结构.

例25 如图 3 – 30,在边长为 e(e 为自然对数的底数)的正方形中随机撒一粒黄豆,则它落到阴影部分的概率为_____.

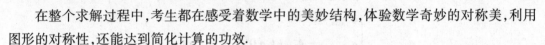

评述 本题考查几何概型的相关知识,解题的关键在于求得阴影部分的面积. 观察图形,可以发现整个图形是关于直线 $y=x$ 对称的. 事实上,由于函数 $y=e^x$ 与函数 $y=\ln x$ 互为反函数,因此两个阴影部分也关于直线 $y=x$ 对称,因此考生只需要求出其中一个阴影部分的面积即可.

图 3 – 30

在整个求解过程中,考生都在感受着数学中的美妙结构,体验数学奇妙的对称美,利用图形的对称性,还能达到简化计算的功效.

例26 图 3 – 31 为某三岔路口交通环岛的简化模型,在某高峰时段,单位时间进出路口 A,B,C 的机动车辆数,图中 x_1,x_2,x_3 分别表示该时段单位时间通过路段 $\overset{\frown}{AB},\overset{\frown}{BC},\overset{\frown}{CA}$ 的机动车辆数(假设:单位时间内,在上述路段中,同一路段上驶入与驶出的车辆数相等),则 (   )

A. $x_1 > x_2 > x_3$　　B. $x_1 > x_3 > x_2$

C. $x_2 > x_3 > x_1$　　D. $x_3 > x_2 > x_1$

评述 把图 3 – 31 这个环岛图改为电路示意图 3 – 32 的形式,则可得

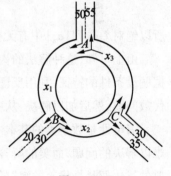

图 3 – 31

$$\begin{cases} x_1+55=x_3+50 \\ x_2+20=x_1+30 \\ x_3+35=x_2+30 \end{cases} \Rightarrow \begin{cases} x_3-x_1=5 \\ x_2-x_1=10 \\ x_2-x_3=5 \end{cases} \Rightarrow \begin{cases} x_3>x_1 \\ x_2>x_1 \\ x_2>x_3 \end{cases}$$

故有 $x_2 > x_3 > x_1$.

上述求解方式,其实是物理学上的基尔霍夫电流定律的应用. 这种有意识所形成的知识组合之美令人惊叹!进一步而言,凭借美感(审美)直觉,领悟面对的问题中显露出的美,并以此为向导进行适当构造,会使问题解决的思维过程具有

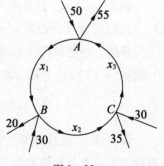

图 3 – 32

探测、跳跃之感,从而进一步丰富了考生认知重组的体验. 解题中的数学美可表现在数学的奇异性之中. 在解决数学问题中别出心裁的奇思妙想,有时让人拍案叫绝,这就构成了数学解题的奇异性,也是数学解题的魅力所在. 数学家徐利治曾说过:"奇异是一种美,奇异到极度更是一种美."

例27 在数列 $\{a_n\}$ 中,若 a_1,a_2 是正整数,且 $a_n = |a_{n-1} - a_{n-2}|$,$n=3,4,5,\cdots$,则称

$\{a_n\}$ 为"绝对差数列". 证明:任何"绝对差数列"中总含有无穷多个为零的项.

评述 根据定义,数列 $\{a_n\}$ 必在有限项后出现零项. 证明如下

假设 $\{a_n\}$ 中没有零项,由于 $a_n = |a_{n-1} - a_{n-2}|$,所以对于任意的 n,都有 $a_n \geq 1$. 从而当 $a_{n-1} > a_{n-2}$ 时,$a_n = a_{n-1} - a_{n-2} \leq a_{n-1} - 1 (n \geq 3)$;当 $a_{n-1} < a_{n-2}$ 时,$a_n = a_{n-2} - a_{n-1} \leq a_{n-2} - 1 (n \geq 3)$. 即 a_n 的值要么比 a_{n-1} 至少小 1,要么比 a_{n-2} 至少小 1.

令 $C_n = \begin{cases} a_{2n-1}(a_{2n-1} > a_{2n}) \\ a_{2n}(a_{2n-1} < a_{2n}) \end{cases}$,$n = 1, 2, 3, \cdots$,则 $0 < C_n \leq C_{n-1} - 1(n = 2, 3, 4, \cdots)$.

由于 C_1 是确定的正整数,这样减少下去,必然存在某项 $C_n < 0$,这与 $C_n > 0 (n = 1, 2, 3, \cdots)$ 矛盾. 从而 $\{a_n\}$ 必有零项. 若第一次出现的零项为第 n 项,记 $a_{n-1} = A(A \neq 0)$,则自第经 n 项开始,每三个相邻的项周期地取值 $0, A, A$,即

$$\begin{cases} a_{n+3k} = 0 \\ a_{n+3k+1} = A \quad (k = 0, 1, 2, 3, \cdots) \\ a_{n+3k+2} = A \end{cases}$$

所以绝对差数列 $\{a_n\}$ 中有无穷多个为零的项.

由上可知,这种解法的构造性证明极好地展示了数学方法的奇异之美. 其奇异处在于根据题设条件的特征,利用反证法,构造出一种新数列,从而把非常抽象的问题转化为具体的代数问题,然后加以解决. 从中感受到数学解题方法的独特并令人陶醉神往.

简单性是数学美的基本内容之一. 法国哲学家狄罗说:"数学中所谓美的问题是指一个难以解决的问题. 而美的解答是指一个复杂问题的简单解答."我们认为解数学题时,"最简单的解法便是最优美的解"的说法是与此相符的.

简单性也是不但要考虑条件的简洁明了,而且要考虑结论的简单、运算结果的简单.

例 28 设 $\{a_n\}$ 是首项为 1 的正数数列,且满足 $(n+1)a_{n+1}^2 - na_n^2 + a_{n+1}a_n = 0 (n = 1, 2, 3, \cdots)$,则其通项公式为 $a_n = $ _____.

评述 由已知得,$[(n+1)a_{n+1} - na_n](a_{n+1} + a_n) = 0$. 由题意易知,$(n+1)a_{n+1} - na_n = 0$,则有 $(n+1)a_{n+1} = na_n$,可设 $b_n = na_n$,则数列 $\{b_n\}$ 为常数数列,所以 $b_n = na_n = 1$,则 $a_n = \frac{1}{n}$.

毋庸讳言,这样的解法何等简捷明快,解题后而产生的美感油然而生!蕴含其中的数学解题的简单美及整体美令人回味不已.

动态是自然界中非常普遍的现象. 很多人认为数学如同一潭死水,其实不然,数学同样能"动起来",如点在轨迹上的运动、图形的折叠变化等都凸显出了数学的美之所在.

例 29 如图 3-33,在平面四边形 $ABCD$ 中,$AB = BD = CD = 1$,$AB \perp BD$,$CD \perp BD$,将 $\triangle ABD$ 沿 BD 折起,使得平面 $ABD \perp$ 平面 BCD.

(Ⅰ) 求证:$AB \perp CD$;

(Ⅱ) 若 M 为 AD 的中点,求直线 AD 与平面 MBC 所成角的正弦值.

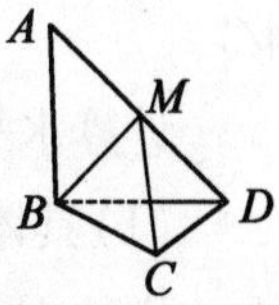

评述 本题将静止的平面图形进行翻折,△ABD 通过翻折"立"了起来,四边形变成了四面体,这些都展现着数学的动态美. 求解本题,考生需要抓住问题的本质,在动态中寻找不变量,如 $AB \perp BD$,$CD \perp BD$ 在翻折中并没有发生变化,动中有静,数学的动态美更有韵味. 动态问题既能让考生感受数学美,同时也能较好地考查考生分析问题、解决问题的能力,充分体现了数学中动态问题的价值所在.

图 3-33

综上,数学测评题应处处体现出和谐、简洁、对称、统一、奇异等数学之美. 这些美的特征常成为考生进行酝酿解题思路的动力与源泉. 因此,在平常的学习中应充分认识研究解题过程与数学美的必要性,揭示并不断挖掘、创造数学中美的素材,并使之深有体会,促使自己不断提高对数学美的感受力、审美力、创造力,以激发自己对数学的兴趣,进而提高自己的直觉思维能力以及用审美的视角去分析、解决高考问题的能力.

数学的美是含蓄的,它不只局限于外表,更注重于某个过程的美的体现,它存在于我们每个人的生活中. 只要用心去观察,去发掘,并且有意识地用数学美来认识数学测评题以及注意测评题解答时的美学因素,这样就能真正掌握数学的源头和实质.

数学美是独特的,数学美是动人的. 测评题命制者若能在合理考查相关知识、能力的基础上,更进一步地将数学美有机地融入试题中,则既能使考生在解题中拥有美的享受,又能引领学生体验数学的魅力.

3.6 测评数学的测评目标模型探讨

3.6.1 威尔逊的测评目标模型介绍

美国佐治亚大学数学教育系主任威尔逊(J. W. Wilson),根据布鲁姆的学说结合对数学学科的深入分析,写出了《中学数学学习评价》一书,书中编制了一个新的数学学业成绩测评模式. 这个模式在对数学学习行为的分类上,既包括了认知领域的成果,又包括了情感领域的成果. 其中认知领域的行为把测评目标分为"计算、领会、运用、分析"四级水平,每级水平又划分为若干子类,类别详尽,概括性很强;情感领域的类别读来也令人耳目一新. 这里主要介绍威尔逊认知领域数学测评目标中每一级水平及其子类的特征,同时书中还相应地附有一些测题,它们可以用于表征和测量属于某级水平的数学行为. 笔者认为,这是对测评数学的测评目标模型的深入探究,值得我们借鉴. 为此,将其中的"学生"均改为"被测试者",详细介绍如下:

1. 计算

计算水平是被测试者做出的作为数学教学成果的最简单的行为,它要求能回忆基本事实的知识、术语的知识或按照考生先前已经学过的规则操作问题中的元素,即能进行记忆的简单练习和常规的变换练习,重点是知道或实施运算,而不要求做出决策或进行复杂的记忆.

计算水平包括三个子类.

(1)具体事实的知识. 这个子类包括的目标是:考生以与课程学习中材料出现的几乎完全一样的方式复述或辨别材料;它也可包括基本的知识单元,例如数的基本事实等.

例1 半径为 r 的圆的周长公式是 ( )

A. $C = \pi r^2$ B. $C = \pi r$ C. $C = 2\pi r$ D. $C = 2\pi r^2$

(2)术语的知识. 在学习数学的过程中,被测试者会遇到大量的术语,例如,公理、推论、空集、阶乘、绝对值、多边形等. 在几何学习中,被测试者应该能够辨别诸如锐角、钝角和直角;在代数学习中,被测试者应该知道"化简表达式"指导语的含义是什么,等等.

例2 5! 等于 ( )

A. $5 \times 5 \times 5 \times 5 \times 5$ B. $\sqrt[5]{5}$

C. $5 + 4 + 3 + 2 + 1$ D. $5 \times 4 \times 3 \times 2 \times 1$

E. $\dfrac{5 \times 4}{2}$

(3)实施算法的能力. 这是根据一些学过的规则,变换一个刺激物的元素的能力,它并不要求被测试者选择算法.

例3 $\dfrac{1}{20}$ 可以化为 ( )

A. 5% B. 10% C. 20% D. 40%

2. 领会

领会水平既与回忆概念和通则有关,又与把问题中的元素从一种形式转化为另一种形式有关,重点是反映对概念和它们之间的关系的理解程度,而不是运用概念来做解答. 此外,计算水平的行为有时表现为领会水平的行为,或包含在领会水平的行为之中,但是,领会水平是比计算水平更为复杂的一系列行为.

领会水平包括六个子类.

(1)概念的知识. 一个概念的知识和一个具体事实的知识之间的区别并不十分明显. 实际上,一个概念是一系列相互联系的具体事实的结合体. 当然,从认知方面来说,一个概念的知识要比一个具体事实的知识更复杂些.

例4 复数 $5 + 3i$ 的共轭复数是 ( )

A. $-5 + 3i$ B. $5 - 3i$ C. $3 + 5i$ D. $3 - 5i$

(2)原理、规则和通则的知识. 这一子类要求被测试者知道概念之间和问题元素之间的关系. 试题是否表征或测量了原理、规则和通则的知识,取决于被测试者已学过的材料. 如果被测试者必须形成原理、规则或通则,或者为了回答问题而使用原理、规则或通则,那么这种行为处于比领会水平更高一级的水平.

例5 如果把一个数的小数点向右移三位,这是在 ( )

A. 用 1 000 除这个数　　　　　　　B. 用 100 除这个数
C. 用 3 乘这个数　　　　　　　　　D. 用 1 000 乘这个数

（3）数学结构的知识. 数学教学的内容可以划分为几个大类, 但是, 对渗透在任何一个类别中的一般可统一起来的内容主要有：集合语言和集合符号的使用、数学系统的结构（一种与内容密切联系的结构, 不是一种心理结构）和数学过程. 数学结构是中学数学课程标准里一个统一的主题, 主要包括数系的性质和代数结构的性质. 这个子类中的试题所表征和测量的行为与术语的知识是有区别的, 一般把仅论及现代数学的术语的试题用于表征和测量数学结构的知识.

例 6　如果 $(N+68)^2 = 654\ 481$, 则 $(N+58)(N+78)$ 等于　　　　（　　）
A. 654 381　　　B. 654 471　　　C. 654 481　　　D. 654 581
E. 654 524

对于例 6, 被测试者可能从解方程的角度去回答, 但也可能从结构或形式的知识出发做出回答.

（4）把问题元素从一种形式向另一种形式转化的能力. 这是一个重要的领会水平的行为, 它可以指从语言描述向图形表示的转化, 或从语言表达向符号形式的转化, 或者是每一种情形反过来的转化. 值得注意的是, 转化的能力并不包括在转化之后实行一种运算. 因此, 把一种语言论述转化为一个方程需要这种能力, 但解答这个问题应是运用水平的任务.

例 7　假定对任何数 a 和 b, 一种运算定义为 $a*b = a+ab$, 则 $5*2$ 等于　　（　　）
A. 10　　　　　B. 12　　　　　C. 15　　　　　D. 20
E. 35

（5）延续推理思路的能力. 这一子类主要指阅读数学表达的能力和延续数学论证的能力, 这是接受数学方面交流的能力.

例 8　已知方程组 $\begin{cases} x^2 + xy + y^2 = 25, \\ xy = 0, \end{cases}$ 下面说法正确的是　　　　（　　）

A. 如果把 $xy=0$ 代入第一个方程, 这个方程变为 $x^2+y^2=25$, 因此, 方程组变为一个含有两个未知数的方程, 所以, 原方程组有无穷多个解

B. 如果用 x 去除第二个方程, 得 $y=0$, 如果用 y 去除它, 得 $x=0$, 把这些值代入第一个方程得出 $0=25$, 这是不可能的, 因此, 原方程组无解

C. 由 $xy=0$, 可得 $x=0$ 或 $y=0$, 把 $x=0$ 代入第一个方程, 得出 $y=\pm 5$；再把 $y=0$ 代入这个方程, 得出 $x=\pm 5$, 因此, 原方程组恰好有四个解

D. 如果用 x 去除第二个方程, 得到 $y=0$, 既然 $y=0$, 就不可以用 y 去除第二个方程, 把 $y=0$ 代入第一个方程, 得到 $x=\pm 5$, 因此, 原方程组只有两个解

E. 把两个方程相加得出 $x^2+2xy+y^2=25$, 即
$$(x+y)^2 = 25$$

两边各取平方根得 $x+y=5$，解方程组 $\begin{cases} x+y=5 \\ xy=0 \end{cases}$，可得原方程组的两个解.

(6)阅读和解释问题的能力. 在阅读数学材料和问题的过程中，需要一些特殊的技能和能力，它们属于正常的语言技能和一般阅读能力范畴之外. 阅读和解释数学问题的能力所表现的行为，虽然还远远没有达到解决问题的能力，但它却是必不可少的第一步.

例9 某人上集市买了一张桌子，价格标签上标出原来的价格是 60 元，若卖主打 20% 的折扣出售，折扣额是多少？这里不要求解出，回答下列的问题：问题中的比率是什么？原价是多少？要求出的是什么？

3. 运用

运用水平的行为涉及被测试者做出的一系列反应. 这一特点使它与计算水平或领会水平相区别. 运用水平需要回忆有关的知识，选择合适的运算并实施之. 运用水平涉及的活动是常规的，它要求被测试者在一个特定的情景中，以一种他以前实践过的方法去运用知识和方法.

运用水平包括四个子类.

(1)解决常规问题的能力. 常规问题是指那些与被测试者在课程学习中遇到的问题相类似的问题. 解决常规问题的能力涉及选择一个算法并实施之. 实质上，它要求被测试者做出一系列领会水平的行为后，实行运算直至获得答案.

例10 一个平行四边形的两条边和一个内角分别为 12 cm，20 cm 和 120°，求其中较短的一条对角线的长.

(2)做出比较的能力. 这一子类需要被测试者决定两组或几组信息之间的关系并形成一系列的决策. 在这一过程中，需要回忆有关的知识，如概念、规则、数学结构、术语等. 也可能涉及一些计算，并引出推理和逻辑思考的行为. 但是，这是一种常规性的形成决策的过程. 例如，从许多可得的备选方案中做出选择的行为便是这种能力的一个重要方面.

例11 比较如图 3-34 所示的两个三角形的面积，正确的是 （　　）

A. △ABC 的面积较大 　　　　　　　B. △PQR 的面积较大

C. △ABC 和 △PQR 的面积相等

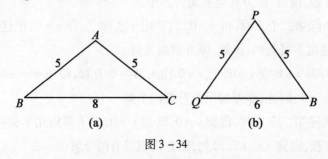

图 3-34

(3)分析已知条件的能力. 这一子类涉及阅读和解释信息，使用信息并最终做出决策或下结论. 这个行为能把一个问题分解成它的构成部分，能从无关信息中鉴别出有关信息，能与已经获得解答的子问题建立联系.

例 12　在一次选举中,356 人每人投一票,从 5 个候选人中选出 1 人,谁得票最多谁将获胜,那么获胜者至少应得的选票数是　　　　　　　　　　　　　　　　(　　)

A. 179　　　　　　B. 178　　　　　　C. 89　　　　　　D. 72

E. 71

(4) 识别同型性和对称性的能力. 在这个水平上所需要的行为再次要求做出一连串的反应:回忆信息、转化问题元素、变换已知条件和识别一个关系,要求学生从一列数据、已知信息或一个问题情境中,发现某些熟悉的东西,应该假定被测试者已经学过同样的同型性或对称性,并且识别出它们是可能的.

例 19　4^{10} 的末位数字是　　　　　　　　　　　　　　　　　　　　　　(　　)

A. 0　　　　　　　B. 2　　　　　　　C. 4　　　　　　　D. 6

E. 8

4. 分析

分析是认知水平中最高级、最复杂的行为水平,它包括了布鲁姆教育目标分类学中描述的诸如分析、综合和评价的绝大部分行为. 分析水平是指需要非常规地运用概念,它要求探测关系,在一种非实践过的情景中对概念和运算进行组织和使用.

分析水平包括五个子类.

(1) 解决非常规问题的能力. 这个子类要求被测试者把先前的数学学习迁移到一个新情景中去,发展解决不同于已解决过的问题的能力. 这样的解决问题的过程可能涉及把问题分解成几部分,并从每个部分中探求所能知道的东西,也可能包括为了求解用一种新方法重新组织问题元素. 总之,解决非常规问题,是向考生提供一个问题情景,考生没有现成的算法来解答,需要一种探索性方法,即需要制定一个计划并实施它,或者反复对已知情景和目标进行比较,以找出区别,随着这些区别依次消失,问题也就逐步得到解决.

例 14　在图 3-35 中,分别经过射线 Ox 和 Oy 上一点,从 P 到 Q 的最短路径是　　　　　(　　)

A. PA_1A_2Q

B. PB_1B_2Q

C. PC_1C_2Q

D. PD_1D_2Q

E. POQ

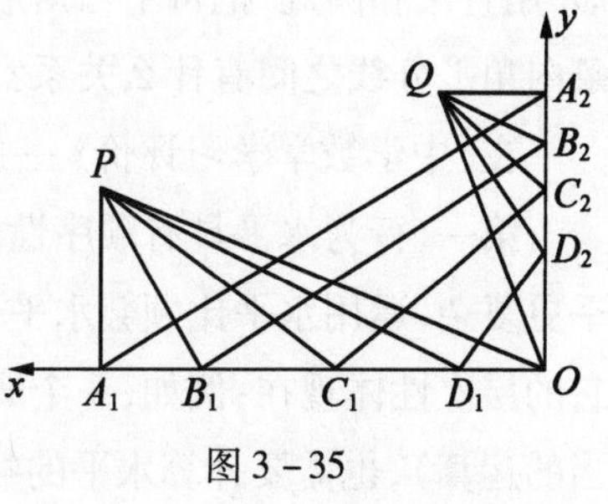

图 3-35

(2) 发现关系的能力. 这一子类需要用一种方式重新组织问题元素,以发现(形成)一个新关系,而不是在新的已知条件当中辨别出一个熟悉的关系.

例 15　一个牲口栅,长 18 m,宽 9 m,一条长 16 m 的链条系在牲口栅中一条较长边的中点,另一条长 16 m 的链和要系在牲口栅的一个角上. 链条都用来拴住一头吃草的奶牛. 问:哪一条链条给予拴住的奶牛有较多的活动余地来吃草?两个活动地方的面积之差是多少

(用 3.14 作 π 的近似值)?

(3) 构造证明的能力. 这一子类是指构造一种新证明的能力,它与模仿性证明、重述证明(运用水平)或回忆水平(计算水平)是完全不一样的.

例 16 证明:对于任何整数 n,都有

$$\frac{n^5}{5} + \frac{n^3}{3} + \frac{7n}{15}$$

是一个整数.

(4) 评判证明的能力. 这一子类主要是指能指出隐藏在"证明"中的错误的能力.

例 17 下面是"任何两个实数都相等"的一个"证明":

ⅰ. 令 $c = \frac{a+b}{2}, a \neq b$;

ⅱ. $2c = a + b$;

ⅲ. $2c(a-b) = (a+b)(a-b)$;

ⅳ. $2ac - 2bc = a^2 - b^2$;

ⅴ. $b^2 - 2bc + c^2 = a^2 - 2ac + c^2$;

ⅵ. $(b-c)^2 = (a-c)^2$;

ⅶ. $b - c = a - c$;

ⅷ. $b = a$.

其中步骤不正确的是 ( )

A. 从 ⅱ 到 ⅲ   B. 从 ⅳ 到 ⅴ   C. 从 ⅴ 到 ⅵ   D. 从 ⅵ 到 ⅶ

(5) 形成和证实通则的能力. 这一子类是指发现一个关系并构造一个证明来证实这个发现的能力.

例 18 在纸上画三个三角形:一个是锐角三角形,一个是直角三角形,一个是钝角三角形. 用直尺和圆规,把每个三角形的每一个内角平分. 在此过程中,观察到每一个三角形的三条内角平分线之间有什么关系? 这对任何三角形都正确吗? 为什么?

在《中学数学学习评价》一书中,威尔逊还特别指出了以下几点:

第一,行为水平具有顺序性和层次性. 它的顺序性体现在:在认知上,分析水平比运用水平更复杂,运用水平比领会水平更为复杂,而计算水平包括那些在认知上最简单的测试题. 它的层次性体现在:例如,一个属于运用水平的测试题也许既需要领会水平的技能(选择恰当的运算),也需要计算水平的技能(实施一种运算).

第二,为了说明一道试题对于测量某个行为水平是否恰当,需要做出有关被测试者背景的假设. 一道试题究竟处于哪一水平,这要看它是对于哪个年级水平上的大多数被测试者或中等水平的被测试者能否做出回答而言.

第三,某个被测试者对一道试题的回答也许不能说明他的行为水平. 例如,如果已向被测试者提供了 $\sqrt{2}$ 不是有理数的证明,那么"证明 $\sqrt{3}$ 不是有理数"这一试题也许引出运用水平

的行为,而不是分析水平的行为.当一个被测试者第一次遇到一道题目,给出这道题目的解答也许是一种分析或运用水平的行为;而下一次遇到同样的题目时,也许是处于计算水平的行为.

第四,在决定把一道试题置于何种行为水平时,被测试者解题所用的方法也许能决定他的行为水平.对于某些试题,某些被测试者也许以分析水平的行为做出回答,而另外一些被测试者也许以常规的、运用水平的行为做出回答.例如,对于如下这道题目:"求从1至25的自然数之和",解这道题可以直接运用加法法则,简单地做$1+2+3+\cdots+25$,这显然是计算水平的行为,然而,如果采用像高斯(C. F. Gauss)那样的解法,显然是属于分析水平的行为.

3.6.2 我国学者对测评目标模型的探索

在我国历次制订的中学数学教学大纲中,都没有测评目标的提法,而是将测评目标包含在教学要求和具体要求之中.因此,教师在测评中一般是依据教学大纲中的教学目标来确定测评目标.

我国进行数学测评目标实验研究的教师,多数直接采用布鲁姆的六级分类法,或者根据实际和自身的理解建立目标体系.例如,有的将认知领域数学测评目标划分为五级水平:"记忆、了解、简单应用、综合应用、创见";有的划分为六级水平:"识记、理解、应用、分析、综合、创新";也有的划分为四级水平:"了解和认识,理解、简单应用、解决较复杂的问题或提出新见解".

许多研究者是按国家教委1992年6月制订的《九年义务教育全日制初级中学数学教学大纲(试用)》中教学要求的层次来划分学习水平,即将认知领域的数学教学目标划分为"了解、理解、掌握、灵活运用"四级水平.20世纪末21世纪初我国开始的新一轮课程改革由国家教育部制定的《数学课程标准》中对知识与技能的教学目标中提出了三个水平:知识/了解/模仿、理解/独立操作、掌握/应用/迁移.笔者认为,这也和"了解、理解、掌握、灵活运用"是基本一致的.因此依据这四级水平的教学目标来确定的测评目标也是恰当的.这和教育部考试中心制定的高考数学科考试对知识的需求由低到高分为三个层次,依次是了解、理解和掌握、灵活和综合运用也是基本一致的.

将测评目标分为上述四级水平,也有如下理由:

第一,"了解、理解、掌握、灵活运用"四级学习测评目标与威尔逊的"计算、领会、运用、分析"四级行为测评目标是吻合的,比较符合数学学科的特点;

第二,我国对数学测评目标的研究目前尚处于起始阶段,把教学目标的确定与测评目标一致起来,便于教师理解、掌握和贯彻国家课程标准.

第三,数学课程标准要求的三个层次所做的明确的界说,是我国广大数学教师经验的结晶,因而这种划分易于被大多数教师所接受;

第四,上述测评目标的四级水平中,了解水平和理解水平是对知识而言的,掌握水平是对技能而言的,灵活运用是对于能力而言的.这样的分类体现了测评目标的层次性、顺序性和相对性等特点,有利于教师在数学中将学生知识的学习、技能的训练和能力的发展落到实处.

下面详细介绍"了解、理解、掌握、灵活运用"这四级学习测评目标及其子类的特征.[①]

1. 了解

了解水平是指对数学概念、定理、公式、法则、图形等知识有感性的、初步的认识,能说出这些知识是什么,能够在有关的问题中识别它们.

了解相当于识记. 了解水平所要解决的是"知"与"不知"的问题,即只要求"知其然",知道"是什么". 描述了解水平的行为动词如:记住、识别、指出、画出、感知、认识、计算、初步体会等.

了解水平包括以下两个子类.

(1) 识别、感知. 这一子类是指能再认、再现、复述学习过的材料,能记住有关的数学符号、常数、术语等,能识别相近的或容易混淆的基本概念和基本规律,在解题过程中能回忆所学的基本概念、基本规律和数学方法等数学知识,对有关数学对象有所感知.

例1 复数 $z = i(i+1)$(i 为虚数单位)的共轭复数是 （　　）

A. $-1-i$　　　　B. $-1+i$　　　　C. $1-i$　　　　D. $1+i$

(2) 计算、画图、认识. 这一子类是指能在标准情境下,进行无须选择算法的简单计算,能按已经学过的规则作简单套用或机械模仿,能画出简单的几何图形和基本初等函数的大致图像,对有关数学对象有所认识,有初步体会.

例2 设集合 $M = \{-1, 0, 1\}$,$N = \{x \mid x^2 = x\}$,则 $M \cap N =$ （　　）

A. $\{-1, 0, 1\}$　　B. $\{0, 1\}$　　　C. $\{1\}$　　　　D. $\{0\}$

2. 理解

理解水平是指对数学概念、定理、公式、法则、图形等知识达到理性的认识,能用自己的语言叙述和解释它们,不仅能知道它们是什么,而且能知道它们的由来,并了解它们的用途及其和其他知识之间的联系.

理解水平相当于领会. 理解水平所要解决的是"懂"的问题,即要求"知其所以然",知道"为什么". 描述理解水平的行为动词如:能(会)概述、能解释、能举例说明、能表述、能提取、能转换等.

理解水平包括以下三个子类.

(1) 解释. 这一子类指能用自己的语言对数学问题所涉及的概念和原理进行叙述,能用语言概述其一般内容,并能抓住其实质和关键部分.

例3 已知双曲线 $C: \dfrac{x^2}{a^2} - \dfrac{y^2}{b^2} = 1$ 的焦距为 10,点 $P(2, 1)$ 在 C 的渐近线上,则 C 的方程为 （　　）

[①] 田万海. 数学教学测量与评估[M]. 上海:上海教育出版社,1998:17-21.

A. $\dfrac{x^2}{20}-\dfrac{y^2}{5}=1$ B. $\dfrac{x^2}{5}-\dfrac{y^2}{20}=1$ C. $\dfrac{x^2}{80}-\dfrac{y^2}{80}=1$ D. $\dfrac{x^2}{20}-\dfrac{y^2}{80}=1$

（2）提取. 能举出确实的实例说明被理解的对象,能从面对的数学对象中提取有关信息来认识其特性等.

例 4 设 $a>b>1, c<0$, 给出下列三个结论:

①$\dfrac{c}{a}>\dfrac{c}{b}$; ②$a^c<b^c$; ③$\log_b(a-c)>\log_a(b-c)$.

其中所有的正确结论的序号是   （ ）

A. ①   B. ①②   C. ②③   D. ①②③

（3）转换. 这一子类是指能将所给出的数学问题从一种形式向另一种形式转化. 具体表现为能将语言的表达形式转化为符号表达形式或图形表示方式；或者是上述各种情形的逆过程.

例 5 函数 $f(x)=\sin x-\cos\left(x+\dfrac{\pi}{6}\right)$ 的值域为   （ ）

A. $[-2,2]$ B. $[-\sqrt{3},\sqrt{3}]$ C. $[-1,1]$ D. $\left[-\dfrac{\sqrt{3}}{2},\dfrac{\sqrt{3}}{2}\right]$

理解水平包含了解水平,即具有了解水平是达到理解水平的必要条件. 但是,理解水平是比了解水平高一层次的认知状态,理解水平的记忆高于了解水平的识记. 了解水平的识记可以是机械的,它只能在标准状态下再认和再现,是对数学知识的感性认识；而理解水平的记忆是意义记忆或概括记忆,能在非标准状态下再认和再现,是对数学知识的理性认识. 这是区别了解水平与理解水平的主要标志.

例如,考生学习了函数概念以后,能复述函数的定义,知道 $f(x)$ 是表示函数的记号,这表示考生对函数概念达到了了解水平. 如果进一步能用自己的语言叙述函数的定义,懂得函数的两个基本要素是它的定义域和对应法则,此外,还知道函数可用解析式、表格和图像等多种方法来表示,能辨别函数的肯定例证和否定例证等,这表示考生对函数概念已经达到了理解水平.

3. 掌握

一般说来,掌握水平是指在理解的基础上,通过练习,形成技能,能够（或会）用它去解决一些问题.

掌握水平相当于简单应用. 掌握水平解决的主要问题是"会"与"不会"的问题. 描述掌握水平的行为动词如:能（会）计算、化简、分析、会求、操作、判断、证明推理、抽象、小结等.

掌握水平包括以下三个子类.

（1）运算. 这一子类是指能根据数量关系选择恰当的方法,对数、式实施恒等变形.

例 6 在 $\triangle ABC$ 中, $AC=\sqrt{7}$, $BC=2$, $\angle B=60°$, 则 BC 边上的高等于 （ ）

A. $\dfrac{\sqrt{3}}{2}$ B. $\dfrac{3\sqrt{3}}{2}$ C. $\dfrac{\sqrt{3}+\sqrt{6}}{2}$ D. $\dfrac{\sqrt{3}+\sqrt{39}}{4}$

(2)操作. 这一子类指能使用一定的作图工具,做出符合预先给定条件的图形,能正确反映图形的位置关系和度量关系;或指按照一定的程度进行操作,达到某类事项的完成等.

例7 在等腰直角三角形 ABC 中,$AB=AC=4$,点 P 是边 AB 上异于点 A,B 的一点,光线从 P 出发,经 BC,CA 反射后又回到点 P. 若光线 QR(点 Q 在 BC,点 R 在 AC 上)经过 $\triangle ABC$ 的重心,则 AP 等于   (   )

A. 2   B. 1   C. $\dfrac{8}{3}$ D. $\dfrac{4}{3}$

(3)推理. 这一子类指能将所给的信息概括成熟悉的模式,然后依据基本概念和基本原理揭示已知信息与未知元素之间存在.

例8 如图 3-36,在四棱锥 $P-ABCD$ 中,$PA\perp$ 平面 $ABCD$,$AB=4,BC=3,AD=5,\angle DAB=\angle ABC=90°$,$E$ 是 CD 的中点.

(Ⅰ)证明:$CD\perp$ 平面 PAE;

(Ⅱ)若直线 PB 与平面 PAE 所成的角和 PB 与平面 $ABCD$ 所在的角相等,求四棱锥 $P-ABCD$ 的体积.

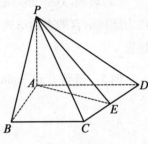

图 3-36

了解水平只是对知识的直接储存,理解水平则是将知识加工整理后的系统储存,掌握则需要对知识进行探索. 因此,一般说来,掌握是在理解的基础上知识深化的表现.

4. 灵活运用

灵活运用水平是指能够综合运用知识解决问题,并达到熟练、灵活的程度,从而形成能力.

灵活运用相当于熟练掌握、融会贯通. 灵活运用水平要解决的主要问题是"熟"与"不熟"和"活"与"不活"的问题. 描述灵活运用水平的行为动词如:能(会)分解、组合、选择、分类、类比、归纳、总结、讨论、决策、发挥等.

灵活运用水平的行为标志是能将学过的多种定义、公理、定理、法则、数学思想方法等综合运用于新的情景中去,解决一些较复杂的非常规的数学问题,即把先前的数学学习迁移到一个新的情景中去. 灵活运用水平包括对具体问题各组成部分的辨认,各部分之间关系的分析和组织结构的分析等.

灵活运用水平包括以下两个子类.

(1)要素分析综合. 这一子类是指能将所给信息分解成各种要素,并进一步对各种要素进行加工,以便对给出的信息在整体上有一个认识,并使这种认识与抽象概念联系起来,进而解决问题.

例9 设定义在 $\mathbf{R}$ 上的函数 $f(x)$ 是最小正周期为 2π 的偶函数,$f'(x)$ 是 $f(x)$ 的导函数. 当 $x\in[0,\pi]$ 时,$0<f(x)<1$;当 $x\in(0,\pi)$ 且 $x\neq\dfrac{\pi}{2}$ 时,$(x-\dfrac{\pi}{2})f'(x)>0$,则函数 $y=$

$f(x) - \sin x$ 在 $[-2\pi, 2\pi]$ 上的零点个数为 ( )

A. 2　　　　　　B. 4　　　　　　C. 5　　　　　　D. 8

(2)结构关系分析综合. 这一子类是指能将所给信息分解成各个组成部分,弄清各部分的结构及其关系,并进行重组,以形成一个新的、更清晰的关系,在此基础上确定解决问题的途径.

例 10 (3.4 节例 9)设 $N = 2^n(n = \mathbf{N}^*, n \geq 2)$,将 N 个数 $x_1, x_2, \cdots, x_N$ 依次放入编号为 $1, 2, \cdots, N$ 的 N 个位置,得到排列 $P_0 = x_1 x_2 \cdots x_N$. 将该排列中分别位于奇数与偶数位置的数取出,并按原顺序依次放入对应的前 $\frac{N}{2}$ 和后 $\frac{N}{2}$ 个位置,得到排列 $P_1 = x_1 x_3 \cdots x_{N-1} x_2 x_4 \cdots x_N$,将此操作称为 C 变换. 将 P_1 分成两段,每级 $\frac{N}{2}$ 个数,并对每段作 C 变换,得到 P_2;当 $2 \leq i \leq n-2$ 时,将 P_i 分成 2^i 段,每段 $\frac{N}{2^i}$ 个数,并对每段作 C 变换,得到 P_{i+1}. 例如,当 $N = 8$ 时,$P_2 = x_1 x_5 x_3 x_7 x_2 x_6 x_4 x_8$,此时 x_7 位于 P_2 的第 4 个位置.

(1)当 $N = 16$ 时, x_7 位于 P_2 中的第_____个位置;

(2)当 $N = 2^n (n \geq 8)$ 时,x_{173} 位于 P_4 的第_____个位置.

注 以上 10 例均选自 2012 年、2013 年高考湖南卷试题.

掌握水平与灵活运用水平都是通过应用知识解决问题表现出来的,但所解决的问题有质的区别,前者是常规问题,后者是非常规问题. 处于掌握水平阶段时,知识的运用限于同类课题,解决问题具有一定的方法和步骤;而处于灵活运用水平这一阶段时,知识的运用需要突破同类课题或透过同类课题达到更高层次的境界. 解决问题必须经过联想、类比等复杂的思维活动寻找解决问题的策略,具有创造水平.

第四章 测评数学内容设计的知识与能力并重方略

测评数学内容设计的知识与能力并重方略,首先,在设计理念上要体现关注教材,要体现测评的是基本知识点、基本技能、基本思想方法,要体现从学力上测试或评价被测试者;其次,在设计框架结构上要突出其学科的重点及内在联系,全面的能力因素、多元化能力层次结构和合理的难度安排;再次,在设计构思上坚持考查用数学基本方法解决问题,以此强化交汇点的设计,淡化烦琐的运算和冗长的逻辑推理.在具体制作中,可采取以下方式:源于教材,寻求变化;高于教材,网络交汇;探讨解法,估量效能;探索立意,开发题源;实践检验,评价分析.下面试举一例说明之.

4.1 源于教材,寻求变化

原人教版高中数学教材第二册(上)第 130 页有一道例题:

如图 4-1,直线 $y = x - 2$ 与抛物线 $y^2 = 2x$ 相交于 A, B 两点,求证 $OA \perp OB$.

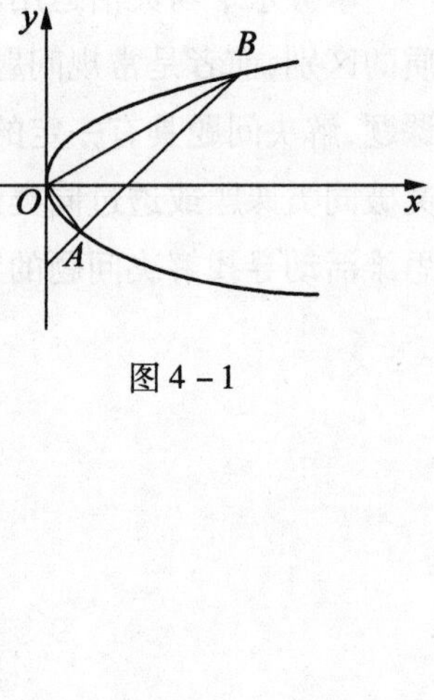

证法 1 将 $y = x - 2$ 代入 $y^2 = 2x$ 中,得 $(x-2)^2 = 2x$,化简得

$$x^2 - 6x + 4 = 0$$

解得

$$x = 3 \pm \sqrt{5}$$

则

$$y = 3 \pm \sqrt{5} - 2 = 1 \pm \sqrt{5}$$

因

$$k_{OB} = \frac{1 + \sqrt{5}}{3 + \sqrt{5}}, k_{OA} = \frac{1 - \sqrt{5}}{3 - \sqrt{5}}$$

则

$$k_{OB} \cdot k_{OA} = \frac{1 + \sqrt{5}}{3 + \sqrt{5}} \cdot \frac{1 - \sqrt{5}}{3 - \sqrt{5}} = -1$$

故 $OA \perp OB$.

图 4-1

证法 2 同证法 1 得方程 $x^2 - 6x + 4 = 0$.

由一元二次方程根与系数的关系,可知

因
$$x_1 + x_2 = 6, x_1 x_2 = 4$$

则
$$y_1 = x_1 - 2, y_2 = x_2 - 2$$

$$y_1 \cdot y_2 = (x_1 - 2)(x_2 - 2) = x_1 x_2 - 2(x_1 + x_2) + 4$$
$$= 4 - 12 + 4 = -4$$

从而
$$k_{OA} \cdot k_{OB} = \frac{y_1}{x_1} \cdot \frac{y_2}{x_2} = \frac{-4}{4} = -1$$

故 $OA \perp OB$.

从上述两种证法中可以看到:当直线方程、抛物线方程中的系数为字母或绝对值较大的数时,证法 2 比证法 1 简单,且证法 2 更具一般性.

在测评题的制作中,通过挖掘教材典型例、习题,不仅可以制作出成功的测评题,还可以发挥测评的良好导向作用,激发被测者的探究学习兴趣,促进其牢固把握良好的学习方法.

源于教材,寻求变化,这个变,可以是由数字变为字母,可以是由特殊变为一般;所给条件可以强化变,也可以弱化变等. 例如,针对此例,可有如下几种变化:

(1)变化直线方程 $y = x - 2$ 这个条件,保持求证结论 $OA \perp OB$ 不变.

显然,直接把方程变化为 $y = kx - 2(k \neq 1)$,不能保证结论不变;直线方程变化为 $y = k(x-2)(k \neq 1)$,能保证结论不变,那么能使得 $OA \perp OB$ 的直线有何共同点?于是可得如下问题:

问题 1 设 A, B 是抛物线 $y^2 = 2x$ 上非原点的两动点,若直线 AB 过点 $(2, 0)$,求证: $OA \perp OB$.

如果将问题 1 作为测评题,则可起到检测学习者是否初步学懂此例的作用,因求解方法没有大的改变.

(2)变化抛物线方程 $y^2 = 2x$ 这个条件,保持求证结论 $OA \perp OB$ 不变.

这里,暂不讨论把抛物线变化为椭圆或双曲线,可得如下问题:

问题 2 设 A, B 是抛物线 $y^2 = 2px(p > 0)$ 上非原点的两动点,若直线过定点 $H(2p, 0)$,求证: $OA \perp OB$.

如果将问题 2 作为测试题,则不仅可以起到检测学习者是否初步学懂此例的作用,还可起到检测学习者是否具备分类讨论思想. 因为,该问题的证明要分情况讨论:设 A, B 的坐标分别为 $(x_1, y_1), (x_2, y_2)$.

(i)当 AB 所在直线的斜率不存在时,可设 AB 所在直线的方程为 $x = 2p$,所以 $x_1 x_2 = 4p^2, y_1 y_2 = -4p^2$,则

$$k_{OA} \cdot k_{OB} = \frac{y_1 y_2}{x_1 x_2} = -1, 故 OA \perp OB$$

(ii)当 AB 所在直线的斜率存在时,可设 AB 所在的直线方程为 $y = k(x - 2p)$,将其代入 $y^2 = 2px$,得

$$k^2x^2 - (4pk^2 + 2p)x + 4p^2k^2 = 0$$

于是

$$x_1 + x_2 = \frac{4pk^2 + 2p}{k^2}, x_1x_2 = 4p^2$$

则

$$\begin{aligned} y_1y_2 &= k(x_1 - 2p) \cdot k(x_2 - 2p) \\ &= k^2[x_1x_2 - 2p(x_1 + x_2) + 4p^2] \\ &= -4p^2 \end{aligned}$$

所以 $k_{OA} \cdot k_{OB} = \frac{y_1y_2}{x_1x_2} = -1$,故 $OA \perp OB$.

问题 2 还可以变化成如下问题:

问题 3 设 A, B 是抛物线 $y^2 = 2px$ 上非原点的两动点,O 为原点,则 $OA \perp OB$ 的充要条件是 AB 所在直线必过定点 $H(2p, 0)$.

如果将问题 3 作为测评题,则可作为阶段综合检测题. 因这时还需证明 $OA \perp OB$ 时,直线 AB 过定点 $H(2p, 0)$.

证法 1 可设直线 OA 的斜率为 k,则直线 OB 的斜率为 $-\frac{1}{k}$,即 OA, OB 的直线方程分别为 $y = kx, y = -\frac{1}{k}x$,与 $y^2 = 2px$ 联立可求得点 A 的坐标为 $\left(\frac{2p}{k^2}, \frac{2p}{k}\right)$,点 B 的坐标为 $(2pk^2, -2pk)$,所以 AB 的方程为

$$x - 2p + \left(\frac{k^2 - 1}{k}\right)y = 0$$

若令 $\frac{k^2 - 1}{k} = l$,则方程可写成 $x - 2p + ly = 0$.

该方程为直线系方程,恒过定点 $H(2p, 0)$.

证法 2 设直线 AB 的方程为 $y = kx + m$,则

$$\begin{cases} y^2 = 2px \\ y = kx + m \end{cases} \Rightarrow y^2 - \frac{2p}{k}y + \frac{2pm}{k} = 0 \Rightarrow y_1 + y_2 = \frac{2p}{k}, y_1y_2 = \frac{2pm}{k}$$

$$\frac{y_1y_2}{x_1x_2} = \frac{y_1y_2}{\frac{y_1 - m}{k} \cdot \frac{y_2 - m}{k}} = \frac{k^2 y_1y_2}{y_1y_2 - m(y_1 + y_2) + m^2} = -1$$

得 $m = -2pk$,则直线 AB 的方程为 $y = kx - 2pk = k(x - 2p)$.

当 AB 斜率不存在时,由对称性知,即 $OA = OB$ 时,直线 AB 的方程为 $x = 2p$.

故直线 AB 过定点 $H(2p, 0)$.

证法 3 设 $A(x_1, y_1), B(x_2, y_2)$,则

$$y_1^2 = 2px_1, y_2^2 = 2px_2$$

由 $OA \perp OB$,有 $x_1x_2 + y_1y_2 = 0$,$y_1^2 y_2^2 = 4p^2 x_1 x_2 = 4p^2(-y_1y_2)$.则 $y_1y_2 = -4p^2$,从而 $x_1x_2 = 4p^2$.

若 $x_1 = x_2$,知 $y_1^2 = y_2^2$,则 $|y_1| = |y_2|$,$x_1 = x_2 = 2p$. 此时直线 AB 过点 $H(2p,0)$.

若 $x_1 \neq x_2$,或者由直线的斜率公式得

$$k_{AB} = \frac{y_1 - y_2}{x_1 - x_2} = \frac{y_1 - y_2}{\frac{y_1^2}{2p} - \frac{y_2^2}{2p}} = \frac{2p}{y_1 + y_2}$$

$$k_{AH} = \frac{y_1}{x_1 - 2p} = \frac{y_1}{\frac{y_1^2}{2p} - 2p} = \frac{2py_1}{y_1^2 - 4p^2}$$

又 $y_1 \cdot y_2 = -4p^2$ 代入得 $k_{AH} = \frac{2p}{y_1 + y_2}$,则 $k_{AH} = k_{AB}$,因此,A,H,B 三点共线.

直线 AB 过点 $H(2p,0)$.

或者用点差法来推导得:

因 $y_2^2 - y_1^2 = (y_2 - y_1)(y_2 + y_1) = 2p(x_2 - x_1)$,则 $k_{AB} = \frac{y_2 - y_1}{x_2 - x_1} = \frac{2p}{y_2 + y_1}$.

直线 AB 的方程为

$$y - y_1 = \frac{2p}{y_2 + y_1}(x - x_1) = \frac{2p}{y_2 + y_1}\left(x - \frac{y_1^2}{2p}\right)$$

$$y = \frac{2p}{y_2 + y_1}x - \frac{y_1^2}{y_2 + y_1} + y_1 = \frac{2p}{y_2 + y_1}x + \frac{y_1 y_2}{y_2 + y_1}$$

又 $y_1 \cdot y_2 = -4p^2$.

则 $y = \frac{2p}{y_2 + y_1}x - \frac{4p^2}{y_2 + y_1} = \frac{2p}{y_2 + y_1}(x - 2p)$.

即 AB 方程为 $y = \frac{2p}{y_2 + y_1}(x - 2p)$,过定点 $(2p, 0)$.

由上述问题 3,可得如下重要结论:

结论 1 过抛物线 $y^2 = 2px(p > 0)$ 顶点 O 的两直线与抛物线交于 A、B 两点,$OA \perp OB$,则直线 AB 过定点 $(2p, 0)$.

若要将例题变化成综合性的测评题,还需高于教材.

4.2 高于教材,网络交汇

在课本例题中,$OA \perp OB$,这构成了 Rt$\triangle OAB$. 注意到与直角三角形有关的问题中,有一系列优美的数量、位置关系,这在平面几何中都有重点的介绍与讨论;又注意到解析几何这门学科的中心内容之一是求轨迹方程;再根据例题这个背景,可制作出如下问题:

问题 4 如图 4-2,设 A 和 B 为抛物线 $y^2 = 4px (p > 0)$ 上原点以外的两个动点,已知 $OA \perp OB, OM \perp AB$,求点 M 的轨迹方程,并说明它表示什么曲线.

如果将问题 4 作为测评题,则成为 2002 年春季北京、安徽数学高考试题.

问题 4 的一些解法我们在下一节(4.3 节)介绍. 若对问题 4 再进一步联想、引申、改造可制作出下面一个问题:

问题 5 如图 4-3,过原点 O 作抛物线 $y = x^2$ 的两条互相垂直的弦 OA, OB.

(1) 求 AB 中点 M 的轨迹方程.

(2) 再作 $\angle AOB$ 的平分线交 AB 于点 R,求点 R 的轨迹方程.

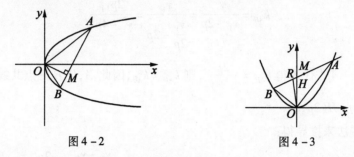

图 4-2　　　　　图 4-3

解法 1　(1) 设 $A(x_1, x_1^2), M(x, y)$,则 $k_{OA} = \dfrac{x_1^2}{x_1} = x_1$,故 $k_{OB} = -\dfrac{1}{x_1}$,则 OB 方程为 $y = -\dfrac{1}{x_1}x$,此直线与抛物线 $y = x^2$ 的交点 B 的坐标是 $\left(-\dfrac{1}{x_1}, \dfrac{1}{x_1^2}\right)$.

从而 $M\left(\dfrac{1}{2}\left(x_1 - \dfrac{1}{x_1}\right), \dfrac{1}{2}\left(x_1^2 + \dfrac{1}{x_1^2}\right)\right)$. 故 $x = \dfrac{1}{2}\left(x_1 - \dfrac{1}{x_1}\right), y = \dfrac{1}{2}\left(x_1^2 + \dfrac{1}{x_1^2}\right)$.

消去 x_1,得点 M 的轨道方程为

$$y = 2x^2 + 1$$

(2) 由 (1) 知: $k_{OA} = x_1, k_{OB} = -\dfrac{1}{x_1}$,由已知 $\angle AOR = 45°$ 和交角公式得

$$\tan 45° = \dfrac{k_{OR} - k_{OA}}{1 + k_{OR} \cdot k_{OA}} = 1$$

得 $k_{OR} = \dfrac{1 + x_1}{1 - x_1}$,则动直线 OR 的方程为

$$y = \dfrac{1 + x_1}{1 - x_1}x \qquad ①$$

再由 (1),知 $A(x_1, x_1^2), B\left(-\dfrac{1}{x_1}, \dfrac{1}{x_1^2}\right)$,则 $k_{AB} = \dfrac{x_1^2 - \dfrac{1}{x_1^2}}{x_1 + \dfrac{1}{x_1}} = x_1 - \dfrac{1}{x_1}$.

得动直线 AB 的方程为: $y - x_1^2 = \left(x_1 - \dfrac{1}{x_1}\right)(x - x_1)$,即

$$y=\left(x_1-\frac{1}{x_1}\right)x+1 \qquad ②$$

由①,②消去 x_1,得 $y^3+3x^2y+x^2-y^2=0(0<y\leqslant 1)$ 为所求的轨迹方程.

解法 2 （用前面的结论 1 求解.）

(1)抛物线 $y=x^2$ 的标准方程 $x^2=y$,其中 $2p=1$.

因 $OA\perp OB$,则直线 AB 过点 $H(0,1)$.

设 AB 的方程为 $y=kx+1$, $A(x_1,y_1)$, $B(x_2,y_2)$.

由 $\begin{cases} y=x^2 \\ y=kx+1 \end{cases}$ 消去 y,得 $x^2-kx-1=0$,由韦达定理 $x_1+x_2=k, x_1 \cdot x_2=-1$.

设 $M(x,y)$,则 $x=\dfrac{x_1+x_2}{2}=\dfrac{k}{2}, y=\dfrac{y_1+y_2}{2}=\dfrac{x_1^2+x_2^2}{2}=\dfrac{k^2}{2}+1$

消去 k,得中点 M 的轨迹方程为

$$y=2x^2+1$$

(2)因 $OA\perp OB$,则直线 AB 过点 $H(0,1)$.设 $A(x_1,x_1^2), R(x,y)$,则

$$k_{OA}=\frac{x_1^2}{x_1}=x_1, k_{OR'}=\frac{y}{x}$$

由已知 $\angle AOR=45°$ 及交角公式, $\tan 45°=\dfrac{k_{OR}-k_{OA}}{1+k_{OR}\cdot k_{OA}}=1$ 代入整理得 $x_1=\dfrac{y-x}{y+x}$.

$k_{HR}=\dfrac{y-1}{x}, k_{HA}=\dfrac{x_1^2-1}{x_1}=\dfrac{4xy}{x^2-y^2}$, 又 $k_{HR}=k_{HP}$, 则 $\dfrac{y-1}{x}=\dfrac{4xy}{x^2-y^2}$, 则

$$y^3+3x^2y+x^2-y^2=0 \quad (0<y\leqslant 1)$$

显然,将问题 5(1)稍做变化,则得如下问题:

问题 6 如图 4-4, A,B 是抛物 $x^2=4y$ 上的两点,且 $OA\perp OB$ (O 为坐标原点),求 AB 中点的轨迹. （解答略,下均同）

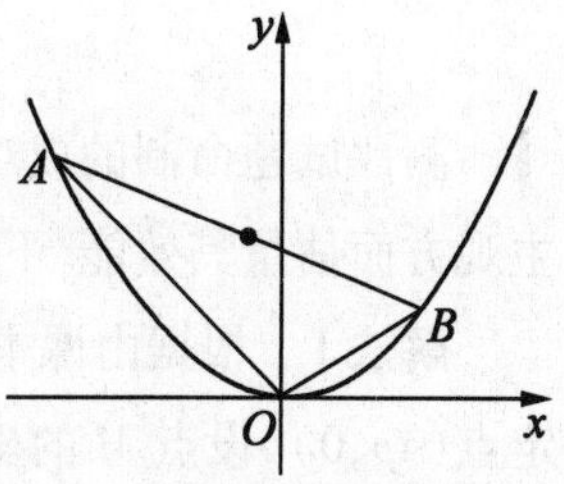

若将问题 6 作为测评题,则成为 2003 年上海市高考试题.

问题 7 如图 4-5,在平面直角坐标系 xOy 中,抛物线 $y=x^2$ 上异于坐标原点 O 的两不同动点 A,B 满足 $AO\perp BO$. ①求 $\triangle AOB$ 的重心 G(即三角形三条中线的交点)的轨迹方程；② $\triangle AOB$ 的面积是否存在最小值？若存在,请求出最小值；若不存在,请说明理由.

图 4-4

若将问题 7 作为测评题,则成为 2005 年高考广东卷试题.

继续以课本例题为背景,可制作如下问题:

问题 8 如图 4-6 过抛物线 $y^2=2px(p>0)$ 的顶点 O 作两条互相垂直的弦 OA,OB,再以 OA,OB 为邻边作矩形 $AOBM$,求点 M 的轨迹方程.

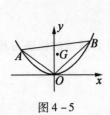
图 4-5

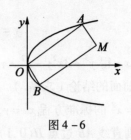
图 4-6

若将问题 8 作为测评题,则成为 2005 年成都市高中毕业班第三次诊断性检测题(理科).

问题 9 如图 4-7,设 $p>0$ 是一常数,过点 $Q(2p,0)$ 的直线与抛物线 $y^2=2px$ 交于相异两点 A,B,以线段 AB 为直径作圆 H(H 为圆心).试证抛物线顶点在圆 H 的圆周上;并求圆 H 的面积最小时直线 AB 的方程.

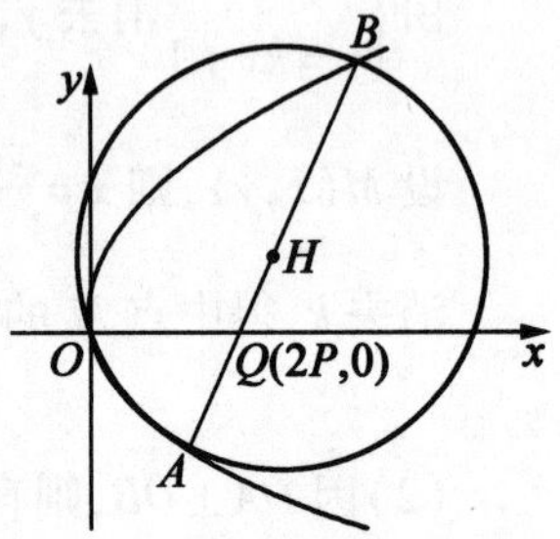

若将问题 9 作为测评题,则成为 2004 年高考重庆卷理科试题.

问题 10 抛物线 $y^2=2px(p>0)$ 的顶点 O 引两条互相垂直的动弦 OA 和 OB,则 $\triangle OAB$ 面积的最小值为 $4p^2$.

图 4-7

若将问题 10 作为测评题,则成为 1999 年全国高中数学联赛竞赛题.

问题 11 已知点 $A(0,2)$ 和抛物线 $y^2=x+4$ 上两点 B,C,使得 $AB\perp BC$,求点 C 的横坐标的取值范围.

若将问题 11 作为测评题,则成为 2002 年全国高中数学联赛竞赛题.

4.3 探讨解法,估量效能

测评试题命制的成功与否,要从多个方面来评析.在未测评之前,探讨其解法,也可以从主观方面估量其效能.下面,仅以问题 4 为例说明之.

解法 1 根据由课本例题的变化而得的问题 3 的结论 1,$OA\perp OB$ 时,可知直线 AB 恒过定点 $(4p,0)$,设点 M 的坐标为 (x,y).因为 $OM\perp AB$,所以 $k_{OM}\cdot k_{AB}=-1$.

由点斜式求得 AB 的方程为 $y=k_{AB}(x-4p)$,即 $k_{AB}=\dfrac{y}{x-4p}$.

又

$$k_{OM}=\dfrac{y}{x}\quad(x\neq 0)$$

从而

$$\dfrac{y}{x}\cdot\dfrac{y}{x-4p}=-1\quad(x\neq 0)$$

即

$$x^2+y^2-4px=0\,(x\neq 0)$$

为点 M 的轨迹方程.

此方程表示以 $(2p,0)$ 为圆心,$2p$ 为半径的圆,但除去点 $(0,0)$.

估量效能 被测评者若能按上述方法求解,则表明被测评者不仅有学习的积极性和主动性,而且对问题的观察比较敏感,数学思维深刻而活跃.

解法2 令直线 OA 的斜率为 k,则直线 OB 的斜率为 $-\dfrac{1}{k}$,即 OA,OB 的方程分别为 $y = kx, y = -\dfrac{1}{k}x$.

它们与抛物线方程 $y^2 = 4px$ 联立求得 $A\left(\dfrac{4p}{k^2}, \dfrac{4p}{k}\right), B(4pk^2, -4pk)$,则直线 AB 的方程为

$$y + 4pk = \dfrac{k}{1-k^2}(x - 4pk^2)$$

即

$$y = \dfrac{k}{1-k^2}x - \dfrac{4pk}{1-k^2} \qquad ①$$

直线 OM 的方程为

$$y = \dfrac{k^2-1}{k}x \qquad ②$$

将式①,②联立并看成点 M 的参数方程,消去 $k(k>0)$,即①×②得

$$x^2 + y^2 - 4px = 0$$

又由式①知点 $(0,0)$ 不在点 M 的轨迹上.

故所求点 M 的方程为 $x^2 + y^2 - 4px = 0(x \neq 0)$.(下略)

估量效能 这种求解方法要求被测评者较灵活地处理问题的能力,特别在联立①与②消去 k 时,要求观察分析能力也比较强.

解法3 可设 $A\left(\dfrac{y_1^2}{4p}, y_1\right), B\left(\dfrac{y_2^2}{4p}, y_2\right)$,则

$$k_{AB} = \dfrac{y_1 - y_2}{\dfrac{y_1^2}{4p} - \dfrac{y_2^2}{4p}} = \dfrac{4p}{y_1 + y_2} \qquad ③$$

于是直线 OM 的方程为

$$y = -\dfrac{y_1 + y_2}{4p}x \qquad ④$$

直线 AB 的方程为

$$y - y_1 = \dfrac{4p}{y_1 + y_2}\left(x - \dfrac{y_1^2}{4p}\right) \qquad ⑤$$

由 $OA \perp OB$,有

$$y_1 y_2 = -16p^2 \qquad ⑥$$

由式④有 $\dfrac{4p}{y_1 + y_2} = -\dfrac{x}{y}$,代入式⑤得

$$\frac{x}{4p}y_1^2 + y_1 y - (x^2 + y^2) = 0 \qquad ⑦$$

又由式④有

$$y_1 y = -\frac{x}{4p}y_1^2 - \frac{y_1 y_2}{4p}x \qquad ⑧$$

将式⑧,⑥代入⑦得 $x^2 + y^2 - 4px = 0$.

又点 $(0,0)$ 不满足式⑤,从而 $x^2 + y^2 - 4px = 0 (x \neq 0)$ 为所求点 M 的轨迹方程. (下略)

估量效能 被测试者按这种解法,式③~⑥比较容易得到,但要得式⑦,⑧,思维要灵活、思路要开阔,还要注意 $y_1 y$ 的整体代换,不被 $y_1 y$ 中的 y 所迷惑,适当的"退却"是为了更大突破. 这要求被测试者有较强综合能力.

解法 4 设 $M(x_0, y_0), A(x_1, y_1), B(x_2, y_2)$,则 $k_{AB} = \dfrac{y_1 - y_2}{x_1 - x_2} = \dfrac{y_1 - y_2}{\dfrac{y_1^2}{4p} - \dfrac{y_2^2}{4p}} = \dfrac{4p}{y_1 + y_2}$,将 AB 的

方程 $y - y_0 = \dfrac{4p}{y_1 + y_2}(x - x_0)$ 与抛物线方程 $y^2 = 4px$ 联立并消去 x 得

$$y^2 - (y_1 + y_2)y + (y_1 + y_2)y_0 - 4px_0 = 0$$

从而 $y_1 y_2 = (y_1 + y_2)y_0 - 4px_0$,又 $y_1 y_2 = -16p^2$,则

$$y_1 + y_2 = \frac{4px_0 - 16p^2}{y_0}$$

即

$$\frac{4p}{y_1 + y_2} = \frac{y_0}{x_0 - 4p} \qquad ⑨$$

由 $OM \perp AB$,有

$$\frac{y_0}{x_0} \cdot \frac{4p}{y_1 + y_2} = -1 \,(x_0 \neq 0) \qquad ⑩$$

将式⑨代入式⑩得 $x_0^2 + y_0^2 - 4px_0 = 0 \,(x_0 \neq 0)$,即得 $x^2 + y^2 - 4px = 0 \,(x \neq 0)$. (下略)

估量效能 此种解法得到式⑩很容易,但要从式⑩中消去 $y_1 + y_2$ 很不容易,要得到式⑨也要费一番周折. 这就要求被测评者思维灵活,并善于考虑;涉及直线与圆锥曲线问题时,常利用方程组得一个一元二次方程,并利用韦达定理(根与系数的关系)解题.

解法 5 设 $A(x_1, y_1), B(x_2, y_2)$,则 $k_{AB} = \dfrac{4p}{y_1 + y_2}$,直线 AB 的方程为

$$y - y_1 = \frac{4p}{y_1 + y_2}(x - x_1)$$

令 $y = 0$,解得 $x = 4p$,即知直线过定点 $(4p, 0)$.

此时,若设 $M(x, y)$,则由 $\dfrac{y}{x} \cdot \dfrac{y}{x - 4p} = -1 \,(x \neq 0)$ 得

$$x^2 + y^2 - 4px = 0 \,(x \neq 0) \text{(下略)}$$

估量效能　这与解法 1 思路相同,对比解法 1 要求被测评者对问题的观察更敏锐,有更强的探索能力.这种解法最简捷,这儿有无限风光在险峰之感.

解法 6　设 $M(x,y)$,再设直线 AB 的方程设 $y=kx+b$,它与抛物线方程 $y^2=4px$ 联立消去 y 得

$$k^2x^2+(2kb-4p)x+b^2=0$$

又设 $A(x_1,y_1)$,$B(x_2,y_2)$,则 $x_1+x_2=\dfrac{4p-2kb}{k^2}$,$x_1x_2=\dfrac{b^2}{k^2}$.

从而

$$y_1y_2(kx_1+b)(kx_2+b)=k^2x_1x_2+kb(x_1+x_2)+b^2=\dfrac{4pb}{k} \qquad ⑪$$

又由 $OA\perp OB$,有 $x_1x_2+y_1y_2=0$,即

$$\dfrac{b^2}{k^2}+\dfrac{4pb}{k}=0 \qquad ⑫$$

由⑪与⑫两式,有

$$k=-\dfrac{b}{4p} \qquad ⑬$$

如何消去式⑬中的 b,可有如下两种办法:

其一,将 AB 的方程变为

$$y=-\dfrac{b}{4p}x+b=-\dfrac{b}{4p}(x-4p)$$

易知 AB 过定点 $(4p,0)$,而得 $k=\dfrac{y}{x-4p}$.

再由 $\dfrac{y}{x}\cdot\dfrac{y}{x-4p}=-1(x\neq 0)$,即得 $x^2+y^2-4px=0(x\neq 0)$.

其二,设法表达 b,由 $\dfrac{y}{x}\cdot\left(-\dfrac{b}{4p}\right)=-1$,有 $b=\dfrac{4px}{y}(x\neq 0)$,而 $k=-\dfrac{x}{y}$.将这两者代入直线方程 $y=kx+b$ 中,得 $y=-\dfrac{x}{y}\cdot x+\dfrac{4px}{y}$.化简得 $x^2+y^2+4px=0(x\neq 0)$.(下略)

估量效能　这种解法除要求被测评者思维开阔灵活外,还要求被测评者有锲而不舍的精神.

解法 7　设 $A(x_1,y_1)$,$B(x_2,y_2)$,则 $y_1y_2=-16p^2$.

由 $OA\perp OB$,有

$$x_1x_2+y_1y_2=0$$

又

$$S_{\triangle OAB}=\dfrac{1}{2}|OA|\cdot|OB|=\dfrac{1}{2}\sqrt{x_1^2+y_1^2}\cdot\sqrt{x_2^2+y_2^2}$$
$$=\dfrac{1}{2}\sqrt{x_1x_2}\cdot\sqrt{(x_1+4p)(x_2+4p)}$$

$$= \frac{1}{2}\sqrt{-y_1 y_2 (y_1^2 + y_2^2 - 2y_1 y_3)}$$

$$= \frac{1}{2} \cdot 4p \cdot |y_1 - y_2| = 2p \cdot |y_1 - y_2| \quad \text{⑭}$$

及

$$S_{\triangle OAB} = \frac{1}{2}|AB| \cdot |OM| \quad (\text{设其中 } M(x,y))$$

$$= \frac{1}{2}\sqrt{(x_1 - x_2)^2 + (y_1 - y_2)^2} \cdot \sqrt{x^2 + y^2}$$

$$= \frac{1}{2}\sqrt{x^2 + y^2} \cdot |y_1 - y_2| \cdot \sqrt{\left(\frac{x_1 - x_2}{y_1 - y_2}\right)^2 + 1} \quad (\text{因 } y_1 - y_2 \neq 0)$$

$$= \frac{1}{2}\sqrt{x^2 + y^2} \cdot \sqrt{\frac{y^2}{x^2} + 1} \cdot |y_1 - y_2|$$

$$= \frac{1}{2x}(x^2 + y^2) \cdot |y_1 - y_2| \quad (\text{因 } x > 0) \quad \text{⑮}$$

由式⑭和⑮有

$$2p \cdot |y_1 - y_2| = \frac{1}{2x}(x^2 + y^2) \cdot |y_1 - y_2|, \text{且 } y_1 - y_2 \neq 0, x \neq 0$$

故 $x^2 + y^2 - 4px = 0 (x \neq 0)$ 为所求方程.（下略）

估量效能 此种解法要求被测评者综合能力及代数恒等变形能力较强.

通过探讨解法估量效能综合评判之后，我们也就对命制的试题做一个比较有把握的决定了，或者确定下来，或者修改，或者放弃.

4.4 探索立意，开发题源

测评题的命制是有考查目标的，考查目标确立了测评题命制的立意. 对于课本中的同一道例（习）题，由于立意不同，可以命制出各种类型、各种形式的测评题出来. 下面，又以原人教版教材中例题为背景材料来命制一系列测评试题（参见曹凤山文《从课本（习）题到高考题的若干命题途径》，中学教研，2012）.

（1）若考虑到利用例题，考查核心概念的理解，则可命制：

问题12 （2010年高考福建卷理科题）以抛物线 $y^2 = 4x$ 的焦点为圆心，且过坐标原点的圆的方程为 (　　)

A. $x^2 + y^2 + 2x = 0$ B. $x^2 + y^2 + x = 0$

C. $x^2 + y^2 - x = 0$ D. $x^2 + y^2 - 2x = 0$

问题13 （2010年高考陕西卷理科题）已知抛物线 $y^2 = 2px(p > 0)$ 的准线与圆 $x^2 + y^2 - 6x - 7 = 0$ 相切，则 p 的值为 (　　)

A. $\frac{1}{2}$ B. 1   C. 2   D. 4

问题 14 （2007 年高考全国卷理科题）设 F 为抛物线 $y^2=4x$ 的焦点，点 A,B,C 在抛物线上. 若 $\overrightarrow{FA}+\overrightarrow{FB}+\overrightarrow{FC}=\mathbf{0}$，则 $|\overrightarrow{FA}|+|\overrightarrow{FB}|+|\overrightarrow{FC}|=$ (   )

A. 9   B. 6   C. 4   D. 3

（2）若变换条件，考查基本数学思想方法，则可命制：

问题 15 （2010 年高考重庆卷理科题）已知以 F 为焦点的抛物线 $y^2=4x$ 上的 2 个点 A,B 满足 $\overrightarrow{AF}=3\overrightarrow{FB}$，则弦 AB 的中点到准线的距离为_____.

问题 16 （2007 高考宁夏卷理科题）已知抛物线 $y^2=2px(p>0)$ 的焦点为 F，点 $P_1(x_1,y_1),P_2(x_2,y_2),P_3(x_3,y_3)$ 在抛物线上，且 $2x_2=x_1+x_2$，则   (   )

A. $|FP_1|+|FP_2|=|FP_3|$ B. $|FP_1|^2+|FP_2|^2=|FP_3|^2$
C. $2|FP_2|=|FP_1|+|FP_3|$ D. $|FP_2|^2=|FP_1|\cdot|FP_3|$

（3）若逆向思考，考查通性通法，则可命制：

问题 17 （2009 年高考福建卷理科题）过抛物线 $y^2=2px(p>0)$ 的焦点 F 作倾斜角为 $45°$ 的直线交抛物线于点 A,B. 若线段 AB 的长为 8，则 $p=$_____.

问题 18 （2005 年高考上海卷理科题）过抛物线 $y^2=4x$ 的焦点作一条直线与抛物线交于点 A,B，它们的横坐标之和等于 5，则这样的直线   (   )

A. 有且仅有 1 条   B. 有且仅有 2 条   C. 有无穷多条   D. 不存在

（4）若变换设向，考查探究创新能力，则可命制：

问题 19 （2008 年高考全国卷理科题）已知 F 是抛物线 $C:y^2=4x$ 的焦点，过点 F 且斜率为 1 的直线交 C 于点 A,B. 设 $|FA|>|FB|$，则 $|FA|$ 与 $|FB|$ 的比值等于_____.

问题 20 （2008 年高考全国卷理科题）过抛物线 $x^2=2py(p>0)$ 的焦点 F 作倾斜角为 $30°$ 的直线，与抛物线分别交于点 $A,B(A$ 在 y 轴左侧$)$，则 $\dfrac{|AF|}{|FB|}=$_____.

问题 21 （2009 年高考全国卷理科题）已知直线 $y=k(x+2)(k>0)$ 与抛物线 $C:y^2=8x$ 相交于 A,B 两点，点 F 为 C 的焦点. 若 $|FA|=2|FB|$，则 $k=$_____.

问题 22 （2010 年高考全国卷理科题）已知抛物线 $C:y^2=2px(p>0)$ 的准线为 l，过 $M(1,0)$ 且斜率为 $\sqrt{3}$ 的直线与 l 相交于点 A，与抛物线的一个交点为 B. 若 $\overrightarrow{AM}=\overrightarrow{MB}$，则 $p=$_____.

问题 23 （2010 年高考湖南卷理科题）过抛物线 $x_1^2=2py(p>0)$ 的焦点作斜率为 1 的直线与该抛物线交于点 A,B，点 A,B 在 x 轴上的正射影分别为 D,C. 若梯形 $ABCD$ 的面积为 $12\sqrt{2}$，则 $p=$_____.

（5）若变换素材，考查类比迁移能力，则可命制：

问题 24 （2010 年高考全国卷文科题）已知椭圆 $C:\dfrac{x^2}{a^2}+\dfrac{y^2}{b^2}=1(a>b>0)$ 的离心率为

$\frac{\sqrt{3}}{2}$,过右焦点 F 且斜率为 $k(k>0)$ 的直线与 C 相交于 A,B 两点,若 $\overrightarrow{AF} = 3\overrightarrow{FB}$,则 $k = ($ $)$

A. 1   B. $\sqrt{2}$ C. $\sqrt{3}$ D. 2

问题 25 (2010 年高考全国卷理科题)已知 F 是椭圆 C 的一个焦点,B 是短轴的一个端点,线段 BF 的延长线交 C 于点 D,且 $\overrightarrow{BF} = 2\overrightarrow{FD}$,则椭圆的离心率为_____.

问题 26 (2011 年高考浙江卷理科题)设 F_1,F_2 分别为椭圆 $\frac{x^2}{3} + y^2 = 1$ 的左、右焦点,点 A,B 的椭圆上.若 $\overrightarrow{F_1A} = 5\overrightarrow{F_2B}$,则点 A 的坐标是_____.

(6)若沟通联系,考查综合解题能力,则可命制:

问题 27 (2010 年高考全国卷理科题)已知抛物线 $C:y^2 = 4x$ 的焦点为 F,过点 $K(-1, 0)$ 的直线 l 与 C 相交于点 A,B,点 A 关于 x 轴的对称点为 D.

(Ⅰ)证明:点 F 在直线 BD 上;

(Ⅱ)设 $\overrightarrow{FA} \cdot \overrightarrow{FB} = \frac{8}{9}$,求 $\triangle BDK$ 的内切圆 M 的方程.

问题 28 (2010 年高考浙江卷文科题)已知 m 是非零实数,抛物线 $y^2 = 2px(p>0)$ 的焦点 F 在直线 $l: x - my - \frac{m^2}{2} = 0$ 上.

(Ⅰ)若 $m = 2$,求抛物线 C 的方程;

(Ⅱ)设直线 l 与抛物线 C 交于点 A,B,$\triangle AA_1F$,$\triangle BB_1F$ 的重心分别为 G,H. 求证:对任意非零实数 m,抛物线 C 的准线与 x 轴的交点在以线段 GH 的直径的圆外.

4.5 实践检验,评价分析

评价数学测试题,常从命制立意,试题的解法,试题的背景,试题的变化,试题的导向等几方面进行.

一道成功的数学测评题,应经得起实践的检验. 首先,测评被测者的知识和能力是无法截然分开的,一个人如果少闻寡见,知识贫乏,那么他的办事能力决然不可能高到哪里去,但是也不能说,知识多了,能力也就必定强. 这时还得看他所掌握的知识是活知识,还是死知识,看他遇到问题时会不会用他所掌握的知识对问题进行具体有效的分析,并从中找到解决问题的办法. 找到了,把事情办好了,就是能力强的反映;找不到,不能把事情办好,表明他的能力也就差一些. 因此,数学测评题制作的知识与能力并重的方略是理所当然的.

其次,要看测评效应,要能较好地发挥测评功能. 一方面,要听各方面人士的反响意见;另一方面,要运用测量学的有关理论,进行效度、信度、难度、区分度等方面的数据分析. 除此之外,还要看能否起到良好的启示与导向作用. 例如,对于问题 4,对它就有较好的评价:"此题具有较高的思维价值,是高考命题的方向之一."(王承宣,2003)

再次,对测评试题的数学本原或背景可否深入探寻进行评价分析.

通过对 $OA \perp OB$ 这个基本条件的分析,探寻其数学本原,可得如下一系列结论. 首先,将结论 1 推广,即把结论 1 中的点 O 改为抛物线上一般的点 P,则有结论:

结论 2 设 $p(x_0, y_0)$ 是抛物线 $y^2 = 2px(p>0)$ 上一定点,A, B 是抛物线上两点,且 $PA \perp PB$,则 AB 过点 $(2p + x_0, -y_0)$.

证明 设点 $P(x_0, y_0)$ 在抛物线 $y^2 = 2px(p>0)$ 上,令 $x' = x - x_0, y' = y - y_0$,则抛物线方程可化为 $(y' + y_0)^2 = 2p(x' + x_0)$. 由于点 P 在抛物线上,有 $y_0^2 = 2px_0$ 代入化简得

$$y'^2 + 2y_0 y' - 2px' = 0 \qquad ①$$

设直线 AB 的方程为 $y' = kx' + m$,即

$$\frac{y' - kx'}{m} = 1 \qquad ②$$

代入抛物线方程配平方,写成关于 x', y' 为未知数的方程,得

$$y'^2 + 2y_0 y' \cdot \frac{y' - kx'}{m} - 2px' \cdot \frac{y' - kx'}{m} = 0 \qquad ③$$

$$\left(1 + \frac{2y_0}{m}\right) y'^2 + \left(-\frac{2ky_0}{m} - \frac{2p}{m}\right) x' y' + \frac{2pk}{m} x'^2 = 0$$

即

$$\left(1 + \frac{2y_0}{m}\right)\left(\frac{y'}{x'}\right)^2 + \left(-\frac{2ky_0}{m} - \frac{2p}{m}\right)\frac{y'}{x'} + \frac{2pk}{m} = 0 \qquad ④$$

由点 A, B 在直线 AB 上,又在抛物线上,则 $(x'_A, y'_A), (x'_B, y'_B)$ 满足方程①、②,显然也满足方程③,则 $\frac{y'_A}{x'_A}, \frac{y'_B}{x'_B}$ 是方程④即关于 $\frac{y'}{x'}$ 的二次方程的两根,由已知 $\frac{y'_A}{x'_A} \cdot \frac{y'_B}{x'_B} = -1$,根据韦达定理得 $\dfrac{\frac{2pk}{m}}{1 + \frac{2y_0}{m}} = -1$,即 $m = -2y_0 - 2pk$,则直线 AB 的方程为 $y' = kx' - 2y_0 - 2pk = k(x' - 2p) - 2y_0$. 当 $x' = 2p, y' = -2y_0$ 时等式恒成立,即 $\begin{cases} x = x' + x_0 = x_0 + 2p \\ y = y' + y_0 = -y_0 \end{cases}$,则 AB 过定点 $(x_0 + 2p, -y_0)$.

当直线 AB 斜率不存在时也有此结论(下同).

上述两个结论的条件中,"$OA \perp OB$" 与 "$PA \perp PB$",将条件代数化,即 "$k_{OA} \cdot k_{OB} = -1$" 与 "$k_{PA} \cdot k_{PB} = -1$". 若条件改为"$k_{PA} \cdot k_{PB} = t$"(t 为常数,$t \neq 0$,下同),则有下述结论:

结论 3 过抛物线 $y^2 = 2px(p>0)$ 上一点 $P(x_0, y_0)$ 的两直线与抛物线交于 A, B 两点,若 $k_{PA} \cdot k_{PB} = d$,则直线 AB 过定点 $\left(x_0 - \dfrac{2p}{d}, -y_0\right)$.

证明 同上述证明,我们有 $\left(1 + \dfrac{2y_0}{m}\right)\left(\dfrac{y'}{x'}\right)^2 + \left(-\dfrac{2ky_0}{m} - \dfrac{2p}{m}\right)\dfrac{y'}{x'} + \dfrac{2pk}{m} = 0$,而 $\dfrac{y'_A}{x'_A} \cdot \dfrac{y'_B}{x'_B} = d$,

$\dfrac{\dfrac{2pk}{m}}{1+\dfrac{2y_0}{m}}=d, m=\dfrac{2pk}{d}-2y_0$,则 AB 的方程为 $y'=kx'+\dfrac{2pk}{d}-2y_0=k\left(x'-\dfrac{2p}{d}\right)-2y_0$,得

$$\begin{cases} x=x'+x_0=x_0-\dfrac{2p}{d} \\ y=y'+y_0=-y_0 \end{cases}$$

故 AB 过定点 $\left(x_0-\dfrac{2p}{d},-y_0\right)$.

特别地,在结论 3 中,当 $t=-1$ 时,即为结论 2.

再特别地,当 $x_0=y_0=0$ 时,即为前面结论 1.

从而可见上述结论 1 和 2 都是结论 3 的特殊情形.

此时,若将抛物线推广到椭圆、双曲线,则有下述结论(证略):

结论 4 设 $P(x_0,y_0)$ 是椭圆 $\dfrac{x^2}{a^2}+\dfrac{y^2}{b^2}=1(a>b>0)$ 上一定点,A,B 是椭圆上两点且 $PA \perp PB$,则 AB 恒过定点 $\left(\dfrac{a^2-b^2}{a^2+b^2}x_0,\dfrac{b^2-a^2}{a^2+b^2}y_0\right)$.

结论 5 设 $P(x_0,y_0)$ 是双曲线 $\dfrac{x^2}{a^2}-\dfrac{y^2}{b^2}=1(a>0,b>0,$ 且 $a\neq b)$ 上一定点,A,B 是双曲线上两点,若 $PA \perp PB$,则 AB 恒过定点 $\left(\dfrac{a^2+b^2}{a^2-b^2}x_0,\dfrac{b^2+a^2}{b^2-a^2}y_0\right)$.

挖掘 $OA \perp OB$ 条件的实质,可得如下结论(证略):

结论 6 设直线 l 与椭圆 $\dfrac{x^2}{a^2}+\dfrac{y^2}{b^2}=1(a>b>0)$ 相交于 A,B 两点,则 $OA \perp OB$ 的充要条件是椭圆中心 O 到直线 l 的距离为 $d=\dfrac{ab}{\sqrt{a^2+b^2}}$.

结论 7 设直线 l 与双曲线 $\dfrac{x^2}{a^2}-\dfrac{y^2}{b^2}=1(a>0,b>0)$ 相交于 A,B 两点,则当 $b>a>0$ 时,$OA \perp OB$ 的充要条件是双曲线中心 O 到直线 l 的距离 $d=\dfrac{ab}{\sqrt{b^2-a^2}}$;当 $a\geq b>0$ 时,不可能有 $OA \perp OB$.

注意到问题 4,又可得下述结论:

结论 8 直线与抛物线 $y^2=2px(p>0)$ 交于 A,B 两点,当 $OA \perp OB$(O 为坐标原点)时,作 $OH \perp AB$ 于点 H,则点 H 的轨迹是一个圆(去掉原点 O),轨迹方程为 $(x-p)^2+y^2=p^2(x\neq 0)$.

结论 9 直线 $l:y=kx+m$ 与椭圆 $\dfrac{x^2}{a^2}+\dfrac{y^2}{b^2}=1(a>b>0)$ 交于 A,B 两点,若 $OA \perp OB$(O

为坐标原点),作 $OH \perp AB$ 于点 H,则点 H 的轨迹是一个以 O 为圆心,以 $\sqrt{\dfrac{a^2 b^2}{a^2+b^2}}$ 为半径的一个圆,轨迹方程为 $x^2+y^2=\dfrac{a^2 b^2}{a^2+b^2}$.

结论10 直线 $l:y=kx+m$ 与双曲线 $\dfrac{x^2}{a^2}-\dfrac{y^2}{b^2}=1(b>a>0)$ 交于 A,B 两点,若 $OA \perp OB$ (O 为坐标原点).作 $OH \perp AB$ 于点 H,则 H 的轨迹是一个以 O 为圆心,以 $\sqrt{\dfrac{a^2 b^2}{b^2-a^2}}$ 为半径的圆,轨迹方程为 $x^2+y^2=\dfrac{a^2 b^2}{b^2-a^2}(a \geq b>0$,否则不可能有 $OA \perp OB$).

上述3个结论说明了,当圆锥曲线的弦张直角时直线过定点,且弦上高的垂足的轨迹是圆.显然,这3个结论也可以看成是前述问题4的推广.

若将结论3推广,并将其写在一起,则有下述结论:

结论11 设直线 l 与抛物线 $y^2=2px(p>0)$ 相交于 A,B 两点,又设 $C(x_0,y_0)$ 是抛物线上不同于 A,B 的一定点.若直线 CA,CB 的斜率存在且分别记为 k_{CA},k_{CB},则对于非零常数 d,有

(1) $k_{CA} \cdot k_{CB} = d \Leftrightarrow$ 直线 l 过定点 $\left(\dfrac{y_0^2}{2p}-\dfrac{2p}{d},-y_0\right)$;

(2) $k_{CA}+k_{CB}=d \Leftrightarrow$ 直线 l 过定点 $\left(x_0-\dfrac{2}{d}y_0,\dfrac{2p}{d}-y_0\right)$.

证明 (1)先证必要性,如图4-8,设 $C(x_0,y_0),A(x_1,y_1),B(x_2,y_2)$,则 $x_0 \neq 0, x_1 \neq 0$, $x_2 \neq 0, x_0=\dfrac{y_0^2}{2p}, x_1=\dfrac{y_1^2}{2p}, x_2=\dfrac{y_2^2}{2p}$.

因直线 CA,CB 斜率存在,从而 $x_0 \neq x_1, x_0 \neq x_2$.

因直线 CA,CB 斜率分别记为 k_{CA},k_{CB},有

$$k_{CA} \cdot k_{CB} = \dfrac{y_1-y_0}{x_1-x_0} \cdot \dfrac{y_2-y_0}{x_2-x_0}$$

$$= \dfrac{y_1-y_0}{\dfrac{y_1^2}{2p}-\dfrac{y_0^2}{2p}} \cdot \dfrac{y_2-y_0}{\dfrac{y_2^2}{2p}-\dfrac{y_0^2}{2p}} = \dfrac{2p}{y_1+y_0} \cdot \dfrac{2p}{y_2+y_0}$$

$$= \dfrac{4p^2}{y_1 \cdot y_2 + y_0(y_1+y_2) + y_0^2}$$ ①

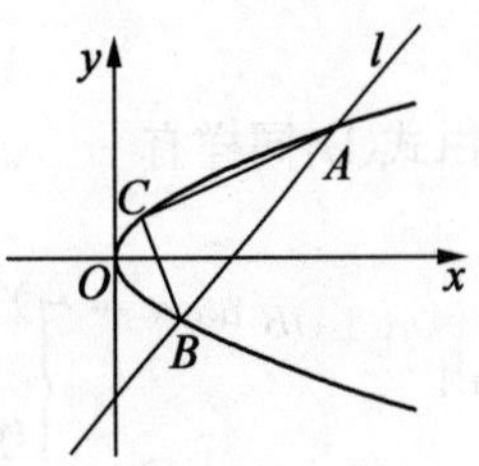

图4-8

因 $k_{CA} \cdot k_{CB}=d$,则 $\dfrac{4p^2}{y_1 \cdot y_2+y_0(y_1+y_2)+y_0^2}=d$,即

$$y_1 \cdot y_2 = -y_0(y_1+y_2)-y_0^2+\dfrac{4p^2}{d}$$ ②

直线 l 与抛物线 $y^2=2px$ 相交于两点 A,B,则直线 l 的斜率不为0.设直线 l 方程:$ty=$

$x + m$ (t, m 为参数),由

$$\begin{cases} y^2 = 2px \\ ty = x + m \end{cases} \Rightarrow y^2 - 2pty + 2pm = 0 \Rightarrow y_1 + y_2 = 2pt, y_1 y_2 = 2pm$$

把 $y_1 + y_2 = 2pt, y_1 y_2 = 2pm$ 代入式②得

$$2pm = -y_0 \cdot 2pt - y_0^2 + 4p^2/d$$

即 $m = -y_0 t - \dfrac{y_0^2}{2p} + \dfrac{2p}{d}$.

从而,直线 l 方程

$$ty = x + m = x - y_0 t - \dfrac{y_0^2}{2p} + \dfrac{2p}{d}$$

即 $t(y + y_0) = x - (\dfrac{y_0^2}{2p} - \dfrac{2p}{d})$.

故直线 l 过定点 $(\dfrac{y_0^2}{2p} - \dfrac{2p}{d}, -y_0)$.

再证充分性:

因直线 l 与抛物线 $y^2 = 2px$ 相交于两点 A, B,则直线 l 的斜率不为 0.

设过定点 $(\dfrac{y_0^2}{2p} - \dfrac{2p}{d}, -y_0)$ 的直线方程为

$$t(y + y_0) = x - (\dfrac{y_0^2}{2p} - \dfrac{2p}{d})$$

即

$$ty = x - y_0 \cdot t - \dfrac{y_0^2}{2p} + \dfrac{2p}{d}$$

设 $A(x_1, y_1), B(x_2, y_2)$,则

$$x_1 = \dfrac{y_1^2}{2p}, x_2 = \dfrac{y_2^2}{2p}$$

由式①,同样有

$$k_{CA} \cdot k_{CB} = \dfrac{4p^2}{y_1 y_2 + y_0(y_1 + y_2) + y_0^2}$$

由

$$\begin{cases} y^2 = 2px \\ ty = x - y_0 t - \dfrac{y_0^2}{2p} + \dfrac{2p}{d} \end{cases} \Rightarrow y^2 - 2p(ty + y_0 t + \dfrac{y_0^2}{2p} - \dfrac{2p}{d}) = 0$$

$$\Rightarrow y^2 - 2pty - 2p(y_0 t + \dfrac{y_0^2}{2p} + \dfrac{2p}{d}) = 0$$

则

$$y_1 + y_2 = 2pt$$

$$y_1 \cdot y_2 = -2p(y_0 t + \dfrac{y_0^2}{2p} + \dfrac{2p}{d}) \qquad ③$$

将式③代入式①得

$$k_{CA} \cdot k_{CB} = \frac{4p^2}{y_1 \cdot y_2 + y_0(y_1 + y_2) + y_0^2} = \frac{4p^2}{-2p(y_0 t + \frac{y_0^2}{2p} - \frac{2p}{d}) + y_0 \cdot 2pt + y_0^2} = d$$

命题得证.

(2) 如图 4-8, 把抛物线 $y^2 = 2px$ 按向量 $\boldsymbol{a} = (-x_0, -y_0)$ 平移, 把 $\begin{cases} x = x' + x_0 \\ y = y' + y_0 \end{cases}$ 代入 $y^2 = 2px$ 得

$$(y' + y_0)^2 = 2p(x' + x_0)$$

即
$$y'^2 - 2px' + 2y_0 y' = 0 \qquad ④$$

设直线 l 的方程为
$$mx' + ny' = 1 \qquad ⑤$$

将式⑤代入式④使之成为关于 x', y' 的二次齐次方程 $y'^2 - (2px' - 2y_0 y')(mx' + ny') = 0$, 即

$$(1 + 2ny_0)y'^2 - 2mpx'^2 + (2my_0 - 2np)x'y' = 0$$

亦即
$$(1 + 2ny_0) \cdot \left(\frac{y'}{x'}\right)^2 + (2my_0 - 2np) \cdot \frac{y'}{x'} - 2mp = 0$$

易知 k_{CA}, k_{CB} 为其两根, 据韦达定理

$$k_{CA} + k_{CB} = \frac{2np - 2my_0}{1 + 2ny_0} \qquad ⑥$$

于是 $k_{CA} + k_{CB} = d \Leftrightarrow \frac{2np - 2my_0}{1 + 2ny_0} = d$

$\Leftrightarrow m(-2y_0) + n(2p - 2dy_0) = d \quad (d \neq 0)$

$\Leftrightarrow m\left(-\frac{2}{d}y_0\right) + n\left(\frac{2p}{d} - 2y_0\right) = 1$

$\Leftrightarrow$ 直线 l 过定点 $\left(-\frac{2}{d}y_0, \frac{2p}{d} - 2y_0\right)$ (平移后)

$\Leftrightarrow$ 直线 l 过定点 $\left(x_0 - \frac{2}{d}y_0, \frac{2p}{d} - y_0\right)$ (平移前)

证毕.

结论 12 若直线 l 与椭圆 $\frac{x^2}{a^2} + \frac{y^2}{b^2} = 1 (a > b > 0)$ 相交于点 A, B 两点, 又设 $C(x_0, y_0)$ 为椭圆上不同于点 A, B 的一定点. 若直线 CA, CB 的斜率存在且分别记为 k_{CA}, k_{CB}, 则对非零常数 d:

(1) 当 $a^2 d - b^2 \neq 0$ 时, $k_{CA} \cdot k_{CB} = d \Leftrightarrow$ 直线 l 过定点 $\left(\frac{a^2 d + b^2}{a^2 d - b^2} x_0, \frac{-a^2 d - b^2}{a^2 d - b^2} y_0\right)$;

(2) $k_{CA} + k_{CB} = d \Leftrightarrow$ 直线 l 过定点 $\left(x_0 - \frac{2}{d} y_0, -\frac{2b^2}{a^2 d} x_0 - y_0\right)$.

证明 如图 4-9，把椭圆 $\dfrac{x^2}{a^2} + \dfrac{y^2}{b^2} = 1$ 按向量 $\boldsymbol{a} = (-x_0, -y_0)$ 平移，把 $\begin{cases} x = x' + x_0 \\ y = y' + y_0 \end{cases}$ 代入椭圆方程，得

$$b^2(x' + x_0)^2 + a^2(y' + y_0)^2 - a^2b^2 = 0$$

即 $\qquad b^2 x'^2 + a^2 y'^2 + 2b^2 x_0 x' + 2a^2 y_0 y' = 0 \qquad$ ①

设直线 l 的方程为

$$mx' + ny' = 1 \qquad ②$$

将式②代入式①使之成为关于 x', y' 的二次齐次方程

$$b^2 x'^2 + a^2 y'^2 + (2b^2 x_0 x' + 2a^2 y_0 y')(mx' + ny') = 0$$

即 $\qquad (b^2 + 2b^2 m x_0) x'^2 + (a^2 + 2a^2 n y_0) y'^2 + (2a^2 m y_0 + 2b^2 n x_0) x' y' = 0$

亦即 $\qquad (a^2 + 2a^2 n y_0)\left(\dfrac{y'}{x'}\right)^2 + (2a^2 m y_0 + 2b^2 n x_0) \cdot \dfrac{y'}{x'} + (b^2 + 2b^2 m x_0) = 0$

易知 k_{CA}, k_{CB} 为其两根，据韦达定理

$$k_{CA} + k_{CB} = -\dfrac{2a^2 m y_0 + 2b^2 n x_0}{a^2 + 2a^2 n y_0} \qquad ③$$

$$k_{CA} \cdot k_{CB} = -\dfrac{b^2 + 2b^2 m x_0}{a^2 + 2a^2 n y_0} \qquad ④$$

于是 (1) $\qquad k_{CA} \cdot k_{CB} = \dfrac{b^2 + 2b^2 m x_0}{a^2 + 2a^2 n y_0} = d$

$\Leftrightarrow m(2b^2 x_0) + n(-2a^2 d y_0) = a^2 d - b^2 \quad (a^2 d - b^2 \neq 0)$

$\Leftrightarrow m\left(\dfrac{2b^2 x_0}{a^2 d - b^2}\right) + n\left(\dfrac{-2a^2 d y_0}{a^2 d - b^2}\right) = 1$

$\Leftrightarrow$ 直线 l 过定点 $\left(\dfrac{2b^2 x_0}{a^2 d - b^2}, \dfrac{-2a^2 d y_0}{a^2 d - b^2}\right)$（平移后）

$\Leftrightarrow$ 直线 l 过定点 $\left(x_0 + \dfrac{2b^2 x_0}{a^2 d - b^2}, y_0 - \dfrac{2a^2 d y_0}{a^2 d - b^2}\right)$（平移前）

$\Leftrightarrow$ 直线 l 过定点 $\left(\dfrac{a^2 d + b^2}{a^2 d - b^2} x_0, -\dfrac{a^2 d + b^2}{a^2 d - b^2} y_0\right)$（平移前）

(2) $k_{CA} + k_{CB} = d \Leftrightarrow -\dfrac{2a^2 m y_0 + 2b^2 n x_0}{a^2 + 2a^2 n y_0} = d$

$\Leftrightarrow m(-2a^2 y_0) + n(-2b^2 x_0 - 2a^2 d y_0) = a^2 d \quad (d \neq 0)$

$\Leftrightarrow m\left(\dfrac{-2y_0}{d}\right) + n\left(\dfrac{-2b^2 x_0 - 2a^2 d y_0}{a^2 d}\right) = 1$

$\Leftrightarrow$ 直线 l 过定点 $\left(\dfrac{-2y_0}{d}, \dfrac{-2b^2 x_0 - 2a^2 d y_0}{a^2 d}\right)$（平移后）

$$\Leftrightarrow 直线\ l\ 过定点(x_0-\frac{2}{d}y_0,\ -\frac{2b^2}{a^2d}x_0-y_0)(平移前)$$

证毕.

以"$-b^2$"代替上述证明中的"b^2",就可以得到双曲线的相应结论:

结论 13 若直线 l 与双曲线 $\frac{x^2}{a^2}-\frac{y^2}{b^2}=1(a>0,b>0)$ 相交于点 A,B,点 $C(x_0,y_0)$ 为双曲线上不同于点 A,B 的一定点,若直线 CA,CB 的斜率存在且分别为 k_{CA},k_{CB},则对非零常数 d:

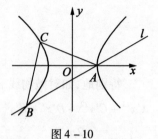

图 4-10

(1) 当 $a^2d+b^2\neq 0$ 时,$k_{CA}\cdot k_{CB}=d\Leftrightarrow$ 直线 l 过定点

$$\left(\frac{a^2d-b^2}{a^2d+b^2}x_0,\ \frac{-a^2d+b^2}{a^2d+b^2}y_0\right).$$

(2) $k_{CA}+k_{CB}=d\Leftrightarrow$ 直线 l 过定点 $\left(x_0-\frac{2}{d}y_0,\ \frac{2b^2}{a^2d}x_0-y_0\right).$

综上,我们还可以将结论 3 推广到标准形式的圆、椭圆、双曲线中去,乃至一般的二次曲线中去,即有结论:

结论 14 过二次曲线 $Ax^2+Cy^2+Dx+Ey+F=0(A^2+C^2\neq 0)$ 上一点 $P(x_0,y_0)$ 的两条直线与曲线交于 A,B 两点,满足 $k_{PA}\cdot k_{PB}=d(d\neq 0)$,若此二次曲线方程经过 $x'=x+x_0,y'=y+y_0$ 换元后的方程为

$$A'x'^2+C'y'^2+D'x'+E'y'=0\quad(A'^2+C'^2\neq 0)$$

则直线 AB 过定点 $\left(\dfrac{-D'}{A'-dC'}+x_0,\ \dfrac{dE'}{A'-dC'}+y_0\right).$

证明 对标准形式的圆、椭圆、双曲线和抛物线,其统一的曲线方程形式为:$Ax^2+Cy^2+Dx+Ey+F=0(A^2+C^2\neq 0)$. 设点 $P(x_0,y_0)$ 是曲线上一点,作换元变换,即令 $x'=x+x_0,y'=y+y_0$(可以理解为以 $P(x_0,y_0)$ 为坐标原点建立新的坐标系 $x'O'y'$),则以上方程可化为

$$A'x'^2+C'y'^2+D'x'+E'y'=0\quad(A'^2+C'^2\neq 0) \qquad ①$$

设直线 AB 的方程为 $y'=kx'+m$,即

$$\frac{y'-kx'}{m}=1 \qquad ②$$

则有:$A'x'^2+C'y'^2+D'x'\cdot\dfrac{y'-kx'}{m}+E'y'\cdot\dfrac{y'-kx'}{m}=0$,化简得

$$\left(C'+\frac{E'}{m}\right)y'^2+\frac{D'-kE'}{m}\cdot x'y'+\left(A'-\frac{kD'}{m}\right)x'^2=0 \qquad ③$$

$$\left(C'+\frac{E'}{m}\right)\left(\frac{y'}{x'}\right)^2+\frac{D'-kE'}{m}\cdot\frac{y'}{x'}+A'-\frac{kD'}{m}=0 \qquad ④$$

点 $A(x'_A,y'_A),B(x'_B,y'_B)$ 是曲线和直线 AB 的交点,则 $(x'_A,y'_A),(x'_B,y'_B)$ 满足方程①、②,显然也满足方程③,从而 $\dfrac{y'_A}{x'_A},\dfrac{y'_B}{x'_B}$ 是方程④的两根. 由 $\dfrac{y'_A}{x'_A}\cdot\dfrac{y'_B}{x'_B}=d$,得 $\dfrac{A'-\dfrac{kD'}{m}}{C'+\dfrac{E'}{m}}=d$,得 $m=$

$\dfrac{dE' + kD'}{A' - dC'}$.

直线 AB 为 $y' = kx' + \dfrac{dE' + kD'}{A' - dC'} = k\left(x' + \dfrac{D'}{A' - dC'}\right) + \dfrac{dE'}{A' - dC'}$,其过定点

$$\begin{cases} x' = \dfrac{-D'}{A' - dC'} \\ y' = \dfrac{dE'}{A' - dC'} \end{cases}, 即 \begin{cases} x = \dfrac{-D'}{A' - dC'} + x_0 \\ y = \dfrac{dE'}{A' - dC'} + y_0 \end{cases} \quad (*)$$

特别地,如对抛物线 $y^2 = 2px(p>0)$ 过点 $P(x_0, y_0)$,换元后得 $y'^2 + 2y_0 y' - 2px' = 0$,对照 $A'x'^2 + C'y'^2 + D'x' + E'y' = 0$,可得 $A' = 0, C' = 1, D' = -2p, E' = 0$,代入式($*$)得所过定点为 $\begin{cases} x = x_0 - \dfrac{2p}{d} \\ y' = -y_0 \end{cases}$,这与前面结论 3 一致. 而对椭圆 $\dfrac{x^2}{a^2} + \dfrac{y^2}{b^2} = 1$ 过点 $P(x_0, y_0)$,换元后得 $b^2 x'^2 + 2b^2 x_0 x' + a^2 y'^2 + 2a^2 y_0 y' = 0$,对照 $A'x'^2 + C'y'^2 + D'x' + E'y' = 0$,可得 $A' = b^2, C' = a^2, D' = 2b^2 x_0, E' = 2a^2 y_0$,代入式($*$)得所过定点为 $\begin{cases} x = -\dfrac{2b^2 x_0}{b^2 - da^2} + x_0 = \dfrac{(da^2 + b^2) \cdot x_0}{da^2 - b^2} \\ y = \dfrac{d2a^2 y_0}{b^2 - da^2} + y_0 = \dfrac{(-b^2 - da^2) \cdot y_0}{da^2 - b^2} \end{cases}$,这与结论 12(1)一致. 圆与双曲线的结论类此.

注 上述内容参考了徐存旭(数学通报,2012(5))、林炳宗(福建中学数学)、王太东等(数学教学)、竺美月(福建中学数学)等老师的文章.

以上述结论为背景,又可以编制出如下测评问题:

问题 29 (2004 年高考北京卷题)过抛物线 $y^2 = 2px(p>0)$ 上一定点 $P(x_0, y_0)(y_0 > 0)$,作两条直线分别交抛物线于点 $A(x_1, y_1), B(x_2, y_2)$.

(Ⅰ)求该抛物线上纵坐标为 $\dfrac{p}{2}$ 的点到其焦点 F 的距离;

(Ⅱ)当 PA 与 PB 的斜率存在且倾斜角互补时,求 $\dfrac{y_1 + y_2}{y_0}$ 的值,并证明直线 AB 的斜率是非零常数.

问题 30 (2005 年高考江西卷题)M 是抛物线 $y^2 = x$ 上的一点,动弦 ME, MF 分别交 x 轴于 A, B 两点,且 $MA = MB$.

(Ⅰ)若 M 为定点. 证明:直线 EF 的斜率为定值;

(Ⅱ)若 M 为动点,且 $\angle NMF = 90°$,求 $\triangle EMF$ 的重心 G 的轨迹.

问题 31 (1991 年全国高考题)双曲线的中心在坐标原点 O,焦点在 x 轴上,过双曲线右焦点且斜率为 $\sqrt{\dfrac{3}{5}}$ 的直线交双曲线于 P, Q 两点,若 $OP \perp OQ, |PQ| = 4$,求双曲线的方程.

问题 32 (2004 年高考天津卷题)椭圆的中心是原点 O,它的短轴长为 $2\sqrt{2}$,相应于焦

点 $F(c,0)(c>0)$ 的准线 l 与 x 轴交于点 A,$|OF|=2|FA|$,过点 A 的直线与椭圆交于 P,Q 两点.

(Ⅰ)求椭圆的方程及离心率;

(Ⅱ)若 $\overrightarrow{OP} \cdot \overrightarrow{OQ}=0$,求直线 PQ 的方程.

问题 33 (2007年高考山东卷题)已知椭圆 C 的中心在坐标原点,焦点在 x 轴上,椭圆 C 上的点到焦点距离的最大值为 3,最小值为 1.

(Ⅰ)求椭圆 C 的标准方程;

(Ⅱ)若直线 $l:y=kx+m$ 与椭圆 C 相交于 A,B 两点(A,B 不是左右顶点)且以 AB 为直径的圆过椭圆 C 的右顶点. 求证:直线 l 过定点,并求出该定点的坐标.

问题 34 (2007年高考天津卷题)设椭圆 $\dfrac{x^2}{a^2}+\dfrac{y^2}{b^2}=1(a>b>0)$ 的左、右焦点分别为 F_1,F_2,A 是椭圆上一点,$AF_2 \perp F_1F_2$,原点 O 到直线 AF_1 的距离为 $\dfrac{1}{3}|OF_1|$.

(Ⅰ)证明 $a=\sqrt{2}b$.

(Ⅱ)设 Q_1,Q_2 为椭圆上的两个动点,$OQ_1 \perp OQ_2$,过原点 O 作直线 Q_1Q_2 的垂线 OD,垂足为 D,求点 D 的轨迹方程.

问题 35 (2010年高考江苏卷题)在平面直角坐标系 xOy 中,已知椭圆 $\dfrac{x^2}{9}+\dfrac{y^2}{5}=1$ 的左、右顶点为 A,B,右焦点为 F. 设过点 $T(t,m)$ 的直线 TA、TB 与此椭圆分别交于点 $M(x_1,y_1)$,$N(x_2,y_2)$,其中 $m>0$,$y_1>0$,$y_2<0$.

(Ⅰ)、(Ⅱ)略.

(Ⅲ)设 $t=9$,求证:直线 MN 必过 x 轴上一定点(其坐标与 m 无关).

第五章　测评数学内容的资源开发

测评数学内容的资源开发,这里的资源常分为两个方面,一方面是素材资源,另一方面是命制技术资源.

5.1　测评数学内容的素材资源开发

5.1.1　数学教材内容的开发

数学教材中的典型例题、习题是数学测评试题的重要来源,数学教材中除例题、习题之外的其他内容也是测评试题常常光顾的,本书中介绍了不少的例子.下面再看几例:

例1　(2011年高考湖北卷题)已知数列$\{a_n\}$的前n项和为S_n,且满足$a_1 = a(a \neq 0)$,$a_{n+1} = rS_n(n \in \mathbf{N}^*, r \in \mathbf{R}, r \neq 1)$.

(Ⅰ)求数列$\{a_n\}$的通项公式;

(Ⅱ)若存在$k \in \mathbf{N}^*$,使得S_{k+1}, S_k, S_{k+2}成等差数列,试判断:对于任意的$m \in \mathbf{N}^*$,且$m \geq 2, a_{m+1}, a_m, a_{m+2}$是否成等差数列,并证明你的结论.

评述　此题取材于按《教学大纲》编写的人教版高中《数学必修1(上)》的例习题.

题1　(教材第151页第5题)在数列$\{a_n\}$中$a_1 = 1, a_{n+1} = 3S_n(n \geq 1)$,求证:$a_2, a_3, \cdots, a_n$是等比数列.

题2　(教材第142页例4)已知S_n是等比数列$\{a_n\}$的前n项和,S_3, S_9, S_6成等差数列,求证:a_2, a_8, a_5成等差数列.

例2　(2013年高考山东卷题)椭圆$C: \dfrac{x^2}{a^2} + \dfrac{y^2}{b^2} = 1(a > b > 0)$的左、右焦点分别是$F_1$,$F_2$,离心率为$\dfrac{\sqrt{3}}{2}$,过$F_1$且垂直于$x$轴的直线被椭圆$C$截得的线段长为1.

(Ⅰ)求椭圆C的方程;

(Ⅱ)点P是椭圆C上除长轴端点外的任一点,联结PF_1, PF_2,设$\angle F_1PF_2$的角平分线PM交C的长轴于点$M(m,0)$,求m的取值范围;

(Ⅲ)在(Ⅱ)的条件下,过点P作斜率为k的直线l,使得l与椭圆C有且只有一个公共点,设直线PF_1, PF_2的斜率分别为k_1, k_2,若$k \neq 0$,试证明$\dfrac{1}{kk_1} + \dfrac{1}{kk_2}$为定值,并求出这个定值.

评述　此题源于人教A版普通高中课程标准实验教科书《数学选修2-1》第二章《阅读与思考》,该文给出了三种曲线的光学性质,即:从椭圆一个焦点发出的光,经过椭圆反射后,反射光线都汇聚到椭圆的另一个焦点上;从抛物线的焦点发出的光,经过抛物线反射后,反射光线的反向延长线都汇聚到双曲线的另一个焦点上;从抛物线的焦点发出的光,经过抛物线反射后,反射光线都平行于抛物线的轴.文中提到手电筒的设计原理,在小灯泡后面的反光镜为抛物面,我们知道入射点应在光学三线(入射光线、反射光线、法线)构成的平面和界面的交线上,那么对抛物面进行平面截图就是抛物线,交线即为抛物线在入射点处的切线!结合光学性质,我们容易得到法线即为入射、反射光线的角平分线,那么该角平分线应和曲线的切线垂直!

例3 (2014年高考全国卷(大纲理科)题)已知抛物线 $C: y^2 = 2px(p>0)$ 焦点为 F,直线 $y=4$ 与 y 轴的交点为 P,与 C 的交点为 Q,且 $|QF| = \frac{5}{4}|PQ|$.

(Ⅰ)求抛物线 C 的方程;

(Ⅱ)过 F 的直线 l 与 C 相交于 A,B 两点,若 AB 的垂直平分线 l' 与 C 相交于 M,N 两点,且 A,M,B,N 四点在同一圆上,求 l 的方程.

评述 (Ⅰ)抛物线 C 的方程为 $y^2 = 4x$(过程略).(Ⅱ)可先看看人教版教材《数学选修 4-4》中的第 38 页的例 4:

已知 AB,CD 是椭圆 $\frac{x^2}{a^2} + \frac{y^2}{b^2} = 1(a>b>0)$ 的两条相交弦,交点为 P,且它们的倾斜角互补,求证:$|PA| \cdot |PB| = |PC| \cdot |PD|$.

该结论等价于四点 A,B,C,D 共圆.由此可知此例源于课本例题.A,B,C,D 四点共圆的充要条件是 $k_{AB} + k_{CD} = 0$(或者是说直线 AB 与直线 CD 的倾斜角互补).

事实上,不妨设圆锥曲线方程为 $(1-e^2)x^2 + y^2 - 2pe^2 x - e^2 p^2 = 0$,其中 e,p 是正的常数. 设 AB 的参数方程为 $\begin{cases} x = x_0 + t\cos\alpha \\ y = y_0 + t\sin\alpha \end{cases}$($t$ 为参数),代入圆锥曲线方程整理后得 $(1 - e^2\cos^2\alpha)t^2 + 2[\cos\alpha(1-e^2)x_0 + y_0\sin\alpha - pe^2\cos\alpha]t + (1-e^2)x_0^2 + y_0^2 - 2pe^2 x_0 - e^2 p^2 = 0$,根据韦达定理有

$$|t_1 t_2| = \frac{(1-e^2)x_0^2 + y_0^2 - 2pe^2 x_0 - e^2 p^2}{1 - e^2\cos^2\alpha}$$

同理把直线 CD 的参数方程代入椭圆方程有 $|t_3 t_4| = \frac{(1-e^2)x_0^2 + y_0^2 - 2pe^2 x_0 - e^2 p^2}{1 - e^2\cos^2\beta}$.

根据圆幂定理,A,B,C,D 四点共圆的充要条件 $|AP| \cdot |PB| = |CP| \cdot |PD|$ 有 $1 - e^2\cos^2\alpha = 1 - e^2\cos^2\beta$,整理得 $\cos^2\alpha = \cos^2\beta$,又因为 $\alpha \neq \beta, \alpha, \beta \in (0, \pi)$,所以 $\alpha + \beta = \pi$,即 $k_{AB} + k_{CD} = 0$,即 A,B,C,D 四点共圆的充要条件是 $k_{AB} + k_{CD} = 0$.

通过上述的研究,2014 年高考全国卷题即上例若能用四点共圆的定理来做,就变得简单易懂了.

解 设直线 l 的倾斜角为 α,直线 l' 的倾斜角为 β,由上述定理可知 $\alpha + \beta = \pi$.又因为 $l \perp l'$,所以 $\alpha + \frac{\pi}{2} = \beta$ 或 $\alpha - \frac{\pi}{2} = \beta$.当 $\alpha + \frac{\pi}{2} = \beta$ 时,联合方程 $\alpha + \beta = \pi$,可得 $\alpha = \frac{\pi}{4}$,此时 $k_l = 1$,又过点 $F(1,0)$,所以 AB 的直线方程为 $x - y - 1 = 0$.当 $\alpha - \frac{\pi}{2} = \beta$ 时,联合方程 $\alpha + \beta = \pi$,可得 $\alpha = \frac{3\pi}{4}$,此时 $k_l = -1$,又过点 $F(1,0)$,所以 AB 的直线方程为 $x + y - 1 = 0$.综上所述,AB 的直线方程为 $x - y - 1 = 0$ 或 $x + y - 1 = 0$.

如果不运用上述结论来做,则解答就会麻烦一些:

依题意知 l 与坐标轴不垂直,故可设 l 的方程为 $x=my+1(m\neq 0)$. 代入 $y^2=4x$,得 $y^2-4my-4=0$. 设 $A(x_1,y_1),B(x_2,y_2)$,则 $y_1+y_2=4m,y_1y_2=-4$. 故线段 AB 的中点为 $D(2m^2+1,2m)$,$|AB|=\sqrt{m^2+1}|y_1-y_2|=4(m^2+1)$. 又直线 l' 的斜率为 $-m$,所以 l' 的方程为 $x=-\frac{1}{m}y+2m^2+3$. 将上式代入 $y^2=4x$,并整理得 $y^2+\frac{4}{m}y-4(2m^2+3)=0$. 设 $M(x_3,y_3)$,$N(x_4,y_4)$,则 $y_3+y_4=-\frac{4}{m},y_3y_4=-4(2m^2+3)$. 故线段 MN 的中点为 $E(\frac{2}{m^2}+2m^2+3,-\frac{2}{m})$,$|MN|=\sqrt{1+\frac{1}{m^2}}|y_3-y_4|=\frac{4(m^2+1)\sqrt{2m^2+1}}{m^2}$.

由于线段 MN 垂直平分线 AB,故 A,M,B,N 四点在同一圆上等价于 $|AE|=|BE|=\frac{1}{2}|MN|$,从而 $\frac{1}{4}|AB|^2+|DE|^2=\frac{1}{4}|MN|^2$,即 $4(m^2+1)^2+(2m+\frac{2}{m})^2+(\frac{2}{m^2}+2)^2=\frac{4(m^2+1)^2(2m^2+1)}{m^4}$,化简得 $m^2-1=0$,解得 $m=1$ 或 $m=-1$,故所求直线 l 的方程为 $x-y-1=0$ 或 $x+y-1=0$.

5.1.2 数学名题的开发

众多世界数学名题是数学大师们智慧的沉淀,其蕴含的独特的构思、颇具创造性的思维技巧以及精彩的结论都是数学中的瑰宝,犹如陈年佳酿,它已经获得很多数学竞赛命题者的青睐. 但数学名题不只是美酒,可以让"不喝酒的人也能尝出酒香". 中学数学测评试题特别是高考题可适当引入以数学名题为背景的试题.

将富含价值的名题改编成试题,能让考生领会数学的美妙,提高考生的数学思维能力,对考生感受数学文化有一定的促进作用. 这样的试题能够客观地检测考生猜测、归纳、类比、推广等的数学思维水平;能够有效地检测考生运用所学的知识和方法在名题情境中分析、解决问题的能力;能够间接地检测考生的后续学习能力;能够适当地检测学生遇到陌生的数学语言和符号时的应变能力和心理素质. 通过此类试题不仅能考查考生学习新知识的能力(阅读理解能力和类比联想能力等),还关注了数学的本质和考生的数学能力.

例 4 (2006 年高考四川卷题)已知两定点 $A(-2,0),B(1,0)$,若动点 P 满足条件 $|PA|=2|PB|$,则点 P 的轨迹所包围的图形的面积等于( )

A. π B. 4π C. 8π D. 9π

例 5 (2008 年高考江苏卷题)满足条件若 $AB=2,AC=\sqrt{2}BC$ 的 $\triangle ABC$ 的面积的最大值是_____.

评述 上述两道试题的几何背景是阿波罗尼斯(Apollonius,约前 260—前 190)圆:平面内到两定点的距离之比为常数(不等于 1)的点的轨迹是圆. 这个圆就是阿波罗尼斯圆.

例 6 (2013 年高考全国卷题)如图 5-1. 在 $\triangle ABC$ 中,$\angle ABC=90°$,$AB=\sqrt{3}$,$BC=1$,P 为 $\triangle ABC$ 内一点,$\angle PBC=90°$.

(Ⅰ)若 $PB = \frac{1}{2}$,求 PA;

(Ⅱ)若 $\angle APB = 150°$,求 $\tan \angle PBA$.

评述 (Ⅰ)在 $\triangle PBC$ 中,易证 $\angle PBC = 60°$.所以在 $\triangle ABP$ 中,$PA^2 = PB^2 + AB^2 - 2PB \cdot AB \cdot \cos 30°$,即 $PA = \frac{\sqrt{7}}{2}$.

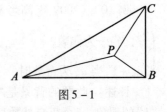

图 5-1

(Ⅱ)由图可知点 P 是布洛卡点,由公式 $\cot \angle PBA = \frac{AB^2 + BC^2 + AC^2}{AC}$,得 $\tan \angle PBA = \frac{\sqrt{3}}{4}$.

例 7 (2003 年高考北京卷题)如图 5-2,椭圆的长轴 A_1A_2 与 x 轴平行,短轴 B_1B_2 在 y 轴上,中心为 $M(0, r)$ $(b > r > 0)$.

(Ⅰ)写出椭圆的方程,求椭圆的焦点坐标及离心率;

(Ⅱ)直线 $y = k_1 x$ 交椭圆于两点 $C(x_1, y_1), D(x_2, y_2)$ $(y_2 > 0)$,直线 $y = k_2 x$ 交椭圆于两点 $G(x_3, y_3), H(x_4, y_4)$ $(y_4 > 0)$.求证:$\frac{k_1 x_1 x_2}{x_1 + x_2} = \frac{k_2 x_3 x_4}{x_3 + x_4}$;

(Ⅲ)对于(Ⅱ)中的 C, D, G, H,设 CH 交 x 轴于点 P,GD 交 x 轴于点 Q.求证:$|OP| = |OQ|$(证明过程不考虑 CH 或 GD 垂直于 x 轴的情形).

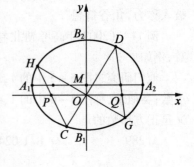

图 5-2

例 8 (2008 年高考江西卷题)如图 5-3,已知抛物线 $y = x^2$ 和三个点 $M(x_0, y_0), P(0, y_0), N(-x_0, y_0)$ $(y_0 \neq x_0^2, y_0 > 0)$,过点 M 的一条直线交抛物线于 A, B 两点,AP, BP 的延长线分别交曲线 C 于点 E, F.

(Ⅰ)证明 E, F, N 三点共线;

(Ⅱ)略.

评述 上述 2 道试题的几何背景都是蝴蝶定理.在 1815 年英国伦敦出版的著名数学科普刊物《男士日记》上刊登了如下问题:如图 5-4,设 AB 是已知圆的弦,O 是 AB 的中点,弦 CD, GH 过点 O,弦 CH, GD 与 AB 分别交于点 P, Q.求证:$|OP| = |OQ|$.

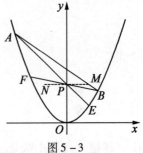

图 5-3

例 9 (2009 年高考福建卷题)点 A 为周长等于 3 的圆周上的一个定点,若在该圆周上随机取一点 B,则劣弧 $\overset{\frown}{AB}$ 的长度小于 1 的概率为_____.

评述 此题的命制背景是概率论历史上著名的贝特朗悖论.贝特朗(Betrand,1822—1900 年)是法国著名的数学家,他在《概率的计算》一书中,提出了一个非常有趣的奇论:在半径为 1 的圆内随机地作一条弦,问其长超过该圆内接正三角形边长 $\sqrt{3}$ 的概率是多少? 这是一个几何概率问题.但是由于对"随机地作一条弦"的不同理解,产生了多种答案.上述试题对悖论作特殊化处理,明确指明"随机地"确切含义为:固定弦的一端点于圆上,让弦的另一端点在圆周上"随机地"变动,才不致发生类似于贝特朗悖论所产生的问题.

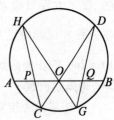

图 5-4

例 10 (2009 年高考湖北卷题) 已知数列 $\{a_n\}$ 满足:$a_1 = m$(m 为正整数),$a_{n+1} = \begin{cases} \dfrac{a_n}{2}, & \text{当 } a_n \text{ 为偶数,} \\ 3a_n + 1, & \text{当 } a_n \text{ 为奇数时.} \end{cases}$ 若 $a_6 = 1$,则 m 所有可能的取值为_____.

评述 此题的背景是"角谷猜想". 30 多年前,日本数学家角谷静夫发现了一个关于"1"的现象:一个正自然数,如果它是偶数,那么用 2 除它;如果是奇数,那么将它乘以 3 以后再加上 1. 这样反复运算,最终必然得到"1". 如 $17 \to 52 \to 26 \to 13 \to 40 \to 20 \to 10 \to 5 \to 16 \to 8 \to 4 \to 2 \to 1$. 角谷静夫试图对"1"的这种神奇现象加以论证,但是没有证出. 这个现象,后来被人称为"角谷猜想".

例 11 (2009 年高考湖北卷题) 古希腊人常用小石子在沙滩上摆成各种形状来研究数,例如

他们研究过图 5-5 中的 $1,3,6,10,\cdots$,由于这些数能够表示成三角形,将其称为三角形数;类似地,称图 5-6 中的 $1,4,9,16,\cdots$ 这样的数称为正方形数. 下列数中既是三角形数又是正方形数的是   (   )

A. 289   B. 1 024   C. 1 225   D. 1 378

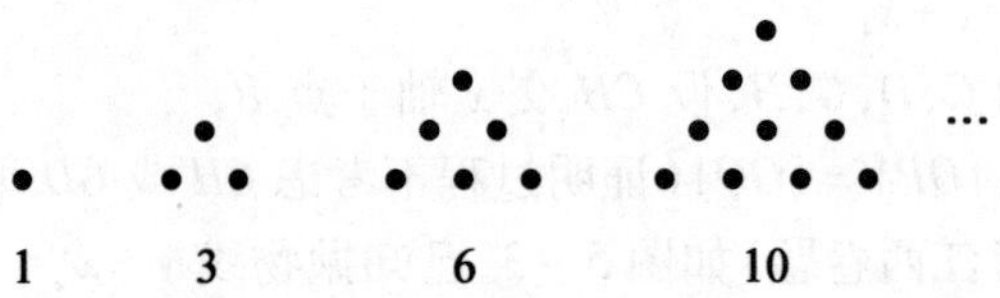

$\quad\quad$ 1 $\quad\quad\quad$ 3 $\quad\quad\quad$ 6 $\quad\quad\quad$ 10

图 5-5

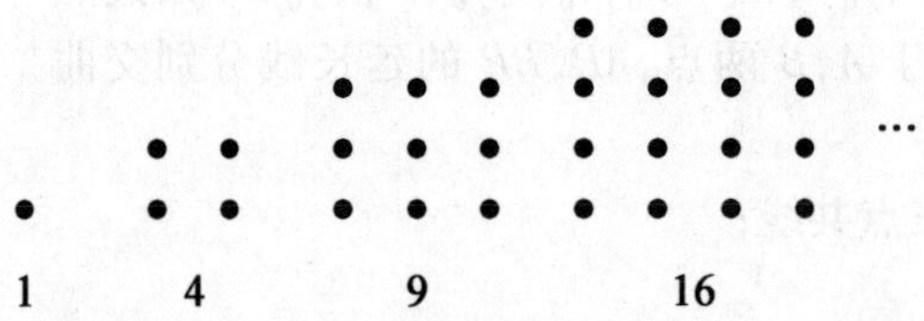

$\quad\quad$ 1 $\quad\quad\quad$ 4 $\quad\quad\quad$ 9 $\quad\quad\quad$ 16

图 5-6

评述 此题中既是三角形数又是正方形数的数又称为"三角平方数",其背景是数论中的"佩尔方程"(设 d 是正整数,且 d 不是完全平方数,形如 $x^2 - dy^2 = \pm 1$ 的不定方程称为佩尔方程). 试题中正方形数为 m^2,三角形数为 $\dfrac{n(n+1)}{2}$,其中 $m,n \in \mathbf{N}^*$,题意即求方程 $n(n+1) = 2m^2$ 的正整数解 (m,n),而该方程可变形为 $(2n+1)^2 - 2(2m)^2 = 1$,再令 $x = 2n+1, y = 2m$,得佩尔方程 $x^2 - 2y^2 = 1$.

上述毕达哥拉斯学派研究的多边形数看似普通、平常,却能很好地体现古希腊人的智慧和初等数学的发展.

以生动有趣的名题为璞玉,稍加设计:或简化情形或保留其思路和方法,也可以"改其头,换其面".

对名题做上述改造,发挥的空间很大. 可以将一些基础知识和初等数学方法嫁接在所要使用的名题上,也可以通过数学名题将相关的基础概念、基本结论、重要性质和方法等有机地组合在一起,相辅相成,共同丰富试题的内涵,这样以数学名题为支撑点合理地张大知识的覆盖面. 以名题为背景的试题已经从数学名题这块沃土中开出灿烂的花朵,在"百花齐放"的高考中显得端庄、华贵且芳香浓郁,颇有花王牡丹的风范. 以名题为背景的试题在创

新题中最能体现数学文化,它拓宽了数学试题命制思路,能有效避免数学试题命制模式化,是使中学生摆脱"题海战术"的一个手段.

华罗庚曾说:"命题比解题更难".数学试题的编制兼具理论性和技术性,以名题为背景试题的命制又站在了更高、更新的高度.

5.1.3 高等数学背景素材的开发

高等数学背景在测评题中的体现通常分为两种方式:显性呈现和隐性呈现.

显性呈现指的是试题直接以高等数学中的基本概念、定理等为背景.通俗地讲,显性呈现指的是高等数学背景直接体现于试题的表层,我们能够直接根据题目中的文字语言或符号语言或图形语言清晰地知道所含有的高等数学知识.通常来看,显性呈现的试题或直接以高等数学中的数学符号为背景;或直接以高等数学中的概念、定理为背景;或直接以高等数学中的运算法则为背景等.高考中高等数学背景显性呈现的试题较多,比如:2004 年广东卷(理)第 21 题以介值定理为背景;2006 年四川卷(理)第 16 题直接选用近世代数中群的背景,即后面的例 12;通过观察 2006 年四川高考卷(理)第 22 题第 1 问中的表达式(当 $a \leqslant 0$ 时, $\frac{f(x_1)+f(x_2)}{2} > f(\frac{x_1+x_2}{2})$))很容易知道该试题含有凸函数的背景;2008 年福建卷(理)第 16 题直接以近世代数中数域的定义命制而成;2009 年四川卷(理)第 16 题直接以近世代数中线性变换的定义为背景编制而成,等等.

隐性呈现指的是试题间接以高等数学中的基本知识、问题、思想和方法等为背景.通俗地讲,隐性呈现指高等数学背景未直接体现于试题的表层,而是隐含于试题的深处,我们不能或不容易直接根据题目中的表述或表达式清楚地知道试题所含有的高等数学背景,而需要我们通过对题目中的信息加工、处理才能知道试题的背景.一般地,隐性呈现的试题或间接以高等数学中的方法为背景;或间接以高等数学中的思想为背景,等等.比如:2006 年四川卷(理)第 22 题第(Ⅱ)小题含有拉格朗日中值定理的背景,但需要对 $|f'(x_1)-f'(x_2)| > |x_1-x_2|$ 变形为 $|\frac{f'(x_1)-f'(x_2)}{x_1-x_2}| > 1$,再令 $u(x) = f'(x)$ 得到 $|\frac{u(x_1)-u(x_2)}{x_1-x_2}| > 1$ 才能展示出试题的拉格朗日中值定理背景.

例 12 (1994 年高考全国卷题)定义在 **R** 上的任意函数 $f(x)$ 都可以表示为一个奇函数 $g(x)$ 和一个偶函数 $h(x)$ 之和.如果 $f(x) = \lg(10^x+1), x \in \mathbf{R}$,那么 ( )

A. $g(x) = x, h(x) = \lg(10^x + 10^{-x} + 2)$

B. $g(x) = \frac{1}{2}[\lg(10^x+1)+x], h(x) = \frac{1}{2}[\lg(10^x+1)-x]$

C. $g(x) = \frac{x}{2}, h(x) = \lg(10^x+1) - \frac{x}{2}$

D. $g(x) = -\frac{x}{2}, h(x) = \lg(10^x+1) + \frac{x}{2}$

评述 本题的条件直接给出了高等数学的一个命题:定义域关于原点对称的任意函数 $f(x)$ 都可以表示为一个奇函数和一个偶函数之和,然后给出命题的一个特例.首先,要求考生从阅读理解入手,分析题意,明确解题方向.在解题过程中也考查了对数函数和奇、偶函数的概念和性质,要求考生有较强的运算能力.本题将阅读理解能力、演绎思维能力、运算能力、研究解决新问题的能力等集于一题,可充分考查学生的数学素质. 本题答案为(C).

例13 (2006年高考四川卷题)非空集合 G 关于运算 $\oplus$ 满足:(1)对任意 $a,b \in G$,都有 $a \oplus b \in G$;(2)存在 $e \in G$,使得对一切 $a \in G$,都有 $a \oplus e = e \oplus a = a$,则称 G 关于运算 $\oplus$ 为"融洽集". 现给出下列集合和运算:

① $G = \{$非负整数$\}$,$\oplus$ 为整数的加法.
② $G = \{$偶数$\}$,$\oplus$ 为整数的乘法.
③ $G = \{$平面向量$\}$,$\oplus$ 为平面向量的加法.
④ $G = \{$二次三项式$\}$,$\oplus$ 为多项式的加法.
⑤ $G = \{$虚数$\}$,$\oplus$ 为复数的乘法.

其中 G 关于运算 $\oplus$ 为"融洽集"的是_____.(写出所有"融洽集"的序号).

评述 此试题构思精妙、情境新颖. 从试题的情境来看,本题以中学数学中的整数、向量、多项式、复数等基本运算为素材,以近世代数中群的定义为背景,选用群定义中四个条件中的两个条件(G 对于这个代数运算来说是封闭的;对于 G 中的任意元 a,G 中存在一个单位元 e,能使 $ea = ae = a$ 成立),经过精心设计和包装,以"融洽集"的形式出现,展示给学生的是一个全新的问题,试题具有较大的思维空间,考查了阅读理解、知识迁移、类比猜想等多种数学能力,体现了主动探究精神,呈现出研究性学习的特点. 从试题的解答来看,直接以群的定义为背景的试题在各种复习资料和模拟试题中从未见过,解决这个问题没有现成的"套路"和"招式",需要学生阅读理解"融洽集"的定义,综合运用多种数学思维方法,分别检查所给答案是否同时满足"融洽集"定义的两个条件(满足需证明,不满足需举反例),才能解决问题.

本试题具有情境新、背景新、立意新、形式新、解题方法新等特点,是一道很好的创新型试题. 考生解答这类试题可以按照"从新情境问题中获取信息—分析处理信息—转化为数学问题—获得原问题的解"的步骤进行. 同时,该题目在试题编拟中具有较好的导向性和示范性,以该题目为样题,在2007、2008、2009年的高考命题中类比该题目成功地命制了一些优秀的高考试题,如:2008年福建卷第16题,2009年四川卷(理)第16题等.

测评试题中的高等数学虽源于高等数学,含有较浓的"高数味",但经过初等化包装、设计后,却与中学数学联系十分紧密,在解答上考生能运用中学所学的初等方法顺利地解决问题,即常说的"高等背景,初等解法".

含有高等数学背景的试题不仅背景新颖,而且能有效地考查学生的能力. 一方面含有高等数学背景的测评试题背景新颖、公平. 一般来说,这些背景在教材、复习资料和模拟试题中较为少见. 对于广大考生来讲是全新的、公平的,不会因地域或教育背景的差异而出现部分考生熟悉而一些考生不熟悉的情形,这样保证了试题背景的公平性,从而提升了试题的信度;另一方面,高数背景的试题能很好地考查学生的能力,因为试题背景是全新的,在解答中没有固定的解题招式,几乎没有现成的解法和套路可以模仿,靠所谓的"套路"和呆板的"题海战术"难以奏效,同时试题对思维水平要求较高,不刻意强调解题技巧,无需死记硬背,思维容量较大,从而有效地甄别了考生的潜质和数学素质,很好地凸显了试题的区分度,这与高考命题中深化能力立意,突出考查能力与素质的导向也是一致的.

5.1.4 现实生活、工农业生产等方面的素材的开发

现实生活、工农业生产等方面的素材是数学测评中的应用性问题来源. 而应用性试题是对考生"综合实力"的考查,是考查能力与素质的良好题型. 近几年应用题的编拟更加重视语言简洁、准确、背景清新、平易近人,模型具体、简明,方法熟悉、简便,所涉及的都是数学基本内容、思想和方法,摒弃繁琐的数学运算,突出了对数学思想、方法和实践能力的考查.

例 14 (2007 年高考江西卷题) 四位好朋友在一次聚会上, 他们按照各自的爱好选择了形状不同、内空高度相等、杯口半径相等的圆口酒杯, 如下图所示. 盛满酒后它们约定: 先各自饮杯中酒的一半. 设剩余酒的高度从左到右依次为 h_1, h_2, h_3, h_4, 则它们的大小关系正确的是 ( )

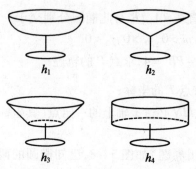

A. $h_2 > h_1 > h_4$ B. $h_1 > h_2 > h_3$ C. $h_3 > h_2 > h_1$ D. $h_2 > h_4 > h_1$

评述 本题背景鲜活, 颇有生活气息. 命题者大胆将四种旋转体集在一起, 与日常生活中的酒杯联系起来, 巧妙设问, 主要考查几何体的体积与高度的关系, 考查空间想象能力及直觉思维能力. 通过观察, 进行直觉思维, 可以摆脱解题常规和思维定势的束缚, 从而对问题作出迅速、准确的直觉判别. 因为各酒杯杯口半径相等, 即上底面积相等. 内空高度相等, 且饮去上部一半, 故下部越细, 剩余酒高度越高, 所以 $h_2 > h_1 > h_4$, 故选 A.

例 15 (2012 年高考湖南卷题) 某企业接到生产 3 000 台某产品的 A, B, C 三种部件的订单, 每台产品需要这三种部件的数量分别为 2, 2, 1 (单位: 件). 已知每个工人每天可生产 A 部件 6 件, 或 B 部件 3 件, 或 C 部件 2 件. 该企业计划安排 200 名工人分成三组分别生产这三种部件, 生产 B 部件的人数与生产 A 部件的人数成正比, 比例系数为 k (k 为正整数).

(Ⅰ) 设生产 A 部件的人数为 x, 分别写出完成 A, B, C 三种部件生产需要的时间;

(Ⅱ) 假设这三种部件的生产同时开工, 试确定正整数 k 的值, 使完成订单任务的时间最短, 并给出时间最短时具体的人数分组方案.

评述 本题考查了函数的基本知识, 分类整合、化归与转化的数学思想以及应用意识. 第 (Ⅰ) 问只需考生清楚地理解题意便可求解; 第 (Ⅱ) 问本质上是比较生产三种部件所需时间的问题. 解答时, 为了将三个函数值的大小比较问题转化为两个函数值的大小比较问题, 需要根据 k 的取值情况进行分类讨论.

本题的背景贴近生活, 所用的知识、方法也为考生熟悉. 考生能否得到高分, 取决于他们数学的思维品质、表达能力以及运用数学知识分析、解决问题的能力.

5.1.5 初等数学研究素材的发掘

初等数学研究的对象就是从初等数学的特点出发, 发现和解决初等数学本身的发展及

其应用中的问题.围绕教材、教学及有关中学数学问题的背景展开研究工作,是初等数学研究的重要内容.在初等数学研究中,研究者们不仅能获得大量的研究成果,而且对教材中的有关内容有了更深入更本质的认识.利用初等数学研究的成果,可以作为测评数学试题编制的源头之一.

在这里,我们给出了三个方面的例子,均是先看测评试题,然后发掘其源头,即初等研究的成果.这三个方面指的是:关于圆与椭圆的研究、关于数阵的研究、关于圆锥曲线的有关研究.

例 16 (2010 年高考江苏卷题)在平面直角坐标系 xOy 中,如图 5-7,已知椭圆 $\frac{x^2}{9}+\frac{y^2}{5}=1$ 的左、右顶点为 A,B,右焦点为 F. 设过点 $T(t,m)$ 的直线 TA,TB 与此椭圆分别交于点 $M(x_1,y_1),N(x_2,y_2)$,其中 $m>0,y_1>0,y_2<0$.

(Ⅰ)设动点 P 满足 $PF^2-PB^2=4$,求点 P 的轨迹;

(Ⅱ)设 $x_1=2,x_2=\frac{1}{3}$,求点 T 的坐标;

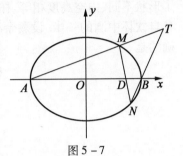

图 5-7

(Ⅲ)设 $t=9$,求证:直线 MN 必过 x 轴上的一定点(其坐标与 m 无关).

例 17 (2011 年高考四川卷题)如图 5-8,已知椭圆的两个顶点 $A(-1,0),B(1,0)$,过焦点 $F(0,1)$ 的直线 l 与椭圆交于 C,D 两点,并与 x 轴交于点 P,直线 AC 与直线 BD 交于点 Q.

(Ⅰ)当 $|CD|=\frac{3}{2}\sqrt{2}$ 时,求直线 l 的方程;

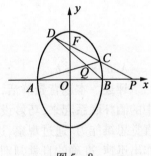

(Ⅱ)当点 P 异于 A,B 两点时,求证:$\overrightarrow{OP}\cdot\overrightarrow{OQ}$ 为定值.

图 5-8

例 18 (2012 年高考福建卷题)如图 5-9,椭圆:$\frac{x^2}{a^2}+\frac{y^2}{b^2}=1(a>b>0)$ 的左焦点为 F_1,右焦点为 F_2,离心率 $e=\frac{1}{2}$. 过 F_1 的直线交椭圆于 A,B 两点,且 $\triangle ABF_2$ 的周长为 8.

(Ⅰ)求椭圆 E 的方程;

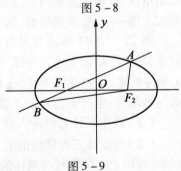

图 5-9

(Ⅱ)设动直线 $l:y=kx+m$ 与椭圆 E 有且只有一个公共点 P,且与直线 $x=4$ 相交于点 Q. 试探究:在坐标平面内是否存在定点 M,使得以 PQ 为直径的圆恒过点 M? 若存在,求出点 M 的坐标;若不存在,说明理由.

评述 这里我们对上述三个试题中每题最后一问进行探本溯源,发现它们是由圆与椭圆问题研究中的几个重要结论衍变而来的.

定理 1 如图 5-10,已知 $ABCD$ 是圆 O 的内接四边形,直线 BC 与 AD 交于点 X,直线 AB 与 CD 交于点 Y,直线 AC 与 BD 交于点 P,则三个交点 P,X,Y 中任意两点的距离的平方等于这两点到圆 O 的幂之和或差(即为极点公式).

证明 (1)作 YF,XE 分别切圆 O 于点 F,E,作 $\triangle DAY$ 的外接圆交 XY 于点 G,联结 AG,因

为 $\angle XBA = \angle CDA = \angle YGA$,故 A,B,X,G 四点共圆.

由切割线定理得:$YF^2 = YA \cdot YB = YG \cdot YX, XE^2 = XA \cdot XD = XG \cdot XY$,所以
$$YF^2 + XE^2 = YG \cdot YX + XG \cdot XY = XY^2$$
从而,若设圆 O 的半径为 R,有
$$XY^2 = YF + XE^2$$
$$OY^2 - R^2 + OX^2 - R^2 = OX^2 + OY^2 - 2R^2$$
即 X,Y 两点的距离的平方等于这两点到圆 O 的幂之和.

(2)作 $\triangle PCD$ 的外接圆交 PY 于点 Q,联结 CQ,BQ,有 $\angle PCD = \angle PQD = \angle YQD$,在圆 O 中有 $\angle PCD = \angle ACD = \angle ABD = \angle YBD$,所以 $\angle YQD = \angle YBD$,所以四点 B,Q,D,Y 共圆,可得 $PB \cdot PD = PY \cdot PQ$.

在圆 O 与四边形 $CDPQ$ 的外接圆中,$YD \cdot YC = YA \cdot YB, YD \cdot YC = YP \cdot YQ$,所以 $YP \cdot YQ = YA \cdot YB$,所以四点 B,Q,P,A 共圆,则有
$$YA \cdot YB - PB \cdot PD = YP \cdot YQ - YP \cdot PQ = YP \cdot (YQ - PQ) = YP^2$$
又设 P 为中点的弦交圆 O 于 M,N 两点,有 $PM = PN$. 从而
$$YP^2 = YA \cdot YB - YB \cdot PD = YF^2 - PM^2$$
$$= OY^2 - R^2 - (R^2 - OP^2) = OY^2 + OP^2 - 2R^2$$
即 P,Y 两点的距离的平方等于这两点到圆 O 的幂之差.

(3)同理可得 P,X 两点的距离的平方等于这两点到圆 O 的幂之差.

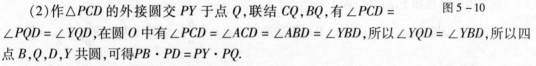

图 5 - 10

定理 2 如图 5 - 11 或图 5 - 12,已知圆 $O: x^2 + y^2 = a^2(a > 0)$,点 $P(m, 0)(m \neq \pm a)$,过点 P 作不重合的两条直线 l_1, l_2 分别交圆 O 于点 A, C, B, D,且直线 BC 与 AD 交于点 X,直线 AB 与 CD 交于点 Y,则 X, Y 两点的横坐标相同,均为 $\dfrac{a^2}{m}$.

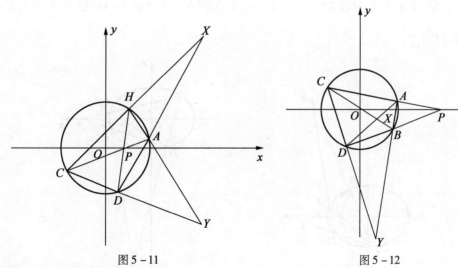

图 5 - 11   图 5 - 12

证明 已知圆 O 的圆心为 $O(0,0)$,半径为 a.

设 $Y(x_1, y_1)$,由两点间的距离公式得
$$|PY|^2 = (x_1 - m)^2 + (y_1 - 0)^2$$

又由定理 1,可得
$$|PY|^2 = (|OP|^2 - a^2) + (|OY|^2 - a^2)$$
$$= (m^2 - a^2) + [(x_1^2 + y_1^2) - a^2]$$

故 $(x_1 - m)^2 + (y_1 - 0)^2 = (m^2 - a^2) + [(x_1^2 + y_1^2) - a^2]$

解得 $x_2 = \dfrac{a^2}{m}$.

设 $X(x_2, y_2)$,同理可得 $x_2 = \dfrac{a^2}{m}$.

我们很易证得如下结论(证略):

定理 3 设圆 $O: x^2 + y^2 = a^2 (a > 0)$,作变换 $x' = x, y' = \dfrac{b}{a} y$,则圆变为椭圆 $\dfrac{x'^2}{a^2} + \dfrac{y'^2}{b^2} = 1$.

变换 $\begin{cases} x' = x, \\ y' = \dfrac{b}{a} y \end{cases} (a > 0, b > 0)$ 使得平面内的点、线、角具有以下性质:

(1)横坐标不变,纵坐标拉伸($\dfrac{b}{a} > 1$)或缩短($0 < \dfrac{b}{a} < 1$)到原来的 $\dfrac{b}{a}$ 倍;

(2)两直线的平行性不变,直线与曲线的相交性不变;

(3)变换后共线三点单比不变(即变换后三点的两个线段的比值和变换前的比值一样);

(4)变换后保持同素性和结合性(即变换前直线与曲线若相切,变换后仍相切).

由定理 2 及定理 3 可得:

定理 4 已知椭圆方程 $\Gamma: \dfrac{x^2}{a^2} + \dfrac{y^2}{b^2} = 1 (a > 0, b > 0)$(注意椭圆焦点坐标在 x 轴或 y 轴均通用),若 $P(m, 0)(m \neq \pm a)$,过点 P 作不重合的两条直线 l_1, l_2 分别交椭圆 Γ 于点 A, C, B, D,且直线 BC 与 AD 交于点 X,直线 AB 与 CD 交于点 Y,如图 5-13 和图 5-14. 那么,X, Y 两点的横坐标相同,均为 $\dfrac{a^2}{m}$.

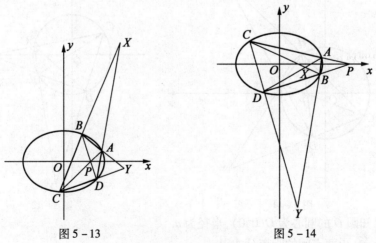

图 5-13   图 5-14

注 定理 4 中,若 $P(0, m)(m \neq \pm b)$,则 X, Y 两点的纵坐标相同,均为 $\dfrac{b^2}{m}$.

下面对定理 4 再作探究,将其中的点 P 或直线 l_1,l_2 特殊化,则诸多结论繁衍而生.

定理 5 题设同定理 4,当 P 为椭圆的焦点时,得点 X 与 Y 的横坐标相同,均为 $\dfrac{a^2}{m}=\dfrac{a^2}{c}$,即点 X 与 Y 落在准线上.

定理 6 题设同定理 4,当 l_1,l_2 的斜率互为相反数时,如图 5-15,有以下性质:

(1)点 Y 落在 x 轴上,x 轴为 $\angle AYC$ 的角平分线,即 $\angle BYP=\angle CYP$;

(2)过 A,C 分别作 $AA_1\perp l,CC_1\perp l$,得 $\triangle AA_1Y\backsim\triangle CC_1Y$ 且 $\dfrac{|AP|}{|CP|}=\dfrac{|A_1Y|}{|C_1Y|}=\dfrac{|AA_1|}{|CC_1|}$;

(3) $S_{\triangle AA_1Y},\dfrac{1}{2}S_{\triangle ACY},S_{\triangle CC_1Y}$ 顺序成等比数列;

(4)当 P 为椭圆的焦点且 l_1,l_2 的斜率互为相反数时,点 $Y\left(\dfrac{a^2}{c},0\right)$,即点 Y 是准线与 x 轴的交点.

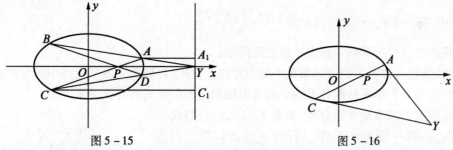

图 5-15　　　　　　　　图 5-16

定理 7 题设同定理 4,当 l_1,l_2 的斜率相同(即 l_1,l_2 重合)时,A,B 重合,C,D 重合,此时,直线 AB,CD 均变为椭圆在点 A,C 处的切线 AY 与 CY,如图 5-16,设 $A(x_1,y_1),C(x_2,y_2),P(m,0),Y(x_0,y_0)$,仍有不变的结论:

(1) $x_0=\dfrac{a^2}{m}$;

(2)当点 P 为椭圆的焦点时,有 $x_0=\dfrac{a^2}{c}$,即点 A,C 处的切线的交点落在准线上;

(3)当点 P 为椭圆的焦点时,有 $PY\perp AC$,逆命题也成立.

有了上面的讨论,我们可立即"快捷求解"前述 3 例:

例 16(Ⅲ)的解析 由题意,设点 $T(9,y_0)$,设直线 MN 过 x 轴上定点 $D(m,0)$,椭圆 $\dfrac{x^2}{9}+\dfrac{y^2}{5}=1$,如图 5-7,结合定理 4 中结论可知点 T 的横坐标为 $\dfrac{a^2}{m}$,即 $9=\dfrac{9}{m}$,解得 $m=1$,即 $D(1,0)$.

例 17(Ⅱ)的解析 设点 $P(m,0)$,如图 5-8,由定理 4 可设点 $Q\left(\dfrac{b^2}{m},y_0\right)$,因为椭圆 $\dfrac{y^2}{2}+x^2=1$,所以得点 $Q\left(\dfrac{1}{m},y_0\right)$,则 $\overrightarrow{OP}\cdot\overrightarrow{OQ}=m\cdot\dfrac{1}{m}+0\cdot y_0=1$ 为定值.

例 18(Ⅱ)的解析 这由定理 7(3)即得.

注 上述内容参见了张新老师的文章《探本溯源,绝境重生》(数学通讯,2014(9)).

例19 (2009年高考湖南卷题)将正 $\triangle ABC$ 分割成 $n^2(n \geq 2, n \in \mathbf{N})$ 个全等的小正三角形(图 5-17,图 5-18 分别给出了 $n=2,3$ 的情形),在每个三角形的顶点各放置一个数,使位于 $\triangle ABC$ 的三边及平行于某边的任一直线上的数(当数的个数不少于 3 时)都分别依次成等差数列,若顶点 A,B,C 处的三个数互不相同且和为 1,记所有顶点上的数之和为 $f(n)$,则有 $f(2)=2, f(3)=$ _____,$\cdots$,$f(n)=$ _____.

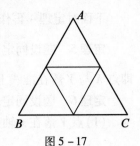

图 5-17

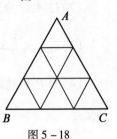

图 5-18

评述 由图及等差数列的性质容易得 $f(2)=2=\dfrac{6}{3}, f(3)=\dfrac{10}{3}$,$f(4)=5=\dfrac{15}{3}, f(5)=7=\dfrac{21}{3}$,猜想 $f(n)-f(n-1)=\dfrac{n+1}{3}$,得 $f(n)=\dfrac{(n+1)(n+2)}{6}$.

或者由于题设条件没有公差,可猜想结论与公差无关,虽然 $d \neq 0$,可设 $d \to 0$,每一项 $a_n \to \dfrac{1}{3}$,得 $f(n)=\dfrac{(n+1)(n+2)}{6}$.

此例的背景是初等数学研究中的数阵问题:

首先,满足这样要求的三角形数阵是否存在?其次,该数阵中各平行线中的等差数列的公差有什么关系?不平行的各直线中的等差数列中的公差又有什么关系?

可从数列的基本量开始分析,如图 5-19,记分割成 n^2 后的数阵为:第一行为 $a_{1,1}$,第二行为 $a_{2,1}, a_{2,2}$,第三行为 $a_{3,1}, a_{3,2}, a_{3,3}, \cdots$,第 $n+1$ 行为 $a_{n+1,1}, a_{n+1,2}, a_{n+1,3}, \cdots, a_{n+1,n+1}$. 设等差数列 $a_{1,1}, a_{2,1}, a_{3,1}, \cdots, a_{n+1,1}$ 的公差为 d_1,等差数列 $a_{1,1}, a_{2,2}, a_{3,3}, \cdots, a_{n+1,n+1}$ 的公差为 d_2,则 $a_{i,1}=a_{1,1}+(i-1)d_1, a_{i,i}=a_{1,1}+(i-1)d_2$. 从而在第 i 行等差数列 $a_{i,1}, a_{i,2}, a_{i,3}, a_{i,i}$ 中的公差为 $d_3=\dfrac{a_{i,i}-a_{i,1}}{i-1}=d_2-d_1$,与 i 无关,从而每行(与 BC 平行)的等差数列的公差为 d_2-d_1.

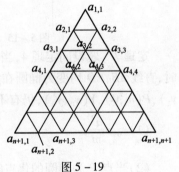

图 5-19

所以 $a_{i,j}=a_{i,1}+(j-1)(d_2-d_1)=a_{1,1}+(i-1)d_1+(j-1)(d_2-d_1)$.

于是 $a_{i,j}-a_{i-1,j}=d_1$,与 i,j 无关,即在与 AB 平行的各直线上等差数列的公差均为 d_1.

同理 $a_{i,j}-a_{i-1,j-1}=d_2$ 与 i,j 无关,即在与 AC 平行的各直线上等差数列的公差均为 d_2.

所以满足这些要求的数阵是存在的,而且平行直线之间的等差数列的公差相等,且公差满足: $d_3=d_2-d_1$.

有了以上分析,立刻得到本题的基本解法:

由已知得: $a_{1,1}+a_{n+1,1}+a_{n+1,n+1}=3a_{1,1}+n(d_1+d_2)=1$,所以

$f(n) = a_{1,1}+(a_{2,1}+a_{2,2})+(a_{3,1}+a_{3,2}+a_{3,3})+\cdots+(a_{n+1,1}+a_{n+1,2}+\cdots+a_{n+1,n+1})$

$= a_{1,1}+\dfrac{a_{2,1}+a_{2,2}}{2}\times 2+\dfrac{a_{3,1}+a_{3,3}}{2}\times 3+\cdots+\dfrac{a_{n+1,1}+a_{n+1,n+1}}{2}\times(n+1)$

$= (1+2+3+\cdots+n+(n+1))a_{1,1}+\dfrac{1}{2}[1\times 2+2\times 3+\cdots+$

$$n \times (n+1)](d_1 + d_2)$$

$$= \frac{(n+1)(n+2)}{2}a_{1,1} + \frac{1}{2} \times \frac{1}{3}n(n+1)(n+2)(d_1+d_2)$$

$$= \frac{(n+1)(n+2)}{6} \times [3a_{1,1} + n(d_1+d_2)]$$

$$= \frac{(n+1)(n+2)}{6}$$

也可以从等差数列求和类比分析:

在求等差数列前 n 项和时,$a_1 + a_n = a_2 + a_{n-1} = \cdots = a_i + a_{n+1-i}$,运用倒序相加法,得 $S_n = \frac{(a_1+a_n)n}{2}$,其本质是等差数列中两项的重心(中点)相同则其两项和相同. 类比上述过程,考虑到正三角,如图 5-20,分别把正三角形绕中心转 120°,240°后叠加到原正三角处.

对于 $a_{i,j}$ 可看成: 点 A 沿 AB 方向走 i 步,再沿平行 BC 方向走 j 步得到; 当正三角形绕中心转 120°时,点 A 转到 B,AB 转到 BC,BC 转到 CA,则 $a_{i,j}$ 转到: 点 B 沿 BC 方向走 i 步,再沿平行 CA 方向走 j 步的点处,即转到 $a_{n-j+2,i-j+1}$. 同理再转 120°时,转到: 点 C 沿 CA 方向走 i 步,再沿平行 AB 方向走 j 步的点处,即转到 $a_{n+j-i+1,n-i+2}$. 同样 $a_{n-j+2,i-j+1}$ 和 $a_{n+j-i+1,n-j+2}$ 分别转 240°,120°后转到 $a_{i,j}$.

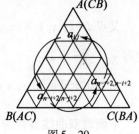

图 5-20

这样每一点有三个数,其和为 $a_{i,j} + a_{n-j+2,i-j+1} + a_{n+j-i+1,n-i+2} = 3a_{1,1} + n(d_1+d_2) = 1$,所以 $3f(n) = 1 + 2 + \cdots + (n+1)$,$f(n) = \frac{(n+1)(n+2)}{6}$.

注 以上内容参见了冯海荣老师的文章《再谈 2009 湖南高考第 15 题》(数学通讯,2010(4)).

例 20 (2004 年高考北京卷题)过抛物线 $y^2 = 2px(p>0)$ 上一定点 $P(x_0,y_0)$,$(y_0 > 0)$ 作两条直线分别交抛物线于点 $A(x_1,y_1)$,$B(x_2,y_2)$,当 PA,PB 的斜率存在且倾斜角互补时,求 $\frac{y_1+y_2}{2}$ 的值,并证明直线 AB 的斜率为定值.

例 21 (2005 年高考江西卷题)设 M 是抛物线 $y^2 = x$ 上的一点,抛物线的两条动弦 ME,MF 分别交 x 轴于点 A,B,且 $|MA| = |MB|$,若 M 为定点,证明 EF 的斜率为定值.

例 22 (2004 年高考北京春季卷题)抛物线关于 x 轴对称,它的顶点在坐标原点,点 $P(1,2)$,$A(x_1,y_1)$,$B(x_2,y_2)$ 均在抛物线上,当 PA,PB 的斜率存在且倾斜角互补时,求 $y_1 + y_2$ 的值及直线 AB 的斜率.

评述 如上 3 道测评题的共同背景是抛物线中两条动直线的斜率关系问题,这在初等数学研究中就有重要的结论. 我们先看江苏李广修老师提供给《数学数学》杂志的数学问题 688:已知 P 是椭圆 Γ 上的任意一点,证明:椭圆 Γ 上存在无数个以 P 为一个顶点的内接三角形,它们的 $\angle P$ 的对边都互相平行,且 $\angle P$ 的平分线都是同一条射线.

对于这个数学问题,湖北武汉市的郭炳坤、周学勇两位老师研究了它的推广问题(《数学数学》2008(8)):

已知 P 是圆锥曲线 C(椭圆、双曲线、抛物线)上任意一点,证明:曲线 C 上存在无数个以 P 为顶点的内接三角形,它们的 $\angle P$ 的对边互相平行,且 $\angle P$ 的平分线都是同一射线.

这里仅对抛物线、双曲线的情况给予证明：建立如图 5 - 21 所示的直角坐标系，设抛物线的方程为 $y^2 = 2px(p > 0)$.

若 P 是抛物线的顶点，$\angle P$ 的对边都与 x 轴垂直，于是 $\angle P$ 的平分线都是同一射线（x 轴上的射线）.

若不是抛物线的顶点，可设 $P(x_0, y_0)(y_0 \neq 0)$，设 $\angle P$ 的对边 AB 所在直线方程为 $y = mx + n$，显然当 $k_{AP} + k_{BP} = 0$ 时，即直线 AP, BP 的倾斜角互补，$\angle APB$ 的角平分线是过 P 且与 x 轴垂直的直线. 因此，如果存在一个 m 值，使对任意实数 n，都有 $k_{AP} + k_{BP} = 0$ 成立，那么命题即获得证明.

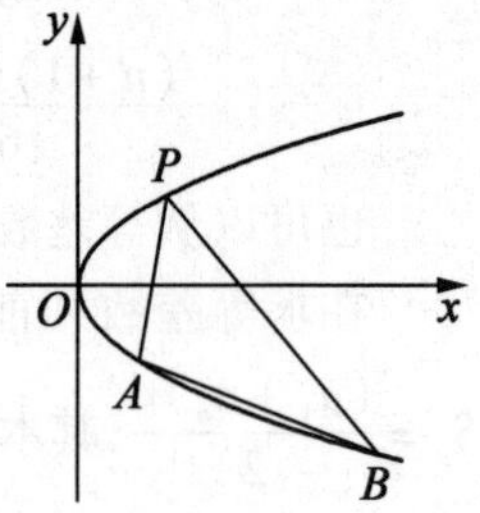

将 $y = mx + n$ 与 $y^2 = 2px$ 联立消去 x 得 $my^2 - 2py + 2pn = 0$.

设 $A(x_1, y_1), B(x_2, y_2)$，由 $k_{AB} + k_{AP} = 0$ 得到 $\dfrac{y_0 - y_1}{x_0 - x_1} + \dfrac{y_0 - y_2}{x_0 - x_2} = 0$.

图 5 - 21

又点 $P(x_0, y_0), A(x_1, y_1), B(x_2, y_2)$，坐标满足方程 $y^2 = 2px$，推得 $\dfrac{1}{y_0 + y_1} + \dfrac{1}{y_0 + y_2} = 0$，化简得 $y_1 + y_2 = -2y_0$.

由韦达定理可知，$y_1 + y_2 = \dfrac{2p}{m}$，即 $\dfrac{2p}{m} = -2y_0$，m 取定值 $-\dfrac{p}{y_0}$ 对任意实数 $n, k_{BP} + k_{AP} = 0$ 恒成立.

下面就双曲线方程为 $\dfrac{x^2}{a^2} - \dfrac{y^2}{b^2} = 1(a > 0, b > 0)$ 的情况作扼要证明.

当 P 是双曲线的顶点时，命题显然成立.

当 P 不是双曲线的顶点时，设 $P(x_0, y_0)$，AB 所在直线方程为 $y = mx + n$. 代入 $\dfrac{x^2}{a^2} - \dfrac{y^2}{b^2} = 1$，并化简得 $(b^2 - a^2m^2)x^2 - 2mna^2x - a^2n^2 - a^2b^2 = 0$. 设 $A(x_1, y_1), B(x_2, y_2)$ 满足

$$x_1 + x_2 = \dfrac{2mna^2}{b^2 - a^2m^2} \qquad ①$$

$$x_1 x_2 = \dfrac{a^2n^2 + a^2b^2}{b^2 - a^2m^2} \qquad ②$$

由 $k_{AP} + k_{BP} = 0$，得

$$\dfrac{y_0 - y_1}{x_0 - x_1} + \dfrac{y_0 - y_2}{x_0 - x_2} = 0 \qquad ③$$

化简该式得 $(n - y_0 - mx_0)(x_1 + x_2) + 2mx_1x_2 - 2nx_0 + 2x_0y_0 = 0$.

将式①、②代入式③，化简整理得

$$(a^2y_0m + b^2x_0)n + a^2m^2x_0y_0 - b^2x_0y_0 + ma^2b^2 = 0$$

令 $a^2y_0m + b^2x_0 = 0$，即 m 取定值 $-\dfrac{b^2x_0}{a^2y_0}$ 时，式③对任意实数 n 恒成立，也就是 $k_{AP} + k_{BP} = 0$，对任意实数 n 恒成立. 命题得证.

到此我们可以看到，在椭圆方程 $\dfrac{x^2}{a^2} + \dfrac{y^2}{b^2} = 1(a > b > 0)$ 时，$k_{AB} = \dfrac{b^2x_0}{a^2y_0}$（定值）. 在双曲线方程为 $\dfrac{x^2}{a^2} - \dfrac{y^2}{b^2} = 1(a > 0, b > 0)$ 时，$k_{AB} = \dfrac{b^2x_0}{a^2y_0}$（定值）. 在抛物线方程为 $y^2 = 2px$ 时，$k_{AB} = -\dfrac{p}{y_0}$

(定值). 那么这些定值与 $P(x_0, y_0)$ 的位置有什么关系呢？我们不难发现当点 P 不在 x 轴上时, 这些定值分别是曲线在点 P 处的切线 l 斜率的相反数. 于是又有当直线 PA, PB 的倾斜角互补时, 直线 AB 与直线 l (曲线在点 P 处的切线) 倾斜角也互补 (这时去掉点 P 在 y 轴上的情形). 当我们有了这些结论后, 上述 3 道测评题的背景也就清楚了, 它们的解答也就水到渠成了.

例 20 的简解 抛物线在 $P(x_0, y_0)$ 处的切线的斜率为 $\frac{p}{y_0}$, 则 $k_{AB} = -\frac{p}{y_0}$. 又 $k_{AB} = \frac{y_2 - y_1}{x_2 - x_1} = \frac{2p}{y_1 + y_2}$, 有 $\frac{2p}{y_1 + y_2} = -\frac{p}{y_0}$, 故 $\frac{y_1 + y_2}{y_0} = -2$.

例 21 的简解 设 $P(x_0, y_0)(y_0 \neq 0)$. 抛物线在 P 处的切线斜率为 $k = \frac{1}{2y_0}$, 故 $k_{EF} = -\frac{1}{2y_0}$ (定值).

例 22 的简解 易得抛物线方程为 $y^2 = 4x$. 曲线在 $P(1, 2)$ 处的切线的斜率为 $k = \frac{p}{y_0} = 1$, 则 $k_{AB} = -1$, 又 $k_{AB} = \frac{y_1 - y_2}{x_1 - x_2} = \frac{4}{y_1 + y_2} = -1$, 故 $y_1 + y_2 = -4$.

5.1.6 测评数学内容的重新开发

测评数学试题命制有时也可取材于往年测评试题, 这种命题方式使考生对题目有亲切感, 充分体现命题者对考生的人文关怀. 往年测评试题是新测评试题的重要来源之一.

例 23 设 F_1, F_2 分别是椭圆 $E: x^2 + \frac{y^2}{b^2} = 1(0 < b < 1)$ 的左、右焦点, 过点 F_1 的直线交椭圆 E 于 A, B 两点, 若 $|AF_1| = 3|BF_1|, AF_2 \perp x$ 轴, 则椭圆 E 的方程为_____.

评述 这是 2014 年高考数学安徽卷 (理科) 第 14 题, 初看觉得此题平淡无奇, 其实意蕴不凡, 值得研究. 请看, 一道道曾经熟悉的试题浮现在眼前：

题 1 (2009 年高考全国卷 II 题) 已知双曲线 $C: \frac{x^2}{a^2} - \frac{y^2}{b^2} = 1(a > 0, b > 0)$ 的右焦点为 F, 过点 F 且斜率为 $\sqrt{3}$ 的直线交 C 于 A, B 两点, 若 $\overrightarrow{AF} = 4\overrightarrow{FB}$, 则 C 的离心率为 ( )

A. $\frac{6}{5}$ B. $\frac{7}{5}$ C. $\frac{5}{8}$ D. $\frac{9}{5}$

题 2 (2010 年高考全国卷 I 题) 已知 F 是椭圆 C 的一个焦点, B 是短轴的一个端点, 线段 BF 延长线交 C 于点 D, $\overrightarrow{BF} = 2\overrightarrow{FD}$, 则 C 的离心率 e 为_____.

题 3 (2010 年高考辽宁卷题改编) 设椭圆 $C: \frac{x^2}{a^2} + \frac{y^2}{b^2} = 1(a > 0, b > 0)$ 的焦点为 F, 过点 F 的直线 l 与椭圆 C 相交于 A, B 两点, 直线 l 倾斜角为 $60°$, $\overrightarrow{AF} = 2\overrightarrow{FB}$, 求此椭圆的离心率.

题 4 (2010 年全国高考卷 II 题) 已知椭圆 $C: \frac{x^2}{a^2} + \frac{y^2}{b^2} = 1(a > 0, b > 0)$ 的离心率为 $\frac{\sqrt{3}}{2}$, 过右焦点 F 且斜率为 $k(k > 0)$ 的直线与 C 相交于 A, B 两点, 若 $\overrightarrow{AF} = 3\overrightarrow{FB}$, 则 $k =$ ( )

A. 1　　　　　　B. $\sqrt{2}$　　　　　　C. $\sqrt{3}$　　　　　　D. 2

题 5　(2008年全国高考卷Ⅱ题)已知 F 是抛物线 $C:y^2=4x$ 的焦点,过 F 且斜率为 1 的直线交 C 于 A,B 两点,设 $|FA|>|FB|$,则 $|FA|$ 与 $|FB|$ 比值为 _____.

题 6　(2008年高考江西卷题)过抛物线 $x^2=2py(p>0)$ 的焦点作倾斜角为 $30°$ 的直线与抛物线分别交于 A,B 两点(A 在 y 轴左侧),则 $\dfrac{AF}{BF}=$ _____.

由上可知,通过研究这一道道曾经测试过的试题,可以为后续测评试题提供来源.

例 24　(2012年高考江苏卷题)如图 5-22,在平面直角坐标系 xOy 中,椭圆 $\dfrac{x^2}{a^2}+\dfrac{y^2}{b^2}=1(a>0,b>0)$ 的左、右焦点分别为 $F_1(-c,0),F_2(c,0)$. 已知 $(1,e)$ 和 $(e,\dfrac{\sqrt{3}}{2})$ 都在椭圆上,其中 e 为椭圆的离心率.

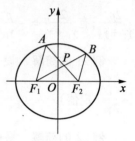

图 5-22

(Ⅰ)求椭圆的方程;

(Ⅱ)设 A,B 是椭圆上位于 x 轴上方的两点,且直线 AF_1 与直线 BF_2 平行,AF_2 与 BF_1 交于点 P.

(1)若 $AF_1-BF_2=\dfrac{\sqrt{6}}{2}$,求直线 AF_1 的斜率;

(2)求证:PF_1+PF_2 为定值.

评述　对于(Ⅰ)可求得椭圆的方程为 $\dfrac{x^2}{2}+y^2=1$(略).对于(Ⅱ),我们在探寻它的题源时,发现它与一道曾经的测试题有关;注意到 2000 年高考全国卷题:过抛物线 $y=ax^2(a>0)$ 的焦点 F 作一条直线交抛物线于 P,Q 两点,若线段 PF 与 FQ 的长分别是 p,q,则 $\dfrac{1}{p}+\dfrac{1}{q}$ 等于　　　　　　　　　　　　　　　　　　　　(　　)

A. $2a$　　　　　B. $\dfrac{1}{2a}$　　　　　C. $4a$　　　　　D. $\dfrac{4}{a}$

此测评题中 $\dfrac{1}{p}+\dfrac{1}{q}=\dfrac{p+q}{pq}$ 显然是下述结论的一个特例,其结果为定值 $4a$,选 C.

结论　经过圆锥曲线 C 的一个焦点 F 的直线 l 交该曲线(双曲线为同一支)于 A,B 两点,则有 $\dfrac{AF\cdot BF}{AF+BF}$ 为定值.而此结论利用圆锥曲线的极坐标方程 $\rho=\dfrac{ep}{1-e\cos\theta}$,可以证得 $\dfrac{AF\cdot BF}{AF+BF}=\dfrac{ep}{2}$ 为定值.

于是,发现原试题有如下的极坐标解法:如图 5-23,延长 AF_1 交椭圆于点 C. 因为直线 AF_1 与直线 BF_2 平行,由图形的对称性可知点 B 与 C 关于原点对称,所以 $CF_1=BF_2$.

以 F_1 为极点,$\overrightarrow{F_1O}$ 的方向为极轴的正方向,建立极坐标系. 此时椭圆的极坐标方程为 $\rho=\dfrac{ep}{1-e\cos\theta}$,其中 $e=\dfrac{\sqrt{2}}{2},p=\dfrac{a^2}{c}-c=1$,故

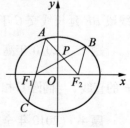

图 5-23

$$\rho = \frac{1}{\sqrt{2} - \cos\theta}.$$

设直线 AF_1 的倾斜角为 α，则 $AF_1 = \frac{1}{\sqrt{2} - \cos\alpha}, CF_1 = \frac{1}{\sqrt{2} - \cos(\pi + \alpha)} = \frac{1}{\sqrt{2} + \cos\alpha}$.

(1) 从而由 $AF_1 - BF_2 = AF_1 - CF_1 = \frac{1}{\sqrt{2} - \cos\alpha} - \frac{1}{\sqrt{2} + \cos\alpha} = \frac{2\cos\alpha}{2 - \cos^2\alpha}$

有 $\frac{2\cos\alpha}{2 - \cos^2\alpha} = \frac{\sqrt{6}}{2}$ 得 $\cos\alpha = \frac{\sqrt{6}}{3}$，可得 $\tan\alpha = \frac{\sqrt{2}}{2}$，即直线 AF_1 的斜率为 $\frac{1}{m} = \frac{\sqrt{2}}{2}$.

(2) 注意到

$$PF_1 + PF_2 = 2\sqrt{2} - \frac{2AF_1 \cdot BF_2}{AF_1 + BF_2} = 2\sqrt{2} - \frac{2AF_1 \cdot CF_1}{AF_1 + CF_1}$$

而

$$AF_1 + CF_1 = \frac{1}{\sqrt{2} - \cos\alpha} + \frac{1}{\sqrt{2} + \cos\alpha} = \frac{2\sqrt{2}}{2 - \cos^2\alpha}$$

$$AF_1 \cdot CF_1 = \frac{1}{\sqrt{2} - \cos\alpha} \cdot \frac{1}{\sqrt{2} + \cos\alpha} = \frac{1}{2 - \cos^2\alpha}$$

所以 $\frac{2AF_1 \cdot CF_1}{AF_1 + CF_1} = \frac{\sqrt{2}}{2}$.

故 $PF_1 + PF_2 = \frac{3\sqrt{2}}{2}$ 是定值.

有些测评试题实际是由曾经的测评题、培训题改编而来的. 这说明测评数学内容的资源开发是离不开测评数学内容的重新开发的.

例 25 （见 3.5.5 节中例 23）

评述 此测评题由一道数学竞赛培训测评题改编而来：椭圆 $\frac{x^2}{4} + \frac{y^2}{3} = 1$ 上有 n 个不同的点 $P_1, P_2, \cdots, P_n, F$ 是右焦点，$\{|P_iF|\}$ 组成公差 $d > \frac{1}{100}$ 的等差数列，则 n 的最大值是（　　）

A. 199　　　　B. 200　　　　C. 99　　　　D. 100

此题的求解：由 $|P_nF| = |P_1F| + (n-1)d$，有 $n - 1 = \frac{|P_nF| - |P_1F|}{n}$. 在椭圆中焦半径 $|P_iF|$ 的最大值是 $a + c$，最小值是 $a - c$. 其中 a, c 分别为椭圆半长轴、半焦距，于是 $|P_nF| - |P_1F| \leq a + c - (a - c) = 2c = 2$. 故 $n \leq 1 + \frac{2}{d} < 1 + 2 \times 100 = 201$. 因此，$n$ 的最大值是 200. 故选 B.

5.2　测评数学试题命制技术资源开发

试题的编拟，是通过数学内部矛盾的联系与转化，改变问题的内部结构或外部形式，对知识有一定的依赖性、综合性及测重性，对方法技巧有一定的挖掘及开拓. 习惯上，改变问题的内部结构者，一般要对原问题进行抽象加工，称编制题，俗称原创题；而改变外部形式者，一般以已有题为基础，对其进行一定变形，变为另一形式的题，称拟制题，俗称改编题. 我们将编制与拟制统称为命制.

5.2.1 测试题拟制技术

从大的方面而言,测试题中的多数属于拟制题,拟制题中占绝大多数的又是源于教材中的题,而这些题一般经过直接改编、大跨度改编、组合嫁接、运用方法思想的形式表现. 从手段及理论上加以透视,这些拟制有以下技术:

1. **蕴含、分解**:这是根据立意,将题与题间的本质属性加以抽象并重新组合而形成的变形,其中蕴含表现为两题或多题变为一题,分解表现为一题变为两题或多题.

2. **情景转换**:这是根据题与题间非本质属性介入或反复使用而进行的变形,一般又含有以下几种形式:其一,增加环节变形,表现为增加了运算过程或说明过程;其二,更替与限制变形,表现为变为同类中一般形式或变为同类中之一;其三,角度转化,表现为数与形,动与静,变量与常量的更替.

3. **设问转变**:表现为改变设问方向的逆命题转变及封闭与开放的方式转变.

对于拟制题,学界目前认为立意求究、情景为新、设问求适是评价标准与要求. 有人曾对立意求新概括为以下几点:有学习增长意味,有提问迁移意味,有类比猜想意味,有实验评估意味. 情景求新,目前有两种典型的认识倾向,一是从感觉角度上,追求眼前一亮,但这种基于感觉的眼前一亮,最终的发展是将"怪奇出新"作为其标准;二是从与立意的理性联系上讲求"平中见韵,平中出新",如同一个文学作品,一种层次是将好景写平,还有一种层次是"平中出景",孰优孰劣,相信读者自有明断. 设问求适,是指如何设置设问的方向及方式,主要看立意,最大限度的适合立意.

情景求新与设问求适,体现最为明显的是竞赛题与测试题的相互转化. 竞赛题一般易从导出的结论作为立意点,因此竞赛题的跨度常常较大,而测试题的立意一般不超出教材中的定理、公理及定义,所以竞赛题,降低跨度可以变为测试题,降低跨度的办法一般有:增加设问减少坡度,降维处理,特殊化处理,减少环节;反之操作测试题也可以变为竞赛题. 无论如何变形,尤其是由竞赛题变为测试题,满足目的要求,适合立意特色是首要考虑内容.

5.2.2 测试题拟制方式

习惯上把数学教科书中的例题、习题和其他各类书刊上已有的题目等称为陈题. 根据陈题拟制新题,所得的新题源于陈题,又有新意,对作答者要求的针对性较强. 它是拟制新题的一种常用方法,即顺藤摸瓜、改头换面、移花接木来达到推陈出新.

1. 变更陈题的结论拟制新题

这种拟制新题的方法是保持陈题的条件不变,变更陈题的结论. 怎样变更结论呢?

(1)将陈题的结论特殊化拟制新题.

(2)将陈题的结论作为中间结果拟制新题.

(3)将陈题的结论作等价变换拟制新题.

2. 变更陈题的条件拟制新题

这种拟制新题的方法是保持结论不变,变更陈题的条件. 变更条件有如下途径:

(1)将陈题的条件作等价变换拟制新题.

(2)寻找得到陈题条件的条件拟制新题.

(3)将陈题的条件一般化拟制新题.

(4)将条件特殊化拟制新题.

3. 同时变更陈题的条件和结论拟制新题

同时变更陈题的条件、结论是一种较为有效的拟题方法.

(1)通过对比关系拟制新题.

将陈题的知识背景与另一知识背景建立对比关系,从而拟制出类似的问题(新题的正确性用另外的途径加以证明).

(2)将陈题的条件和结论同时一般化拟制新题.

(3)将陈题的条件和结论同时特殊化拟制新题.

(4)交换陈题中的条件和结论拟制新题.

将陈题中的条件与结论全部交换,或将部分条件与部分结论交换,拟制新题.

(5)以陈题作为解题依据拟制新题.

有些陈题本身是重要的命题,利用它可以拟制新题.

例26 如图 5-24,已知点 P 是椭圆 $\dfrac{x^2}{a^2}+\dfrac{y^2}{b^2}=1(a>b>0)$ 过右焦点 F 的弦 AB 在两端点处切线的交点.

(Ⅰ)证明:点 P 在椭圆的右准线上;

(Ⅱ)证明:$PF\perp AB$.

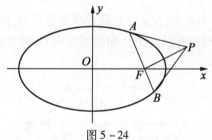

图 5-24

上述陈题图中的 $\triangle PAB$ 常被称为阿基米德三角形. 在阿基米德三角形中,考虑其中的 $\triangle PAF$,焦点为 F,切点为 A,准线上点为 P,$PF\perp AF$ 等核心条件还保留在其中,而将结论变更则拟制出更为简洁且耳目一新的以下命题:

命题1 如图 5-25,椭圆 $\dfrac{x^2}{a^2}+\dfrac{y^2}{b^2}=1(a>b>0)$ 上点 A 处的切线与右准线相交于点 P. 求证:以 AP 为直径的圆恒过定点.

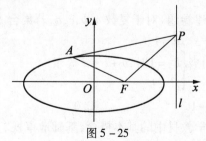

图 5-25

命题2 如图 5-25,点 F 和直线 l 分别为椭圆 $\dfrac{x^2}{a^2}+\dfrac{y^2}{b^2}=1(a>b>0)$ 的右焦点和右准

线，A 为椭圆上的点，过 F 作直线 AF 垂线并交 l 于点 P．

求证：AP 为椭圆的切线．

例 27 如图 5-26，圆 $x^2+y^2=a^2$ 上相异两点 M,N 的中点为 P．若直线 MN,OP 的斜率均存在．则有 $k_{OP} \cdot k_{MN} = -1$．

对于上述陈题，变更其条件，结论即由圆变为椭圆，结论变为探求而拟制出以下新命题：

命题 3 如图 5-27，椭圆 $\dfrac{x^2}{a^2}+\dfrac{y^2}{b^2}=1(a>b>0)$ 上相异两点 M,N 的中点为 P，若直线 MN,OP 的斜率均存在．那么直线 MN,OP 的斜率之积为定值吗？

对于命题 3，易证得 $k_{MN} \cdot k_{OP} = -\dfrac{b^2}{a^2}$．

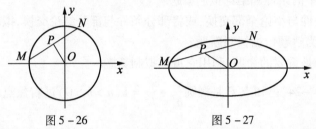

图 5-26   图 5-27

在命题 3 的基础上进行特殊的、逆向的设计，又形成了以下一个新命题：

命题 4 如图 5-28，过点 $A(-1,1)$ 作不过椭圆 $\dfrac{(x+1)^2}{9}+\dfrac{y^2}{4}=1$ 中心的斜线 l，交椭圆于 M,N 两点，弦 MN 的中点为 P．问在 x 轴上是否存在定点 Q，使直线 PQ 和直线 MN 的斜率之积为定值？若存在，请求出所有的定值及相应的定点 Q；若不存在，请说明理由．

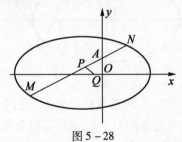

图 5-28

对于命题 4，易知所求定点为椭圆的中心 $(-1,0)$，定值为 $-\dfrac{b^2}{a^2}=-\dfrac{4}{9}$．

注 设置 MN 过点 $A(-1,1)$ 和点 Q 在 x 轴上的前置条件，目的是为了减小试题的难度．

例 28 （2010 年高考福建卷题）对于复数 a,b,c,d，若集合 $S=\{a,b,c,d\}$ 具有性质"对任意 $x,y\in S$，必有 $xy\in S$"，则当 $\begin{cases}a=1\\b^2=1\\c^2=b\end{cases}$ 时，$b+c+d$ 等于 （　　）

A．1　　　　　B．-1　　　　　C．0　　　　　D．i

评述 此题基于中学数学教材中的基本概念，基础地审视"复数"与"集合"的知识以及蕴涵于知识之中的数学思想方法，"平和"地将复数的基本运算与集合的基本性质交汇在一起而拟制出的．求解此测试题时，考生必须对分类与整合思想有准确的理解与掌握，必须具备较好的运算求解能力.

例29 （2011年高考安徽卷题）设 $f(x)=a\sin 2x+b\cos 2x$，其中 $a,b\in\mathbf{R},ab\neq 0$，若 $f(x)\leqslant\left|f\left(\dfrac{\pi}{6}\right)\right|$ 对一切 $x\in\mathbf{R}$ 恒成立，则

① $f\left(\dfrac{11\pi}{12}\right)=0$；

② $\left|f\left(\dfrac{7\pi}{10}\right)\right|<\left|f\left(\dfrac{\pi}{5}\right)\right|$；

③ $f(x)$ 既不是奇函数也不是偶函数；

④ $f(x)$ 的单调递增区间是 $\left[k\pi+\dfrac{\pi}{6},k\pi+\dfrac{2\pi}{3}\right](k\in\mathbf{Z})$；

⑤ 存在经过点 (a,b) 的直线与函数 $f(x)$ 的图像不相交.

以上结论正确的是_____（写出所有正确结论的编号）.

评述 此测试题的三角函数信息十分基础、全面. 根据教材中的三角函数的求值、三角函数值大小比较、函数的奇偶性与单调性，直线和函数图像的交点等整合而拟制出的. 其中命题⑤正误的判断要基于图形，并且需要一定的数学直觉，因此这可认为该题对解题者数形结合的能力，以及数学直觉等都可以进行一定程度的考查. 同时对此题的已知信息，不同的解题者完全可能产生不同层次的理解，进而产生不同层次的解答. 比如，也可以认为此题是以 $f(x)=a\sin 2x+b\cos 2x$ 其中 $a,b\in\mathbf{R},ab\neq 0$ 为背景考查其相应的性质，也可以认为此题是以 $|f(x)|$ 为背景考查其相应的性质（这种理解对判断某些命题的正误有利，也更能"管窥"出命题者的某些拟制方式），对" $f(x)\leqslant\left|f\left(\dfrac{\pi}{6}\right)\right|$ 对一切 $x\in\mathbf{R}$ 恒成立"不同解题者也完全可以做出不同的解读：比如 $f(x)=a\sin 2x+b\cos 2x=\sqrt{a^2+b^2}\sin(2x+\varphi)$，$|f(x)|_{\max}=\left|f\left(\dfrac{\pi}{6}\right)\right|$，因此 $x=\dfrac{\pi}{6}$ 为其对称轴，所以 $2\times\dfrac{\pi}{6}+\varphi=\dfrac{\pi}{2}+k\pi$，即 $\varphi=\dfrac{\pi}{6}+k\pi$，或者由 $|f(x)|_{\max}=\left|f\left(\dfrac{\pi}{6}\right)\right|$ 得 $\sqrt{a^2+b^2}=\left[a\times\dfrac{\sqrt{3}}{2}+b\times\dfrac{1}{2}\right]$，平方整理得 $a=\sqrt{3}b$，故 $f(x)=\sqrt{3}b\sin 2x+b\cos 2x=2b\sin\left(2x+\dfrac{\pi}{6}\right)$，等等. 这样解题者通过不同的解题活动（方式）可以使不同的数学知识（方法）之间建立广泛的联系，有利于解题者数学知识网络的构建，这也显示出该类试题在数学教育方面的独特价值.

5.2.3 测试题编制技术与方式

1. 抽象实际问题编制新题

通过建立数学模型，从实际问题中抽象出新的数学问题. 这类题的程式为：实际问题情景，数学模型化，解数学模型，从而解答这个实际问题. 其目的是为了测量被试灵活运用所学数学知识分析和解决实际问题的能力，而解答这类题的关键，是从所学的数学知识中选取合适的数学知识，将实际问题数学化，因此拟出的题的本身应尽量减少暗示被试者采用某种数学知识作答.

2. 发掘数学自身问题编制新题

利用已学过的数学命题间的不同组合进行逻辑推导，是编制新题的主要方法.

(1)由给定的条件确定结论编制新题.

先给出题目的已知条件,由已知条件推出其结论,然后比较其中独立结论得到的途径是否能达到考查的目标,以确定作为新题的结论.

(2)由给定的结论确定条件编制新题.

先给定结论,再寻找结论成立的充分条件,然后比较其中独立条件得到的途径是否能达到考查的目标,以确定新题的条件.

(3)利用基本量法编制新题.

在一个系统中,如果任意一个量都可由几个量导出,而这几个量又不能相互导出,则称这几个量为该系统的基本量.利用基本量法编制数学题的思路:弄清系统的量,确定系统基本量并给予赋值,设计条件编制题并审定计算顺序.应该指出,一个系统的基本量不一定相同.

(4)利用新的数学概念、运算法则编制新题.

利用新规定的概念、法则等拟造数学题的主要步骤为,首先用中学数学的概念、法则等阐述新概念、法则的意义,然后用新概念、法则提出数学题.

(5)以高等数学知识为背景编制新题.

以高等数学的思想和知识为背景,把高等数学中的问题初等化,可以编制新题.

(6)不完全确定条件或结论编制新题.

到目前为止,我们所探讨的数学题,其条件和结论均是完全确定的.但在数学测评中,还可以使用结论或条件不完全确定的题来编制新题.

3. 运用推广创设编制新题

(1)向高维推广创设编制新题.

向高维推广,简单地讲即是 1,2 推广到 n,或由一维(直线)、二维(平面)推广到三维(立体)、$\cdots$、n 维空间等(这有时也可以看作是类比推广).

(2)向纵深推广创设编制新题.

人们对于事物的认识,总是不断深化的,在数学中也是如此.随着人们知识领域的扩大、手段方法的创新,常常可以把某些问题向纵深推广,如减弱条件,加强结论、扩充命题成立的范围等.

如在代数(分析)中结论成立的范围的推广方向

$$自然数 \Rightarrow 整数 \Rightarrow 有理数 \Rightarrow 实数 \Rightarrow 复数 \cdots\cdots$$

在几何中结论成立范围的推广方向

$$特殊直线形(直角三角形、等腰三角形、等边三角形、\cdots) \Rightarrow 一般直线形(一般三角形、\cdots)$$

$$圆 \Rightarrow 椭圆 \Rightarrow 圆锥曲线$$

$$\cdots\cdots$$

向问题的纵深推广,还包括弱化命题条件、强化命题结论这样一个内容.

(3)类比推广(横向推广)创设编制新题.

类比是根据两类不同对象甲、乙之间的某些属性的相似,而从甲具有某种其他属性便猜想乙也有这种属性.类比思维是创新思维的起始阶段,是提出新问题和获得新发现的一条重要途径.德国数学家开普勒极其推崇类比,他曾经说过:"我珍视类比超过任何的东西,它是我最可信任的老师,它能揭示自然界的秘密……"

这种类比可分为两类:①同学科的类比,诸如立几与平几的类比,也是一种类比推广,代数与三角的类比,代数与几何的类比,等差数列与等比数列的类比,椭圆、双曲线、抛物线之间的类比;②不同学科的类比,如数学与物理的类比.

(4) 反向推广创设编制新题

事物具有两重性,命题也有正与逆.所谓反问题是把问题的条件和结论互换或反过来考虑,其中最简单的情况是寻找逆命题成立的条件(进而可得到命题成立的充要条件).逆命题找到,再将它推广便是逆向推广(当然逆命题的找到也是逆向推广).

例30 (2011年高考江西卷题)如图5-29,一个直径为1的小圆沿着直径为2的大圆内壁的逆时针方向滚动,M 和 N 是小圆的一条固定直径的两个端点. 那么,当小圆这样滚过大圆内壁的一周,点 M,N 在大圆内所绘出的图形大致是 ( )

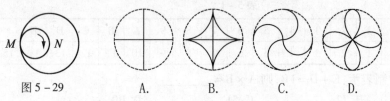

图 5-29   A.   B.   C.   D.

评述 此题是从现实生活现象中抽象编制的. 如图5-30, 当小圆沿大圆内壁滚动 $\frac{\pi}{4}$ 弧长时,点 M 从 M_1 处移到 M_2 处,$OM_2 = \frac{\sqrt{2}}{2} OM_1$, 点 N 从 O 处移到 N_2 处, $ON_2 = \frac{\sqrt{2}}{2} OA$, 因此排除选项 C,D; 如图 5-31, 当小圆沿大圆内壁滚动 $\frac{\pi}{3}$ 弧长时,点 M 从 M_2 处移到 M_3, $OM_3 = \frac{1}{2} OM_1$, 仍在 OM_1 上; 点 N 从 N_2 处移到 N_3 处, $ON_3 = \frac{\sqrt{3}}{2} OA$, 仍在 OA 上, 排除选项 B, 最后选 A.

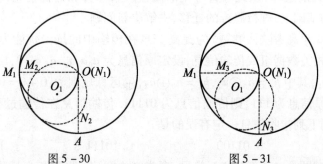

图 5-30   图 5-31

事实上,小圆沿大圆内壁滚动时,在大圆上经过的弧长与小圆上滚动过的弧长相等,当它们处于如图5-32中虚圆位置时,设大圆的圆心为 O, $\angle MOC = \alpha$, 则弧 MC 的长度为 α, 而 $\angle CO_1 P = 2\alpha$, 则弧 CP 的长度为 $2\alpha \times \frac{1}{2} = \alpha$, 则点 P 即点 M 运动后的点, 这说明 α 为锐角时, 点 M 在 MO 上运动; 由 $\angle OO_1 B = 2\alpha$, 则弧 OB 的长度为 $2\alpha \times \frac{1}{2} = \alpha$, 则点 B 即点 N 运动后的点, 说明 α 为锐角时, 点 N 在 OA 上运动, 以后的运动可同理分析. 所以点 M,N 的运动轨迹是相互垂直的两直径, 选择 A.

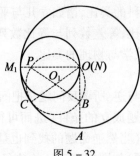

图 5-32

例 31 (2005 年高考全国卷Ⅲ题)计算机中常用的十六进制是 16 进 1 的计数制,采用数字 0~9 和字母 A~F 共 16 个计数符号,这些符号与十进制的数的对应关系如表 5-1:

表 5-1

十六进制	0	1	2	3	4	5	6	7	8	9	A	B	C	D	E	F
十进制	0	1	2	3	4	5	6	7	8	9	10	11	12	13	14	15

例如,用十六进制表示:E+D=1B,则 A×B=_____.

A. 6E   B. 72   C. 5F   D. B0

评述 由题目提供的资料,进行观察、比较、分析,运用归纳、类比进行推理.

$$A \times B = 10 \times 11 = 110$$

因为十六进制是逢 16 进 1,所以计算 110 中包含多少个 16,$110 \div 16 = 6 \cdots 14$,14 在 16 进制中对应 E,故 A×B=6E.

此测试题是利用新的数学概念运算法则编制的新题,它是一道突出考查考生创新意识的试题,题中给出的数学素材是《数学大纲》和《考试大纲》以外的内容,用一段简练的文字与符号表述出相关的运算,以此考查考生的阅读理解能力和捕捉信息,分析研究信息的能力,然后在理解的基础上,进行思维的迁移,去解决新问题.

例 32 (2008 年高考陕西卷题)为提高信息在传输中的抗干扰能力,通常在原信息中按一定规则加入相关数据组成传输信息,设定原信息为 $a_0a_1a_2$,$a_1 \in \{0,1\}$ $(i=0,1,2)$.传输信息为 $h_0a_0a_1a_2h_1$,其中 $h_0 = a_0 \oplus a_1$,$h_1 = h_0 \oplus a_2$,⊕运算规则为:$0 \oplus 0 = 0, 0 \oplus 1 = 1, 1 \oplus 0 = 1, 1 \oplus 1 = 0$,例如原信息为 111,则传输信息为 01111. 传输信息在传输过程中受到干扰可能导致接收出错,则下列接收信息一定有误的是 (   )

A. 11010   B. 01100   C. 10111   D. 00011

评述 此测试题是一道新定义运算题,考查学生阅读、理解、信息迁移的能力,同时考查学生对新知识的接受能力和整体把握加以运用的能力,对能力有较高层次的要求. 处理"新定义"问题的办法就是认真阅读题目的文字,理解符号的含义,体会其规定的运算法则,然后迁移到类似的问题中来.

例 33 (2008 年高考北京卷题)某校数学课外小组在坐标纸上,为学校的一块空地安排的植树方案如下:第 k 棵树种植在点 $P_k(x_k, y_k)$ 处,其中 $x_1=1$,$y_1=1$,当 $k \geq 2$ 时

$$\begin{cases} x_k = x_{k-1} + 1 - 5\left[T\left(\dfrac{k-1}{5}\right) + T\left(\dfrac{k-2}{5}\right)\right] \\ y_k = x_{k-1} + T\left(\dfrac{k-1}{5}\right) + T\left(\dfrac{k-2}{5}\right) \end{cases}$$

$T(a)$ 表示非负实数 a 的整数部分,例如 $T(2.6)=2, T(0.2)=0$.

按此方案,第 6 棵树种植点的坐标应为_____;

第 2 008 棵树种植点的坐标应为_____.

评述 此测试题是一道新定义、归纳型创新题,考查学生的阅读理解、化归转化及归纳能力,同时还考查考生的个性心理品质,失分原因是不自信,不能仔细运算归纳出规律.

例34 (2008年高考湖南卷题)若 A,B 是抛物线 $y^2=4x$ 上的不同两点,弦 AB(不平行于 y 轴)的垂直平分线与 x 轴相交于点 P,则称弦 AB 是点 P 的一条"相关弦". 已知当 $x>2$ 时,点 $(x,0)$ 存在无穷多条"相关弦",给定 $x_0>2$.

(Ⅰ)证明:点 $P(x_0,0)$ 的所有"相关弦"的中点的横坐标相同;

(Ⅱ)试问:点 $P(x_0,0)$ 的"相关弦"的弦长中是否存在最大值?

若存在,求其最大值(用 x_0 表示);若不存在,请说明理由.

评述 此测试题通过"相关弦"这一定义,创建新情境考查学生阅读理解能力,分析问题和解决问题的能力及化简、运算的能力. 本题虽然定义了新名词、在立意、结构、背景上进行了创新,但考查的内容熟悉,主要是中点问题、弦长问题及运用"点差法"处理中点问题及弦长问题. 只要求学生能认真阅读,耐心理解,把其转化为相应的知识进行处理,则可顺利将问题解决,既考查了学生的创新能力,又对不同层次的理性思维、创新意识进行了综合考查,有很好的选拔功能.

例35 (2000年高考上海卷题)在等差数列 $\{a_n\}$ 中,若 $a_n=0$,则有等式 $a_1+a_2+\cdots+a_n = a_1+a_2+\cdots+a_n (a<19, n\in \mathbf{N}^*)$. 类比上述性质,相应地:在等比数列 $\{b_n\}$ 中,若 $b_n=1$,则有等式_____成立.

评述 此测试题是发掘数学自身问题而编制的新题,该题设法从两个对象及其相关性质中,沟通它们之间的联系. 我们已经知道这两类数列具有很强的类比性

$$a_n = a_1+(n-1)d \qquad b_n = b_1 q^{n-1}$$
$$2a_n = a_{n-1}+a_{n+1} \qquad b_n^2 = b_{n-1}b_{n+1}$$
$$a_n + a_m = a_p + a_q \qquad b_n b_m = b_p b_q (\text{其中 } m+n=p+q, m,n,p,q \in \mathbf{N}^*)$$

由此可知,等差数列元素间(或结果)的加减运算对应等比数列相应元素间(或结果)的乘除运算.

又等差数列中元素"0"与等比数列中的"1"也具有可类比的对应关系.

于是根据题意的类比要求,注意到 $19=2\times 10-1$,不难得到当 $b_n=1$ 时,有 $b_1 b_2 \cdots b_n = b_1 b_2 \cdots b_{1+n} (n<19, n\in \mathbf{N}^*)$ 成立.

例36 (2001年高考上海卷题)已知两个圆
$$x^2+y^2=1 \qquad \qquad ①$$
与
$$x^2+(y-3)^2=1 \qquad ②$$

则由式①减去式②可得上述两圆的对称轴方程,将上述命题在曲线仍为圆的情形下加以推广,即要求得到一个更为一般的命题,而已知命题应成为所推广命题的一个特例,推广的命题为_____.

评述 此测试题是运用推广创设而编制的. 推广命题,先要弄清命题的条件,①-②是一直线 $l: y=\dfrac{3}{2}$. 然后再分析命题结论:圆 O_1 与圆 O_2 为什么能关于直线 l 对称呢?进一步

分析发现,原来这两圆的半径相等,仅圆心的位置不同.类比这种情况,于是稍加推广,便可得到推广后的一个命题:设两圆

$$(x-a)^2 + (y-b)^2 = r^2 \qquad ①$$

与

$$(x-c)^2 + (y-d)^2 = r^2 \qquad ②$$

则由①-②可得两圆的对称轴方程.

这里的推广,只需将圆的方程一般化即可,但它体现了人们认识事物的过程,即在特殊现象中把握一般规律.

例37 (2003年高考全国卷题)在平面几何里,由勾股定理:"设 $\triangle ABC$ 的两边 AB, AC 互相垂直,则 $AB^2 + AC^2 = BC^2$",拓展到空间,类比平面几何的勾股定理,研究三棱锥的侧面面积与底面面积间的关系,可以得出正确的结论是:"设三棱锥 $A-BCD$ 的三个侧面 ABC, ACD, ADB 两两互相垂直,则_____."

评述 此测试题是向高维推广创设而编制的. 如图5-33,由于三棱锥 $A-BCD$ 的三个侧面 ABC, ACD, ADB 两两互相垂直,故直角面可以类比于直角三角形的直角边,底面 BCD 被三个两两互相垂直的侧面所包围,故可以类比于直角三角形的斜边,从而可以得到猜想: $S_{\triangle ABC}^2 + S_{\triangle ACD}^2 + S_{\triangle ABD}^2 = S_{\triangle BCD}^2$.

证明略.

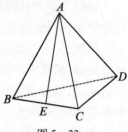

图5-33

第六章　测评数学基本题型试题的命制

　　研究测评数学试题的命制是为了更科学地、更完善地进行数学测评.

　　测验是数学测评的工具,用这一工具测评的对象不是普通可见物质的特征量,而是人的知识、技能和能力,属于心理特征的测评. 测验作为心理测量的工具,应该如何定义?为此必须看看心理测量的特点.

　　首先,心理特征本身,既看不到又摸不着,因此无法进行直接的测量,只能通过观察一个人的行为表现(言谈举止,为人处世,肢体活动,等等),间接感知其心理活动,加上合理的推断来了解其心理特征. 然而,一个人的心理特征与其行为表现之间的关系虽然有着明显的相关性,但却不是确定的对应关系,两者之间的关系除了一定程度的确定性之外,还有着随机性和模糊性的一面. 因此,根据行为表现来判断心理特征,不可避免地存在着许多困难,必须解决一系列的技术性问题.

　　在间接测量的问题上,有些物理量也存在不能直接测量的困难,如电流、电压等,也是用间接法测量,这方面的基础也比较成熟. 然而物理量的间接测量技术难以搬用到心理量的间接测量上来,这是因为心理的间接测量较之物理的间接测量是一种更为复杂的测量,测量误差更难控制.

　　其次,能够反映同一心理特征的行为表现往往并非单一形态,而具有多样性的特点. 即是说:同一心理特征所产生的行为表现是一个五花八门的形态群,它所包含的具体形态有时是难以穷尽的. 形态群作为一个总体,难以施测,通常只能从中取其一个有限样本施行检测. 为了保证测量的有效性与可靠性,取其样本的方法不宜采用随机抽样法. 例如,为了测量一个人对某门学科知识的掌握程度和应用能力,哪怕把测量的范围控制在 100 个指定的知识点之内,那么用这些知识点所引发的解答问题的行为表现也是无穷无尽的形态,作为一个总体,是无法施测的,只能从这个形态群总体中抽样测试,而且所抽取的样本应具一定的代表性. 由于所指定的这 100 个知识点在学科知识体系中的地位并不均等,所以,从这些知识点及其组合所构成的总体中抽取有代表性的样本,自然不宜采用随机抽样的方法,而必须根据不同的测试目的采用特殊的取样方法. 样本的表现方式即为测验的试卷,用于引发被试者产生出一个行为表现(形态群)的一个样本(答卷),通过对这个样本(答卷)的评判,达到测评目的.

　　此外,所谓测量,是指对客观事物特定属性的数量化测定. 由于心理特性的数量化较之物理特性的数量化是一件复杂得多的事情,使得心理测量工具的研究和制造也困难得多. 比如,进行长度的测量时,只需确定长度单位,并在尺子上加上适当的刻度,便可得到用长度测量的量具. 测量长度时,只要将尺子与被测物对比,便能获得被测物的长度读数. 而作为心理测量的量具(测验或试卷),既无法进行显性刻度,又无法将之于被测物(人的心理)作直接比对为了获得有效的测量读数(分数),必须对试题作出种种规定,并经过一定的严格程序才能得到.

6.1 测评数学试题的命制原则

用于测验的试题,已发展出多种多样的题目形式,它们有着各自的特点和测试功能.随着测验科学的发展和命制技术的提高,一些陈旧的题目形态会淘汰或更新,一些新颖的题目形式也会随之出现.因此,在试题命制中,必须深入研究各种题型功能,开发新的题型,努力提高命制水平.

试题命制是一件科学性和技术性很强的工作,因此,必须组织专门的队伍来完成这项工作.队伍的成员应有学科专家、教育测量专家和命题专家参加,并且思想要同一,步调要一致.当然,必要的学术讨论,甚至出现争论是不可避免的.但在试题命制的工作时间内,则不宜陷入过多的和分散的学术讨论.否则,不仅精力分散,而且会出现仓促成卷,试题的质量不高的情形.这是必须防止的.

不管命制的是什么型式的试题,为了保证试题命制的优良性和稳定性,提高试题的质量,在测试题命制中,必须遵循下列的一般原则:

6.1.1 科学性原则

科学性原则是指试题的条件是充分的、相容的、独立的,涉及的事理是科学的,题意是可知的,答案是确定的等.

试题条件的充分性指试题编拟过程中题目的条件对于推出结论是充分的,而有些条件不充分的题目,之所以存在,是由于命制者在编制时有心理上的"潜在假设",或逻辑上的"以偏概全".

例1 (1992 年全国高考理科题)如果函数 $y = \sin(\omega x)\cos(\omega x)$ 的最小正周期为 4π,那么常数 ω 为 ( )

A. 4   B. 2   C. $\frac{1}{2}$ D. $\frac{1}{4}$

评述 本题给出的答案为 D,事实上,本题题目条件推出结论并不充分,因为由 $y = \frac{1}{2}\sin 2\omega x$ 得 $T = \frac{2\pi}{|2\omega|} = 4\pi$,解得 $\omega = \pm \frac{1}{4}$,本题应该加上条件 $\omega > 0$,否则没有正确的选择项.

例2 (2012 年高考福建卷理科题)一个几何体的三视图形状都相同、大小均相等,那么这个几何体不可能是 ( )

A. 球   B. 三棱锥   C. 正方体   D. 圆柱

评述 此题命制者设置选项时可能认为:球的三视图均为圆,且大小均相等;三条侧棱两两垂直且相等的适当高度的正三棱锥,其一侧面放到平面上,其三视图均为三角形且形状都相同;正方体的三视图可以是三个大小均等的正方形;圆柱的三视图中必有一个为圆,其他两个为矩形,故选 D.

事实上,此题命制者在编拟试题时有心理上的"潜在假设",即认为圆柱按水平或竖直放置时,圆柱的三视图中必有一个为圆,其他两个为矩形,显然不相等.但若适当改变放置角度,情况也许会有不同,如若将圆柱"嵌套"于正方体中,使得圆柱旋转轴所在直线与正方体的一条对角线重合. 这时,不难得到圆柱的三视图形状都相同、大小均相等. 因此,此题为一错题,答案的设置上欠严谨.

试题条件的相容性指试题编拟过程中题设条件不能与本系统的公理、定理、已知正确的结论等相矛盾,而且题设中的多个条件之间也不能互相矛盾.

例3 (2011年全国高中数学联赛B卷一试题)若$\triangle ABC$的角A,C满足$5(\cos A + \cos C) + 4(\cos A\cos C + 1) = 0$,则$\tan\dfrac{A}{2}\cdot\tan\dfrac{C}{2} = $ _____.

评述 一般地,对任意$\triangle ABC$都有$-1 < \cos A\cos C < 1$,由此题设条件得$5(\cos A + \cos C) = -4(\cos A\cos C + 1) < 0$,故$\cos A + \cos C < 0$,所以$\cos A < -\cos C = \cos(\pi - C)$,而$A \in (0,\pi), \pi - C \in (0,\pi)$,所以$A > \pi - C$,即$A + C > \pi$,这与三角形内角和定理相矛盾,即符合题设条件的$\triangle ABC$不存在,故此题是条件不兼容的一道错题.

条件的独立性是指试题编拟过程中题目条件之间既不重复也不多余,各条件之间没有因果关系,题目中有过剩、非独立的条件,不但反映命题者考虑问题不周全,而且还会造成题目臃肿,使解题者陷入思维误区,独立性的要求反映了数学的严谨性与简洁美.

例4 (2012年高考辽宁卷理科题)已知$\sin\alpha - \cos\alpha = \sqrt{2}, \alpha \in (0,\pi)$,则$\tan\alpha = $
( )

A. -1　　B. $-\dfrac{\sqrt{2}}{2}$　　C. $\dfrac{\sqrt{2}}{2}$　　D. 1

评述 此题常规解题思路是两边平方,依据$\alpha \in (0,\pi)$的条件求解. 若依据题设结构,构造对偶式,或利用柯西不等式便有如下解答:

解法1 因为$(\sin\alpha - \cos\alpha)^2 + (\sin\alpha + \cos\alpha)^2 = 2$,即$(\sqrt{2})^2 + (\sin\alpha + \cos\alpha)^2 = 2$,所以$\sin\alpha + \cos\alpha = 0$,故$\tan\alpha = -1$,可见$\alpha \in (0,\pi)$是多余条件.

解法2 取两组数$\sin\alpha, \cos\alpha; 1, -1$,由柯西不等式得$2 = (\sin^2\alpha + \cos^2\alpha)[1^2 + (-1)^2] \geq (\sin\alpha - \cos\alpha)^2 = 2$,由柯西不等式取等号条件$\dfrac{\sin\alpha}{1} = \dfrac{\cos\alpha}{-1}$,得$\tan\alpha = -1$,可见$\alpha \in (0,\pi)$是多余条件.

试题涉及的事理是科学的,即试题所表明的事项是符合科学的,表述的对象是客观存在的等.

例5 (1987年高考理科题)一个正三棱台的下底与上底的周长分别为30 cm和12 cm,而侧面积等于两底面积之差,则斜高 = _____.

评述 此题的标准答案给出了斜高的值为$\sqrt{3}$ cm. 设斜高为h,由$\dfrac{30 + 12}{2}\cdot h = \dfrac{\sqrt{3}}{4}(10^2 - 4^2)$,即得$h = \sqrt{3}$. 虽然算出了答案,但此题表述的对象是不存在的. 由空间的平面图形射影面积计算公式:$S' = S\cdot\cos\alpha$,此时$S_{\triangle侧} = 3S_{ABB'A'}$(设三棱台为$ABC - A'B'C'$),但$S_{下底} - S_{上底} = 3S_{ABB'A'}\cos\alpha$. 要使$S_{\triangle侧} = S_{下底} - S_{上底}$,必须$\cos\alpha = 1$,这意味着上、下底重合,这时已不构成棱台了.

题意的可知性指在题目的编拟必须符合:(1)出现的数学概念是已知的;(2)出现的数学符号是标准的;(3)使用的数学术语是规范的;(4)表达的意思是无歧义的.

例6 （2006年高考山东卷理科题）已知$(x^2 - \dfrac{i}{\sqrt{x}})^n$的展开式中第三项与第五项的系数之比为$-\dfrac{3}{14}$，其中$i^2 = -1$，则展开式中的常数项是 （ ）

A. $-45i$ B. $45i$ C. -45 D. 45

评述 二项式$(a+b)^n$与复数$a+bi(a,b \in \mathbf{R})$各有确定的定义，复数$a+bi$是一个数，其n次幂还是一个复数$A+Bi(A,B \in \mathbf{R})$，应该不存在第几项的说法，而称为第几项，实质是一种"潜在的假设"或未规范的定义.

试题答案的确定性是指试题编拟过程中数学试题答案是可知的、确定的，不会出现模棱两可的情况.

例7 （2012年高考四川卷文科题）设集合$A = \{a,b\}$，$B = \{b,c,d\}$，则$A \cup B = $（ ）

A. $\{a,b\}$ B. $\{b,c,d\}$ C. $\{a,c,d\}$ D. $\{a,b,c,d\}$

评述 本题给出的标准答案是D. ，命制者在编拟试题时可能有心理上的"潜在假设"，即认为$a \neq c$且$a \neq d$，殊不知，对于给定集合，其元素有互异性，但不同集合之间则没有互异性. 可以认为：若$a = c$时，选B；若$a = d$时，选B；当$a \neq c$且$a \neq d$时，选D. 可见，此题答案并不确定，就出现模棱两可的情形.

6.1.2 适标性原则

试题命制必须以测验文件的规定为依据，题目的形式要符合测评的目的，试题要能测出所欲测量的知识和能力，不能超越测验文件的规定，这便是适标性. 命题时，从题型的选用、内容材料的选取，到立意提问，乃至陈述成为试题，构筑成卷，都不能偏离测验文件.

一般说来，每次测验都有文件中的规定，其要求都比较宽，而且多有一定的弹性，因此，适标性并非要求面面俱到. 相反，为了真正达到所要求的检测和考查目的，必须做到重点突出，有的放矢，切合考生实际. 比如，作为高考，就必须着重考查那些在大学学习中所要用到的、又是中学阶段应当学到的知识和能力，诸如代数中的函数、不等式、数列、复数和三角运算，解析几何中的直线和圆锥曲线，立体几何中直线、平面的各种位置关系等内容，以及配方法、换元法、反证法、演绎法、数学归纳法、数形结合法和参数分类讨论法等重要的数学思想方法，都应成为高考命题的重点.

强调试题命制中的适标性，也就是说，命题过程中应尽量避免命题人员的个人兴趣或偏离规定的个人意志对命题工作的不利影响，当出现争论不休时，一切得以测验文件的规定为依据，进行裁决和取舍.

目前高中学生课业负担很重，其中一个重要的原因是，教师讲了许多课程标准以外的内容. 原因就是高考中有超出课程标准和考试大纲的题.

例如，课标对幂函数的要求，只要求学生"通过实例，理解其概念；结合函数$y = x$，$y = x^2$，$y = x^3$，$y = \dfrac{1}{x}$，$y = x^{\frac{1}{2}}$的图像，了解它们的变化情况."不要求讨论一般的分数指数幂的情形.

例8 （2011年高考陕西卷文科题）函数$y = x^{\frac{1}{3}}$的图像是 （ ）

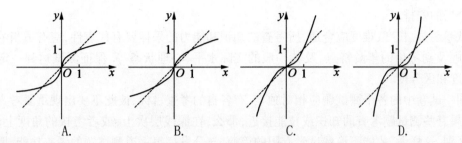

A.　　　　　　B.　　　　　　C.　　　　　　D.

评述　这样的考题一出现,必然使得今后的高中数学教学加入一般幂函数的讨论.

在超出课程标准的考题中,我们想重点谈谈有关数列的递推公式的题目.从课程标准看,数列的重点是等差、等比数列及其应用.一共 12 学时,在高中数学内容中所占比例不高.数列的递推关系也要适可而止.但有的时候,考试把数列的递推作为最后一道把关题,造成一种思维定式:要选拔优秀学生就要出难题,出难题就出有关数列的递推公式的题.当然,可以转化为等差、等比数列的情况可以例外.

我们知道,数列的递推关系给出的就是数列的差分方程.如果是线性差分方程(包括我们熟知的等差、等比数列),是有通解公式的.换句话说,有通性通法,用不着特殊.至于非线性的差分方程,它是现代数学(例如,动力系统等)研究的对象.并不适合在中学讲授.对这类方程,由于无法得到一般的通项公式,数学家关心的是这种数列的极限结果.这种极限结果十分复杂,例如,会出现混沌现象.例如,下面的这些测试题却是找特殊的差分方程,让考生求这种数列的通项公式.这些方程和方法十分特殊,考查的仅是技巧.这种考题并不能很好地考核考生理解数学的能力.

例 9　(2011 年高考广东卷题)设 $b>0$,数列 $\{a_n\}$ 满足 $a_1=b, a_n=\dfrac{nba_{n-1}}{a_{n-1}+2n-2}(n\geqslant 2)$.

(Ⅰ)求数列 $\{a_n\}$ 的通项公式;

(Ⅱ)证明:对于一切正整数 $n, a_n\leqslant \dfrac{b^{n+1}}{2^{n+1}}+1$.

例 10　(2011 年高考广东卷题)设 $b>0$,数列 $\{a_n\}$ 满足 $a_1=b, a_n=\dfrac{nba_{n-1}}{a_{n-1}+n-1}(n\geqslant 2)$.

(Ⅰ)求数列 $\{a_n\}$ 的通项公式;

(Ⅱ)证明:对于一切正整数 $n, 2a_n\leqslant b^{n+1}+1$.

例 11　(2011 年高考天津卷题)已知数列 $\{a_n\}$ 与 $\{b_n\}$ 满足:$b_na_n+a_{n+1}+b_{n+1}a_{n+2}=0$,$b_n=\dfrac{3+(-1)^n}{2}, n\in \mathbf{N}^*$,且 $a_1=2, a_2=4$.

(Ⅰ)求 a_3, a_4, a_5 的值;

(Ⅱ)设 $c_n=a_{2n-1}+a_{2n+1}, n\in \mathbf{N}^*$,证明:$\{c_n\}$ 是等比数列;

(Ⅲ)设 $S_k=a_2+a_4+\cdots+a_{2k}, k\in \mathbf{N}^*$.证明:$\sum_{k=1}^{4n}\dfrac{S_k}{a_k}<\dfrac{7}{6}(n\in\mathbf{N}^*)$.

6.1.3　整体性原则

由一系列测试题组成的整份试卷的布局应科学合理,结构良好,充分运用各种题型的考查功能,取长补短,注意发挥各个题组和整卷的考核测试作用,实验考试目标.题目的取舍应服从全局的安排.

试卷题量、长度、难度应合适,所考查的知识和能力的采样要有代表性,应有适当的覆盖面. 应顾及到考生的年龄特点,及其一般的实际水平、心理状态等. 保证测试达到一定的信度,效度和区分度.

同一试卷中的各个测试题应相对独立,有各自的考查目标,彼此不要出现重复考查的内容. 如果有些测试题考查的知识或技能接近,那么,在深浅层次上,或者考核的角度上,应当有所区别. 这样做,才能不浪费试卷有限的篇幅,充分发挥每一道测试题的考查功能,增加覆盖面,有利于试卷考试信度的提高.

每道测试题(大、小)相对稳定,还有两层意思:第一层,试题之间不宜互相牵连,不要使一个题目的解答影响了另一题目的解答. 否则,就会出现一题既失,另一题也必定出错失分的局面,降低了试题的区分度. 第二层,题目中不应含有暗示本题或其它试题正确作答的线索. 否则,会使试题的考查功能降低,失去试题的检测意义.

例 12 (1987 年全国高考试题) 设复数 z_1 和 z_2 满足关系式

$$z_1 \cdot \bar{z_2} + \bar{A} z_1 \cdot A \bar{z_2} = 0$$

其中 A 为不等式 0 的复数,证明:

(I) $|z_1 + A| \cdot |z_2 + A| = |A|^2$;

(II) $\dfrac{z_1 + A}{z_2 + A} = \left| \dfrac{z_1 + A}{z_2 + A} \right|$.

评述 该题两问,实质是讨论两个因子 $(z_1 + A)$ 与 $(z_2 + A)$ 的相乘和相除的问题,在题设下,这两个问题彼此相通,由(I)可推出(II),由(II)可推出(I):

若(I)为真,则有

$$\frac{z_1 + A}{z_2 + A} = \frac{(z_1 + A)(\bar{z_2} + \bar{A})}{|z_2 + A|^2}$$

$$= \frac{z_1 \cdot \bar{z_2} + \bar{A} z_1 + A \bar{z_2} + A \bar{A}}{|z_2 + A|^2} = \frac{|A|^2}{|z_2 + A|^2}$$

$$= \frac{|z_1 + A| \cdot |z_2 + A|}{|z_2 + A|^2} = \left| \frac{z_1 + A}{z_2 + A} \right|$$

即得(II)为真;

反之,若(II)为真,则

$$|z_1 + A| \cdot |z_2 + A| = \left| \frac{z_1 + A}{z_2 + A} \right| \cdot |z_2 + A|^2$$

$$= \frac{z_1 + A}{z_2 + A} \cdot (z_2 + A)(\bar{z_2} + \bar{A})$$

$$= z_1 \cdot \bar{z_2} + A \bar{z_2} + \bar{A} z_1 + A \bar{A} = |A|^2$$

即得(I)为真.

因此,(I)、(II)是等价的两个问题.

其次,从题设出发,可用相同的数学思想和方法,直接证明(I)和(II):

依题设,得

$$(z_1+A)(\overline{z_2}+\overline{A}) = z_1\cdot\overline{z_2}+A\overline{z_2}+\overline{A}z_1+A\overline{A}$$
$$=A\overline{A}=|A|^2\in\mathbf{R}^*$$

又
$$(z_1+A)(\overline{z_2}+\overline{A})=|z_2+A|^2\in\mathbf{R}^*$$

从而得
$$|z_1+A|\cdot|z_2+A|=|(z_1+A)(\overline{z_2}+\overline{A})|=|A|^2$$

$$\frac{z_1+A}{z_2+A}=\frac{(z_1+A)(\overline{z_2}+\overline{A})}{(z_2+A)(\overline{z_2}+\overline{A})}\in\mathbf{R}^*$$

即
$$\frac{z_1+A}{z_2+A}=\left|\frac{z_1+A}{z_2+A}\right|$$

所以(Ⅰ)和(Ⅱ)得证.

从以上分析可知,这道测试题对同一数学知识内容重复多次的考查,有违命题的整卷中每题的相对独立性,有失整体性原则.

例13 已知长方体的对角线长为 l,全面积为 S,那么,必有 （　　）

A. $S>2l^2$ B. $S\geqslant 2l^2$ C. $S<2l^2$ D. $S\leqslant 2l^2$

评述 本题表面上是"4 选 1"的选择题,实质上是"2 选 1"的是非题,这是由于 4 个备选项彼此不独立所造成的. 事实上,若 A 是答案,则 B 也是答案;若 C 是答案,则 D 也是答案. 因此,A、C 属虚设的备选项,应当加以修改. 此外,题中没有给出长度单位和体积单位,有欠严谨. 还有,若注意到 l 固定时,S 可任意小,即可排除 B 得 D. 这么看来,本题能有效考查的知识很少,与命题的初衷也许相去甚远. 所以,最好连问题的提法也加以改造. 比如,改为下题,可能好一些:

对角线长 l 米为定值的长方体,其全面积的最大值为 （　　）

A. l^2 平方米 B. $\frac{1}{2}l^2$ 平方米 C. $\frac{1}{4}l^2$ 平方米 D. $2l^2$ 平方米

6.1.4 明确、简洁性原则

测试题的格式和陈述务必清楚明确,不含歧义,不致考生误解. 要使考生明白让他干什么,达到怎样的要求.

测试题中,语意要清楚,文句要简明、清晰、扼要,尽量避免使用深奥的字词. 除考查阅读能力的试题外,应尽量使考试成绩不受语言能力的影响.

各个学科的测试题,应尽量使用本学科通用的简明语言. 如立体几何中,就有许多简洁明瞭的数学语言(包括字符、图形等),可供数学测试命题采用.

例14 （1996年高考试题）正六边形的中心和顶点共7个点,以其中3个点为顶点的三角形共有_____个(用数字作答).

例15 （1990年高考试题）以一个正方体的顶点为顶点的四面体共有 （　　）

A. 70 个 B. 64 个 C. 58 个 D. 52 个

评述 在例 14 中,如果没有注明"用数字作答",则考生既可用数字作答,也可用算式作答,这样,在试题的明确性方面就有缺点,且不利于评分操作,因为这时要顾及许多不同的式子,只要其值为 32 的式子都可作为正确的答案. 现在,注明了用数字作答,要求明确,歧义也就不会产生.

至于例 15,是选择题,如果不看备选项,只看题干,应该认为结论是 0 个,因为正方体的顶点共有 8 个点,而以 8 个点为顶点的四面体当然不存在,故结论为 0 个. 这样一来,4 个备选项无一正确. 因而,只好把题目意会为:"以一个正方体的顶点中的四个点为顶点的四面体共有( )个"才能取 C 作答,与标准答案相一致. 因此,可以认为,命题时,对该题的文字推敲尚欠工夫,有违明确性的原则.

6.1.5 规范性原则

整份试卷以及测试题中,术语、概念和符号的运用,以及各种说明和陈述,都应符合所考学科的规范,不得杜撰,不能误用或错用.

不规范的用语和字符,往往会使人误解,或导致题意不清,引发争议,浪费考生的时间,增加不必要的猜测,加重考生的心理压力,降低考试的信度,同时也会增加评卷的困难. 因此,一切不规范的习惯用语、口头用语、及其陈述,都应从试卷和测试题中排除出去.

规范性原则,还包含着测试题不应出现科学性的失误,以及逻辑上自相矛盾的失误. 在测试命题中,从测试题的解答、参考答案的编写,到评分标准的制定,都要注意其可操作性,也即要方便可行且规范.

对于数学测试题来说,一题多解的现象普遍存在. 因此,命制时,对于各种可能出现的解答应尽量探究,发现其本质之所在,掂量其检测考查功能的异同. 对各种不同解法的评分标准,要注意其等价性,这也是规范性的要求. 这对控制考试成绩的系统误差,有着十分重要的意义.

例 16 (2011 年高考湖南卷文 15)已知圆 $C:x^2+y^2=12$,直线 $l:4x+3y=25$.

(1)圆 C 的圆心到直线 l 的距离为_____;

(2)圆 C 上任意一点 A 到直线 l 的距离小于 2 的概率为_____.

评述 在此题中不给出随机试验,怎么能谈概率呢?

概率是随机现象讨论的内容. 如果没有随机试验,谈不上概率. 而现在把一些确定性现象中算比例的题目当成概率题来做,这是值得商榷的.

同样,有关"统计"的内容,由类似的问题. 看下面这两道题:

例 17 (2011 年高考广东卷题)工人月工资 y(元)与劳动生产率 x(千元)变化的回归方程为 $y=50+80x$,下列判断正确的是_____.

①劳动生产率为 1 千元时,工资为 130 元;

②劳动生产率提高 1 千元,则工资提高 80 元;

③劳动生产率提高 1 千元,则工资提高 130 元;

④当月工资为 210 元时,劳动生产率为 2 千元.

例 18 (2011 年高考广东卷题)某数学老师身高 176 cm,他爷爷、父亲和儿子的身高分别是 173 cm、170 cm 和 182 cm. 因儿子的身高与父亲的身高有关,该老师用线性回归分析的方法预测他孙子的身高为_____ cm.

评述 目前,在回归分析的考试中,由于计算量大,不可能引进大量的数据来让学生计算. 通常只给出少数几组数据,用来考核学生对方法的掌握.(这种做法也不一定很好. 因为对统计来说,我们更希望考核学生对从数据中提取信息的理解,而不是数值的计算程序)

在这里,广东文、理的两道题中,前一道题表面上是考回归方程,实际上,只是考一次函数的意义,与统计无关.

而第二道题,用给定的数据建立回归模型是不合适的. 在回归分析中,要求独立地观测数据,因此,通常总要假设不同组的数据,作为随机变量,是相互独立的,至少也要线性不相关. 如果用父、子身高分别作为自变量和因变量,来建立回归方程,这里仅用五代人的身高当作数据,它们不是独立的,这种做法显然不合适. 如果用第 $1,2,\cdots$ 代当自变量,用随机变量身高当因变量,也不合适,因为这不是回归分析. (数学上讨论类似问题运用的是时间序列分析)

试题求解过分形式化. 也是有违于规范性原则的

例19 (2011年高考山东卷文22)在平面直角坐标系 xOy 中,已知椭圆 $C:\dfrac{x^2}{3}+y^2=1$. 如图 6-1,斜率为 $k(k>0)$ 且不过原点的直线 l 交椭圆 C 于 A,B 两点,线段 AB 的中点为 E,射线 OE 交椭圆 C 于点 G,交直线 $x=-3$ 于点 $D(-3,m)$.

(Ⅰ)求 m^2+k^2 的最小值;

(Ⅱ)若 $|OG|^2=|OD|\cdot|OE|$;

(1)求证:直线 l 过定点;

(2)试问点 B,G 能否关于 x 轴对称?若能,求出此时 $\triangle ABG$ 的外接圆方程;若不能,请说明理由.

评述 这个题目的第一小问,要求"m^2+k^2 的最小值". 无论从几何上还是分析上都没有意义,完全是形式推演.

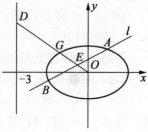

图 6-1

例20 (2011年高考天津卷题)已知 $a>0$,函数 $f(x)=\ln x-ax^2,x>0$($f(x)$ 的图像连续不断).

(Ⅰ)求 $f(x)$ 的单调区间;

(Ⅱ)当 $a=\dfrac{1}{8}$ 时,证明:存在 $x_0\in(2,+\infty)$,使 $f(x_0)=f\left(\dfrac{3}{2}\right)$;

(Ⅲ)若存在均属于区间 $[1,3]$ 的 α,β,且 $\beta-\alpha\geq 1$,使 $f(\alpha)=f(\beta)$,证明
$$\dfrac{\ln 3-\ln 2}{5}\leq a\leq\dfrac{\ln 2}{3}$$

评述 在这道题的第三问中,假设了"若存在均属于区间 $[1,3]$ 的 α,β,且 $\beta-\alpha\geq 1$,使 $f(\alpha)=f(\beta)$". 这个条件凭什么成立? 直观上是否能让学生看出来? 学生不清楚假设为什么是合理的,就以此为依据进行推理,这种做法不是在真正的理解数学,也不是学数学.

同样的问题还出现在下例中:

例21 (2011年高考湖南卷题)设函数 $f(x)=x-\dfrac{1}{x}-a\ln x(a\in\mathbf{R})$.

(Ⅰ)讨论函数 $f(x)$ 的单调性.

(Ⅱ)若 $f(x)$ 有两个极值点 x_1,x_2,记过点 $A(x_1,f(x_1)),B(x_2,f(x_2))$ 的直线斜率为 k. 问:是否存在 a,使得 $k=2-a$? 若存在,求出 a 的值;若不存在,请说明理由.

评述 在这道题里,假设了"若 $f(x)$ 有两个极值点 x_1,x_2". 问题是:这里的函数 $f(x)=x-\dfrac{1}{x}-a\ln x(a\in\mathbf{R})$ 真的能存在两个极值点吗? 如果这个条件根本无法满足,我们所有的论证就没有任何意义. 这样的测试题,把数学变成了逻辑推理的游戏,丧失了其真正的意义.

类似的题目还有下例:

例22 (2011年高考湖南卷题) 设 $m \geq 1$, 在约束条件 $\begin{cases} y \geq x \\ y \leq mx \\ x+y \leq 1 \end{cases}$ 下, 目标函数 $z = x + 5y$ 的最大值为 4, 则 m 的值为_____.

例23 (2011年高考湖南卷理7) 设 $m > 1$, 在约束条件 $\begin{cases} y \geq x \\ y \leq mx \\ x+y \leq 1 \end{cases}$ 下, 目标函数 $Z = x + my$ 的最大值小于 2, 则 m 的取值范围为 ( )

A. $(1, 1+\sqrt{2})$ B. $(1+\sqrt{2}, +\infty)$ C. $(1, 3)$ D. $(3, +\infty)$

评述 这些题目好像是线性规划的逆运算. 实际上, 在数学上意义不大, 偏重技巧, 有违规范性原则.

例24 设 $p(\geq 2)$ 是给定的自然数, 又数列 $\{a_n = p^n\}$ 及 $\{b_n\} = \{(p+1)n + r, r \in \mathbf{N}, 0 < r \leq p\}$, 若数列 $\{c_n\} = \{a_n\} \cap \{b_n\} \neq \emptyset$, 求 r 的一切可能的值.

评述 该题把数列的记号与集合的记号混乱使用, 而且, 就其自身而言, 前后也无一致性, 为什么对数列 $\{a_n\}$ 要写成 $\{a_n = p^n\}$, 而对数列 $\{b_n\}$ 又要写成 $\{b_n\} = \{(p+1)n + r, r \in \mathbf{N}, 0 < r \leq p\}$, 要是写成 $\{b_n\} = \{(p+1)n + r, r \in \mathbf{N}, 0 < r \leq p\}$, 又如何? 还有, 其中的 r 是常数吗? $\{c_n\} = \{a_n\} \cap \{b_n\}$ 作为数列的关系式, 在中学数学中从未介绍过, 此外, 数列 $\{c_n\} \neq \emptyset$ 的式子又是何意? 可见, 从中学数学的角度看, 该题的陈述严重违反了规范性原则, 要是作为测试题, 必须改写, 下面的两个方案, 都可采用:

方案1

给定自然数 p 和 r 满足 $p \geq 2, p \geq r \geq 1$. 已知数列 $\{a_n\}$ 和 $\{b_n\}$ 的通项分别为 $a_n = p^n$, $b_n = (p+1)n + r$, 且这两个数列有公共项. 求 r 的一切可能的值.

方案2

自然数 p 和 r 满足 $p \geq 2, p \geq r \geq 1$. 已知 $\{a | a = p^n, n \in \mathbf{N}\} \cap \{b | b = (p+1)n + r, n \in \mathbf{N}\} \neq \emptyset$. 求 r 的值所组成的集合.

这两个方案分别按数列的观点和集合的观点陈述问题, 使用的符号也分别采用数列和集合的规范记号, 这就保证了试题的规范性和科学性. 如果更加充分利用数学符号, 可使试题更为简洁, 例如方案2也可以改写为:

设 $p, r \in \mathbf{N}$, 且 $p \geq 2, p \geq r \geq 1$, 集合 $A = \{a | a = p^n, n \in \mathbf{N}\}$, $B = \{b | b = (p+1)n + r, n \in \mathbf{N}\}$, 求集合 $C = \{r | r$ 使 $A \cap B \neq \emptyset\}$ 的元素.

6.1.6 公平性原则

测试, 对被测试者来说是一种竞争. 我们提倡的应该是公平竞争. 因此, 在测试题命制中, 应力求做到: 在测试题面前, 被测试者人人平等. 这也就是说, 测试题不要偏向局部被测试者, 使得对某些被测试者有利, 而对另一部分被测试者不利. 比如, 命制的数学试题, 过分偏向城市生活的素材, 就会使来自城市或熟悉城市生活的被测试者处于有利地位, 而来自农村的被测试者却处于不利地位; 同时, 以这样的测试题作为考查的重心, 也可能会偏离数学学科, 因而背离考试的目的.

在大规模的定期测试中, 为了提高测试的公平性, 应尽可能地不用流行的成题作为试题,应使试题的情境清新,背景公平,注意试题的新颖性.

对于公平性,除了要考虑试题背景要体现公平性之外,尤其要注意试题的求解方式也要体现公平性.

例 25 如图 6-2,在方格表中有一系列三角形,其中直角三角形有_____个.

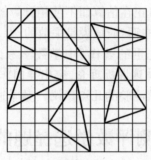

图 6-2

评述 此题原本是为了考查被测试者是否了解直角三角形的概念,是否能够利用角或勾股定理的逆定理判定直角三角形,以及被测试者的推理能力. 但是,实际测验中被测试者是可以使用直角三角板、直尺等作图工具的. 因此,答案正确者未必是有推理能力、会勾股定理的逆定理者,因为被测试者可以用三角板直接解决它;答案不正确者未必是不懂勾股定理的逆定理者,因为被测试者理性思考,按推理的方法解更易错. 这就表现出了不公平.

例 26 如图 6-3,方格表所表示的是一次"寻宝"游戏中所提供的"寻宝"地图(每格的宽和高都是 1 m). 图中给出了树和岩石的位置,已知岩石往东 8 m 再往北 4 m 是藏宝点的位置.

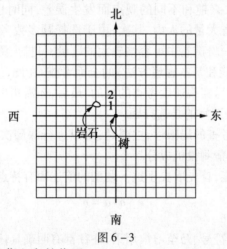

图 6-3

(Ⅰ)请你在图中标出藏宝点的位置.

(Ⅱ)如果树所在位置的坐标为(0,0),则藏宝点所在位置的坐标为_____.

(Ⅲ)藏宝点与大树之间的最短距离大约是多少米(误差小于 1 m)?

评述 显然第 2 问填(6,5). 第 3 问是为了考查被测试者能否运用勾股定理解决简单的实际问题,能否结合具体情境对无理数的大小进行估算. 即要求被测试者利用不等式估算

$$\sqrt{6^2+5^2} = \sqrt{61} < \sqrt{64} = 8$$

但若被测试者使用计算器,则可以这样得到结果

$$\sqrt{6^2+5^2} = \sqrt{61} = 7.81 \approx 8$$

即由计算器得到7.81,再四舍五入得到8,在这个过程中,被测试者根本就没有进行估算!从而,考查被测试者估算能力的目的也就根本没有达到. 我们知道,新课程是鼓励被测试者使用计算器的,这一趋势不仅出现在课堂上,也逐渐出现在考试当中;而国外很多测试也是允许被测试者使用计算器的,如NAEP. 因此,试题命制者必须全面考虑这些因素,像上述考查被测试者估算能力的试题,对真正在估算而不使用计算器的学生是不公平的,而且,这样的试题还没有测量出想要测量的东西,应该说是失败的.

注 上述内容参见了晨旭先生的著作《中学数学考试命题研究》,湖南教育出版社(1997)及张怡慈等老师的文章《体现课标理念,突出导向作用》(数学通报,2010(2)). 杨小丽等的文章《对编制数学学业成就测验的几点建议》(数学通报,2008(2)).

6.2 测评数学选择题的命制

6.2.1 选择题的特点与功能[①]

数学选择题通常是由一个问句或一个不完整的句子和若干个供被测试者选择用的选择项组成,被测试者只需从选择项中提取一项或几项作为答案,便完成解答,无需写出如何提取的依据. 这些年以来,测评中所用的数学选择题都是"四选一"的选择题,即提供被测试者选用的选择项是四个,作为答案只有一项是正确的.

选择题这样的结构和解答特点,使得在测试中采用选择题的最大优点是:判卷评分标准,不会因判卷人员的个人兴趣和不同的观点而发生误差,同时也方便用电脑进行机器评卷,大大提高判卷效率、节省大量的人力. 其次,由于选择题多数考查目的集中单一,试题比较短小,回答简单,因而在一份试卷中可容纳较大的题量,可扩大测试内容的覆盖面,有利于对三基(基础知识、基本技能和基本思想方法)的全面考查. 在此,当测试对解题速度有一定要求时,采用选择题比较容易实现速度考查的目的. 最后,还需指出的是,从测评目标模型探讨来看,测评"了解"目标最适宜的是选择题.

至于选择题的不足与考查的局限性,主要是:难以进行深层次的考查;无法考查陈述表达能力,被测试者应答易生猜测投机成分.

测评数学选择题的功能,首先取决于这一题型的前述固有特点;其次又与它的学科特点有关,这些特点主要是:

1. 概念性强

数学中的每一个术语、符号、乃至习惯用语,往往都有明确具体的含义,这个特点反映到选择题中,表现出来的就是试题的概念性强. 于是,命制时对题中的一字一符都得认真推敲,严防数学语言与日常用语的混淆. 应答时切勿"望文生义",以免误解题意. 试题的陈述和信息的传递,都得以数学的学科规定与习惯为依据,绝不要标新立异.

2. 量化突出

数量关系的研究是数学的一个重要组成部分,也是数学测试中一项主要的内容. 在测评数学选择题中,定量型的试题所占的比重很大. 而且,许多从形式上看为计算定量型选择题,

---

① 教育部考试中心. 高考数学测量理论与实践[M]. 北京:高等教育出版社,2007:247,234-236.

其实不是简单或机械的计算题,其中往往蕴含了对概念、原理、性质和法则的考查,把这种考查与定量计算紧密地结合在一起,形成了量化突出的试题特点.

3. 充满思辨性

这个特点源出数学的高度抽象性、系统性和逻辑性. 作为数学选择题,尤其是用于选拔性考试的测评数学选择题,只凭简单套算或直观感知便能正确作答的试题不多,几乎可以说并不存在. 绝大多数的选择题,为了正确作答,或多或少总是要求考生具备一定的观察、分析和逻辑推断能力,思辨性的要求充满在题目的字里行间.

4. 形数兼备

数学的研究对象不仅是数,还有图形,而且对数和形的讨论与研究,不是孤立开来分割进行,而是有分有合,将它们辩证统一起来. 这个特色在高中数学中已经得到充分的显露. 因此,在测评数学选择题中,便反映出形数兼备这一特点,其表现是:几何选择题中常常隐藏着代数问题、而代数选择题中往往又寓有几何图形的问题. 因此,形数结合与形数分离的解题方法是测评数学选择题的一种重要的、有效的思考方法与解题方法.

5. 解法多样化

与其他学科比较,"一题多解"的现象在数学中表现突出. 尤其是数学选择题,由于它有备选项,给试题的解答提供了丰富的有用信息,有相当大的提示性,为解题活动展现了广阔的天地,大大地增加了解答的途径和方法. 有些题常常潜藏着极其巧妙的解法,有利于对考生思维深度的考查. 不过如果运用不好,命制时考虑不周,也容易出现测试效果与命制的初衷相悖,达不到考查目的和要求. 因此,为了提高选择题的有效考查功能,命制时必须对试题的方方面面可能出现的问题和现象进行深入的思考、分析和推敲,这也就是选择题之所以命题难度高的一个缘故.

影响测评数学选择题题型功能的因素,除了前面所述的选择题的固有特点和学科特点之外,还有其他的一些制约条件,其中最主要的是命题者的观点、认识与水平,测试时间的长短和使用的题量等(还可参见本套丛书中的《数学建模示例》中的"选择题的分值设定问题"模型).

如果命制者认为选择题只能考查简单的知识和低层次的能力,对选择题的使用消极的态度,那么选择题的功能便难以得到开发和有效的发挥. 哪怕命题者主观上持积极的态度,但由于水平不高,对考试要求不甚了解,对考生的实际情况不熟悉,甚至懵懵懂懂,对命制技巧缺乏研究和积累,那么编制出来的选择题的功能也必然低下. 相反,当命题者对选择题在测试中的作用持积极肯定的态度. 不但在理论上提高认识,而且也能在命题实践和测试实践中勇于开拓和创新,提高学科素质和命制水平. 那么选择题的题型功能就会得到深入的发掘,在测试中就会发挥良好的作用,从而促进测试质量的提高.

我们之所以说测试时间和题量制约着选择题的题型功能,其主要原因是:选择题作为单个题目来说,其考查功能毕竟非常有限. 为了使选择题在测试中发挥有效的作用,必须依靠群体力量. 在一次考试中,为了保证一定的信度和效度,时间不能太短,题量应适度.

一组测评数学选择题,只要各题充分扬长避短,保证质量,运用好群体效应,一般都能较好地完成下列的考查功能:

第一,能在较大的知识范围内,实现对基础知识、基本技能和基本思想方法的测试.

每道选择题所考查的知识点数一般为 2~5 个,以 3~4 个居多,因此,12 道选择题构成的题组其测试点便可达到近 50 个之多,而被测试者应答的时耗大约只需 20 分钟左右,相当于解答两道中等难度的解答题. 而一道解答题无论如何也难以实现对近25个考点的考查.

第二,能比较确切地测试被测试者对概念、原理、性质、法则、定理和公式的理解和掌握程度.

这一功能的重点不仅在于测试的确切性. 这是由"选择题考查目标集中"少受其他因素"干扰"这个固有特点所使然,而且还在于选择项具体设计时的针对性很强,通常除了正确选择项外,其他的选择项往往是根据被测试者容易出现的失误来设置的,故由被测试者的误答可见其知识和技能的缺陷.

第三,在一定程度上,能有效测试逻辑思维能力、运算能力、空间想象能力以及实践能力和创新意识.

这个功能指出了选择题这一题型在能力测试中是有所作为的,但其深入的程度却受到一定的局限,远没有解答题考查得那么深. 同时,选择题在能力测试上的功能,在很大的程度上有赖于命制者的发掘,与命制者的教学经验、学科水平和命题水平有很大的关系.

从测试功能的角度看,选择题这一题型最大的缺陷是:对于表达能力的考查,从根本上说无能为力;对复杂的逻辑思维能力的考查,它也容纳不下. 这些方面的功能只能由开放式的解答题之类的题型来承担.

选择题的功能,除了在测试中的测试功能之外,在教学中的教育功能也不应低估.

有部分教师对数学测试中使用选择题总是放心不下,认为被测试者的猜测和间接解法有悖于数学的严谨性,有助长被测试者马虎应付之嫌,有促使被测试者懒于动手之弊. 因此,对这种题型的使用持消极的态度,缺乏数学上的积极引导,更谈不上在数学中发挥这种题型的教育功能.

事实上,数学选择题这一题型在培养学习者的逻辑思维能力上有其独特的和别的题型难以替代的功能.

首先,对选择题应答时的猜测现象,应该有个公正的看法.

众所周知,解答数学题时,在分析和寻求答案的过程中,猜测和尝试几乎是不可避免的,而且,就其猜测试探本身而言,这也是一种积极的思维活动. 没有猜想与预测,就没有创造性思维. 对数学选择题的猜答,往往是在思索求解之后,仍难以作出决断的时候,凭借一定的依据,不得已而为之的一种做法. 多数被测试者的猜答并非盲目涂鸦,而是凭借自己的知识、经验和决断能力、自觉不自觉地排除了某些项之后,才作猜答的. 知识和经验不足、能力差的被测试者,猜错的机会也多,反之,知识和经验较多、能力较强的被测试者,猜对率也较高. 可见,猜答的结果也反映了一定的区分度. 此外,积极的猜想,往往要全面调动自己的形象思维、直觉思维和逻辑思维、对于思维开阔性的培养具有积极的意义. 因此,鼓励有根据的猜想,促进猜想预测能力的培养,极大限度地提高解决问题的主观能动性,是发展学习者创造性思维不可缺少的一种手段,这与投机取巧有本质的区别. 我们应当积极利用数学选择题,发挥它在培养学习者创造性思维方面的这一功能. 这也是数学选择题在数学教学中的一个重要的教育功能.

其次,数学选择题的间接解法在培养学习者思维的批判性和深刻性方面,也有其突出的作用. 所谓间接解法,不论具体的方式如何,其实可以它们归结为反例否定和逻辑排除两大类型. 这种思维能力实质上是思维的批判性和深刻性的一种反映. 长期以来,在中学的数学教学中,这恰好是一个薄弱环节. 学习者比较多地接受了命题和定理的正面陈述和直接论证的做法,形成一定的思维定式. 对于反证法,运用反例否定结论的思维方式,普遍尚不习惯.

因此,借助选择题的间接解法,强化反例教学,能有效地改变这种状况、克服这个薄弱环节. 这是数学选择题的另一个教学教育功能.

再有,借助选择题培养学习者的估算能力也十分有效. 这是因为:有不少数量型的数学选择题,解答时并不必进行准确的计算,只需对其数值特点和取值界限作出适当的估计,便能作出正确的判断. 这是其他题型所少见的. 而估算能力往往也是学习者的一个薄弱环节,必须在数学教学中努力克服它. 在估算能力的培养上,选择题正好能发挥良好的数学教育功能.

6.2.2 选择题的设计与命制

一道好的选择题,往往表现出短小精悍、测试中肯、格调明快和值得回味的特点. 设计这种题型的试题的关键在于测试能力的目标明确、具体、集中,取材恰当、合理、有针对性,精心编制好题干与备选项.

首先,具体设计过程中,要处理好下面几个关系:

(1) 取材与铺陈的关系.

取材所及的知识点宜少不宜多,要服务于能力考查,且应属基础和基本的知识,不宜采用派生性的知识作为考查能力的依托. 每题多以两三个知识点为宜,个别试题所含知识点可以多一些,但最好不要超过五个,否则必将降低试题的区分度.

试题的铺陈、叙述与所取材材料的关系是形式与内容的关系,因此要和谐相称,陈述中力求:简明、规范;符合习惯;层次清楚;用短句子,不用长句子,使人一目了然. 尤其是术语和符号的运用要保证准确,绝对不使用容易产生误解的生活语言. 有些词语,如果必须让考生引起警觉时,最好要加着重号,或者用黑体字排印.

(2) 知识和技能的关系.

几乎任何试题都同时考查了知识和技能. 但是,由于选择题的特点,在通常情况下不宜二者并重,宜侧重一个方面. 当侧重知识时,技能应淡化一些;当侧重技能时,知识的要求不宜加难加深. 在偏重选拔性测试的数学能力的考查中,作为选择题题组,侧重技能考查的试题应多一些,侧重知识考查的试题可以少一点,还可设置若干综合性较强、难度较大的试题.

(3) 题干和选项的关系.

为保证试题的完整性和紧凑性,必须精心安排好题干和备选项的分割和连接. 分割要恰当,关联词要准确明白,使整题读起来通顺流畅. 干扰项的设置宜围绕被测试者可能出现的失误情况,提取有代表性和针对性的内容进行编制,绝对不要胡编乱凑. 正确项与诱误项之间在形式上尽量协调,力求使之具备同类性(即类型相同或相近)和匀称性(即彼此相称,防止长短悬殊太大). 如有可能,还要使正确选项多点隐蔽的色彩,干扰选项多些迷惑的形态. 此外,还要从逻辑上认真审视各选项之间的关系,尽可能防止由简单逻辑便能一下子把错误选项排除,而不用题中有关的知识.

(4) 传统与创新的关系.

选择题侧重于基础知识和基本技能的考查,在一组选择题中,无需每一题都刻意求新. 因为这样做,势必大大增加整个题组的难度,也大大增加命题的工作量. 然而,各题都是熟悉的传统面孔,全然没有新意,又会使整组试题的难度降低,难以保证测试的区分度,这也不可取. 因此,传统与创新必须兼顾,两方面的试题各占多少比例才算合适,这得视测试的目标和被测试者的实际情况而定. 就高考数学科考试而论,顾及到解答题的难度比较大,应给考生提供较多的答题时间,在选择题中,传统性与创新性试题题量的比例控制在2:1左右,比较恰当.

例如,下面的一道选择题是各种关系处理得比较好的例子.

例1 圆 $x^2+y^2+2x+4y-3=0$ 上到直线 $x+y+1=0$ 的距离为 $\sqrt{2}$ 的点共有 ( )

A. 1个   B. 2个   C. 3个   D. 4个

这道选择题在处理上述四种关系方面,都做得比较好,值得借鉴. 对此,可分析如下:

①试题取材于圆和直线的位置关系,但不直接考查相交(割)、相切、相离的传统问题,而是转而考查点到(定)直线的距离(是定长)的问题,并把点限制在(定)圆上. 这样便考查了运动变化的思想,把题出活了. 同时,这里只求点的个数,而不是求点的坐标,使计算量大为减少,符合选择题的取材原则. 本题的核心乃是圆心到直线的距离与半径的大小关系. 可见,在取材与铺陈、传统与创新这些关系问题上,该题处理得好,给人以新鲜感.

②题干与备选项都十分精练,关系和谐自然. 备选项也具备了同类性和匀称性,而且也没有虚设的毛病. 事实上,圆和直线都不变,只需改动距离的数值,四个选项中出现的情况都有可能成为答案. 因而也使得错误的选项有一定的迷惑性.

③在知识和技能的关系上,两者既协调,而且又侧重于技能. 能力强者,借助配方法并画个草图便可快速作出判断;能力弱者,呆板计算也可得出结果,但耗时多,失误机会也多;能力差者,也许入门便会遇到障碍,甚至难以入门. 求解时不是套用公式就能奏效的.

该题如要调低难度,最简单的做法可把圆方程写成

$$(x+1)^2+(y+2)^2=8$$

该题有很大的可塑性,可以衍生出一系列的题目. 因此,当整卷搭配时,像这样的题目,也比较好处置.

其次,选择题干扰项命制的一些技巧与方式:

在编制选择题时,当题干与正确的选择项确定之后,其他的选择项既要注意其诱误性、干扰性,又要注意提示性的问题. 尤其是干扰应有针对性,切忌胡编乱凑选择项. 在选择题的命题实践中,设计干扰项时常常运用如下的一些方法和技术.

(1)概念混淆法.

对于概念性较强的试题,针对考生容易产生混淆的概念、性质、公式和法则,编制诱误项是一种常用的方法和技术. 用这种方法设计的选择题往往有较高的诊断功能.

例2 命题"若 $\alpha=\dfrac{\pi}{4}$,则 $\tan\alpha=1$"的逆否命题是 ( )

A. 若 $\alpha\neq\dfrac{\pi}{4}$,则 $\tan\alpha\neq 1$ B. 若 $\alpha=\dfrac{\pi}{4}$,则 $\tan\alpha\neq 1$

C. 若 $\tan\alpha\neq 1$,则 $\alpha\neq\dfrac{\pi}{4}$ D. 若 $\tan\alpha\neq 1$,则 $\alpha=\dfrac{\pi}{4}$

评述 此题答案为 C. 概念不清则可能选 A 或 B 或 D 项.

(2)条件疏漏法.

疏漏已知条件是考生解题出错的一个常见原因,尤其是疏漏隐蔽条件的情况更为普遍. 因此,将由疏漏已知条件所产生的结果设计为诱误项,也就成为一种常用手法.

例3 在等比数列 $\{a_n\}$ 中,$a_1>1$,前 n 项和 S_n 满足 $\lim\limits_{n\to\infty}S_n=\dfrac{1}{a_1}$,那么 a_1 的取值范围是 ( )

A. $(1, +\infty)$　　　B. $(1, 4)$　　　C. $(1, 2)$　　　D. $(1, \sqrt{2})$

评述 由题中的极限条件可得

$$\frac{a_1}{1-q} = \frac{1}{a_1} \quad \text{和} \quad 0 < |q| < 1$$

如果漏掉 $0 < |q| < 1$，便会出现由 $a_1^2 = 1 - q$ 和 $a_1 > 1$ 误选 A；若将 $\lim\limits_{n\to\infty} S_n$ 误作 $\frac{1}{1-q}$，便可能得出 $a_1 = 1 - q > 1$，从而 $q < 0$，再由 $|q| < 1$ 得出 $-1 < q < 0$，从而误将 C 作为答案.

(3) 计算差错法.

计算差错，包括公式或运算法则的误用、错用、数值计算或字符运算的失误，乃至笔误，等等，都是被测试者解答数学题时的常见过失，由此导致错误结论是一类非常普遍的现象. 所以在设计选择题的干扰项时，细心模拟被测试者的演算过失和差错，常常可得到迷惑性和干扰性比较大的干扰项，对提高试题的针对性和鉴别力十分有效. 由此所得的试题，除了有较好的测试功能外，还有良好的警示作用和教育功能.

例 4 在 $\triangle ABC$ 中，$AB = 2$，$AC = 3$，$\overrightarrow{AB} \cdot \overrightarrow{BC} = 1$，则 $BC = $ (　　)

A. $\sqrt{3}$　　　B. $\sqrt{5}$　　　C. $\sqrt{7}$　　　D. $2\sqrt{2}$

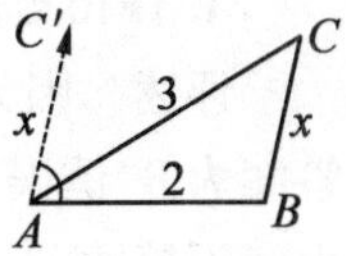

评述 由题中条件(特别是 $\overrightarrow{AB}$ 与 $\overrightarrow{BC}$ 的夹角为锐角)可作出图 6-4. 令 $BC = x$，$\angle BAC' = \theta$，则由 $\overrightarrow{AB} \cdot \overrightarrow{BC} = \overrightarrow{AB} \cdot \overrightarrow{AC'} = 2x \cdot \cos\theta = 1$ 及 $2^2 + x^2 - 2 \cdot 2 \cdot x \cdot \cos(150° - \theta) = 3^2$ 求得 $x = \sqrt{3}$. 知正确答案为 A.

图 6-4

若由 $\overrightarrow{AB} \cdot \overrightarrow{BC} = 2 \cdot x \cdot \cos\angle ABC = 1$ 及 $2^2 + x^2 - 2 \cdot 2 \cdot x \cdot \cos\angle ABC = 3^2$，将错选 C.

若由 $\overrightarrow{AB} \cdot \overrightarrow{BC} = \overrightarrow{AB} \cdot \overrightarrow{AC'} = 2x \cdot \cos\angle C'AC = 2x \cdot \cos\angle ACB = 1$ 及 $x^2 + 3^2 - 2 \cdot 3 \cdot x \cdot \cos\angle ACB = 2^2$，将错选 D.

若把条件 $\overrightarrow{AB} \cdot \overrightarrow{BC} = 1$ 当作 $AB \perp BC$，则错选 B.

(4) 推理错乱法.

推理错乱是被测试者解答数学题的一种常见失误，因此，将解题过程中由于不合逻辑的推理而造成的错误结果设计成干扰项，是一种行之有效的选择题设计技术.

例 5 某种细菌在培养过程中，每 30 分钟分裂一次(一个分裂为两个)，经过 4-5 小时，这种细菌由 1 个可繁殖成 (　　)

A. 256 个　　　B. 512 个　　　C. 1 023 个　　　D. 1 024 个

评述 细菌分裂繁殖问题的数学模型是等比数列问题，记第 n 次分裂所得的细菌数为 a_n，当由 1 个细菌开始繁殖时，有 $a_1 = 2, \cdots, a_n = 2^n$. 依题意，经过 4-5 小时，细菌共分裂 9 次，即是求 a_9 的值，答案为 B. 在上述推理过程中，容易产生 $a_n = 2^{n-1}$ 或 $a_n = 2^{n+1}$ 的错乱，这时便会产生 A 或 D 的错误结论. 有的学生对细菌分裂缺乏正确理解，误以为分裂后，原来的细菌仍存在，把问题误解为等比数列求和，由

$$1 + 2 + \cdots + 2^9 = 1\,023$$

错将 C 作为答案.

(5) 题意误解法.

读题不慎,误解题意,通常都会引发错误结论,将其设计为干扰项,可提高选择题的针对性,因此也是常用技术之一.

例6 在复平面内,把复数 $3+\sqrt{3}\mathrm{i}$ 对应的向量按逆时针的方向旋转 $\dfrac{\pi}{3}$,所得向量对应的复数是 ( )

A. $2\sqrt{3}\mathrm{i}$　　　　B. $-2\sqrt{3}\mathrm{i}$　　　　C. $\sqrt{3}-3\mathrm{i}$　　　　D. $3-\sqrt{3}\mathrm{i}$

评述 该题的答案为 A. 若读题不慎,将向量的旋转方向误为顺时针,则必然会误用 D 作答;要是方向没有错,而将转过的角误为 $\dfrac{2\pi}{3}$,或把特殊角的三角函数值弄错,则可能误得 B 或 C.

(6) 集合变更法.

有不少数学问题的结论是集合或与集合相关的事项,即结论的核心是某一个特定的集合,这时可将集合加以变更,将变更后引出的相应结果设计为诱误项,也是一种相当有效的选择题设计技术.

例7 设集合 $M=\{x\mid 0\leqslant x<2\}$,集合 $N=\{x\mid x^2-2x-3<0\}$,集合 $M\cap N=$ ( )

A. $\{x\mid 0\leqslant x<1\}$　　B. $\{x\mid 0\leqslant x<2\}$　　C. $\{x\mid 0\leqslant x\leqslant 1\}$　　D. $\{x\mid 0\leqslant x\leqslant 2\}$

评述 因为 $x^2-2x-3=(x-3)(x+1)$,所以集合 $N=\{x\mid -1<x<3\}$,从而 $N\supset M$,得答案为 B. 诱误项 A,C 给出的是缩小了的集合,D 是扩大了集合. 这里扩大或缩小的缘故,是由解不等式 $x^2-2x-3<0$ 出错或对交集不理解等原因造成的.

(7) 字符误用法.

数学术语、数学符号的辨识和应用,是数学考查的一项重要内容. 被测试者出错的现象也较普遍,故可采用字符误用的方法来设计干扰项.

例8 等差数列 $\{a_n\}$ 的前 m 项和为 30,前 $2m$ 项和为 100,则它的前 $3m$ 项和为( )

评述 应用等差数列前 n 项和的符号 S_n,该题的意思即为:已知 $S_m=30,S_{2m}=100$,求 S_{3m} 的值. 有些考生不认真考虑,想当然,以为 S_m,S_{2m},S_{3m} 也是等差数列,因而就会误得 B;若误认 $S_{3m}=S_m+S_{2m}$,便会错将 A 作为答案;若误以为

$$S_{3m}-S_{2m}-S_m=S_{2m}+S_m$$

则错得 D. 事实上,根据等差数列的定义和前 n 项和 S_n 的符号意义,应有

$$S_{3m}-S_{2m}=S_m+2m^2d$$
$$S_{2m}-S_m=S_m+m^2d$$

式中,d 是公差,所以

$$S_{3m}=S_m+S_{2m}+2(S_{2m}-2S_m)=210$$

得答案为 C.

注 此例是一道有内涵的试题,这可参见本套丛书中的《数学眼光透视》的 2.6 节.

(8) 图形错觉法.

数学选择题中,有不少问题与图形有关,看图或作图时,产生错觉或把图画错了,便会引发失误,得出不正确的结果. 这个现象也就提供了设计干扰项的一种手法.

例9 某几何体的正视图和侧视图均如图 6-5 所示,则该几何体的俯视图有可能是( )

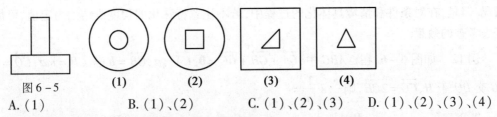

图 6-5　(1)　　　(2)　　　(3)　　　(4)

A.(1)　　　B.(1)、(2)　　　C.(1)、(2)、(3)　　　D.(1)、(2)、(3)、(4)

评述　本题答案为 C,看图产生错觉则误选.

(9)顺序颠倒法.

对于结论是不等式或与排序有关的命题,其诱误项可由正确的顺序加以倾倒调乱来获得. 至于调乱的具体方案,常结合前述的技术加以综合运用.

例10　如果函数 $f(x)=x^2+bx+c$ 对任意实数 t 都有 $f(2+t)=f(2-t)$,那么　(　　)

A. $f(2)<f(1)<f(4)$　　　　　　B. $f(1)<f(2)<f(4)$

C. $f(2)<f(4)<f(1)$　　　　　　D. $f(4)<f(2)<f(1)$

评述　依题设,可知给出的二次函数 $f(x)$ 的图像是以直线 $x=2$ 为轴的抛物线,开口向上,故有 $f(2)$ 是函数的最小值,且由

$$|1-2|<|4-2|$$

知 $f(1)<f(4)$,得答案 A. 其余选择项都是由 A 经过调乱顺序而得到. 该题的已知条件有一定的隐蔽性,但误认 $f(2)$ 较之 $f(1)$,$f(4)$ 还大的被测试者可能较少. 故不将 $f(2)$ 置于大头的一端,而小头也不能全用 $f(2)$,故将四个选择项设计成如上的形态.

(10)逻辑排列法.

有些数学选择题的答案,按一定的角度作形式逻辑的演绎,充其量也只能得到另外的三种形态,即是说,连答案在内,只有四种逻辑结构. 这时,作为选择项,可以取为四种逻辑结构,加以适当排列.

例11　将 $y=\log_2(x+1)$ 的图像　　　　　　　　　　　　　　(　　)

A. 先向左平行移动 1 个单位　　　　B. 先向右平行移动 1 个单位

C. 先向上平行移动 1 个单位　　　　D. 先向下平行移动 2 个单位

再作关于直线 $y=x$ 对称的图像,可得函数 $y=2^x$ 的图像.

评述　对于平面图形,作平行于坐标轴的平移变换时,就平移方向而言,有左、右、上、下四种,而且也只有此四种. 根据这一点,本题设计选择项时,采用固定平移单位,按平移方向作逻辑排列的方法,显得匀称优美.

上面列举 10 法均为设计选择题诱误项的常用技术,在实践中通常是加以混合使用的. 设计选择项的方法灵活多变,应充分发挥命题者的创造性,具体问题具体分析,力求不断创新和拓展.

最后,命制选择题时应注意的几个问题.

命制选择题时,容易出现的疏漏和失误是:已知条件过剩或不足;备选项无一正确;正确选项不止一个;有的选项明显虚设,等等. 这类失误在选择题的题类设计中都应尽量避免.

在命制选择题时,还要注意以下的几个问题:

(1)应避免取特殊值即得答案,即避免条件的一般化而结论为定值.

命题者在命制试题时,往往从某个现有的定理、公式、结论或现有的命题出发,创设特殊的情境和条件,使结论特殊化,这样的试题能很好地考查学生对数学基础知识的掌握及运用

情况. 但是, 在对条件和情境具体化的过程中, 若不注意特殊化的程度或结论为定值, 可能会丧失考查的效果.

例12 如图 6-6, 在 $\triangle ABC$ 中, $\overrightarrow{GA}+\overrightarrow{GB}+\overrightarrow{GC}=\mathbf{0}$, $\overrightarrow{CA}=\boldsymbol{a}$, $\overrightarrow{CB}=\boldsymbol{b}$. 若 $\overrightarrow{CP}=m\boldsymbol{a}$, $\overrightarrow{CQ}=n\boldsymbol{b}$, CG 交 PQ 于 H, $\overrightarrow{CG}=2\overrightarrow{CH}$, 则 $\dfrac{1}{m}+\dfrac{1}{n}=$ ( )

A. 2　　　　　B. 4　　　　　C. 6　　　　　D. 8

评述 本题立意明确, 考查向量的基本定理, 以 $\boldsymbol{a},\boldsymbol{b}$ 为基底, 考查 P,H,Q 三点共线的表示和公式的运用. 显然, 命题者期望被测试者如下求解来得到答案:

解法 1 因为 G 为中心, 所以 $\overrightarrow{CG}=\dfrac{1}{3}(\boldsymbol{a}+\boldsymbol{b})$, 则 $\overrightarrow{CH}=\dfrac{1}{6}(\boldsymbol{a}+\boldsymbol{b})$; 又因为 P,H,Q 三点共线, 所以有 $\overrightarrow{CH}=t\overrightarrow{CP}+(1-t)\overrightarrow{CQ}$, 从而

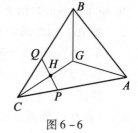

图 6-6

$\dfrac{1}{6}(\boldsymbol{a}+\boldsymbol{b})=tm\boldsymbol{a}+(1-t)n\boldsymbol{b}$, 有 $\begin{cases}\dfrac{1}{6}=tm\\[4pt] \dfrac{1}{6}=(1-t)n\end{cases}$, $\begin{cases}\dfrac{1}{m}=6t\\[4pt] \dfrac{1}{n}=6(1-t)\end{cases}$.

所以 $\dfrac{1}{m}+\dfrac{1}{n}=6$, 故选 C.

解法 2 因为 G 为重心, 所以 $\overrightarrow{CG}=\dfrac{1}{3}(\boldsymbol{a}+\boldsymbol{b})$, 则 $\overrightarrow{CH}=\dfrac{1}{6}(\boldsymbol{a}+\boldsymbol{b})$; 又因为 P,H,Q 三点共线, 所以有 $\overrightarrow{PQ}=\lambda\overrightarrow{PH}$, 即 $\overrightarrow{CQ}-\overrightarrow{CP}=\lambda(\overrightarrow{CH}-\overrightarrow{CP})$, $(n\boldsymbol{b}-m\boldsymbol{a})=\lambda(\dfrac{1}{6}\boldsymbol{a}+\dfrac{1}{6}\boldsymbol{b}-m\boldsymbol{a})$, 有

$\begin{cases}\dfrac{1}{6}\lambda-m\lambda=-m\\[4pt] \dfrac{1}{6}\lambda=n\end{cases}$, 即 $\begin{cases}\dfrac{1}{m}=\dfrac{6\lambda-6}{\lambda}\\[4pt] \dfrac{1}{n}=\dfrac{6}{\lambda}\end{cases}$, 所以有 $\dfrac{1}{m}+\dfrac{1}{n}=6$, 故选 C.

但是, 此题可不按上述方法求解, 而是取特殊值来求解, 即

解法 3 当 $PQ\parallel AB$ 时, 易得 $m=n=\dfrac{1}{3}$, 则 $\dfrac{1}{m}+\dfrac{1}{n}=6$, 故选 C.

从以上情况看, 此测试题完全没有达到命题者的考查意图, 考查效果低下. 所以, 命制选择题时, 应尽量避免取特殊值就能获得正确答案的情形. 也要避免直接计算就能获得正确答案的情形. 例如, 将此题改为求实数 m 的值. 选择改为 A. $\dfrac{1}{3}$　B. $\dfrac{1}{4}$　C. $\dfrac{1}{5}$　D. $\dfrac{1}{6}$ 也不太好, 没有体现选择题的特色.

(2) 避免设计知识点方法单一, 而思维计算量却大的选择题.

选择题由于只需要给出结果而不需要写出中间的计算过程, 这就给能否达到预期的效度和信度上提出了很高的要求. 若试题知识点方法单一, 但思维计算量又大, 学生就可能无从下手, 只是凭感觉猜答案, 或由于计算原因失分, 导致考查效果下降.

例13 若 $f(x)$ 和 $g(x)$ 都是定义在实数集 $\mathbf{R}$ 上的函数, 且方程 $x-f[g(x)]=0$ 有实数解, 则 $g[f(x)]$ 不可能是 ( )

A. $x^2+x-\dfrac{1}{5}$　　B. $x^2+x+\dfrac{1}{5}$　　C. $x^2-\dfrac{1}{5}$　　D. $x^2+\dfrac{1}{5}$

评述 这道题解题方法单一、计算量大, 只能采用逐一检验法.

此题选 B. 假设 $g[f(x)] = x^2 + x + \frac{1}{5}$, 由 $x - f[g(x)] = 0$, 有 $g(x) = g\{f[g(x)]\}$. 又方程 $x - f[g(x)] = 0$ 有实数解, 则方程 $g(x) = g\{f[g(x)]\}$ 有实数解, 即方程 $x = g[f(x)]$ 有实数解, 亦即方程 $x = x^2 + x + \frac{1}{5}$ 有实数解, 这不可能, 故假设不成立.

试题的难度是试题编制过程中一个重要控制目标. 在命题中, 试题的难度是一个必须仔细考虑的因素.

(3) 选择题的设计要注意选择项的诊断性.

作为选择题, 选择项只有 4 个, 所以很难揭示学生作答正确性的程度, 诊断性比主观性的解答题要差. 因此, 命题者在命制选择题, 特别是在设置选择项时, 更要关注选择项是否能体现被测试者的思维, 亦即选择项要具有一定的诊断性, 选择题的选择项中既要有似是而非的错误答案, 又要有似非而是的正确答案, 使选择题具有迷惑性和干扰性, 使得测验结果具有诊断性. 被测试者对错误选项的选择可以为我们提供纠正错误的产生错误理解的线索.

例 14 对于不重合的两个平面 α 与 β, 给定下列条件:

①存在平面 γ, 使得 α, β 都垂直于 γ;
②存在平面 γ, 使得 α, β 都平行于 γ;
③α 内有不共线的三点到 β 的距离相等;
④存在异面直线 l, m, 使得 $l // \alpha, l // \beta, m // \alpha, m // \beta$.

其中, 可以判定 α 与 β 平行的条件有 ( )

A. 1 个   B. 2 个   C. 3 个   D. 4 个

评述 在此例中, 试题的意图是考查空间线面的位置关系, 题干本身能很好地考查考生对空间线面位置关系的掌握程度, 但由于选择项的设置, 使学生的得分带有了一定的偶然性, 因为符合条件的有②④, 所以选 B; 但可能有考生认为②③是正确的, 所以也选了 B; 而选其它答案, 也不能反映出考生是因为哪个条件的判断失误而导致的, 所以, 此题的选择项不仅不具有诊断性, 还可能使实际判断错误的人得分. 对于这道选择题, 可以将选择项改为:

A. ①②   B. ②③   C. ②④   D. ③④

(4) 选择题的设计要与知识点、考查点本身相符合.

命制者在设计试题时, 要考虑考查的知识点与试题的题型相符. 由于选择题答案的可见性, 有些知识点的考查只适合在填空题或解答题中开展.

例 15 若不等式 $ax^2 + 2ax - 4 < 2x^2 + 4x$ 对任意实数 x 均成立, 则实数 a 的取值范围为 ( )

A. $(-2, 2)$ B. $(-2, 2)$
C. $(-\infty, -2) \cup (2, +\infty)$ D. $(-\infty, -2) \cup [2, +\infty)$

评述 此题考查意图是通过二次不等式恒成立问题, 考查二次函数的图像, 特别重点考查的是对二次项系数不定时的分类讨论, 考查学生对此知识点掌握的完备程度. 此题的选择项, 虽然也做了很多的考虑, 选择项的设置也已具有了很好的诊断性. 但作为选择题, 我们认为不是太合适, 因为当被测试者在误解出 A 后, 由于 B 选项的提示作用, 验证当 $a = 2$ 是否成立, 很容易选出正确答案 B; 又若被测试者直接分析选项, 用 $a = 2$ 和 $a = 0$ 代入验证, 则直接得到正确选项 B. 此知识点若要考查, 我们认为改为填空题或解答题的一个小题考查较好.

(5) 适宜用选择题考查的知识, 数学操作要考查到位.

对于操作性技能的考查是比较适宜用选择题考查的, 考查时就要真正体现被测试者的动手能力.

例 16 (2010 年高考河北卷题) 将正方体骰子(相对面上的点数分别为 1 和 6, 2 和 5, 3

和4)放置于水平桌面上,如图 6-7、图 6-8,将骰子向右翻滚 90°,然后在桌面上按逆时针方向旋转 90°,则完成一次变换. 若骰子的初始位置为图 6-7 所示的状态,那么按上述规则连续完成 10 次变换后,骰子朝上一面的点数是 ( )

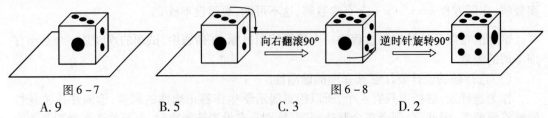

图 6-7   图 6-8

A. 9   B. 5   C. 3   D. 2

评述　根据题中的说明进行操作,得到的前四次变换如图 6-9 所示:可以看出:第 4 次的变换和第 1 次变换一样,故图形的变换是按照第 1 次变换、第 2 次变换、第 3 次变换然后再第 1 次变换、第 2 次变换、第 3 次变换重复循环的,三次变换为一周期. 求第 10 次变换可采用余数计算法:$10 \div 3 = 3 \cdots\cdots 1$,余数为 1 说明第 10 次变换后和第 1 次变换后一样,故骰子朝上一面的点数是 5.

答案为 B.

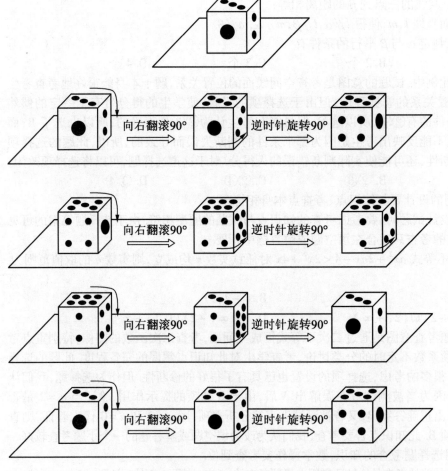

图 6-9

这是一道创新性强,测试被测试者动手能力的别具匠心的好题. 既符合新课程理念,又适应了素质教育的要求.

注 上述内容参见了俞永锋老师的文章《命制数学选择题时应注意的几个问题》(数学通讯,2013(2):29-32).

(6)选择题的陈述与文字加工尽可能用数学符号,并体现数学美

这方面的例子,我们留给读者.

6.3 测评数学填空题的命制

6.3.1 填空题的特点与功能[①]

填空题和选择题同属客观性试题,它们有许多共同的特点:形态短小精悍;考查目标集中;答案简短、明确、具体,不必写解答过程;评分客观、公正、准确,等等. 对于答案都是数学或符号的一组填空题,在试卷的编排上还可将其"选择化",这时同样可用电脑阅卷评分和统计成绩,节省人力和物力.

不过填空题和选择题也有质的区别. 首先,填空题没有备选项. 因此,解答时既有不受诱误的干扰之好处,又有缺乏提示的帮助之不足,对考生独立思考和求解,在能力要求上会高一些. 长期以来,填空题的答对率一直低于选择题的答对率,也许这就是一个重要的原因. 其次,填空题的结构,往往是在一个正确的命题或断言中,抽去其中的一些内容(既可以是条件,也可以是结论);留下空位,让被测试者独立填上,测试方法比较灵活,在对题目的阅读理解上,较之选择题有时会显得较为费劲. 当然并非常常如此,这将取决于命制者对试题的设计意图.

填空题与解答题比较,同属提供型的试题,但也有本质区别. 首先,解答题应答时,被测试者不仅要给出最后的结论,还得写出或说出解答过程的主要步骤,提供合理、合法的说明. 填空题则无此要求,只需填写结果,省略过程,而且所填结果应力求简练、概括和准确. 其次,就测试题内涵而言,解答题比填空题要丰富得多. 填空题的考点少,目标集中,否则,试题的区分度差,其考试信度和效度都难以得到保证. 这是因为:填空题要是考点多,解答过程长,影响结论的因素多,那么对于答错的考生便难以知道其出错的真正原因. 有的可能是一窍不通,入手就错了,有的可能只是到了最后一步才出错,但它们在答卷上表现出来的情况一样,得相同的成绩,尽管他们的水平存在很大的差异. 对于解答题,则不会出现这个情况,这是因为解答题成绩的评定不仅看最后的结论,还要看其推演和论证过程,按具体情况评定分数. 用以反映其差别,因而解答题命题的自由度较之填空题大得多.

从上面的讨论可见,填空题这种题型介于选择题与解答题这两种题型之间,而且确实是一种独立的题型,有其固有的特点. 要命制出高质量的填空题,也不是一件容易的事情.

填空题这种题型的测试功能,大体上与选择题的测试功能相当. 而且,为了真正发挥好这种题型的考查功能,同样要靠群体效应. 但是,由于填空题的应答速度难以追上选择题的应答速度,因此在题量的使用上,难免又要受到制约. 从这一点看,一组好的填空题虽然也能

[①] 教育部考试中心. 高考数学测量理论与实践[M]. 北京:高等教育出版社,2007:237-238.

在较大的范围内测试基础知识、基本技能和基本思想方法,但在范围的大小和测试的准确性方面,填空题的功能要弱于选择题. 不过,在测试的深入程度方面,填空题则优于选择题.

填空题这种题型的测试功能,大体上于选择题的测试功能相当. 而且,为了真正发挥好这种题型的测试功能,同样要靠群体效应. 但是,由于填空题的应答速度难以追上选择题的应答速度,因此在题量的使用上,难免又要受到制约. 从这一点看,一组好的填空题虽然也能在较大的范围内测试基础知识、基本技能和基本思想方法,但在范围的大小和测试的准确性方面,填空题的功能要弱于选择题. 不过,在考查的深入程度方面,填空题则优于选择题.

作为数学填空题,绝大多数是计算型(尤其是推理计算型)和概念(性质)判断型的试题,应答时必须按规则进行切实的计算或者合乎逻辑的推演和判断,几乎没有间接方法可言,更是无从猜答,懂就是懂,不懂就是不懂,难有虚假,因而测试的深刻性往往优于选择题. 但是比起解答题,其测试深度还是差得多. 就计算和推理来说,填空题始终都得控制在低层次上,不能盲目拔高要求.

填空题的另一个测试功能是可以有效地考查阅读能力、观察和分析能力. 这是因为我们可以把试题命制成"读懂了,正确的结论也就出来了"的形态,并且可使这个审读分析过程既无干扰又无提示. 这一点,对于选择题或解答题都是难以做到的,选择题总得提供备选项,解答题总得要有一定的推演、说明步骤.

在数学测评的各种考试中,由于受到测试时间和试卷篇幅的限制,在权衡三种题型的利弊和测试功能的互补时,填空题由于上述特殊性,往往被放在比较轻的位置上,题量不多,而且在考查功能的搭配、调整和总体分析时,一般也把它与选择题放在一起来考虑,作出统筹的安排.

与填空题相近,有一种题型叫简答题,其特点是:对试题作出简单或简短的回答. 对试题给出的问题,只需答出结论,必要时也给以扼要的说明,但无需写出具体的论证或推演过程,也无需详细说明解答的步骤. 因而,这种题型的测试功能与填空题相差无几. 只是在测试深度上有时会稍微深入一点,但远远不及解答题.

这里,让我们对填空题的教学教育功能也来做一些简要的讨论. 注意到填空题应答必须概括、扼要和准确的特点,长期以来,在数学教育中,经常利用它来强化学生对概念、法则和公式的理解和掌握. 这是填空题题型的一个重要的教学教育功能. 此外,较明显的数学教育功能是:促进推理计算能力的提高;推动认真严谨学风的培养;引导学生加强时间观念、加快解题速度的训练.

6.3.2 填空题的设计与命制

填空题的设计和命制可借鉴选择题的设计方法. 同样要注意测试中心突出、集中、鲜明,用此指导题材的取用和剪裁;陈述上力求简洁、精练、确切,尤其是指导语的使用上,务必防止歧义,且保证作答明确;待求解的过程宜短,步骤不得太多,最好是 1~2 步,不宜超过 3 步,否则难以保证信度,也势必降低区分度.

作为填空题,"只关心结果,不问过程",是对评判来说的,但是对于命制者和被测试者来说,却并非如此. 尤其是命制者,不仅要关心结果,而且更要考虑获得结果所可能出现的各种过程,这些过程对各个层次的被测试者会有怎样的影响? 是否会造成有悖于测试目的的事情发生? 比如说,某题使差生反而占便宜,这样的题理所当然要尽量避免出现会产生"歪打正着"的试题还是不入卷为宜. 至于被测试者,不问过程则难以获得正确结果,这是明摆着的事实. 对他们来说只是不必把过程写入答卷而已.

1. 填空题命制的途径

填空题有如下的一些命制途径

(1)将一些简单的直接计算题作为填空题.

例17 不等式$|2x+1|-2|x-1|>0$的解集为_____.

评述 此题可用分情形讨论或移项后两边平方来求解得$\{x|x>\frac{1}{4}\}$.

(2)将一些简单的推理计算题作为填空题.

例18 如图6-10,过点P的直线与圆O相交于A,B两点. 若$PA=1, AB=2, PO=3$,则圆O的半径等于_____.

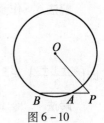

图6-10

评述 由圆幂定理或斯特瓦尔特定理推导得到半径
$$R=\sqrt{PO^2-PA\cdot PB}=\sqrt{6}$$

(3)将某些概念的理解与运用的问题作为填空题.

例19 在直角坐标系xOy中,已知曲线$C_1:\begin{cases}x=t+1\\y=1-2t\end{cases}(t$为参数$)$与曲线$C_2:\begin{cases}x=a\sin\theta\\y=3\cos\theta\end{cases}(\theta$为参数$,a>0)$有一个公共点在$x$轴上,则$a=$_____.

评述 由参数方程化为直角坐标方程后再求解,求得$a=\frac{3}{2}$.

(4)将入口面广的简单证明题改作填空题.

例20 已知$a,b,c\in\mathbb{R}, a+2b+3c=6$,则$a^2+4b^2+9c^2$的最小值为_____.

评述 此题形式灵活、新颖,入口面广,涉及的知识面也很广,可以从不同的层面去理解和分析,同时也触及了许多数学思想方法,它有如下14种解法(参见吕兴功《2013年全国高考湖南卷理科第10题的解法探究》,数学教学,2014(4)):

解法1 因$a+2b+3c=6, (a+2b+3c)^2=a^2+4b^2+9c^2+2a\times(2b)+2a\times(3c)+2\times(2b)\times(3c)\leq 3(a^2+4b^2+9c^2)$,则$a^2+4b^2+9c^2\geq 12$. 当且仅当$a=2b=3c=2$,即$a=2, b=1, c=\frac{2}{3}$时取等号. 故$a^2+4b^2+9c^2$的最小值为12.

此题如果作代换,令$x=a, y=2b, z=3c$,则原问题等价于:

"已知$x,y,z\in\mathbb{R}, x+y+z=6$,则$x^2+y^2+z^2$的最小值为_____."

解法2 (转化为二元函数求最小值)因$x+y+z=6$,则$z=6-(x+y)$,即$x^2+y^2+z^2=x^2+y^2+(x+y)^2-12(x+y)+36\geq\frac{3}{2}(x+y)^2-12(x+y)+36=\frac{3}{2}(x+y-4)^2+12\geq 12$.

取等号的条件是$x=y=z=2$,即$a=2, b=1, c=\frac{2}{3}$.

解法3 (转化为一元函数求最小值)因$x+y+z=6$,则$x+y=6-z$,即$x^2+y^2+z^2\geq\frac{(x+y)^2}{2}+z^2=\frac{(6-z)^2}{2}+z^2=\frac{3}{2}(z-2)^2+12\geq 12$. 取等号的条件与解法2相同.

解法 4 （基本不等式）因 $x+y+z=6$，则 $x^2+y^2+z^2 = \frac{1}{3}(3x^2+3y^2+3z^2) \geq \frac{1}{3}(x^2+y^2+z^2+2xy+2yz+2xz) = \frac{1}{3}(x+y+z)^2 \geq 12$.

取等号的条件与解法 2 相同.

解法 5 （柯西不等式）$(x+y+z)^2 = (x\times 1+y\times 1+z\times 1)^2 \leq (x^2+y^2+z^2)(1^2+1^2+1^2)$.

又 $x+y+z=6$，则 $x^2+y^2+z^2 \geq 12$. 取等号的条件与解法 2 相同.

解法 6 作函数 $f(x)=x^2(x\in \mathbf{R})$，函数 $f(x)=x^2$ 在 $\mathbf{R}$ 上为凸函数，由凸函数的性质
$$f\left(\frac{x+y+z}{3}\right) \leq \frac{f(x)+f(y)+f(z)}{3}$$
即 $\left(\frac{x+y+z}{3}\right)^2 \leq \frac{x^2+y^2+z^2}{3}$，以下解法同解法 5.

解法 7 令 $x^2+y^2+z^2=r^2(r>0)$，则
$$x^2+y^2=r^2-z^2 \qquad ①$$
$$x+y=6-z \qquad ②$$

在这里我们视 x,y 为变量，z 暂时视为常量，于是式①可以看作圆，式②可以看作直线的方程，则问题转化为直线和圆有公共点时，求 r^2 的最小值. 由题意
$$\frac{(6-z)^2}{2} \leq r^2-z^2 \qquad ③$$

则问题又转化为不等式③有解时，求 r^2 的最小值. 对不等式③化简，$r^2 \geq 12+\frac{3}{2}(z-2)^2$，故 $r^2 \geq 12$.

当 $z=2$ 时取等号，此时由式①、②可知，$x=y=2$.

解法 8 （三角代换法）接解法 7，对于式①作代换，令 $x=\sqrt{r^2-z^2}\cos\theta, y=\sqrt{r^2-z^2}\cdot\sin\theta, \theta\in\mathbf{R}$，代入 $x+y=6-z$，则
$$\sqrt{r^2-z^2}\cdot\cos\theta+\sqrt{r^2-z^2}\cdot\sin\theta=6-z \qquad ④$$

问题转化为方程④有解，求 r^2 的最小值. 由三角方程有解的充要条件
$$2(r^2-z^2) \geq (6-z)^2 \qquad ⑤$$

则问题转化为不等式⑤有解时，求 r^2 的最小值. 以下与解法 7 相同，这里从略.

解法 9 （构造平面向量）接解法 7，由 $x^2+y^2=r^2-z^2$ 和 $x+y=6-z$，构造平面向量 $\boldsymbol{p}=(x,y), \boldsymbol{q}=(1,1)$，由 $|\boldsymbol{p}\cdot\boldsymbol{q}|\leq|\boldsymbol{p}||\boldsymbol{q}|$，可得 $(x+y)^2 \leq 2(x^2+y^2)$，即 $2(r^2-z^2) \geq (6-z)^2$，以下与解法 7 相同，这里从略.

解法 10 （构造空间向量）由 $x+y+z=6$，作向量 $\boldsymbol{p}=(x,y,z), \boldsymbol{q}=(1,1,1)$，由 $|\boldsymbol{p}\cdot\boldsymbol{q}|\leq|\boldsymbol{p}||\boldsymbol{q}|$ 可得，$(x+y+z)^2 \leq 3(x^2+y^2+z^2)$，则 $x^2+y^2+z^2 \geq 12$. 取等号的条件为 $\boldsymbol{p}$ 与 $\boldsymbol{q}$ 共线，即 $x=y=z=2$.

解法 11 （球面和平面有公共点）令 $x^2+y^2+z^2=r^2(r>0), x+y+z=6$，则问题转化为球面与平面有公共点时，求 r^2 的最小值. （由点到直线的距离公式，可以类比出点到平面的距离公式）则球心到平面的距离不大于球的半径，即 $r^2 \geq \left(\frac{|6|}{\sqrt{1^2+1^2+1^2}}\right)^2$，则 $r^2 \geq 12$. 取等

号的条件与解法 7 相同.

解法 12 （点到平面的距离）已知 $x,y,z\in\mathbf{R}, x+y+z=6$，求 $x^2+y^2+z^2$ 的最小值问题可以转化为："求原点 $O(0,0,0)$ 到平面 $x+y+z=6$ 的距离 d 的平方"，于是，有 $d^2 = \left(\dfrac{6}{\sqrt{1^2+1^2+1^2}}\right)^2 = 12$，故 $x^2+y^2+z^2$ 的最小值为 12. 取等号的条件与解法 7 相同.

解法 13 （体积转换法）在三棱锥 $O-ABC$ 中，如图 6-11，$OA=OB=OC=6$，$\triangle ABC$ 为边长为 $6\sqrt{2}$ 的正三角形，设底面 ABC 上的高为 h，则 $V_{O-ABC}=V_{C-OAB}$，解得 $h=2\sqrt{3}$，故 $h^2=12$. 即 $x^2+y^2+z^2$ 的最小值为 12. 取等号的条件与解法 7 相同.

解法 14 （空间向量的数量积）视 $x+y+z=6$ 为平面的方程，$x^2+y^2+z^2$ 为该平面内任意一点 $P(x,y,z)$ 与原点 $O(0,0,0)$ 之间的距离 d 的平方. 于是，$x^2+y^2+z^2$ 的最小值就为平面 $x+y+z=6$ 的单位法向量 $\mathbf{n}_0$ 与向量 $\overrightarrow{OP}$ 的数量积的绝对值的平方. 如图 6-12，易求出平面 ABC 的一个单位法向量为

$$\mathbf{n}_0 = \dfrac{1}{\sqrt{3}}(1,1,1),\ \overrightarrow{OP}=(x,y,z)$$

则 $|\mathbf{n}_0 \cdot \overrightarrow{OP}|^2 = \left|\dfrac{(1,1,1)}{\sqrt{3}}\cdot(x,y,z)\right|^2 = \dfrac{(x+y+z)^2}{3} = 12$，故 $x^2+y^2+z^2$ 的最小值为 12. 取等号的条件与解法 7 相同.

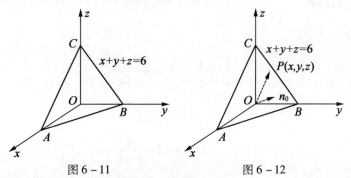

图 6-11　　　　　图 6-12

（5）考查阅读理解能力的小题常作为填空题.

例 21 对于 $n \in \mathbf{N}^*$，将 n 表示为 $n = a_k \times 2^k + a_{n-1} \times 2^{k-1} + \cdots + a_1 \times 2^1 + a_n \times 2^n$，当 $i=k$ 时，$a_i=1$，当 $0 \leqslant i \leqslant k-1$ 时，a_i 为 0 或 1. 定义 b_n 如下：在 n 的上述表示中，当 $a_0, a_1, a_2, \cdots, a_k$ 中等于 1 的个数为奇数时，$b_n=1$；否则 $b_n=0$.

(1) $b_2 + b_4 + b_6 + b_8 = $ _____；

(2) 记 C_m 为数列 $\{b_n\}$ 中第 m 个为 0 的项与第 $m+1$ 个为 0 的项之间的项数，则 C_m 的最大值是 _____.

评述 此题需仔细阅读题目，读懂了，正确的结论就出来，显然第一问填 3，第二问填 2. 由于这是一道把关题，是一道有点难度的填空题.

注 上述例题均为高考湖南卷（2010 年，2013 年）的题目.

2. 填空题难度的调控

在设计填空题时，对难度调节必须十分重视. 这是因为填空题的难度变化十分敏感，测试中多数被测试者解答填空题的能力比较弱，甚至有惧怕心理. 因为填空题不宜出难题（把

关题除外).

就一般而言,填空题由于缺乏备选项的参照,试题提供的信息没有选择题那样丰富,解答题设到所求的跨度一般说来要小得多,故其难度略低于解答题. 填空题位于选择题与解答题之间,有一定的过渡作用,各题之间的难度要求也应有所差别. 这些因素都要求对填空题的难度调控得十分用心和仔细,认真斟酌厘定.

调控填空题难度的一般方法主要有:改变题设或提问方式;变动参数;换个说法,等等.

例22 如果正数 x, y 满足 $4x + y = 1$,那么 $\dfrac{1}{x} + \dfrac{1}{y}$ 的最小值是_____.

解法1 因为 $x > 0, y > 0, 4x + y = 1$

所以
$$\frac{1}{x} + \frac{1}{y} = \frac{4x+y}{x} + \frac{4x+y}{y}$$
$$= 5 + \frac{y}{x} + \frac{4x}{y}$$
$$\geq 5 + 2\sqrt{\frac{y}{x} \cdot \frac{4x}{y}} = 9$$

且当 $\dfrac{y}{x} = \dfrac{4x}{y}$,即 $x = \dfrac{1}{2}, y = \dfrac{1}{6}$ 时,上式取等号,得答案为9.

解法2 依题设得 $y = 1 - 4x > 0, x > 0$

令 $t = \dfrac{1}{x}$,则 $t > 4$,则

$$\frac{1}{x} + \frac{1}{y} = \frac{1}{x} + \frac{1}{1-4x}$$
$$= t + \frac{t}{t-4}$$
$$= t + 1 + \frac{4}{t-4}$$
$$= 5 + (t-4) + \frac{4}{t-4}$$
$$\geq 5 + 2\sqrt{(t-4) \cdot \frac{4}{t-4}} = 9$$

且当 $t - 4 = \dfrac{4}{t-4}$,即 $t = 6$ 时,上式取等号,得答案为9.

解法3 依题设得 $x = \dfrac{1}{4}(1-y) > 0, y > 0$. 设 $\dfrac{1}{x} + \dfrac{1}{y} = a$,则

$$a = \frac{4}{1-y} + \frac{1}{y} = \frac{3y+1}{y(1-y)} \quad (0 < y < 1)$$

所以
$$ay^2 + (3-a)y + 1 = 0 \quad (0 < y < 1)$$

得判别式
$$\Delta = (3-a)^2 - 4a = (a-1)(a-9) \geq 0$$

因为 $a = \dfrac{1}{x} + \dfrac{1}{y} > \dfrac{1}{y} > 1$,即 $a - 1 > 0$,所以 $a - 9 \geq 0$,即 $a \geq 9$.

当 $a=9$ 时,关于 y 的二次方程为

$$9y^2 - 6y + 1 = 0$$

得重根 $y = \dfrac{1}{3}$.

因此,当 $y = \dfrac{1}{3}, x = \dfrac{1}{6}$ 时, $\dfrac{1}{x} + \dfrac{1}{y}$(即 a)取最小值9.

从以上三种解法看,都用到一些计算技巧,对运算能力的要求相当高. 作为填空题,其难度宜调低. 如何调低? 关键得看考查的重点是什么. 从列举的解法看,可以有多种考虑,比如:

考虑1 测试重点是平均数基本不等式的应用以及一定的观察能力和运算能力. 这时也有多种难度不同的方案可供参考,比如:

方案1 当 $x>0, y>0$ 时, $\dfrac{y}{x} + \dfrac{4x}{y}$ 的最小值是_____.

方案2 当 $xy>0$ 时, $\dfrac{6x^2 + y^2}{2xy}$ 的最小值是_____.

方案3 函数 $y = x + \dfrac{4}{x-4}(x>4)$ 的最小值是_____.

方案4 函数 $y = x\left(1 + \dfrac{1}{x-4}\right)(x>4)$ 的最小值是_____.

这些方案与原题(例22)比较,都保持了求最小值的框架(前两个方案是求不等式约束下的条件最小值,后两个方案改成求有限区间上函数的最小值),但难度明显调低,而且四个方案中,对计算能力的要求渐次提高,因而难度也相继提高.

考虑2 测试着重于二次函数性质的应用以及推理计算能力,则可以得到如下的一些修改方案:

方案5 已知方程 $ax^2 + (3-a)x + 1 = 0$ 有两个正实数根,那么实数 a 的取值范围是数集_____.

方案6 已知方程 $ax^2 + (3-a)x + 1 = 0$ 至少有一个正实数根,那么实数 a 的取值范围是数集_____.

方案7 已知正数 x, y 满足 $4x + y = 1$,那么 xy 的最大值是_____.

方案8 当正实数 x, y 满足 $4x + y = a$ 时, xy 有最大值 $\dfrac{1}{4}$,那么常数 a 的值是_____.

这些修改方案从形式上看,与例22已相去甚远,但难度上较之原题是有所变化的.

从这个例子可以看出,调整填空题的难度时,不要囿于原题的表面形式,应深入其解法,把思路放开,才有广阔的活动天地. 事实上,就例22而论,还可衍生出许多难度不一、考查重点不同的试题来.

一般说来,对于解答过程步骤较多或解法巧妙的填空题. 若调低难度后所得的试题不理想时,则不妨反向处理,即调难一些,把它改成解答题,也未尝不可.

6.4 测评数学解答题的命制

6.4.1 解答题的特点与功能[①]

在测评数学试题的三种题型中,解答题的题量虽比不上选择题,但其检测深度梯度比重最大,足见它在试卷中地位之重要.

这里所说的解答题题型,也就是通常所说的主观性测试题,开放式测试题,也叫求解不唯一的提供型试题. 这种题型内涵丰富,包含的试题模式灵活多变,其基本构架是:给出一定的题设(即已知条件),然后提出一定的要求(即要达到的目标),让被测试者解答. 不过,"题设"和"要求"的模式五花八门,多种多样. 被测试者解答时,应把已知条件作为出发点,运用有关的数学知识和方法,进行推理、演绎或计算,最后达到所要求的目标,同时要将整个解答过程的主要步骤和经过,有条理、合逻辑、完整地陈述清楚.

数学解答题具有传统数学试题的自然形态,这种题型历史悠久. 几乎可以说,还没有数学学科的时候,就已经有了数学问题. 人们正是通过对一个个具体的带有现实背景的数学问题的研究和解决来获得数学知识的,经过长期的积累和升华,概括和抽象,并逐步系统化,才发展产生数学这门自然科学. 这些早期的和原始的数学问题,如果作为试题,大体上都应归属于解答题这种题型. 因此,人们对这种题型也是最为熟悉的,这种题型在数学测试中的重要地位也是毋庸置疑的. 应用这种题型进行测试,尤其是大规模的测试,遇到的主要麻烦是:制卷时,评分的误差难以控制. 对于同一份答卷,别说不同人进行成绩评定时,会出现不同的分数,而且有时还可能相差较大,就是同一个人,在不同的时候,不同的心理状态下对该卷进行成绩评定时,也时常会给出不同的分数. 这就是说,判卷人员的主观因素几乎不可避免地会使评分出现误差,影响测试的信度和效度. 此外,解答题题型的另一个不足是:单题虽可考查多个知识点,但一份试卷所包含的这一题型的题量不能太多,因此测试的知识覆盖面受到比较大的限制. 不过这个不足容易通过采用多种题型搭配成卷来解决,这也就是目前各类数学测试中所采用的办法.

尽管解答题题型有缺点和不足,但比起它的强有力的测试功能,并不算突出,而且这些缺点和不足有一定的克服解决办法,例如,为了把评分误差降低到最低限度,已经有了不少研究成果.

下面,让我们对解答题题型的考查功能做比较深入与具体的分析和讨论.

(1)每道解答题的内容可多可少,问题可大可小,陈述可长可短,题设可明可暗,难度可深可浅. 总之,命题的自由度很大,可调节的范围很宽. 因此,解答题的测试功能有很大的弹性,既可在多个层次上测试基本知识、基本技能和基本思想方法,又能深入地测试数学能力和数学素养. 尤其是复杂的运算,多转折的逻辑推理,多线条图形的空间想象和辨识,综合问题的分析和解决,等等,这些深层的素质和能力的测试,非解答题莫属. 客观性试题的题型是无能为力的.

(2)被测试者回答解答题时,必须写出求解过程. 因此,解答题能有效地测试陈述表达

[①] 教育部考试中心. 高考数学测量理论与实践[M]. 北京:高等教育出版社,2007:238 – 240.

能力.这也是客观题所无法办到的.

(3)解答题一题多解的现象十分普遍,对于同一测试题的解答,所用的思想方法、数学概念和法则以及演算、推理过程,其差别有时十分大.因此,它能为被测试者展露自己的才能提供广阔的天地和良好的环境条件,同时,也能比较有效地测试出各个水平层次的被测试者的成绩,促进测试区分度的提高.

(4)解答题评分标准的制定有一定的灵活性,通常可以通过评分标准的制定,对试题的测试功能进行调控(当然,这只是一种微调),即是说,分值的配置可倾向于测试的侧重点.

解答题的上述测试功能,概括地说,它能重点突出地深刻测试知识和能力,并且可以做多角度、多层次的测试.不过,在实际的考试中,解答题题型功能的真正发挥还受到诸多因素的制约,其中特别值得注意的有下列数项.

首先,解一道解答题时,要经历审题,寻找和确定求解途径,分清解答步骤,逐层推演,综合陈述,完整作答或给出恰当的结论等多个不可缺少的环节,不像解答客观性试题那样可跳过某些步骤或环节.这就使得解答所表示出来的情况异常复杂,尤其是当被测试者人数众多的时候,更是如此.被测试者在这么长的解题过程中,难免会出现这样或那样的失误.而且往往做到中间的某一步骤或环节时,便出错.不少被测试者在出错之后,往往还继续解答下去.这时,问题的实质可能发生很大的变化,而且难度既可能变易,也可能变难,其测试效果自然也变了样.如何评定其成绩,以反映测试目标,也就成了一个颇为复杂的问题.一般来说,从有效发挥试题测试功能的角度出发.这个问题显然不宜采取凡是出错者都不给分的简单做法,还得根据出错的位置和出错以后的推演实况,分辨情形,给以适当的分数,才有利于解答题测试功能的充分发挥.

其次,解答题多数是一题多解,其不同解法和解案所反映的测试功能往往不尽相同.为了提高测试质量,命制时应对试题认真琢磨修改,使不同解案的测试功能得到一定的平衡.

再次,如果测试题的入手很难,绝大多数的被测试者连入门的机会都没有,只好放弃,那么,该题就是有再好的测试功能也是无从发挥的.因此,一道试题测试目标的配置是由易到难,还是由难到易,其测试效果截然不同,测试功能的发挥也就有天壤之别.

还有,如果题量太大,以致部分试题,尤其是试卷末尾的一些题目,几乎所有的被测试者都难有机会问津.没有时间去思考和解答.那么这些试题就形同虚设,什么测试功能也发挥不出来,命题者在试题设计时的一番苦心,很可能就付之东流.

因此,对于解答题测试功能的讨论,与客观题一样,不能只停留在单题的测试功能上,还得注意它的群体效应.既要看到树木,还得见到森林.要重视一组解答题在一次考试中所能发挥的测试功能.这时,必须从整体出发,顾及各个试题的固有特点和测试方法的设计,留意它们之间的搭配.安排好题量和题序,用时还要尽可能仔细地预测被测试者应试时所可能出现的种种情况,综合起来进行分析和讨论,才能比较确切地认识该组测试题的考查功能,通过反复调整,力求使它的测试功能得到充分的发挥.

关于解答题的测试功能就谈到这里.至于它的数学教育功能,只要看看数学的发展史,看一看人们是如何从事数学的教育活动和学习活动的,便可以知道,解答题这种题型具有反映数学教学教育状况的全息功能.这里所说的全息是全面的信息和全部的信息之意.

数学理论的建立和发展是在解决一个个富于客观实际背景的数学问题(通常表现为数学解答题的形式)之后才逐步形成的.早期的数学著作几乎都是数学解答题的结集,就是各种数学理论形成之后,其中的公理、原理、定义、定理、法则和公式,几乎也都可以把它们看作是一个个数学解答题的解案或结论.因而在数学的教学教育过程中,也就离不开数学问题(解答题)的提出和解决,同时又通过数学问题的解答练习来巩固所学的数学知识,提高数学能力,其学习效果的检测当然更是离不开数学问题的解答.

这里,我们是从宏观上看数学解答题的教学教育功能.如果从微观上探讨这个问题,数学的不同教育阶段和学习阶段所运用的数学问题,虽然都同属解答题这种题型,但是它们之间还是有差别的.不同阶段、不同时期所使用的解答题,毕竟还有各自的特点和要求.例如,数学练习题与数学测试题由于作用不同,其形态和特点就有所差别.练习题是用来帮助学生复习和巩固所学数学知识和技能的题目,往往比较集中、专一,有模仿性、针对性和一定重复性的特点,而测试题是用来检测(考查)被测试者对某项知识和技能的掌握程度如何,往往带有层次性和综合性的特征,当然也免不了有针对性.可见两者既有联系又有区别.

6.4.2 解答题设计的指导思想

这里的解答题设计的指导思想,其实也包括其他题型(选择题、填空题)设计的指导思想,解答题的设计还应根据解答题的优缺点来扬长避短,并应用现代心理学和教育测量学的先进思想和技术于设计工作中,提高设计质量.

应用心理学关于知识和能力的研究成果,根据高级别测试的选拔性质和数学的学科特点,在测评数学解答题的题型设计中,我们认为应当实行如下的指导思想:以数学知识及其应用为依托,着力测试数学能力;通过数学知识和数学能力的测试,测试一般的心理能力;能力测试的宗旨在于测试继续深造的潜质,甄选优秀的人才.下面分项对这个指导思想做一些必要的说明和阐述.

(1)以数学知识及其应用为依托,着力考查数学能力.

众所周知,知识和能力是无法截然分开的.我们在前面曾说过,一个人如果少闻寡见,知识贫乏,那么他的办事能力决然不可能高到哪里去.但是也不能说,知识多了,能力也就必定强.这时,还得看他所掌握的知识是活知识,还是死知识,看他遇到问题时会不会用他所掌握的知识对问题进行具体有效的分析,并从中找到解决问题的办法.找到了,把事情办好了,就是能力强的反映;找不到,不能把事情办好,表明他的能力也就差一些.

从心理活动的角度看,所谓知识也就是外部客观世界的事物在人头脑中的反映.这些知识按照一定的方式储存在大脑里,多数人是以网络和板块的形式储存着,但具体的方式和形态往往因人而异,甚至有些人所储存的知识是杂乱无章的.但无论如何,人们总得要运用积累的知识去解决自己遇到的各种各样的问题.解决问题的过程也就是知识活动的过程,在这个过程中,人的能力就表现出来了.离开了知识,没有了理解和认识的对象,没有了可供利用的工具,就不会有能力.知识是能力的基础,而能力又反过来影响新知识的获得.没有数学知识,没有以数学知识为工具去解决的数学问题,也就无数学能力可言.因此,在高级别测试中对数学能力的测试,一定离不开数学试题和数学知识的测试.几乎在所有的测试中,必然要既测试知识又测试能力,但不同的测试有不同的侧重.在高级别测试的数学科的考试中,出于选拔性的要求,其题型设计的第一个指导思想应当是以数学知识及其应用为依托,着力于数学能力的测试.

用认知心理学的观点来看,知识可分为两类,一类是陈述性的知识,也叫作说明性的知识;另一类是程序性的知识.

陈述性知识是关于事物本身的知识,包括现象的描述,概念的界定,概念间的联系等.通常,这些知识用命题网络的方式存储在大脑中,也就是说,用命题描述的各项知识在脑子里通常不是孤立和割裂地存在着,而是存放在适当的层次上,有一个适合的位置,与上下左右的知识项目存在着一定的联系,形成蛛网的结构形式.这些知识的提取通过激活扩散来实现,知识结构组织比较合理时,激活扩散就比较容易,对信息的反应灵活、敏捷;如果知识结构组织不恰当,那么激活就不容易,扩散也来得慢,表现出来的就是反应迟钝.

程序性知识是关于认知活动的知识.这方面的知识越丰富,结构组织又合理,那么他的认知能力也就越强.这些知识不同于静态的陈述性知识,而是动态的知识.这两类知识的根本区别在于:陈述性知识被激活之后,其结果是信息的再现;而程序性知识被激活之后,会产生信息的转换和迁移.在激活的程度上,这两类知识也有所不同,陈述性知识的激活需要时间,时间的长短不仅与这些知识的结构组织有关,而且与对这些知识理解的透彻程度和掌握的牢固程度有关.而程序性知识实际上也是一种技能,当其一旦掌握,就可到达自动化的程度.这里,程序自动化程度的高低主要取决于对程序性知识掌握的熟练程度.

程序性知识和陈述性知识在学习中互相联系.互相依存,程序性知识表现为产生式,体现为一些"条件—动作"法则.学习新的程序性知识也就是学习新的"条件—动作"法则.这些法则也就是一种程序.往往是用陈述性的形式来表示.因此,当学习新的程序,用它解决问题,以便逐渐达到掌握新程序知识时,陈述性知识可起到提示的作用,一直到程序达到自动化程度.反之,程序性知识也能促进陈述性知识的学习和获得.

上述认知科学关于知识的论述,对数学知识也是适用的.数学学科知识也包含了陈述性知识和程序性知识两个方面.以运算为例,运算对象(如数,包括自然数、整数、有理数、实数和复数等;式,包括代数式、多项式、三角式、方程式和不等式等)及其运算方式的有关定义、概念和法则、公式等知识,都属于陈述性知识,运算步骤和技能方面的知识则属于程序性知识.这些运算知识就是运算能力的基础.当我们的测试要求是强化运算能力的测试时,也就不能离开运算知识的测试,否则就成为无本之木.因而,测试必须以知识为依托.同时,也不能只停留在对陈述性知识和低层次的程序性知识的测试上,而必须把着眼点和着力点更多地放在高层次的程序性知识及其综合运用的测试上,才能达到能力测试的目的.

至此,我们已经反复讨论了测评数学解答题的设计中,必须加强数学能力的测试之道理和测试时所应采取的指导思想.但学科能力毕竟是一定范围的能力,有其局限性,而且测评所要甄别的人才既不是数学家,也不都是未来数学家的好苗子.甄选出来的各类新生将从事众多专业的学习和深造,因而数学能力的测试,也不宜把要求提得很高,更不能为测试数学能力而测试数学能力.正确的指导思想是,在测试数学能力的同时,也应力求测试到一般性的、可在不同学科领域及不同的生活和工作领域中进行迁移的能力.这便是我们所提出的在题型设计中的第二个指导思想.

(2)通过数学知识和数学能力的测试,测试一般的心理能力,充分发挥数学的基础学科作用.

数学能力是数学知识范围内的能力,是一种学科能力,一种特殊的能力.还有一种更广泛的能力,可在不同领域之间迁移的能力,俗称智力或一般的心理能力.

按照心理学比较一致的看法,能力可以理解为对活动的顺利有效进行起直接稳定调节作用的一种个性心理特征. 因此, 可把能力区分为一般能力和特殊能力两类. 各种学科能力都是特殊能力, 是在学科学习和应用的认知活动中表现出来的一种能力, 许多时候被人们称之为技能和技术, 与学科知识密不可分. 一般能力是各种各样认知活动中所表现出来的带普遍性的能力, 大体上说, 也就是觉醒和注意、信息加工、自我控制的能力.

一般能力的高低表现为认知功能的高低, 或者说认知水平的高低. 这个高低, 如何判断呢? 一个自然的设想, 就是对认知(过程)进行分解, 找出认知的成分, 然后再行测试. 然而, 认知到底包括哪些成分? 如何分类? 关系如何? 至今还没有完全弄清楚. 这是认知科学的论题, 现在仍处于进一步研究和发展中. 目前比较普遍的看法认为认知成分可分为三个方面, 第一个方面是觉醒与注意. 觉醒, 指脑神经细胞对刺激信息的反应. 受强烈刺激而兴奋, 活动起来, 予以注意, 叫作敏感化. 对新信息的特点感知愈多愈深, 则引起的注意愈广泛愈强烈, 并能展开有效的思考, 其结果是会发现问题、提出问题. 第二个方面, 是对信息的加工, 包括同时性加工和系列性加工. 信息加工也就是信息的转换和迁移, 既有并行式, 也有串行式. 对信息能否进行有效的加工, 加工的速度如何, 都反映了能力的强弱, 能快速进行良好加工的人, 其能力就强, 反之则弱. 第三方面, 是所谓元认知的问题, 指的是对认知的认知, 即是一个人对自己认知活动的了解和控制、监督. 它直接影响着认知活动是否能够顺利地有效进行. 比如解一道测试题, 首先要明白测试题问的是什么, 有哪些条件和要求, 接着确定解答的方向、策略和途径, 定出具体的执行计划, 然后控制和监督自己按照既定的方向和计划, 一步步去实现解答, 并在这个过程中修正缺点和错误, 使解答尽量圆满. 如果没有自我控制和监督的能力, 就无法制定方向和策略, 也无法有效地执行计划, 更无法坚持下去直至取得成果. 上述三个方面, 都是认知中不能或缺的, 都是认知成分.

可见, 从认知科学的角度看, 一般能力和学科特殊能力之间存在紧密的联系. 一般能力的培育和发展有赖于各学科知识的学习和各学科特殊能力的增强. 反过来, 随着一般能力的发展和加强, 又会为学科特殊能力的发展创造有利的条件. 人的知识和能力有着各自的结构组织和发展序列, 各种结构、各个序列互相容纳, 彼此匹配. 它们的发展和生长, 既互相促进、又互相制约. 因此, 在测评数学解答题的设计中, 应充分认识到数学是一门重要的基础学科这个事实, 其思想不应当囿于数学知识和数学能力的测试, 还应放眼于一般能力的测试, 站到一般心理能力测试的高度上. 数学知识和数学能力的测试还不是目的, 而是一种手段. 也就是说, 通过数学内容的测试, 从一个侧面去测试被测试者的觉醒和注意、信息加工和自我控制等认知成分的一般心理能力. 这个思想将使各类题设计的思路得到拓广, 深刻地影响着各类题的选用, 测试材料的选取, 测试方法和测试方式的安排, 乃至试题的结构形态.

(3) 能力测试的宗旨在于测试继续深造的潜质, 甄选各类人才.

测试一般的心理能力, 也就是测试人的认知功能的强弱和认知水平的高低, 这还不是能力测评最根本的目的. 从根本上说, 能力测试的宗旨在于考查和测试继续学习和深造的潜在能力, 俗称学习潜力. 决定学习潜力的因素很多, 既有智力因素, 也有非智力因素. 一般心理能力还只是其中的一部分.

历来有一种比较普遍的看法, 在学科测试中, 几乎无法对被测试者的非智力因素进行测试和检验. 然而, 从近几年的测试改革试验中, 我们发现, 这个禁区必须打破, 这种思想也应当改变.

诚然, 非智力因素的考查和测试主要不应当也不可能由数学测试来承担. 但是在数学测试中,对非智力因素的测试也并非完全毫无办法,而应当是有所作为的.

事实上,测试是在一定的客观环境下进行的,认知也是在一定的客观环境下进行的.认知能力的发挥受环境的制约,而环境对能力发挥的影响,不完全取决于环境的本身,在很大的程度上是取决于人的适应性,适应性的强弱反映了人的心理素质的好坏.心理素质好,抗干扰性强,情绪稳定者,其适应性也就强,在较差的环境下,也能发挥出较强的能力.相反,当一个人情绪容易波动,抗干扰性弱,他的能力的发挥往往也不稳定,在较差的环境下,其能力也就发挥得不好.因此,可以通过环境的营造来测试人的非智力因素的好坏.试卷作为一种客观存在,是测试环境的一个重要组成部分.当我们进行各类题设计时,把非智力因素的测试纳入视野之内,则大有文章可做.

长期以来,由于指导思想上把非智力因素的测试排除在数学测试的要求之外,因此对试卷各类题设计和试卷的设计提出许多条条框框,甚至形成若干理论的观点,以致成为束缚命题工作的清规戒律.例如,测试题的排序一定要由易到难;试题给出的条件要恰如其分,不能多也不能少,等等.这些强调的是营造一个理想的环境条件,让被测试者能充分发挥其"真实"水平.这无异于鼓励把学生培养成温室里的花朵,经不起风霜雨露的无常变化.

需知,我们培养的人才应当经得起风浪的考验.因此,测试的环境无需特别的理想,当然也不宜过分的恶劣.有了这个思想,在各类题设计和试卷的设计中,不少几乎成为定规的条条框框也就可以打破,代之而起的是发扬创新的精神,进行新的尝试,使测试改革得到进一步的深化.

6.4.3 解答题设计的步骤与案例

数学解答题的题型历史悠久,源远流长,不仅形式灵活多样,而且就其内涵而言也极其深广.这种题型的试题能深刻地测试数学的各种能力,难度调节的范围也很宽广.

设计解答题的方法与前述两种题型的试题设计方法相比,虽无本质差别,但其活动的自由度却要大得多,而且要顾及的问题也比较多.要设计出一道好的解答题,一般要经历如下的几个步骤:选材与立意;搭桥与构题;加工与调整;审查与复核.依次说明如下:

1. 选材与立意

巧妇难为无米之炊,没有题材,命制测试题也就无法展开,因此,选好测试题的材料是命制试题的第一步.选材是根据一定的测试目的和中心进行的,这便是"立意".立意与选材两者之间,往往交织在一起.有时是先立意,确定试题的命制意图,明确测试目的(如:测试哪几种能力?哪种能力是主?哪种能力是兼测的?测试哪个学科分支?考哪一部分的内容?等等),然后再选用合适的材料作为题材.而有时是先注意到一些好的题材,再琢磨:用它进行测试题编制可达到哪些测试目的,并做进一步的剪裁取舍.不管谁先谁后,实际上两者都必须一起考虑,互相照顾,经过反复多次的修剪,才能趋于目标一致,进入构题的阶段,将较为朦胧的想法具体化和明朗化.在这个过程中,立意是核心,选材服务于立意.

题材的来源可以是多方面的,概括起来,大体可分为两大类:

第一类,由某些概念、性质或简单的基本问题出发(它们多数来源于教科书或相关资料),将它们与初步确定的测试要求联系起来,进行分析和思考,将有关的知识点和基本思想方法的测试,因此往往选出的题材或多或少总是带有综合的色彩.采用这类方法取材时,应有中心,渐次扩张和蔓延,尽力避免生硬拼凑的做法,防止把风马牛不相及的素材无序地堆砌在一起.

第二类,从数学研究中选取适当的素材,或从比较高的观点出发,物色问题,也可以从现实的社会现象、自然现象、生活现象、生产过程和科学实验等实践领域中寻找素材和问题. 通常说来,用这类方法选得的问题和素材所蕴含的数学思想方法比较深刻,内容也较为丰富复杂,其形式要么十分抽象,要么过于具体,枝节横生. 因而它们不能直接入卷作为各级测试的数学试题,但可以作为基础,将其化解分拆,变抽象者为具体,将具体而又枝节横生者加以修剪、删繁就简,进行有科学根据的概括、省略和近似处理,直至把它们变成符号构题条件的材料. 用这类方法获得的题材进行命题,往往能获得形式新颖、考查功能良好、深刻的好测试题.

简略地说,这两类选材方法是两种不同思路的反映,第一类方法所用的思路是:由低到高,由简到繁,由浅到深. 第二类方法所用的思路是:由高到低,由繁到简,由深到浅. 尽管思路不同,出发点也不同,然而却是殊途同归,为的只有一个中心,实现在某级测试中的数学能力测试.

单题的立意要鲜明. 立意包括立足点和测试意向两个方面,立足点也就是试题的中心,测试意向也即测试目的、测试目标. 一道试题,既可用知识内容立意,也可用能力要求立意,还可用问题和情境立意. 当测试的试题是以知识测试为主线时,多数试题将以知识内容立意. 若试卷是以数学能力测试为主线时,多数试题则应以能力要求立意. 而一些综合性比较强和实际应用型的试题,则宜以问题和情境立意.

采取上述的取材和立意的方法,既可使单题的设计顺利进行,保证试题中心突出,防止散乱或堆砌的毛病,又可使整卷的搭配和调整易于操作,节省时间,提高效率.

2. 搭架与构题

有了恰当的题材之后,便可进入搭建测试题的框架,构筑测试题的模胚. 这时仍属单题编制的初级阶段,所产生的试题,其形态和结构还都比较粗糙.

设计测试题的框架结构时,应以所选的题材为依据,采用与之相适应的结构架势. 例如,题材是证明线面垂直和求棱锥体积,这时便要确定一个适当的几何体来承托这些题材,把题材分置到适当的位置上,使之能够有效地测试空间想象能力、逻辑推理能力和计算能力. 建立试题的框架结构时,应注意主干硬朗,层次分明、清楚. 有了架构,再形成题胚,把题设和提问写出,不必忙于文字处理,只需写出要点,提问可以分布设问,也可一步到位只提出一个问题. 同时要把基本解案和各种可能出现的解答方法,一一列出,以便比较. 作为试题模胚,应力求留有余地,使之具有一定的弹性和伸缩性,也即题设条件要便于增加或减少,提问要有多种角度可供调换,测试题的难度要容易调节. 这样做,为的是方便下一步骤的加工和调整.

在构建题胚这一环节中,往往伴随着题材的修剪和重组. 这时应注意不迷失方向,不要脱离原先的立意,否则会喧宾夺主,前功尽弃. 要是出现这种情况,无异于重新开始. 这是在不得已时才要面对的,还是尽量避免为佳.

3. 加工与调整

有了初步成形的试题(题胚)之后,接下来的工作是深加工和细琢磨. 这是单题编制的中期调整阶段,必须十分认真,对每一个细小的环节都得顾及,包括试题的陈述和答案的编写,评分标准的制定,都得在这一步骤中完成.

测试题的加工和调整,首先要确保试题的科学性和适纲性,其次是精心调节难度.

为了确保测试题的科学性,应特别注意下列几点:

①题意应具备可知性.应力求使测试题的陈述简明、扼要、规范,语意要清楚,使合乎要求的考生阅读之后,能明白题意,不会出现模棱两可和令人猜疑的歧义.

②题设应具充分性.测试题所给定的条件,应足以保证结论的成立或计算的顺利推演.有时在调整难度时,会将条件放宽或紧束.由于放宽而出现多余的条件不打紧,但绝对不能容许因紧束而导致条件不足.

③当题设条件不止一个时,应保证各条件的独立性和它们之间的相容性.

这里,独立性指条件不应有重复现象,相容性指条件彼此不会出现矛盾.

④求证的结论或求解的目标,应保证其存在性.对于论证题,要求被测试者进行证明的结论应具备存在性和正确性;对于其他形式的试题,要求被测试者进行求解的目标也应确定存在.否则将会浪费被测试者的精力和时间,降低测试质量.

为了确保试题的适标性.首先,要认真检查试题中出现的概念.数学符号、术语以及几何附图及其标识.保证它们都是在考试内容规定的范围内.其次,还得仔细检查解答过程中所用到的数学知识和数学方法是否超出有关测试文件的规定.凡有出现超出规定者,都得进行修订.

至于测试题的难度调节,必须以整卷的难度分布为依据.常用的调节方法有:

①改变提问方式.例如,把证明题改变为探索题,将结论隐蔽起来,可提高难度;增加中间的设问,把单问改变为分步设问,无异于给出提示,可降低难度.又如,改变提问的角度,往往也改变测试题的难度.

②改变题设条件.例如,适当增删已知条件,隐蔽条件明朗化,明显条件隐蔽化,直接条件间接化,间接条件直接化,抽象条件具体化,具体条件抽象化,乃至条件参数的变更,等等,都可使试题的难度发生变化.

③改变综合程度.例如,增减知识点的组合,调整解题方法的结构,变换知识和方法的综合广度或者深度,等等.也都会使试题的难度有所变化.

此外,为了提高测试题的质量,在加工和调整这个步骤中,还应注意加强试题的针对性和有效性,安排好难点和陷阱的分布.

4. 审查与复核

经过精细加工的试题,往往已经不是孤立的单个测试题了,而是一组姐妹题,即围绕一个中心问题,难度层次不同,形态相近而又有所差别的若干个试题,以供整卷搭配.对这样的一组题目,必须反复审核,细加推敲、严防疏漏和失误.尤其是要杜绝科学性的失误.

复核工作通常要两人以上进行,并且要防止先入为主.要力求从新的角度考察试题,重新细写答案,尽可能把各种可行的解案都列写出来,进行比较.这时往往会发现后来发掘的解答方法与原先编题伊始的解答方法大不相同.其测试的有效性与预先的设计意图存在很大的差别,有时还可能是相去甚远.若出现这种情况,则需对原题作重大的修改.此时不得吝惜工本,甚至推倒重来的事也时有发生.

复核的另一项主要工作是文字功夫,对试题的字、词、句、数学符号和附图都一一推敲和细察,就连标点符号也不放过.

注 上述内容参考了教育部考试中心编写的《高考数学测量理论与实践》(高等教育出

版社,2007).

下面,具体看一些命制的测试题案例:

例23 已知 a,b,c 是实数,函数 $f(x)=ax^2+bx+c,g(x)=ax+b$,当 $-1\leq x\leq 1$ 时,$|f(x)|\leq 1$.

(Ⅰ)证明:$|c|\leq 1$;

(Ⅱ)证明:当 $-1\leq x\leq 1$ 时,$|g(x)|\leq 2$;

(Ⅲ)设 $a>0$,当 $-1\leq x\leq 1$ 时,$g(x)$ 的最大值为2,求 $f(x)$.

评述 此题的设计比较新颖,没有常见的解题模式可以套用.题目以二次函数和一次函数为载体,着重测试对函数概念的理解、含绝对值不等式的性质、抽象的数学问题的具体化等.首先本题没有设计为证明某个函数的单调性,而是测试对函数单调性概念的理解和运用.其次题目中没有给出 a,b,c 的具体数值,而是给出比较抽象的函数表达式,要求被测试者根据题目的条件导出一些关系式

$$|f(0)|\leq 1$$
$$f(x)=x\cdot g(x)+c, g(1)=f(1)-f(0)$$

进而求出具体函数.同时本题还要求进行等式和不等式的转化,运用双边不等式 $-1\leq f(0)\leq -1$ 得出等式 $c=f(0)=-1$;根据二次函数的极小值点,通过逆向思维求出函数 $f(x)$ 的一次项系数.

例24 已知过原点 O 的一条直线与函数 $y=\log_8 x$ 的图像交于 A,B 两点,分别过 A,B 作 y 轴的平行线与函数的图像交于 C,D 两点.

(Ⅰ)证明:点 C,D 和原点 O 在同一条直线上;

(Ⅱ)当 BC 平行于 x 轴时,求点 A 的坐标.

评述 此题测试对数函数的图像与直线的位置关系.两条平行于 y 轴的直线,如果与两个不同的对数函数的图像分别有两个交点,若其中一个对数函数的图像中的这两点的连线通过原点,则另一个对数函数的图像中的两点也必然通过原点.这是由于两个对数函数 $f(x)=\log_a x, f(x)=\log_b x$ 之间有这样的关系:$\log_a x=\dfrac{\log_b x}{\log_b a}$.在此,很难分清是用代数方法研究几何问题,还是用几何方法研究代数问题,这是测试综合运用数学知识的能力和学习潜能的更高层次的要求.

例25 设曲线 C 的方程是 $y=x^2-x$,将 C 沿 x 轴、y 轴正向分别平行移动 t,s 单位后得到曲线 C_1.

(Ⅰ)写出曲线 C_1 的方程;

(Ⅱ)证明:曲线 C 与 C_1 关于点 $A(\dfrac{t}{4},\dfrac{s}{2})$ 对称;

(Ⅲ)如果曲线 C 与 C_1 有且只有一个公共点,证明:$s=\dfrac{t^3}{4}-t$,且 $t\neq 0$.

评述 此题设计思想是试题能够体现代数表述及其推理与其几何背景的平衡,根据这一立意,命题选取了被测试者熟悉的平面曲线的平移、对称和旋转以及相互之间的关系作为

出发点,讨论相应的代数表述和有关函数基本特性的代数推理. 本题以三次函数设定情境,将平移、对称、相交等概念有机地结合在一起,讨论曲线 C 和 C_1 之间的关系. 本题很难按其所涉及的具体知识点,按一般的分类将其归入代数或解析几何类试题,而是把中学数学里函数及图像的基本概念、基本性质与曲线的几何变换(平移、中心对称)的性质,以及用代数方程研究曲线位置关系的思想方法等,许多重要内容融合在一起,命题颇具创意.

例26 (2011年高考全国卷题)已知 O 为坐标原点,F 为椭圆 C: $x^2 + \dfrac{y^2}{2} = 1$ 在 y 轴正半轴上的焦点,过 F 且斜率为 $-\sqrt{2}$ 的直线 l 与 C 交于 A,B 两点,点 P 满足 $\overrightarrow{OA} + \overrightarrow{OB} + \overrightarrow{OP} = \mathbf{0}$.

(Ⅰ)证明:点 P 在 C 上;

(Ⅱ)设点 P 关于点 O 的对称点为 Q,证明:A,P,B,Q 四点在同一圆上.

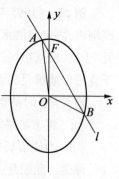

图 6-13

评述 此题从题型上来看是比较容易的,它的条件和结论都是封闭的,题中没有出现任何未知参数,所有量(点的坐标、直线和椭圆的方程等)也都是完全确定的,而且连要证明的结论题中也已经给出,不需要被测试者自己去探索,唯一要做的就是如何去验证这些固定的点或线之间所满足的关系. 尽管如此,被测试者解答的实际情况可能不理想,某些被测试者见到这类问题以后反而不知道怎么下手,这除了综合性强、计算量大方面的困难外. 更主要的是本题所测试的是被测试者对一些数学概念的本质理解,这在平时的训练中很少涉及. 比如第(Ⅰ)问测试的是如何判断一点属于某一曲线,只需要对照图 6-13,将直线 l 的方程 $y = -\sqrt{2}x + 1$ 代入椭圆 C 的方程 $x^2 + \dfrac{y^2}{2} = 1$

得 $4x^2 - 2\sqrt{2}x - 1 = 0$,可知两点 $A(x_1,y_1),B(x_2,y_2)$ 的坐标满足 $x_1 + x_2 = \dfrac{\sqrt{2}}{2}$,$y_1 + y_2 = -\sqrt{2}(x_1 + x_2) + 2 = 1$. 再由 $\overrightarrow{OA} + \overrightarrow{OB} + \overrightarrow{OP} = \mathbf{0}$ 求得点 P 的坐标为 $\left(-\dfrac{\sqrt{2}}{2}, -1\right)$. 经验证点 P 的坐标满足椭圆 C 的方程 $x^2 + \dfrac{y^2}{2} = 1$,从而判定点 P 在椭圆 C 上;第(Ⅱ)问判断四点共圆的问题在教科书中很少出现,被测试者没有固定的套路来解决,判断四点共圆虽然可以用纯几何的方法,但本题显然不适用,甚至有的测试还没有学过,因此一些测试见到题目以后往往无从下手. 其实,第(Ⅱ)问表面上考查的是如何判断四点共圆的问题,实质上测试的是如何"由点定圆"的问题,这里的难点就在于将"判断四点共圆"这一问题化归为"三点定圆"问题,它涉及解析几何的本质——要用代数方法来解决几何问题,即要根据 A,P,B,Q 这四个已知点中的某三个点确定的圆,求出圆心的坐标,然后再证明第四点也在该圆上或证明第四点到圆心的距离与前三点到圆心的距离相等. 事实上,不难求得线段 PQ 的垂直平分线 l_1 与线段 AB 的垂直平分线 l_2 的交点 N 的坐标为 $\left(-\dfrac{\sqrt{2}}{8}, \dfrac{1}{8}\right)$,且 $|NP| = \dfrac{3\sqrt{11}}{8}$,$|AB| = \sqrt{1+(-\sqrt{2})^2}|x_2 - x_1| = \dfrac{3\sqrt{2}}{2}$,$|AM| = \dfrac{3\sqrt{2}}{4}$,$|MN| = \dfrac{3\sqrt{3}}{8}$. 又 $|NA| = \sqrt{|AM|^2 + |MN|^2} =$

$\frac{3\sqrt{11}}{8}$,所以 $|NP|=|NQ|=|NA|=|NB|$. 从而判断 A,P,B,Q 四点在以 N 为圆心, NA 为半径的圆上.

可看出,此题设计的目的就是通过运用形数结合思想方法,测试被测试者对点与曲线的位置关系、四点共圆的条件、三角形外心的性质等数学本质的理解情况.

例27 (1995年全国高考题)某地为促进淡水鱼养殖业的发展,将价格控制在适当的范围内,决定对淡水鱼养殖提供政府补贴.设淡水鱼的时常价格为 x 元/千克,政府补贴为 t 元/千克.根据市场调差,当 $8 \leqslant x \leqslant 14$ 时,淡水鱼的市场日供应量 P 千克与市场日需求量 Q 千克近似地满足关系: $P=1000(x+t-8)(x \geqslant 8, t \geqslant 0)$, $Q=500(8 \leqslant x \leqslant 14)$.

当 $P=Q$ 时的市场价格称为市场平衡价格.

(Ⅰ)将市场平衡价格表示为政府补贴的函数,并求出函数的定义域;

(Ⅱ)为使市场平衡价格不高于每千克10元,政府补贴至少为每千克多少元?

评述 此题是一道实际应用问题,试题密切结合当时的中国社会经济生活,背景新颖.同时题目引入了一些新的概念,如市场平衡价格、政府补贴等.试题的要求也不同于一般的数学试题,要求被测试者先读懂题目,理解题目的条件和结论,将其转化为数学表达式,以便应用数学工具解决.题目根据问题的实际背景,对各参数限制了其取值范围,在数学运算过程中要求灵活地应用这些要求求解.

例28 (2012年高考上海卷理科题)对于集合 $X=\{-1,x_1,x_2,\cdots,x_n\}$,其中 $0<x_1<x_2<\cdots<x_n, n \geqslant 2$,定义向量集 $Y=\{\boldsymbol{a}=(s,t), s \in X, t \in X\}$.若对任意 $\boldsymbol{a}_1 \in Y$,存在 $\boldsymbol{a}_2 \in Y$,使得 $\boldsymbol{a}_1 \cdot \boldsymbol{a}_2 = 0$,则称 X 具有性质 P. 例如 $\{-1,1,2\}$ 具有性质 P.

(Ⅰ)若 $x>2$,且 $\{-1,1,2,x\}$ 具有性质 P,求 x 的值;

(Ⅱ)若 X 具有性质 P,求证: $1 \in X$,且当 $x_n>1$ 时, $x_1=1$;

(Ⅲ)若 X 具有性质 P,且 $x_1=1, x_2=q$ (q 为常数),求有穷数列 $x_1, x_2, \cdots, x_n$ 的通项公式.

评述 此题的设计有以下几个特点:其一,高等(与现代)数学知识的背景.以集合知识为基础,研究集合中的元素在某些限制条件下所形成的关系,这正体现出了运用线性代数中的"向量空间"与近世代数中"置换群"所具有的观点与研究方法设置要解决的问题.其二,由集合这一基础性知识而构建了问题情境的统摄性.我们从问题情境中,明显地看出来,将集合 X 中的元素进行联结与组合,把有关向量知识点、数列知识点,天衣无缝地结合了起来.其三,具有像数学家一样地研究数学的命题思维.非常专业化的数学术语,形成了严谨的表达,在设置情境中,从定义到相关条件的构建,都需要真正具有数学的思维方式、研究数学的相关意识的进入,才有可能理解这个问题.

例29 (2011年高考江苏卷题)如图6-14,在平面直角坐标系 xOy 中, M,N 分别是椭圆 $\frac{x^2}{4}+\frac{y^2}{2}=1$ 的顶点,过坐标原点的直线交椭圆于 P,A 两点,其中 P 在第一象限,过 P 作 x 轴的垂线,垂足为 C,联结 AC,并延长交椭圆于点 B,设直线 PA 的斜率为 k.

(Ⅰ)当直线 PA 平分线段 MN 时,求 k 的值;

(Ⅱ)当 $k=2$ 时,求点 P 到直线 AB 的距离 d;

（Ⅲ）对任意 $k>0$，求证：$PA \perp PB$.

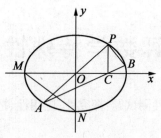

图 6-14

评述 此题设计落实了考查基础知识和基本技能的基本要求；同时丰富清晰的几何背景，展现出解析几何与后续大学数学学习的密切关系，较好的体现出"构建共同基础，提供发展平台"的新课程理念。

从所考察的知识点和数学思想方法上看，本题主要测试椭圆的标准方程及几何性质、直线方程、直线的垂直关系、点到直线的距离等知识，测试了基本运算能力和推例论证能力。三个小题有明显的层次差别，其中（Ⅰ）、（Ⅱ）小题属于基本题，第（Ⅲ）小题重点考核学生的基本运算能力和推理论证能力，切合各级考试要求，符合中学数学教学的基本要求。一道题目中能够实现对如此多知识点与基本能力的考核，可见该题是一道综合性较高的试题。

第七章 测评数学特殊性试题的命制

这一章,我们讨论几类特殊性测试题:探究性、应用性、把关性试题以及研究性学习能力检测、数学素养检测试题的命制.

7.1 测评数学探究性试题的命制

7.1.1 数学探究的内涵和意义

探究是人类的本性.从汉字的字义来看,"探"的本义是"试图发现(隐藏的事物或情况)","究"的本义是"仔细推究;追查".据《辞海》(1999年版)的解释,"探究"是指"深入探讨,反复研究","研究"是指用"科学的方法探求事物的本质和规律."《全日制普通高中数学课程标准(实验)》(以下简称《标准》)将"倡导积极主动、勇于探索的学习方式"作为一条基本理念.《标准》在第98页对"数学探究"作了明确界定,指出"数学探究,即数学探究性课题学习,是指学生围绕某个数学问题,自主探究、学习的过程.这个过程包括:观察分析数学事实,提出有意义的数学问题,猜测、探求适当的数学结论或规律,给出解释或证明."数学探究是个体以数学问题解决为目标指向的认知活动.我们认为,对高中学生而言,通常讲的探究是指广义的探究.广义的探究是指一切独立分析和解决数学问题的活动,包括分析数学现象、提出数学问题、猜想数学命题、发现数学规律、顿悟解题思路、探求问题结论等.

为了与数学建模区别,我们这里的数学探究对象主要是面向课内的学习内容.事实上,对学生学法影响最大的将是这部分内容.

数学探究是高中数学课程中引入的一种新的学习方式,有助于学生初步了解数学概念和结论产生的过程,初步理解直观和严谨的关系,初步尝试数学研究的过程,体验创造的激情,建立严谨的科学态度和不怕困难的科学精神;有助于培养学生勇于质疑和善于反思的习惯,培养学生发现、提出、解决数学问题的能力;有助于发展学生的创新意识和实践能力.

7.1.2 数学探究的学习要求与学习特点

数学课程标准对数学探究的学习有如下要求[①]:

(1)数学探究课题的选择是完成探究学习的关键.课题的选择要有助于学生对数学的理解,有助于学生体验数学研究的过程,有助于学生形成发现问题、探究问题的意识,有助于鼓励学生发挥自己的想象力和创造性.课题应具有一定的开放性,课题的预备知识最好不超出学生现有的知识范围.

(2)数学探究课题应该多样化,可以是某些数学结果的推广和深入,可以是不同数学内

---

① 严士健等.数学课程标准(实验)解读[M].南京:江苏教育出版社,2006:261.

容之间的联系和类比,也可以是发现和探索对学生来说是新知识的数学结果.

(3)数学探究课题可以从教材提供的案例和背景材料中发现和建立,也可以从教师提供的案例和背景材料中发现和建立,应该特别鼓励学生在学习数学知识、技能、方法、思想的过程中发现和提出自己的问题并加以研究.

(4)学生在数学探究的过程中,应学会查找资料、收集信息、阅读文献.

(5)学生在数学探究中,应养成独立思考和勇于质疑的习惯,同时也应学会与他人交流合作,培养严谨的科学态度和不怕困难的顽强精神.

(6)在数学探究中,学生将初步了解数学概念和结论的产生过程,体验数学研究的过程和创造的激情,提高发现、提出、解决数学问题的能力,发挥自己的想象力和创新精神.

(7)高中阶段至少应为学生安排一次数学探究活动,还应将课内与课外有机地结合起来.

数学探究的学习特点:

(1)探究是人类认识世界的一种基本方式.

科学的发现、发明和创造都是科学探究活动的结晶,人类正是在对未知领域的不断探索中获得发展的. 中小学生对外部世界充满着新奇感和探究欲,把科学探究活动引入数学教学活动,将使学生经历类似科学研究的探究过程. 这种探究性表现在研究课题的结论是未知的,结论的获得也不是由老师传授或从书本上能够直接得到的,而是学生通过搜集资料、整理资料,分析问题,最后解决问题,得出自己的结论.

(2)数学探究学习主要由学生自己完成,学生具有高度的主体性.

数学探究学习是在学生的发展潜能无限的理念下提出的,相信学生具有巨大的发展潜能,相信学生有能力自己解决问题,高度尊重学生的人格和创造力. 因此,数学探究学习以学生的自主性学习为基础,学生掌握学习的自主权,在学习活动中有很大的自由度. 在学习内容上,学生从学习生活和社会生活中自主选择和确定他们自己感兴趣的问题进行研究. 这些问题可以是教师提供的,也可以是学生自己选择和确定的;可以是学科知识的拓展延伸,也可以是对自然和社会现象的探究;可以是已经证明的结论,也可以是未知的知识领域. 在课题学习的过程中,学生自己制定计划(包括活动的时间、地点、方式等),进行自我监控、自我评价,可以充分培养学生的自主意识和自我教育能力. 这种学习过程,是学习主体对学习客体的主动探索和不断创新,从而不断发现客体的特征,不断改进已有的认识和经验,构建自己的认知结构的过程.

总之,在数学探究学习过程中,无论是在学习的方式、进度、还是在实施地点、最终成果的呈现等方面,学生都拥有高度的自主性和积极性,教师不再是作为知识的权威,将预先组织的知识体系传递给学生,而是与学生共同参与到探究知识的过程中去;学生不再是作为知识的接受者,聆听教师一再重复的事实和结论,而是自己提出和整理问题,并自己解决问题,得出结论.

(3)数学探究学习具有开放性.

与一般的数学教学活动相比,数学探究学习具有明显的开放性. 首先,课题的选择是开放的,学生可以在教师的指导下,选择各自感兴趣的课题;其次,学习的形式是开放的,可以是数学课内知识的扩充,可以是研究自己感兴趣的数学问题,也可以是数学实验、动手制作等;再次,学习空间是开放的,要求学生从课堂走到课外;学习的途径也是开放的,可以上网检索、利用图书馆,可以走访社会有关部门、单位,可以采访各方面的专家、学者等;最后,学习结论是开放的,鼓励学生就研究的问题提出自己独特的见解.

数学探究学习允许学生按自己的理解以及自己熟悉的方式去解决问题,允许学生按各自的能力和所掌握的资料,用自己的思维方式去得出不同的结论,它并不追求结论的唯一性和标准化,这种开放性的特点有利于学生创造性思维品质的培养.

(4)数学课题学习注意学生在学习过程中的体验.

与常规数学教学只重视学生学习的成绩不同,课题学习注重学生学习的过程.在探究学习的过程中,学习者是否掌握某项具体的知识或技能并不是头等重要,关键是能否对所学的知识有所选择、判断、解释和运用,从而有所发现、有所创造.探究学习十分注重学生在学习过程中的感受和体验,一个人的创造性思维离不开一定的知识基础,而这个基础应该是间接经验与直接经验的结合.间接经验只有通过直接经验才能更好地被学习者所掌握,并内化为个人经验体系的一部分.在探究学习中,学习者通过亲身实践获得感悟和体验,获得丰富的非结构性的知识,在思维方式上大量地依靠直觉与顿悟,这些都有益于创造性思维的培养和发展.

7.1.3 测评数学探究性试题的命制与案例

数学测评中出现的以"数学探究"立意的测评试题,经过梳理,大致可归结为以下 10 种类型:对象存在型,结论(条件)开放型,命题判断型,条件追溯型,规律发现型,思路探索型,定性定量构造型,方案设计型,实验操作型,命题推广型.

1. 对象存在型

对象存在型试题是探究满足某些条件的数学对象(如点、线、面、体、数、式等)是否存在,若存在,请找出,若不存在,需要说明理由.这类问题是测评中出现最多的一类探究性问题.这类问题的解答一般有三种思路:其一,用反证法思想处理(先假设满足某些条件的数学对象是存在的,然后列出对象满足所有条件的混合组,最后求解混合组并作答,这里所说的混合组一般由方程、不等式或其他限制条件共同构成);其二,直接构造出符合条件的对象;其三,证明或用反例说明符合条件的对象不存在.

例1 (2010年高考浙江卷题)已知 a 是给定的实常数,设函数 $f(x)=(x-a)^2(x+b)e^x$, $b \in \mathbf{R}$, $x=a$ 是 $f(x)$ 的一个极大值点.

(Ⅰ)求 b 的取值范围;

(Ⅱ)设 x_1, x_2, x_3 是 $f(x)$ 的 3 个极值点,问是否存在实数 b,可找到 $x_4 \in \mathbf{R}$,使得 x_1, x_2, x_3, x_4 的某种排列 $x_{i_1}, x_{i_2}, x_{i_3}, x_{i_4}$(其中 $\{i_1, i_2, i_3, i_4\} = \{1,2,3,4\}$)依次成等差数列?若存在,求所有的 b 及相应的 x_4;若不存在,说明理由.

评述 (Ⅱ)是典型的对象存在性探究问题,此题适合用反证法的思想求解.

例2 (2014年高考北京卷题)若 x, y 满足 $\begin{cases} x+y-2 \geq 0 \\ kx-y+2 \geq 0 \\ y \geq 0 \end{cases}$,且 $z=y-x$ 的最小值为 -4,则 k 的值为 ( )

A. 2   B. -2 C. $\dfrac{1}{2}$ D. $-\dfrac{1}{2}$

评述 因约束条件中含有参数 k，故先考虑结合目标函数的最小值为 -4，对 k 进行分类讨论，另外在解题中需要注意到：由于 k 的存在，有直线 $kx-y+2=0$，虽然不确定，但含有确定的因素，即直线过定点 $(0,2)$，这一隐含条件的挖掘使问题得以顺利解决.

2. 结论(条件)开放型

数学开放性问题有条件开放型问题、结论开放型问题、条件结论都开放型问题. 数学开放性问题由于答案不确定或不唯一，可以给考生提供很大的独立思考和自主探索空间，也有利于突破"数学答案唯一"的思维定势. 因此，它是考查探究意识的优秀题型.

例 3 （1998 年全国高考题）如图 7-1，在直四棱柱 $A_1B_1C_1D_1 - ABCD$ 中，当底面四边形 $ABCD$ 满足_____时，有 $A_1C \perp B_1D_1$.

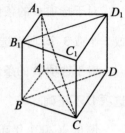

评述 此题是一道典型的开放型即条件探索性的试题，题目以直四棱柱 $A_1B_1C_1D_1 - ABCD$ 为依托，要求考生对底面四边形 $ABCD$ 补充一定的条件，使之能推出 $A_1C \perp B_1D_1$ 的结论. 这样的结论并不唯一，如 $ABCD$ 是正方形；$ABCD$ 是菱形；$ABCD$ 是筝形；$AB=CD$ 且 $CB=CD$；$AB=BC$ 且 $AD=CD$. 可以充分测试被测试者的空间想象能力和分析判断能力. 试题的整个分析过程一定程度上反映了被测试者的洞察力、思维的灵活性、流畅性，鉴别出被测试者是否能够根据给定的情境提出多种解答、是否能够打破以往的旧模型建立新模型的能力，从测试后的结果来看，该题测试灵活性、创造性的效度较好.

图 7-1

例 4 （2010 年高考全国卷（新课标）题）正视图为一个三角形的几何体可以是_____. （写出三种）

评述 正视图为一个三角形的几何体可以是三棱锥、圆锥、三棱柱、正四棱锥、有一条侧棱垂直于底面且底面为矩形的四棱锥、有一条侧棱垂直于底面且底面为正方形的四棱锥等.

因此本题是典型的结论开放性问题，符合条件的几何体有无数多个，比如，记圆锥被遮住的里面那半个圆锥的底面半圆（称准线）为 C，现将 C 换成任意连续的曲线段或折线段，所得的新几何体（要求外面能看见的半个圆锥完全遮住里面的几何体）是符合条件的. 本题考查了空间想象能力和创新意识.

3. 命题判断型

命题判断不仅是判断命题的真假，还需判断这个命题的完善表述. 这需要对有关命题进行探究分析.

例 5 （2003 年高考上海卷题）$f(x)$ 是定义在区间 $[-c,c]$ 上的奇函数，其图像如图 7-2 所示：令 $g(x)=af(x)+b$，则下列关于函数 $g(x)$ 的叙述正确的是 （　　）

A. 若 $a<0$，则函数 $g(x)$ 的图像关于原点对称

B. 若 $a=-1$，$-2<b<0$，则方程 $g(x)=0$ 有大于 2 的实根

C. 若 $a\neq 0$，$b=2$，则方程 $g(x)=0$ 有两个实根

D. 若 $a\geq 1$，$b<2$，则方程 $g(x)=0$ 有三个实根

评述 此题涉及了函数图像的三种变换：平移、伸缩、轴对称变换.

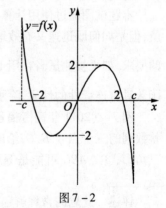

图 7-2

分析选项 A，当 $b\neq 0$ 时，函数 $g(x)$ 不是奇函数，其图像关于原点不对称，故选项 A 不正

确；

当 $a \neq 0$ 时，$g(x) = 0$ 等价于 $f(x) = -\dfrac{b}{a}$，运用函数 $y = f(x)$ 与 $y = -\dfrac{b}{a}$ 的图像之间的关系，判定方程 $g(x) = 0$ 根的情况.

对于选项 B 的条件，得 $-2 < -\dfrac{b}{a} < 0$，可知方程 $g(x) = 0$ 有三个根，其中有两个在区间 $(-2, 2)$ 内，有一个在区间 $(2, c)$ 内. 所以选项 B 正确；

对于选项 C 的条件得，$-\infty < -\dfrac{b}{a} < +\infty$，所以方程 $g(x) = 0$ 根的个数为 0 个或 1 个或 2 个或 3 个. 所以选项 C 不正确.

对于选项 D 的条件得，$-\dfrac{b}{a} < -2$，所以方程 $g(x) = 0$ 有三个根、两个根或一个根，所以选项 D 不正确.

例 6 （2001 年高考上海卷题）用计算器演算函数 $y = \dfrac{\lg x}{x}(x > 1)$ 的若干个值，可以猜想下列命题中的真命题只能是 （　　）

A. $y = \dfrac{\lg x}{x}$ 在 $(1, +\infty)$ 上是单调减函数

B. $y = \dfrac{\lg x}{x}, x \in (1, +\infty)$ 的值域为 $\left(0, \dfrac{\lg 3}{3}\right]$

C. $y = \dfrac{\lg x}{x}, x \in (1, +\infty)$ 有最小值

D. $\lim\limits_{n \to +\infty} \dfrac{\lg n}{n} = 0, n \in \mathbf{N}$

评述 此题的设计来源于函数 $y = \dfrac{\lg x}{x}$ 的性质，考生要顺利解决这个问题，最简洁的方法是通过演算若干个函数值，利用描点法作出函数 $y = \dfrac{\lg x}{x}$ 的大致图像. 当然还可以利用排除法解决问题，只要通过举反例否定选择支中的 A, B, C，就可以得到正确答案. 不过被测试者目前还不能给出命题 D 的严格证明.

本题试图通过使用计算器进行计算来探索真命题，虽然只需代入几个数字用计算器求值，但是如何既迅速又有效地达到目标，这对被测试者在探索过程中的思辨能力提出了一定的要求. 如果被测试者在用 $1, 2, 3, 4$ 代入后就得出了值域为 $\left(0, \dfrac{\lg 3}{3}\right]$ 而误选 B. 实际上，由于函数具有连续性的性质，除了代入整数计算外，还应取至少两个在 3 附近的实数进行验算.

例 7 （2011 年高考福建卷题）已知函数 $f(x) = e^x + x$，对于曲线 $y = f(x)$ 上横坐标成等差数列的三个点 A, B, C，给出以下判断：①$\triangle ABC$ 一定是钝角三角形；②$\triangle ABC$ 可能是直角三角形；③$\triangle ABC$ 可能是等腰三角形；④$\triangle ABC$ 不可能是等腰三角形. 其中正确的判断是 _____.

评述 此题的常规解题思路是根据 $\triangle ABC$ 的三项点的坐标与余弦定理，确定三角形各内角余弦值（或符号），判定 $\triangle ABC$ 的形状，但该代数方法的计算量很大，运算能力弱的被测

试者很难算到最后结果,而运算能力强的被测试者虽然能够算到最后结果,但需要花费很多时间,得不偿失.因此选择简洁迅速的思想方法——数形结合思想就显得尤为重要.下面结合具体解题过程来看看数形结合思想在解题思路的发现过程所起的作用.首先需要借助草图对结果进行初步的、直观的估计,估计△ABC 应该是什么三角形,通过图 7-3 不难猜测∠ABC 为钝角,从而使问题的探索方向集中到证明∠ABC 为钝角这一思路上来;通过图形初步明确了解题的方向以后,接下去要解决的就是如何判断∠ABC 为钝角的问题,解决这一问题当然可以采取常规代数方法,但常规代数方法又很难行得通.试题再一次要求被测试者利用数形结合思想发现解题思路,可根据图 7-3 直观来判断点 B 在 Rt△AED 的直角边上,得∠ABD > ∠AED = 90°,再由∠ABC > ∠ABD,推证得∠ABC 为钝角.

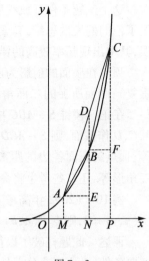

图 7-3

接着在判断△ABC 是否可能是等腰三角形这一结论时,再一次用到了数形结合思想方法,借助于数形结合思想方法直接从图 7-3 中发现若|AB| = |BC|,则根据 D 为 AC 的中点及 BD⊥AC 可以推出 AC∥x 轴,这与函数 $f(x) = e^x + x$ 具有严格单调性相矛盾,从而判定△ABC 不是等腰三角形.

4. 条件追溯型

追溯命题成立的各种情形的条件(也包括条件开放类型,但开放程度更大)是一类新型的探究性问题.

例 8 (2005 年高考上海卷题)设定义域为 **R** 的函数 $f(x) = \begin{cases} |\lg|x-1||, x \neq 1 \\ 0, x = 1 \end{cases}$,则关于 x 的方程 $f^2(x) + bf(x) + c = 0$ 有 7 个不同实数解的充要条件是 （　　）

A. $b < 0$ 且 $c > 0$　　　　B. $b > 0$ 且 $c < 0$
C. $b < 0$ 且 $c = 0$　　　　D. $b \geq 0$ 且 $c = 0$

评述 作出函数 $f(x)$ 的图像,如图 7-4 所示,设 $u = f(x)$,原方程变为

$$u^2 + bu + c = 0 \quad (*)$$

要使原方程有 7 个不同实数解,则方程（*）必有两解 u_1, u_2,其中 $u_1 = 0, u_2 > 0$.

$$\begin{cases} -b = u_1 + u_2 > 0 \\ c = u_1 \cdot u_2 = 0 \end{cases}$$

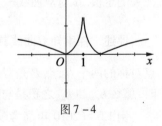

图 7-4

解得 $b < 0, c = 0$.所以 C 正确.

例 9 (2004 年高考上海卷题)命题 A:底面为正三角形,且顶点在底面的射影为底面中心的三棱锥是正三棱锥.命题 A 的等价命题 B 可以是:底面为正三角形,且_____的三棱锥是正三棱锥.

评述 本试题主要考查学生对等价命题概念、正三棱锥概念、正三棱锥性质的掌握程度,是一个开放性问题,考生只要给出一个正确的解答即可.事实上,只要学生对本问题涉及的知识点有正确的理解,就很容易写出正确的答案.

这个试题条件开放程度更大,充分调动了考生的主观能动性.激发了他们的发散思维,答案基本正确的不下35种.也可能出现不少错误,其中出现频率较高的错误答案可能为:

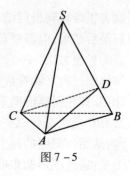

图 7 - 5

顶点在底面的射影为底面的内心(外心)(这是试题给出条件的重复);侧面所夹的二面角都相等、侧棱所夹的角都相等(反例:如图7-5在正三棱锥 $S-ABC$ 中,在边 SB 上取一点 D,使得 $AD=AB$,过 A,C,D 作截面,则 $S-ACD$ 显然是符合条件的非正三棱锥);各棱相等;顶点到底面各边的距离相等;侧面为全等正三角形;侧面为等腰三角形等.还有些考生将命题 A 的逆命题作为它的等价命题 B.

例 10 (2002 年高考上海(春季)卷题)设曲线 C_1 和 C_2 的方程分别为 $F_1(x,y)=0$ 和 $F_2(x,y)=0$,则点 $P(a,b) \in C_1 \cap C$ 的一个充分条件是_____.

评述 此题打破了以往考查"充分必要条件"的试题形式(即给出两个命题,在充分不必要条件、必要不充分条件、充要条件、既不充分又不必要的条件四个选项中确定一个正确的结果),从曲线与方程的角度、考虑点的坐标与曲线方程的关系,要求通过探究写出一个充分条件,这个问题的结论是开放的.

5. 规律发现型

规律发现型试题一般需要经历"观察—分析—尝试—猜想—验证"的思维过程,是考查合情推理(归纳推理、类比推理等)能力的典型问题.规律发现型试题的解答一般有发现性、归纳推理法、类比推理法、直觉猜想法.

例 11 (2003 年高考上海(春季)卷题)设 F_1, F_2 分别为椭圆 $C: \dfrac{x^2}{a^2}+\dfrac{8y^2}{b^2}=1(a>b>0)$ 左、右两个焦点.

(Ⅰ),(Ⅱ)略.

(Ⅲ)已知椭圆具有性质:若 M,N 是椭圆 C 上关于原点对称的两个点,点 P 是椭圆上任意一点,当直线 PM,PN 的斜率都存在,并记为 k_{PM}, k_{PN} 时,那么 k_{PM} 与 k_{PN} 之积是与点 P 位置无关的定值.试对双曲线 $\dfrac{x^2}{a^2}-\dfrac{y^2}{b^2}=1$ 写出具有类似特性的性质,并加以证明.

评述 探索知双曲线具有与椭圆类似的性质:若 M,N 是双曲线: $\dfrac{x^2}{a^2}-\dfrac{y^2}{b^2}=1$ 上关于原点对称的两个点,点 P 是双曲线上任意一点,当直线 PM,PN 的斜率都存在,并记为 k_{PM}, k_{PM} 时,那么 k_{PM} 与 k_{KN} 之积是与点 P 位置无关的定值.

例 12 (2010 年高考陕西卷题)观察下列等式: $1^3+2^3=3^2, 1^3+2^3+3^3=6^2, 1^3+2^3+3^3+4^3=10^2,\cdots$,根据上述规律,第五个等式为_____.

评述 第 i 个等式左边是 1 到 $i+1$ 的立方和,右边为 $[1+2+\cdots+(i+1)]^2$,所以第五个等式为 $1^3+2^3+3^3+4^3+5^3+6^3=21^2$.

由上知本题是典型的规律发现型试题,要求考生经历"观察—分析—尝试—归纳—猜想—验证"的思维过程,是考查归纳推理能力的典型题目.

6. 思路探索型

解题思路的分析过程本身就是一个探索过程.事实上,解题思路的获得离不开观察、分析、假设、尝试、猜想、顿悟、验证等探索活动.被测试者面对新颖的问题情境,不能直接运用已有知识经验和解题程式来解决问题,这时探索解题思路尤显紧迫.探索解题思路一般可用观察分析法、类比联想法、直觉猜想法、信息暗示法等.

例13 (2005年高考湖南卷题)自然状态下的鱼类是一种可再生资源,为持续利用这一资源,需从宏观上考查其再生能力及捕捞强度对鱼群总量的影响.用 x_n 表示某鱼群在第 n 年年初的总量,$n \in \mathbf{N}^*$,且 $x_1 > 0$.不考虑其他因素,设在第 n 年内鱼群的繁殖量及捕捞量都与 x_n 成正比,死亡量与 x_n^2 成正比,这些比例系数依次为正常数 a, b, c.

（Ⅰ）求 x_{n+1} 与 x_n 的关系式;

（Ⅱ）猜测:当且仅当 x_1, a, b, c 满足什么条件时,每年年初鱼群的总量保持不变?（不要求证明）

（Ⅲ）设 $a = 2, c = 1$,为保证对任意 $x_1 \in (0, 2)$,都有 $x_n > 0, n \in \mathbf{N}^*$,则捕捞强度 b 的最大允许值是多少?证明你的结论.

评述 （Ⅱ）、（Ⅲ）要求根据（Ⅰ）中求得的 x_{n+1} 与 x_n 的关系式,合情猜测、探索符合结论的条件.

事实上,（Ⅰ）从第 n 年初到第 $n+1$ 年初,鱼群的繁殖量为 ax_n,被捕捞量为 bx_n,死亡量为 cx_n^2,因此 $x_{n+1} - x_n = ax_n - bx_n - cx_n^2, n \in \mathbf{N}^*$,即

$$x_{n+1} = x_n(a - b + 1 - cx_n), n \in \mathbf{N}^* \quad ①$$

（Ⅱ）若每年年初鱼群总量保持不变,则 x_n 恒等于 $x_1, n \in \mathbf{N}^*$,从而由式①得 $x_n(a - b - cx_n)$ 恒等于 $0, n \in \mathbf{N}^*$,所以 $a - b - cx_1 = 0$,即 $x_1 = \dfrac{a - b}{c}$.

因为 $x_1 > 0$,所以 $a > b$.

猜测:当且仅当 $a > b$,且 $x_1 = \dfrac{a - b}{c}$ 时,每年年初鱼群的总量保持不变.

（Ⅲ）若 b 的值使得 $x_n > 0, n \in \mathbf{N}^*$,由 $x_{n+1} = x_n(3 - b - x_n), n \in \mathbf{N}^*$,知 $0 < x_n < 3 - b, n \in \mathbf{N}^*$.特别地,有 $0 < x_1 < 3 - b$,即 $0 < b < 3 - x_1$.而 $x_1 \in (0, 2)$,所以 $b \in (0, 1]$.

由此猜测 b 的最大允许值是 1.证明如下:

当 $x_1 \in (0, 2)$,$b = 1$ 时,都有 $x_n \in (0, 2), n \in \mathbf{N}^*$.

(1) 当 $n = 1$ 时,结论显然成立.

(2) 假设当 $n = k$ 时结论成立,即 $x_k \in (0, 2)$,则当 $n = k + 1$ 时,$x_{k+1} = x_k(2 - x_k) > 0$.

又因为 $x_{k+1} = x_k(2 - x_k) = -(x_k - 1)^2 + 1 \leq 1 < 2$,所以 $x_{k+1} \in (0, 2)$,故当 $n = k + 1$ 时结论成立.

由(1)、(2)可知,对于任意的 $n \in \mathbf{N}^*$,都有 $x_n \in (0, 2)$.

综上所述,为保证对任意 $x_1 \in (0, 2)$,都有 $x_n > 0, n \in \mathbf{N}^*$,则捕捞强度 b 的最大允许值是 1.

例14 (2010年高考重庆卷题)已知函数 $f(x)$ 满足:$f(1) = \dfrac{1}{4}$,$4f(x)f(y) = f(x+y) + f(x-y)(x, y \in \mathbf{R})$,则 $f(2\,010) = $ _____.

评述 首先,试图寻找 $f(2\,010)$ 与 $f(1)$ 的关系,这可猜想 $f(x)$ 是周期函数.而按周期函数的定义 $f(T + x) = f(x)$,只出现两次 f,但所给函数方程中出现了四次且含有乘积形式

$4f(x) \cdot f(y)$,这就考虑将变量 y 消去,对 y 赋值,比如取 $y=1$,则得
$$f(x) = f(x+1) + f(x-1)$$
即 $\qquad f(x+1) = f(x) - f(x-1) \qquad$ ①
那么 $\qquad f(x+2) = f(x+1) - f(x) \qquad$ ②

由①+②得 $f(x+2) = -f(x-1)$,即 $f(x+3) = -f(x)$,则 $f(x+6) = f(x)$. 所以该函数的周期为 6. 所以
$$f(2\,010) = f(6 \times 335 + 0) = f(0)$$
又令 $x=1, y=0$ 得 $4f(1)f(0) = f(1) + f(1)$,所以 $f(0) = \dfrac{1}{2}$,即 $f(2\,010) = \dfrac{1}{2}$,故应填 $\dfrac{1}{2}$.

由上知,此题以抽象函数和函数方程为背景,其解题思路的探究是本题的重点和难点. 直觉告诉我们,$f(2\,010)$ 与 $f(1)$ 似有联系,这自然联想到周期函数,由此猜想:$f(x)$ 是周期函数. 而所给函数方程中含有两个变量 x, y,自然的想法是消去一个,比如取 $y=1$,则得 $f(x) = f(x+1) + f(x-1)$,这离问题的解决就比较近了. 若被测试者根据以往经验简单地猜想 $f(2\,010) = f(1) = \dfrac{1}{4}$,则是错误的,这显然是一个陷阱. 本题对解题思路的探究提出了很高要求,思维难度很大,其关键是求出函数的周期和 $f(0)$ 的值.

7. 定性定量构造型

从特性的角度或特殊量度的角度来构造命制的试题一般要从定性分析或定量分析才能求解. 构造特例来求解的试题常称为特例构造型试题.

特例构造型试题通常要求被测试者构造特例去说明某些命题不成立. 反例的构造一般需要逆向思维和创造性思维,是学习高等数学的重要方法.

例 15 (2008 年高考全国卷题)向高为 H 的水瓶注水,注满为止. 若水量 V 与水深 h 的函数关系如图 7-6,则水瓶的形状是 ( )

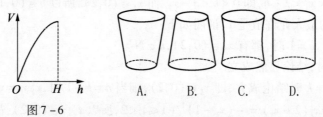

图 7-6

评述 本题并没有给出通常的函数关系解析式,而是给出的函数关系的图像,用图像呈现数量关系、题目的条件和要求,要求被测试者根据注水量和水深的函数关系图像,判断水瓶的形状. 分析本题的另一个意图就是加强数学意识和数学化的能力的考查. 本题与常规的试题不同,本题没有一个数字,所给的几何旋转体其注水量与水深的函数表达式并非都可以用中学的数学知识求出来,但可由曲线的变化情况分析容积的变化情况. 其次是要按照对函数图像和性质在整体意义上的理解,根据对各种几何体的性质及其体积自下而上变化的比较灵活的认识,把数学的合情推理和逻辑推理结合起来,作出正确的判断.

一般的应用问题是由实际问题建立数学模型,而本题是给出数学模型,去解决实际问题,考查了逆向思维能力. 解决本题可有两种方法:(1)定性判断,从函数的单调性考虑,观

察函数图像的发展.（2）定量判断. 按照我们常说的"时间过半，任务过半"，可取 $h = \dfrac{H}{2}$，由图像可知 $f(\dfrac{H}{2}) > \dfrac{V_0}{2}$.

例 16 （2010 年高考湖北卷题）记实数 $x_1, x_2, \cdots, x_n$ 中的最大数为 $\max\{x_1, x_2, \cdots, x_n\}$，最小数为 $\min\{x_1, x_2, \cdots, x_n\}$. 已知 $\triangle ABC$ 的三边长为 $a, b, c (a \leq b \leq c)$，定义它的倾斜度为 $l = \max\left\{\dfrac{a}{b}, \dfrac{b}{c}, \dfrac{c}{a}\right\} \cdot \min\left\{\dfrac{a}{b}, \dfrac{b}{c}, \dfrac{c}{a}\right\}$，则"$l = 1$"是"$\triangle ABC$ 为等边三角形"的 （ ）

A. 必要而不充分的条件　　　　B. 充分而不必要的条件
C. 充要条件　　　　　　　　　D. 既不充分也不必要条件

评述　若 $\triangle ABC$ 为等边三角形时，即 $a = b = c$，则 $\max\left\{\dfrac{a}{b}, \dfrac{b}{c}, \dfrac{c}{a}\right\} = 1 = \min\left\{\dfrac{a}{b}, \dfrac{b}{c}, \dfrac{c}{a}\right\}$，则 $l = 1$；若 $\triangle ABC$ 为等腰三角形，比如 $a = 2, b = 2, c = 3$ 时，则 $\max\left\{\dfrac{a}{b}, \dfrac{b}{c}, \dfrac{c}{a}\right\} = \dfrac{3}{2}$，$\min\left\{\dfrac{a}{b}, \dfrac{b}{c}, \dfrac{c}{a}\right\} = \dfrac{2}{3}$，此时 $l = 1$ 仍成立但 $\triangle ABC$ 不为等边三角形，故选 A.

由上知此题必要性是容易证明的，说明充分性不成立则只需构造一个特例，如取 $a = 2, b = 2, c = 3$.

8. 方案设计型

方案设计型试题是让被测试者根据一定条件设计出解决问题的具体方案或程式. 一般而言，设计解决具有现实背景的某个实际问题的方案有很多，这就有利于测试被测试者的发散思维和创造性思维.

例 17　（2009 年高考海南（宁夏）卷题）为了测量两山顶 M, N 间的距离，飞机沿水平方向在 A, B 两点进行测量，A, B, M, N 在同一个铅垂平面内（如图 7-7），飞机能够测量的数据有俯角和 A, B 间的距离，请设计一个方案，包括：①指出需要测量的数据（用字母表示，并在图中标出）；②用文字和公式写出计算 M, N 间距离的步骤.

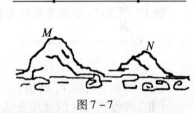

图 7-7

评述　此题要求被测试者自己设计一个测量距离的方案（包括指出需要测量的数据，用文字和公式写出计算两点距离的步骤），体现了数学建模思想和算法思想，有效测试了分析问题和解决问题的能力. 由于本题需要设计的方案和算法程序都是不唯一的，使本题的结论具有一定的开放性，从而测试了创新意识. 本题的方案较多，至少可给出六种方案.

例 18　（2005 年高考上海卷题）对定义域是 D_f, D_g 的函数 $y = f(x), y = g(x)$，规定：函数

$$h(x) = \begin{cases} f(x)g(x), & \text{当 } x \in D_f \text{ 且 } x \in D_g \\ f(x), & \text{当 } x \in D_f \text{ 且 } x \notin D_g \\ g(x), & \text{当 } x \notin D_f \text{ 且 } x \in D_g \end{cases}$$

（Ⅰ），（Ⅱ）略.

（Ⅲ）若 $g(x) = f(x + a)$，其中 a 是常数，且 $a \in [0, \pi]$，请设计一个定义域为 **R** 的函数 $y = f(x)$，及一个 a 的值，使得 $h(x) = \cos 4x$，并予以证明.

评述 问题(Ⅲ)是一道发散性思维问题,要求根据已知的条件,创造性地设计一个新函数,再证明这一函数符合要求.由于所要设计的函数 $y=f(x)$ 的定义域为 $\mathbf{R}$,且 $h(x)=\cos 4x=f(x)f(x+a)$,考虑将 $\cos 4x$ 变形为 $\cos 4x=1-2\sin^2 2x=(1+\sqrt{2}\sin 2x)(1-\sqrt{2}\sin 2x)=(1+\sqrt{2}\sin 2x)[1+\sqrt{2}\sin 2(x+\frac{\pi}{2})]$. 由此不难设计出符合条件的新函数.

实际上可设计 $f(x)=1+\sqrt{2}\sin 2x, a=\dfrac{\pi}{2}$,验证如下

$$g(x)=f(x+a)=1+\sqrt{2}\sin 2(x+\pi)=1-\sqrt{2}\sin 2x$$

于是 $h(x)=f(x)f(x+a)=(1+\sqrt{2}\cdot\sin 2x)(1-\sqrt{2}\sin 2x)=\cos 4x$.

9. 实验操作型

著名数学家欧拉说:"数学这门科学,需要观察,也需要实验."一般地说,实验就是按照科学研究目的,根据研究对象的自然状态和自身发展规律,人为地设置条件,来引起或控制事物现象的发生或发展过程,并通过感官来认识对象和规律的方法.

试验法是科学发现的重要方法之一.每次试验都能给人们提供一种信息,通过有限次的实验,并对其试验的过程、结果等进行观察、分析,由顿悟、预感产生大胆地猜想,进而探求论证结论的方法.在数学发展过程中,有很多数学对象和性质都是从实验中观察出来的,比如,蒲丰(Buffon)投针问题(通过投针实验计算概率的方法求得 π 的近似值).

操作是人们按照一定的程序和技术要求进行的活动.

实验操作型试题要求被测试者通过一些简单的实验与操作来认识数学现象和规律,这种试题充分体现了"过程与方法"理念,它需要被测试者自主探索、动手实践、仔细观察、发现规律.需要被测试者运用这种"试验—操作—观察—猜想—论证"的方法,测试被测试者的观察能力和思维的敏捷性、灵活性、创造性.

例19 (2005年高考重庆卷题)数列 $\{a_n\}$ 满足 $a_1=1$ 且 $8a_{n+1}a_n-16a_{n+1}+2a_n+5=0$ ($n\geq 1$). 记 $b_n=\dfrac{1}{a_n-\dfrac{1}{2}}$ ($n\geq 1$).

(Ⅰ)求 b_1,b_2,b_3,b_4 的值;

(Ⅱ)求数列 $\{b_n\}$ 的通项公式及数列 $\{a_nb_n\}$ 的前 n 项和 S_n.

评述 探求此题第(Ⅱ)问的解法可通过具体试验,如(Ⅰ)中计算的 b_1,b_2,b_3,b_4 的值,对其数量关系进行分析,利用不完全归纳法进行归纳猜想,明确解题的目标和方向,引导我们找出解题的途径.

例如,可以这样试验:(Ⅰ)由已知易得 $a_1=1, b_1=2; a_2=\dfrac{7}{8}, b_2=\dfrac{8}{3}; a_3=\dfrac{3}{4}, b_3=4; a_4=\dfrac{13}{20}, b_4=\dfrac{20}{3}$. (Ⅱ)因 $(b_1-\dfrac{4}{3})(b_3-\dfrac{4}{3})=\dfrac{2}{3}\times\dfrac{8}{3}=(\dfrac{4}{3})^2, (b_2-\dfrac{4}{3})^2=(\dfrac{4}{3})^2, (b_1-\dfrac{4}{3})(b_3-\dfrac{4}{3})=(b_2-\dfrac{4}{3})^2$.

故猜想 $\{b_n-\dfrac{4}{3}\}$ 是首项为 $\dfrac{2}{3}$,公比 $q=2$ 的等比数列(也可由 $b_2-b_1=\dfrac{2}{3}, b_3-b_2=\dfrac{4}{3}, b_4-b_3=\dfrac{8}{3},\cdots$,猜想 $\{b_{n+1}-b_n\}$ 是首项为 $\dfrac{2}{3}$,公比为 $q=2$ 的等比数列).

因 $a_n \neq 2$(否则将 $a_n = 2$ 代入递推公式会导致矛盾),故 $a_{n+1} = \dfrac{5+2a_n}{16-8a_n}(n \geq 1)$.

因
$$b_{n+1} - \dfrac{4}{3} = \dfrac{1}{a_{n+1} - \dfrac{1}{2}} - \dfrac{4}{3} = \dfrac{16-8a_n}{6a_n-3} - \dfrac{4}{3} = \dfrac{20-16a_n}{6a_n-3}$$

$$2\left(b_n - \dfrac{4}{3}\right) = \dfrac{2}{a_n - \dfrac{1}{2}} - \dfrac{8}{3} = \dfrac{20-16a_n}{6a_n-3} = b_{n+1} - \dfrac{4}{3}, b_1 - \dfrac{4}{3} \neq 0$$

故 $\left\{b_n - \dfrac{4}{3}\right\}$ 确是公比为 $q = 2$ 的等比数列.

因 $b_1 - \dfrac{4}{3} = \dfrac{2}{3}$,故 $b_n - \dfrac{4}{3} = \dfrac{1}{3} \cdot 2^n, b_n = \dfrac{1}{3} \cdot 2^n + \dfrac{4}{3}(n \geq 1)$.

由 $b_n = \dfrac{1}{a_n - \dfrac{1}{2}}$ 得 $a_n b_n = \dfrac{1}{2}b_n + 1$.

故 $S_n = a_1 b_1 + a_2 b_2 + \cdots + a_n b_n = \dfrac{1}{2}(b_1 + b_2 + \cdots + b_n) + n = \dfrac{\dfrac{1}{3}(1-2^n)}{1-2} + \dfrac{5}{3}n = \dfrac{1}{3}(2^n + 5n - 1)$.

例 20 (2010 年高考北京卷题)如图 7-8 放置的边长为 1 的正方形 $PABC$ 沿 x 轴滚动. 设顶点 $P(x,y)$ 的轨迹方程是 $y = f(x)$,则 $f(x)$ 的最小正周期为_____;$y = f(x)$ 在其两个相邻零点间的图像与 x 轴所围区域的面积为_____.

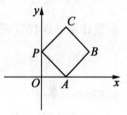

图 7-8

说明 "正方形 $APBC$ 沿 x 轴滚动"包括沿 x 轴正方向和沿 x 轴负方向滚动. 沿 x 轴正方向滚动指的是先以顶点 A 为中心顺时针旋转,当顶点 B 落在 x 轴上时,再以顶点 B 为中心顺时针旋转,如此继续. 类似地,正方形 $PABC$ 可以沿 x 轴负方向滚动.

评述 由题设知正方形分别以 A,B,C,P 为旋转点滚动一次点 P 轨迹重复出现,点 P 轨迹如图所示,故周期为 4,$y = f(x)$ 在其两个相邻零点间的图像与 x 轴所围成区域如图 7-9 阴影部分所示. 该图形由两个半径为 1 的 $\dfrac{1}{4}$ 圆及两个边长为 1 的正方形和一个半径为 $\sqrt{2}$ 的弓形组成,其面积为 $S = 2 \times \dfrac{1}{4}\pi \times 1^2 + 2 + \dfrac{1}{4}\pi \times (\sqrt{2})^2 - \dfrac{1}{2} \times 2 \times 1 = \pi + 1$.

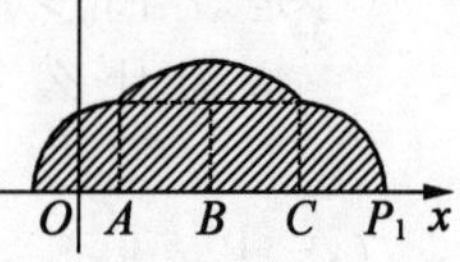

图 7-9

由上知此题设计颇富创意,考生需做正方形滚动的实验,并观察和发现滚动的规律,完成此题既需实验又需想象,算面积还需用割补法,是一道考查创新意识的好题.

例 21 (2011 年高考上海(春季)卷题)对于给定首项 $x_0 > \sqrt[3]{a}(a > 0)$,由递推式 $x_{n+1} = \dfrac{1}{2}\left(x_n + \sqrt{\dfrac{a}{x_n}}\right)(n \in \mathbf{N})$ 得到数列 $\{x_n\}$,且对于任意的 $n \in \mathbf{N}$,都有 $x_n > \sqrt[3]{a}$. 用数列 $\{x_n\}$ 可以计算 $\sqrt[3]{a}$ 的近似值.

（Ⅰ）取 $x_0=5, a=100$，计算 x_1, x_2, x_3 的值（精确到 0.01），归纳出 x_n, x_{n+1} 的大小关系；

（Ⅱ）当 $n \geq 1$ 时，证明：$x_n - x_{n+1} < \dfrac{1}{2}(x_{n-1} - x_n)$；

（Ⅲ）当 $x_0 \in [5, 10]$ 时，用数列 $\{x_n\}$ 计算 $\sqrt[3]{100}$ 的近似值，$|x_n - x_{n+1}| < 10^{-4}$，请你估计 n，并说明理由.

评述 利用计算器最简单的算术模式，就能实现数字运算的迭代，在第（Ⅰ）问中，输入"5"，按等号确认，使"Ans"中的数为 5；输入"$\dfrac{1}{2}\left(\text{Ans} + \sqrt{\dfrac{100}{\text{Ans}}}\right)$"，按 [=]，则出现了 x_1 的值，再按 [=] 则出现 x_2 的值，以此类推，很快能够得到此后各项的值

$$x_1 = 4.74, x_2 = 4.67, x_3 = 4.65$$

猜想 $x_{n+1} < x_n$；利用计算器的迭代功能，在获得数据的效率上大大提高，不仅节约了考生研究问题的时间，而且从迭代的过程中也能够充分反映出递推关系的本质. 在第（Ⅱ）问的证明中，利用计算器进行验证的方法显然不合理. 第（Ⅲ）问是在前两问的基础上，将初始值 x_0 放到了一个区间当中，为学生利用计算器直接得到结果设置了一定的障碍. 本小题首先需要利用相应的数学知识，对区间 $[5, 10]$ 内的数值进行分析，从而选择最具代表性的初始值 x_0 进行迭代，从而保证研究的结果能够对区间 $[5, 10]$ 内的所有数值均成立，故取 $x_0 = 10$ 进行实验. 按照第（Ⅰ）小题实验的过程，对本问题再次开展迭代实验：输入"10"，按等号确认，使"Ans"中的数为 10；输入"$\dfrac{1}{2}\left(\text{Ans} + \sqrt{\dfrac{100}{\text{Ans}}}\right)$"，连续按 [=]，获得一系列的数据并记录下来，根据计算器迭代发现，经过至少 10 次迭代，基本可以达到 $|x_n - x_{n+1}| < 10^{-4}$.

试题背景探究：一是 $\sqrt[3]{a}$ 的由来. 事实上是函数 $f(x) = \dfrac{1}{2}\left(x + \sqrt{\dfrac{a}{x}}\right)$ 对应的方程 $f(x) = x$ 的根为 $x = \sqrt[3]{a}$；

二是为什么当 $x_0 > \sqrt[3]{a}\,(a > 0)$ 时，对于任意的 $n \in \mathbf{N}$，都有 $x_n > \sqrt[3]{a}$？函数 $f(x) = \dfrac{1}{2}\left(x + \sqrt{\dfrac{a}{x}}\right)$，在 $(\sqrt[3]{a}, +\infty)$ 上是单调递增的，即 $f(x) > f(\sqrt[3]{a}) = \sqrt[3]{a}$.

于是知当 $x_0 > \sqrt[3]{a}$ 时，恒有 $x_n > \sqrt[3]{a}$ 成立；

三是为什么上述算法可以计算近似值？易知数列 $\{x_n\}$ 存在极限，设 $\lim\limits_{n \to \infty}\left(1 + \dfrac{1}{3} + \dfrac{1}{3^2} + \cdots + \dfrac{1}{3^n}\right) = x_n = x$，则有 $x = \dfrac{x + \sqrt{\dfrac{a}{x}}}{2} \Rightarrow x = \sqrt[3]{a}$，当 $n \to +\infty$ 时，$x_n \to \sqrt[3]{a}$. 所以，上述算法可以计算近似值.

10. 命题推广型

推广是提出新问题、发现新规律、猜想新命题的常用方法. 把一个数学命题的某些特殊条件或结论一般化，从而得到更为普遍的结论（命题），这种过程就成为数学问题（命题）的推广. 命题推广型试题要求考生对已知命题进行拓展或推广. 命题推广的方法很多，比如将命题的条件加强或削弱或减少，将条件或结论中的数量、形式或关系普遍化，将命题中的某些结论加强或削弱，将命题中涉及的系数、项数、指数、参数等推广，将二维平面几何问题推广到三维立体几何甚至推广到 n 维空间或无穷维空间等. 推广型试题有时给出所要研究的

问题中的一个特例,要求被测试者对此特例进行观察、分析,进行猜想、推广命题,即由特殊到一般的猜想.测试被测试者的发散思维、理性思维、判断探索能力与合情推理能力.

例22 (2005年高考北京卷题)已知 n 次多项式 $P_n(x) = a_0x^n + a_1x^{n-1} + \cdots + a_{n-1}x + a_n$.

如果在一种算法中,计算 $x_0^k (k = 2,3,4,\cdots,n)$ 的值需要 $k-1$ 次乘法,计算 $P_3(x_0)$ 的值共需要9次运算(6次乘法,3次加法),那么计算 $P_n(x_0)$ 的值共需要_____次运算.

评述 可给出一种减少运算次数的算法:$P_0(x) = a_0, P_{k+1}(x) = xP_k(x) + a_{k+1}(k=0,1,2,\cdots,n-1)$.利用该算法,计算 $P_3(x_0)$ 的值共需要6次运算,计算 $P_n(x_0)$ 的值共需要_____次运算.

从而,此题只要弄清计算 $P_3(x_0)$ 的值的运算次数,从中分析计算 $P_n(x_0)$ 的值的一般规律就可猜想、推广得出所要求的一般结论.

在第一种算法中,计算 $P_3(x_0) = a_0x_0^3 + a_1x_0^2 + a_2x_0 + a_3$ 的值需乘法 $3+2+1=6$ 次,加法3次,共需要9次运算.推广到计算 $P_n(x_0)$ 的值需乘法 $n+(n-1)+\cdots+1 = \frac{1}{2}n(n+1)$ 次运算,加法 n 次运算,共需要 $\frac{1}{2}n(n+1) + n = \frac{1}{2}n(n+3)$ 次运算.

在减少运算次数的算法中,计算 $P_1(x_0) = x_0P_0(x_0) + a_1$ 需乘法与加法各一次,共两次运算;计算 $P_2(x_0) = x_0P_1(x_0) + a_2$ 比计算 $P_1(x_0)$ 增加2次运算,共需4次运算;计算 $P_3(x_0)$ 的值共需要6次运算;由此不难猜想计算 $P_n(x_0)$ 的值共需要 $2n$ 次运算.证明略.

例23 (2003年高考上海卷题)已知数列 $\{a_n\}$ (n 为正整数)是首项是 a_1,公比为 q 的等比数列.

(Ⅰ)求和:$a_1C_2^0 - a_2C_2^1 + a_3C_2^2, a_1C_3^0 - a_2C_3^1 + a_3C_3^2 - a_4C_3^3$;

(Ⅱ)由(Ⅰ)的结果归纳概括关于正整数 n 的一个结论,并加以证明.

评述 此题要求被测试者先计算并观察(Ⅰ)的结果,并由此特殊情形归纳一般结论,并加以证明.体验自己发现一个问题并且能解决此问题.

(Ⅰ) $a_1C_2^0 - a_2C_2^1 + a_3C_2^2 = a_1 - 2a_1q + a_1q^2 = a_1(1-q)^2$

$a_1C_3^0 - a_2C_3^1 + a_3C_3^2 - a_4C_3^3 = a_1 - 3a_1q + 3a_1q^2 - a_1q^3 = a_1(1-q)^3$

(Ⅱ)归纳概括的结论为:

若数列 $\{a_n\}$ 是首项为 a_1,公比为 q 的等比数列,则

$a_1C_n^0 - a_2C_n^1 + a_3C_n^2 - a_4C_n^3 + \cdots + (-1)^n a_{n+1}C_n^n = a_1(1-q)^n$, n 为正整数

事实上,$a_1C_n^0 - a_2C_n^1 + a_3C_n^2 - a_4C_n^3 + \cdots + (-1)^n a_{n+1}C_n^n = a_1C_n^0 - a_1qC_n^1 + a_1q^2C_n^2 - a_1q^3C_n^3 + \cdots + (-1)^n a_1q^nC_n^n = a_1[C_n^0 - qC_n^1 + q^2C_n^2 - q^3C_n^3 + \cdots + (-1)^n q^nC_n^n] = a_1(1-q)^n$.

例24 (2006年高考上海卷题)已知函数 $y = x + \frac{a}{x}$ 有如下性质:如果常数 $a > 0$,那么该函数在 $(0, \sqrt{a}]$ 上是减函数,在 $[\sqrt{a}, \infty)$ 上是增函数.

(Ⅰ)如果函数 $y = x + \frac{2^b}{x}$ ($x > 0$)的值域为 $[6, +\infty)$,求 b 的值;

(Ⅱ)研究函数 $y = x^2 + \frac{a}{x^2}$(常数 $a > 0$)在定义域内的单调性,并说明理由;

(Ⅲ)对函数 $y=x+\dfrac{a}{x}$ 和 $y=x^2+\dfrac{a}{x^2}$(常数 $a>0$)作出推广,使它们都是你所推广的函数的特例.研究推广后的函数的单调性(只需写出结论,不必证明),并求函数 $F(x)=\left(x^2+\dfrac{1}{x}\right)^n+\left(\dfrac{1}{x^2}+x\right)^n$($n$ 是正整数)在区间 $\left[\dfrac{1}{2},2\right]$ 上的最大值和最小值(可利用你的研究结论).

评述 此题曾在 3.3 中介绍了对它的评价.此题模拟数学家研究数学的过程而精心设计,是一道考查学生数学探究能力的好题目,考查了独立地探索规律、猜想结论、证明猜想、应用结论的能力.对于(Ⅱ)的解答,需要将(Ⅰ)的结论推广;(Ⅲ)小题要求考生由(Ⅰ)、(Ⅱ)的结论,猜想的结论(需对 n 的奇偶性加以讨论),这需要考生对函数 $y=x+\dfrac{a}{x}$ 和 $y=x^2+\dfrac{a}{x^2}$ 的单调性的结论通过分析、类比、归类、推广进而得到猜想,第(Ⅲ)小题还要求被测试者运用自己猜想出来的结论求解 $F(x)$ 的最值,本小题具有相当大的思维跨度和难度.解答本题的步骤可归结为:学习已知性质——应用已知性质——推广已知性质(简单推广)——证明推广的性质——猜想一般结论(实质性推广)——证明猜想(为控制难度本题不要求证明)——应用猜想的结论,可以看出,这个解答过程从本质上讲和数学家研究数学的一般方法和程序是基本相同的.

注 上述内容参考了赵思林老师的文章《高考数学探究性试题的几种类型》(中学数学研究,2010(11)),孟祥亚老师的文章《高考数学的一个新亮点——猜想题》(数学通讯,2006(11)).

7.2 测评数学应用性试题的命制

7.2.1 数学应用性试题的内涵与意义

在新一轮基础课程改革中,数学应用是强调得比较多的一个方面.数学课程标准中提出:引导学生应用数学知识去解决问题,并且尽可能让学生在经历探索解决问题的过程中去体会数学的应用价值,目的是帮助学生认识到数学与"我"有关,与实际生活有关,产生"我要用数学,我能用数学"的积极情感,逐步形成用数学的意识,并在应用中孕育创新意识.

通过对生活、生产、科研实际问题中应用的训练,可以培养中学生较高的数学素养,这也是数学教育的重要任务之一.这样不仅可以促使他们掌握扎实的数学知识和技能(包括运用计算工具的能力),而且促使具有数学地思维习惯和能力,能数学地去观察世界,处理和解决所遇到的问题.

数学应用的层次大致可分为以下四个层次(参见 2.3.3 节中的实践能力的要求):(1)直接套用现成公式或定理进行计算或推演;(2)利用现存的数学模型对问题进行定性、定量分析而求解;(3)对于已经过加工提炼的,忽略了次要因素,保留下来的诸因素关系比较清楚的实际问题来建立数学模型求解;(4)对原始的实际问题自己进行分析加工,提炼出数学模型,再分析数学模型进行求解,由此可知,数学建模是数学应用的较高层次.

在数学课程标准中,还专门讨论了数学建模问题:

数学建模(mathematical modelling)是运用数学思想、方法和知识解决实际问题的过程,现已成为不同层次数学教育重要的基本的内容. 数学建模是从现实问题中建立数学模型的过程. 数学建模可以看成是问题解决的一部分,它的作用对象更侧重于来自非数学领域,但需要数学工具来解决的问题,如来自日常生活、经济、工程、物理、化学、生物、医学等领域中的应用数学问题. 这类问题往往还是"原胚"形的问题,怎样将它抽象,转化成一个相应的数学问题,这本身就是一个问题. 作为问题解决的一种模式,它更突出地表现了如下过程:对原始问题的分析、假设、抽象的数学加工过程,数学工具、方法、模型的选择和分析过程,模型的求解、验证、再分析、修改假设、再求解的迭代过程. 由于电子计算机的飞速发展,用数学建模的方法解决自然科学、工程技术和社会科学中的问题已成为一种被广泛使用的方法.

数学课程标准中对数学建模的学习还提出了如下六点要求:

(1)在数学建模中,问题是关键. 数学建模的问题应是多样的,应是来自于学生的日常生活、现实世界、其他学科等多方面的问题. 同时,解决问题所涉及的知识、思想、方法应与高中数学课程内容有联系.

(2)通过数学建模,学生将了解和体会框图所表示的解决实际问题的全过程,体验数学与日常生活及其他学科的联系,感受数学的实用价值,增强应用意识,提高实践能力.

(3)每一个学生可以根据自己的生活经验发现并提出问题,对同样的问题,可以发挥自己的特长和个性,从不同的角度、层次探索解决的方法,从而获得综合运用知识和方法解决实际问题的经验,发展创新意识.

(4)学生在发现和解决问题的过程中,应学会通过查询资料等手段获取信息.

(5)学生在数学建模中应采取各种合作方式解决问题,养成与人交流的习惯,并获得良好的情感体验.

(6)高中阶段至少应为学生安排一次数学建模活动. 还应将课内与课外有机地结合起来,把数学建模活动与综合实践活动有机地结合起来.

认清了数学应用的层次,一方面,可以根据实际情况(所在学校、所在年级、所学时段、所教学生)进行针对性的教学应用教学的层次定位. 数学应用教学是整个数学教学活动的有机组成部分,无论是课堂教学还是课后作业以及测试评估都应考虑其应有的层次与地位. 根据目前的实际情况,学生接触应用问题不多,处理数学应用问题的能力比较薄弱,可以利用第二课堂搞一些专题讲座和训练,让学生广泛阅读,关心社会热点问题,积极参加社会实践活动,排除学生理解数学应用问题的生活实际障碍. 数学应用问题的语言是情境语言,它与数学语言有一定差距,教学中可以采用画示意图、列表,甚至动手操作的办法来沟通它们的联系,寻找它们的区别,为问题的数学化铺平道路. 除此之外,还要加强数学思想方法的教学,还要加强解题基本步骤的教学等,以恰到好处地、有层次地进行数学应用教学.

另一方面,可以把握数学测评应用题考查的层次定位. 显然,直接套用公式计算与实际背景关系不大的问题,达不到考查应用的目的;又直接面对原始的实际问题则又要求过多的实际经验与其他方面的专门知识以至数学考查反降为次要,因此,数学测评应用题考查是定位于二、三层上的.

数学测评中的应用试题,考查了考生的实际能力. 这些应用性试题都是一般复习资料很少见到的情境创设新颖的问题,它要求学生能读懂题目的条件和要求,将所学的知识和方法灵活地应用于情境,创造性地解题. 这样的题目对学生的理解能力,综合已有知识、编制解题程序的能力都进行了深入的考查,或者说,对学生的"文理""事理""数理"进行了全面的考查. 这些应用问题是用文字表述的,是"文章数学"的形式,既然是文章,就有一个疏通文字的问题. 又由于这些应用问题的表述中含有一定的事实,当然其中就有一定的事理,或生活中的问题,离不开生活经验;或工农业生产或科学技术中的问题;或涉及理化生物等自然科学中的问题,这当然就要懂得这些方面的知识,如果不见多识广,自然应用问题就无法去做了. 文字疏通了,事理明白了,剩下的就是运用数学知识求解,但这比式子题涉及的知识面广,解题步骤多,综合性强,难度大多了,因而是对"文理""事理""数理"的全面考查. 同时,由于应用题没有固定的类型,所拟试题并不在"题海"之内,因此难于进行题型训练,必须依靠考生的临场发挥,靠自己的真实能力解题,在客观上有利于中学摆脱"题海"困扰,面对考生的"综合实力"的考查更加真实、有效. 如果说考查应用题的初衷主要是引导中学数学对数学应用的重视,那么应用问题考查的实际在客观上达到了区分鉴别考生的目的.

7.2.2 测评数学应用性试题的命制与案例

以现实生活、生产、科研中的实际问题为背景命制的应用性试题,命制时,首先要注意到背景的公平;其次关注考生的"三关",以利考生过"三关";最后还需注意到建立数学模型的多样性.

1. 利用函数模型命制应用题

例1 (2012年高考湖南卷(理)题)某企业接到生产3 000台某产品的A,B,C三种部件的订单,每台产品需要这三种部件的数量分别为2,2,1(单位:件). 已知每个工人每天生产A部件6件,或B部件3件,或C部件2件. 该企业计划安排200名工人分成三组分别生产这三种部件,生产B部件的人数与生产A部件的人数成正比,比例系数为k(k为正整数).

(Ⅰ)设生产A部件的人数为x,分别写出完成A,B,C三种部件生产需要的时间;

(Ⅱ)假设这三种部件的生产同时开工,试确定正整数k的值,使完成订单任务的时间最短,并给出时间最短时具体的人数分组方案.

评述 此题为函数的应用题,考查分段函数、函数单调性、最值等,考查运算能力及用数学知识分析解决实际应用问题的能力. 由题意可建立一次分式函数模型,然后直接利用单调性求最值来解决,求解中体现分类讨论思想.

解析 (Ⅰ)设完成A,B,C三种部件的生产任务需要的时间(单位:天)分别为$T_1(x)$,$T_2(x)$,$T_3(x)$,由题设有

$$T_1(x) = \frac{2 \times 3\,000}{6x} = \frac{1\,000}{x},\ T_2(x) = \frac{2\,000}{kx},\ T_3(x) = \frac{1\,500}{200-(1+k)x},$$

其中$x, kx, 200-(1+k)x$均为1到200之间的正整数.

(Ⅱ)完成订单任务的时间为$f(x) = \max\{T_1(x), T_2(x), T_3(x)\}$,其定义域为$\{x | 0 < x < \frac{200}{1+k}, x \in \mathbf{N}^*\}$. 易知$T_1(x), T_2(x)$为减函数,$T_3(x)$为增函数. 注意到$T_2(x) = \frac{2}{k}T_1(x)$,于是:

(1)当$k = 2$时,$T_1(x) = T_2(x)$,此时$f(x) = \max\{T_1(x), T_3(x)\} = \max\left\{\frac{1\,000}{x}, \frac{1\,500}{200-3x}\right\}$,由函数$T_1(x), T_3(x)$的单调性知,当$\frac{1\,000}{x} = \frac{1\,500}{200-3x}$时,$f(x)$取得最

小值,解得 $x=\dfrac{400}{9}$. 由于 $44<\dfrac{400}{9}<45$,而 $f(44)=T_1(44)=\dfrac{250}{11}$,$f(45)=T_3(45)=\dfrac{300}{13}$,$f(44)<f(45)$. 故当 $x=44$ 时完成订单任务的时间最短,且最短时间为 $f(44)=\dfrac{250}{11}$.

(2)当 $k>2$ 时,$T_1(x)>T_2(x)$,由于 k 为正整数,故 $k\geqslant 3$,此时 $T(x)=\dfrac{375}{50-x}$,$\phi(x)=\max\{T_1(x),T(x)\}$,易知 $T(x)$ 为增函数,则

$$f(x)=\max\{T_1(x),T_3(x)\}\geqslant \max\{T_1(x),T(x)\}=\phi(x)=\max\left\{\dfrac{1\,000}{x},\dfrac{375}{50-x}\right\}$$

由函数 $T_1(x)$,$T(x)$ 的单调性知,当 $\dfrac{1\,000}{x}=\dfrac{375}{50-x}$ 时,$\phi(x)$ 取得最小值,解得 $x=\dfrac{400}{11}$.

由于 $36<\dfrac{400}{11}<37$,而 $\phi(36)=T_1(36)=\dfrac{250}{9}>\dfrac{250}{11}$,$\phi(37)=T(37)=\dfrac{375}{13}>\dfrac{250}{11}$.

此时完成订单任务的最短时间大于 $\dfrac{250}{11}$.

(3)当 $k<2$ 时,$T_1(x)<T_2(x)$,由于 k 为正整数,故 $k=1$,此时 $f(x)=\max\{T_2(x),T_3(x)\}=\max\left\{\dfrac{2\,000}{x},\dfrac{750}{100-x}\right\}$. 由函数 $T_2(x)$,$T_3(x)$ 的单调性知,当 $\dfrac{2\,000}{x}=\dfrac{750}{100-x}$ 时,$f(x)$ 取得最小值,解得 $x=\dfrac{800}{11}$. 类似(1)的讨论. 此时完成订单任务的最短时间为 $\dfrac{250}{9}$,大于 $\dfrac{250}{11}$.

综上所述,当 $k=2$ 时完成订单任务的时间最短,此时生产 A,B,C 三种部件的人数分别为 $44,88,68$.

例 2 (2009 年高考湖南卷题)某地建一座桥,两端的桥墩已建好,这两墩相距 m m,余下工程只需建两端桥墩之间的桥面和桥墩. 经测算,一个桥墩的工程费用为 256 万元,距离为 x m 的相邻两墩之间的桥面工程费用为 $(2+\sqrt{x})x$ 万元. 假设桥墩等距离分布,所有桥墩都视为点,且不考虑其他因素. 记余下工程的费用为 y 万元.

(I)试写出 y 关于 x 的函数关系式;

(II)当 $m=640$ m 时,需新建多少个桥墩才能使 y 最小?

评述 此题为函数应用题,由题设可建立一次分式函数模型,然后需运用求导来求得函数的最值.

解析 (I)设需新建 n 个桥墩,则 $(n+1)x=m$,即 $n=\dfrac{m}{x}-1$,所以

$$\begin{aligned}y &= f(x)=256n+(n+1)(2+\sqrt{x})x\\ &=256\left(\dfrac{m}{x}-1\right)+\dfrac{m}{x}(2+\sqrt{x})x\\ &=\dfrac{256m}{x}+m\sqrt{x}+2m-256\end{aligned}$$

(II)由(I)知,$f'(x)=-\dfrac{256m}{x^2}+\dfrac{1}{2}mx^{-\frac{1}{2}}=\dfrac{m}{2x^2}(x^{\frac{3}{2}}-512)$.

令 $f'(x)=0$,得 $x^{\frac{3}{2}}=512$,所以 $x=64$.

当 $0<x<64$ 时,$f'(x)<0$,$f(x)$ 在区间 $(0,64)$ 内为减函数;

当 $64 < x < 640$ 时,$f'(x) > 0$,$f(x)$ 在区间 $(64,640)$ 内为增函数,所以 $f(x)$ 在 $x = 64$ 处取得最小值,此时 $n = \dfrac{m}{x} - 1 = \dfrac{640}{64} - 1 = 9$.

故需新建 9 个桥墩才能使 y 最小.

例3 (2009年高考山东卷题)两县城 A 和 B 相距 20 km,现计划在两县城外以 AB 为直径的半圆弧 $\overset{\frown}{AB}$ 上选择一点 C 建造垃圾处理厂,其对城市的影响度与所选地点到城市的距离有关,对城 A 和城 B 的总影响度为对城 A 与对城 B 的影响度之和. 记点 C 到城 A 的距离为 x km,建立在 C 处的垃圾处理厂对城 A 和城 B 的总影响度为 y. 统计调查表明:垃圾处理厂对城 A 的影响度与所选地点到城 A 的距离的平方成反比,比例系数为 4;对城 B 的影响度与所选地点到城 B 的距离的平方成反比,比例系数为 k. 当垃圾处理厂在 $\overset{\frown}{AB}$ 的中点时,对城 A 和城 B 的总影响度为 0.065.

（Ⅰ）将 y 表示成 x 的函数;

（Ⅱ）讨论（Ⅰ）中函数的单调性,并判断弧 $\overset{\frown}{AB}$ 上是否存在一点,使建在此处的垃圾处理厂对城 A 和城 B 的总影响度最小？若存在,求出该点到城 A 的距离;若不存在,说明理由.

评述 此题为函数应用题,这可根据题意建立二次分式函数模型,然后需要运用导数求解. 求解中考查了抽象概括能力.

解析 （Ⅰ）根据题意 $\angle ACB = 90°$,$AC = x$ km,$BC = \sqrt{400 - x^2}$ km,且建在 C 处的垃圾处理厂对城 A 的影响度为 $\dfrac{4}{x^2}$,对城 B 的影响度为 $\dfrac{k}{400 - x^2}$.

因此,总影响度 $y = \dfrac{4}{x^2} + \dfrac{k}{400 - x^2}(0 < x < 20)$.

又因为垃圾处理厂建在 $\overset{\frown}{AB}$ 的中点时,对城 A 和城 B 的总影响度为 0.065.

则有 $\dfrac{4}{(\sqrt{10^2 + 10^2})^2} + \dfrac{k}{400 - (\sqrt{10^2 + 10^2})^2} = 0.065$,解得 $k = 9$.

所以 $y = \dfrac{4}{x^2} + \dfrac{9}{400 - x^2}(0 < x < 20)$.

（Ⅱ）因为 $y' = -\dfrac{8}{x^3} + \dfrac{18x}{(400 - x^2)^2} = \dfrac{18x^4 - 8 \times (400 - x^2)^2}{x^3(400 - x^2)^2} = \dfrac{(x^2 + 800)(10x^2 - 1600)}{x^2(400 - x^2)^2}$.

由 $y' = 0$ 解得 $x = 4\sqrt{10}$ 或 $x = -4\sqrt{10}$（舍去）.

易知 $4\sqrt{10} \in (0, 20)$,y,y' 随 x 的变化情况如表 7-1:

表 7-1

x	$(0, 4\sqrt{10})$	$4\sqrt{10}$	$(4\sqrt{10}, 20)$
y'	-	0	+
y	↘	最小值	↗

由表可知,函数在 $(0, 4\sqrt{10})$ 内单调递减,在 $(4\sqrt{10}, 20)$ 内单调递增,$y_{最小值} = \dfrac{1}{16}$.

此时 $x = 4\sqrt{10}$.

故在$\overset{\frown}{AB}$上存在点C,使得建在此处的垃圾处理厂对城A和城B的总影响最小,该点与城A的距离$x=4\sqrt{10}$ km.

2. 利用数列模型命制应用题

例4 (2012年高考湖南卷(文)题)某公司一下属企业从事某种高科技产品的生产. 该企业第一年年初有资金2 000万元,将其投入生产,到当年年底资金增长了50%. 预计以后每年资金年增长率与第一年的相同. 公司要求企业从第一年开始,每年年底上缴资金d万元,并将剩余资金全部投入下一年生产. 设第n年年底企业上缴资金后的剩余资金为a_n万元.

(Ⅰ)用d表示a_1,a_2,并写出a_{n+1}与a_n的关系式;

(Ⅱ)若公司希望经过$m(m\geq 3)$年使企业的剩余资金为4 000万元,试确定企业每年上缴资金d的值(用m表示).

评述 此题测试递推数列问题在实际问题中的应用,测试运算能力和使用数列知识分析解决实际问题的能力. 第(Ⅰ)问建立逆推数学模型,得出a_{n+1}与a_n的关系式$a_{n+1}=\frac{3}{2}a_n-d$,第(Ⅱ)问,只要把第一问中的$a_{n+1}=\frac{3}{2}a_n-d$迭代,即可解决.

解析 (Ⅰ)由题意得

$$a_1=2\,000(1+50\%)-d=3\,000-d$$

$$a_2=a_1(1+50\%)-d=\frac{3}{2}a_1-d$$

$$a_{n+1}=a_n(1+50\%)-d=\frac{3}{2}a_n-d$$

(Ⅱ)由(Ⅰ)得$a_n=\frac{3}{2}a_{n-1}-d=(\frac{3}{2})^2 a_{n-2}-\frac{3}{2}d-d=\frac{3}{2}(\frac{3}{2}a_{n-2}-d)-d=\cdots=(\frac{3}{2})^{n-1}a_1-d[1+\frac{3}{2}+(\frac{3}{2})^2+\cdots+(\frac{3}{2})^{n-2}]$.

整理得,$a_n=(\frac{3}{2})^{n-1}(3\,000-d)-2d[(\frac{3}{2})^{n-1}-1]=(\frac{3}{2})^{n-1}(3\,000-3d)+2d$.

由题意,$a_n=4\,000$,所以$(\frac{3}{2})^{n-1}(3\,000-3d)+2d=4\,000$,解得

$$d=\frac{[(\frac{3}{2})^n-2]\times 1\,000}{(\frac{3}{2})^n-1}=\frac{1\,000(3^n-2^{n+1})}{3^n-2^n}$$

故该企业每年上缴资金d的值为$\frac{1\,000(3^m-2^{m+1})}{3^m-2^m}$时,经过$m(m\geq 3)$年企业的剩余资金为4 000元.

例5 (2011年高考湖南卷(理)题)某企业在第1年年初购买一台价值为120万元的设备M,M的价值在使用过程中逐年减少. 从第2年到第6年,每年年初M的价值比上年初减少10万元;从第7年开始,每年年初M的价值为上年年初的75%.

(Ⅰ)求第n年年初M的价值a_n的表达式;

(Ⅱ)设 $A_n = \dfrac{a_1 + a_2 + \cdots + a_n}{n}$,若 A_n 大于 80 万元,则 M 继续使用,否则须在第 n 年年初对 M 更新.证明:须在第 9 年年初对 M 更新.

评述 此题测试利用数列知识解决实际应用题.首先建立等差数列模型,然后运用数列知识求解.

解析 (Ⅰ)当 $n \leqslant 6$ 时,数列 $\{a_n\}$ 是首项为 120,公差为 -10 的等差数列,$a_n = 120 - 10(n-1) = 130 - 10n$;

当 $n \geqslant 6$ 时,数列 $\{a_n\}$ 是以 a_6 为首项,$\dfrac{3}{4}$ 为公比的等比数列,又 $a_6 = 70$,所以 $a_n = 70 \times \left(\dfrac{3}{4}\right)^{n-6}$.

因此,第 n 年年初,M 的价值 a_n 的表达式为 $a_n = \begin{cases} 130 - 10n, & n \leqslant 6 \\ 70 \times \left(\dfrac{3}{4}\right)^{n-6}, & n \geqslant 7 \end{cases}$

(Ⅱ)设 S_n 表示数列 $\{a_n\}$ 的前 n 项和,由等差及等比数列的求和公式得:

当 $1 \leqslant n \leqslant 6$ 时,$S_n = 120n - 5n(n-1)$,$A_n = 120 - 5(n-1) = 125 - 5n$;

当 $n \geqslant 7$ 时,由于 $S_6 = 570$,故

$S_n = S_6 + (a_7 + a_8 + \cdots + a_n) = 570 + 70 \times \dfrac{3}{4} \times 4 \times \left[1 - \left(\dfrac{3}{4}\right)^{n-6}\right] = 780 - 210 \times \left(\dfrac{3}{4}\right)^{n-6}$

$$A_n = \dfrac{780 - 210 \times \left(\dfrac{3}{4}\right)^{n-6}}{n}$$

易知 $\{A_n\}$ 是递减数列,又

$$A_8 = \dfrac{780 - 210 \times \left(\dfrac{3}{4}\right)^2}{8} = 82\dfrac{47}{64} > 80, A_9 = \dfrac{780 - 210 \times \left(\dfrac{3}{4}\right)^2}{9} = 76\dfrac{79}{96} < 80$$

所以须在第 9 年年初对 M 更新.

3.利用平面几何与二次函数模型命制应用题

例 16 (2010 年高考福建卷题)某港口 O 要将一件重要物品用小艇送到一艘正在航行的轮船上,在小艇出发时,轮船位于港口 O 北偏西 $30°$ 且与该港口相距 20 海里的 A 处,并正以 30 海里/时的航行速度沿正东方向匀速行驶,假设该小艇沿直线方向以 V 海里/时的航行速度均速行驶,经过 t 时与轮船相遇.

(Ⅰ)若希望相遇时小艇的航行距离最小,则小艇航行速度的大小应为多少?

(Ⅱ)假设小艇的最高航行速度只能达到 30 海里/时,试设计航行方案(即确定航行方向和航行速度的大小),使得小艇能以最短时间与轮船相遇,并说明理由.

评述 此题以解三角形模型和二次函数模型为背景,考查推理论述能力、抽象概括能力、运算求解能力.应用意识以及函数与方程思想、数形结合思想、化归与转化思想、分类与整合思想等.

解析 方法 1 (Ⅰ)如图 7-10,设相遇时小艇航行的距离为 S 海里,则

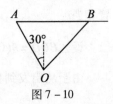

图 7-10

$$S = \sqrt{900t^2 + 400 - 2\times 30t \times 20 \times \cos(90°-30°)}$$
$$= \sqrt{900t^2 - 600t + 400}$$
$$= \sqrt{900\left(t-\frac{1}{3}\right)^2 + 300}.$$

故当 $t=\dfrac{1}{3}$ 时,$S_{\min}=10\sqrt{3}$,此时 $v=\dfrac{10\sqrt{3}}{\dfrac{1}{3}}=30\sqrt{3}$.

即小艇以 $30\sqrt{3}$ 海里/时的速度航行,相遇时小艇的航行距离最小.

(Ⅱ)设小艇与轮船在 B 处相遇,则
$$v^2t^2 = 400 + 900t^2 - 2\times 20 \times 30t \times \cos(90°-30°)$$

故 $v^2 = 900 - \dfrac{600}{t} + \dfrac{400}{t^2}$.

因 $0<v\leqslant 30$,则 $900 - \dfrac{600}{t} + \dfrac{400}{t^2} \leqslant 900$,即 $\dfrac{2}{t^2} - \dfrac{3}{t} \leqslant 0$,解得 $t\geqslant \dfrac{2}{3}$.

又 $t=\dfrac{2}{3}$ 时,$v=30$.

故 $v=30$ 时,t 取得最小值,且最小值为 $\dfrac{2}{3}$.

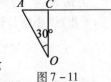

图 7-11

此时,在 $\triangle OAB$ 中,有 $OA=OB=AB=20$,故可设计航行方案如下,航行方向为北偏东 $30°$,航行速度为 30 海里/时,小艇能以最短时间与轮船相遇.

方法 2 (Ⅰ)若相遇时小艇的航行距离最小,又轮船沿正东方向匀速行驶,则小艇航行方向为正北方向. 设小艇与轮船在 C 处相遇,如图 7-11.

在 $\mathrm{Rt}\triangle OAC$ 中,$OC=20\cos 30°=10\sqrt{3}$,$AC=20\sin 30°=10$.

又 $AC=30t$,$OC=vt$.

此时,轮船航行时间 $t=\dfrac{10}{30}=\dfrac{1}{3}$,$v=\dfrac{10\sqrt{3}}{\dfrac{1}{3}}=30\sqrt{3}$.

即小艇以 $30\sqrt{3}$ 海里/时的速度航行,相遇时小艇的航行距离最小.

(Ⅱ)猜想 $v=30$ 时,小艇能以最短时间与轮船在 D 处相遇,此时 $AD=DO=30t$.

又 $\angle OAD=60°$,有 $AD=DO=OA=20$,解得 $t=\dfrac{2}{3}$.

据此可设计航行方案如下:

航行方向为北偏东 $30°$,航行速度的大小为 30 海里/时. 这样,小艇能以最短时间与轮船相遇.

证明如下:

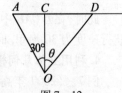

图 7-12

如图 7-12,由(Ⅰ)得 $OC=10\sqrt{3}$,$AC=10$,故 $OC>AC$,且对于线段 AC 上的任意点 P,有 $OP\geqslant OC>AC$. 而小艇的最高航行速度只能达到 30 海里/时,故小艇与轮船不可能在 A,C 之间(包含 C)的任意位

置相遇.

设 $\angle COD = \theta(0° < \theta < 90°)$，则在 $\mathrm{Rt}\triangle COD$ 中，$CD = 10\sqrt{3}\tan\theta$，$OD = \dfrac{10\sqrt{3}}{\cos\theta}$.

由于从出发到相遇，轮船与小艇所需要的时间分别为

$$t = \dfrac{10 + 10\sqrt{3}\tan\theta}{30} \text{ 和 } t = \dfrac{10\sqrt{3}}{v\cos\theta}$$

则

$$\dfrac{10 + 10\sqrt{3}\tan\theta}{30} = \dfrac{10\sqrt{3}}{v\cos\theta}$$

由此可得，$v = \dfrac{15\sqrt{3}}{\sin(\theta + 30°)}$.

又 $v \leqslant 30$，故 $\sin(\theta + 30°) \geqslant \dfrac{\sqrt{3}}{2}$. 从而，$30° \leqslant \theta < 90°$.

由于 $\theta = 30°$ 时，$\tan\theta$ 取得最小值，且最小值为 $\dfrac{\sqrt{3}}{3}$.

于是，当 $\theta = 30°$ 时，$t = \dfrac{10 + 10\sqrt{3}\tan\theta}{30}$ 取得最小值，且最小值为 $\dfrac{2}{3}$.

方法 3 （Ⅰ）同解法 1 或解法 2.

（Ⅱ）设小艇与轮船在 B 处相遇．依据题意得

$$v^2 t^2 = 400 + 900 t^2 - 2 \times 20 \times 30 t \times \cos(90° - 30°)$$

$$(v^2 - 900) t^2 + 600 t - 400 = 0$$

①若 $0 < v < 30$，则由

$$\Delta = 360\,000 + 1\,600(v^2 - 900) = 1\,600(v^2 - 675) \geqslant 0$$

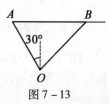

图 7-13

得 $v \geqslant 15\sqrt{3}$.

从而，$t = \dfrac{-300 \pm 20\sqrt{v^2 - 675}}{v^2 - 900}$，$v \in [15\sqrt{3}, 30)$，当 $t = \dfrac{-300 - 20\sqrt{v^2 - 675}}{v^2 - 900}$ 时，令 $x = \sqrt{v^2 - 175}$，则 $x \in [0, 15)$，$t = \dfrac{-300 - 20x}{x^2 - 255} = \dfrac{-20}{x - 15} \geqslant \dfrac{4}{3}$，当且仅当 $x = 0$，即 $v = 15\sqrt{3}$ 时等号成立．当 $t = \dfrac{-300 + 20\sqrt{v^2 - 675}}{v^2 - 900}$ 时，同理可得 $\dfrac{2}{3} < t \leqslant \dfrac{4}{3}$.

综上得，当 $v \in [15\sqrt{3}, 30)$ 时，$t > \dfrac{2}{3}$.

②若 $v = 30$，则 $t = \dfrac{2}{3}$.

综合①、②可知，当 $v = 30$ 时，t 取最小值，且最小值等于 $\dfrac{2}{3}$.

此时，在 $\triangle OAB$ 中，$OA = OB = AB = 20$，故可设计航行方案如下：航行方向为北偏东 $30°$，航行速度为 30 海里/时，小艇能以最短时间与轮船相遇.

4. 利用立体几何模型与二次函数等模型命制应用题

例 7 （2007 年高考湖南卷题）如图 7-14，某地为了开发旅游资源，欲修建一条连接风景点 P 和居民区 O 的公路，点 P 所在的山坡面与山脚所在水平面 α 所成的二面角为 $q(0° <$

$q < 90°)$,且 $\sin q = \dfrac{2}{5}$,点 P 到平面 α 的距离 $PH = 0.4(\text{km})$,沿山脚原有一段笔直的公路 AB 可供利用. 从点 O 到山脚修路的造价为 a 万元/km. 原有公路改建费用为 $\dfrac{a}{2}$ 万元/km. 当山坡上公路长度为 l km$(1 < l < 2)$ 时,其造价为 $(l^2 + l)a$ 万元. 已知 $OA \perp AB, PB \perp AB, AB = 1.5(\text{km}), OA = \sqrt{3}(\text{km})$.

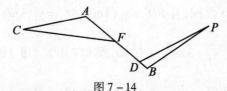

图 7—14

(Ⅰ)在 AB 上求一点 D,使沿折线 $PDAO$ 修建公路的总造价最小;

(Ⅱ)对于(Ⅰ)中得到的点 D,在 DA 上求一点 E,使沿折线 $PDEO$ 修建公路的总造价最小;

(Ⅲ)在 AB 上是否存在不同的点 D', E',使沿折线 $PD'E'O$ 修建公路的总造价小于(Ⅱ)中得到的最小总造价,证明你的结论.

评述 此题以立体几何模型和二次函数模型为背景来测试综合运用函数、立体几何、导数等基础知识和分析综合用数学思维方法解决实际问题的能力. 建立目标函数模型将实际问题转化,求解方法也可多样.

解析 (Ⅰ)如图 7—15,$PH \perp \alpha, HB \in \alpha, PB \perp AB$,由三垂线定理逆定理知,$AB \perp HB$,所以 $\angle PBH$ 为山坡面与 α 所成二面角的平面角,则 $\angle PBH = q$,则 $PB = \dfrac{PH}{\sin q} = 1$. 设 $BD = x(\text{km}), 0 \leq x \leq 1.5$,则记总造价为 $f_1(x)$ 万元,据题设有

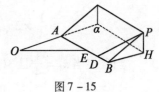

图 7—15

$$f_1(x) = \left(PD^2 + 1 + \dfrac{1}{2}AD + AO\right)a = \left(x^2 - \dfrac{1}{2}x + \dfrac{11}{4} + \sqrt{3}\right)a$$

$$= \left(x - \dfrac{1}{4}\right)^2 a + \left(\dfrac{43}{16} + \sqrt{3}\right)a$$

当 $x = \dfrac{1}{4}$ 时,即 $BD = \dfrac{1}{4}(\text{km})$ 时总造价 $f_1(x)$ 最小.

(Ⅱ)设 $AE = y(\text{km}), 0 \leq y \leq \dfrac{5}{4}$,记总造价为 $f_2(x)$ 万元,据题设有

$$f_2(y) = \left(PD^2 + 1 + \sqrt{y^2 + 3} + \dfrac{1}{2}\left(\dfrac{3}{2} - \dfrac{1}{4} - y\right)\right)a$$

$$= \left(\sqrt{y^2 + 3} - \dfrac{y}{2}\right)a + \dfrac{43}{16}a, \text{则 } f_2'(y)$$

$$= \left(\dfrac{y}{\sqrt{y^2 + 3}} - \dfrac{1}{2}\right)$$

由 $f_2'(y) = 0 \Rightarrow y = 1$.

当 $y \in (0,1)$ 时,$f_2'(y) < 0$,$f_2(y)$ 在 $(0,1)$ 内是减函数;当 $y \in \left(1, \dfrac{5}{4}\right)$ 时,$f_2'(y) > 0$,

$f_2(y)$ 在 $\left(1,\dfrac{5}{4}\right)$ 内是增函数. 故当 $y=1$ 时,即 $AE=1(\mathrm{km})$ 时总造价 $f_2(y)$ 最小,且最小总造价为 $\dfrac{67}{16}a$ 万元.

(Ⅲ) **解法 1** 不存在这样的点 D', E'.

事实上,在 AB 上任取不同的两点 D', E',为使总造价最小,E' 显然不能位于 D' 与 B' 之间,故设 E' 显然位于 D' 与 A 之间,且 $BD'=x_1(\mathrm{km})$, $AE'=y_1(\mathrm{km})$, $0 \leqslant x_1+y_1 \leqslant \dfrac{3}{2}$,总造价为 S 万元,则 $S=\left(x_1^2-\dfrac{x_1}{2}+\sqrt{y_1^2+3}-\dfrac{y_1}{2}+\dfrac{11}{4}\right)a$,类似(Ⅰ)、(Ⅱ)的讨论知,$x_1^2-\dfrac{x_1}{2} \geqslant -\dfrac{1}{16}$,$\sqrt{y_1^2+3}-\dfrac{y_1}{2} \geqslant \dfrac{3}{2}$,当且仅当 $x_1=\dfrac{1}{4}$,$y_1=1$ 同时成立时,上述两个等号同时成立,此时 $BD'=\dfrac{1}{4}(\mathrm{km})$, $AE'=1(\mathrm{km})$,S 取得最小值 $\dfrac{67}{16}a$,点 D', E' 分别与 D, E 重合,故不存在这样的点 D', E',使沿折线 $PD'E'O$ 修建公路的总造价小于(Ⅱ)中得到的最小总造价.

解法 2 同解法 1 得

$$S=\left(x_1^2-\dfrac{x_1}{2}+\sqrt{y_1^2+3}-\dfrac{y_1}{2}+\dfrac{11}{4}\right)a$$

$$=\left(x_1-\dfrac{1}{4}\right)^2 a+\dfrac{1}{4}[3(\sqrt{y_1^2+3}-y_1)+(\sqrt{y_1^2+3}+y_1)]a+\dfrac{43}{16}a$$

$$\geqslant \dfrac{1}{4}\times 2\sqrt{3(\sqrt{y_1^2+3}-y_1)(\sqrt{y_1^2+3}+y_1)}\times a+\dfrac{43}{16}a=\dfrac{67}{16}a$$

当且仅当 $x_1=\dfrac{1}{4}$ 且 $3(\sqrt{y_1^2+3}-y_1)=\sqrt{y_1^2+3}+y_1$,即 $x_1=\dfrac{1}{4}$, $y_1=1$ 同时成立时,S 取得最小值 $\dfrac{67}{16}a$,以下同解法 1.

例 8 (2010 年高考上海卷题)如图 7-16,为了制作一个圆柱形灯笼,先要制作 4 个全等的矩形骨架,总计耗用 9.6 m 铁丝,骨架把圆柱底面 8 等分,再用 $S\ \mathrm{m}^2$ 塑料片制成圆柱的侧面和下底面(不安装上底面).

(Ⅰ)当圆柱底面半径 r 取何值时,S 取得最大值?并求出该最大值(结果精确到 $0.01\ \mathrm{m}^2$);

(Ⅱ)在灯笼内,以矩形骨架的顶点为点,安装一些霓虹灯,当灯笼的底面半径为 $0.3\ \mathrm{m}$ 时,求图中两根直线 A_1B_3 与 A_3B_5 所在异面直线所成角的大小(结果用反三角函数表示).

评述 此题利用柱体模型考查圆柱侧面积、底面积以及二次函数的数值. 测试了立体几何中两条异面直线所成角的求法,测试了考生的空间想象能力和推理运算能力.

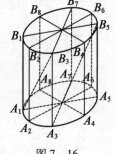

图 7-16

解析 (Ⅰ)设圆柱的高为 h.

由题意知 $4(4r+2h)=9.6$,知 $h=1.2-2r$.

又 $S=S_{侧}+S_{底}=2\pi r \cdot h+\pi r^2=2\pi r \cdot (1.2-2r)+\pi r^2$

$=-3\pi(r-0.4)^2+0.48\pi$.

则当 $r = 0.4$ m 时,$S_{\max} = 0.48\pi \approx 1.51 (\text{m}^2)$.

(Ⅱ)**方法1** 当底面半径为 0.3 m 时,圆柱的高为
$$1.2 - 0.3 \times 2 = 0.6 (\text{m})$$

因 4 个全等的矩形把圆柱底面 8 等分,则
$$A_1A_3 = A_3A_5 = \sqrt{2}r$$

即
$$A_1B_3 = \sqrt{h^2 + A_1A_3^2} = \sqrt{h^2 + 2r^2}$$
$$A_3B_5 = \sqrt{h^2 + A_3A_5^2} = \sqrt{h^2 + 2r^2}$$

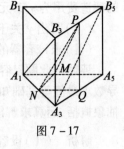

图 7-17

分别取 A_3B_3, A_1A_3, B_3B_5 的中点 M, N, P,联结 MN, MP, NP.

又 $MN \underline{\underline{\parallel}} \dfrac{1}{2}A_1B_3, MP \underline{\underline{\parallel}} \dfrac{1}{2}A_3B_5$,则 $\angle NMP$(或其补角)为异面直线 A_1B_3 和 A_3B_5 所成的角.

再取 A_3A_5 的中点 Q,联结 PQ, NQ,在 $\text{Rt}\triangle PNQ$ 中,$PN = \sqrt{PQ^2 + NQ^2} = \sqrt{h^2 + r^2}$.

在 $\triangle NMP$ 中,由余弦定理得 $\cos \angle NMP = \dfrac{MN^2 + MP^2 - PN^2}{2 \cdot MN \cdot MP} = \dfrac{2MN^2 - PN^2}{2MN^2} = -\dfrac{h^2}{h^2 + 2r^2} = -\dfrac{2}{3}$,所以 $\angle NMP = \pi - \arccos \dfrac{2}{3}$.

因两条异面直线所成角的范围是 $\left(0, \dfrac{\pi}{2}\right]$,故 A_1B_3 与 A_3B_5 所在异面直线所成角的大小为 $\arccos \dfrac{2}{3}$.

方法2 当底面半径为 0.3 m 时,圆柱的高为 $1.2 - 0.3 \times 2 = 0.6 (\text{m})$.

设下底面圆心为 O,上底面圆心为 O_1,以 O 为坐标系原点,分别以 OA_3, OA_5, OO_1 为 x 轴,y 轴,z 轴的正方向建立空间直角坐标系,则 $A_1(0, -0.3, 0), B_3(0.3, 0, 0.6), A_3(0.3, 0, 0), B_5(0, 0.3, 0.6)$,即 $\overrightarrow{A_1B_3} = (0.3, 0.3, 0.6), \overrightarrow{A_3B_5} = (-0.3, 0.3, 0.6)$.

设 A_1B_3 与 A_3B_5 所在异面直线所成角为 θ,则
$$\cos \theta = \left| \dfrac{\overrightarrow{A_1B_3} \cdot \overrightarrow{A_3B_5}}{|\overrightarrow{A_1B_3}||\overrightarrow{A_3B_5}|} \right|$$
$$= \dfrac{|-0.09 + 0.09 + 0.36|}{\sqrt{0.09 + 0.09 + 0.36} \cdot \sqrt{0.09 + 0.09 + 0.36}}$$
$$= \dfrac{0.36}{(\sqrt{0.54})^2} = \dfrac{0.36}{0.54} = \dfrac{2}{3}$$

故两条异面直线所成角的大小为 $\arccos \dfrac{2}{3}$.

例9 (2011 年高考山东卷题)某企业拟建造如图 7-18 所示的容器(不计厚度,长度单位:m),其中容器的中间为圆柱形,左右两端均为半球形,按照设计要求容器的容积为 $\dfrac{80\pi}{3}$ m³,且 $l \geqslant 2r$. 假设该容器的建造费用仅与其表面积有关. 已知圆柱形

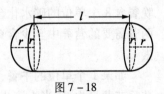

图 7-18

部分每平方米建造费用为 3 千元,半球形部分每平方米建造费用为 $c(c>3)$ 千元. 设该容器的建造费用为 y 千元.

(Ⅰ)写出 y 关于 r 的函数表达式,并求该函数的定义域;

(Ⅱ)求该容器的建造费用最小时的 r.

评述 此题以容器为背景测试球与圆柱的体积公式、表面积公式、不等式的解法及利用导数求最值等基础知识. 测试建模思想、分类讨论思想、方程思想、最值思想以及逻辑思维、抽象概括、运算求解能力及应用意识.

解析 (Ⅰ)设容器的容积为 V,由题意知 $V = \pi r^2 l + \frac{4}{3}\pi r^3$,又 $V = \frac{80\pi}{3}$,故

$$l = \frac{V - \frac{4}{3}\pi r^3}{\pi r^2} = \frac{80}{3r^2} - \frac{4}{3}r = \frac{4}{3}\left(\frac{20}{r^2} - r\right)$$

由于 $l \geq 2r$,因此 $0 < r \leq 2$. 所以建造费用 $y = 2\pi r l \times 3 + 4\pi r^2 c = 2\pi r \times \frac{4}{3}\left(\frac{20}{r^2} - r\right) \times 3 + 4\pi r^2 c$.

因此 $y = 4\pi(c-2)r^2 + \frac{160\pi}{r}, 0 < r \leq 2$.

(Ⅱ)由(Ⅰ)得 $y' = 8\pi(c-2)r - \frac{160\pi}{r^2} = \frac{8\pi(c-2)}{r^2}\left(r^3 - \frac{20}{c-2}\right), 0 < r \leq 2$.

由于 $c > 3$,所以 $c - 2 > 0$. 当 $r^3 - \frac{20}{c-2} = 0$ 时, $r = \sqrt[3]{\frac{20}{c-2}}$.

令 $\sqrt[3]{\frac{20}{c-2}} = m$,则 $m > 0$,所以 $y' = \frac{8\pi(c-2)}{r^2}(r-m)(r^2+rm+m^2)$.

①当 $0 < m < 2$,即 $c > \frac{9}{2}$ 时,当 $r = m$ 时, $y' = 0$;当 $r \in (0, m)$ 时, $y' < 0$;当 $r \in (m, 2)$ 时, $y' > 0$,所以 $r = m$ 是函数 y 的极小值点,也是最小值点.

②当 $m \geq 2$,即 $3 < c \leq \frac{9}{2}$ 时,当 $r \in (0, 2)$ 时, $y' < 0$,函数单调递减,所以 $r = 2$ 是函数 y 的最小值点. 综上所述,当 $3 < c \leq \frac{9}{2}$ 时,建造费用最小时 $r = 2$;

当 $c > \frac{9}{2}$ 时,建造费用最小时 $r = \sqrt[3]{\frac{20}{c-2}}$.

5. 利用解析几何模型命制应用题

例 10 (2011 年高考重庆卷题)某营养师要为某个儿童预定午餐和晚餐,已知 1 个单位的午餐含 12 个单位的碳水化合物, 6 个单位的蛋白质和 6 个单位的维生素 C;1 个单位的晚餐含 8 个单位的碳水化合物, 6 个单位的蛋白质和 10 个单位的维生素 C. 另外,该儿童这两餐需要的营养中至少含 64 个单位的碳水化合物, 42 个单位的蛋白质和 54 个单位的维生素 C.

如果 1 个单位的午餐、晚餐的费用分别是 2.5 元和 4 元,那么要满足上述的营养要求,并且花费最少,应当为该儿童分别预订多少个单位的午餐和晚餐?

评述 此题以线性规划为背景,测试抽象概括能力,运算求解能力及数学建模思想,求

解本题的关键是将现实问题转化为数学中的线性规划问题.

解析 方法1 设需要预订满足要求的午餐和晚餐分别为 x 个单位和 y 个单位,所花的费用为 z 元,则依题意,得 $z=2.5x+4y$,且 x,y 满足 $\begin{cases} x\geq 0, y\geq 0 \\ 12x+8y\geq 64 \\ 6x+6y\geq 42 \\ 6x+10y\geq 54 \end{cases}$,即 $\begin{cases} x\geq 0, y\geq 0 \\ 3x+2y\geq 16 \\ x+y\geq 7 \\ 3x+5y\geq 27 \end{cases}$.

作出可行域如图 7-19,则 z 在可行域的四个顶点 $A(9,0),B(4,3),C(2,5),D(0,8)$ 处的值分别是

$$z_A=2.5\times 9+4\times 0=22.5, z_B=2.5\times 4+4\times 3=22$$
$$z_C=2.5\times 2+4\times 5=25, z_D=2.5\times 0+4\times 8=32$$

比较之,z_B 最小,因此,应当为该儿童预订 4 个单位的午餐和 3 个单位的晚餐,就可满足要求.

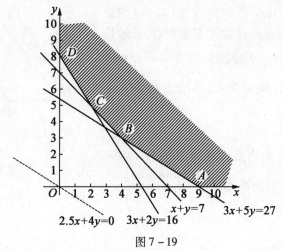

图 7-19

方法2 设需要预订满足要求的午餐和晚餐分别为 x 个单位和 y 个单位,所花的费用为 z 元,则依题意,得 $z=2.5x+4y$,且 x,y 满足 $\begin{cases} x\geq 0, y\geq 0 \\ 12x+8y\geq 64 \\ 6x+6y\geq 42 \\ 6x+10y\geq 54 \end{cases}$,即 $\begin{cases} x\geq 0, y\geq 0 \\ 3x+2y\geq 16 \\ x+y\geq 7 \\ 3x+5y\geq 27 \end{cases}$.

作出可行域如图,让目标函数表示的直线 $2.5x+4y=z$ 在可行域上平移,由此可知 $z=2.5x+4y$ 在 $B(4,3)$ 处取得最小值.

因此,为该儿童预订 4 个单位的午餐和 3 个单位的晚餐就可满足要求.

例11 (2010年高考湖南卷(文)题) 为了考查冰川的融化状况,一支科考队在某冰川上相距 8 km 的 A,B 两点各建一个考查基地,视冰川面为平面形,以过 A,B 两点的直线为 x 轴,线段 AB 的垂直平分线为 y 轴建立平面直角坐标系,如图 7-20,考查范围为到 A,B 两点的距离之和不超过 10 km 的区域.

(Ⅰ)求考察区域边界曲线的方程;

(Ⅱ)如图所示,设线段 P_1P_2 是冰川的部分边界线(不考虑其他边界),当冰川融化时,边界线沿与其垂直的方向朝考察区域平行移动,第一年移动 0.2 km,以后每年移动的距离

为前一年的2倍,问:经过多长时间,点A恰好在冰川边界上?

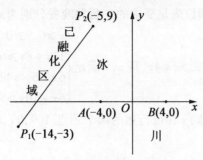

图 7-20

评述 此题是以解析几何知识为背景的应用题.本题测试用定义法求椭圆的标准方程,测试了运用直线方程、点到直线的距离公式、等比数列的求和公式等基础知识.也测试了抽象概括能力、数学阅读能力以及综合运用数学知识分析、解决问题的能力.

解析 设边界曲线上点P的坐标为(x,y),则由$|PA|+|PB|=10>8$知,点P在以A,B为焦点,长轴长为$2a=10$的椭圆上,此时短半轴长$b=\sqrt{5^2-4^2}=3$,所以考察区域边界的曲线(如图7-21)的方程为$\dfrac{x^2}{25}+\dfrac{y^2}{9}=1$.

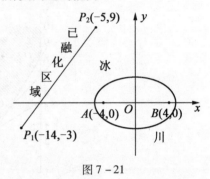

图 7-21

(2)易知过点P_1,P_2的直线方程为$4x-3y+47=0$,因此点A到直线P_1P_2的距离为$d=\dfrac{|-16+47|}{\sqrt{4^2+(-3)^2}}=\dfrac{31}{5}$.

设经过n年,点A恰好在冰川边界线上,则利用等比数列求和公式可得$\dfrac{0.2(2^n-1)}{2-1}=\dfrac{31}{5}$,解得$n=5$,即经过5年,点$A$恰好在冰川边界线上.

例12 (2010年高考湖南卷(理)题)为了考察冰川的融化状况,一支科考队在某冰川上相距8 km的A,B两点各建一个考察基地.视冰川面为平面形,以过A,B两点的直线为x轴,线段AB的垂直平分线为y轴建立平面直角坐标系,如图7-22,在直线$x=2$的右侧,考察范围为到点B的距离不超过$\dfrac{6\sqrt{5}}{5}$ km 的区域;在直线$x=2$的左侧,考察范围为到A,B两点的距离之和不超过$4\sqrt{5}$的区域.

(Ⅰ)求考查区域边界曲线的方程;

(Ⅱ)如图所示,设线段P_1P_2,P_2P_3是冰川的部分边界线(不考虑其他边界),当冰川融化时,边界线沿与其垂直的方向朝考察区域平行移动,第一年移动0.2 km,以后每年移动的距离为前一年的2倍.求冰川边界线移动到考察区域所需的最短时间.

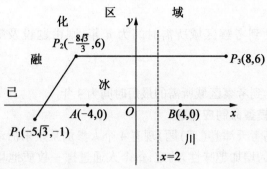

图 7-22

评述 此题是测试运用解析几何知识建模的应用题.本题是对直线、圆、椭圆、数列等知识的测试,对函数与方程、数形结合、化归与转化等思想方法的测试,对运算求解、推理论证等能力的测试汇聚于实际生活问题的解决过程之中,合理地关注了被测试者将知识与方法迁移到陌生情境之中以解决问题的能力,体现对理科生与文科生的不同要求.阐释了"潜能""应用"之于选拔性测试使得测试"区分性"得以实现的重要性.

解析 (Ⅰ)设考察区域边界曲线上点 P 的坐标为 (x,y).

当 $x \geq 2$ 时,由题意知 $(x-4)^2 + y^2 = \dfrac{36}{5}$.

当 $x < 2$ 时,由 $|PA| + |PB| = 4\sqrt{5} > 8$ 知,点 P 在以 A,B 为焦点,长轴长为 $2a = 4\sqrt{5}$ 的椭圆上.此时,短半轴长 $b = \sqrt{(2\sqrt{5})^2 - 4^2} = 2$.因而其方程为 $\dfrac{x^2}{20} + \dfrac{y^2}{4} = 1$.

故考察区域的边界曲线如图 7-23 所示,其方程为

$$C_1: (x-4)^2 + y^2 = \dfrac{36}{5} \quad (x \geq 2) \quad \text{和} \quad C_2: \dfrac{x^2}{20} + \dfrac{y^2}{4} = 1 \quad (x < 2)$$

(Ⅱ)设过点 P_1, P_2 的直线为 l_1,过点 P_2, P_3 的直线为 l_2,则直线 l_1, l_2 的方程分别为 $y = \sqrt{3} x + 14, y = 6$.

设直线 l 平行于直线 l_1,其方程为 $y = \sqrt{3} x + m$,代入椭圆方程 $\dfrac{x^2}{20} + \dfrac{y^2}{4} = 1$,消去 y,得

$$16x^2 + 10\sqrt{3} mx + 5(m^2 - 4) = 0$$

由 $\Delta = 100 \times 3 m^2 - 4 \times 16 \times 5(m^2 - 4) = 0$,解得 $m = 8$ 或 $m = -8$.

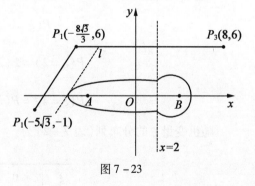

图 7-23

由图中可以看出,当 $m = 8$ 时,直线 l 与 C_2 的公共点到直线 l_1 的距离最近,此时直线 l 的方程为

$$y = \sqrt{3} + 8$$

l_1 与 l_2 之间的距离为 $d = \dfrac{|14-8|}{\sqrt{1+3}} = 3$.

又直线 l_2 到 C_1 和 C_2 的最短距离为 $d' = 6 - \dfrac{6\sqrt{5}}{5}$,而 $d' > 3$.所以考察区域边界到冰川边界

线的最短距离为3.

设冰川边界线移动到考察区域所需时间为 n 年,则由题设及等比数列求和公式,得 $\dfrac{0.2(2^n-1)}{2-1} \geq 3$,所以 $n=4$.

故冰川边界线移动到考察区域所需的最短时间为4年.

6. 利用概率、统计模型命制应用题

例13 (2012年高考天津卷(理)题)现有4个人参加某娱乐活动,该活动有甲、乙两个游戏可供参加者选择. 为增加趣味性,约定:每个人通过掷一枚质地均匀的骰子决定自己参加哪个游戏,掷出点数为1或2的人参加甲游戏,掷出点数大于2的人参加乙游戏.

(Ⅰ)求这4个人中恰有2人参加甲游戏的概率;

(Ⅱ)求这4个人中参加甲游戏的人数大于参加乙游戏的人数的概率;

(Ⅲ)用 X,Y 分别表示这4个人中参加甲、乙游戏的人数,记 $\xi=|x-y|$,求随机变量 ξ 的分布列与数学期望.

评述 此题用生活中的实际问题为背景. 将问题转化为古典概型,独立事件,互斥事件等概率模型求解. 本题要认真审题,要从数学与实际生活两个角度理解问题的实质.

解析 (Ⅰ)每个人参加甲游戏的概率为 $p=\dfrac{1}{3}$,参加乙游戏的概率为 $1-p=\dfrac{2}{3}$,这4个人中恰有2人去参加甲游戏的概率为 $C_4^2 p^2(1-p)^2 = \dfrac{8}{27}$.

(Ⅱ) $X \sim B(4,P) \Rightarrow P(X=k) = C_4^k P^k(1-P)^{4-k} (k=0,1,2,3,4)$,这4个人中去参加甲游戏的人数大于去参加乙游戏的人数的概率为 $P(X=3)+P(X=4)=\dfrac{1}{9}$.

(Ⅲ) ξ 可取 $0,2,4$

$$P(\xi=0)=P(X=2)=\dfrac{8}{27}$$

$$P(\xi=2)=P(X=1)+P(X=3)=\dfrac{40}{81}$$

$$P(\xi=4)=P(X=0)+P(X=4)=\dfrac{17}{81}$$

随机变量 ξ 的分布列(表7-2)为

表7-2

ξ	0	2	4
P	$\dfrac{8}{27}$	$\dfrac{40}{81}$	$\dfrac{17}{81}$

$$E\xi = 0 \times \dfrac{8}{27} + 2 \times \dfrac{40}{81} + 4 \times \dfrac{17}{81} = \dfrac{148}{81}$$

例14 (2010年全国高考卷题)为调查某地区老年人是否需要志愿者提供帮助,用简单随机抽样方法从该地区调查了500位老年人,结果如表7-3:

表 7-3

性别 是否需要志愿者	男	女
需要	40	30
不需要	160	270

（Ⅰ）估计该地区老年人中,需要志愿者提供帮助的老年人的比例.

（Ⅱ）能否有99%的把握认为该地区的老年人是否需要志愿者提供帮助与性别有关?

（Ⅲ）根据（Ⅱ）的结论,能否提出更好的调查方法来估计该地区的老年人中,需要志愿者提供帮助的老年人的比例? 说明理由.

附

$P(K^2 \geq k)$	0.050	0.010	0.001
k	3.841	6.635	10.828

$$K^2 = \frac{n(ad-bc)^2}{(a+b)(c+d)(a+c)(b+d)}$$

评述 此题利用统计模型为背景,考查了 2×2 列联表,抽样调查的方法、用样本估计总体和设计抽样方法搜集数据等知识.

解析 （Ⅰ）调查的500位老年人中有70位需要志愿者提供帮助,因此该地区老年人中,需要志愿者提供帮助的老年人的比例的估计值为 $\frac{70}{500} = 14\%$.

（Ⅱ）$K^2 = \frac{500 \times (40 \times 270 - 30 \times 160)^2}{200 \times 300 \times 70 \times 430} \approx 9.967$.

由于 $9.967 > 6.635$,所以有99%的把握认为该地区的老年人是否需要帮助与性别有关.

（Ⅲ）由（Ⅱ）的结论知,该地区老年人是否需要帮助与性别有关,并且从样本数据能看出该地区男性老年人与女性老年人中需要帮助的比例有明显差异,因此在调查时,先确定该地区老年人中男、女的比例,再把老年人分成男、女两层并采用分层抽样方法,比采用简单随机抽样方法更好.

例15 （2012年高考北京卷题）近年来,某市为促进生活垃圾的分类处理,将生活垃圾分为厨余垃圾、可回收物和其他垃圾三类,并分别设置了相应的垃圾箱. 为调查居民生活垃圾分类投放情况,现随机抽取了该市三类垃圾箱中总计1 000 t的生活垃圾,数据统计如表7-4(单位:t):

表 7-4

	"厨余垃圾"箱	"可回收物"箱	"其他垃圾"箱
厨余垃圾	400	100	100
可回收物	30	240	30
其他垃圾	20	20	60

（Ⅰ）试估计厨余垃圾投放正确的概率;

（Ⅱ）试估计生活垃圾投放错误的概率;

（Ⅲ）假设厨余垃圾在"厨余垃圾"箱、"可回收物"箱、"其他垃圾"箱的投放量分别为 a,

b, c,其中 $a > 0, a + b + c = 600$.当数据 a, b, c 的方差 S^2 最大时,写出 a, b, c 的值(结论不要求证明),并求此时 S^2 的值.

(注: $S^2 = \frac{1}{n}[(x_1 - \bar{x})^2 + (x_2 - \bar{x})^2 + \cdots + (x_n - \bar{x})^2]$,其中 $\bar{x}$ 为数据 $x_1, x_2, \cdots, x_n$ 的平均数)

评述 此题虽以求概率为背景,但非传统题,对那种搞题海战术,记题型走套路的考生,读几次题可能都有点不知怎么下手,因为题干中并没有某种情况的概率是多少,求谁的分布等字样,而第(Ⅲ)问又都是在针对概率、方差发问.其实该题只要有认真阅读理解题干的良好素养的初中乃至小学生都可以完成第(Ⅰ)、(Ⅱ)问.

解析 关注表格中关键词"箱".只有抓住了这个关键,才算读懂了这张表.从表的纵列来理解题意:在标注厨余垃圾这个"箱"里,居民投放了厨余垃圾 400 t、可回收物 30 t、其他垃圾 20 t;在标注可回收垃圾这个"箱"里,居民投放了厨余垃圾 100 t、可回收物 240 t、其他垃圾 20 t;在标注其他垃圾这个箱里,居民投放了厨余垃圾 100 t、可回收物 30 t、其他垃圾 60 t.当然只有这种垃圾又投入到了对应的"垃圾箱"里才算投放正确,否则就错误.有了这样的阅读理解,计算就是十分简单的事情了.

(Ⅰ)厨余垃圾投放正确的概率 $= \dfrac{400}{400 + 100 + 100} = \dfrac{2}{3}$.

(Ⅱ)生活垃圾投放错误的概率 $= \dfrac{(30+20)+(100+20)+(100+30)}{1\,000} = \dfrac{3}{10}$.

(Ⅲ)由题后括号内注释知

$$S^2 = \frac{1}{3}[(a-200)^2 + (b-200)^2 + (c-200)^2]$$

$$= \frac{1}{3}[a^2 + b^2 + c^2 - 400(a+b+c) + 3 \times 200^2]$$

$$= \frac{1}{3}(a^2 + b^2 + c^2 - 120\,000)$$

显然只有当 $a = 600, b = 0, c = 0$ 时,有 $S^2 = 80\,000$.

例 16(2010 年高考山东卷题)某学校举行知识竞赛,第一轮选拔共设有 A, B, C, D 四个问题,规则如下:

①每位参加者计分器的初始分均为 10 分,答对问题 A, B, C, D 分别加 1 分,2 分,3 分,6 分,答错任一题减 2 分.

②每回答一题,计分器显示累计分数,当累计分数小于 8 分时,答题结束,淘汰出局;当累计分数大于或等于 14 分时,答题结束,进入下一轮;当答完四题,累计分数仍不足 14 分时,答题结束,淘汰出局.

③每位参加者按问题 A, B, C, D 顺序作答,直至答题结束.

假设甲同学对问题 A, B, C, D 回答正确的概率依次为 $\dfrac{3}{4}, \dfrac{1}{2}, \dfrac{1}{3}, \dfrac{1}{4}$,且各题回答正确与否相互之间没有影响.

(Ⅰ)求甲同学能进入下一轮的概率;

(Ⅱ)用 ξ 表示甲同学本轮答题结束时答题的个数,求 ξ 的分布列和数学期望 $E\xi$.

评述 此题以概率为背景,测试了互斥事件、相互独立事件同时发生的概率、离散型随机变量的分布列以及数学期望的知识.

解析 设 A,B,C,D 分别表示甲同学正确回答第一、二、三、四个问题,$\bar{A},\bar{B},\bar{C},\bar{D}$ 分别表示甲同学第一、二、三、四个问题回答错误,它们是对立事件,由题意得

$$P(A)=\frac{3}{4}, P(B)=\frac{1}{2}, P(C)=\frac{1}{3}, P(D)=\frac{1}{4}$$

则

$$P(\bar{A})=\frac{1}{4}, P(\bar{B})=\frac{1}{2}, P(\bar{C})=\frac{2}{3}, P(\bar{D})=\frac{3}{4}$$

(1) 记"甲同学能进入下一轮"为事件 Q,则

$$Q = ABC + A\bar{B}CD + AB\bar{C}D + \bar{A}BCD + A\bar{B}\,\bar{C}D$$

因每题结果相互独立,则

$$P(Q) = P(ABC + A\bar{B}CD + AB\bar{C}D + \bar{A}BCD + A\bar{B}\,\bar{C}D)$$
$$= P(A)P(B)P(C) + P(A)P(\bar{B})P(C)P(D) + P(A)P(B)P(\bar{C})P(D) +$$
$$\quad P(\bar{A})P(B)P(C)P(D) + P(A)P(\bar{B})P(\bar{C})P(D)$$
$$= \frac{3}{4} \times \frac{1}{2} \times \frac{1}{3} + \frac{3}{4} \times \frac{1}{2} \times \frac{1}{3} \times \frac{1}{4} + \frac{3}{4} \times \frac{1}{2} \times \frac{2}{3} \times \frac{1}{4} + \frac{1}{4} \times \frac{1}{2} \times \frac{1}{3} \times \frac{1}{4} +$$
$$\quad \frac{1}{4} \times \frac{1}{2} \times \frac{2}{3} \times \frac{1}{4} = \frac{1}{4}$$

(2) 由题意知,随机变量 ξ 的可能取值为:2,3,4,则

$$P(\xi=2) = P(\bar{A}\,\bar{B}) = \frac{1}{4} \times \frac{1}{2} = \frac{1}{8}$$

$$P(\xi=3) = P(ABC + A\bar{B}\,\bar{C}) = \frac{3}{4} \times \frac{1}{2} \times \frac{1}{3} + \frac{3}{4} \times \frac{1}{2} \times \frac{2}{3} = \frac{3}{8}$$

$$P(\xi=4) = 1 - P(\xi=2) - P(\xi=3) = 1 - \frac{1}{8} - \frac{3}{8} = \frac{1}{2}$$

因此 ξ 的分布列(表7-5)为

表 7-5

ξ	2	3	4
$P(\xi)$	$\frac{1}{8}$	$\frac{3}{8}$	$\frac{1}{2}$

所以 $E\xi = 2 \times \frac{1}{8} + 3 \times \frac{3}{8} + 4 \times \frac{1}{2} = \frac{27}{8}$.

7.3 测评数学把关性试题的命制

7.3.1 数学把关性试题的内涵和意义

测评数学把关性试题是数学测评中区分度最高的一类试题.因此数学把关性试题的命制,在保证信度、效度的前提下,力争有较高的区分度.这又体现在对被测评者的各种能力测

试的高要求上,不仅测试被测试者较好的空间想象能力、抽象概括能力、推理论证能力、运算求解能力、数据处理能力等,还要测试被测评者较高的学习能力、创新能力等.

1. 空间想象能力

几何学能够给我们提供一种直观的形象,通过对图形的把握,发展空间想象能力,这种能力是非常重要的,无论是在数学研究、数学学习方面,还是在其他方面,都是一种基本能力. 从事艺术工作的人就经常说,这种空间想象能力与他们艺术上的想象能力、艺术创作能力有一种殊途同归的感觉.

对空间想象能力的考查,应体现对空间几何体的整体观察入手,认识整体图形,认识空间点、线、面的位置关系. 抽象出有关概念,并用数学语言表述有关对象和判断结论.

2. 抽象概括能力

抽象概括能力是《标准》中新加的一个基本能力,这不仅是数学本身与数学学习的需要,也是现代社会对未来公民基本素养的要求.

数学高度抽象的特点,要求我们能从具体事物中区分、抽取研究对象的本质特征,即抽象概括. 通过抽象概括的过程,认识和理解研究对象,没有抽象概括的过程,就不会很好地认识和理解数学概念和结论.

抽象概括能力不仅在数学学习中,在对数学概念和结论的认识和理解中也是必需的,而且在现代社会中,由于人际之间广泛的交流和交往,加上多种多样的传媒途径,我们会获得很多的信息,这就需要我们能从大量的信息里,概括出一些观点性的东西、结论性的东西,帮助我们去思考问题,作出判断. 因此,抽象概括能力也是未来公民所需要的一种基本素养.

3. 推理论证能力

《标准》对推理论证能力的要求既包括了原来的演绎推理(或逻辑推理),又包括了数学发现、创造过程中的合情推理,如归纳、类比等合情推理,这是数学的基本思维方式,也是学习数学的基本功. 过去说到推理论证,关注的是已建立的公理体系,想到的只是逻辑推理,但是,忽视了公理体系的来源,它的形成过程,从特殊到一般的归纳过程,或者从特殊到特殊的类比过程,这些是形成命题和猜想的过程,也是数学发现、创造的过程. 数学正是运用演绎推理、合情推理这样两种推理不断发展前进的. 回忆我们自己的学习过程、证明问题的过程,也正是在想想、猜猜、证证的过程中完成的. 很多时候是先猜后证,运用合情推理去猜想,再运用逻辑推理去证明.

4. 运算求解能力

《标准》对运算求解能力赋予了更为丰富的内涵. 除了原先对运算求解能力的一些要求之外(但是要避免繁杂的运算和过于人为的、技巧性过强的运算),还应包括对估算能力、使用计算器和计算机的能力、求近似解的能力等方面的要求. 此外,我们更加关注对运算求解过程中的算理能不能搞清楚,算法能不能搞清楚. 因为面对一些实际问题,有时并不需要求出精确的值,很多时候也求不出精确的值. 事实上,在中学数学所学的解方程内容中,只有一些很特殊的方程才能求出精确解. 就拿方程 $x^3 + x - 1 = 0$ 来说,看起来很简单,实际上要求出三个解也是不容易的,这时就需要你去作一些估计,需要你利用计算器或计算机去求出近似值,有时还需要有算法的帮助. 因此,对于有关运算,我们的重点应该是搞清算法和算理,还应特别注意的是,我们应认识到运算过程也是一个推理过程,这样的认识会有助于我们去分析和解决学生在运算中所产生的一些问题.

5. 数据处理能力

这是《标准》新提出来的一个基本能力.在信息社会、数字化时代中,人们经常需要与数字打交道.例如,产品的合格率、商品的销售量、电视台的收视率、就业状况、能源状况等,都需要我们具有收集数据、处理数据、从数据中提取信息作出判断的能力,进而具有对一堆数据的感觉能力,这是现代社会公民应具备的一种基本素养.为此《标准》加强了这方面的学习和训练,在"统计"和"统计案例"的内容中,都强调必须通过典型案例的处理,让学生经历收集数据、处理数据、分析数据、从数据中提取信息作出判断的全过程,并在经历过程中学会运用所学知识、方法去解决实际问题.

6. 学习能力

学习能力是对学术倾向能力而言,通常是指掌握和运用知识、技能.思想方法、思维能力和自学能力,它们是在一定的遗传潜能和个体的特殊基因的基础上,积累以前的学习和经验的结果.因此,学习能力测验的试题并不完全都是过去学过的内容,因此,学习能力测试的内容往往集中在能够迁移这些内容到广泛情境中去的能力上.通过这种测试,可以预测被测试者将来能学会什么和从事某些活动成功的可能性.学习能力的考查,有概念学习、定理(公式)学习、思想方法学习等方面的能力考查.

7. 创新能力

创新能力一般是指具有较高的创新意识.我们在前面(2.3.3节)已介绍到新意识是指对新颖的信息、情境和设问,选择有效的方法和手段收集信息,综合与灵活地应用所学的数学知识、思想和方法,进行独立的思考、探索和研究,提出解决问题的思路,创造性地解决问题.建构主义认为:在具体问题中,知识并不是拿来便用,一用就见效,而是需要针对具体情境进行再创造.数学测评中,被测试者不仅是面临新问题的分析理解,还要有特殊性解决方案以体现创新能力.创新能力的考查,可以从类比发现、拓展推广、设计构造等方面考查.

由上可知,把关性试题突出测试了被测试者的能力结构中的几种主要能力.

7.3.2 测评数学把关性试题的命制与案例

1. 选择题中的把关题

例1 (2010年高考安徽卷题)6位同学在毕业聚会活动中进行纪念品的交换,任意两位同学之间最多交换一次,进行交换的两位同学互赠一份纪念品,已知6位同学之间共进行了13次交换,则收到4份纪念品的同学人数为 ( )

A. 1或3　　　　　B. 1或4　　　　　C. 2或3　　　　　D. 2或4

评述 此题是一道区分度较高的试题.以生活中的聚会为载体,通过"枚举法"处理的测试题,考查迁移应用能力.解答此题,如果采用图论方法则更直观明了.

解析 方法1 不妨设6个人分别为 A,B,C,D,E,F,相互交换礼物的所有组合有15种(即两点之联线有15条线段).已知6位同学之间共进行了13次交换,所以在上面的15组情况中要划去2组,有如下情况:(1)若划去的两组的人完全不同,不妨设划去 AB,CF,此时共有4人(A,B,C,F)各收到4份纪念品,另外的2人(D,E)各收到5份纪念品;(2)若划去的两组有相同之人,不妨设划去 AB,AF,此时共有1人(A)收到3份纪念品,2人(B,F)收到4份纪念品,另外3人(C,D,E)各收到5份纪念品.综上答案选 D.

方法2 同方法1,用 A,B,C,D,E,F 分别代表6位同学,任意两点间的连线段代表这两位同学交换了纪念品,则最多的交换的次数为 $C_6^2 = 15$,每点有 5 条线段相连,可构图 7-24 所示. 而交换次数实际又有 13 次,比 15 次少了两次,相当于完全六点形(六点每两点都连线的图形)少了两条线段,可分为两种情形. 第一类,这两条线段有公共点,如图 7-25,不妨设去掉的线段是 BC 和 CD,则由图知,连 4 条线的点有两点,即收到 4 份纪念品的同学为 2 人,第二类,这两条线段无公共点,如图 7-26,不妨设去掉线段 BC 和 AE,由图知连 4 条线段的点为 4 点,即收到 4 份纪念品的同学为 4 人. 故选 D.

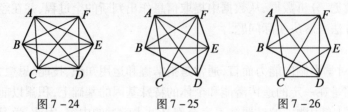

图 7-24　　　　图 7-25　　　　图 7-26

例 2 (2012 年高考四川卷题)设函数 $f(x) = 2x - \cos x$,$\{a_n\}$ 是公差为 $\dfrac{\pi}{8}$ 的等差数列,$f(a_1) + f(a_2) + \cdots + f(a_5) = 5\pi$,则 $[f(a_3)]^2 - a_1 a_5 =$ (　　)

A. 0　　　　B. $\dfrac{1}{16}\pi^2$　　　　C. $\dfrac{1}{8}\pi^2$　　　　D. $\dfrac{13}{16}\pi^2$

评述　此题以等差数列与三角函数的综合为背景,既测试被测试者运用等差数列的性质又运用三角函数的性质处理问题的能力,因此,该题有较好的区分度.

解析　**方法 1**　因为数列 $\{a_n\}$ 是公差为 $\dfrac{\pi}{8}$ 的等差数列,且 $f(a_1) + f(a_2) + \cdots + f(a_5) = 5\pi$,所以
$$2(a_1 + a_2 + \cdots + a_5) - (\cos a_1 + \cos a_2 + \cdots + \cos a_5) = 5\pi$$
猜想 $(\cos a_1 + \cos a_2 + \cdots + \cos a_5) = 0$,所以 $2(a_1 + a_2 + \cdots + a_5) = 2 \times 5a_3 = 5\pi$,解得 $a_3 = \dfrac{\pi}{2}$,$a_1 = \dfrac{\pi}{4}$,$a_2 = \dfrac{3\pi}{8}$,$a_4 = \dfrac{5\pi}{8}$,$a_5 = \dfrac{3\pi}{4}$,经验证 $\cos a_1 + \cos a_2 + \cos a_3 + \cos a_4 + \cos a_5 = 0$.

从而
$$[f(a_3)]^2 - a_1 a_5 = (2a_3 - \cos a_3)^2 - a_1 a_5 = \pi^2 - \dfrac{3\pi^2}{16} = \dfrac{13\pi^2}{16}$$
故选 D.

方法 2　由已知得
$$2(a_1 + a_2 + \cdots + a_5) - (\cos a_1 + \cos a_2 + \cdots + \cos a_5) = 5\pi \qquad ①$$
因为
$$\cos a_1 + \cos a_2 + \cdots + \cos a_5 = (\cos a_1 + \cos a_5) + (\cos a_2 + \cos a_4) + \cos a_3$$
$$= 2\cos\dfrac{\pi}{4}\cos a_2 + 2\cos\dfrac{\pi}{8}\cos a_3 + \cos a_3$$
$$= (\sqrt{2} + 1 + \sqrt{\sqrt{2}+1})\cos a_3$$
所以式①化为
$$10a_3 - (\sqrt{2} + 1 + \sqrt{\sqrt{2}+1})\cos a_3 = 5\pi \qquad ②$$
构造函数 $g(x) = 10x - (\sqrt{2} + 1 + \sqrt{\sqrt{2}+1})\cos x$. 因为 $g'(x) = 10 + (\sqrt{2} + 1 + \sqrt{\sqrt{2}+1}$

$\sin x > 0$,所以 $g(x)$ 在 **R** 上单调递增,因为 $g\left(\dfrac{\pi}{2}\right) = 5\pi$,所以方程②有唯一解 $a_3 = \dfrac{\pi}{2}$,可得 $a_1 = \dfrac{\pi}{4}, a_5 = \dfrac{3\pi}{4}$.

所以 $[f(a_3)]^2 - a_1 a_5 = (2a_3 - \cos a_3)^2 - a_1 a_5 = \pi^2 - \dfrac{3\pi^2}{16} = \dfrac{13\pi^2}{16}$. 故选 D.

注 本例采用的两种方法常称为定性分析法和定量分析法.

定性分析主要是根据直觉、经验和被分析对象的信息,对研究对象的性质、特点和变化规律作出判断. 定量分析是依据已知信息,通过计算和逻辑推理,分析对象的性质、特点和变化规律. 定性分析常依据感知迅速地对问题作出判断,思维具有简约性,它是定量分析的前提,没有定性的定量是盲目的、毫无价值的. 而定量分析使定性更科学、准确,从而得出严谨和正确的结论. 定性分析与定量分析是相互补充的.

例3 (2010 年高考湖南卷(文)题)函数 $y = ax^2 + bx$ 与 $y = \log_{\left|\frac{b}{a}\right|} x (ab \neq 0, |a| \neq |b|)$ 在同一直角坐标系中的图像可能是 ( )

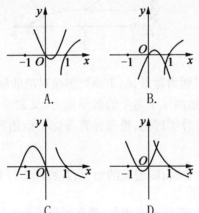

评述 此题以二次函数与对数函数的图像为背景,测试函数的性质,测试被测试者识图能力及数形结合思想. 此题有较好的区分度.

解析 **方法 1** 由题设知,对数函数的底恰好是二次函数非零根的绝对值. 注意到这一点,可将对数函数的增减性与函数 $y = ax^2 + bx$ 的非零根的"落点"结合起来进行分析. 由于二次函数的非零根落在 $(-1, 1)$ 内还是外,分别等价于对数函数递减或递增. 故选 D.

方法 2 函数 $y = ax^2 + bx$ 的两个零点是 $0, -\dfrac{b}{a}$.

对于 A,B,由抛物线的图像知, $-\dfrac{b}{a} \in (0, 1)$,则 $\left|\dfrac{b}{a}\right| \in (0, 1)$.

从而函数 $y = \log_{\left|\frac{b}{a}\right|} x$ 不是增函数,错误;

对于 C,由抛物线的图像知 $a < 0$ 且 $-\dfrac{b}{a} < -1$,则 $b < 0$ 且 $\dfrac{b}{a} > 1$,即 $\left|\dfrac{b}{a}\right| > 1$.

从而函数 $y = \log_{\left|\frac{b}{a}\right|} x$ 应为增函数,错误;

对于 D,由抛物线的图像知 $a > 0, -\dfrac{b}{a} \in (-1, 0)$,则 $\left|\dfrac{b}{a}\right| \in (0, 1)$,满足 $y = \log_{\left|\frac{b}{a}\right|} x$ 为

减函数. 故选 D.

例 4 (2012 年高考江西卷题)如图 7-27, 已知正四棱锥 $S-ABCD$ 所有棱长都为 1, 点 E 是侧棱 SC 上一动点, 过点 E 垂直于 SC 的截面将正四棱锥分成上、下两部分. 记 $SE = x(0 < x < 1)$, 截面下面部分的体积为 $V(x)$, 则函数 $y = V(x)$ 的图像大致为 ( )

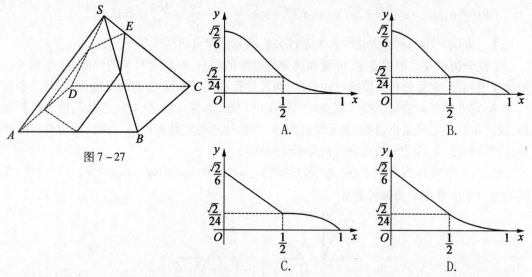

图 7-27

A. B. C. D.

评述 此题以函数图像识别为背景, 给出函数图像对应的解析式, 测试被测试者善于采用恰当的方法分析求解. 有效地测试了考生的数学能力. 又题设中给出了立体图, 测试了被测试者的立体几何作图, 证明, 分类讨论, 推理计算等综合运用数学知识和方法解决问题的能力. 此题有较高的区分度.

解析 **方法 1** 当 $0 < x < \dfrac{1}{2}$ 时, 随着 x 的增大, 观察图形可知 $V(x)$ 单调递减, 且递减的速度越来越快; 当 $\dfrac{1}{2} \leqslant x < 1$ 时, 随着 x 的增大, 观察图形可知 $V(x)$ 单调递减, 且递减的速度越来越慢; 再观察各选项中的图像, 发现只有图像 A 符合. 故选 A.

方法 2 (1) 当 $0 < x < \dfrac{1}{2}$ 时, 过点 E 垂直于 SC 的截面为五边形 $EFGHK$. 如图 7-28, 设 SC 的中点为 M, 则 $EK /\!/ BM$.

在 △SEK 中, $EK = \sqrt{3}x$.

因为 $SA \perp SC$, 所以 $SA /\!/$ 截面 EFH, 于是 $KH /\!/ SA$. 可得

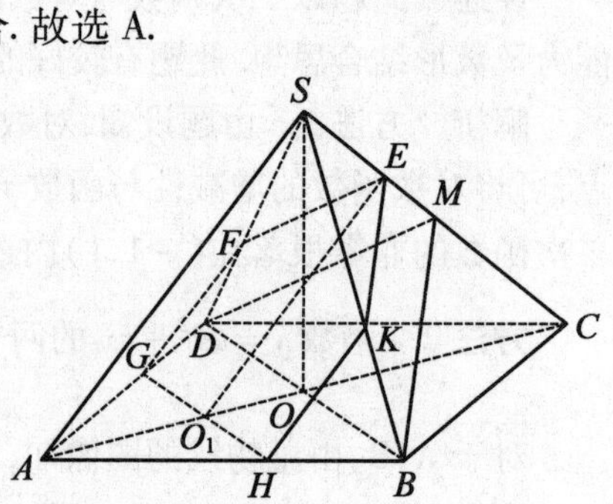

$$KH = KB = 1 - 2x, AH = SK = 2x, O_1 H = \sqrt{2}x$$

$$EO_1 = EC = 1 - x, SO = \dfrac{\sqrt{2}}{2}$$

$$S_{\text{五边形}EFGHK} = 2 \times \dfrac{1}{2}[(1-x) + (1-2x)]\sqrt{2}x = \sqrt{2}x(2-3x)$$

图 7-28

$$V_{SA-EFGHK} = V_{S-EFGHK} + V_{S-AHG} = \frac{\sqrt{2}}{3}x^2(2-3x) + \frac{1}{3}\left[\frac{1}{2}(2x)^2\right]\frac{\sqrt{2}}{2} = \sqrt{2}x^2(1-x)$$

$$V(x) = \frac{\sqrt{2}}{6} - V_{SA-EFGHK} = \frac{\sqrt{2}}{6} - \sqrt{2}x^2(1-x)$$

(2) 当 $\frac{1}{2} \leq x < 1$ 时,如图 7-29 所示

$$EG = EF = \sqrt{3}(1-x)$$

$$FG = 2\sqrt{2}(1-s)$$

$$S_{\triangle EFG} = \frac{1}{2} \cdot 2\sqrt{2}(1-x) \cdot$$

$$\sqrt{[\sqrt{3}(1-x)]^2 - [\sqrt{2}(1-x)]^2}$$

$$= \sqrt{2}(1-x)^2$$

$$V(x) = \frac{1}{3}S_{\triangle EFG} \cdot CE = \frac{\sqrt{2}}{3}(1-x)^3$$

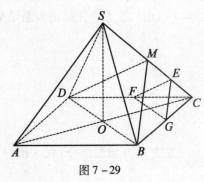

图 7-29

$$V(x) = \begin{cases} \frac{\sqrt{2}}{6} - \sqrt{2}x^2(1-x), & 0 < x < \frac{1}{2} \\ \frac{\sqrt{2}}{3}(1-x)^3, & \frac{1}{2} \leq x < 1 \end{cases}$$

图像如图 7-30,故选 A.

例 5 (2012 年高考浙江卷题)已知矩形 $ABCD$, $AB=1$, $BC=\sqrt{2}$. 将 $\triangle ABC$ 沿矩形的对角线 BD 所在的直线进行翻折,在翻折过程中( )

A. 存在某个位置,使得直线 AC 与直线 BD 垂直

B. 存在某个位置,使得直线 AB 与直线 CD 垂直

C. 存在某个位置,使得直线 AD 与直线 BC 垂直

D. 对任意位置,三对直线"AC 与 BD""AB 与 CD""AD 与 BC"均不垂直

评述 从题目表面看是翻折的动态问题,本质是三棱锥的线线、线面的垂直静态问题,动中求静. 题设创新,但背景熟悉. 文字表达简洁. 主要运用化归思想和反证法. 此题有较好的区分度.

图 7-31

解析 方法 1 如图 7-31,在矩形 $ABCD$ 中作 $AO \perp BD$,垂足为 O,联结 OC.

(1)若存在某个位置使 $AC \perp BD$,而 $BD \perp AO$,所以有 $BD \perp$ 平面 AOC,于是得到 $BD \perp OC$. 而在图 7-32 中发现这是不可能的,所以选项 A 不成立.

(2)若存在某个位置使 $CD \perp AB$,

途径 1 因为 $CD \perp CB$,则 $CD \perp$ 平面 ABC,得平面 $BCD \perp$ 平面 ABC,所以只要在翻折过程中,当点 A 在平面 BCD 上的射影在 BC 上就能使 $CD \perp AB$. 所以选项 B 是正确的.

途径 2 在翻折过程中,由于要判断的是斜线 AB 和平面 BCD 内的直线 CD 的垂直关系,所以只要看 AB 在平面 BCD 上的射影是否能与 CD 垂直. 又因为 $CD \perp CB$,所以只要点 A 在平面 BCD 上的射影在 BC 上就能使 $CD \perp AB$.

途径 3 用草稿纸当作矩形,在四个角上标上 A,B,C,D,在翻折的过程中,发现当点 A

在平面 BCD 上的射影落在 BC 上时 $CD\perp AB$. 再由 $CD\perp CB$, 点 A 在平面 BCD 上的射影在 BC 上, 所以 $CD\perp$ 平面 ABC, 从而证明判断是正确的.

(3) 存在某个位置, 使得直线 AD 与直线 BC 垂直. 由 (2) 的判断过程得知必须点 A 在平面 BCD 上的射影在 CD 上, 由图 7-32 可以看出, 这是不可能的, 所以选项 C 不成立.

(4) 由 (1)、(2)、(3) 的判断结果得选项 D 也不成立.

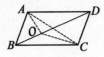

图 7-32

方法 2 (数形结合) $\vec{AC}\cdot\vec{BD}=(\vec{AB}+\vec{BC})\cdot\vec{BD}=1\times\sqrt{3}\times\left(-\dfrac{1}{\sqrt{3}}\right)+\sqrt{2}\times\sqrt{3}\times\dfrac{\sqrt{3}}{\sqrt{2}}=2$. A 不成立; $\vec{AB}\cdot\vec{CD}=(\vec{AD}+\vec{DB})\cdot\vec{CD}=\sqrt{2}\times 1\times\cos\theta+\sqrt{3}\times 1\times\left(-\dfrac{1}{\sqrt{3}}\right)=\sqrt{2}\cos\langle\vec{AD},\vec{CD}\rangle$, 在折叠过程中, $\langle\vec{AD},\vec{CD}\rangle$ 在 $\left(0,\dfrac{\pi}{2}\right)$ 之间, 故存在满足条件的位置. 后面可以类似验证. 选项 B 是正确的.

例 6 (2012 年高考全国卷 (大纲) 题) 正方形 $ABCD$ 的边长为 1, 点 E 在边 AB 上, 点 F 在边 BC 上, $AE=BF=\dfrac{3}{7}$. 动点 P 从 E 出发沿直线向 F 运动, 每当碰到正方形的边时反弹, 反弹时反射角等于入射角, 当点 P 第一次碰到 E 时, P 与正方形的边碰撞的次数为 (　　)

A. 16 B. 14 C. 12 D. 10

评述 本题情境较熟, 但问法新颖, 入手容易, 深入较难. 其实质为直线与直线的对称问题, 用到了化曲为直的数学思想. 其中还涉及整数问题, 对被测试者的数学素养有较高要求. 在能力立意的基础上, 测试主要的数学思想方法, 不仅给人以形意上的美, 而且能体会到一种 "分而化之" 的哲学之美. 此题有较高的区分度.

解析 方法 1 (化曲为直的思想) 由于反射角等于入射角, 所以反射直线与入射直线关于正方形的边所在直线对称, 因此可以将在一个正方形中的来回反射的问题转化为在多个正方形中穿过的问题, 而正方形的边长为 1, 所以可以借助直角坐标系和格点来研究. 不妨设起始点为 $E\left(\dfrac{3}{7},0\right)$, 则点 P 的运动轨迹可以看作是从点 E 出发的一条射线, 其所在直线的斜率为 $\dfrac{3}{4}$. 当点 P 第一次碰到 E, 可以转化为射线第一次与直线 $y=2n(n\in\mathbf{N}_+)$ 的交点横坐标为 $k+\dfrac{3}{7}(k\in\mathbf{N}_+)$, 由于 $\dfrac{2n-0}{k+\dfrac{3}{7}-\dfrac{3}{7}}=\dfrac{3}{4}$, 即 $n=\dfrac{3}{8}k$, 所以当 $k=8,n=3$ 时是第一组符合的值, 通过画图并检验可知总共与正方形的边碰撞了 14 次.

方法 2 如图 7-33, 点 P 第 4 次碰撞正方形的边时不 AB, 而是 BC (因为碰撞点到 A 的距离为 $\dfrac{23}{21}>1$), 根据图形可得, 当点 P 首次回到 E 时, 与正方形的边碰撞了 14 次, 选 B.

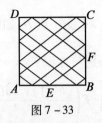

图 7-33

方法 3 如图 7-34,根据光学原理,入射光线与反射光线关于镜面的对称光线在同一条线上,故题设相当于直线 EF 与小正方形边长的交点的个数问题. 要寻找直线 EF 与某小正方形的一个水平边的交点(首次分为 3∶4 两部分). 数下交点个数为 14,故当点 P 首次回到 E 时,与正方形的边碰撞了 14 次. 选 B.

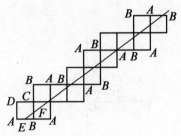

图 7-34

例 7 (2013 年高考全国卷(课标)题)设已知点 $A(-1,0), B(1,0), C(0,1)$,直线 $y = ax + b(a > 0)$ 将 $\triangle ABC$ 分割为面积相等的两部分,则 b 的取值范围是 ( )

A. $(0,1)$ B. $\left(1-\dfrac{\sqrt{2}}{2}, \dfrac{1}{2}\right)$ C. $\left(\dfrac{1-\sqrt{2}}{2}, \dfrac{1}{3}\right]$ D. $\left[\dfrac{1}{3}, \dfrac{1}{2}\right)$

评述 此题内容简洁,题意简明. 但对被测试者的能力要求较高. 此题有较好的区分度.

解析 **方法 1** 设直线 $y = ax + b(a > 0)$ 与 x 轴交于点 $E(x_0, 0)$,与线段 BC 交于点 F. 直线与 y 轴的交点为 $D(0, b)$,由于直线的斜率 $a > 0$,由题意可知 $0 < b < 1$,且点 E 在 y 轴的左侧,即有 $x_0 < 0$.

(1) 当 $-1 \leqslant x_0 < 0$ 时,如图 7-35,只需 $S_{\triangle EBF} = \dfrac{1}{2}$.

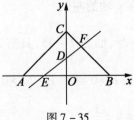

图 7-35

将 $y = 0$ 代入直线方程 $y = ax + b$,可得 $x_0 = -\dfrac{b}{a}$,即 $a = -\dfrac{b}{x_0}$,直线方程可化为 $y = -\dfrac{b}{x_0}x + b$,再与线段 BC 的方程 $x + y = 1(0 \leqslant x \leqslant 1)$ 联立,可以解得点 $F\left(\dfrac{x_0(b-1)}{b-x_0}, \dfrac{b(1-x_0)}{b-x_0}\right)$. 所以 $S_{\triangle EBF} = \dfrac{1}{2}(1-x_0) \cdot \dfrac{b(1-x_0)}{b-x_0} = \dfrac{1}{2}$,化简得 $b = \dfrac{1}{2-x_0}$,由 $-1 \leqslant x_0 < 0$,可得 $\dfrac{1}{3} \leqslant b < \dfrac{1}{2}$.

(2)当 $x_0 < -1$ 时,设直线与线段 AC 交于点 H,如图 7-36,只需 $S_{\triangle HFC} = \frac{1}{2}$. 同上,仍然将直线的方程化为 $y = -\frac{b}{x_0}x + b$,再分别与方程 $y = x+1(-1 \leq x \leq 0)$,$y = -x+1(0 \leq x \leq 1)$ 联立,解得点 $H\left(\frac{(b-1)x_0}{b+x_0}, \frac{b(x_0+1)}{b+x_0}\right)$,$F\left(\frac{(b-1)x_0}{b-x_0}, \frac{b(1-x_0)}{b-x_0}\right)$. 由于 $|CD| = 1-b$,$S_{\triangle HFC} = S_{\triangle CDH} + S_{\triangle CDF} = \frac{1}{2}(1-b)\left|\frac{x_0(b-1)}{b+x_0}\right| + \frac{1}{2}(1-b)\left|\frac{x_0(b-1)}{b-x_0}\right| = \frac{1}{2}(1-b)^2 \cdot \left(\frac{x_0}{b+x_0} - \frac{x_0}{b-x_0}\right) = \frac{1}{2}(1-b)^2 \frac{-2x_0^2}{b^2-x_0^2} = \frac{1}{2}$,即 $(1-b)^2 = \frac{x_0^2 - b^2}{2x_0^2} = \frac{1}{2}\left(1 - \frac{b^2}{x_0^2}\right)$,由此得 $(1-b)^2 < \frac{1}{2}$,解得 $1 - \frac{\sqrt{2}}{2} < b < 1 + \frac{\sqrt{2}}{2}$.

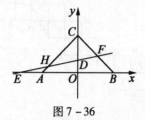

图 7-36

由 $x_0 < -1$ 知 $x_0^2 > 1$,得 $(1-b)^2 = \frac{1}{2}\left(1-\frac{b^2}{x_0^2}\right) > \frac{1}{2}(1-b^2)$,解得 $b < \frac{1}{3}$ 或 $b > 1$,注意到 $0 < b < 1$,可得 $1 - \frac{\sqrt{2}}{2} < b < \frac{1}{3}$. 综上可得 $1 - \frac{\sqrt{2}}{2} < b < \frac{1}{2}$,所以选 B.

注 把直线 $y = ax + b$ 与 x 轴的交点设为 $E(x_0, 0)$ 推导出 b 与 x_0 的关系式,用 x_0 来确定 b 的范围是解题的关键所在. 这个解题方法具有一般性,有规律可循.

方法 2 先求出直线 $y = ax + b(a>0)$ 与 y 轴、x 轴的交点 $D(0,b)$ 和 $E\left(-\frac{b}{a}, 0\right)$,再设直线与线段 BC 交于点 F,由 $\begin{cases} y = ax + b \\ y = -x + 1 \end{cases}$,解得点 $F\left(\frac{1-b}{a+1}, \frac{a+b}{a+1}\right)$. 由于直线的斜率 $a > 0$,由题意可知 $0 < b < 1$,且点 $E\left(-\frac{b}{a}, 0\right)$ 在 y 轴的左侧.

(1)当 $-1 \leq -\frac{b}{a} < 0$,即 $a \geq b$ 时,如图 7-35,只需 $S_{\triangle EBF} = \frac{1}{2}$,即 $\frac{1}{2}\left(1 + \frac{b}{a}\right) \cdot \frac{a+b}{a+1} = \frac{1}{2}$,化简得 $b^2 + 2ab = a$,$a = \frac{b^2}{1-2b}$. 由 $a > 0$ 得到 $1 - 2b > 0$,$b < \frac{1}{2}$. 又由 $a \geq b$ 得 $\frac{b^2}{1-2b} \geq b$,注意到 $0 < b < 1$,解得 $b \geq \frac{1}{3}$. 所以 $\frac{1}{3} \leq b < \frac{1}{2}$.

(2)当 $-\frac{b}{a} < -1$,即 $0 < a < b < 1$ 时,设直线与线段 AC 交于点 H,如图 7-36,只需 $S_{\triangle HFC} = \frac{1}{2}$. 由 $\begin{cases} y = ax + b \\ y = x + 1 \end{cases}$,解得点 $H\left(\frac{1-b}{a-1}, \frac{a-b}{a-1}\right)$. 由于 $|CD| = 1-b$,$S_{\triangle HFC} = S_{\triangle CDH} + S_{CDF} = \frac{1}{2}(1-b)\left|\frac{1-b}{a-1}\right| + \frac{1}{2}(1-b)\left|\frac{1-b}{a+1}\right| = \frac{1}{2}(1-b)^2\left(\frac{1}{1-a} + \frac{1}{1+a}\right) = \frac{(1-b)^2}{1-a^2} = \frac{1}{2}$. 由此得

$2(1-b)^2 = 1-a^2$,即 $a^2 = 1-2(1-b)^2$. 由于 $0 < a^2 < b^2$,所以 $0 < 1-2(1-b)^2 < b^2$,结合 $0 < b < 1$ 可以解得 $1-\frac{\sqrt{2}}{2} < b < \frac{1}{3}$. 综上可得 $1-\frac{\sqrt{2}}{2} < b < \frac{1}{2}$,所以选 B.

注 这种解法是根据题目条件,利用图形直接得到 a 与 b 的关系. 用 $a > 0$ 来讨论 b 的范围. 其中利用 $-\frac{b}{a}$ 与 -1 的关系,进行合理分类,是解题的关键. 如果分类不当,就很难得到正确答案.

方法 3 如图 7-37,如果直线 $y = ax + b (a > 0)$ 经过点 $A(-1, 0)$ 和 BC 的中点 $M\left(\frac{1}{2}, \frac{1}{2}\right)$ 时,就能将 $\triangle ABC$ 面积分割为相等的两部分. 由 A, B 两点的坐标,可以得到直线的方程 $y = \frac{1}{3}x + \frac{1}{3}$,由此得 $b = \frac{1}{3}$. 此时,$b = \frac{1}{3}$ 是答案 C 和 D 的区间端点,由图形可知答案 C 和 D 都不正确. 又因为当 $b \to 0$ 或 $b \to 1$ 时,由于 $a > 0$,所以直线 $y = ax + b$ 不可能将 $\triangle ABC$ 的面积平分,所以排除答案 A. 综合以上,就只能选择答案 B.

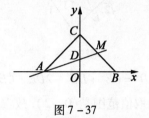

图 7-37

另外,还可选取特殊点,计算出 b 的特殊值后,排除答案 C 和 D. 具体解法如下:

如图 7-35,如果直线 $y = ax + b (a > 0)$ 经过线段 AO 的中点 $E\left(-\frac{1}{2}, 0\right)$ 时,$-\frac{b}{a} = -\frac{1}{2}$,即 $a = 2b$,直线可化为 $y = 2bx + b$. 与线段 BC 的方程 $y = -x + 1$ 联立,解得点 $F\left(\frac{1-b}{1+2b}, \frac{3b}{1+2b}\right)$. 只需要 $S_{\triangle EBF} = \frac{1}{2}$,即 $S_{\triangle EBF} = \frac{1}{2}\left(1+\frac{1}{2}\right)\frac{3b}{1+2b} = \frac{1}{2}$,解得 $b = \frac{2}{5} > \frac{1}{3}$. 可以排除答案 C.

如图 7-36,如果直线 $y = ax + b (a > 0)$ 经过 OA 延长线上的点 $E(-2, 0)$ 时,$-\frac{b}{a} = -2$ 即 $a = \frac{1}{2}b$,直线可化为 $y = \frac{b}{2}x + b$. 与线段 BC 的方程 $y = -x + 1$ 联立,解得点 $F\left(\frac{2-2b}{b+2}, \frac{3b}{b+2}\right)$. 与线段 AC 的方程 $y = x + 1$ 联立解得点 $H\left(\frac{2-2b}{b-2}, \frac{-b}{b-2}\right)$. 只需 $S_{\triangle HFC} = \frac{1}{2}$,即 $S_{\triangle HFC} = S_{\triangle EBF} - S_{\triangle EAH} = \frac{1}{2}$,由此得 $\frac{1}{2} \times 3 \times \frac{3b}{b+2} - \frac{1}{2} \times 1 \times \frac{-b}{b-2} = \frac{1}{2}$,化简得 $9b^2 - 16b + 4 = 0$,注意到 $0 < b < 1$ 可以解得 $b = \frac{8-\sqrt{28}}{9} < \frac{8-\sqrt{25}}{9} = \frac{1}{3}$. 由此排除答案 D.

注 此例的 3 种解法参见了甘肃曹平原老师的文章《2013 年高考数学新课标 II 卷 12 题解法分析》(中学数学研究,2014(1)).

例 8 (2012 年高考重庆卷题)设四面体的六条棱的长分别为 $1, 1, 1, 1, \sqrt{2}$ 和 a,且长为 a 的棱与长为 $\sqrt{2}$ 的棱异面,则 a 的取值范围是 (   )

A. $(0, \sqrt{2})$ B. $(0, \sqrt{3})$ C. $(1, 2)$ D. $(1, \sqrt{3})$

评述 本题以三棱锥为载体测试被测试者的数据处理能力和空间想象能力. 如果运用余弦定理构建函数解析式求解, 则体现了函数思想在解题中的指导作用; 如果深入问题的本质, 将三棱锥转化为圆锥体的问题, 实现了问题的顺利转化. 若能将三棱锥看作一个三角形绕其中一边旋转后得到几何体的一部分, 则体现了对动态过程和考生动手操作能力的测试, 也测试了被测试者探究问题的能力. 此题有较高的区分度.

解析 **方法 1** 由题意知, 可以构造如图 7-38 所示的图形, 令 $AB = \sqrt{2}, AC = AD = BC = BD = 1, CD = a$, 则 $\triangle ABC$ 和 $\triangle ABD$ 都是等腰直角三角形, 取公共斜边 AB 的中点 E, 联结 DE 和 CE, 则 $DE = CE = \frac{\sqrt{2}}{2}$.

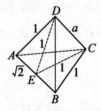

图 7-38

在 $\triangle CDE$ 中, 由余弦定理知 $CD^2 = CE^2 + DE^2 - 2DE \cdot CE\cos\angle CED = 1 - \cos\angle CED$.

又 $\angle CED \in (0, \pi)$, 所以 a 的取值范围是 $(0, \sqrt{2})$. 故选 A.

方法 2 把一个边长为 1 的正方形沿着一条对角线折成一个四面体, 则折成的四面体的第六条棱长一定大于 0 而小于 $\sqrt{2}$, 故选 A.

方法 3 特值法: 验证当 $a = 1$ 时, 长为 a 的棱与长为 $\sqrt{2}$ 的棱异面垂直, 符合题意.

验证当 $a = \sqrt{2}$ 时, 长为 a 的棱与长为 $\sqrt{2}$ 的棱相交, 不符合题意. 故选 A.

方法 4 此题可以这样理解: 如图 7-39, 等腰 Rt$\triangle ABC$ 绕斜边 AB 旋转得到的旋转体是两个共底面、等高的圆锥, 而三棱锥可以看作由组合体的两个顶点与底面圆上任意不重合的两点构成的, 动边 CD 的长随张角 $\angle DOC$ 的变化而变化, 当点 D 旋转至与点 C 关于 AB 对称时, 则线段 CD 的长由旋转的角度而定, 而角度的范围是 $(0, \pi)$, 但是 0 和 π 均不能取, 因此 $0 < a < 2OC = \sqrt{2}$. 故选 A.

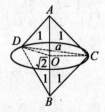

图 7-39

方法 5 如图 7-40 所示, $AB = AC = BD = CD = 1, AD = \sqrt{2}, BC = a$, 设 E 为 BC 的中点, 在 $\triangle BCD$ 中, 由两边之和大于第三边得 $0 < a < 2$; 由勾股定理易得 $EA = ED = \sqrt{1 - \left(\frac{a}{2}\right)^2}$, 在 $\triangle AED$ 中, 由两边之和大于第三边得 $a < \sqrt{2}$, 综合可得 $0 < a < \sqrt{2}$. 故选 A.

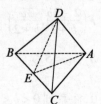

图 7-40

方法 6 如图 7-38 所示, $AB = AC = BD = CD = 1, AD = \sqrt{2}, BC = a$, 设 E 为 BC 的中点, 易得平面 AED 与平面 BCD 垂直, 则 AD 的射影在 DE 上, 由"三余弦定理"有 $\cos\angle ADE \cdot \cos\angle EDC = \cos\angle ADC$, 而

$\cos 45° = \frac{\sqrt{2}}{2}$,则 $\cos\angle ADE = \dfrac{\frac{\sqrt{2}}{2}}{\sqrt{1-\left(\frac{a}{2}\right)^2}} > \frac{\sqrt{2}}{2}$,$\cos\angle EDC = \dfrac{\sqrt{1-\left(\frac{a}{2}\right)^2}}{1} > \frac{\sqrt{2}}{2}$

解之得 $0 < a < \sqrt{2}$,故选 A.

例 9 (2012 年高考山东卷题)设函数 $f(x) = \dfrac{1}{x}$,$g(x) = ax^2 + bx$($a, b \in \mathbf{R}, a \neq 0$). 若 $y = f(x)$ 的图像与 $y = g(x)$ 的图像有且仅有两个不同的公共点 $A(x_1, y_1)$,$B(x_2, y_2)$,则下列判断正确的是 ( )

A. 当 $a < 0$ 时,$x_1 + x_2 < 0$,$y_1 + y_2 > 0$
B. 当 $a < 0$ 时,$x_1 + x_2 > 0$,$y_1 + y_2 < 0$
C. 当 $a > 0$ 时,$x_1 + x_2 < 0$,$y_1 + y_2 < 0$
D. 当 $a > 0$ 时,$x_1 + x_2 > 0$,$y_1 + y_2 < 0$

评述 此题为函数综合题,以两个函数图像有且仅有两个不同的公共点为载体,测试函数的图像与性质. 尤其 $g(x) = ax^2 + bx$ 中有两个参数,变化比较丰富,位置难以把握,是一个难点. 题目提出的问题也比较新颖,不是常规的处理参数问题,而是研究两交点的坐标间的关系. 对分析问题的能力和思维能力有很高的要求,要利用导数研究函数,或者做合理的转化才能解决. 此题有较好的区分度.

解析 **方法 1** 在同一直角坐标系中分别画出两个函数的图像,当 $a < 0$ 时,要想满足条件,则有如图 7 – 41 的位置关系,作出点 A 关于原点的对称点 C,则点 C 坐标为 $(-x_1, -y_1)$,由如图 7 – 41 知 $-x_1 < x_2$,$-y_1 > y_2$,即 $x_1 + x_2 > 0$,$y_1 + y_2 < 0$. 同理当 $a > 0$ 时,有 $x_1 + x_2 < 0$,$y_1 + y_2 > 0$,故答案选 B.

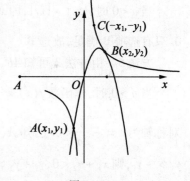

图 7 – 41

方法 2 令 $\dfrac{1}{x} = ax^2 + bx$,则

$$ax^3 + bx^2 - 1 = 0 \quad (x \neq 0) \quad (*)$$

$y = f(x)$ 的图像与 $y = g(x)$ 的图像有且仅有两个不同的公共点等价于方程($*$)有两个不同的根 x_1, x_2(其中 x_1 为重根),即

$$ax^3 + bx^2 - 1 = a(x - x_1)^2(x - x_2)$$

比较系数得 $\begin{cases} x_1 = -2x_2 \\ x_1^2 x_2 = \dfrac{1}{a} \end{cases}$.

(1) 当 $a > 0$ 时,$x_2 > 0$,$x_1 + x_2 = -x_2 < 0$,$y_1 + y_2 = \dfrac{1}{x_1} + \dfrac{1}{x_2} = \dfrac{x_1 + x_2}{x_1 x_2} = \dfrac{-x_2}{-2x_2^2} = \dfrac{1}{2x_2} > 0$;

(2) 当 $a < 0$ 时,$x_2 < 0$,$x_1 + x_2 = -x_2 > 0$,$y_1 + y_2 = \dfrac{1}{x_1} + \dfrac{1}{x_2} = \dfrac{x_1 + x_2}{x_1 x_2} = \dfrac{1}{2x_2} < 0$. 综上可知答案应选 B.

方法 3 令 $\dfrac{1}{x} = ax^2 + bx$,则 $ax^3 + bx^2 = 1(x \neq 0)$.

设 $F(x)=ax^3+bx^2$,$F'(x)=3ax^2+2bx$. 令 $F'(x)=3ax^2+2bx=0$,得 $x=-\dfrac{2b}{3a}$.

要使 $y=f(x)$ 的图像与 $y=g(x)$ 的图像有且仅有两个不同的公共点,只需 $F\left(\dfrac{-2b}{3a}\right)=a\left(\dfrac{-2b}{3a}\right)^3+b\left(\dfrac{-2b}{3a}\right)^2=1$,整理得 $4b^3=27a^2$,于是可取 $a=\pm 2,b=3$ 来研究.

当 $a=2,b=3$ 时,$2x^3+3x^2=1$,即 $(x+1)^2(2x-1)=0$,解得 $x_1=-1,x_2=\dfrac{1}{2}$,此时 $y_1=-1,y_2=2,x_1+x_2<0,y_1+y_2>0$.

当 $a=-2,b=3$ 时,$-2x^3+3x^2=1$,即 $(x-1)^2(2x+1)=0$,解得 $x_1=1,x_2=-\dfrac{1}{2}$,此时 $y_1=1,y_2=-2,x_1+x_2>0,y_1+y_2<0$.

只有选项 B 满足,选 B.

方法 4 令 $f(x)=g(x)$,可得 $\dfrac{1}{x^2}=ax+b$,作函数 $y_1=\dfrac{1}{x^2}$ 与 $y_2=ax+b$ 的图像,如图 7-42,不妨设 $x_1<x_2$.

当 $a>0$ 时,$|x_1|>|x_2|$,即 $-x_1>x_2>0$,此时 $x_1+x_2<0$,$y_2=\dfrac{1}{x_2^2}>-\dfrac{1}{x_1}=-y_1$,即 $y_1+y_2>0$;

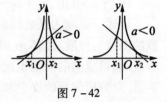

图 7-42

当 $a<0$ 时,$|x_2|>|x_1|$,即 $x_2>-x_1>0$,此时 $x_1+x_2>0$,$y_2=\dfrac{1}{x_2^2}<-\dfrac{1}{x_1}=-y_1$,即 $y_1+y_2<0$. 只有选项 B 满足,故选 B.

方法 5 由方法 3 可知 $4b^3=27a^2$,$a\in\mathbf{R},b\in\mathbf{R}_+$.

当 $a>0$ 时,作函数 $f(x)=\dfrac{1}{x}$ 与 $g(x)=ax^2+bx$ 的图像,如图 7-43. $g(x)=ax^2+bx$ 的对称轴为 $x=-\dfrac{b}{2a}<0$. 已知 $A(x_1,y_1)$ 与 $B(x_2,y_2)$,则 $C(-x_1,-y_1)$. 显然,$-x_1>x_2>0$,$y_2>-y_1$,则 $x_1+x_2<0,y_1+y_2>0$.

当 $a<0$ 时,作函数 $f(x)=\dfrac{1}{x}$ 与 $g(x)=ax^2+bx$ 的图像,如图 7-44. $g(x)=ax^2+bx$ 的对称轴为 $x=-\dfrac{b}{2a}>0$. 已知 $A(x_1,y_1)$ 与 $B(x_2,y_2)$,则 $C(-x_1,-y_1)$. 显然,$x_2>-x_1$,$y_2<-y_1$,则 $x_1+x_2<0,y_1+y_2<0$.

只有选项 B 满足,故选 B.

图 7-43　　　　图 7-44

例 10 (2013 年高考全国卷题) 设 $\triangle A_nB_nC_n$ 的三条边长分别为 a_n,b_n,c_n,$\triangle A_nB_nC_n$ 的

面积为 $S_n, n=1,2,3,\cdots$. 若 $b_1 > c_1, b_1 + c_1 = 2a_1, a_{n+1} = a_n, b_{n+1} = \dfrac{c_n + a_n}{2}, c_{n+1} = \dfrac{b_n + a_n}{2}$, 则

( )

A. $\{S_n\}$ 为递减数列 B. $\{S_n\}$ 为递增数列

C. $\{S_{2n-1}\}$ 为递增数列,$\{S_{2n}\}$ 为递减数列 D. $\{S_{2n-1}\}$ 为递减数列,$\{S_{2n}\}$ 为递增数列

评述 此题用三角形边长组成数列,蕴含的内容丰富,包含的数学方法多样,数学思想深邃,细细探究本题,可为被测试者迎考复习提供绚丽的色彩. 从思考过程来看,本题可给被测试者提供数学选择题的做法有:构造数列的方法,从特殊到一般的数学思维方法,数形结合的数学思想方法等. 此题有较高的区分度.

解析 **方法 1** 由题设容易看出 $\triangle A_n B_n C_n$ 的三边是一组递推式,由递推关系可知,$a_n = a_1, b_{n+1} + c_{n+1} = \dfrac{b_n + c_n}{2} + a_1$, 由 $b_1 + c_1 = 2a_1$, 得 $b_n + c_n = 2a_1$. 由海伦公式知, $S_n = \sqrt{p_n(p_n - a_n)(p_n - b_n)(p_n - c_n)} = \sqrt{p_n(p_n - a_n)(p_n^2 - (b_n + c_n)p_n + b_n c_n)}$, 其中 $p_n = \dfrac{a_n + b_n + c_n}{2} = \dfrac{3a_1}{2}$ 为 $\triangle A_n B_n C_n$ 的半周长,因为 $p_n, b_n + c_n, a_n$ 的值确定,所以 S_n 的值由 $b_n c_n$ 决定.

下面采用特例判定法,取 $n = 1,2,3,4,5$, 则三边长及 $b_n c_n$ 的值如下.

$(1)a_1, b_1, c_1$; $(2)a_1, \dfrac{a_1 + c_1}{2}, \dfrac{a_1 + b_1}{2}$; $(3)a_1, \dfrac{3}{4}a_1 + \dfrac{1}{4}b_1, \dfrac{3}{4}a_1 + \dfrac{1}{4}c_1$; $(4)a_1, \dfrac{7}{8}a_1 + \dfrac{1}{8}c_1, \dfrac{7}{8}a_1 + \dfrac{1}{8}b_1$; $(5)a_1, \dfrac{15}{16}a_1 + \dfrac{1}{16}b_1, \dfrac{15}{16}a_1 + \dfrac{1}{16}c_1$.

计算 $b_n c_n$ 的值发现 $S_1 < S_2 < S_3 < S_4 < S_5$, 由此推断出正确答案为 B.

方法 2 通过采用特殊值的方法,我们可以发现一般性的规律

$$b_n = \begin{cases} \dfrac{2^{n-1}-1}{2^{n-1}}a_1 + \dfrac{1}{2^{n-1}}b_1, n \text{ 为奇数} \\ \dfrac{2^{n-1}-1}{2^{n-1}}a_1 + \dfrac{1}{2^{n-1}}c_1, n \text{ 为偶数} \end{cases}, c_n = \begin{cases} \dfrac{2^{n-1}-1}{2^{n-1}}a_1 + \dfrac{1}{2^{n-1}}c_1, n \text{ 为奇数} \\ \dfrac{2^{n-1}-1}{2^{n-1}}a_1 + \dfrac{1}{2^{n-1}}b_1, n \text{ 为偶数} \end{cases}$$

下面采用数学归纳法来证明.

(1) $n = 1,2,3,4,5$ 时成立.

(2) 假设 $n = k$ 时成立.

(3) $n = k + 1$ 时.

当 k 为奇数时,$a_k = a_1, b_k = \dfrac{2^{k-1}-1}{2^{k-1}}a_1 + \dfrac{1}{2^{k-1}}b_1, c_k = \dfrac{2^{k-1}-1}{2^{k-1}}a_1 + \dfrac{1}{2^{k-1}}c_1$, 所以 $k+1$ 为偶数,$b_{k+1} = \dfrac{c_k + a_k}{2} = \dfrac{\dfrac{2^{k-1}-1}{2^{k-1}}a_1 + \dfrac{1}{2^{k-1}}c_1 + a_k}{2} = \dfrac{2^k - 1}{2^k}a_1 + \dfrac{1}{2^k}c_1$, $c_{k+1} = \dfrac{b_k + a_k}{2} = \dfrac{\dfrac{2^{k-1}-1}{2^{k-1}}a_1 + \dfrac{1}{2^{k-1}}b_1 + a_k}{2} = \dfrac{2^k - 1}{2^k}a_1 + \dfrac{1}{2^k}b_1$ 成立.

同理,当 k 为偶数时,$n = k + 1$ 也成立. 所以不论 k 为奇数还是偶数,$n = k + 1$ 都成立,所

以上述一般性规律成立. 这样就得到 b_n 和 c_n 的表达式. 只要 n 为正整数, 都有 $b_n c_n = \dfrac{(2^{2n-2}-1)a_1^2 + b_1 c_1}{2^{2n-2}} = a_1^2 + \dfrac{1}{2^{2n-2}}(b_1 c_1 - a_1^2)$, 而 $b_1 c_1 < \left(\dfrac{b_1 + c_1}{2}\right)^2 = a_1^2$, 所以 $b_n c_n$ 随着 n 的增大而增大, 所以 $\triangle A_n B_n C_n$ 的面积递增. 故选 B.

方法 3 本题的结论是要判断面积 S_n 如何变化, 需要求出 b_n 和 c_n. 从递推式出发, $b_{n+1} + c_{n+1} = \dfrac{b_n + c_n}{2} + a_1$, 所以 $b_{n+1} + c_{n+1} - 2a_1 = \dfrac{1}{2}(b_n + c_n - 2a_1)$, 故 $\{b_n + c_n - 2a_1\}$ 为等比数列, 首项为 $b_1 + c_1 - 2a_1 = 0$, 所以 $b_n + c_n = 2a_1$. 又 $b_{n+1} - c_{n+1} = \dfrac{c_n + a_n}{2} - \dfrac{b_n + a_n}{2} = -\dfrac{1}{2}(b_n - c_n)$. 所以 $\{b_n - c_n\}$ 是以 $b_1 - c_1$ 为首项, $-\dfrac{1}{2}$ 为公比的等比数列, 所以 $b_n - c_n = (b_1 - c_1) \cdot \left(-\dfrac{1}{2}\right)^{n-1}$, 由此可求出 b_n 和 c_n, 进而判断出 S_n 是单调递增的. 故选 B.

方法 4 由题设得出 $a_n = a_1, b_n + c_n = 2a_1$, 即对所有的 n, 都有 $b_n + c_n = 2a_1$, 由此我们联想到椭圆的定义. 在 $\triangle A_n B_n C_n$ 中, $B_n C_n = a_1$, 所以点 A_n 的轨迹就是以 B_n, C_n 为焦点的椭圆, 以 $B_n C_n$ 的中点为坐标原点, $B_n C_n$ 所在的直线为 x 轴, $B_n C_n$ 的中垂线为 y 轴建立平面直角坐标系. 由此可得点 A_n 所在的轨迹方程为 $\dfrac{x^2}{a_1^2} + \dfrac{y^2}{\frac{3}{4}a_1^2} = 1$. 由 $|b_{n+1} - c_{n+1}| = \dfrac{1}{2}|b_n - c_n| < |b_n - c_n|$, 知两边的差越来越小, 点 A_n 越来越接近椭圆的短轴端点, 因此 A_n 到 $B_n C_n$ 的距离越来越大, 面积 S_n 也越来越大, 所以 $\{S_n\}$ 为递增数列. 故选 B.

方法 5 求解本题的关键是求 b_n 和 c_n, 怎么求? 注意到高中教材中已经引入二阶矩阵及其特征值、特征向量, 而本题有三个递推量, 由此引入三阶矩阵.

由 $a_{n+1} = a_n, b_{n+1} = \dfrac{c_n + a_n}{2}, c_{n+1} = \dfrac{b_n + a_n}{2}$, 知 $\begin{pmatrix} a_{n+1} \\ b_{n+1} \\ c_{n+1} \end{pmatrix} = \begin{pmatrix} 1 & 0 & 0 \\ \dfrac{1}{2} & 0 & \dfrac{1}{2} \\ \dfrac{1}{2} & \dfrac{1}{2} & 0 \end{pmatrix} \cdot \begin{pmatrix} a_n \\ b_n \\ c_n \end{pmatrix}$, 记 $\boldsymbol{x}_{n+1} = \begin{pmatrix} a_{n+1} \\ b_{n+1} \\ c_{n+1} \end{pmatrix}, \boldsymbol{A} = \begin{pmatrix} 1 & 0 & 0 \\ \dfrac{1}{2} & 0 & \dfrac{1}{2} \\ \dfrac{1}{2} & \dfrac{1}{2} & 0 \end{pmatrix}$, 可得递推式 $\boldsymbol{x}_{n+1} = \boldsymbol{A}\boldsymbol{x}_n$, 初始值为 $\boldsymbol{x}_1 = \begin{pmatrix} a_1 \\ b_1 \\ c_1 \end{pmatrix}$, 利用海伦公式有 $S_n = \sqrt{p_n(p_n - a_n)(p_n - b_n)(p_n - c_n)}$, 其中 $p_n = \dfrac{a_n + b_n + c_n}{2}$. 下面利用递推式求出 a_n, b_n, c_n 由 $\boldsymbol{x}_{n+1} = \boldsymbol{A}\boldsymbol{x}_n$, 知 $\boldsymbol{x}_n = \boldsymbol{A}\boldsymbol{x}_{n-1} = \boldsymbol{A}(\boldsymbol{A}\boldsymbol{x}_{n-2}) = \boldsymbol{A}^2 \boldsymbol{x}_{n-2} = \cdots = \boldsymbol{A}^{n-1}\boldsymbol{x}_1$, 下面来求解 $\boldsymbol{A}^{n-1}$, 将矩阵 $\boldsymbol{A}$ 对角化, 令 $|\lambda \boldsymbol{I} - \boldsymbol{A}| = 0$, 求出 $\boldsymbol{A}$ 的特征值为 $1, \dfrac{1}{2}, -\dfrac{1}{2}$, 进而求出相应的特征向量分别为 $\begin{pmatrix} 1 \\ 1 \\ 1 \end{pmatrix}, \begin{pmatrix} 0 \\ 1 \\ 1 \end{pmatrix}$,

$\begin{pmatrix} 0 \\ 1 \\ -1 \end{pmatrix}$. 由此可得 $A = \begin{pmatrix} 1 & 0 & 0 \\ 1 & 1 & 1 \\ 1 & 1 & -1 \end{pmatrix} \begin{pmatrix} 1 & & \\ & \frac{1}{2} & \\ & & -\frac{1}{2} \end{pmatrix} \begin{pmatrix} 1 & 0 & 0 \\ 1 & 1 & 1 \\ 1 & 1 & -1 \end{pmatrix}^{-1}$, 记 $P = \begin{pmatrix} 1 & 0 & 0 \\ 1 & 1 & 1 \\ 1 & 1 & -1 \end{pmatrix}$, 则

$P^{-1} = \begin{pmatrix} 1 & 0 & 0 \\ -1 & 1 & 0 \\ 0 & \frac{1}{2} & -\frac{1}{2} \end{pmatrix}$, 即 $A^{n-1} = P \begin{pmatrix} 1 & & \\ & \frac{1}{2} & \\ & & -\frac{1}{2} \end{pmatrix}^{n-1} P^{-1} = P \begin{pmatrix} 1 & & \\ & \left(\frac{1}{2}\right)^n & \\ & & \left(-\frac{1}{2}\right)^{n-1} \end{pmatrix} P^{-1}$.

由此可得出

$$x_n = A^{n-1} x_1 = \begin{pmatrix} a_1 \\ \left(1-\left(\frac{1}{2}\right)^{n-1}\right)a_1 + \frac{1}{2} b_1 \left(\left(\frac{1}{2}\right)^{n-1} + \left(-\frac{1}{2}\right)^{n-1}\right) + \frac{1}{2} c_1 \left(\left(\frac{1}{2}\right)^{n-1} - \left(-\frac{1}{2}\right)^{n-1}\right) \\ \left(1-\left(\frac{1}{2}\right)^{n-1}\right)a_1 + \frac{1}{2} b_1 \left(\left(\frac{1}{2}\right)^{n-1} - \left(-\frac{1}{2}\right)^{n-1}\right) + \frac{1}{2} c_1 \left(\left(\frac{1}{2}\right)^{n-1} + \left(-\frac{1}{2}\right)^{n-1}\right) \end{pmatrix}$$

当 n 为奇数时, $x_n = \begin{pmatrix} a_1 \\ a_1 - \frac{b_1-c_1}{2}\left(\frac{1}{2}\right)^{n-1} \\ a_1 + \frac{b_1-c_1}{2}\left(\frac{1}{2}\right)^{n-1} \end{pmatrix}$, 当 n 为偶数时 $x_n = \begin{pmatrix} a_1 \\ a_1 + \frac{b_1-c_1}{2}\left(\frac{1}{2}\right)^{n-1} \\ a_1 - \frac{b_1-c_1}{2}\left(\frac{1}{2}\right)^{n-1} \end{pmatrix}$.

易知 $p_n = \frac{a_n+b_n+c_n}{2} = \frac{3a_1}{2}$ 为定值, 所以 $S_n = \sqrt{p_n(p_n-a_n)(p_n-b_n)(p_n-c_n)} = \sqrt{p_n(p_n-a_n)(p_n^2-(b_n+c_n)p_n+b_nc_n)}$, $b_n c_n = a_1^2 - \frac{(b_1-c_1)^2}{4}\left(\frac{1}{2}\right)^{2n-2}$, 无论 n 为奇数还是偶数, $b_n c_n$ 随着 n 的增大而增大, 故 $\{S_n\}$ 为单调递增数列. 同时可看出 $\lim_{n\to+\infty} b_n = a_1$, $\lim_{n\to+\infty} c_n = a_1$, $\lim_{n\to+\infty} S_n = \frac{\sqrt{3}}{4} a_1^2$. 故选 B.

注 上述解法参考了张春霞老师的文章《一道高考题的思索历程》(中学数学, 2014 (8)).

2. 填空题中的把关题

例 11 (2010 年高考湖南卷(文)题)若规定 $E = \{a_1, a_2, \cdots, a_n\}$ 的子集 $\{a_{i_1}, a_{i_2}, \cdots, a_{i_n}\}$ 为 E 的第 k 个子集. 其中 $k = 2^{i_1-1} + 2^{i_2-1} + \cdots + 2^{i_n-1}$, 则

(1) $\{a_1, a_3\}$ 是 E 的第_____个子集;

(2) E 的第 211 个子集是_____.

评述 此题是一道新定义型试题, 构思新颖, 亮点明显, 测试被测试者在新情境下灵活运用新定义分析、解决问题的能力. 此题有较高的区分度.

解析 (1) 由所给的新定义知 $k = 2^{1-1} + 2^{3-1} = 2^0 + 2^2 = 5$.

(2) 由 $2^{1-1} = 1, 2^{2-1} = 2, 2^{3-1} = 4, 2^{4-1} = 8, 2^{5-1} = 16, 2^{6-1} = 32, 2^{7-1} = 64, 2^{8-1} = 128, 2^{9-1} = 256$ 知, 要使 $k = 2^{i_1-1} + 2^{i_2-1} + \cdots + 2^{i_n-1} = 211$, 需 $1 + 2 + 16 + 64 + 128 = 211$, 不妨设 $i_1 <$

$i_2 < \cdots < i_n$，则 $i_1 = 1, i_2 = 2, i_3 = 5, i_4 = 7, i_5 = 8$.

故 E 的第 211 个子集是 $\{a_1, a_2, a_5, a_7, a_8\}$.

例 12 （2013 年高考湖南卷（理）题）设 S_n 为数列 $\{a_n\}$ 的前 n 项和，$S_n = (-1)^n a_n - \dfrac{1}{2^n}, n \in \mathbf{N}^*$，则 (1) $a_3 = $ _____ ; (2) $S_1 + S_2 + \cdots + S_{100} = $ _____.

评述 此题是递推关系给出的数列，题设中有 $(-1)^n$ 的条件. 因而需对 n 分奇偶讨论. 测试了被测试者分类讨论的思想. 数列求和有多种方法，有的需要转化，有的需要寻找规律等，测试了被测试者的化归转化能力. 此题有较好的区分度.

解析 （2）**方法 1** 当 $n \geq 2$ 时

$$S_n = (-1)^n a_n - \dfrac{1}{2^n} = (-1)^n (S_n - S_{n-1}) - \dfrac{1}{2^n}$$

整理得

$$[1 - (-1)^n] S_n = (-1)^{n+1} \cdot S_{n-1} - \dfrac{1}{2^n} \quad (n \geq 2) \qquad ①$$

当 n 为偶数时，$n - 1$ 为奇数，式①可化为 $0 = -S_{n-1} - \dfrac{1}{2^n}$，则 $S_{n-1} = -\dfrac{1}{2^n}$，即当 n 为奇数时，$S_n = -\dfrac{1}{2^{n+1}}$；当 n 为奇数时，$n - 1$ 为偶数，式①可化为 $2S_n = S_{n-1} - \dfrac{1}{2^n}$，又因为 $S_n = -\dfrac{1}{2^{n+1}}$，所以 $S_{n-1} = 0$. 即当 n 为偶数时，$S_n = 0$.

因此 $S_n = \begin{cases} -\dfrac{1}{2^{n+1}} & (n \text{ 为奇数}) \\ 0 & (n \text{ 为偶数}) \end{cases}$.

故

$$S_1 + S_2 + \cdots + S_{99} + S_{100} = S_1 + S_3 + \cdots + S_{99}$$

$$= -\left(\dfrac{1}{2^2} + \dfrac{1}{2^4} + \dfrac{1}{2^6} + \cdots + \dfrac{1}{2^{100}} \right) = \dfrac{\dfrac{1}{2^{100}} - 1}{3}$$

方法 2 由已知得 $S_{2n} = (-1)^{2n} a_{2n} - \dfrac{1}{2^{2n}} = a_{2n} - \dfrac{1}{2^{2n}} = S_{2n} - S_{2n-1} - \dfrac{1}{2^{2n}}$，所以

$$S_{2n-1} = -\dfrac{1}{2^{2n}} \qquad ①$$

当 $n = 1$ 时，$S_1 = -\dfrac{1}{2^2}$.

又 $S_{2n+1} = (-1)^{2n+1} a_{2n+1} - \dfrac{1}{2^{2n+1}} = -a_{2n+1} - \dfrac{1}{2^{2n+1}} = (S_{2n+1} - S_{2n}) - \dfrac{1}{2^{2n+1}}$，整理得 $S_{2n} = 2S_{2n+1} + \dfrac{1}{2^{2n+1}}$.

根据式①可得 $S_{2n} = 2 \times \left(-\dfrac{1}{2^{2n+2}} \right) + \dfrac{1}{2^{2n+1}} = 0$.

所以 $S_1, S_2, \cdots, S_{100}$ 所有偶数项 $S_2, S_4, S_6, \cdots, S_{100}$ 的值均为 0，而所有奇数项 $S_1, S_3,$

$S_5,\cdots,S_{99}$ 构成以 $S_1=-\dfrac{1}{2^2}$ 为首项,$q=\dfrac{1}{2^2}$ 为公比的等比数列.

其和为 $S_1+S_3+S_5+\cdots+S_{99}=\dfrac{-\dfrac{1}{2^2}\left[1-\left(\dfrac{1}{2^2}\right)^{50}\right]}{1-\dfrac{1}{2^2}}=\dfrac{1}{3}\left(\dfrac{1}{2^{100}}-1\right).$

故 $S_1+S_2+\cdots+S_{100}=\dfrac{1}{3}\left(\dfrac{1}{2^{100}}-1\right)$

方法 3 已知

$$S_n=(-1)^n a_n-\dfrac{1}{2^n} \qquad ②$$

所以

$$S_{n+1}=(-1)^{n+1}a_{n+1}-\dfrac{1}{2^{n+1}} \qquad ③$$

③-②得 $a_{n+1}=(-1)^{n+1}a_{n+1}-(-1)^n a_n+\dfrac{1}{2^{n+1}}$,所以 $[1-(-1)^{n+1}]a_{n+1}+(-1)^n a_n=\dfrac{1}{2^{n+1}}.$

当 n 为奇数时,$-a_n=\dfrac{1}{2^{n+1}}$,即 $a_n=-\dfrac{1}{2^{n+1}}$;

当 n 为偶数时,$2a_{n+1}+a_n=\dfrac{1}{2^{n+1}}$,即 $2\left(-\dfrac{1}{2^{n+2}}\right)+a_n=\dfrac{1}{2^{n+1}}$,所以 $a_n=\dfrac{1}{2^n}.$

在 $\{a_n\}$ 中,$a_1=-\dfrac{1}{2^2},a_2=\dfrac{1}{2^2},a_3=-\dfrac{1}{2^4},a_4=\dfrac{1}{2^4},\cdots$

由此可见,n 为偶数时,$S_n=0$;n 为奇数时 $S_n=a_n=-\dfrac{1}{2^{n+1}}.$

所以 $\quad S_1+S_2+S_3+S_4+\cdots+S_{100}$
$=S_1+S_3+\cdots+S_{99}=a_1+a_3+\cdots+a_{99}$
$=-\left(\dfrac{1}{2^2}+\dfrac{1}{2^4}+\cdots+\dfrac{1}{2^{100}}\right)$
$=-\dfrac{\dfrac{1}{2^2}\left(1-\dfrac{1}{2^{100}}\right)}{1-\dfrac{1}{2^2}}=\dfrac{1}{3}\left(\dfrac{1}{2^{100}}-1\right)$

例 13 (2012 年高考浙江卷题)设 $a\in\mathbf{R}$,若 $x>0$ 时均有 $[(a-1)x-1](x^2-ax-1)\geqslant 0$,则 $a=$ _____.

评述 此题内涵丰富,考查函数性质和不等式的综合运用,若把一个一元高次不等式问题转化为函数的图像来解决,则解题过程运算简单,思想简捷,充分体现数形结合思想的强大魅力.测试了思维的灵活性与广阔性,体现了特殊性存在于一般性之中的哲学思想.此题有较好的区分度.

解析 **方法 1** 当 $a=1$ 时,$y_1=(a-1)x-1=-1$,不合题意,故 $a\neq 1$.因为一次函数

$y_1=(a-1)x-1$ 和二次函数 $y_2=x^2-ax-1$ 的图像均过定点 $(0,-1)$，如图 7-45，当 $x>0$ 时均有 $[(a-1)x-1](x^2-ax-1) \geq 0$，所以这两个函数的图像在 y 轴的右边且同时在 x 轴的上方或同时在 x 轴的下方。因为 $M\left(\dfrac{1}{a-1},0\right)$ 在 $y_1=(a-1)x-1$ 上，所以函数 $y_2=x^2-ax-1$ 的图像一定也过点 $M\left(\dfrac{1}{a-1},0\right)$，代入得 $\left(\dfrac{1}{a-1}\right)^2-\dfrac{a}{a-1}-1=0$，解得 $a=\dfrac{3}{2}$（舍去 $a=0$）。

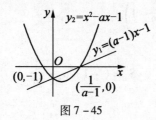

图 7-45

方法 2 设 $f(x)=[(a-1)x-1](x^2-ax-1)(x>0)$，由 $f(1) \geq 0$ 且 $f(2) \geq 0$，得 $\begin{cases} a(a-2) \leq 0 \\ -(2a-3)^2 \geq 0 \end{cases}$，解得 $a=\dfrac{3}{2}$。

检验，当 $a=\dfrac{3}{2}$ 时，$x>0$，$f(x)=\dfrac{1}{2}(x-2)^2\left(x+\dfrac{1}{2}\right) \geq 0$ 成立。

方法 3（利用三次方程解的特征）由题知 $f(x)=[(a-1)x-1](x^2-ax-1)=(a-1)\left(x-\dfrac{1}{a-1}\right)(x-x_1)(x-x_2) \geq 0$，其中 x_1,x_2 是方程 $x^2-ax-1=0$ 的两个根。由 $x_1x_2=-1$，令 $x_1<0,x_2>0$，由于 $x>0$ 时，不等式恒成立，因此 $a-1>0$，$x_2=\dfrac{1}{a-1}$。将 $x=\dfrac{1}{a-1}$ 代入方程 $x^2-ax-1=0$ 得 $\left(\dfrac{1}{a-1}\right)^2-\dfrac{a}{a-1}-1=0$，解得 $a=\dfrac{3}{2}$，$a=0$（舍去），$a=\dfrac{3}{2}$。

方法 4（视主元法）将原不等式写成关于 a 的二次不等式形式 $[ax-(x+1)](ax-x^2+1) \leq 0$，由于 $x>0$，故当 $0<x \leq 2$ 时，$\dfrac{x^2-1}{x} \leq a \leq \dfrac{x+1}{x}$；当 $x \geq 2$ 时，$\dfrac{x+1}{x} \leq a \leq \dfrac{x^2-1}{x}$。由于 $x>0$ 时不等式恒成立，因此令 $x=2$，则 $\dfrac{3}{2} \leq a \leq \dfrac{3}{2}$，故 $a=\dfrac{3}{2}$。

例 14（2014 年高考江苏卷题）已知 $f(x)$ 是定义在 **R** 上且周期为 3 的函数，当 $x \in [0,3)$ 时，$f(x)=\left|x^2-2x+\dfrac{1}{2}\right|$。若函数 $y=f(x)-a$ 在区间 $[-3,4]$ 上有 10 个零点（互不相同），则实数 a 的取值范围是 _____。

评述 此题以绝对值函数为背景，测试被测试者分类讨论、分解变形等能力。此题有较好的区分度。

方法 1 先讨论 $[0,3)$ 上的零点情况。$f(x)-a=0$ 即为 $\left|(x-1)^2-\dfrac{1}{2}\right|=a$，易知当 $a<0$ 时，无实数根；当 $a=0$ 时，有两个不同的实根。下面讨论 $a>0$ 时的情况，即 $(x-1)^2-\dfrac{1}{2}=\pm a$。

(1)若$(x-1)^2 - \frac{1}{2} = a$,得$x = 1 \pm \sqrt{\frac{1}{2} + a}$,由$\begin{cases} 1 + \sqrt{\frac{1}{2} + a} \geq 0 \\ 1 + \sqrt{\frac{1}{2} + a} < 3 \end{cases}$ 得$0 < a \leq \frac{1}{2}$,即当$0 < a \leq \frac{1}{2}$时,$x = 1 \pm \sqrt{\frac{1}{2} + a}$为$[0,3)$内两个不同的零点.

(2)若$(x-1)^2 - \frac{1}{2} = -a$,当$a > \frac{1}{2}$时,无实数根;当$a = \frac{1}{2}$时,有两个相等的实数根$x = 1$(也就是一个零点);当$0 < a < \frac{1}{2}$时,有两个不同的实根$x = 1 \pm \sqrt{\frac{1}{2} - a}$,且两根均在$(0,3)$内.

综上,当且仅当$0 < a < \frac{1}{2}$时,$f(x) - a = 0$在$[0,3)$内有四个不同的零点,即$x_1 = 1 - \sqrt{\frac{1}{2} + a}$,$x_2 = 1 - \sqrt{\frac{1}{2} - a}$,$x_3 = 1 + \sqrt{\frac{1}{2} - a}$,$x_4 = 1 + \sqrt{\frac{1}{2} + a}$,且有$0 < x_1 < x_2 < 1 < x_3 < x_4 < 2 < 3$. 由周期性可知$f(x)$在$x \in [-3, 0)$内也有4个零点. 又$f(x)$在$x \in (0, 1]$内有两个零点,所以$f(x)$在$x \in [3, 4]$内有2个零点,从而得$f(x)$在区间$[-3, 4]$上有十个零点(互不相同),故$a$的取值范围是$\left(0, \frac{1}{2}\right)$.

方法2 (1)当$x \in [-3, 0)$时,$x + 3 \in [0, 3)$,则

$$y = f(x) - a = f(x+3) - a = \left|(x+3)^2 - 2(x+3) + \frac{1}{2}\right| - a = \left|x^2 + 4x + \frac{7}{2}\right| - a$$

于是,由$\left|x^2 + 4x + \frac{7}{2}\right| - a = 0$得$x^2 + 4x + \frac{7}{2} \pm a = 0$,依题意,$\Delta = 16 - 4\left(\frac{7}{2} \pm a\right) > 0$,解得$a > -\frac{1}{2}$或$a < \frac{1}{2}$. 又由$\left|x^2 + 4x + \frac{7}{2}\right| = a$及条件易知$a > 0$,所以$0 < a < \frac{1}{2}$.

(2)当$x \in [0, 3)$时,则$y = f(x) - a = \left|x^2 - 2x + \frac{1}{2}\right| - a$. 于是,由$\left|x^2 - 2x + \frac{1}{2}\right| - a = 0$得$x^2 - 2x + \frac{1}{2} \pm a = 0$. 依题意,$\Delta = 4 - 4\left(\frac{1}{2} \pm a\right) > 0$,解得$a > -\frac{1}{2}$或$a < \frac{1}{2}$. 所以$0 < a < \frac{1}{2}$.

(3)当$x \in [3, 4]$时,$x - 3 \in [0, 1]$,令$t = x - 3$,则

$$y = f(x) - a = f(x-3) - a = \left|(x-3)^2 - 2(x-3) + \frac{1}{2}\right| - a = \left|t^2 - 2t + \frac{1}{2}\right| - a$$

令$g(t) = t^2 - 2t + \frac{1}{2} \pm a$,$t \in [0, 1]$,则$g'(t) = 2t - 2 \leq 0$,所以函数$g(t)$在$[0, 1]$上单调递减,又$g(1) = -1 + \frac{1}{2} \pm a = -1 + g(0) < g(0)$,所以函数$g_1(t) = t^2 - 2t + \frac{1}{2} + a$与$g_2(t) = t^2 - 2t + \frac{1}{2} - a$分别在$[0, 1]$上只有一个零点,即$g(t) = t^2 - 2t + \frac{1}{2} \pm a$在$[0, 1]$上有两个零点. 因此,$\Delta = 4 - 4\left(\frac{1}{2} \pm a\right) = 0$,解得$a = -\frac{1}{2}$或$a = \frac{1}{2}$. 所以$0 < a < \frac{1}{2}$.

综上,实数 a 的取值范围是 $\left(0,\dfrac{1}{2}\right)$.

方法 3 先画出 $y=f(x)$ 在 $[0,3)$ 内一个周期的图像,再将这个周期的图像向左平移 3 个单位得函数在 $[-3,0)$ 内的图像,最后将这段图像向右平移 1 个单位得函数在 $[3,4]$ 内的图像,如图 7-46 所示.

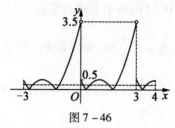

图 7-46

函数 $y=f(x)-a$ 在区间 $[-3,4]$ 上有十个零点,等价于方程 $f(x)=a$ 在区间 $[-3,4]$ 上有十个不等实根,等价于直线 $y=a$ 与函数 $y=f(x)$ 的图像在区间 $[-3,4]$ 上有十个交点,由图知,实数 a 的取值范围是 $\left(0,\dfrac{1}{2}\right)$.

例 15 (2013 年高考天津卷题)设 $a+b=2,b>0$,则当 $a=$ _____ 时,$\dfrac{1}{2|a|}+\dfrac{|a|}{b}$ 取得最小值.

评述 此题以绝对值为背景,测试被测试者综合运用函数的性质的能力及分类讨论的思想方法的灵活处理. 此题有较好的区分度.

方法 1 $\dfrac{1}{2|a|}+\dfrac{|a|}{b}=\dfrac{a+b}{2}\cdot\dfrac{1}{2|a|}+\dfrac{|a|}{b}=\dfrac{a}{4|a|}+\dfrac{b}{4|a|}+\dfrac{|a|}{b}$

$$\geqslant -\dfrac{1}{4}+2\sqrt{\dfrac{b}{4|a|}\cdot\dfrac{|a|}{b}}=\dfrac{3}{4}$$

当 $a<0,\dfrac{b}{4|a|}=\dfrac{|a|}{b},a+b=2$,即 $a=-2,b=4$ 时,$\dfrac{1}{2|a|}+\dfrac{|a|}{b}$ 取得最小值 $\dfrac{3}{4}$,故 $a=-2$.

方法 2 由已知 $b=2-a,b>0$,可得 $a<2$ 且 $a\neq 0$,设 $y=\dfrac{1}{2|a|}+\dfrac{|a|}{b}=\dfrac{1}{2|a|}+\dfrac{|a|}{2-a}$,则:

当 $0<a<2$ 时,$y=\dfrac{1}{2a}+\dfrac{a}{2-a}=\dfrac{2-a+a}{4a}+\dfrac{a}{2-a}=\dfrac{2-a}{4a}+\dfrac{a}{2-a}+\dfrac{1}{4}\geqslant 2\sqrt{\dfrac{2-a}{4a}\cdot\dfrac{a}{2-a}}+\dfrac{1}{4}=\dfrac{5}{4}$,当且仅当 $\dfrac{2-a}{4a}=\dfrac{a}{2-a}$,即 $a=\dfrac{2}{3}$ 时,取等号.

当 $a<0$ 时,$y=-\dfrac{1}{2a}+\dfrac{-a}{2-a}=\dfrac{2-a+a}{-4a}+\dfrac{-a}{2-a}=\dfrac{2-a}{-4a}+\dfrac{-a}{2-a}-\dfrac{1}{4}\geqslant 2\sqrt{\dfrac{2-a}{-4a}\cdot\dfrac{-a}{2-a}}-\dfrac{1}{4}=1-\dfrac{1}{4}=\dfrac{3}{4}$,当且仅当 $\dfrac{2-a}{-4a}=\dfrac{-a}{2-a}$,即 $a=-2$ 时,取等号.

综上得,当 $a=-2$ 时,$y_{\min}=\dfrac{3}{4}$,即 $\dfrac{1}{2|a|}+\dfrac{|a|}{b}$ 的最小值为 $\dfrac{3}{4}$,故 $a=-2$.

方法 3 由 $a+b=2$,得 $b=2-a$,又 $b>0$,得 $a<2$,设 $f(a)=\dfrac{1}{2|a|}+\dfrac{|a|}{b}=\dfrac{1}{2|a|}+\dfrac{|a|}{2-a}$.

(1)当 $0<a<2$ 时

$$f(a) = \frac{1}{2|a|} + \frac{|a|}{2-a} = \frac{1}{2a} + \frac{a}{2-a}$$

$$f'(a) = \left(\frac{1}{2a} + \frac{a}{2-a}\right)' = -\frac{1}{2a^2} + \frac{2}{(2-a)^2} = \frac{(3a-2)(a+2)}{2a^2(2-a)^2}$$

当 $0 < a < \frac{2}{3}$ 时,$f'(a) < 0$;

当 $\frac{2}{3} < a < 2$ 时,$f'(a) > 0$,由函数的单调性,得 $f(a)$ 的最小值为 $f\left(\frac{2}{3}\right) = \frac{5}{4}$;

(2) 当 $a < 0$ 时,$f(a) = \frac{1}{2|a|} + \frac{|a|}{2-a} = -\left(\frac{1}{2a} + \frac{a}{2-a}\right)$,于是

$$f'(a) = -\left(\frac{1}{2a} + \frac{a}{2-a}\right)' = \frac{1}{2a^2} - \frac{2}{(2-a)^2} = \frac{(2-3a)(a+2)}{2a^2(2-a)^2}$$

当 $a < -2$ 时,$f'(a) < 0$;

当 $-2 < a < 0$ 时,$f'(a) > 0$,由函数的单调性,得 $f(a)$ 的最小值为 $f(-2) = \frac{3}{4}$.

综上得,当 $a = -2$ 时,$f(a)$ 的最小值 $\frac{3}{4}$,所以 $a = -2$.

例 16 (2014 年高考辽宁卷题)对于 $c > 0$,当非零实数 a, b 满足 $4a^2 - 2ab + 4b^2 - c = 0$ 且使 $|2a + b|$ 最大时,$\frac{3}{a} - \frac{4}{b} + \frac{5}{c}$ 的最小值为_____.

评述 此题为代数小综合题,测试被测试者的变形处理能力,转化问题的能力. 此题有较好的区分度.

方法 1 由 $4a^2 - 2ab + 4b^2 - c = 0$ 得 $c = \frac{5}{8}(2a+b)^2 + \frac{3}{8}(2a-3b)^2 \geq \frac{5}{8}(2a+b)^2$,当且仅当 $2a = 3b$ 时取等号(此时 $|2a+b|$ 取得最大值),设 $a = 3x, b = 2x, x \neq 0$,代入得 $c = \frac{5}{8}(2a+b)^2 = 40x^2$,所以 $\frac{3}{a} - \frac{4}{b} + \frac{5}{c} = \frac{3}{3x} - \frac{4}{2x} + \frac{5}{40x^2} = \frac{1}{8}\left(\frac{1}{x} - 4\right)^2 - 2 \geq -2$. 当 $\frac{1}{x} = 4$,即 $a = \frac{3}{4}, b = \frac{1}{2}, c = \frac{5}{2}$ 时,上式取等号,故所求的最小值为 -2.

方法 2 由 $4a^2 - 2ab + 4b^2 - c = 0$ 得 $c = (2a+b)^2 - 6ab + 3b^2 = (2a+b)^2 - 3b(2a-b) = (2a+b)^2 - \frac{3}{2} \cdot 2b(2a-b) \geq (2a+b)^2 - \frac{3}{2}\left(\frac{2b+2a-b}{2}\right)^2 = \frac{5}{8}(2a+b)^2$,当且仅当 $a = \frac{3}{2}b$ 时等号成立,下同方法 1.

方法 3 已知等式可变为 $\left(2a - \frac{b}{2}\right)^2 + \frac{15}{4}b^2 = c$,设 $2a - b = \sqrt{c}\cos\theta, \frac{\sqrt{15}}{2}b = \sqrt{c}\sin\theta$,则 $|2a+b| = \left|\sqrt{c}\left(\frac{3}{\sqrt{15}}\sin\theta + \cos\theta\right)\right| = \left|\sqrt{\frac{8c}{5}}\sin(\theta + \varphi)\right| \leq \sqrt{\frac{8c}{5}}$,当 $\frac{\sin\theta}{\cos\theta} = \frac{3}{\sqrt{15}}$ 时取等号,即 $a = \frac{3}{2}b$,此时,$c = \frac{5}{8}(2a+b)^2 = \frac{5}{8}(3b+b)^2 = 10b^2$,下同方法 1.

方法 4 由 $4a^2 - 2ab + 4b^2 - c = 0$,可得 $c = \left(2a - \dfrac{b}{2}\right)^2 + \left(\dfrac{\sqrt{15}b}{2}\right)^2$,令 $\begin{cases} x = 2a - \dfrac{b}{2} \\ y = \dfrac{\sqrt{15}}{2}b \end{cases}$,则原等式可转化为 $y^2 + x^2 = c$,设 $z = 2a + b = 2a - \dfrac{b}{2} + \dfrac{3}{2}b = x + \dfrac{3}{2} \times \dfrac{2}{\sqrt{15}}y = x + \dfrac{\sqrt{15}}{5}y$,显然,$|z|$ 最大时,直线 $z = x + \dfrac{\sqrt{15}}{5}y$ 与圆 $x^2 + y^2 = c$ 相切,即 $\sqrt{c} = \dfrac{|z_{\max}|}{\sqrt{1^2 + \left(\dfrac{\sqrt{15}}{5}\right)^2}}$,$|z|_{\max} = \sqrt{\dfrac{8}{5}}c$,即 $|2a + b| = \sqrt{\dfrac{8}{5}}c$,结合 $4a^2 - 2ab + 4b^2 - c = 0$,可得 $2a = 3b, c = 10b^2$,下同方法 1.

例 17 (2012 年高考全国卷题)三棱柱 $ABC - A_1B_1C_1$ 中,底面边长和侧棱长相等,$\angle BAA_1 = \angle CAA_1 = 60°$,则异面直线 AB_1 与 BC_1 所成角的余弦值为_____.

评述 此题是以三棱柱为背景设计的问题,处理立体几何问题常需转化. 补形是一种转化方式可将线线、线面位置关系不明显的几何体补成相对明显的几何体,使异面直线的位置关系更加清晰,充分体现了化归思想. 此题有较高的区分度.

方法 1 不妨设 AB 长为 1,$\overrightarrow{BC_1} = \overrightarrow{BA} + \overrightarrow{AA_1} = \overrightarrow{A_1C_1}, \overrightarrow{AB_1} = \overrightarrow{AA_1} + \overrightarrow{A_1B_1}$,则 $|\overrightarrow{BC_1}|^2 = (\overrightarrow{BA} + \overrightarrow{AA_1} + \overrightarrow{A_1C_1})^2 = 1 + 1 + 1 + 2 \times 1 \times 1 \times \cos 120° + 2 \times 1 \times 1 \times \cos 120° + 2 \times 1 \times 1 \times \cos 60° = 2$.

即 $|\overrightarrow{BC_1}| = \sqrt{2}$,又 $|\overrightarrow{AB_1}|^2 = (\overrightarrow{AA_1} + \overrightarrow{A_1B_1})^2 = 1 + 1 + 2 \times 1 \times 1 \times \cos 60° = 3$,则 $|\overrightarrow{AB_1}| = \sqrt{3}$. $\overrightarrow{BC_1} \cdot \overrightarrow{AB_1} = (\overrightarrow{BA} + \overrightarrow{AA_1} + \overrightarrow{A_1C_1}) \cdot (\overrightarrow{AA_1} + \overrightarrow{A_1B_1}) = 1 \times 1 \times \cos 120° + 1 \times 1 \times \cos 180° + 1 + 1 \times 1 \times \cos 60° + 1 \times 1 \times \cos 60° + 1 \times 1 \times \cos 60° = 1$.

故 $\cos\theta = \dfrac{|\overrightarrow{BC_1} \cdot \overrightarrow{AB_1}|}{|\overrightarrow{BC_1}||\overrightarrow{AB_1}|} = \dfrac{1}{\sqrt{2} \cdot \sqrt{3}} = \dfrac{\sqrt{6}}{6}$.

方法 2 如图 7-47,以 A 为原点,过点 A 与 BC 垂直的直线为 x 轴,与 BC 平行的直线为 y 轴,建立空间直角坐标系. 过点 A_1 作 $A_1M \perp$ 平面 ABC,垂足为 M,则 M 必在 x 轴上,且 $\cos\angle A_1AM = \dfrac{1}{\sqrt{3}}$,从而 $\sin\angle A_1AM = \dfrac{\sqrt{2}}{\sqrt{3}}$. 设棱长为 1,则 $A_1\left(\dfrac{1}{\sqrt{3}}, 0, \dfrac{\sqrt{2}}{\sqrt{3}}\right)$,$B\left(\dfrac{\sqrt{3}}{2}, \dfrac{1}{2}, 0\right)$,$C\left(\dfrac{\sqrt{3}}{2}, -\dfrac{1}{2}, 0\right)$

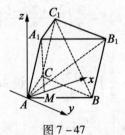

图 7-47

从而 $\overrightarrow{AB_1} = \overrightarrow{AA_1} + \overrightarrow{AB} = \left(\dfrac{5}{6}\sqrt{3}, \dfrac{1}{2}, \dfrac{\sqrt{2}}{\sqrt{3}}\right), \overrightarrow{AC_1} = \overrightarrow{AA_1} + \overrightarrow{AC} = \left(\dfrac{5}{6}\sqrt{3}, -\dfrac{1}{2}, \dfrac{\sqrt{2}}{\sqrt{3}}\right)$.

即 $\overrightarrow{BC_1} = \overrightarrow{AC_1} - \overrightarrow{AB} = \left(\dfrac{\sqrt{3}}{3}, -1, \dfrac{\sqrt{2}}{\sqrt{3}}\right)$.

设异面直线 AB_1 与 BC_1 所成角为 θ，则 $\cos\theta = \dfrac{\overrightarrow{BC_1}\cdot\overrightarrow{AB_1}}{|\overrightarrow{BC_1}|\cdot|\overrightarrow{AB_1}|} = \dfrac{\sqrt{6}}{6}$.

方法 3　作 $A_1Q \perp$ 底面 ABC，由 $\angle BAA_1 = \angle CAA_1 = 60°$ 可知，AO 为 $\angle BAC$ 的平分线，且 $AO \perp BC$，$BC \perp$ 面 AA_1O，$BC \perp AA_1$，于是 $BC \perp BB_1$，四边形 BB_1C_1C 为矩形. 取 AC 的中点 E，联结 B_1C 交 BC_1 于点 F，则点 F 为 B_1C 的中点，$EF \underline{\underline{\parallel}} \dfrac{1}{2}AB_1$，所以直线 AB_1 与 BC_1 所成角等于 EF 与 BF 所成的角，即 $\angle BFE$ 或其补角.

设三棱柱的棱长为 2，根据题意即可得 $BE = \sqrt{3}$，$EF = \dfrac{1}{2}AB_1 = \sqrt{3}$，$BF = \dfrac{1}{2}BC_1 = \sqrt{2}$，于是

$$\cos\angle BFE = \dfrac{BF^2 + EF^2 - BE^2}{2BF\cdot EF} = \dfrac{2+3-3}{2\times\sqrt{2}\times\sqrt{3}} = \dfrac{\sqrt{6}}{6}.$$

故异面直线 AB_1 与 BC_1 所成角的余弦值为 $\dfrac{\sqrt{6}}{6}$.

方法 4　将三棱柱补为平行六面体，再放同样的一个平行六面体，如图 7-48，$\angle C_1BE$ 便是异面直线 AB_1 与 BC_1 所成的角. 设棱长为 1，在 $\triangle AAB_1$ 中，易求 $AB_1 = \sqrt{3}$，即 $BE = \sqrt{3}$，在 $\triangle A_1C_1E$ 中，易求 $C_1E = \sqrt{3}$，易得 $BC \perp AA_1$，则 $BC \perp CC_1$. 从而，在 $\triangle BCC_1$ 中，求得 $BC_1 = \sqrt{2}$，$\triangle BC_1E$ 中，由余弦定理得 $\cos\angle C_1BE = \dfrac{2+3-3}{2\sqrt{2}\times\sqrt{3}} = \dfrac{\sqrt{6}}{6}$.

方法 5　在三棱柱 $ABC-A_1B_1C_1$ 的上底面补一个大小相同的三棱柱 $A_1B_1C_1-A_2B_2C_2$，如图 7-49. 联结 B_1C_2，AC_2，且 AC_2 交 A_1C_1 于点 D，则 $\angle AB_1C_2$ 或其补角为异面直线设 AB_1 与 BC_1 所成的角. 设 $AB = 1$，易得 $B_1C_2 = BC_1 = \sqrt{2}$，$AC_2 = 2AD = 2\sqrt{1^2 + \left(\dfrac{1}{2}\right)^2 - 2\times 1\times\dfrac{1}{2}\cos 120°} = \sqrt{7}$.

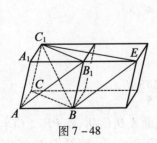

图 7-48

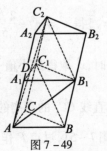

图 7-49

故在 $\triangle AB_1C_2$ 中，有 $\cos\angle AB_1C_2 = \dfrac{(\sqrt{7})^2 - (\sqrt{2})^2 - (\sqrt{3})^2}{-2\cdot\sqrt{2}\cdot\sqrt{3}} = -\dfrac{\sqrt{6}}{6}$.

例 18　(2013 年高考北京卷题) 如图 7-50，在棱长为 2 的正方体 $ABCD-A_1B_1C_1D_1$ 中，E 为 BC 的中点，点 P 在线段 D_1E 上，点 P 到直线 CC_1 的距离的最小值为_____.

评述　此题以正方体为背景，求解立体几何中的一类距离问题，可测试被测试者用各种

方法求距离的能力. 点到线的距离是立体几何中六种距离中的一种,求解时可从各种途径转化为异面直线间的距离来处理. 测试了被测试者的空间想象能力、推理论证能力、运算求解能力. 此题有较高区分度.

解析 **方法**1 由两条异面直线的定义,公垂线为连接两条异面直线的最短距离. 如图 7-50,过点 P 作 $PP_1 \perp CC_1$,垂足为点 P_1,并设 $PP_1 = x$,联结 DE 并作 $PP_2 \perp DE$,垂足为点 P_2,联结 P_2C. 令 $\angle DEC = \theta$,则 $\sin\theta = \dfrac{2\sqrt{5}}{5}$,设 $\angle CP_2E = \alpha$,由作法可知,$P_2C = PP_1 = x$. 在 $\triangle CP_2E$ 中,由正弦定理得 $\dfrac{x}{\sin\theta} = \dfrac{CE}{\sin\alpha}$,$x = \dfrac{\sin\theta}{\sin\alpha}$,由 $\sin\theta = \dfrac{2\sqrt{5}}{5}$,当 $\alpha = 90°$ 时,即 $P_2C \perp DE$ 时,点 P 到直线 CC_1 的距离最小,且最小值为 $\dfrac{2\sqrt{5}}{5}$.

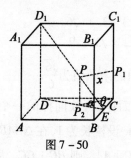

图 7-50

方法2 如图 7-51,设 $\angle CP_2E = \alpha$,$DP_2 = n$,$P_2E = m$,$m+n = \sqrt{5}$. 在 $\triangle DP_2C$ 中,由余弦定理得

$$\cos\angle DP_2C = \cos(\pi - \alpha) = \dfrac{P_2D^2 + P_2C^2 - DC^2}{2P_2D \cdot P_2C} = \dfrac{n^2 + x^2 - 4}{2nx}$$

同理,在 $\triangle CP_2E$ 中,$\cos\alpha = \dfrac{m^2 + x^2 - 1}{2mx}$,由 $\cos(\pi - \alpha) + \cos\alpha = 0$,得

$$\dfrac{n^2 + x^2 - 4}{2nx} + \dfrac{m^2 + x^2 - 1}{2mx} = 0$$

结合 $m + n = \sqrt{5}$ 得 $x^2 = m^2 - \dfrac{2\sqrt{5}}{5}m + 1$ ($0 \leq m \leq \sqrt{5}$).

故当 $m = \dfrac{\sqrt{5}}{5}$ 时,x^2 取得最小值 $\dfrac{4}{5}$.

此时点 P 到直线 CC_1 的距离的最小值 x 为 $\dfrac{2\sqrt{5}}{5}$.

方法3 如图 7-51,过点 P 作 PH 垂直上底面 $A_1B_1C_1D_1$;作 $PP_1 \perp CC_1$,垂足为点 P_1,过点 E 作直线 EE_1 垂直于底面 $A_1B_1C_1D_1$,E_1 在线段 B_1C_1 上,联结 D_1E_1,$CC_1 // EE_1$,则 $CC_1 //$ 平面 DEE_1,故点 C_1 到平面 DEE_1 的距离即异面直线 DE,CC_1 的距离 h. 由 $V_{C_1-D_1E_1E} = V_{D_1-C_1E_1E}$ 得 $\dfrac{1}{3} \times \left(\dfrac{1}{2}D_1E_1 \cdot E_1E\right) \cdot h = \dfrac{1}{3} \times \left(\dfrac{1}{2}C_1E_1 \cdot E_1E\right) \cdot D_1C_1$,即 $D_1E_1 \cdot h = C_1E_1 \cdot D_1C_1$,故 $\sqrt{5} \cdot h = 2$,$h = \dfrac{2\sqrt{5}}{5}$.

方法 4 如图 7-52，建立空间直角坐标系 $D-xyz$，则 $E(1,2,0)$，$D_1(0,0,2)$，$C(0,2,0)$，$C_1(0,2,2)$，于是 $\overrightarrow{D_1E}=(1,2,-2)$，$\overrightarrow{CC_1}=(0,0,2)$. 设 $\begin{cases}\boldsymbol{n}\cdot\overrightarrow{D_1E}=0\\\boldsymbol{n}\cdot\overrightarrow{C_1C}=0\end{cases}$ 得 $\begin{cases}x+2y-2z=0\\2z=0\end{cases}$，取 $\boldsymbol{n}=(2,-1,0)$，则所求异面直线 D_1E，C_1C 的距离 $h=\dfrac{\boldsymbol{n}\cdot\overrightarrow{B_1C_1}}{\boldsymbol{n}}=\dfrac{2\sqrt{5}}{5}$.

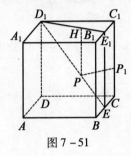

图 7-51

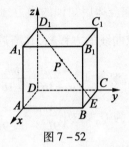

图 7-52

例 19 （2014 年高考江西卷题）过点 $M(1,1)$ 作斜率为 $-\dfrac{1}{2}$ 的直线与椭圆 $C:\dfrac{x^2}{a^2}+\dfrac{y^2}{b^2}=1(a>b>0)$ 相交于 A，B 两点，若 M 是线段 AB 的中点，则椭圆 C 的离心率是_____.

评述 此题以椭圆为背景，测试被测试者对直线方程、直线与曲线的关系的处理能力. 题设中的中点 M 给该问题增添了处理问题的灵活性. 测试了被测试者的灵活思维、灵活变形能力. 此题有较高的区分度.

方法 1 由 $\begin{cases}y-1=-\dfrac{1}{2}(x-1)\\b^2x^2+a^2y^2=a^2b^2\end{cases}$，得 $b^2x^2+a^2\left(-\dfrac{1}{2}x+\dfrac{3}{2}\right)^2=a^2b^2$.

化简，得 $\left(\dfrac{1}{4}a^2+b^2\right)x^2-\dfrac{3}{2}a^2x+\dfrac{9}{4}a^2-a^2b^2=0$. 设 $A(x_1,y_1)$，$B(x_2,y_2)$，则有 $x_1+x_2=\dfrac{\frac{3}{2}a^2}{\frac{1}{4}a^2+b^2}=\dfrac{6a^2}{a^2+4b^2}$. 因为 M 是线段 AB 的中点，所以 $x_1+x_2=\dfrac{6a^2}{a^2+4b^2}=2$，化简，得 $a^2=2b^2=2(a^2-c^2)$，所以 $a^2=2c^2$，所以 $e=\dfrac{c}{a}=\dfrac{\sqrt{2}}{2}$.

方法 2 设直线 AB 的参数方程为 $\begin{cases}x=1+t\cos\alpha\\y=1+t\sin\alpha\end{cases}$（$t$ 为参数），代入 $\dfrac{x^2}{a^2}+\dfrac{y^2}{b^2}=1$，得 $(b^2\cos^2\alpha+a^2\sin^2\alpha)t^2+2(b^2\cos\alpha+a^2\sin\alpha)t+a^2+b^2-a^2b^2=0$.

因为 $(1,1)$ 是 AB 的中点，所以 $t_1+t_2=0$，从而 $b^2\cos\alpha+a^2\sin\alpha=0$，$\tan\alpha=-\dfrac{b^2}{a^2}=-\dfrac{1}{2}$，即 $a^2=2b^2=2(a^2-c^2)$，故椭圆 C 的离心率 $e=\dfrac{\sqrt{2}}{2}$.

方法 3 视点 M 在椭圆上，则直线 $AB:y-1=-\dfrac{1}{2}(x-1)$ 为椭圆的切线，点 M 为切点. 由椭圆 $\dfrac{x^2}{a^2}+\dfrac{y^2}{b^2}=1$ 在点 $(1,1)$ 处的切线方程 $\dfrac{x}{a^2}+\dfrac{y}{b^2}=1$ 得 $-\dfrac{b^2}{a^2}=-\dfrac{1}{2}$，所以 $a^2=2b^2$，$e=\dfrac{\sqrt{2}}{2}$.

例20 （2014年高考浙江卷题）设直线 $x-3y+m=0(m\neq 0)$ 与双曲线 $\dfrac{x^2}{a^2}-\dfrac{y^2}{b^2}=1$ ($a>0,b>0$) 的两条渐近线分别交于点 A,B. 若点 $P(m,0)$ 满足 $|PA|=|PB|$，则该双曲线的离心率是_____.

评述 此题以双曲线为背景，来测试被测试者对直线方程、直线与曲线的关系的处理能力. 题设中的线段相等条件实质上是给出线段中垂线上的点的条件，如何运用好这个条件测试了被测试者的综合运用知识的能力. 此题有较高的区分度.

方法1 由双曲线的方程知，其渐近线方程为 $y=\dfrac{b}{a}x$ 与 $y=-\dfrac{b}{a}x$，分别与直线 $x-3y+m=0$ 联立方程组，解得 $A\left(\dfrac{-am}{a-3b},\dfrac{-bm}{a-3b}\right)$，$B\left(\dfrac{-am}{a+3b},\dfrac{bm}{a+3b}\right)$.

设 AB 的中点为 Q，则 $Q\left(\dfrac{ma^2}{9b^2-a^2},\dfrac{3mb^2}{9b^2-a^2}\right)$.

可得 $k_{PQ}=\dfrac{\dfrac{3mb^2}{9b^2-a^2}-0}{\dfrac{ma^2}{9b^2-a^2}-m}=\dfrac{-3b^2}{9b^2-2a^2}$，由 $|PA|=|PB|$ 得直线 PQ 与直线 $x-3y+m=0$ 垂直，于是 $k_{PQ}\cdot\dfrac{1}{3}=-1$，化简得 $a^2=4b^2$，所以 $e=\dfrac{\sqrt{5}}{2}$.

方法2 设 $A(x_1,y_1),B(x_2,y_2)$，AB 的中点为 $D(x_0,y_0)$，因为渐近线方程为 $\dfrac{x^2}{a^2}-\dfrac{y^2}{b^2}=0$，则 $\dfrac{x_1^2}{a^2}-\dfrac{y_1^2}{b^2}=0,\dfrac{x_2^2}{a^2}-\dfrac{y_2^2}{b^2}=0$，两式作差得 $\dfrac{(x_1+x_2)(x_1-x_2)}{a^2}-\dfrac{(y_1+y_2)(y_1-y_2)}{b^2}=0$，即

$$\dfrac{x_0}{a^2}=-\dfrac{y_0}{3b^2} \qquad ①$$

由 $|PA|=|PB|$ 知 $AB\perp PD$，所以 $k_{PD}=\dfrac{y_0}{x_0-m}=-3$，即

$$y_0=-3x_0+3m \qquad ②$$

又因为 $D(x_0,y_0)$ 满足

$$x_0-3y_0+m=0 \qquad ③$$

由②、③两式消去 m 得 $3x_0=4y_0$，代入式①得 $a^2=4b^2$，故可求得双曲线的离心率是 $\dfrac{\sqrt{5}}{2}$.

方法3 如图 7-53，设直线与 x 轴交于点 Q，M 为 AB 的中点，作 $MN\perp x$ 轴，垂足为 N，则 $\tan\angle MQP=\dfrac{1}{3}$，$PQ=2|m|$，通过解两个 $\mathrm{Rt}\triangle QMP$，$\mathrm{Rt}\triangle MNQ$ 及 M 在直线 AB 上，可得 $M\left(\dfrac{4}{5}m,\dfrac{3}{5}m\right)$. 设 $A(x_1,y_1),B(x_2,y_2)$，由点差法得 $\dfrac{y_1+y_2}{x_1+x_2}=3\left(\dfrac{b}{a}\right)^2$，代入点 M 坐标得 $\left(\dfrac{b}{a}\right)^2=\dfrac{1}{4}$，从而解得 $e=\dfrac{\sqrt{5}}{2}$.

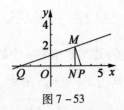

图 7-53

方法 4 采用特殊值法. 取 $m=3$, 把 $x=3y-3$ 代入 $\dfrac{x^2}{a^2}-\dfrac{y^2}{b^2}=0$ 得 $(9b^2-a^2)y^2-18b^2y+9b^2=0$, 则 AB 中点的坐标为 $Q\left(\dfrac{9b^2}{9b^2-a^2},\dfrac{3a^2}{9b^2-a^2}\right)$, 由已知得 $k_{PQ}\cdot k_{AB}=-1$, 则该双曲线的离心率是 $\dfrac{\sqrt{5}}{2}$.

例21 (2013年高考湖北卷题)古希腊数学家毕达哥拉斯研究过各种多边形数,如三角形数 $1,3,6,10,\cdots$, 第 n 个三角形数为 $\dfrac{n(n+1)}{2}=\dfrac{1}{2}n^2+\dfrac{1}{2}n$, 记第 n 个 k 边形数为 $N(n,k)(k\geqslant 3)$, 以下列出了部分 k 边形数中第 n 个数的表达式:

三角形数 $\quad N(n,3)=\dfrac{1}{2}n^2+\dfrac{1}{2}n$;

正方形数 $\quad N(n,4)=n^2$;

五边形数 $\quad N(n,5)=\dfrac{3}{2}n^2-\dfrac{1}{2}n$;

六边形数 $\quad N(n,6)=2n^2-n$.

……

可以推测 $N(n,k)$ 的表达式, 由此计算 $N(10,24)=$ _____.

评述 此题是以数学史上的多边数为背景,测试了被测试者的观察能力、归纳推理能力, 问题的设计给被测试者留有较大的思维空间, 顺应了新课程发展的要求和测评内容改革的命题方向, 具有很好的导向、引领作用. 此题有较高的区分度.

方法1 观察题干表达式, 不难发现

$$N(n,4)-N(n,3)=N(n,5)-N(n,4)=N(n,6)-N(n,5)=\cdots=\dfrac{1}{2}n^2-\dfrac{1}{2}n$$

则 $\quad N(n,k)-N(n,k-1)=N(n,k-1)-N(n,k-2)=N(n,4)-N(n,3)=\dfrac{1}{2}n^2-\dfrac{1}{2}n$

从而 $N(n,k)-N(n,3)=[N(n,k)-N(n,k-1)]+[N(n,k-1)-N(n,k-2)]+\cdots+$

$$[N(n,4)-N(n,3)]=\left(\dfrac{1}{2}n^2-\dfrac{1}{2}n\right)(k-3)$$

所以 $\quad N(n,k)=N(n,3)+\left(\dfrac{1}{2}n^2-\dfrac{1}{2}n\right)(k-3)$

$$=\left(\dfrac{1}{2}n^2+\dfrac{1}{2}n\right)+\left(\dfrac{1}{2}n^2-\dfrac{1}{2}n\right)(k-3)$$

$$=\dfrac{n[(k-2)(n-1)+2]}{2}$$

因此，$N(10,24) = \dfrac{n[(k-2)(n-1)+2]}{2} = \dfrac{10[(24-2)(10-1)+2]}{2} = 1\,000$.

方法 2 观察题干 $k(k=3,4,5,6)$ 边形数中第 n 个数的表达式，可以推测 $N(n,k)$ 的表达式是 $N(n,k)=an^2+bn$ 的形式，且当 $k=3,4,5,6$ 时，$a=\dfrac{1}{2},\dfrac{2}{2},\dfrac{3}{2},\dfrac{4}{2}$，$b=\dfrac{1}{2},\dfrac{0}{2},\dfrac{-1}{2},\dfrac{-2}{2}$，分别构成等差数列，故可推测 $N(n,k)=\dfrac{(k-2)}{2}n^2+\dfrac{(4-k)}{2}n$，从而 $N(10,24)=1\,000$.

方法 3 由 k 边形数的构成方式不难得出 k 边形数中第 n 个数的表达式

$$N(n,3)=1+2+3+\cdots+n=\dfrac{1}{2}n^2+\dfrac{1}{2}n$$

$$N(n,4)=1+3+5+\cdots+(2n-1)=n^2$$

$$N(n,5)=1+4+7+\cdots+(3n-2)=\dfrac{3}{2}n^2-\dfrac{1}{2}n$$

$$N(n,6)=1+5+9+\cdots+(4n-3)=2n^2-n$$

$$N(n,k)=1+(k-1)+(2k-3)+\cdots+[(k-2)n-(k-3)]=\dfrac{(k-2)}{2}n^2+\dfrac{(4-k)}{2}n$$

从而 $N(10,24)=1\,000$.

方法 4 观察 n^2 和 n 前面的系数，可知一个是递增的等差数列，另一个是递减的等差数列，故 $N(n,24)=11n^2-10n$，所以 $N(10,24)=1\,000$.

例 22 （2014 年高考山东卷题）已知函数 $y=f(x)(x\in\mathbf{R})$，对函数 $y=g(x)(x\in I)$，定义 $g(x)$ 关于 $f(x)$ 的"对称函数"为函数 $y=h(x)$，且 $y=h(x)$ 满足：对任意 $x\in I$，两个点 $(x,h(x))$ 和 $(x,g(x))$ 关于点 $(x,f(x))$ 对称. 若 $h(x)$ 是 $g(x)=\sqrt{4-x^2}$ 关于 $f(x)=3x+b$ 的"对称函数"，且 $h(x)>g(x)$ 恒成立，则实数 b 的取值范围是_____.

评述 此题以函数为背景，构思巧妙，形式新颖，综合测试了被测试者阅读、理解、分析、归纳等能力. 此题情境设计与解题思维方法都源于教材，体现了"立足教材，能力立意"的命题思想，强调了知识内容和思想方法的融会贯通，突出考查基本的数学素养. 此题有较好的区分度.

方法 1 由题意知 $f(x)=\dfrac{h(x)+g(x)}{2}$，$h(x)=2f(x)-g(x)$，代入 $h(x)>g(x)$，整理得 $f(x)>g(x)$，即 $3x+b>\sqrt{4-x^2}$，则 $b>\sqrt{4-x^2}-3x$ 对于 $x\in[-2,2]$ 恒成立，当且仅当 $b>(\sqrt{4-x^2}-3x)_{\max}$.

令 $x=2\cos\theta,\theta\in[0,\pi]$，则 $\sqrt{4-x^2}-3x=2\sin\theta-6\cos\theta=2\sqrt{10}\sin(\theta+\varphi)$，其中 $\cos\varphi=\dfrac{\sqrt{10}}{10}$，$\sin\varphi=-\dfrac{3\sqrt{10}}{10}$. 当且仅当 $\theta+\varphi=2k\pi+\dfrac{\pi}{2},k\in\mathbf{Z}$，即 $\cos\theta=\sin\varphi=-\dfrac{3\sqrt{10}}{10}$ 时，$(\sqrt{4-x^2}-3x)_{\max}=2\sqrt{10}$，所以 $b>2\sqrt{10}$，故答案为 $(2\sqrt{10},+\infty)$.

方法 2 设 $F(x)=\sqrt{4-x^2}-3x,x\in[-2,2]$，$F'(x)=-\dfrac{x}{\sqrt{4-x^2}}-3$，令 $F'(x)=0$，解得 $x=-\dfrac{3\sqrt{10}}{5}$. 当 $x\in\left(-2,-\dfrac{3\sqrt{10}}{5}\right)$ 时，$F'(x)>0$；当 $x\in\left(-\dfrac{3\sqrt{10}}{5},2\right)$ 时，$F'(x)<0$，故

$[F(x)]_{\max} = F\left(-\dfrac{3\sqrt{10}}{5}\right) = 2\sqrt{10}$,所以 $b > 2\sqrt{10}$,故答案为 $(2\sqrt{10}, +\infty)$.

方法 3 设 $m = (\sqrt{4-x^2}, -x), n = (1,3)$,由 $m \cdot n \leq |m| \cdot |n|$ 得 $\sqrt{4-x^2} - 3x = (\sqrt{4-x^2}, -x) \cdot (1,3) \leq \sqrt{\sqrt{4-x^2}^2 + (-x)^2} \cdot \sqrt{1^2 + 3^2} = 2\sqrt{10}$,当且仅当 m 与 n 共线同向时,等号成立,即 $\dfrac{\sqrt{4-x^2}}{1} = \dfrac{-x}{3} > 0$,解得 $x = -\dfrac{3\sqrt{10}}{5} \in [-2,2]$,所以 $b > 2\sqrt{10}$,故答案为 $(2\sqrt{10}, +\infty)$.

方法 4 由题意得 $3x + b > \sqrt{4-x^2}, x \in [-2,2]$,于是 $3x + b > 0$ 对 $x \in [-2,2]$ 恒成立,得 $b > 6$. 又 $(3x+b)^2 > 4 - x^2$,整理得 $10x^2 + 6bx + b^2 - 4 > 0$.

令 $\varphi(x) = 10x^2 + 6bx + b^2 - 4, x \in [-2,2]$,根据对称轴分类讨论,有 $\begin{cases} -\dfrac{3b}{10} \leq -2 \\ \varphi(2) > 0 \end{cases}$ 或

$\begin{cases} -\dfrac{3b}{10} \geq 2 \\ \varphi(2) > 0 \end{cases}$ 或 $\begin{cases} -2 < -\dfrac{3b}{10} < 2 \\ \varphi\left(-\dfrac{3b}{10}\right) > 0 \end{cases}$,解得 $b \geq \dfrac{20}{3}$ 或 $2\sqrt{10} < b < \dfrac{20}{3}$,即 $b > 2\sqrt{10}$. 故实数 b 的取值范围是 $(2\sqrt{10}, +\infty)$.

3. 解答题中的把关题

解答题中的把关题常以立体几何、解析几何、不等式、数列、函数、综合知识为背景命制,而以数列、解析几何、函数知识为背景居多.

例 23 (2011 年高考上海卷题)已知平面上的线段 l 及点 P,在 l 上任取一点 Q,线段 PQ 长度的最小值称为点 P 到线段 l 的距离,记作 $d(P,l)$.

(Ⅰ)求点 $P(1,1)$ 到线段 $l: x - y - 3 = 0 (3 \leq x \leq 5)$ 的距离 $d(P,l)$.

(Ⅱ)设 l 是长为 2 的线段,求点集 $D = \{P | d(P,l) \leq 1\}$ 所表示的图形面积.

(Ⅲ)写出到两条线段 l_1, l_2 距离相等的点的集合 $\Omega = \{P | d(P,l_1) = d(P,l_2)\}$,其中 $l_1 = AB, l_2 = CD, A, B, C, D$ 是下列三组点中的一组. 对于下列三组点只需选做一种.

①$A(1,3), B(1,0), C(-1,3), D(-1,0)$.
②$A(1,3), B(1,0), C(-1,3), D(-1,-2)$.
③$A(0,1), B(0,0), C(0,0), D(2,0)$.

评述 本题是一道新定义型综合创新题,综合测试了被测试者分析问题、解决问题的能力,对于这类新情境型试题,要求被测试者准确理解新定义,并用它解决各个小题. 该题有较高的区分度.

解析 (Ⅰ)设 $Q(x, x-3)$ 是线段 $l: x - y - 3 = 0 (3 \leq x \leq 5)$ 上一点,则

$$|PQ| = \sqrt{(x-1)^2 + (x-4)^2} = \sqrt{2\left(x - \dfrac{5}{2}\right)^2 + \dfrac{9}{2}} \quad (3 \leq x \leq 5)$$

当 $x = 3$ 时,$d(P,l) = |PQ|_{\min} = \sqrt{5}$.

(Ⅱ)设线段 l 的端点分别为 A, B,以直线 AB 为 x 轴,线段 AB 的中点为坐标原点建立直角坐标系.

则 $A(-1,0), B(1,0)$,点集 D 由如下曲线围,如图 7-54.

$l_1: y=1(|x|\leq 1), l_2: y=-1(|x|\leq 1), C_1:(x+1)^2+y^2=1(x\leq -1), C_2:(x-1)^2+y^2=1(x\geq 1)$.

其面积为 $S=4+\pi$.

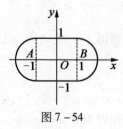

图 7-54

(Ⅲ)①选择 $A(1,3), B(1,0), C(-1,3), D(-1,0)$. $\Omega=\{(x,y)|x=0\}$,如图 7-55.

②选择 $A(1,3), B(1,0), C(-1,3), D(-1,-2)$. $\Omega=\{(x,y)|x=0, y\geq 0\}\cup\{(x,y)|y^2=4x, -2\leq y<0\}\cup\{(x,y)|x+y+1=0, x>1\}$,如图 7-56.

③选择 $A(0,1), B(0,0), C(0,0), D(2,0)$. $\Omega=\{(x,y)|x\leq 0, y\leq 0\}\cup\{(x,y)|y=x, 0<x\leq 1\}\cup\{(x,y)|x^2=2y-1, 1<x\leq 2\}\cup\{(x,y)|4x-2y-3=0, x>2\}$,如图 7-57.

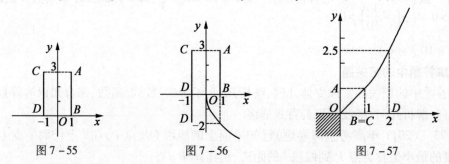

图 7-55 图 7-56 图 7-57

例 24 (2010年高考北京卷题)已知集合 $S_n=\{X|X=(x_1,x_2,\cdots,x_n), x_i\in\{0,1\}, i=1,2,\cdots,n\}(n\geq 2)$. 对于 $A=(a_1,a_2,\cdots,a_n), B=(b_1,b_2,\cdots,b_n)\in S_n$,定义 A 与 B 的差为 $A-B=(|a_1-b_1|,|a_2-b_2|,\cdots,|a_n-b_n|)$, A 与 B 之间的距离为 $d(A,B)=\sum_{i=1}^{n}|a_i-b_i|$.

(Ⅰ)证明: $\forall A,B,C\in S_n$,有 $A-B\in S_n$,且 $d(A-C,B-C)=d(A,B)$.

(Ⅱ)证明: $\forall A,B,C\in S_n, d(A,B), d(A,C), d(B,C)$ 三个数中至少有一个是偶数.

(Ⅲ)设 $P\subseteq S_n, P$ 中有 $m(m\geq 2)$ 个元素,记 P 中所有两元素间距离的平均值为 $\overline{d}(P)$.

证明: $\overline{d}(P)\leq \dfrac{mn}{2(m-1)}$.

评述 对新知识的测试体现了数学中的转化与化归的思想,本题主要测试了被测试者的推理论证能力,以及对常用证明方法的应用.灵活运用新知识解题,考查了创新意识.该题有较高的区分度.

解析 (Ⅰ)设 $A=(a_1,a_2,\cdots,a_n), B=(b_1,b_2,\cdots,b_n), C=(c_1,c_2,\cdots,c_n)\in S_n$.

因为 $a_i, b_i\in\{0,1\}$,所以 $|a_i-b_i|\in\{0,1\}(i=1,2,\cdots,n)$.

从而 $A-B=(|a_1-b_1|,|a_2-b_2|,\cdots,|a_n-b_n|)\in S_n$.

又 $d(A-C,B-C)=\sum_{i=1}^{n}||a_i-c_i|-|b_i-c_i||$,由题意知 $a_i,b_i,c_i\in\{0,1\}(i=1,2,3,\cdots n)$.

当 $c_i=0$ 时，$||a_i-c_i|-|b_i-c_i||=|a_i-b_i|$；

当 $c_i=1$ 时，$||a_i-c_i|-|b_i-c_i||=|(1-a_i)-(1-b_i)|=|a_i-b_i|$.

所以 $d(A-C,B-C)=\sum_{i=1}^{n}|a_i-b_i|=d(A,B)$.

（Ⅱ）设 $A=(a_1,a_2,\cdots,a_n)$, $B=(b_1,b_2,\cdots,b_n)$, $C=(c_1,c_2,\cdots,c_n)\in S_n$, $d(A,B)=k$, $d(A,C)=l$, $d(B,C)=h$.

记 $O=(0,0,\cdots,0)\in S_n$, 由(1)可知

$$d(A,B)=d(A-A,B-A)=d(O,B-A)=k$$
$$d(A,C)=d(A-A,C-A)=d(O,C-A)=l$$
$$d(B,C)=d(B-A,C-A)=h$$

所以 $|b_i-a_i|(i=1,2,\cdots,n)$ 中 1 的个数为 k, $|c_i-a_i|(i=1,2,\cdots,n)$ 中 1 的个数为 l.

设 t 是使 $|b_i-a_i|=|c_i-a_i|=1$ 成立的 i 的个数，则 $h=l+k-2t$.

由此可知，三个数 k,l,h 不可能都是奇数. 即 $d(A,B)$, $d(A,C)$, $d(B,C)$ 三个数中至少有一个是偶数.

（Ⅲ）$\overline{d}(P)=\dfrac{1}{C_m^2}\sum_{A,B\in P}d(A,B)$, 其中 $\sum_{A,B\in P}d(A,B)$ 表示 P 中所有两个元素间距离的总和.

设 P 中所有元素的第 i 个位置的数字共有 t_i 个 1, $m-t_i$ 个 0, 则

$$\sum_{A,B\in P}d(A,B)=\sum_{i=1}^{n}t_i(m-t_i)$$

由于
$$t_i(m-t_i)\leq\dfrac{m^2}{4}\quad(i=1,2,\cdots,n)$$

所以
$$\sum_{A,B\in P}d(A,B)\leq\dfrac{nm^2}{4}$$

从而
$$\overline{d}(P)=\dfrac{1}{C_m^2}\sum_{A,B\in P}d(A,B)\leq\dfrac{nm^2}{4C_m^2}=\dfrac{mn}{2(m-1)}$$

例 25 （2011 年高考江西卷题）(Ⅰ) 如图 7-58，对于任一给定的四面体 $A_1A_2A_3A_4$，找出依次排列的四个相互平行的平面 a_1,a_2,a_3,a_4，使得 $A_i\in a_i(i=1,2,3,4)$，且其中每相邻两个平面间的距离都相等；

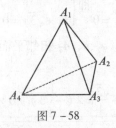

图 7-58

(Ⅱ) 给定依次排列的四个相互平行的平面 a_1,a_2,a_3,a_4，其中每相邻两个平面间的距离都为 1，若一个正四面体 $A_1A_2A_3A_4$ 的四个顶点满足：$A_i\in a_i(i=1,2,3,4)$，求该正四面体 $A_1A_2A_3A_4$ 的体积.

评述 本题测试了空间立体几何中点到平面的距离和体积的求解、空间向量的运用，对于图形的整体把握是解题关键. 同时测试了空间想象能力、推理论证能力和运算求解能力. 该题有较高的区分度.

解析 （Ⅰ）如图 7-59 所示，取 A_1A_4 的三等分点 P_2,P_3，A_1A_2 的中点 M，A_2A_4 的中点 N，过三点 A_2,P_2,M 作平面 a_2，过三点 A_3,P_3,N 作平面 a_3，因为 $A_2P_2\,/\!/\,NP_3$，$A_3P_3\,/\!/\,MP_2$，所以平面 $a_2\,/\!/$ 平面 a_3. 再过点 A_1,A_4 分别作平面 a_1,a_4 与平面 a_2 平行，那么四个平面 a_1,a_2,a_3,a_4 依次相互平行，由线段 A_1A_4 被平行平面 a_1,a_2,a_3,a_4 截得的线段相等知，其中每相邻两个平面间的距离相等，故 a_1,a_2,a_3,a_4 为所求平面.

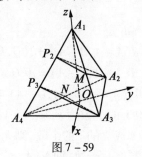

图 7-59

（Ⅱ）**方法 1** 当（1）中的四面体为正四面体时，若所得的四个平行平面每相邻两平面之间的距离为 1，则正四面体 $A_1A_2A_3A_4$ 就是满足题意的正四面体. 设正四面体的棱长为 a，以 $\triangle A_2A_3A_4$ 的中心 O 为坐标原点，以直线 A_4O 为 y 轴，直线 OA_1 为 z 轴建立如图 7-59 所示的空间直角坐标系，则 $A_1\left(0,0,\dfrac{\sqrt{6}}{3}a\right)$，$A_2\left(-\dfrac{a}{2},\dfrac{\sqrt{3}}{6}a,0\right)$，$A_3\left(\dfrac{a}{2},\dfrac{\sqrt{3}}{6}a,0\right)$，$A_4\left(0,-\dfrac{\sqrt{3}}{3}a,0\right)$.

令 P_2,P_3 为 A_1A_4 的三等分点，N 为 A_2A_4 的中点，有

$$P_3\left(0,-\dfrac{2\sqrt{3}}{9}a,\dfrac{\sqrt{6}}{9}a\right),N\left(-\dfrac{a}{4},-\dfrac{\sqrt{3}}{12}a,0\right)$$

所以 $\overrightarrow{P_3N}=\left(-\dfrac{a}{4},\dfrac{5\sqrt{3}}{36}a,-\dfrac{\sqrt{6}}{9}a\right)$，$\overrightarrow{NA_3}=\left(\dfrac{3}{4}a,\dfrac{\sqrt{3}}{4}a,0\right)$，$\overrightarrow{A_4N}=\left(-\dfrac{1}{4}a,\dfrac{\sqrt{3}}{4}a,0\right)$.

设平面 A_3P_3N 的法向量

$$\boldsymbol{n}=(x,y,z)$$

则

$$\begin{cases}\boldsymbol{n}\cdot\overrightarrow{P_3N}=0\\ \boldsymbol{n}\cdot\overrightarrow{NA_3}=0\end{cases}\text{即}\begin{cases}9x-5\sqrt{3}y+4\sqrt{6}z=0\\ 3x+\sqrt{3}y=0\end{cases}$$

取 $\boldsymbol{n}=(1,-\sqrt{3},-\sqrt{6})$. 因为 a_1,a_2,a_3,a_4 相邻平面之间的距离为 1，所以点 A_4 到平面 A_3P_3N 的距离为

$$\dfrac{\left|\left(-\dfrac{a}{4}\right)\times 1+\dfrac{\sqrt{3}}{4}a\times(-\sqrt{3})+0\times(-\sqrt{6})\right|}{\sqrt{1+(-\sqrt{3})^2+(-\sqrt{6})^2}}=1$$

解得 $a=\sqrt{10}$（负值舍去）. 由此可得，边长为 $\sqrt{10}$ 的正四面体 $A_1A_2A_3A_4$ 满足条件.

所以所求正四面体的体积 $V=\dfrac{1}{3}Sh=\dfrac{1}{3}\times\dfrac{\sqrt{3}}{4}a^2\times\dfrac{\sqrt{6}}{3}a=\dfrac{\sqrt{2}}{12}a^3=\dfrac{5}{3}\sqrt{5}$

方法 2 如图 7-60，现将此正四面体 $A_1A_2A_3A_4$ 置于一个正方体 $ABCD$-$A_1B_1C_1D_1$ 中（或者说，在正四面体的四个面外侧各镶嵌一个相邻侧棱夹角为直角的正三棱锥，得到一个正方

体),E_1,F_1 分别是 A_1B_1,C_1D_1 的中点,EE_1D_1D 和 BB_1F_1F 是两个平行平面,若其距离为 1,则四面体 $A_1A_2A_3A_4$ 即为满足条件的正四面体. 如图 7-61 是正方体的上底面,现设正方体的棱长为 a,若 $A_1M = MN = 1$,则有 $A_1E_1 = \dfrac{a}{2}$,$D_1E_1 = \sqrt{A_1D_1^2 + A_1E_1^2} = \dfrac{\sqrt{5}}{2}a$.

由 $A_1D_1 \cdot A_1E_1 = A_1M \cdot D_1E_1$,得 $a = \sqrt{5}$.

于是正四面体的棱长

$$d = \sqrt{2}a = \sqrt{10}$$

其体积

$$V = a^3 - 4 \times \dfrac{1}{6}a^3 = \dfrac{1}{3}a^3 = \dfrac{5}{3}\sqrt{5}$$

(即等于一个棱长为 a 的正方体割去四个相邻侧棱夹角为直角的正三棱锥后的体积)

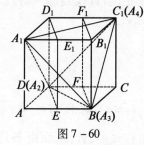

图 7-60

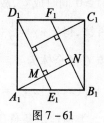

图 7-61

例 26 (2011 年高考重庆卷题)设 $A(x_1,y_1)$,$B(x_2,y_2)$ 是平面直角坐标系 xOy 上的两点,现定义由点 A 到点 B 的一种折线距离 $\rho(A,B)$ 为 $\rho(A,B) = |x_2 - x_1| + |y_2 - y_1|$.

对于平面 xOy 上给定的不同的两点 $A(x_1,y_1)$,$B(x_2,y_2)$.

(Ⅰ)若点 $C(x,y)$ 是平面 xOy 上的点,试证明 $\rho(A,C) + \rho(C,B) \geqslant \rho(A,B)$.

(Ⅱ)在平面 xOy 上是否存在点 $C(x,y)$,同时满足:①$\rho(A,C) + \rho(C,B) = \rho(A,B)$;②$\rho(A,C) = \rho(C,B)$.

若存在,请求出所有符合条件的点;若不存在,请予以证明.

评述 本题是以绝对值不等式为背景知识创设的新情景题,测试绝对值不等式的性质,测试对新概念的理解、推理论证、运算求解能力以及分类讨论的数学思想,也体现了对创新意识的测试. 此该有较高的区分度.

解析 (Ⅰ)由 $\rho(A,C) = |x - x_1| + |y - y_1|$,$\rho(C,B) = |x_2 - x| + |y_2 - y|$,$\rho(A,B) = |x_2 - x_1| + |y_2 - y_1|$,有

$$\begin{aligned}\rho(A,C) + \rho(C,B) &= |x - x_1| + |y - y_1| + |x_2 - x| + |y_2 - y| \\ &= (|x - x_1| + |x_2 - x|) + (|y - y_1| + |y_2 - y|) \\ &\geqslant |(x - x_1) + (x_2 - x)| + |(y - y_1) + (y_2 - y)| \\ &= |x_2 - x_1| + |y_2 - y_1| = \rho(A,B)\end{aligned}$$

(Ⅱ)注意到点 $A(x_1,y_1)$ 与点 $B(x_2,y_2)$ 不同,下面分三种情形讨论.

(1)若 $x_1 = x_2$,则 $y_1 \neq y_2$,由条件②得

$$|x - x_1| + |y - y_1| = |x_2 - x| + |y_2 - y|$$

即 $|y - y_1| = |y - y_2|$,故 $y = \dfrac{y_1 + y_2}{2}$.

由条件①得
$$|x-x_1|+|y-y_1|+|x_2-x|+|y_2-y|=|x_2-x_1|+|y_2-y_1|$$

则
$$2|x-x_1|+\frac{1}{2}|y_2-y_1|+\frac{1}{2}|y_2-y_1|=|y_2-y_1|$$

即 $|x-x_1|=0$,故 $x=x_1$.

因此,所求的点 C 为 $\left(x_1,\dfrac{y_1+y_2}{2}\right)$.

(2)若 $y_1=y_2$,则 $x_1\neq x_2$,类似于(1).

可得符合条件的点 C 为 $\left(\dfrac{x_1+x_2}{2},y_1\right)$.

(3)当 $x_1\neq x_2$ 且 $y_1\neq y_2$ 时,不妨设 $x_1<x_2$.

①若 $y_1<y_2$,则由(1)中的证明知,要使条件①成立,当且仅当 $(x-x_1)(x_2-x)\geq 0$ 与 $(y-y_1)(y_2-y)\geq 0$ 同时成立,故 $x_1\leq x\leq x_2$ 且 $y_1\leq y\leq y_2$.

从而由条件②,得 $x+y=\dfrac{1}{2}(x_1+x_2+y_1+y_2)$.

此时所求点 C 的全体为
$$M=\left\{(x,y)\,\Big|\,x+y=\frac{1}{2}(x_1+x_2+y_1+y_2),x_1\leq x\leq x_2 \text{ 且 } y_1\leq y\leq y_2\right\}$$

②若 $y_1>y_2$,类似地由条件①可得 $x_1\leq x\leq x_2$ 且 $y_2\leq y\leq y_1$,从而由条件②得 $x-y=\dfrac{1}{2}(x_1+x_2-y_1-y_2)$.

此时所求点的全体为
$$N=\left\{(x,y)\,\Big|\,x-y=\frac{1}{2}(x_1+x_2-y_1-y_2),x_1\leq x\leq x_2 \text{ 且 } y_2\leq y\leq y_1\right\}$$

例27 (2010年高考浙江卷题)已知 m 是非零实数,抛物线 $C:y^2=2px(p>0)$ 的焦点 F 在直线 $l:x-my-\dfrac{m^2}{2}=0$ 上.

(Ⅰ)若 $m=2$,求抛物线 C 的方程;

(Ⅱ)如图 7-62,设直线 l 与抛物线 C 交于 A,B 两点,过 A,B 分别作抛物线 C 的准线的垂线,垂足为 A_1,B_1,$\triangle AA_1F$,$\triangle BB_1F$ 的重心分别为 G,H,求证:对任意非零实数 m,抛物线 C 的准线与 x 轴的交点在以线段 GH 为直径的圆外.

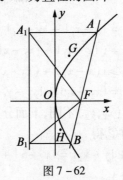

图 7-62

评述 本题主要测试抛物线的几何性质,直线与抛物线、点与圆的位置关系等基础知识,同时测试解析几何的基本思想方法和运算求解能力. 该题有较好的评区分度.

解析 (Ⅰ)因为焦点 $F\left(\dfrac{p}{2},0\right)$ 在直线 l 上,得 $p=m^2$.

又 $m=2$,故 $p=4$,所以抛物线 C 的方程为 $y^2=8x$.

(Ⅱ)因为抛物线 C 的焦点 F 在直线 l 上,所以 $p=m^2$,所以抛物线 C 的方程为 $y^2=2m^2x$. 设 $A(x_1,y_1),B(x_2,y_2)$.

由 $\begin{cases} x=my+\dfrac{m^2}{2} \\ y^2=2m^2x \end{cases}$,消去 x 得

$$y^2-2m^3y-m^4=0$$

由于 $m\neq 0$,故

$$\Delta=4m^6+4m^4>0$$

且有

$$y_1+y_2=2m^3,y_1y_2=-m^4$$

设 M_1,M_2 分别为线段 AA_1,BB_1 的中点,由于

$$2\overrightarrow{M_1G}=\overrightarrow{GF},2\overrightarrow{M_2H}=\overrightarrow{HF}$$

可知 $G\left(\dfrac{x_1}{3},\dfrac{2y_1}{3}\right),H\left(\dfrac{x_2}{3},\dfrac{2y_2}{3}\right)$.

所以 $\dfrac{x_1+x_2}{6}=\dfrac{m(y_1+y_2)+m^2}{6}=\dfrac{m^4}{3}+\dfrac{m^2}{6},\dfrac{2y_1+2y_2}{6}=\dfrac{2m^3}{3}$

所以 GH 的中点 $M\left(\dfrac{m^4}{3}+\dfrac{m^2}{6},\dfrac{2m^3}{3}\right)$.

设 R 是以线段 GH 为直径的圆的半径,则

$$R^2=\dfrac{1}{4}|GH|^2=\dfrac{1}{9}(m^2+4)(m^2+1)m^4$$

设抛物线的准线与 x 轴的交点 $N\left(-\dfrac{m^2}{2},0\right)$,则

$$|MN|^2=\left(\dfrac{m^4}{3}+\dfrac{m^2}{6}+\dfrac{m^2}{2}\right)^2+\left(\dfrac{2m^3}{3}\right)^2=\dfrac{1}{9}m^4(m^4+8m^2+4)$$

$$=\dfrac{1}{9}m^4[(m^2+1)(m^2+4)+3m^2]$$

$$>\dfrac{1}{9}m^4(m^2+1)(m^2+4)=R^2$$

故 N 在以线段 GH 为直径的圆外.

例28 (2014年高考湖南卷题)如图 7-63,O 为坐标原点,椭圆 $C_1:\dfrac{x^2}{a^2}+\dfrac{y^2}{b^2}=1(a>b>0)$ 的左、右焦点分别为 F_1,F_2,离心率为 e_1;双曲线 $C_2:\dfrac{x^2}{a^2}-\dfrac{y^2}{b^2}=1$ 的左、右焦点分别为 F_3,F_4,离心率为 e_2. 已知 $e_1e_2=\dfrac{\sqrt{3}}{2}$,且 $|F_2F_4|=\sqrt{3}-1$.

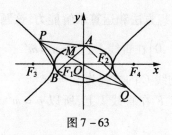

图 7-63

（Ⅰ）求 C_1, C_2 的方程；

（Ⅱ）过 F_1 作 C_1 的不垂直于 y 轴的弦 AB，M 为 AB 的中点. 当直线 OM 与 C_2 交于 P, Q 两点时，求四边形 $PABQ$ 面积的最小值.

评述 本题主要测试椭圆、双曲线的几何性质，以及直线的夹角、点到直线的距离、求数值等知识. 测试被测试者综合运用知识的能力. 该题有较好的区分度.

解析 （Ⅰ）C_1, C_2 的方程分别为 $\dfrac{x^2}{2} + y^2 = 1$，$\dfrac{x^2}{2} - y^2 = 1$（过程略）.

（Ⅱ）**方法 1** 设 $A(x_1, y_1)$，$B(x_2, y_2)$，直线 AB 的方程为 $x = my - 1$，将其代入 $\dfrac{x^2}{2} + y^2 = 1$，消去 x 可求得

$$|AB| = \sqrt{m^2 + 1} \cdot \dfrac{2\sqrt{2}\sqrt{m^2+1}}{m^2+2} = \dfrac{2\sqrt{2}(m^2+1)}{m^2+2}$$

设 $M(x_0, y_0)$，由 M 为 AB 的中点，有 $y_0 = \dfrac{1}{2}(y_1 + y_2) = \dfrac{m}{m^2+2}$，$x_0 = my_0 - 1 = \dfrac{-2}{m^2+2}$. 所以 $k_{PQ} = k_{OM} = \dfrac{y_0}{x_0} = -\dfrac{m}{2}$，故直线 PQ 的方程为 $y = -\dfrac{m}{2}x$，代入 $\dfrac{x^2}{2} - y^2 = 1$ 整理得 $(2 - m^2)x^2 - 4 = 0$ $(2 - m^2 > 0)$，可求得

$$|PQ| = \sqrt{1 + \left(-\dfrac{m}{2}\right)^2} \cdot \dfrac{4}{\sqrt{2-m^2}} = \dfrac{2\sqrt{m^2+4}}{\sqrt{2-m^2}}$$

设直线 AB 与 PQ 的夹角为 θ，因为直线 AB 的方向向量为 $\boldsymbol{a} = (1, -m)$，直线 PQ 的方向向量 $\boldsymbol{b} = (m, 2)$，则

$$\cos\theta = |\cos\langle \boldsymbol{a}, \boldsymbol{b} \rangle| = \dfrac{|\boldsymbol{a} \cdot \boldsymbol{b}|}{|\boldsymbol{a}||\boldsymbol{b}|} = \dfrac{|m|}{\sqrt{m^2+1} \cdot \sqrt{m^2+4}}$$

所以

$$\sin\theta = \dfrac{m^2+2}{\sqrt{m^2+1} \cdot \sqrt{m^2+4}}$$

于是

$$S_{\text{四边形}APBQ} = \dfrac{1}{2}|AB||PQ|\sin\theta$$

$$= \dfrac{1}{2} \cdot 2\sqrt{2} \dfrac{(m^2+1)}{m^2+2} \cdot \dfrac{2\sqrt{m^2+4}}{\sqrt{2-m^2}} \cdot \dfrac{m^2+2}{\sqrt{m^2+1} \cdot \sqrt{m^2+4}}$$

$$= \dfrac{2\sqrt{2}\sqrt{m^2+1}}{\sqrt{2-m^2}} \geq 2$$

当且仅当 $m=0$ 时取等号,故四边形 $APBQ$ 的面积的最小值为 2.

方法 2 设直线 AB 的方程为 $x=my-1$.

由 $\begin{cases} x=my-1 \\ \dfrac{x^2}{2}+y^2=1 \end{cases}$ 可得 $(m^2+2)y^2-2my-1=0$.

设 $A(x_1,y_1)$, $B(x_2,y_2)$,则 $y_1+y_2=\dfrac{2m}{m^2+2}$,$y_1y_2=\dfrac{-1}{m^2+2}$.

从而
$$|AB|=\sqrt{(1+m^2)\left[(y_1+y_2)^2-4y_1y_2\right]}$$
$$=\sqrt{(1+m^2)\left[\left(\dfrac{2m}{m^2+2}\right)^2+\dfrac{4}{m^2+2}\right]}$$
$$=\dfrac{2\sqrt{2}(1+m^2)}{m^2+2}$$
$$=2\sqrt{2}\left(1-\dfrac{1}{m^2+2}\right)\geqslant\sqrt{2}.$$

当且仅当 $m=0$ 时取等号.

设 $M(x_0,y_0)$,则 $y_0=\dfrac{1}{2}(y_1+y_2)=\dfrac{m}{m^2+2}$,$x_0=my_0-1=-\dfrac{2}{m^2+2}$.

所以 $k_{PQ}=k_{OM}=\dfrac{y_0}{x_0}=-\dfrac{m}{2}$,从而直线 PQ 的方程为 $y=-\dfrac{m}{2}x$.

由 $\begin{cases} \dfrac{x^2}{2}-y^2=1 \\ y=-\dfrac{m}{2}x \end{cases}$ 可得 $x^2=\dfrac{4}{2-m^2}$ 且 $2-m^2>0$.

设 $P(x_3,y_3)$, $Q(x_4,y_4)$,则 $x_3=\dfrac{-2}{\sqrt{2-m^2}}$,$x_4=\dfrac{2}{\sqrt{2-m^2}}$,$y_3=-\dfrac{m}{2}x_3$,$y_4=-\dfrac{m}{2}x_4$.

设点 P 到直线 AB 的距离为 d_1,点 Q 到直线 AB 的距离为 d_2,则
$$d_1=\dfrac{|x_3-my_3+1|}{\sqrt{1^2+m^2}}=\dfrac{-x_3+my_3-1}{\sqrt{1+m^2}}$$
$$=\dfrac{-x_3-\dfrac{m^2}{2}x_3-1}{\sqrt{1+m^2}}=\dfrac{(2+m^2)-\sqrt{2-m^2}}{\sqrt{1+m^2}\cdot\sqrt{2-m^2}}.$$

同理可得 $d_2=\dfrac{(2+m^2)+\sqrt{2-m^2}}{\sqrt{1+m^2}\cdot\sqrt{2-m^2}}.$

所以
$$d_1+d_2=\dfrac{2(2+m^2)}{\sqrt{1+m^2}\cdot\sqrt{2-m^2}}=\dfrac{2}{\sqrt{\dfrac{1+m^2}{2+m^2}\cdot\dfrac{2-m^2}{2+m^2}}}$$
$$=\dfrac{2}{\sqrt{\left(1-\dfrac{1}{2+m^2}\right)\left(\dfrac{4}{2+m^2}-1\right)}}\geqslant 2\sqrt{2}$$

当且仅当 $m=0$ 时取等号$\left(\diamondsuit t=\dfrac{1}{m^2+2}\right.$换元亦可$\left.\right)$.

所以 $S_{\text{四边形}APBQ}=\dfrac{1}{2}|AB|(d_1+d_2)\geq \dfrac{1}{2}\times\sqrt{2}\times 2\sqrt{2}=2$,当且仅当 $m=0$ 时取等号.

因此四边形 $APBQ$ 面积的最小值为 2.

方法 3 同方法 2 有
$$|AB|=2\sqrt{2}\dfrac{(1+m^2)}{m^2+2},\ d_1+d_2=\dfrac{2(2+m^2)}{\sqrt{1+m^2}\cdot\sqrt{2-m^2}}$$

所以 $S_{\text{四边形}APBQ}=\dfrac{1}{2}|AB|(d_1+d_2)=\dfrac{2\sqrt{2}\sqrt{1+m^2}}{\sqrt{2-m^2}}$,下同解法 1.

方法 4 设 $A(x_1,y_1)$,$B(x_2,y_2)$,由 $\dfrac{x_1^2}{2}+y_1^2=1$,$\dfrac{x_2^2}{2}+y_2^2=1$ 两式相减可得 $k_{AB}\cdot k_{CP}=\dfrac{1}{2}$.

设 $A(\sqrt{2}\cos\alpha,\sin\alpha)$,$P\left(\dfrac{\sqrt{2}}{\cos\beta},\dfrac{\sin\beta}{\cos\beta}\right)$,则
$$k_{AB}=\dfrac{\sin\alpha}{\sqrt{2}\cos\alpha+1},\ k_{OP}=\dfrac{\sin\beta}{\sqrt{2}}$$

代入 $k_{AB}\cdot k_{OP}=-\dfrac{1}{2}$ 可得
$$\sin\beta=-\dfrac{\sqrt{2}\cos\alpha+1}{\sqrt{2}\sin\alpha}$$

由 $|\sin\beta|<1$ 得
$$1-2\sqrt{2}\cos\alpha-4\cos^2\alpha>0$$

故 $\dfrac{2+2\sqrt{2}\cos\alpha+\cos^2\alpha}{1-2\sqrt{2}\cos\alpha-4\cos^2\alpha}-\dfrac{1}{2}=\dfrac{3(\sqrt{2}\cos\alpha+1)^2}{1-2\sqrt{2}\cos\alpha-4\cos^2\alpha}\geq 0$

所以 $\dfrac{2+2\sqrt{2}\cos\alpha+\cos^2\alpha}{1-2\sqrt{2}\cos\alpha-4\cos^2\alpha}\geq\dfrac{1}{2}$(当且仅当 $\cos\alpha=-\dfrac{\sqrt{2}}{2}$,即 $\sin\beta=0$ 时取等号).

又 $\cos^2\beta=1-\sin^2\beta=\dfrac{1-2\sqrt{2}\cos\alpha-4\cos^2\alpha}{2\sin^2\alpha}$,由向量或三角形知识可得

$$S_{\triangle AOP}=\dfrac{1}{2}|x_Ay_P-x_Py_A|$$
$$=\dfrac{1}{2}\left|\sqrt{2}\cos\alpha\dfrac{\sin\beta}{\cos\beta}-\dfrac{\sqrt{2}}{\cos\beta}\sin\alpha\right|=\dfrac{\sqrt{2}}{2}\sqrt{\dfrac{2+2\sqrt{2}\cos\alpha+\cos^2\alpha}{1-2\sqrt{2}\cos\alpha-4\cos^2\alpha}}\geq\dfrac{1}{2}$$

由 O 为线段 PQ 的中点和 M 为 AB 的中点得 $S_{\text{四边形}APBQ}=4S_{\triangle AOP}\geq 2$,当且仅当 $\cos\alpha=-\dfrac{\sqrt{2}}{2}$,即 $\sin\beta=0$ 时取等号,此时 $AB\perp x$ 轴. 故四边形 $APBQ$ 面积的最小值为 2.

例 29 (2010 年高考上海卷题)已知椭圆 Γ 的方程为 $\dfrac{x^2}{a^2}+\dfrac{y^2}{b^2}=1(a>b>0)$,点 P 的坐标为 $(-a,b)$.

（Ⅰ）若直角坐标平面上的点 $M, A(0, -b), B(a, 0)$ 满足 $\overrightarrow{PM} = \frac{1}{2}(\overrightarrow{PA} + \overrightarrow{PB})$，求点 M 的坐标；

（Ⅱ）设直线 $l_1: y = k_1 x + p$ 交椭圆 Γ 于 C, D 两点，交直线 $l_2: y = k_2 x$ 于点 E，若 $k_1 \cdot k_2 = -\frac{b^2}{a^2}$，证明：$E$ 为 CD 的中点.

（Ⅲ）对于椭圆 Γ 上的点 $Q(a\cos\theta, b\sin\theta)(0 < \theta < \pi)$，如果椭圆 Γ 上存在不同的两个点 P_1, P_2 满足 $\overrightarrow{PP_1} + \overrightarrow{PP_2} = \overrightarrow{PQ}$. 写出求作点 P_1, P_2 的步骤，并求出使 P_1, P_2 存在的 θ 的取值范围.

评述 此题测试了平面向量、直线与圆锥曲线的位置关系知识，测试了推理论证、作图、运算求解能力以及数形结合思想方法，测试了综合运用所学知识分析、解决问题的能力. 该题有较高的区分度.

解析 （Ⅰ）设 $M(x_0, y_0)$，则 $\overrightarrow{PM} = (x_0 + a, y_0 - b), \overrightarrow{PA} = (a, -2b), \overrightarrow{PB} = (2a, -b)$，$\overrightarrow{PM} = \frac{1}{2}(\overrightarrow{PA} + \overrightarrow{PB})$，得

$$(x_0 + a, y_0 - b) = \frac{1}{2}[(a, -2b) + (2a, -b)]$$

则 $x_0 = \frac{a}{2}, y_0 = -\frac{b}{2}$. 故 $M\left(\frac{a}{2}, -\frac{b}{2}\right)$.

（Ⅱ）由 $\begin{cases} y = k_1 x + p \\ y = k_2 x \end{cases}$ 得 l_1 与 l_2 的交点为

$$E\left(\frac{p}{k_2 - k_1}, \frac{k_2 p}{k_2 - k_1}\right)$$

设 $C(x_1, y_1), D(x_2, y_2)$，由 $\begin{cases} y = k_1 x + p \\ \dfrac{x^2}{a^2} + \dfrac{y^2}{b^2} = 1 \end{cases}$ 消去 y 并整理，得

$$(a^2 k_1^2 + b^2) x^2 + 2a^2 k_1 p x + a^2 p^2 - a^2 b^2 = 0$$

则

$$x_1 + x_2 = -\frac{2a^2 k_1 p}{a^2 k_1^2 + b^2} = -\frac{2k_1 p}{k_1^2 + \dfrac{b^2}{a^2}}$$

当 $k_1 k_2 = -\dfrac{b^2}{a^2}$ 时

$$x_1 + x_2 = -\frac{2k_1 p}{k_1^2 - k_1 k_2} = \frac{2p}{k_2 - k_1} = 2x_E$$

即 $x_E = \dfrac{x_1 + x_2}{2}$，同理可证 $y_E = \dfrac{y_1 + y_2}{2}$.

故 E 为 CD 的中点.

（Ⅲ）如果椭圆 Γ 上存在不同的两个点 P_1, P_2 满足 $\overrightarrow{PP_1} + \overrightarrow{PP_2} = \overrightarrow{PQ}$，则四边形 $PP_1 Q P_2$ 是平行四边形，因而 $P_1 P_2$ 的中点应与 PQ 的中点重合，故只需据此求出直线 $P_1 P_2$ 的斜率

即可.

设 $P_1(x_{P_1}, y_{P_1}), P_2(x_{P_2}, y_{P_2})$, PQ 的中点为 $R\left(\dfrac{-a+a\cos\theta}{2}, \dfrac{b+b\sin\theta}{2}\right)$.

因 P_1, P_2 在椭圆上,则

$$\dfrac{x_{P_1}^2}{a^2} + \dfrac{y_{P_1}^2}{b^2} = 1 \qquad ①$$

$$\dfrac{x_{P_2}^2}{a^2} + \dfrac{y_{P_2}^2}{b^2} = 1 \qquad ②$$

① - ②并整理,得

$$\dfrac{y_{p_1}-y_{p_2}}{x_{p_1}-x_{p_2}} = -\dfrac{b^2(x_{p_1}+x_{p_2})}{a^2(y_{p_1}+y_{p_2})} = -\dfrac{b^2 \cdot a(\cos\theta-1)}{a^2 \cdot b(1+\sin\theta)} = \dfrac{b(1-\cos\theta)}{a(1+\sin\theta)}$$

求作点 P_1, P_2 的步骤如下:

(1)联结 PQ,作出线段 PQ 的中点 R;

(2)过点 $R\left(\dfrac{-a+a\cos\theta}{2}, \dfrac{b+b\sin\theta}{2}\right)$ 作斜率为 $k = \dfrac{b(1-\cos\theta)}{a(1+\sin\theta)}$ 的直线 l,交椭圆 Γ 于 P_1, P_2 两点,则点 P_1, P_2 就是所求作的点.

当 $0 < \theta < \pi$ 时,只需 PQ 的中点在椭圆内部,则由作法可知满足条件的点 P_1, P_2 就存在,故有

$$\dfrac{\left(\dfrac{-a+a\cos\theta}{2}\right)^2}{a^2} + \dfrac{\left(\dfrac{b+b\sin\theta}{2}\right)^2}{b^2} < 1 \quad (a > b > 0)$$

则 $\sin\theta - \cos\theta < \dfrac{1}{2}$,即 $\sqrt{2}\sin\left(\theta - \dfrac{\pi}{4}\right) < \dfrac{1}{2}$

即 $\theta < \arcsin\dfrac{\sqrt{2}}{4} + \dfrac{\pi}{4}$

故 $0 < \theta < \arcsin\dfrac{\sqrt{2}}{4} + \dfrac{\pi}{4}$

例 30 (2011 年高考山东卷题)已知动直线 l 与椭圆 $C: \dfrac{x^2}{3} + \dfrac{y^2}{2} = 1$ 交于 $P(x_1, y_1)$, $Q(x_2, y_2)$ 两不同点,且 $\triangle OPQ$ 的面积 $S_{\triangle OPQ} = \dfrac{\sqrt{6}}{2}$,其中 O 为坐标原点.

(Ⅰ)证明:$x_1^2 + x_2^2$ 和 $y_1^2 + y_2^2$ 均为定值;

(Ⅱ)设线段 PQ 的中点为 M,求 $|OM| \cdot |PQ|$ 的最大值;

(Ⅲ)椭圆 C 上是否存在三点 D, E, G,使得 $S_{\triangle ODE} = S_{\triangle ODG} = S_{\triangle OEG} = \dfrac{\pi}{2}$?若存在,判断 $\triangle DEG$ 的形状;若不存在,请说明理由.

评述 本题测试直线与椭圆的位置关系、直线截椭圆所得弦长的求法、点到直线的距离公式、二次方程的根与系数的关系、利用基本不等式求最值等基础知识,同时测试运算求解能力、推理运算能力,本题难度较大,综合性强.该题有较高的区分度.

解析 (Ⅰ)(1)当直线 l 的斜率不存在时,P, Q 两点关于 x 轴对称,所以 $x_2 = x_1, y_2 =$

y_1.

因为 $P(x_1, y_1)$ 在椭圆上,因此
$$\frac{x_1^2}{3} + \frac{y_1^2}{2} = 1 \qquad ①$$

又因为
$$S_{\triangle OQP} = \frac{\sqrt{6}}{2} \qquad ②$$

所以
$$|x_1| \cdot |y_1| = \frac{\sqrt{6}}{2}$$

由式①、②得 $|x_1| = \frac{\sqrt{6}}{2}$, $|y_1| = 1$,此时 $x_1^2 + x_2^2 = 3$, $y_1^2 + y_2^2 = 2$.

(2)当直线 l 的斜率存在时,设直线 l 的方程为 $y = kx + m$.

由题意知 $m \neq 0$,将其代入 $\frac{x^2}{3} + \frac{y^2}{2} = 1$,得
$$(2 + 3k^2)x^2 + 6kmx + 3(m^2 - 2) = 0$$

即
$$3k^2 + 2 > m^2 \qquad (*)$$

又
$$x_1 + x_2 = -\frac{6km}{2 + 3k^2}, \quad x_1 x_2 = \frac{3(m^2 - 2)}{2 + 3k^2}$$

所以
$$|PQ| = \sqrt{1 + k^2} \cdot \sqrt{(x_1 + x_2)^2 - 4x_1 x_2}$$
$$= \sqrt{1 + k^2} \cdot \frac{2\sqrt{6}\sqrt{3k^2 + 2 - m^2}}{2 + 3k^2}$$

因为点 O 到直线 l 的距离为 $d = \frac{|m|}{\sqrt{1 + k^2}}$,所以
$$S_{\triangle OPQ} = \frac{1}{2}|PQ|d = \frac{1}{2}\sqrt{1 + k^2} \cdot \frac{2\sqrt{6}\sqrt{3k^2 + 2 - m^2}}{2 + 3k^2} \cdot \frac{|m|}{\sqrt{1 + k^2}}$$
$$= \frac{\sqrt{6}|m|\sqrt{3k^2 + 2 - m^2}}{2 + 3k^2}$$

又
$$S_{\triangle OPQ} = \frac{\sqrt{6}}{2}$$

整理得 $3k^2 + 2 = 2m^2$,且符合式(*),此时
$$x_1^2 + x_2^2 = (x_1 + x_2)^2 - 2x_1 x_2 = \left(-\frac{6km}{2 + 3k^2}\right)^2 - 2 \times \frac{3(m^2 - 2)}{2 + 3k^2} = 3$$
$$y_1^2 + y_2^2 = \frac{2}{3}(3 - x_1^2) + \frac{2}{3}(3 - x_2^2) = 4 - \frac{2}{3}(x_1^2 + x_2^2) = 2$$

综上所述, $x_1^2 + x_2^2 = 3$, $y_1^2 + y_2^2 = 2$,结论成立.

(Ⅱ)**方法1** (1)当直线 l 的斜率不存在时,由(1)知 $|OM| = |x_1| = \frac{\sqrt{6}}{2}$, $|PQ| = 2|y_1| = 2$.

因此
$$|OM|\cdot|PQ|=\frac{\sqrt{6}}{2}\times 2=\sqrt{6}$$

(2)当直线 l 的斜率存在时,由(Ⅰ)知
$$\frac{x_1+x_2}{2}=-\frac{3k}{2m}$$

$$\frac{y_1+y_2}{2}=k\left(\frac{x_1+x_2}{2}\right)+m=-\frac{3k^2}{2m}+m=\frac{-3k^2+2m^2}{2m}=\frac{1}{m}$$

$$|OM|^2=\left(\frac{x_1+x_2}{2}\right)^2+\left(\frac{y_1+y_2}{2}\right)^2=\frac{9k^2}{4m^2}+\frac{1}{m^2}=\frac{6m^2-2}{4m^2}=\frac{1}{2}\left(3-\frac{1}{m^2}\right)$$

$$|PQ|^2=\frac{(1+k^2)24(3k^2+2-m^2)}{(2+3k^2)^2}=\frac{2(2m^2+1)}{m^2}=2\left(2+\frac{1}{m^2}\right)$$

所以
$$|OM|^2\cdot|PQ|^2=\frac{1}{2}\times\left(3-\frac{1}{m^2}\right)\times 2\times\left(2+\frac{1}{m^2}\right)$$
$$=\left(3-\frac{1}{m^2}\right)\left(2+\frac{1}{m^2}\right)\leq\left(\frac{3-\frac{1}{m^2}+2+\frac{1}{m^2}}{2}\right)^2=\frac{25}{4}$$

所以 $|OM|\cdot|PQ|\leq\frac{5}{2}$,当且仅当 $3-\frac{1}{m^2}=2+\frac{1}{m^2}$,即 $m=\pm\sqrt{2}$ 时,等号成立.

综合①、②得 $|OM|\cdot|PQ|$ 的最大值为 $\frac{5}{2}$.

方法 2 因为
$$4|OM|^2+|PQ|^2=(x_1+x_2)^2+(y_1+y_2)^2+(x_2-x_1)^2+(y_2-y_1)^2$$
$$=2[(x_1^2+x_2^2)+(y_1^2+y_2^2)]=10$$

所以
$$2|OM|\cdot|PQ|\leq\frac{4|OM|^2+|PQ|^2}{2}=\frac{10}{2}=5$$

即 $|OM|\cdot|PQ|\leq\frac{5}{2}$,当且仅当 $2|OM|=|PQ|=\sqrt{5}$ 时等号成立.

因此 $|OM|\cdot|PQ|$ 的最大值为 $\frac{5}{2}$.

(Ⅲ)椭圆 C 上不存在三点 D,E,G,使得
$$S_{\triangle ODE}=S_{\triangle ODG}=S_{\triangle ODG}=\frac{\sqrt{6}}{2}$$

事实上,假设存在 $D(u,v),E(x_1,y_1),G(x_2,y_2)$ 满足 $S_{\triangle ODE}=S_{\triangle ODG}=S_{\triangle OEG}=\frac{\sqrt{6}}{2}$.

由(Ⅰ)得
$$u^2+x_1^2=3, u^2+x_2^2=3, x_1^2+x_2^2=3$$
$$v^2+y_1^2=2, v^2+y_2^2=2, y_1^2+y_2^2=2$$

解得

$$u^2 = x_1^2 = x_2^2 = \frac{3}{2}v^2 = y_1^2 = y_2^2 = 1$$

因此 u, x_1, x_2 只能从 $\pm\frac{\sqrt{6}}{2}$ 中选取,v, y_1, y_2 只能从 ± 1 中选取.

因此 D, E, G 只能在 $\left(\pm\frac{\sqrt{6}}{2}, \pm 1\right)$ 这四点中选取三个不同点,而这三点的两两连线中必有一条过原点,与 $S_{\triangle ODE} = S_{\triangle ODG} = S_{\triangle OEG} = \frac{\sqrt{6}}{2}$ 矛盾,所以椭圆 C 上不存在满足条件的三点 D, E, G.

例31 (2011年高考湖北卷题)(Ⅰ)已知函数 $f(x) = \ln x - x + 1, x \in (0, +\infty)$,求函数 $f(x)$ 的最大值;

(Ⅱ)若 $a_k, b_k (k = 1, 2, \cdots, n)$ 均为正数,证明:

(1) 若 $a_1 b_1 + a_2 b_2 + \cdots + a_n b_n \leqslant b_1 + b_2 + \cdots + b_n$,则 $a_1^{b_1} \cdot a_2^{b_2} \cdot \cdots \cdot a_n^{k_n} \leqslant 1$;

(2) 若 $b_1 + b_2 + \cdots + b_n = 1$,则 $\frac{1}{n} \leqslant b_1^{b_1} b_2^{b_2} \cdots b_n^{b_n} \leqslant b_1^2 + b_2^2 + \cdots + b_n^2$.

评述 本题主要测试函数、导数、不等式的证明等基础知识,同时测试综合运用数学知识进行推理论证的能力以及化归与转化的思想. 该题有较高的区分度.

解析 (Ⅰ) $f(x)$ 的定义域为 $(0, +\infty)$,令 $f'(x) = \frac{1}{x} - 1 = 0$,解得 $x = 1$.

当 $0 < x < 1$ 时,$f'(x) > 0$,$f(x)$ 在 $(0, 1)$ 内是增函数;

当 $x > 1$ 时,$f'(x) < 0$,$f(x)$ 在 $(1, +\infty)$ 内是减函数;

故函数 $f(x)$ 在 $x = 1$ 处取得最大值 $f(1) = 0$.

(Ⅱ)(1) 由(Ⅰ)知,当 $x \in (0, +\infty)$ 时,有 $f(x) \leqslant f(1) = 0$,即 $\ln x \leqslant x - 1$.

因 $a_k, b_k > 0$,从而有 $\ln a_k \leqslant a_k - 1$,得 $b_k \ln a_k \leqslant a_k b_k - b_k (k = 1, 2, \cdots, n)$,求和得

$$\sum_{k=1}^{n} \ln a_k^{b_k} \leqslant \sum_{k=1}^{n} a_k b_k - \sum_{k=1}^{n} b_k$$

又 $\sum_{k=1}^{n} a_k b_k \leqslant \sum_{k=1}^{n} b_k$,则 $\sum_{k=1}^{n} \ln a_k^{b_k} \leqslant 0$,即 $\ln(a_1^{b_1} a_2^{b_2} \cdots a_n^{b_n}) \leqslant 0$,故 $a_1^{b_1} a_2^{b_2} \cdots a_n^{b_n} \leqslant 1$.

(2) a. 先证 $b_1^{b_1} b_2^{b_2} \cdots b_n^{b_n} \geqslant \frac{1}{n}$.

令 $a_k = \frac{1}{nb_k}(k = 1, 2, \cdots, n)$,则 $\sum_{k=1}^{n} a_k b_k = \sum_{k=1}^{n} \frac{1}{n} = 1 = \sum_{k=1}^{n} b_k$,于是:

由(1)得 $\left(\frac{1}{nb_1}\right)^{b_1}\left(\frac{1}{nb_2}\right)^{b_2} \cdots \left(\frac{1}{nb_n}\right)^{b_n} \leqslant 1$,即 $\frac{1}{b_1^{b_1} b_2^{b_2} \cdots b_n^{b_n}} \leqslant n^{b_1 + b_2 + \cdots + b_n} = n$.

故 $b_1^{b_1} b_2^{b_2} \cdots b_n^{b_n} \geqslant \frac{1}{n}$.

b. 再证 $b_1^{b_1} b_2^{b_2} \cdots b_n^{b_n} \leqslant b_1^2 + b_2^2 + \cdots + b_n^2$.

记 $S = \sum_{k=1}^{n} b_k^2$,令 $a_k = \frac{b_k}{S}(k = 1, 2, \cdots, n)$,则 $\sum_{k=1}^{n} a_k b_k = \frac{1}{S}\sum_{k=1}^{n} b_k^2 = 1 = \sum_{k=1}^{n} b_k$.

于是由(1)得 $\left(\frac{b_1}{S}\right)^{b_1}\left(\frac{b_2}{S}\right)^{b_2} \cdots \left(\frac{b_2}{S}\right)^{b_n} \leqslant 1$.

即 $b_1^{b_1} b_2^{b_2} \cdots b_n^{b_n} \leqslant S^{b_1+b_2+\cdots+b_n} = S$,所以 $b_1^{b_1} b_2^{b_2} \cdots b_n^{b_n} \leqslant b_1^2 + b_2^2 + \cdots + b_n^2$.

综合 a,b,(2)得证.

例32 (2009年高考湖南卷题)对于数列$\{u_n\}$,若存在常数$M>0$,对任意的$n \in \mathbf{N}^*$,恒有$|u_{n+1}-u_n|+|u_n-u_{n-1}|+\cdots+|u_2-u_1| \leqslant M$,则称数列$\{u_n\}$为$B$数列.

(Ⅰ)首项为1,公比为$q(|q|<1)$的等比数列是否为B数列?请说明理由;

(Ⅱ)设S_n是数列$\{x_n\}$的前n项和,给出下列两组论断:

A组:①数列$\{x_n\}$是B数列,②数列$\{x_n\}$不是B数列;

B组:③数列$\{S_n\}$是B数列,④数列$\{S_n\}$不是B数列.

请以其中一组中的一个论断为条件,另一组中的一个论断为结论组成一个命题.判断所给命题的真假,并证明你的结论;

(Ⅲ)若数列$\{a_n\}$,$\{b_n\}$都是B数列.证明:数列$\{a_n b_n\}$也是B数列.

评述 本题主要测试等比数列基本知识和数列求和的方法,同时也测试了不等式知识,测试了被测试者的推理运算能力.该题有较高的区分度.

解析 (Ⅰ)设满足题设的等比数列为$\{a_n\}$,则$a_n = q^{n-1}$,于是
$$|a_n - a_{n-1}| = |q^{n-1} - q^{n-2}| = |q|^{n-2}|q-1|, n \geqslant 2$$

因此
$$|a_{n+1}-a_n|+|a_n-a_{n-1}|+\cdots+|a_2-a_1|$$
$$= |q-1|(1+|q|+|q|^2+\cdots+|q|^{n-1})$$

因为$|q|<1$,所以
$$1+|q|+|q|^2+\cdots+|q|^{n-1} = \frac{1-|q|^n}{1-|q|} < \frac{1}{1-|q|}$$

即
$$|a_{n+1}-a_n|+|a_n-a_{n-1}|+\cdots+|a_2-a_1| < \frac{|q-1|}{1-|q|}$$

故首项为1,公比为$q(|q|<1)$的等比数列是B数列.

(Ⅱ)给出如下命题1:若数列$\{x_n\}$是B数列,则数列$\{S_n\}$是B数列.

此命题为假命题.

事实上,设$x_n = 1, n \in \mathbf{N}^*$,易知数列$\{x_n\}$是$B$数列,但
$$S_n = n, |S_{n+1}-S_n|+|S_n-S_{n+1}|+\cdots+|S_2-S_1| = n$$

由n的任意性知,数列$\{S_n\}$不是B数列.

注 按题中要求组成其他命题解答时,仿上述解法.

(Ⅲ)若数列$\{a_n\}$,$\{b_n\}$是B数列,则存在正数M_1, M_2,对任意的$n \in \mathbf{N}^*$,有
$$|a_{n+1}-a_n|+|a_n-a_{n-1}|+\cdots+|a_2-a_1| \leqslant M_1$$
$$|b_{n+1}-b_n|+|b_n-b_{n-1}|+\cdots+|b_2-b_1| \leqslant M_2$$

注意到
$$|a_n| = |a_n - a_{n-1} + a_{n-1} - a_{n-2} + \cdots + a_2 - a_1 + a_1|$$
$$\leqslant |a_n - a_{n-1}| + |a_{n-1} - a_{n-2}| + \cdots + |a_2 - a_1| + |a_1|$$
$$\leqslant M_1 + |a_1|$$

同理,$|b_n| \leqslant M_2 + |b_1|$.

记$K_1 = M_1 + |a_1|, K_2 = M_2 + |b_1|$,则有

$$|a_{n+1}b_{n+1} - a_n b_n| = |a_{n+1}b_{n+1} - a_n b_{n+1} + a_n b_{n+1} - a_n b_n|$$
$$\leq |b_{n+1}||a_{n+1} - a_n| + |a_n||b_{n+1} - b_n|$$
$$\leq K_2|a_{n+1} - a_n| + K_1|b_{n+1} - b_n|$$

因此
$$|a_{n+1}b_{n+1} - a_n b_n| + |a_n b_n - a_{n-1}b_{n-1}| + \cdots + |a_2 b_2 - a_1 b_1|$$
$$\leq K_2(|a_{n+1} - a_n| + |a_n - a_{n-1}| + \cdots + |a_2 - a_1| +$$
$$K_1(|b_{n+1} - b_n| + |b_n - b_{n-1}| + \cdots + |b_2 - b_1|))$$
$$\leq K_2 M_1 + K_1 M_2$$

故数列 $\{(a_n, b_n)\}$ 是 B 数列.

例33 （2010年高考天津卷题）在数列 $\{a_n\}$ 中，$a_1 = 0$，且对任意 $k \in \mathbf{N}^*$，$a_{2k-1}, a_{2k}, a_{2k+1}$ 成等差数列，其公差为 d_k.

（Ⅰ）若 $d_k = 2k$，证明 $a_{2k}, a_{2k+1}, a_{2k+2}$ ($k \in \mathbf{N}^*$) 成等比数列；

（Ⅱ）若对任意 $k \in \mathbf{N}^*$，$a_{2k}, a_{2k+1}, a_{2k+2}$ 成等比数列，其公比为 q_k.

(1) 设 $q_1 \neq 1$，证明 $\left\{\dfrac{1}{q_k - 1}\right\}$ 是等差数列；

(2) 若 $a_2 = 2$，证明 $\dfrac{3}{2} < 2n - \sum\limits_{k=2}^{n} \dfrac{k^2}{a_k} \leq 2 \ (n \geq 2)$.

评述 本题主要测试等差数列的定义及通项公式、前 n 项和公式、等比数列的定义、数列求和等基础知识，测试运算能力、推理论证能力、综合分析和解决问题的能力及分类讨论的思想方法. 该题有较高的区分度.

解析 （Ⅰ）由题设，可得
$$a_{2k+1} - a_{2k-1} = 4k, k \in \mathbf{N}^*$$

所以
$$a_{2k+1} - a_1 = (a_{2k+1} - a_{2k-1}) + (a_{2k-1} - a_{2k-3}) + \cdots + (a_2 + a_1)$$
$$= 4k + 4(k-1) + \cdots + 4 \times 1 = 2k(k+1)$$

由 $a_1 = 0$，得
$$a_{2k+1} = 2k(k+1)$$

从而
$$a_{2k} = a_{2k+1} - 2k = 2k^2, a_{2k+2} = 2(k+1)^2$$

于是 $\dfrac{a_{2k+1}}{a_{2k}} = \dfrac{k+1}{k}, \dfrac{a_{2k+2}}{a_{2k+1}} = \dfrac{k+1}{k}$，所以 $\dfrac{a_{2k+2}}{a_{2k+1}} = \dfrac{a_{2k+1}}{a_{2k}}$.

所以当 $d_k = 2k$ 时，对任意 $k \in \mathbf{N}^*$，$a_{2k}, a_{2k+1}, a_{2k+2}$ 成等比数列.

（Ⅱ）**方法1** (1) 由 $a_{2k-1}, a_{2k}, a_{2k+1}$ 成等差数列，及 $a_{2k}, a_{2k+1}, a_{2k+2}$ 成等比数列，得
$$2a_{2k} = a_{2k-1} + a_{2k+1}, 2 = \dfrac{a_{2k-1}}{a_{2k}} + \dfrac{a_{2k+1}}{a_{2k}} = \dfrac{1}{q_{k-1}} + q_k$$

从而 $\dfrac{1}{q_k - 1} = \dfrac{1}{2 - \dfrac{1}{q_{k-1}} - 1} = \dfrac{1}{q_{k-1} - 1} + 1$，即

$$\dfrac{1}{q_k - 1} - \dfrac{1}{q_{k-1} - 1} = 1 \quad (k \geq 2)$$

所以 $\left\{\dfrac{1}{q_k-1}\right\}$ 是等差数列,公差为 1.

(2) 由 $a_1=0, a_2=2$,可得 $a_3=4$,从而
$$q_1=\dfrac{4}{2}=2, \dfrac{1}{q_1-1}=1$$

由(1)有 $\dfrac{1}{q_k-1}=1+k-1=k$,得
$$q_k=\dfrac{k+1}{k}, k\in \mathbf{N}^*$$

所以 $\dfrac{a_{2k+2}}{a_{2k+1}}=\dfrac{a_{2k+1}}{a_{2k}}=\dfrac{k+1}{k}$. 从而
$$\dfrac{a_{2k+2}}{a_{2k}}=\dfrac{(k+1)^2}{k^2}, k\in \mathbf{N}^*$$

因此
$$a_{2k}=\dfrac{a_{2k}}{a_{2k-2}}\cdot \dfrac{a_{2k-2}}{a_{2k-4}}\cdot \cdots \cdot \dfrac{a_4}{a_2}\cdot a_2$$
$$=\dfrac{k^2}{(k-1)^2}\cdot \dfrac{(k-1)^2}{(k-2)^2}\cdot \cdots \cdot \dfrac{2^2}{1^2}\cdot 2=2k^2$$
$$a_{2k+1}=a_{2k}\cdot \dfrac{k+1}{k}=2k(k+1), k\in \mathbf{N}^*$$

以下分两种情况进行讨论:

① 当 n 为偶数时,设 $n=2m, m\in \mathbf{N}^*$.

若 $m=1$,则
$$2n-\sum_{k=2}^{n}\dfrac{k^2}{a_k}=2$$

若 $m\geq 2$,则
$$\sum_{k=2}^{n}\dfrac{k^2}{a_k}=\sum_{k=1}^{n}\dfrac{(2k)^2}{a_{2k}}+\sum_{k=1}^{m-1}\dfrac{(2k+1)^2}{a_{2k+1}}$$
$$=\sum_{k=1}^{m}\dfrac{4k^2}{2k^2}+\sum_{k=1}^{m-1}\dfrac{4k^2+4k+1}{2k(k+1)}$$
$$=2m+\sum_{k=1}^{m-1}\left[\dfrac{4k^2+4k}{2k(k+1)}+\dfrac{1}{2k(k+1)}\right]$$
$$=2m+\sum_{k=1}^{m-1}\left[2+\dfrac{1}{2}\left(\dfrac{1}{k}-\dfrac{1}{k+1}\right)\right]$$
$$=2m+2(m-1)+\dfrac{1}{2}\left(1-\dfrac{1}{m}\right)=2n-\dfrac{3}{2}-\dfrac{1}{n}$$

所以
$$2n-\sum_{k=2}^{n}\dfrac{k^2}{a_k}=\dfrac{3}{2}+\dfrac{1}{n}$$

从而
$$\dfrac{3}{2}<2n-\sum_{k=2}^{n}\dfrac{k^2}{a_k}<2, n=4,6,8,\cdots$$

②当 n 为奇数时,设 $n=2m+1(m\in \mathbf{N}^*)$,则

$$\sum_{k=2}^{n}\frac{k^2}{a_k}=\sum_{k=2}^{2m}\frac{k^2}{a_k}+\frac{(2m+1)^2}{a_{2m+1}}=4m-\frac{3}{2}-\frac{1}{2m}+\frac{(2m+1)^2}{2m(m+1)}$$

$$=4m+\frac{1}{2}-\frac{1}{2(m+1)}=2n-\frac{3}{2}-\frac{1}{n+1}$$

所以

$$2n-\sum_{k=2}^{n}\frac{k^2}{a_k}=\frac{3}{2}+\frac{1}{n+1}$$

从而

$$\frac{3}{2}<2n-\sum_{k=2}^{n}\frac{k^2}{a_k}<2, n=3,5,7\cdots$$

综合①和②可知,对任意 $n\geq 2, n\in \mathbf{N}^*$,有 $\frac{3}{2}<2n-\sum_{k=2}^{n}\frac{k^2}{a_k}\leq 2$.

方法 2 (1)由题设,可得

$$d_k=a_{2k+1}-a_{2k}=q_k a_{2k}-a_{2k}=a_{2k}(q_k-1)$$

$$d_{k+1}=a_{2k+2}-a_{2k+1}=q_k^2 a_{2k}-q_k a_{2k}=a_{2k}q_k(q_k-1)$$

所以 $d_{k+1}=q_k d_k$

$$q_{k+1}=\frac{a_{2k+3}}{a_{2k+2}}=\frac{a_{2k+2}+d_{k+1}}{a_{2k+2}}=1+\frac{d_{k+1}}{q_k^2 a_{2k}}=1+\frac{d_k}{q_k a_{2k}}=1+\frac{q_k-1}{q_k}$$

由 $q_1\neq 1$ 可知 $q_k\neq 1, k\in \mathbf{N}^*$,可得

$$\frac{1}{q_{k+1}-1}-\frac{1}{q_k-1}=\frac{q_k}{q_k-1}-\frac{1}{q_k-1}=1$$

所以 $\left\{\frac{1}{q_k-1}\right\}$ 是等差数列,公差为 1.

(2)因为 $a_1=0, a_2=2$,所以 $d_1=a_2-a_1=2$,所以 $a_3=a_2+d_1=4$,从而

$$q_1=\frac{a_3}{a_2}=2, \frac{1}{q_1-1}=1$$

于是,由(1)可知 $\left\{\frac{1}{q_k-1}\right\}$ 是公差为 1,首项为 1 的等差数列.

由等差数列的通项公式可得 $\frac{1}{q_k-1}=1+(k-1)=k$,故 $q_k=\frac{k+1}{k}$.

从而 $\frac{d_{k+1}}{d_k}=q_k=\frac{k+1}{k}$.

所以 $\frac{d_k}{d_1}=\frac{d_k}{d_{k-1}}\cdot\frac{d_{k-1}}{d_{k-2}}\cdot\cdots\cdot\frac{d_2}{d_1}=\frac{k}{k-1}\cdot\frac{k-1}{k-2}\cdot\cdots\cdot\frac{2}{1}=k$.

由 $d_1=2$,可得 $d_k=2k$.

于是,由(Ⅰ)可知 $a_{2k+1}=2k(k+1), a_{2k}=2k^2, k\in \mathbf{N}^*$.

以下同方法 1.

例 34 (2010 年高考全国卷题)已知数列 $\{a_n\}$ 中, $a_1=1, a_{n+1}=c-\frac{1}{a_n}$.

（Ⅰ）设 $c = \dfrac{5}{2}$，$b_n = \dfrac{1}{a_n - 2}$，求数列 $\{b_n\}$ 的通项公式；

（Ⅱ）求使不等式 $a_n < a_{n+1} < 3$ 成立的 c 的取值范围.

评述 本题着重测试数列的递推公式、数列的单调性及数列的最值及等比数列的有关知识，测试被测试者的综合分析能力、转化化归能力、探求解答能力. 该题有较高的区分度.

解析 （Ⅰ） $$a_{n+1} - 2 = \dfrac{5}{2} - \dfrac{1}{a_n} - 2 = \dfrac{a_n - 2}{2a_n}$$

$$\dfrac{1}{a_{n+1} - 2} = \dfrac{2a_n}{a_n - 2} = \dfrac{4}{a_n - 2} + 2$$

即 $b_{n+1} = 4b_n + 2$，所以 $b_{n+1} + \dfrac{2}{3} = 4\left(b_n + \dfrac{2}{3}\right)$. 又 $a_1 = 1$，故 $b_1 = \dfrac{1}{a_1 - 2} = -1$.

所以 $\left\{b_n + \dfrac{2}{3}\right\}$ 是首项为 $-\dfrac{1}{3}$，公比为 4 的等比数列.

$b_n + \dfrac{2}{3} = -\dfrac{1}{3} \times 4^{n-1}$，即 $b_n = -\dfrac{4^{n-1}}{3} - \dfrac{2}{3}$.

（Ⅱ）$a_1 = 1$，$a_2 = c - 1$，由 $a_2 > a_1$，得 $c > 2$.

用数学归纳法证明，当 $c > 2$ 时，$a_n < a_{n+1}$.

① 当 $n = 1$ 时，$a_2 = c - \dfrac{1}{a_1} > a_1$，命题成立；

② 假设当 $n = k$ 时，$a_k < a_{k+1}$，则当 $n = k+1$ 时

$$a_{k+2} = c - \dfrac{1}{a_{k+1}} > c - \dfrac{1}{a_k} = a_{k+1}$$

故由①、②，知当 $c > 2$ 时，$a_n < a_{n+1}$.

当 $c > 2$ 时，因为 $c = a_{n+1} + \dfrac{1}{a_n} > a_n + \dfrac{1}{a_n}$，所以 $a_n^2 - ca_n + 1 < 0$ 有解.

于是，$\dfrac{c - \sqrt{c^2 - 4}}{2} < a_n < \dfrac{c + \sqrt{c^2 - 4}}{2}$.

从而令 $a = \dfrac{c + \sqrt{c^2 - 4}}{2}$，于是：

当 $2 < c \leqslant \dfrac{10}{3}$ 时，a 在 $\left(2, \dfrac{10}{3}\right]$ 上单调递增，所以 $a_n < a \leqslant 3$；

当 $c > \dfrac{10}{3}$ 时，$a > 3$，且 $1 \leqslant a_n < a$，于是

$$a = \dfrac{c + \sqrt{c^2 - 4}}{2},\ \dfrac{1}{a} = \dfrac{2}{c + \sqrt{c^2 - 4}} = \dfrac{c - \sqrt{c^2 - 4}}{2}$$

所以 $c = a + \dfrac{1}{a}$. 又 $c = a_{n+1} + \dfrac{1}{a_n}$，所以

$$a + \dfrac{1}{a} = a_{n+1} + \dfrac{1}{a_n}$$

于是

$$a - a_{n+1} = \frac{1}{a_n} - \frac{1}{a} = \frac{1}{a_n a}(a - a_n)$$

又 $a_n \cdot a > 3$,所以

$$a - a_{n+1} = \frac{1}{a_n a}(a - a_n)$$
$$< \frac{1}{3}(a - a_n) < \frac{1}{3^2}(a - a_{n-1}) < \frac{1}{3^3}(a - a_{n-2})$$
$$< \cdots < \frac{1}{3^{n-1}}(a - a_2) < \frac{1}{3^n}(a - 1)$$

从而当 $n > \log_3 \frac{a-1}{a-3}$ 时,$a - a_{n+1} < a - 3$,所以 $a_{n+1} > 3$,与已知矛盾,所以 $c > \frac{10}{3}$ 不符合要求.

故 c 的取值范围是 $(2, \frac{10}{3}]$.

例35 (2010年高考江西卷题)证明以下命题:

(Ⅰ)对任一正整数 a,都存在正整数 $b, c(b < c)$,使得 a^2, b^2, c^2 成等差数列;

(Ⅱ)存在无穷多个互不相似的三角形 $\triangle_n$,其边长 a_n, b_n, c_n 为正整数且 a_n^2, b_n^2, c_n^2 成等差数列.

评述 本题主要测试等差数列的性质和反证法,同时测试推理论证能力和运算求解能力.该题有较高的区分度.

解析 (Ⅰ)易知 $1^2, 5^2, 7^2$ 成等差数列,则 $a^2, (5a)^2, (7a)^2$ 也成等差数列,所以对任一正整数 a,都存在正整数 $b = 5a, c = 7a(b < c)$,使得 a^2, b^2, c^2 成等差数列.

(Ⅱ)若 a_n^2, b_n^2, c_n^2 成等差数列,则有 $b_n^2 - a_n^2 = c_n^2 - b_n^2$,即

$$(b_n - a_n)(b_n + a_n) = (c_n - b_n)(c_n + b_n) \qquad ①$$

选取关于 n 的一个多项式,例如 $4n(n^2 - 1)$,使得它可按两种方式分解因式.

由于

$$4n(n^2 - 1) = (2n + 2)(2n^2 - 2n) = (2n - 2)(2n^2 + 2n)$$

因此令

$$\begin{cases} a_n + b_n = 2n^2 - 2n \\ b_n - a_n = 2n + 2 \end{cases}, \begin{cases} c_n + b_n = 2n^2 + 2n \\ c_n - b_n = 2n - 2 \end{cases}$$

可得

$$\begin{cases} a_n = n^2 - 2n - 1 \\ b_n = n^2 + 1 \qquad (n \geq 4) \\ c_n = n^2 + 2n - 1 \end{cases}$$

易验证 a_n, b_n, c_n 满足式①,因此 a_n^2, b_n^2, c_n^2 成等差数列.

当 $n \geq 4$ 时,有 $a_n < b_n < c_n$,且 $a_n + b_n - c_n = n^2 - 4n + 1 > 0$,因此以 a_n, b_n, c_n 为边长可以构成三角形,将此三角形记为 $\triangle_n (n \geq 4)$.

再任取正整数 $m, n(m, n \geq 4,$ 且 $m \neq n)$,假若三角形 $\triangle_m$ 与 $\triangle_n$ 相似,则有

$$\frac{m^2 - 2m - 1}{n^2 - 2n - 1} = \frac{m^2 + 1}{n^2 + 1} = \frac{m^2 + 2m - 1}{n^2 + 2n - 1}$$

由比例性质有
$$\frac{m^2+1}{n^2+1} = \frac{m^2+2m-1}{n^2+2n-1} = \frac{m^2+2m-1-(m^2+1)}{n^2+2n-1-(n^2+1)} = \frac{m-1}{n-1}$$
$$\frac{m^2+1}{n^2+1} = \frac{m^2-2m-1}{n^2-2n-1} = \frac{m^2-2m-1-(m^2+1)}{n^2-2n-1-(n^2+1)} = \frac{m+1}{n+1}$$

所以 $\frac{m+1}{n+1} = \frac{m-1}{n-1}$，由此可得 $m=n$，与假设 $m \neq n$ 矛盾.

即任意两个三角形 $\triangle_m$ 与 $\triangle_n$ ($m,n \geq 4$，且 $m \neq n$) 互不相似.

所以存在无穷多个互不相似的三角形 $\triangle_n$，其边长 a_n, b_n, c_n 为正整数且 a_n^2, b_n^2, c_n^2 成等差数列.

例36 （2011 年高考北京卷题）若数列 $A_n : a_1, a_2, \cdots, a_n (n \geq 2)$ 满足 $|a_{k+1} - a_k| = 1$ ($k = 1, 2, \cdots, n-1$)，则称 A_n 为 E 数列. 记 $S(A_n) = a_1 + a_2 + \cdots + a_n$.

（Ⅰ）写出一个满足 $a_1 = a_5 = 0$，且 $S(A_5) > 0$ 的 E 数列 A_5；

（Ⅱ）若 $a_1 = 12, n = 2\,000$，证明：E 数列 A_n 是递增数列的充要条件是 $a_n = 2\,011$；

（Ⅲ）对任意给定的整数 $n(n \geq 2)$，是否存在首项为 0 的 E 数列 A_n，使得 $S(A_n) = 0$？如果存在，写出一个满足条件的 E 数列 A_n；如果不存在，说明理由.

评述 本题测试数列的综合应用，测试被测试者的抽象概括能力以及推理论证能力. 该题有较高的区分度.

解析 （Ⅰ）$0,1,2,1,0$ 是一个满足条件的 E 数列 A_5.
（答案不唯一. $0, 1, 0, 1, 0$ 也是一个满足条件的 E 数列 A_5.）

（Ⅱ）必要性：因为 E 数列 A_n 是递增数列，所以
$$a_{k+1} - a_k = 1 \quad (k = 1, 2, \cdots, 1\,999)$$
从而 A_n 是首项为 12，公差为 1 的等差数列.
于是，$a_{2\,000} = 12 + (2\,000 - 1) \times 1 = 2\,011$.

充分性：由于
$$a_{2\,000} - a_{1\,999} \leq 1$$
$$a_{1\,999} - a_{1\,998} \leq 1$$
$$\cdots$$
$$a_2 - a_1 \leq 1$$

所以 $a_{2\,000} - a_1 \leq 1\,999$，即 $a_{2\,000} \leq a_1 + 1\,999$.

又因为 $a_1 = 12, a_{2\,000} = 2\,011$，所以 $a_{2\,000} = a_1 + 1\,999$.

故 $a_{k+1} - a_k = 1 > 0 (k = 1, 2, \cdots, 1\,999)$，即 A_n 是递增数列.

综上，结论得证.

（3）令 $c_k = a_{k+1} - a_k (k = 1, 2, \cdots, n-1)$，则 $c_k = \pm 1$.

因为
$$a_2 = a_1 + c_1$$
$$a_3 = a_1 + c_1 + c_2$$
$$\cdots$$
$$a_n = a_1 + c_1 + c_2 + \cdots + c_{n-1}$$

所以 $S(A_n) = na_1 + (n-1)c_1 + (n-2)c_2 + (n-3)c_3 + \cdots + c_{n-1}$

$$= (n-1) + (n-2) + \cdots + 1 -$$
$$[(1-c_1)(n-1) + (1-c_2)(n-2) + \cdots + (1-c_{n-1})]$$
$$= \frac{n(n-1)}{2} - [(1-c_1)(n-1) + (1-c_2)(n-2) + \cdots + (1-c_{n-1})]$$

因为 $c_k = \pm 1$,从而 $1 - c_k$ 为偶数 $(k = 1, 2, \cdots, n-1)$.

所以 $(1-c_1)(n-1) + (1-c_2)(n-2) + \cdots + (1-c_{n-1})$ 为偶数.

于是要使 $S(A_n) = 0$,必须使 $\frac{n(n-1)}{2}$ 为偶数,即 4 整除 $n(n-1)$,亦即 $n = 4m$ 或 $n = 4m + 1 (m \in \mathbf{N}^*)$.

当 $n = 4m (m \in \mathbf{N}^*)$ 时,E 数列 A_n 的项满足 $a_{4k-1} = a_{4k-3} = 0, a_{4k-2} = -1, a_{4k} = 1 (k = 1, 2, \cdots, m)$ 时,有 $a_1 = 0, S(A_n) = 0$;

当 $n = 4m + 1 (m \in \mathbf{N}^*)$ 时,E 数列 A_n 的项满足 $a_{4k-1} = a_{4k-3} = 0, a_{4k-2} = -1, a_{4k} = 1 (k = 1, 2, \cdots, m), a_{4m+1} = 0$ 时,有 $a_1 = 0, S(A_n) = 0$;

当 $n = 4m + 2$ 或 $n = 4m + 3 (m \in \mathbf{N})$ 时,$n(n-1)$ 不能被 4 整除,此时不存在 E 数列 A_n,使得 $a_1 = 0, S(A_n) = 0$.

例 37 (2011 年高考湖南卷题)已知函数 $f(x) = x^3, g(x) = x + \sqrt{x}$.

(Ⅰ)求函数 $h(x) = f(x) - g(x)$ 的零点个数,并说明理由;

(Ⅱ)设数列 $\{a_n\} (n \in \mathbf{N}^*)$ 满足 $a_1 = a (a > 0), f(a_{n+1}) = g(a_n)$. 证明:存在常数 M,使得对于任意的 $n \in \mathbf{N}^*$,都 $a_n \leq M$.

评述 本题主要测试函数的零点问题、不等成立的证明,以及数学归纳法的应用.可以测试被测试者的推理能力、运算求解能力以及利用数形结合思想、转化与化归思想解决问题的能力.该题有较高的区分度.

解析 (Ⅰ)由题意知,$x \in [0, +\infty), h(x) = x^3 - x - \sqrt{x}, h(0) = 0$,且 $h(1) = -1 < 0$, $h(2) = 6 - \sqrt{2} > 0$,则 $x = 0$ 为 $h(x)$ 的一个零点,且 $h(x)$ 在 $(1, 2)$ 内有零点.因此,$h(x)$ 至少有两个零点.

方法 1 $h'(x) = 3x^2 - 1 - \frac{1}{2}x^{-\frac{1}{2}}$,记 $\varphi(x) = 3x^2 - 1 - \frac{1}{2}x^{-\frac{1}{2}}$,则 $\varphi'(x) = 6x + \frac{1}{4}x^{-\frac{3}{2}}$. 当 $x \in (0, +\infty)$ 时,$\varphi'(x) > 0$,因此 $\varphi(x)$ 在 $(0, +\infty)$ 上单调递增,则 $\varphi(x)$ 在 $(0, +\infty)$ 内至多只有一个零点.又因为 $\varphi(1) > 0, \varphi\left(\frac{\sqrt{3}}{3}\right) < 0$,则 $\varphi(x)$ 在 $\left(\frac{\sqrt{3}}{3}, 1\right)$ 内有零点,所以 $\varphi(x)$ 在 $(0, +\infty)$ 内有且只有一个零点.记此零点为 x_1,则当 $x \in (0, x_1)$ 时,$\varphi(x) < \varphi(x_1) = 0$;当 $x \in (x_1, +\infty)$ 时,$\varphi(x) > \varphi(x_1) = 0$.

所以当 $x \in (0, x_1)$ 时,$h(x)$ 单调递减,而 $h(0) = 0$,则 $h(x)$ 在 $(0, x_1]$ 内无零点.

当 $x \in (x_1, +\infty)$ 时,$h(x)$ 单调递增,则 $h(x)$ 在 $(x_1, +\infty)$ 内至多只有一个零点,从而 $h(x)$ 在 $(0, +\infty)$ 内至多只有一个零点.

综上所述,$h(x)$ 有且只有两个零点.

方法 2 由 $h(x) = x(x^2 - 1 - x^{-\frac{1}{2}})$,记 $\varphi(x) = x^2 - 1 - x^{-\frac{1}{2}}$,则 $\varphi'(x) = 2x + \frac{1}{2}x^{-\frac{3}{2}}$. 当 $x \in (0, +\infty)$ 时,$\varphi'(x) > 0$,从而 $\varphi(x)$ 在 $(0, +\infty)$ 上单调递增,则 $\varphi(x)$ 在 $(0, +\infty)$ 内至多

只有一个零点.因此 $h(x)$ 在 $(0,+\infty)$ 内也至多只有一个零点.

综上所述,$h(x)$ 有且只有两个零点.

(Ⅱ)记 $h(x)$ 的正零点为 x_0,即 $x_0^3 = x_0 + \sqrt{x_0}$.

(1)当 $a < x_0$ 时,由 $a_1 = a$,得 $a_1 < x_0$.

而 $a_2^3 = a_1 + \sqrt{a_1} < x_0 + \sqrt{x_0} = x_0^3$,因此 $a_2 < x_0$.

由此猜测:$a_n < x_0$. 下面用数学归纳法证明.

①当 $n = 1$ 时,$a_1 < x_0$ 显然成立.

②假设当 $n = k(k \geq 2)$ 时,$a_k < x_0$ 成立,则当 $n = k+1$ 时,由 $a_{k+1}^3 = a_k + \sqrt{a_k} < x_0 + \sqrt{x_0} = x_0^3$ 知,$a_{k+1} < x_0$.

因此,当 $n = k+1$ 时,$a_{k+1} < x_0$ 成立.

故对任意的 $n \in \mathbf{N}^*$,$a_n < x_0$ 成立.

(2)当 $a \geq x_0$ 时,由(Ⅰ)知,$h(x)$ 在 $(x_0, +\infty)$ 上单调递增,则 $h(a) \geq h(x_0) = 0$,即 $a^3 \geq a + \sqrt{a}$,从而 $a_2^3 = a_1 + \sqrt{a_1} = a + \sqrt{a} \leq a^3$,即 $a_2 \leq a$. 由此猜测:$a_n \leq a$,下面用数学归纳法证明.

①当 $n = 1$ 时,$a_1 \leq a$ 显然成立.

②假设当 $n = k(k \geq 2)$ 时,$a_k \leq a$ 成立,则当 $n = k+1$ 时,由 $a_{k+1}^3 = a_k + \sqrt{a_k} \leq a + \sqrt{a} \leq a^3$ 知,$a_{k+1} \leq a$.

因此,当 $n = k+1$ 时,$a_{k+1} \leq a$ 成立.

故对任意的 $n \in \mathbf{N}^*$,$a_n \leq a$ 成立.

综上所述,存在常数 $M = \max\{x_0, a\}$,使得对于任意的 $n \in \mathbf{N}^*$,都有 $a_n \leq M$.

例38 (2012年高考湖南卷题)已知函数 $f(x) = e^{ax} - x$,其中 $a \neq 0$.

(Ⅰ)若对一切 $x \in \mathbf{R}$,$f(x) \geq 1$ 恒成立,求 a 的取值集合;

(Ⅱ)在函数 $f(x)$ 的图像上取定两点 $A(x_1, f(x_1))$,$B(x_2, f(x_2))$,记直线 AB 的斜率为 k. 问:是否存在 $x_0 \in (x_1, x_2)$,使 $f'(x_0) > k$ 成立?若存在,求 x_0 的取值范围;若不存在,请说明理由.

评述 此题以高等数学知识即拉格朗日中值定值为背景的函数综合题,测试了被测试者综合运用所学知识的能力和创新能力. 该题有较高的区分度.

解析 (Ⅰ)我们先对常数 a 稍作猜测,当 $a < 0$ 时,则对 $x > 0$ 的一切数,很容易验证 $f(x) = e^{ax} - x < 1$,这与题设的要求矛盾,对照条件 $a \neq 0$,知 $a > 0$.

由于 $f'(x) = ae^{ax} - 1$,令 $ae^{ax} - 1 = 0$,解得 $x = \frac{1}{a}\ln\frac{1}{a}$. 当 $x < \frac{1}{a}\ln\frac{1}{a}$ 时,$ae^{ax} - 1 < ae^{a \cdot \frac{1}{a}\ln\frac{1}{a}} - 1 = a \cdot e^{\ln\frac{1}{a}} - 1 = a \cdot \frac{1}{a} - 1 = 0$,即 $f'(x) < 0$,知 $f(x)$ 是减函数;同理,可知当 $x > \frac{1}{a}\ln\frac{1}{a}$ 时,$f(x)$ 是增函数. 所以,当 $x = \frac{1}{a}\ln\frac{1}{a}$ 时,$f(x)$ 取得最小值,它的具体数值为 $f(\frac{1}{a}\ln\frac{1}{a}) = \frac{1}{a} - \frac{1}{a}\ln\frac{1}{a}$. 于是,对一切 $x \in \mathbf{R}$,$f(x) \geq 1$ 恒成立,只须

$$\frac{1}{a} - \frac{1}{a}\ln\frac{1}{a} \geq 1$$

成立即可.

为了求得 a 的取值集合,可设 $g(t) = t - t\ln t$ 时,其中 $t = \frac{1}{a}$. 由 $a > 0$,知 $t > 0$,则 $g'(t) = -\ln t$. 当 $0 < t < 1$ 时,$g'(t) = -\ln t > 0$,知 $g(t)$ 在 $(0,1)$ 内为单增函数;同理,当 $t > 1$ 时, $g'(t) = -\ln t < 0$,知 $g(t)$ 在 $(1, +\infty)$ 内单调递减,所以,当 $t = 1$ 时,$g(t)$ 得最大值 $g(t)_{max} = g(1) = 1$,即在 $a > 0$ 时,$\frac{1}{a} - \frac{1}{a}\ln\frac{1}{a}$ 只有一个最大值为 1,此时 $\frac{1}{a} = 1$,即 $a = 1$. 故 a 的取值集合为 $\{1\}$.

（Ⅱ）由题意,知割线 AB 的斜率的表达式为 $k = \dfrac{f(x_2) - f(x_1)}{x_2 - x_1} = \dfrac{e^{ax_2} - e^{ax_1}}{x_2 - x_1} - 1$,在曲线弧段 AB 内的一系列点的切线斜率分别为 $f'(x)$,其中 $x \in (x_1, x_2)$. 下面只要讨论 $f'(x) - k$ 计算所得的数值情况就行了. 设 $h(x) = ae^{ax} - \dfrac{e^{ax_2} - e^{ax_1}}{x_2 - x_1}$,则

$$h(x_1) = ae^{ax_1} - \frac{e^{ax_2} - e^{ax_1}}{x_2 - x_1} = -\frac{e^{ax_1}}{x_2 - x_1}[e^{a(x_2 - x_1)} - a(x_2 - x_1) - 1] \quad ①$$

$$h(x_2) = ae^{ax_2} - \frac{e^{ax_2} - e^{ax_1}}{x_2 - x_1} = \frac{e^{ax_2}}{x_2 - x_1}[e^{a(x_1 - x_2)} - a(x_1 - x_2) - 1] \quad ②$$

由①、②的表达式,可设函数 $i(s) = e^s - s - 1$,则 $i'(s) = e^s - 1$,当 $s < 0$ 时,$i'(s) < 0$, $i(s)$ 为减函数;当 $s > 0$ 时,$i'(s) > 0$,$i(s)$ 为增函数. 故 $i(s)$ 在 $s = 0$ 取得最小值 0,于是知 $e^s - s - 1 > 0$. 就是说 $e^{a(x_2 - x_1)} - a(x_2 - x_1) - 1 > 0$,$e^{a(x_1 - x_2)} - a(x_1 - x_2) - 1 > 0$;又 $\dfrac{e^{ax_1}}{x_2 - x_1} > 0$, $\dfrac{e^{ax_2}}{x_2 - x_1} > 0$,知 $h(x_1) < 0, h(x_2) > 0$.

因为,函数 $h(x) = ae^{ax} - \dfrac{e^{ax_2} - e^{ax_1}}{x_2 - x_1}$ 在区间 $[x_1, x_2]$ 上的图像不间断,所以在必存在一个点 $c \in (x_1, x_2)$,使 $h(c) = 0$;又因为 $h'(x) = a^2 e^{ax} > 0$,故 $h(x)$ 在区间 (x_1, x_2) 内是增函数,因此,如此的点 c 是唯一的,不难求得 $c = \dfrac{1}{a}\ln\dfrac{e^{ax_2} - e^{ax_1}}{a(x_2 - x_1)}$,又因为 $h(x_1) < 0, h(x_2) > 0$,从而当且仅当 $x \in (\dfrac{1}{a}\ln\dfrac{e^{ax_2} - e^{ax_1}}{x_2 - x_1}, x_2)$ 时,$f'(x_0) > k$.

例 39 （2011 年高考湖南卷题）设函数 $f(x) = x - \dfrac{1}{x} - a\ln x (a \in \mathbf{R})$.

（Ⅰ）讨论 $f(x)$ 的单调性;

（Ⅱ）若 $f(x)$ 有两个极值点 x_1 和 x_2,记过点 $A(x_1, f(x_1))$,$B(x_2, f(x_2))$ 的直线的斜率为 k. 问:是否存在 a,使得 $k = 2 - a$? 若存在,求出 a 的值;若不存在,请说明理由.

评述 本题测试导数的应用,测试利用导数研究函数的单调性和极值,体现了分类讨论思想及转化的化归思想. 该题有较高的区分度.

解析 （Ⅰ）$f(x)$ 的定义域为 $(0, +\infty)$

$$f'(x) = 1 + \frac{1}{x^2} - \frac{a}{x} = \frac{x^2 - ax + 1}{x^2}$$

令 $g(x) = x^2 - ax + 1$,其判别式 $\Delta = a^2 - 4$.

①当 $|a| \leq 2$ 时,$\Delta \leq 0$,$f'(x) \geq 0$. 故 $f(x)$ 在 $(0, +\infty)$ 上单调递增.

②当 $a < -2$ 时,$\Delta > 0$,$g(x) = 0$ 的两根都小于 0. 在 $(0, +\infty)$ 上,$f'(x) > 0$. 故 $f(x)$ 在 $(0, +\infty)$ 上单调递增.

③当 $a > 2$ 时,$\Delta > 0$,$g(x) = 0$ 的两根为 $x_1 = \dfrac{a - \sqrt{a^2-4}}{2}$,$x_2 = \dfrac{a + \sqrt{a^2-4}}{2}$.

当 $0 < x < x_1$ 时,$f'(x) > 0$;当 $x_1 < x < x_2$ 时,$f'(x) < 0$,当 $x > x_2$ 时,$f'(x) > 0$.

故 $f(x)$ 分别在 $(0, x_1)$,$(x_2, +\infty)$ 上单调递增,在 (x_1, x_2) 上单调递减.

(Ⅱ)由(Ⅰ)知,$a > 2$.

因为
$$f(x_1) - f(x_2) = (x_1 - x_2) + \dfrac{x_1 - x_2}{x_1 x_2} - a(\ln x_1 - \ln x_2)$$

所以
$$k = \dfrac{f(x_1) - f(x_2)}{x_1 - x_2} = 1 + \dfrac{1}{x_1 x_2} - a \cdot \dfrac{\ln x_1 - \ln x_2}{x_1 - x_2}$$

又由(Ⅰ)知,$x_1 x_2 = 1$,于是 $k = 2 - a \cdot \dfrac{\ln x_1 - \ln x_2}{x_1 - x_2}$.

若存在 a,使得 $k = 2 - a$,则 $\dfrac{\ln x_1 - \ln x_2}{x_1 - x_2} = 1$,即 $\ln x_1 - \ln x_2 = x_1 - x_2$,亦即

$$x_2 - \dfrac{1}{x_2} - 2\ln x_2 = 0 \quad (x_1 > 1) \qquad (*)$$

再由(1)知,函数 $h(t) = t - \dfrac{1}{t} - 2\ln t$ 在 $(0, +\infty)$ 上单调递增,而 $x_2 > 1$,所以 $x_2 - \dfrac{1}{x_2} - 2\ln x_2 > 1 - \dfrac{1}{1} - 2\ln 1 = 0$. 这与式 $(*)$ 矛盾. 故不存在 a,使得 $k = 2 - a$.

例40 (2010年高考浙江卷题)已知 a 是给定的实常数,设函数 $f(x) = (x-a)^2 (x+b)e^x$,$b \in \mathbf{R}$,$x = a$ 是 $f(x)$ 的一个极大值点.

(Ⅰ)求 b 的取值范围;

(Ⅱ)设 x_1, x_2, x_3 是 $f(x)$ 的 3 个极值点,问是否存在实数 b,可找到 $x_4 \in \mathbf{R}$,使得 x_1, x_2, x_3, x_4 的某种排列 $x_{i_1}, x_{i_2}, x_{i_3}, x_{i_4}$(其中 $\{i_1, i_2, i_3, i_4\} = \{1, 2, 3, 4\}$)依次成等差数列?若存在,求所有的 b 及相应的 x_4;若不存在 x,说明理由.

评述 本题主要测试函数极值的概念、导数运算法则、导数应用及等差数列等基础知识,同时测试推理论证能力、分类讨论等综合题能力和创新意识. 该题有较高的区分度.

解析 (Ⅰ)$f'(x) = e^x (x - a)[x^2 + (3 - a + b)x + 2b - ab - a]$.

令
$$g(x) = x^2 + (3 - a + b)x + 2b - ab - a$$

则
$$\Delta = (3 - a + b)^2 - 4(2b - ab - a) = (a + b - 1)^2 + 8 > 0$$

于是可设 x_1, x_2 是 $g(x) = 0$ 的两实根,且 $x_1 < x_2$.

(1)当 $x_1 = a$ 或 $x_2 = a$ 时,$x = a$ 不是 $f(x)$ 的极值点,此时不合题意.

(2)当 $x_1 \neq a$ 且 $x_2 \neq a$ 时,由于 $x = a$ 是 $f(x)$ 的极大值点,故 $x_1 < a < x_2$,即 $g(a) < 0$.

即 $a^2 + (3 - a + b)a + 2b - ab - a < 0$,即 $b < -a$.

故 b 的取值范围是 $(-\infty, -a)$.

(Ⅱ)由(Ⅰ)可知,假设存在 b 及 x_4 满足题意,则:

(1)当 $x_2 - a = a - x_1$ 时,数列为 x_1, a, x_2, x_4 或 x_4, x_1, a, x_2,则 $x_4 = 2x_2 - a$ 或 $x_4 = 2x_1 - a$.

于是 $2a = x_1 + x_2 = a - b - 3$,即 $b = -a - 3$.

此时 $$x_4 = 2x_2 - a = a - b - 3 + \sqrt{(a+b-1)^2 + 8} - a = a + 2\sqrt{6}$$

或 $$x_4 = 2x_1 - a = a - b - 3 - \sqrt{(a+b-1)^2 + 8} - a = a - 2\sqrt{6}$$

(2)当 $x_2 - a \neq a - x_1$ 时,数列为 x_1, a, x_4, x_2 或 x_1, x_4, a, x_2,则

$$x_2 - a = 2(a - x_1) \text{ 或 } a - x_1 = 2(x_2 - a)$$

①若 $x_2 - a = 2(a - x_1)$,则 $x_4 = \dfrac{a + x_2}{2}$.

于是 $$3a = 2x_1 + x_2 = \dfrac{3(a-b-3) - \sqrt{(a+b-1)^2 + 8}}{2}$$

即 $$\sqrt{(a+b-1)^2 + 8} = -3(a+b+3)$$

于是 $$a + b - 1 = \dfrac{-9 - \sqrt{13}}{2}$$

此时 $$x_4 = \dfrac{a + x_2}{2} = \dfrac{2a + (a-b-3) - 3(a+b+3)}{4}$$

$$= -b - 3 = a + \dfrac{1 + \sqrt{13}}{2}$$

②若 $a - x_1 = 2(x_2 - a)$,则 $x_4 = \dfrac{a + x_2}{2}$.

于是 $$3a = 2x_2 + x_1 = \dfrac{3(a-b-3) + \sqrt{(a+b-1)^2 + 8}}{2}$$

即 $$\sqrt{(a+b-1)^2 + 8} = 3(a+b+3)$$

于是 $$a + b - 1 = \dfrac{-9 + \sqrt{13}}{2}$$

此时 $$x_4 = \dfrac{a + x_1}{2} = \dfrac{2a + (a-b-3) - 3(a+b+3)}{4}$$

$$= -b - 3 = a + \dfrac{1 - \sqrt{13}}{2}$$

综上所述,存在 b 满足题意.

当 $b = -a - 3$ 时,$x_4 = a \pm 2\sqrt{6}$;

当 $b = -a - \dfrac{7 + \sqrt{13}}{2}$ 时,$x_4 = a + \dfrac{1 + \sqrt{13}}{2}$;

当 $b = -a - \dfrac{7 - \sqrt{13}}{2}$ 时,$x_4 = a + \dfrac{1 - \sqrt{13}}{2}$.

7.4 测评数学研究性学习能力检测试题的命制

如何在数学测量中测试被测试者的研究性学习能力?这是当前数学测量评价中需要解

决的一个新问题.近年来,上海教育考试院对测试被测试者研究性学习能力进行了研究和实践,取得了一初步的经验①②③④

7.4.1 研究性学习能力检测试题的内涵

什么是研究性学习？"研究性学习"是教育部2000年1月颁布的《全日制普通高级中学课程计划(实验修订稿)》中综合实践经验活动板块的一项内容,也是《基础教育课程改革纲要(试行)》所规定的重要内容.它是指学生在教师的指导下,以学生的自主性、探索性学习为基础,从自身生活、社会生活中选择和确定研究专题,以类似研究的方式主动地获取知识、应用知识、解决问题的学习活动.简言之,研究性学习就是独立于学科的那类课题研究,包括文献研究、学习体会、项目设计、科学实验、社会调查、考察报告等.

《全日制义务教育数学课程标准》中用很大篇幅提到"数学探究",即数学探究性课题学习,是指学生围绕某个数学问题,自主探究、学习的过程.这个过程包括:观察分析数学事实,提出有意义的数学问题,猜测、探求适当的数学结论或规律,给出解释或证明.按照研究性学习的由来,新课标中提出的"数学探究"即为这里讲的"研究性学习".

上海《中学数学课程标准》对研究性学习的描述为"学会自主进行学习,独立探究问题;能对知识学习的过程和解决问题的过程进行自我评判和调控,对知识进行系统整理;会对已有的知识经验进行反思、质疑,有发散思维的习惯和求异思维的心理,敢于提出自己独立的见解."

如何在数学测评中测试被测试者研究性学习的能力？上海市教育考试院的研究者们走在了我们的前面.《上海卷考试手册》在"数学探究与创新能力"方面提出了明确要求:"会利用已有的知识和经验,发现和提出有一定价值的问题,能运用有关的数学思想方法和科学研究方法,对问题进行探究,寻求数学对象的规律和联系,能正确表述探究过程和结果,并予以证明;在新的情景中,能正确地表述数量关系和空间形式,并能在创造性地思考问题的基础上,对较简单的问题得出一些新颖(对高中生而言)的结果."这在近几年的上海数学高考卷中已渐露端倪.上海市高考命题组已经作了许多积极的创新和大胆的实践.探讨了数学高考评价研究性学习能力的理论价值和实践行为,设想"将接受型学习和研究型学习结合起来,改变'死'做题的学习方式,力求让学生充分地融入探究的情景".

为了对研究性学习能力检测的内涵有一个清晰的轮廓,我们可从测试意愿、重点指向、基本框架、测试主题及命制要求等几方面作一简介.

1. 测试愿意

测试的意愿可以从如下四点体现:

(1)不仅测试怎样解题,更关注被测试者对数学概念或数学事实有怎样的理解;

(2)不仅测试基本解题方法和思想,更关注能否体现被测试者强烈的探究愿望和创新

---

① 奚定华,等.对数学高考评价研究性学习能力的几点思考[J].数学通报,2006(4):46-50.
② 况亦军.研究性学习视角下的中学数学命题研究[J].数学教学,2008(7):封二-3.
③ 《评价研究性学习能力》课题研究组.数学考试中研究型问题评价的探索[J].数学教学,2008(9):封二-2
④ 虞涛.关于研究型试题命题的设想与实践[J].中学数学,2010(10):1-5.

兴趣；

(3) 不仅测试就事论事回答问题，更关注被测试者有哪些发散、创新的思维亮度；

(4) 不仅测试对给出问题的求解能力，更关注被测试者是否有进一步研究的能力，有发现和提出怎样的问题.

归纳起来即为"四不仅"和"四关注".

2. 重点指向

(1) 试题的设问突破固定的"求——解"或"问——答"这种封闭的数学推理、判断和计算的框架，而要发展设问的方向和丰富设问的形式；

(2) 问题的解答突破停留在明确的、直接的结论层面上，而要包含多个探究层次，探究内容有横向发展或纵向延伸的空间，能体现出被测试者不同层次的思维水平；

(3) 试题的结论突破唯一的、固定的、标准划一的答案形式，而具有多样性、开放性或丰富的层次性，甚至于结论答案是没有终结的；

(4) 力争突破由命题者给出问题，而要由被测试者在问题解决过程中自己发现问题、形成问题、提出问题和解决新问题.

3. 基本框架

什么是研究性学习能力检测（简称研究型）试题？华东师范大学邹一昕教授高度概括为：课本＋能力＋创新. 具体说来为：

(1) 由课本上的问题或基本数学事实提出一个具体的、简单问题；

(2) 给出一个一般性、抽象性的问题，问题的解决需要有较强的分析和解决问题的能力；

(3) 问题的结果具有开放性，不确定性，可以是推广、类比、引申或变迁的结果，表现出创新性.

4. 测试主题

研究型问题是使被测试者通过自主学习和探究、自己发现问题和提出问题，并在实践中培养创新精神，因此它所关注的测试主题可以是：

(1) 探索和理解某些数学知识的本质属性，如在平面直角坐标系中，可以用代数的方法研究几何图形的位置关系和有关性质，利用这一基本思想寻求解决某些几何问题的策略；

(2) 研究和归纳某种数学对象的规律，如某一数式推广为一般形式要遵循的某种规律；

(3) 探寻对问题的多角度研究方向，如原命题成立，是否逆命题也成立. 一个数学问题的"逆向"问题有哪些，这些"逆向"问题是否属于同类问题；

(4) 对于给出的材料（或信息）除了问题要求的性质或结论以外，还有哪些可拓展的性质可探寻，还有哪些更深层次的问题值得研究；

(5) 探索有效的、科学的研究方法，如从解析式上较难分析问题时可借助图形来分析；

(6) 可通过构造的方法、实验操作的手段，或把确定的对象放在运动变化的状态中探究它的某些性质；

(7) 研究多元化概念的联系和区别，如直角坐标、极坐标和"斜坐标"的异同之处等.

5. 命制要求

(1) 选材立足于基础和教材. 源于课本，而不拘泥于课本；

(2) 试题给出条件直接、清晰，表述简洁、明确，尽可能用数学语言准确表达；不希望被

测试者需要挖掘隐含条件来解决问题;

(3)试题起步低、入口宽,难度逐步递进;

(4)通过2,3小题设置恰当的台阶和有效的问题指向,从测试基础性知识或技能逐步过渡到测试被测试者的思维水平和个体差异;

(5)不追求解题技巧和试题难度,而注重数学思维方法的测试.让被测试者在数学问题的分析和解决过程中经历观察、试验、实验、特殊化、一般化、逆向、整体化、局部化、概括、分类、类比或归纳等科学研究方法;

(6)试题要留给被测试者自由发挥的空间.命题内容应立足于基础,着眼于发展.试题可设置一定量的开放性问题,并留给被测试者充分的答题时间,以充分发挥被测试者的个性特点.

7.4.2 研究性学习能力检测试题的命制思路与案例

这类试题命制时,命制人员心中一定要清楚如下情形:由一段数学材料出发提炼概括出一个与之有一定联系的问题,在很多情况下,它并不是一个单纯的逻辑演绎过程,它很可能需要一些数学基本思想方法的指导,需要一些最基本的数学观念的支撑.例如,对于一个已知命题的逆命题的思考,就是推进数学发展演变的一个很基本的途径.再比如,满足某种特定条件的数学对象是否存在?如果存在,那么它有多少个?即数学中对于存在与数量的思考,这是数学研究中一个非常基本的问题与思想.

引导被测试者提出问题以后,在解决新问题时,与原问题相适应的解决方法可能部分有效,也可能完全失效,因此,为了解决新问题,可能还需要被测试者探索发现解决问题的新方法.

下面介绍上海市教育考试院关于数学测评试题的命题思路和案例:

1. 给出一种新情境,要求准确理解新定义并用来解决问题

例1 (参见7.3节中例23)

2. 提供实际作图情境,要求写出具体步骤

例2 (参见7.3节中例29)

3. 提供具体对象,要求通过抽象得出它的本质属性

例3 (2005年上海秋季高考题12)用 n 个不同的实数 $a_1, a_2, \cdots, a_n$ 可得到 $n!$ 个不同的排列,每个排列为一行写成一个 $n!$ 行的数阵.对第 i 行 $a_{i1}, a_{i2}, \cdots, a_{in}$,记 $b_i = -a_{i1} + 2a_{i2} - 3a_{i3} + \cdots + (-1)^n n a_{in}$,$i = 1, 2, 3, \cdots, n!$.例如:用1,2,3可得数阵如下,由于此数阵中每一列各数之和都是12,所以 $b_1 + b_2 + \cdots + b_6 = -12 + 2 \times 12 - 3 \times 12 = -24$.

那么,在用1,2,3,4,5形成的数阵中,$b_1 + b_2 + \cdots + b_{120} = $ _____.

$$
\begin{array}{ccc}
1 & 2 & 3 \\
1 & 3 & 2 \\
2 & 1 & 3 \\
2 & 3 & 1 \\
3 & 1 & 2 \\
3 & 2 & 1
\end{array}
$$

评述 此试题先提供了一个用 $1,2,3$ 写成的 $3!$ 行的数阵,由此数阵中每一列各数之和都是 12,得到 $b_1+b_2+\cdots+b_6=-12+2\times12-3\times21=-24$. 这是对一个具体的数阵,计算得到的结果. 试题要求在用 $1,2,3,4,5$ 形成的数阵中,求 $b_1+b_2+\cdots+b_{120}=?$ 其实质是先有下列的思维过程:从"用 $1,2,3$ 写成的 $3!$ 行的数阵,由此数阵中每一列各数之和都是 12,得到 $b_1+b_2+\cdots+b_6=-12+2\times12-3\times12=-24$"这一具体事物中抽象出它的本质属性,然后再将它运用到由 $1,2,3,4,5$ 形成的数阵中,求 $b_1+b_2+\cdots+b_{120}=?$ 这个试题主要测试被测试者观察、抽象、归纳的方法进行数学探究的能力.

4. 探究新的数学概念具有的属性

例4 (2002 年上海秋季高考题 22)规定 $C_x^m=\dfrac{x(x-1)\cdots(x-m+1)}{m!}$,其中 $x\in\mathbf{R}$,m 是正整数,且 $C_x^0=1$,这是组合数 C_n^m(n,m 是正整数,且 $m\leqslant n$)的一种推广.

(Ⅰ)求 C_{-15}^5 的值;

(Ⅱ)组合数的两个性质:①$C_n^m=C_n^{n-m}$;②$C_n^m+C_n^{m-1}=C_{n+1}^m$.

是否都能推广到 C_x^m($x\in\mathbf{R}$,m 是正整数)的情形?若能推广,则写出推广的形式并给出证明;若不能,则说明理由;

(Ⅲ)已知组合数 C_n^m 是正整数,证明:当 $x\in\mathbf{Z}$,m 是正整数时,$C_x^m\in\mathbf{Z}$.

评述 此问题是在组合数概念的基础上,提出了一个新的、将组合数推广的概念,要求被测试者用研究性学习方式学习这个新概念. 在已有旧知识的基础上,用类比的方法探究新概念的属性,新概念是否也具有组合数的两个性质:①$C_n^m=C_n^{n-m}$;②$C_n^m+C_n^{m-1}=C_{n+1}^m$,并应用这个新概念解决有关问题. 考查用类比方法进行数学探究的能力,以及验证猜想和假设是否正确的能力.

如果将第(Ⅱ)题改为"研究 $C_x^m=\dfrac{x(x-1)\cdots(x-m+1)}{m!}$ 具有什么性质,并加以证明."这就要求被测试者自己探究 $C_x^m=\dfrac{x(x-1)\cdots(x-m+1)}{m!}$ 所具有的属性,可能是与组合数的两个性质:①$C_n^m=C_n^{n-m}$;②$C_n^{m-1}+C_n^m=C_{n+1}^m$ 类似的性质,也可能是其他性质. 这样探究的要求和开放程度就更高.

5. 根据一定的条件,设计构造满足已知条件的数学对象

例5 (2005 年上海秋季高考题 21)对定义域分别是 D_f,D_g 的函数 $y=f(x),y=g(x)$.

规定:函数

$$h(x)=\begin{cases} f(x)\cdot g(x) & \text{当 } x\in D_f \text{ 且 } x\in D_g \\ f(x) & \text{当 } x\in D_f \text{ 且 } x\notin D_g \\ g(x) & \text{当 } x\notin D_f \text{ 且 } x\in D_g \end{cases}$$

(Ⅰ)若函数 $f(x)=\dfrac{1}{x-1}$,$g(x)=x^2$,写出函数 $h(x)$ 的解析式;

(Ⅱ)求问题(Ⅰ)中函数 $h(x)$ 的值域;

(Ⅲ)$g(x)=f(x+a)$,其中 a 是常数,且 $a\in[0,\pi]$,请设计一个定义域为 $\mathbf{R}$ 的函数 $y=f(x)$,及一个 a 的值,使得 $h(x)=\cos 4x$,并予以证明.

评述 此问题要求被测试者设计一个定义域为 $\mathbf{R}$ 的函数 $y=f(x)$,及一个 a 的值,使得

$$h(x) = f(x)f(x+a) = \cos 4x$$

其实质是将 $\cos 4x$ 拆成两个函数的积,这两个函数中一个是 $f(x)$,另一个是 $f(x+a)$. 要解决这个问题就是先通过观察,探究 $\cos 4x$ 的特点,将它拆成两函数的积

$$\cos 4x = (\cos 2x + \sin 2x)(\cos 2x - \sin 2x) \text{ 或 } \cos 4x = (1+\sqrt{2}\sin 2x)(1-\sqrt{2}\sin 2x)$$

然后通过试验找出 a 的值.

上述问题要求通过设计符合所给条件的数学对象,测试被测试者能用观察、试验、猜想、分析等方法进行数学探究的能力.

6. 发现命题或解题过程中的错误,并进行分析和纠正.

例 6 (2003 年上海秋季高考题 12) 给出问题: F_1,F_2 是双曲线 $\dfrac{x^2}{16} - \dfrac{y^2}{20} = 1$ 的焦点,点 P 在双曲线上. 若点 P 到焦点 F_1 的距离等于 9,求点 P 到焦点 F_2 的距离. 某学生的解答如下: 双曲线的实轴长为 8,由 $||PF_1| - |PF_2|| = 8$,即 $|9 - |PF_2|| = 8$,得 $|PF_2| = 1$ 或 17.

该学生的解答是否正确?若正确,请将他的解题依据填在下面的空格内;若不正确,将正确结果填在下面的空格内. _____.

评述 以上试题先提出问题,然后提供解答,要求被测试者判断解答是否正确?若正确,写出解题依据;若不正确,写出正确结果. 其实质要被测试者通过探究发现解答中存在的问题,也就是发现解答中的错误,并加以纠正. 这实际上是测试被测试者发现问题的能力.

7. 通过类比、归纳、演绎等方式拓展、推广已知命题,得到新命题

我们已在 3.2 节中介绍了 2006 年的一道测试题,下面再看一题.

例 7 (2004 年上海春季高考题 20) 如图 7-64,点 P 为斜三棱柱 $ABC\text{-}A_1B_1C_1$ 的侧棱 BB_1 上一点,$PM \perp BB_1$ 交 AA_1 于点 M,$PN \perp BB_1$ 交 CC_1 于点 N.

(Ⅰ)求证:$CC_1 \perp MN$;

(Ⅱ)在任意 $\triangle DEF$ 中有余弦定理

$$DE^2 = DF^2 + EF^2 - 2DF \cdot EF\cos\angle DFE$$

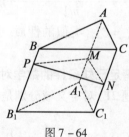

图 7-64

拓展到空间,类比三角形的余弦定理,写出斜三棱柱的三个侧面面积与其中两侧面所成的二面角之间的关系式,并予以证明.

评述 此问题是将三角形的余弦定理拓展到空间,通过类比探究斜三棱柱的三个侧面面积与其中两个侧面所成的二面角之间的关系式,并加以证明. 主要是测试被测试者用类比等方法探究发现数学对象的本质和规律,拓展和推广已知命题的能力.

8. 探究数学对象性质的应用

例 8 (2005 年上海春季高考题 22)(Ⅰ)求右焦点坐标是 $(2,0)$,且经过点 $(-2,-\sqrt{2})$ 的椭圆的标准方程;

(Ⅱ)已知椭圆 C 的方程是 $\frac{x^2}{a^2}+\frac{y^2}{b^2}=1(a>b>0)$.设斜率为 k 的直线 l,交椭圆 C 于 A,B 两点,AB 的中点为 M.证明:当直线 l 平行移动时,动点 M 在一条过原点的定直线上;

(Ⅲ)利用(Ⅱ)所揭示的椭圆几何性质,用作图方法找出上面给定椭圆的中心,简要写出作图步骤,并在图 7-65 中标出椭圆的中心.

图 7-65

评述 其中第(Ⅲ)题的实质是要求被测试者探索第(Ⅱ)题所揭示的椭圆几何性质的应用,研究利用这个性质画出给定椭圆的中心的作图方法.主要测试被测试者能探究应用数学对象的性质,解决新问题的能力.

9. 探究逆向问题,用评分标准分辨思维层次

例 9 (2007 年上海春季高考题 17)求出一个数学问题的正确结论后,将其作为条件之一,提出与原来问题有关的新问题,我们把它称为原来问题的一个"逆向"问题.

例如,原来问题是"若正四棱锥底面边长为 4,侧棱长为 3,求该正四棱锥的体积."求出体积 $\frac{16}{3}$ 后,它的一个"逆向"问题可以是"若正四棱锥底面边长为 4,体积为 $\frac{16}{3}$,求侧棱长";也可以是"若正四棱锥的体积为 $\frac{16}{3}$,求所有侧面面积之和的最小值".

试给出问题"在平面直角坐标系 xOy 中,求点 $P(2,1)$ 到直线 $3x+4y=0$ 的距离"的一个有意义的"逆向"问题,并解答你所给出的"逆向"问题.(该题在提出并解答"逆向"问题中,满分应分别为 5 分)

评述 此试题是以"点到直线的距离为 2"为条件提出"逆向"问题.

关于提出并解答"逆向"问题的评分标准如下:

(1)不能正确理解试题要求,提出的是错误的问题,或提出的问题逻辑混乱,或没有提出问题.这类答卷在提出并解答"逆向"问题中应得 0 分.

如提出"逆向"问题为:

①到点 $P(2,1)$ 距离为 2 的正比例函数的方程是什么?

②与以点 $P(2,1)$ 为圆心,2 为半径的圆相切,且过原点的直线是 $3x+4y=0$.

(2)只是将原有问题中的条件和结论作简单的交换,或仅仅将其中某个具体的数学对象(点的坐标或直线方程的系数)作一些形式上的改变(如更改数字或字母),并没有实质性地理解问题的本质,使"逆向"问题局限在原有的框架中.这类答卷在提出并解答"逆向"问题中,满分应分别得 2 分.

如提出"逆向"问题为:

①已知点 $P(x,1)$(或 $P(2,y)$)到直线 $3x+4y=0$ 的距离为 2,求 x(或 y).

②已知点 $P(2,1)$ 到直线 $ax+4y=0$(或 $3x+by=0$)的距离为 2,求 a(或 b).

③点 $P(2,1)$ 是不是到直线 $3x+4y=0$ 的距离为 2 的点?

④点 $Q(1,1)$ 是不是到直线 $3x+4y=0$ 的距离为 2 的点?

⑤求过原点,且在二、四象限的直线方程,使点 $P(2,1)$ 到它的距离为 2.

(3)利用所给材料,不仅仅使用原有问题中给出的数学对象,并且跳出原有框架,从一个确定的角度出发设问. 这类答卷在提出并解答"逆向"问题中,满分应分别得 3 分.

如提出"逆向"问题为:

①求与直线 $3x+4y=0$ 的距离为 2 的点的轨迹方程.

②若点 $P(2,1)$ 到直线 $l:y=kx+b$ 的距离为 2,求直线 l 的方程.

(4)能抓住"逆向"问题的本质,按照要求提出一个实质性的问题,并且能够把握多个与"距离为 2"的有关素材的联系,设问是有积极意义的. 这类答卷在提出并解答"逆向"问题中,满分应分别得 5 分.

如果提出"逆向"问题为:

求点 $P(2,1)$ 在与它的距离为 2 的直线上的射影的轨迹.

由此我们可清楚地分辨出在提出"逆向"问题中,被测试者从不能构成正确的问题;仅局部改变数据;将问题局限于原有框架,到抓住问题的本质,多角度地提出具有新意的问题的不同的思维层次.

10. 试探、归纳、猜想、证明有关结论

例 10 (2009 年上海春季高考题 20)设函数 $f_n(\theta)=\sin^n\theta+(-1)^n\cos^n\theta, 0\leq\theta\leq\dfrac{\pi}{4}$,其中 n 为正整数.

(Ⅰ)判断函数 $f_1(\theta)$、$f_3(\theta)$ 的单调性,并就 $f_1(\theta)$ 的情形证明你的结论;

(Ⅱ)证明:$2f_6(\theta)-f_4(\theta)=(\cos^4\theta-\sin^4\theta)(\cos^2\theta-\sin^2\theta)$;

(Ⅲ)对于任意给定的正整数 n,求函数 $f_n(\theta)$ 的最大值和最小值.

评述 该题设计以三角为载体,综合交汇了数列和函数的知识,构建对函数最值的探究. 命题者用基本函数 $y=\sin\theta$ 和 $y=\cos\theta$ 从幂指数、函数运算以及变量的范围等三个方面构建了一个表面看似陌生的函数,来测试被测试者的研究性学习能力. 最后函数 $f_n(\theta)$ 的最值结论本身不具有开放性,需要被测试者自主地探究、自发形成问题、自觉地提出问题、自己解决问题. 当然命题者也有意识地提供适当有效的问题指向. 试题层层推进,层次明显. 第(Ⅰ)题是 n 为奇数时的特殊情形,第(Ⅱ)题是 n 为偶数时的特殊情形,第(Ⅲ)题是 n 的一般情形. 要求被测试者通过观察、联想、类比、演绎、归纳、分析、综合、猜想等手段,需要被测试者的探究能力和创新意识. 才能在解题过程中发现新的结论和探究出新的方法.

该题起点低,入口中易. 单独看前两小题,似乎难度不大,平淡无奇. 而第(Ⅲ)题却奇峰突起,相当困难. 正是测试被测试者的研究性学习的能力. 遇到的第一道障碍就是 $(-1)^n$,回顾第(Ⅰ)题,发现试题的设问正是明晰的指向,为第(Ⅲ)题提供了攀登的阶梯. 取 $n=1$,则可利用 $f_1(\theta)$ 的单调性直接求得函数的最值. 取 $n=3$,亦可利用第(Ⅰ)题的结论,即 $f_3(\theta)$ 的单调性直接求得函数的最值,但同时需要被测试者自主提出问题:如果证明 $f_3(\theta)$ 的单调性? 可以发现证明 $f_1(\theta)$ 和 $f_3(\theta)$ 单调性的基本的、共同的方法是单调性的定义. 而结论也完全一致,至此就可推广到 n 为奇数的一般情形. 当 n 为偶数时,反思能否象 n 为奇数时一样从最基础出发逐步探究推进呢? 当 $n=2$ 时,结论显然,却太特殊了,顿失一般性规律. 再探究 $n=4$ 时,若能有意识地利用 $\sin^2 x+\cos^2 x=1$ 处理 $f_4(\theta)$ 的高次三角结构式,得到

$f_4(\theta) = 1 - \dfrac{1}{2}\sin^2\theta$,则容易求得函数的最值. 继续前进,同样可探究出 $n=6$ 时的结论. 而继续下去三角运算将越来越困难. 如何探究 n 为偶数时的一般规律成为解题的最大难点. 而善于研究者仍然可从 $f_4(\theta)$ 和 $f_6(\theta)$ 的单调性或最值结论归纳、猜想出一般性结论. 如果证明呢?第(Ⅱ)小题表面测试三角恒等式的知识,而实际上却蕴含着解决最后一小题的重要思路,指明了解决推广问题的基本方法,做好了良好的铺垫.

解析 （Ⅰ）$f_1(\theta),f_3(\theta)$ 在 $\left[0,\dfrac{\pi}{4}\right]$ 上均为单调递增的函数. 对于函数 $f_1(\theta) = \sin\theta - \cos\theta$.

设 $\theta_1 < \theta_2, \theta_1, \theta_2 \in \left[0,\dfrac{\pi}{4}\right]$,则

$$f_1(\theta_1) - f_1(\theta_2) = (\sin\theta_1 - \sin\theta_2) + (\cos\theta_2 - \cos\theta_1)$$

因 $\sin\theta_1 < \sin\theta_2, \cos\theta_2 < \cos\theta_1$

则 $f_1(\theta_1) < f_1(\theta_2)$

故函数 $f_1(\theta)$ 在 $\left[0,\dfrac{\pi}{4}\right]$ 上单调递增.

（Ⅱ）因原式左边 $= 2(\sin^6\theta + \cos^6\theta) - (\sin^4\theta + \cos^4\theta)$
$= 2(\sin^2\theta + \cos^2\theta)(\sin^4\theta - \sin^2\theta\cos^2\theta + \cos^4\theta) - (\sin^4\theta + \cos^4\theta)$
$= 1 - \sin^2 2\theta = \cos^2 2\theta$

又因 原式右边 $= (\cos^2\theta - \sin^2\theta) = \cos^2 2\theta$

则 $2f_6(\theta) - f_4(\theta) = (\cos^4\theta - \sin^4\theta)(\cos^2\theta - \sin^2\theta)$

（Ⅲ）**方法 1** 当 $n=1$ 时,函数 $f_1(\theta)$ 在 $\left[0,\dfrac{\pi}{4}\right]$ 上单调递增,则 $f_1(\theta)$ 的最大值为 $f_1\left(\dfrac{\pi}{4}\right) = 0$,最小值为 $f_1(0) = -1$.

当 $n=2$ 时,$f_2(\theta) = 1$,则函数 $f_2(\theta)$ 的最大值、最小值均为 1.

当 $n=3$ 时,函数 $f_3(\theta)$ 在 $\left[0,\dfrac{\pi}{4}\right]$ 上为单调递增.

从而 $f_3(\theta)$ 的最大值为 $f_3\left(\dfrac{\pi}{4}\right) = 0$,最小值为 $f_3(0) = -1$.

当 $n=4$ 时,函数 $f_4(\theta) = 1 - \dfrac{1}{2}\sin^2 2\theta$ 在 $\left[0,\dfrac{\pi}{4}\right]$ 上单调递减.

故 $f_4(\theta)$ 的最大值为 $f_4(0) = 1$,最小值为 $f_4\left(\dfrac{\pi}{4}\right) = \dfrac{1}{2}$.

下面讨论正整数 $n \geq 5$ 的情形.

由于当 $n=1,3$ 时,函数的单调性证明方法、结论一致,函数的最值相同,因此猜想和探索当 n 为奇数时的一般规律.

当 n 为奇数时,对任意 $\theta_1, \theta_2 \in \left[0,\dfrac{\pi}{4}\right]$ 且 $\theta_1 < \theta_2$.

由

$$f_n(\theta_1) - f_n(\theta_2) = (\sin^n\theta_1 - \sin^n\theta_2) + (\cos^n\theta_2 - \cos^n\theta_1)$$

以及
$$0 \leqslant \sin\theta_1 < \sin\theta_2 < 1, 0 < \cos\theta_2 < \cos\theta_1 \leqslant 1$$
有 $\sin^n\theta_1 < \sin^n\theta_2, \cos^n\theta_2 < \cos^n\theta_1$,从而 $f_n(\theta_1) < f_n(\theta_2)$.

知 $f_n(\theta)$ 在 $\left[0,\dfrac{\pi}{4}\right]$ 上为单调递增,则 $f_n(\theta)$ 的最大值为 $f_n\left(\dfrac{\pi}{4}\right)=0$,最小值为 $f_n(0)=-1$.

由于当 $n=2,4$ 时,函数的最大值相同,因此猜想和探索当 n 为偶数时,函数的最大值.
当 n 为偶数时,一方面有 $f_n(\theta)=\sin^n\theta+\cos^n\theta \leqslant \sin^2\theta+\cos^2\theta=1=f_n(0)$.
由于当 $n=2,4$ 时,函数的最小值不同,继续尝试发现.
当 $n=6$ 时,函数 $f_6(\theta)=1-\dfrac{3}{4}\sin^2 2\theta$ 在 $\left[0,\dfrac{\pi}{4}\right]$ 上单调递减.

故 $f_6(\theta)$ 的最大值为 $f_6(0)=1$,最小值为 $f_6\left(\dfrac{\pi}{4}\right)=\dfrac{1}{4}$.

因此猜想和探索当 n 为偶数时,函数 $f_n(\theta)=f_{2k}(\theta)$ 也为单调递减,最小值为 $f_n\left(\dfrac{\pi}{4}\right)=\left(\dfrac{1}{2}\right)^{k-1}$.

由问题(2)的结论联想证明
$$2f_{n+2}(\theta)-f_n(\theta)=(\cos^n\theta-\sin^n\theta)(\cos^2\theta-\sin^2\theta)$$
令 $g_n(\theta)=(\cos^n\theta-\sin^n\theta)(\cos^2\theta-\sin^2\theta)$,因为函数 $(\cos^2\theta-\sin^2\theta)$ 和 $(\cos^n\theta-\sin^n\theta)$ 在区间 $\left[0,\dfrac{\pi}{4}\right]$ 上均单调递减,且恒正,所以 $g_n(\theta)$ 在区间 $\left[0,\dfrac{\pi}{4}\right]$ 上也为单调递减.

$2f_{n+2}(\theta)=\dfrac{1}{2}(f_n(\theta)+g_n(\theta))$,又 $f_n(\theta)$ 和 $g_n(\theta)$ 在区间 $\left[0,\dfrac{\pi}{4}\right]$ 上也为单调递减.所以当 $n(n\geqslant 4)$ 为偶数时,$f_n(\theta)$ 在区间 $\left[0,\dfrac{\pi}{4}\right]$ 上也为单调递减.于是最小值为
$$f_n\left(\dfrac{\pi}{4}\right)=2\sqrt{\left(\dfrac{1}{2}\right)^n}$$

综上所述,当 n 为奇数时,函数 $f_n(\theta)$ 的最大值为 0,最小值为 -1. 当 n 为偶数时,函数 $f_n(\theta)$ 的最大值为 1,最小值为 $2\sqrt{\left(\dfrac{1}{2}\right)^n}$.

方法2 函数 $f_2(\theta)$ 的最大值、最小值均为 1.

当 $n=4$ 时,函数 $f_4(\theta)=1-\dfrac{1}{2}\sin^2 2\theta$,最小值为 $f_4\left(\dfrac{\pi}{4}\right)=\dfrac{1}{2}$.

当 $n=6$ 时,函数 $f_6(\theta)=1-\dfrac{3}{4}\sin^2 2\theta$,最小值为 $f_6\left(\dfrac{\pi}{4}\right)=\dfrac{1}{4}$.

因此猜想:当 n 为偶数时,函数 $f_n(\theta)$ 的最大值 $f_n(\theta)=f_{2k}(\theta)\geqslant\left(\dfrac{1}{2}\right)^{k-1}$.

由问题(Ⅱ)的结论联想可以证明
$$2f_{n+2}(\theta)-f_n(\theta)=(\cos^n\theta-\sin^n\theta)(\cos^2\theta-\sin^2\theta)$$

因为在区间 $\left[0,\dfrac{\pi}{4}\right]$ 上上式大于 0，因此 $f_{n+2}\geqslant \dfrac{1}{2}f_n(\theta)$，则

$$f_n(\theta)\geqslant \dfrac{1}{2}f_{n-2}(\theta)\geqslant\cdots\geqslant \dfrac{1}{2^{\frac{n}{2}-1}}f_2(\theta)=\dfrac{1}{2^{\frac{n}{2}-1}}=f_n\left(\dfrac{\pi}{4}\right)$$

故函数 $f_n(\theta)$ 的最大值为 $f_n(0)=1$，最小值为 $f_n\left(\dfrac{\pi}{4}\right)=2\sqrt{\left(\dfrac{1}{2}\right)^n}$. 下略.

7.5 测评数学素养检测试题的命制

素养是一种品行、品格的修养. 数学素养是一种数学思维风格的修养，它体现人的一种数学潜质，隐含人的一种数学潜能，因而被测评数学研究工作者注意，特别是在评价体系改革中，深受人们的青睐.

如何进行数学素养的考查，这也是正在探讨之中的工作，在此，稍作介绍.

1. 通过对数学概念的理解来考查数学素养

例1 （2006年清华大学面试题）公理和定理有什么不同？

评述 这道试题测试被测试者对概念的准确理解.

概念是反映事物本质特征的思维形式. 数学中的定义、公理、定理等，都是概念的范畴. 它们是构成数学知识结构的基本元素，只有理解了数学中各概念的内涵和外延，才能正确地识别和运用数学概念，数学的理性精神才能成为"有源之水".

公理是一些显而易见的事实，又被大家接受不需要证明的事实（有些也无法证明）而描述的命题，而定理是经过证明的命题，有些学科，为了减少学习难度. 对公理体系进行了扩大. 把一些易为简单而又应用广泛的定理也作为公理来对待. 公理和定理都是数学证明中的依据.

因而被测试者在回答这道题目时若注意到了下述问题，则表明他有较好的数学素养.

①要说清楚什么是公理，什么是定理，一般要能够举例；②公理的正确性不需要用逻辑来证明，而定理的正确性则需要用逻辑推理来证明；③数学的任何分支都是建立在一个或几个公理的基础上演绎而成的，随着新思想的产生，人们会发现更多的公理，进而推出更多的定理，扩展了对整个数学世界的认识.

2. 通过对数学思想方法的领悟来考查数学素养

例2 （2009年清华大学自主招生试题）请分析证明有理数和自然数一样多.

评述 本题测试被测试者转化与化归的思想和逻辑思维能力. 有理数集和自然数集都是无限集，证明无限集的元素一样多的方法是在两个集合之间构成一一映射.

要在有理数集和自然数集之间构造成一一映射，可以把全体有理数用恰当的方式排序. 对于正有理数，由倒数关系易知开区间 $(0,1)$ 和 $(1,+\infty)$ 含有相同个数的有理数，而 $(0,1)$ 内的任一有理数都可以唯一地表示成 $\dfrac{n}{m}$（其中 $m>n$，且 m,n 互质）. 因此，可据此先将 $(0,1)$ 内的有理数排序，再拓展到 $(0,+\infty)$，最后拓展到全体有理数.

由于区间 $(0,1)$ 内的任何有理数均可表示成 $\dfrac{n}{m}$（其中 $m>n$，m,n 为整数，且 m,n 互质）

的形式,故全体小于1的正有理数可以按 m 的大小顺序,再按 n 的大小顺序如下排列(剔除重复的数)

$$\frac{1}{2},\frac{1}{3},\frac{2}{3},\frac{1}{4},\frac{3}{4},\frac{1}{5},\frac{2}{5},\frac{3}{5},\frac{4}{5},\cdots$$

将每一个数的倒数插在对应数的后面,再将1排在第一位,则可得到全体正有理数的一个排列

$$1,\frac{1}{2},2,\frac{1}{3},\frac{2}{3},\frac{1}{4},4,\frac{1}{5},5,\cdots$$

接下来,将以上每一个数的相反数插入到对应数的后面,再将0排在第一位,就得到全体有理数的一个排列了

$$0,1,-1,\frac{1}{2},-\frac{1}{2},2,-2,\frac{1}{3},-\frac{1}{3},3,-3,\frac{2}{3},-\frac{2}{3},\cdots$$

显然,这个排列与自然数列 $0,1,2,3,4,5,\cdots$ 是一一对应的,所以有理数和自然数一样多.

高校自主招生面试中设置这样的问题,能有效测试被测试者的数学素养和科学的思维品质. 解答本题应注意以下要点:

①对于有限集 P 和 Q,若 P 是 Q 的子集,则 P 的元素个数一定比 Q 少;但对于无限集来说却不一定是这样;

②说明两个无限集的元素个数相等必须构造两个集合之间的一一映射,不能有含糊的语言描述;

③本题中关于 $(0,1)$ 内的有理数可排成 $\frac{1}{2},\frac{1}{3},\frac{2}{3},\frac{1}{4},\frac{3}{4},\frac{1}{5},\frac{2}{5},\frac{3}{5},\frac{4}{5},\cdots$ 是一个重要的结论,在很多类似的问题中可灵活运用.

例3 (2008年清华大学自主招生试题)已知 a,b,c 都是非零有理数,$\sqrt{a}+\sqrt{b}+\sqrt{c}$ 也是有理数. 求证:$\sqrt{a},\sqrt{b},\sqrt{c}$ 都是有理数.

评述 对于证明关于有理数或无理数的题目,通常的思路是利用反证法,通过有理数、无理数的一些性质推导出与题中某个条件矛盾. 整个解题过程对等式的变形能力有着较高的要求,特别是计算和移项过程要特别讲究一些技巧.

事实上,不妨设 $\sqrt{a},\sqrt{b},\sqrt{c}$ 中有某一个不是有理数,则另两个之和也不是有理数,再结合 $\sqrt{a}+\sqrt{b}+\sqrt{c}$ 为有理数,设为 x,则有等式 $\sqrt{a}+\sqrt{b}=x-\sqrt{c}$.

对该等式两边平方,并将为有理数的部分结合在一起用字母 y 表示.

反复依这样的方式处理,直至推出矛盾. 分析推证过程中必要时将问题横向分解,即进行分类讨论.

例如,设 $\sqrt{a},\sqrt{b},\sqrt{c}$ 不都是有理数,不妨设 $\sqrt{c}\notin\mathbf{Q}$,则 $\sqrt{a}+\sqrt{b}\notin\mathbf{Q}$,否则与 $\sqrt{a}+\sqrt{b}+\sqrt{c}\in\mathbf{Q}$ 矛盾.

记 $\sqrt{a}+\sqrt{b}+\sqrt{c}=x\in\mathbf{Q}$,则 $(\sqrt{a}+\sqrt{b})^2=(x-\sqrt{c})^2$ 即

$$x^2+c-a-b=2(\sqrt{ab}+x\sqrt{c})\in\mathbf{Q}$$

记 $\sqrt{ab}+x\sqrt{c}=y\in\mathbf{Q}$,则 $(\sqrt{ab})^2=(y-x\sqrt{c})^2$,即

$$y^2 + x^2 c - ab = 2xy\sqrt{c} \in \mathbf{Q}$$

若 $x=0$,则 $a=b=c=0$,矛盾;

若 $x\neq 0$ 但 $y=0$,则 $c=0$,矛盾;

若 $x\neq 0$ 且 $y\neq 0$,则 $\sqrt{c}\in \mathbf{Q}$,矛盾.

综上可知,$\sqrt{a},\sqrt{b},\sqrt{c}$ 都是有理数.

3. 通过对数学文章的解读来考查数学素养

例 4 某老师在讲授"函数的极限"内容时,在黑板上写出这样一段话:

"当 Δx 无限趋向于 0 时,$\dfrac{f(x_0+\Delta x)-f(x_0)}{\Delta x}$ 无限趋近于常数 A"就可以表示为"当 $\Delta x\to 0$ 时,$\dfrac{f(x_0-\Delta x)-f(x_0)}{\Delta x}\to A$".

这段板书有一处错误,这就是在后一个式子中将"$f(x_0+\Delta x)$"误写成"$f(x_0-\Delta x)$".学生很快发现了这个错误,其中有一位学生说:

"既然 $\Delta x\to 0$,那么我们就可以将它近似地看作 0,于是 $f(x_0+\Delta x)$ 和 $f(x_0-\Delta x)$ 也就没有什么本质的区别了,所以这个错误对结论的正确性没有影响."

请谈谈你对这个错误的认识,该学生的结论对吗?

评述 这题的试题是用数学文章呈现的,在解读中测试了被测试者的数学素养.要作出判断,需进行理性的分析.

先取特殊函数 $f(x)=x,x_0=1$ 进行验证,对结论作出判断,并作出新结论,再在抽象函数的背景下利用导数的概念作出理性分析.

这样便发现结论错了,结果应变为原来的相反数.

事实上,令 $f(x)=x,x_0=1$,则 $\dfrac{f(x_0+\Delta x)-f(x_0)}{\Delta x}=1$;而 $\dfrac{f(x_0-\Delta x)-f(x_0)}{\Delta x}=-1$.

一般地,令 $\Delta x'=-\Delta x$,则当 $\Delta x\to 0$ 时,$\Delta x'\to 0$

$$\dfrac{f(x_0-\Delta x)-f(x_0)}{\Delta x}=\dfrac{f(x_0+\Delta x')-f(x_0)}{-\Delta x'}$$

所以结论变为原来的相反数.

如上试题的这种处理方式给了被测试者充足的理性思辨空间.被测试者的思维在思考—质疑—辨析的过程中得到了充分的激活.整体的认知水平在困惑—特殊—一般化的过程中得到了自然提升.

4. 通过对数学问题的简解来考查数学素养

例 5 (2008 年浙江大学自主招生试题)已知 $x>0,y>0,a=x+y,b=\sqrt{x^2+xy+y^2}$,$c=m\sqrt{xy}$,试问是否存在正数 m,使得对于任意正数 x,y 可以 a,b,c 为三边构成三角形?如果存在,求出 m 的取值范围;如果不存在,请说明理由.

评述 由于题目要求在"任意正数 x,y"的前提下探索结论,故可先取 x,y 的特殊值尝试,通过验算确定 m 的取值范围,然后再给出一般性证明.

可以试着令 $x=1,y=1$,则得出 a,b,c 的值(含有参数 m),再由三角形的构成条件确定 m 的取值范围,最后证明这个范围具有一般性.范围的探索过程采用的特殊化与极端化等非演绎的形式.

当我们令 $x=1, y=1$,则 $a=2, b=\sqrt{3}, c=m$,要使对于任意的正数 x, y 可使 a, b, c 为三边构成三角形,必须满足 $2-\sqrt{3}<m<2+\sqrt{3}$. 又 $x>0, y>0$,所以

$$a = x+y = \sqrt{x^2+2xy+y^2} > \sqrt{x^2+xy+y^2} = b, \text{即 } a+c>b$$

又 $b+c>a$ 等价于 $\sqrt{x^2+xy+y^2} + m\sqrt{xy} > x+y$,即

$$m > \frac{x+y-\sqrt{x^2+xy+y^2}}{\sqrt{xy}}$$

又 $\dfrac{x+y-\sqrt{x^2+xy+y^2}}{\sqrt{xy}} = \dfrac{\sqrt{xy}}{x+y+\sqrt{x^2+xy+y^2}}$

$$\leq \frac{\sqrt{xy}}{2\sqrt{xy}+\sqrt{2xy+xy}} = 2-\sqrt{3}$$

所以当 $2-\sqrt{3}<m<2+\sqrt{3}$ 时,$m > \dfrac{x+y-\sqrt{x^2+xy+y^2}}{\sqrt{xy}}$ 恒成立,即 $b+c>a$ 恒成立.

又 $a+b = x+y+\sqrt{x^2+xy+y^2} > 2\sqrt{xy}+\sqrt{2xy+xy} = (2+\sqrt{3})\sqrt{xy}$.

所以当 $2-\sqrt{3}<m<2+\sqrt{3}$ 时,$a+b > m\sqrt{xy} = c$ 恒成立.

综上所述,当且仅当 $2-\sqrt{3}<m<2+\sqrt{3}$ 时,对于任意正数 x, y 可使得 a, b, c 为三边构成三角形.

注 也可令 $x=y$,则 $a=2x>0, b=\sqrt{3}x>0, c=mx>0$,由 $a+b>c, a+c>b, b+c>a$,解得 $2-\sqrt{3}<m<2+\sqrt{3}$(下略).

第八章 从测评数学试题中发掘研究素材

在测评数学试题中,许多令人喜爱的优秀试题,犹如一颗颗闪烁的珍珠,璀璨夺目,点缀着瑰丽的数学问题园林,装饰着教育数学群落宫殿.这些优秀试题,是命制人员的辛勤杰作,凝结了一大批优秀数学工作者的心血和智慧.这些优秀试题,是测评数学研究的丰厚资源,由试题得到的启示,往往为学生的研究性学习、为教师的研究活动提出新课题,开拓新领域,提供有力的方法和工具.令人陶醉,回味无穷.

8.1 发掘出学习者的研究性学习素材

8.1.1 研究性学习的意义与特点

什么是研究性学习?我们在 7.4 节中也略作介绍,在此进一步讨论.

从广义理解,研究性学习泛指学习者主动探究的学习活动.它是一种学习的理念、策略、方法.适用于学习者对所有学科的学习.

从狭义看,作为一种独立的学习活动,研究性学习指在学习过程中以问题为载体,创设一种类似科学研究的情境和途径,让学习者通过自己收集、分析和处理信息实际感受和体验知识的产生过程,进而了解社会现实,学会学习,培养分析问题、解决问题的能力和创造能力.这种学习活动的核心是要改变以往的学习方式,强调一种主动探究式的学习,是培养学习者创新精神和实践能力、推行素质教育的一种新的尝试和实践.

作为一种新的学习活动,研究性学习有如下一些特点:

(1)"问题"(或专题、课题)是研究性学习的载体,整个活动主要围绕着问题的提出和解决来进行学习活动.

在研究性学习中,先要从学习生活和社会生活中选择和确定学习者自己感兴趣的研究问题,再去发现问题和提出问题.恰好在测评数学试题中,有大量的探究性试题,为探究性学习提供了素材.还有大量新颖的试题,也可进行发掘.

(2)研究性学习呈开放学习的态势.

在研究性学习中,由于要研究的问题(或专题、课题)多来自学习者生活的现实世界,活动时需要大量地依赖教材以及其他各种资源,学习者的学习途径、方法不一,最后研究结果的内容和形式各异.因此,它必然会突破原有的封闭状态,把活动置于一种动态、开放、主动、多元的学习环境中.

这种开放性学习,改变的不仅是学习者学习的内容,更重要的是,一方面,它提供学习者更多地获取知识的方式和渠道.在了解知识发生和形成的过程中,促使其关心现实,体验人生,并积累一定的感情知识和实践经验,获得比较完整的学习经历;另一方面,在这种学习中,将培养起一种开放性的思维,这种思维方式的形成对于培养创新精神尤其重要.这样一种开放性的自由学习,正是学习者灵感的火花,创新精神产生的前提条件.

(3) 研究性学习是一种由学习者自己负责完成的活动.

研究性学习强调学习者的自主性、探究性.学习者按自己的兴趣选择和确定学习内容,使学习者的主观积极性得到极大的调动,自主学习、积极探究有了内在的强大动力.

(4) 研究性学习是新课程改革中所列关键项目之一.

研究性学习的开设是一种国际课程改革的共同趋势.因而,我国在新一轮课程改革中,增设了"综合实战活动"模块,这就包括了研究性学习.

8.1.2 从测评数学试题中发掘出学习者的研究性学习素材

如何从测评数学试题中发掘出学习者的研究性学习素材?

1. 解读测评数学试题,发掘新的解法

例 1 (2011年高考广东卷(文)题)设 $b>0$,数列 $\{a_n\}$ 满足 $a_1=b,a_n=\dfrac{nba_{n-1}}{a_{n-1}+n-1}(n\geqslant 2)$.

(Ⅰ)求数列 $\{a_n\}$ 的通项公式;(Ⅱ)证明:对于一切正整数 $n,2a_n\leqslant b^{n+1}+1$.

评述 此题以递推数列为背景,综合考查了多方面知识:求数列的通项、等差数列、等比数列,不等式的证明等,测试被测试者的运算能力、理化能力、推理论证能力.

解析 (Ⅰ)由题设知当 $b=1$ 时,$a_n=\dfrac{na_{n-1}}{a_{n-1}+n-1}\Rightarrow\dfrac{n}{a_n}=1+\dfrac{n-1}{a_{n-1}}$,所以数列 $\left\{\dfrac{n}{a_n}\right\}$ 是首项为 1,公差为 1 的等差数列,所以 $\dfrac{n}{a_n}=1+(n-1)\cdot 1=n$,从而 $a_n=1$.

当 $b\neq 1$ 时,$a_n=\dfrac{nba_{n-1}}{a_{n-1}+n-1}\Rightarrow b\dfrac{a_n}{a_n}=1+\dfrac{n-1}{a_{n-1}}$.

令 $c_n=\dfrac{n}{a_n}$,则 $bc_n=c_{n-1}+1\Rightarrow b\left(c_n+\dfrac{1}{1-b}\right)=c_{n-1}+\dfrac{1}{1-b}$,所以数列 $\left\{c_n+\dfrac{1}{1-b}\right\}$ 是以 $c_1+\dfrac{1}{1-b}=\dfrac{1}{b(1-b)}$ 为首项,$\dfrac{1}{b}$ 为公比的等比数列,所以 $c_n+\dfrac{1}{1-b}=\dfrac{1}{b(1-b)}\cdot\dfrac{1}{b^{n-1}}=\dfrac{1}{b^n(1-b)}$,从而 $c_n=\dfrac{1}{b^n(1-b)}-\dfrac{1}{1-b}$,于是 $a_n=\dfrac{nb^n(1-b)}{1-b^n}$,所以

$$a_n=\begin{cases}1,\text{当 }b=1\text{ 时}\\ \dfrac{nb^n(1-b)}{1-b^n},\text{当 }b>0\text{ 且 }b\neq 1\text{ 时}\end{cases}$$

(Ⅱ)当 $b=1$ 时,$2\leqslant 2$ 成立.

当 $b\neq 1$ 时,$2a_n\leqslant b^{n+1}+1\Leftrightarrow\dfrac{2nb^n(1-b)}{1-b^n}\leqslant b^{n+1}+1$

$\Leftrightarrow\dfrac{nb^n(1-b)}{1-b^n}\leqslant\dfrac{1}{2}(b^{n+1}+1)\Leftrightarrow\dfrac{n(1-b)}{1-b^n}\leqslant\dfrac{1}{2}\left(b+\dfrac{1}{b^n}\right)$

$\Leftrightarrow\dfrac{n}{\dfrac{1-b^n}{1-b}}\leqslant\dfrac{1}{2}\left(b+\dfrac{1}{b^n}\right)\Leftrightarrow\dfrac{n}{1+b+b^2+\cdots+b^{n-1}}\leqslant\dfrac{1}{2}\left(b+\dfrac{1}{b^n}\right)$

$\Leftrightarrow\dfrac{1}{2}\left(b+\dfrac{1}{b^n}\right)(1+b+b^2+\cdots+b^{n-1})\geqslant n$

令
$$A = \left(b + \frac{1}{b^n}\right)(1 + b + b^2 + \cdots + b^{n-1}) = (b + b^2 + \cdots + b^n) + \left(\frac{1}{b^n} + \cdots + \frac{1}{b}\right)$$
$$= \left(b + \frac{1}{b}\right) + \left(b^2 + \frac{1}{b^2}\right) + \cdots + \left(b^n + \frac{1}{b^n}\right) \geq 2 + 2 + \cdots + 2 = 2n$$

即 $\frac{1}{2}A \geq n$ 成立.

从而当 $b \neq 1$ 时,$2a_n \leq b^{n+1} + 1$ 对于一切正整数 n 成立.

综上所述,对于一切正整数 n,$2a_n \leq b^{n+1} + 1$

对于优秀的数学测试题,进行深入解读,就可以拓展其教育功能. 对学习者来说这是进行研究性学习的好素材,最常采用的是探讨试题的其他解法. 因为一题多解可以展示学习者火热的思考并显露其智慧,寻求多种解法,可以调动各方面的知识融汇贯通. 对于上述试题经探究还可得如下另解:

第(Ⅰ)题还有如下 6 种解法.

解法 1 (迭代法) 由 $a_1 = b > 0$,知
$$a_n = \frac{nba_{n-1}}{a_{n-1} + n - 1} > 0, \quad \frac{1}{a_n} = \frac{a_{n-1} + n - 1}{nba_{n-1}}, \quad \frac{n}{a_n} = \frac{1}{b} + \frac{1}{b} \cdot \frac{n-1}{a_{n-1}}$$

令 $A_n = \frac{n}{a_n}$,则 $A_1 = \frac{1}{b}$.

当 $n \geq 2$ 时
$$A_n = \frac{1}{b} + \frac{1}{b} \cdot A_{n-1} = \frac{1}{b} + \frac{1}{b^2} + \frac{1}{b^2} \cdot A_{n-2} = \frac{1}{b} + \frac{1}{b^2} + \frac{1}{b^3} + \cdots + \frac{1}{b^{n-1}} + \frac{1}{b^n}$$

①当 $b \neq 1$ 时,A_n 是等比数列 $\left\{\frac{1}{b^n}\right\}$ 的前 n 项和

$$A_n = \frac{\frac{1}{b}\left(1 - \frac{1}{b^n}\right)}{1 - \frac{1}{b}} = \frac{b^n - 1}{b^n(b-1)}$$

②当 $b = 1$ 时,$A_n = n$.

所以
$$A_n = \begin{cases} \dfrac{b^n - 1}{b^n(b-1)}, & b \neq 1 \\ n, & b = 1 \end{cases}$$

所以
$$a_n = \frac{n}{A_n} = \begin{cases} \dfrac{nb^n(b-1)}{b^n - 1}, & b \neq 1 \\ 1, & b = 1 \end{cases}$$

解法 2 (待定数法 1) 同解法 1,令 $A_n = \frac{n}{a_n}$,则 $A_1 = \frac{1}{b}$,且当 $n \geq 2$ 时,有 $A_n = \frac{1}{b} + \frac{1}{b} \cdot A_{n-1}$.

①当 $b \neq 1$ 时,设 $A_n + \lambda = \frac{1}{b} \cdot (A_{n-1} + \lambda)$,$\lambda$ 是待定的常数,比较系数得 $\left(\frac{1}{b} - 1\right)\lambda = \frac{1}{b}$,

解得 $\lambda = \frac{1}{1-b}$,所以 $A_n + \frac{1}{1-b} = \frac{1}{b} \cdot \left(A_{n-1} + \frac{1}{1-b}\right)$,则数列 $\left\{A_n + \frac{1}{1-b}\right\}$ 是等比数列.

于是 $A_n + \dfrac{1}{1-b} = \left(A_1 + \dfrac{1}{1-b}\right) \cdot \dfrac{1}{b^{n-1}}$,可解得 $A_n = \dfrac{b^n - 1}{b^n(b-1)}$.

②当 $b = 1$ 时,$A_n = A_{n-1} + 1$,可见数列 $\{A_n\}$ 是等差数列,解得 $A_n = n$,下同解法 1.

解法 3（待定系数法 2）同解法 1,得到 $\dfrac{1}{a_n} = \dfrac{1}{a_{n-1}} \cdot \dfrac{n-1}{nb} + \dfrac{1}{nb}$,令 $C_n = \dfrac{1}{a_n}$,则 $C_1 = \dfrac{1}{a_1} = \dfrac{1}{b}$ 且当 $n \geq 2$ 时,有 $bnC_n = (n-1)C_{n-1} + 1$

①当 $b \neq 1$ 时,设存在一个实数 m,使 $b(nC_n + m) = (n-1)C_{n-1} + m$,比较系数,可得 $m = \dfrac{1}{1-b}$,则 $\left\{nC_n + \dfrac{1}{1-b}\right\}$ 是首项为 $\dfrac{1}{b(1-b)}$,公比为 $\dfrac{1}{b}$ 的等比数列.

于是 $nC_n + \dfrac{1}{1-b} = \dfrac{1}{b(1-b)} \cdot \left(\dfrac{1}{b}\right)^{n-1}$ $(n \geq 2)$,可解得 $a_n = \dfrac{n(1-b)b^n}{1-b^n}$ $(n \in \mathbf{N}_+)$.

②当 $b = 1$ 时,$nC_n = (n-1)C_{n-1} + 1$,即 $\{nC_n\}$ 是首项为 1,公差为 1 的等差数列,则 $nC_n = 1 + (n-1) = n$,即 $C_n = 1$,故 $a_n = \dfrac{1}{C_n} = 1$.

解法 4（累加法 1）同解法 1,令 $A_n = \dfrac{n}{a_n}$,则 $A_1 = \dfrac{1}{b}$,且当 $n \geq 2$ 时,有 $A_n = \dfrac{1}{b} + \dfrac{1}{b} \cdot A_{n-1}$.

两边同乘以 b^n 得:$b^n A_n = b^{n-1} + b^{n-1} A_{n-1}$,移项得:$b^n A_n - b^{n-1} A_{n-1} = b^{n-1}$.

累加得 $b^n A_n = b^{n-1} + b^{n-2} + \cdots + b^2 + b + 1$,所以 $A_n = \dfrac{1}{b} + \dfrac{1}{b^2} + \dfrac{1}{b^3} + \cdots + \dfrac{1}{b^{n-1}} + \dfrac{1}{b^n}$,下同解法 1.

解法 5（累加法 2）同解法 1,令 $A_n = \dfrac{n}{a_n}$,则 $A_1 = \dfrac{1}{b}$,且当 $n \geq 2$ 时,有 $A_n = \dfrac{1}{b} + \dfrac{1}{b} \cdot A_{n-1}$,再写一次,得:$A_{n+1} = \dfrac{1}{b} + \dfrac{1}{b} \cdot A_n$,相减得:$A_{n+1} - A_n = \dfrac{1}{b}(A_n - A_{n-1})$,可得数列 $\{A_{n+1} - A_n\}$ 是等比数列.

则 $A_{n+1} - A_n = \dfrac{1}{b^2}\left(\dfrac{1}{b}\right)^{n-1} = \dfrac{1}{b^{n+1}}$,累加得 $A_n = \dfrac{1}{b} + \dfrac{1}{b^2} + \dfrac{1}{b^3} + \cdots + \dfrac{1}{b^n}$,下同解法 1.

解法 6（数学归纳法）由 $a_1 = b$,可计算得:$a_2 = \dfrac{2b^2}{b+1}$,$a_3 = \dfrac{3b^3}{b^2 + b + 1}$,$a_4 = \dfrac{4b^4}{b^3 + b^2 + b + 1}$.

猜想:$a_n = \dfrac{nb^n}{b^{n-1} + \cdots + b^3 + b^2 + b + 1}$,进一步化简得 $a_n = \begin{cases} \dfrac{nb^n(b-1)}{b^n - 1}, & b \neq 1 \\ 1, & b = 1 \end{cases}$.

下面用数学归纳法证明.

①当 $b \neq 1$ 时:

（ⅰ）当 $n = 1$ 时,$a_1 = b$,猜想显然成立.

（ⅱ）假设 $n = k$ 时,猜想成立,即 $a_k = \dfrac{kb^k(b-1)}{b^k - 1}$.

则当 $n=k+1$ 时,$a_{k+1} = \dfrac{(k+1)ba_k}{a_k+k} = \dfrac{(k+1)b}{1+\dfrac{k}{a_k}} = \dfrac{(k+1)b}{1+\dfrac{k}{\dfrac{kb^k(b-1)}{b^k-1}}} = \dfrac{(k+1)b^{k+1}(b-1)}{b^{k+1}-1}.$

所以,当 $n=k+1$ 时,猜想成立.

综合(ⅰ)、(ⅱ),根据数学归纳法原理,猜想得以证明.

②当 $b=1$ 时:

(ⅰ)当 $n=1$ 时,$a_1=1$,显然成立.

(ⅱ)假设 $n=k$ 时,猜想成立,即 $a_k=1$.

则当 $n=k+1$ 时,$a_{k+1} = \dfrac{(k+1)ba_k}{a_k+k} = \dfrac{k+1}{1+k} = 1$,所以,当 $n=k+1$ 时,猜想成立.

综合(ⅰ)、(ⅱ),根据数学归纳法原理,猜想得以证明.

故 $a_n = \begin{cases} \dfrac{nb^n(b-1)}{b^n-1}, & b \neq 1 \\ 1, & b=1 \end{cases}.$

第(Ⅱ)题还有如下 3 种解法:

解法 1 (基本不等式法)当 $b \neq 1$ 时,欲证 $2a_n = \dfrac{2nb^n(b-1)}{b^n-1} \leq b^{n+1}+1$,只需证 $2nb^n \leq (b^{n+1}+1)\dfrac{b^n-1}{b-1}$.

因为 $(b^{n+1}+1)\dfrac{b^n-1}{b-1} = (b^{n+1}+1) \cdot \dfrac{(b-1)(b^{n-1}+b^{n-2}+\cdots+b+1)}{b-1}$

$= (b^{n+1}+1)(b^{n-1}+b^{n-2}+\cdots+b+1)$

$= (b^{2n}+b^{2n-1}+\cdots+b^{n+1}+b^{n-1}+b^{n-2}+\cdots+b+1)$

$= b^n\left(b^n+\dfrac{1}{b^n}+b^{n-1}+\dfrac{1}{b^{n-1}}+\cdots+b+\dfrac{1}{b}\right)$

$> b^n(2+2+\cdots+2) = 2nb^2$

则 $2a_n = \dfrac{2nb^n(b-1)}{b^n-1} < 1+b^{n+1}$.

当 $b=1$ 时,$2a_n = 2 = b^{n+1}+1$.

综上所述,$a_n \leq \dfrac{b^{n+1}}{2^{n+1}}+1$.

解法 2 (函数法)当 $b=1$ 时,$2a_n = 2 = b^{n+1}+1$,结论显然成立.

当 $b \neq 1$ 时,欲证 $2a_n \leq b^{n+1}+1$,等价于 $\dfrac{2a_n}{b^{n+1}+1} \leq 1$. 令 $g(n) = \dfrac{2a_n}{b^{n+1}+1}$,下证 $[g(n)]_{\max} \leq 1$.

先来讨论数列 $g(n)$ 的单调性,下用"作商法"进行探讨

$\dfrac{g(n+1)}{g(n)} = \dfrac{\dfrac{2a_{n+1}}{b^{n+2}+1}}{\dfrac{2a_n}{b^{n+1}+1}} = \dfrac{a_{n+1}}{a_n} \cdot \dfrac{b^{n+1}+1}{b^{n+2}+1}$

由第（Ⅰ）问得 $a_n = \dfrac{nb^n(b-1)}{b^n - 1}$，代入得

$$\dfrac{g(n+1)}{g(n)} = \dfrac{(n+1)b}{\dfrac{n(1-b)b^n}{1-b^n} + n} \cdot \dfrac{b^{n+1}+1}{b^{n+2}+1}$$

$$= \dfrac{(n+1)(b + b^2 + \cdots + b^n + b^{n+2} + b^{n+3} + \cdots + b^{2n-1})}{n(1 + b + b^2 + \cdots + b^n + b^{n+2} + b^{n+3} + \cdots + b^{2n+1} + b^{2n+2})} \quad (*)$$

式（*）的"分子"-"分母" $= b + b^2 + \cdots + b^n + b^{n+2} + b^{n+3} + \cdots + b^{2n-1} - n(1 + b^{2n+2})$

$$= (b + b^{2n+1} - 1 - b^{2n+2}) + (b^2 + b^{2n} - 1 - b^{2n+2}) + \cdots +$$
$$(b^n + b^{n+2} - 1 - b^{2n+2})$$
$$= (b-1)(1 - b^{2n+1}) + (b^2 - 1)(1 - b^{2n}) + \cdots +$$
$$(b^n - 1)(1 - b^{n+2})$$

不论 $b > 1$ 或 $0 < b < 1$，上式值为负，式（*）的"分子" < "分母"，且均大于 0，故式（*）的值小于 1，即 $g(n+1) < g(n)$，因此 $g(n)$ 是递减数列，所以

$$[g(n)]_{\max} = g(1) = \dfrac{2b}{b^2 + 1} = \dfrac{2}{b + \dfrac{1}{b}} \leqslant \dfrac{2}{2} = 1$$

故命题得证.

解法 3 （数学归纳法）当 $b = 1$ 时，$2a_n = 2 = b^{n+1} + 1$.

当 $b \neq 1$ 时，欲证 $2a_n = \dfrac{2nb^n(b-1)}{b^n - 1} < b^{n+1} + 1$，只需证 $\dfrac{(b^{n+1}+1)(b^n-1)}{2b^n(b-1)} < n$.

设 $f(n) = \dfrac{(b^{n+1}+1)(b^n-1)}{2b^n(b-1)}, n \in \mathbf{N}^*$.

下面用数学归纳法证明

$$f(n) > n, n \in \mathbf{N}^* \quad (**)$$

(1) 当 $n = 1$ 时，$f(1) = \dfrac{b^2+1}{2b} > \dfrac{2b}{2b} = 1$，不等式（**）显然成立.

(2) 假设 $n = k$ 时，猜想成立，即 $f(k) > k$. 则当 $n = k + 1$ 时

$$f(k+1) - f(k)$$
$$= \dfrac{(b^{k+2}+1)(b^{k+1}-1)}{2b^{k+1}(b-1)} - \dfrac{(b^{k+1}+1)(b^k-1)}{2b^k(b-1)}$$
$$= \dfrac{b^{2k+3} - b^{2k+2} + b - 1}{2b^{k+1}(b-1)} = \dfrac{(b^{2k+2}+1)(b-1)}{2b^{k+1}(b-1)}$$
$$= \dfrac{b^{2k+2}+1}{2b^{k+1}} > \dfrac{2\sqrt{b^{2k+2}}}{2b^{k+1}} = \dfrac{2b^{k+1}}{2b^{k+1}} = 1$$

因此，$f(k+1) - f(k) > 1$，即 $f(k+1) > f(k) + 1 > k + 1$.

所以，当 $n = k + 1$ 时，不等式（**）也成立.

综合(1)、(2)，根据数学归纳法原理，不等式（**）得以证明，因此对于一切正整数 n，$2a_n \leqslant b^{n+1} + 1$.

有了上述解法，解题者还可以进行归纳，建立模型来深入认识这类递推数列.

注 上述内容参考了何智老师的文章《源于基础,重在探究,贵在创新》,中学数学研究,2011(10).

2. 解读测评试题,进行多维变式思考

例2 (2011年高考湖南卷题)如图8-1,椭圆 $C_1: \dfrac{x^2}{a^2}+\dfrac{y^2}{b^2}=1(a>b>0)$ 的离心率为 $\dfrac{\sqrt{3}}{2}$,x 轴被曲线 $C_2:y=x^2-b$ 截得的线段等于 C_1 的长半轴长.

(Ⅰ)求 C_1,C_2 的方程;

(Ⅱ)设 C_2 与 y 轴的交点为 M,过坐标原点 O 的直线 l 与 C_2 相交于点 A,B,直线 MA,MB 分别与 C_1 相交于点 D,E.

(1)证明:$MD\perp ME$;

(2)记 $\triangle MAB,\triangle MDE$ 面积分别是 S_1,S_2.问:是否存在直线 l,使得 $\dfrac{S_1}{S_2}=\dfrac{17}{32}$?请说明理由.

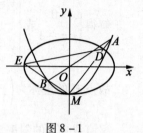

图8-1

评述 本题是对椭圆与抛物线以及直线与抛物线和直线与椭圆的综合问题的测试.测试了椭圆与抛物线方程的求法、直线与抛物线的位置关系、抛物线的性质等知识.同时也测试了被测试者的推理运算能力及转化化归能力.

解析 (Ⅰ)由题意知 $e=\dfrac{c}{a}=\dfrac{\sqrt{3}}{2}$,从而 $a=2b$.

又 $2\sqrt{b}=a$,所以 $a=2,b=1$.

故 C_1,C_2 的方程分别为 $\dfrac{x^2}{4}+y^2=1$,$y=x^2-1$.

(Ⅱ)(1)由题意知,直线 l 的斜率存在,设为 k,则直线 l 的方程为 $y=kx$,由 $\begin{cases} y=kx \\ y=x^2-1 \end{cases}$,得 $x^2-kx-1=0$.

设 $A(x_1,y_1),B(x_2,y_2)$,则 x_1,x_2 是上述方程的两个实根,于是
$$x_1+x_2=k, x_1x_2=-1$$

又点 M 的坐标为 $(0,-1)$,所以
$$k_{MA}\cdot k_{MB}=\dfrac{y_1+1}{x_1}\cdot\dfrac{y_2+1}{x_2}=\dfrac{(kx_1+1)(kx_2+1)}{x_1x_2}$$
$$=\dfrac{k^2x_1x_2+k(x_1+x_2)+1}{x_1x_2}=\dfrac{-k^2+k^2+1}{-1}=-1$$

故 $MA\perp MB$,即 $MD\perp ME$.

(2)设直线 MA 的斜率为 k_1,则直线 MA 的方程 $y=k_1x-1$.

由 $\begin{cases} y=k_1x-1 \\ y=x^2-1 \end{cases}$,解得 $\begin{cases} x=0 \\ y=-1 \end{cases}$ 或 $\begin{cases} x=k_1 \\ y=k_1^2-1 \end{cases}$.

故点 A 的坐标为 (k_1,k_1^2-1)

又直线 MB 的斜率为 $-\dfrac{1}{k_1}$,同理可得点 B 的坐标为 $\left(-\dfrac{1}{k_1},\dfrac{1}{k_1^2}-1\right)$.

于是 $S_1 = \frac{1}{2}|MA| \cdot |MB| = \frac{1}{2}\sqrt{1+k_1^2} \cdot |k_1| \cdot \sqrt{1+\frac{1}{k_1^2}} \cdot \left|-\frac{1}{k_1}\right| = \frac{1+k_1^2}{2|k_1|}$.

由 $\begin{cases} y = k_1 x - 1 \\ x^2 + 4y^2 - 4 = 0 \end{cases}$ 得 $(1+4k_1^2)x^2 - 2k_1 x = 0$.

解得 $\begin{cases} x = 0 \\ y = -1 \end{cases}$ 或 $\begin{cases} x = \dfrac{8k_1}{1+4k_1^2} \\ y = \dfrac{4k_1^2 - 1}{1+4k_1^2} \end{cases}$.

故点 D 的坐标为 $\left(\dfrac{8k_1}{1+4k_1^2}, \dfrac{4k_1^2 - 1}{1+4k_1^2}\right)$.

又直线 ME 的斜率为 $-\dfrac{1}{k_1}$,同理可得点 E 的坐标为 $\left(\dfrac{-8k_1}{4+k_1^2}, \dfrac{4-k_1^2}{4+k_1^2}\right)$.

于是 $S_2 = \dfrac{1}{2}|MD| \cdot |ME| = \dfrac{32(1+k_1^2) \cdot |k_1|}{(1+4k_1^2)(k_1^2+4)}$.

因此 $\dfrac{S_1}{S_2} = \dfrac{1}{64}\left(4k_1^2 + \dfrac{4}{k_1^2} + 17\right)$. 由题意知, $\dfrac{1}{64}\left(4k_1^2 + \dfrac{4}{k_1^2} + 17\right) = \dfrac{17}{32}$, 解得 $k_1^2 = 4$ 或 $k_1^2 = \dfrac{1}{4}$.

又由点 A,B 的坐标可知,$k = \dfrac{k_1^2 - \dfrac{1}{k_1^2}}{k_1 + \dfrac{1}{k_1}} = k_1 - \dfrac{1}{k_1}$,所以 $k = \pm \dfrac{3}{2}$.

故满足条件的直线 l 存在,且有两条,其方程分别为 $y = \dfrac{3}{2}x, y = -\dfrac{3}{2}x$.

上述解答中(Ⅱ)(2)的运算过程是较繁杂的,有运算过程简单一点的解答吗? 由此还能想到什么吗?

思考1 能给出(Ⅱ)(2)的简解吗?

解析 假设直线 l 存在且斜率为 k,则直线 l 的方程为 $y = kx$. 由 $\begin{cases} y = kx \\ y = x^2 - 1 \end{cases}$ 得 $x^2 - kx - 1 = 0, \Delta = k^2 + 4 > 0$. 设 $A(x_1, kx_1), B(x_2, kx_2)$, 则 x_1, x_2 是上述方程的两个实根, 于是 $x_1 + x_2 = k$, $x_1 x_2 = -1$. 又点 M 的坐标为 $(0, -1)$, 则直线 MA 的方程为 $y = \dfrac{kx_1 + 1}{x_1}x - 1$. 由于 $kx_1 + 1 = (x_1 + x_2)x_1 + 1 = x_1^2 + x_1 x_2 + 1 = x_1^2 + (-1) + 1 = x_1^2$, 所以直线 MA 的方程为 $y = x_1 x - 1$.

设点 D, E 的横坐标分别为 x_D, x_E. 联立直线 MA 与椭圆 C_1 的方程得 $\begin{cases} y = x_1 x - 1 \\ \dfrac{x^2}{4} + y^2 = 1 \end{cases}$, 消去 y 得 $(1+4x_1^2)x^2 - 8x_1 x = 0$, 解得 $x_M = 0, x_D = \dfrac{8x_1}{1+4x_1^2}$, 同理可得 $x_E = \dfrac{8x_2}{1+4x_2^2}$.

所以

$$\dfrac{S_1}{S_2} = \dfrac{\dfrac{1}{2}|MA| \cdot |MB|}{\dfrac{1}{2}|MD| \cdot |ME|} = \dfrac{|MA|}{|MD|} \cdot \dfrac{|MB|}{|ME|}$$

$$= \frac{|x_1|}{|x_D|} \cdot \frac{|x_2|}{|x_E|} = \frac{|x_1 x_2|}{|x_D x_E|} \left| \frac{|x_1 x_2|}{\frac{64 x_1 x_2}{(1+4x_1^2)(1+4x_2^2)}} \right|$$

$$= \frac{1+4[(x_1+x_2)^2 - 2x_1 x_2] + 16(x_1 x_2)^2}{64} = \frac{4k^2+25}{64}.$$

又因为 $\frac{S_1}{S_2} = \frac{17}{32}$,所以 $\frac{4k^2+25}{64} = \frac{17}{32}$,解得 $k = \pm\frac{3}{2}$.

故满足条件的直线存在,且有两条,其方程分别为 $y = \frac{3}{2}x$ 和 $y = -\frac{3}{2}x$.

思考 2 可将(Ⅱ)(2)的问题深化吗? 若设 $\frac{S_1}{S_2} = \lambda$,试问 λ 取何值时直线 l 存在,λ 取何值时直线 l 不存在?

解析 在思考 1 中得 $\frac{S_1}{S_2} = \frac{4k^2+25}{64}$,若直线 l 存在,则 $k \in \mathbf{R}$,所以 $\lambda \geqslant \frac{25}{64}$. 故当 $\lambda \in [\frac{25}{64}, +\infty)$ 时直线 l 存在,且方程为 $y = \pm\frac{\sqrt{64\lambda-25}}{2}x$;当 $\lambda \in (0, \frac{25}{64})$ 时直线 l 不存在.

由于试题中 $\frac{S_1}{S_2} = \frac{17}{32} \in [\frac{25}{64}, +\infty)$,所以直线 l 存在且有两条. 当 $\frac{S_1}{S_2} = \frac{25}{64}$ 时,显然直线 l 存在且仅有一条,方程为 $y = 0$.

思考 3 数值 $\frac{25}{64}$ 是否与曲线方程中的常数 a,b 有关呢? 若将原题再进行一般化,能有何种结论呢? 即考虑如下的问题:

已知椭圆 $C_1: \frac{x^2}{a^2} + \frac{y^2}{b^2} = 1 (a > b > 0)$,抛物线 $C_2: y = x^2 - b$. 设 C_2 与 y 轴的交点为 M,过坐标原点 O 的直线 l 与 C_2 相交于点 A,B,直线 MA,MB 分别与 C_1 相交于点 D,E. 记 △MAB,△MDE 面积分别是 S_1, S_2,设 $\frac{S_1}{S_2} = \lambda$,试问 λ 取何值时直线 l 存在,λ 取何值时直线 l 不存在?

解析 这与前面的求解是类同的,为方便比较,我们还是详细写出来. 假设直线 l 存在且斜率为 k,则直线 l 的方程为 $y = kx$. 由 $\begin{cases} y = kx \\ y = x^2 - b \end{cases}$ 得 $x^2 - kx - b = 0$. $\Delta = k^2 + 4b > 0$,设 $A(x_1, kx_1), B(x_2, kx_2)$,则 x_1, x_2 是上述方程的两个实根,于是 $x_1 + x_2 = k, x_1 x_2 = -b$. 又点 M 的坐标为 $(0, -b)$,则直线 MA 的方程为 $y = \frac{kx_1+b}{x_1}x - b$. 由于 $kx_1 + b = (x_1+x_2)x_1 + b = x_1^2 + x_1 x_2 + b = x_1^2 + (-b) + b = x_1^2$,所以直线 MA 的方程为 $y = x_1 x - b$.

设点 D, E 的横坐标分别为 x_D, x_E. 联立直线 MA 与椭圆 C_1 的方程得 $\begin{cases} y = x_1 x - b \\ \frac{x^2}{a^2} + \frac{y^2}{b^2} = 1 \end{cases}$,消去 y 得 $(b^2 + a^2 x_1^2)x^2 - 2a^2 b x_1 x = 0$,解得 $x_M = 0, x_D = \frac{2a^2 b x_1}{b^2 + a^2 x_1^2}$.

同理可得,$x_E = \frac{2a^2 b x_2}{b^2 + a^2 x_2^2}$.

所以

$$\frac{S_1}{S_2} = \frac{\frac{1}{2}|MA| \cdot |MB|\sin\angle AMB}{\frac{1}{2}|MD| \cdot |ME|\sin\angle DME}$$

$$= \frac{|MA|}{|MD|} \cdot \frac{|MB|}{|ME|} = \frac{|x_1|}{|x_D|} \cdot \frac{|x_2|}{|x_E|}$$

$$= \frac{|x_1 x_2|}{|x_D x_E|} = \frac{|x_1 x_2|}{\left|\frac{4a^4 b^2 x_1 x_2}{(b^2 + a^2 x_1^2)(b^2 + a^2 x_2^2)}\right|}$$

$$= \frac{b^4 + a^2 b^2 (x_1^2 + x_2^2) + a^4 (x_1 x_2)^2}{4a^4 b^2}$$

$$= \frac{b^4 + a^2 b^2 [(x_1 + x_2)^2 - 2x_1 x_2] + a^4 (x_1 x_2)^2}{4a^4 b^2}$$

$$= \frac{a^2 k^2 + (a^2 + b)^2}{4a^4}$$

若直线 l 存在,则 $k \in \mathbf{R}$,所以 $\lambda \geqslant \left(\frac{a^2+b}{2a^2}\right)^2$.

故当 $\lambda \in \left[\left(\frac{a^2+b}{2a^2}\right)^2, +\infty\right)$ 时直线 l 存在,且方程为 $y = \pm\frac{\sqrt{4a^4\lambda - (a^2+b)^2}}{a}x$;当 $\lambda \in \left(0, \left(\frac{a^2+b}{2a^2}\right)^2\right)$ 时直线 l 不存在.

因此得到如下命题:

结论1 已知椭圆 $C_1: \frac{x^2}{a^2} + \frac{y^2}{b^2} = 1(a > b > 0)$,抛物线 $C_2: y = x^2 - b$. 设 C_2 与 y 轴的交点为 M,过坐标原点 O 的直线 l 与 C_2 相交于点 A,B,直线 MA,MB 分别与 C_1 相交于点 D,E. 记 $\triangle MAB, \triangle MDE$ 的面积分别是 S_1, S_2,设 $\frac{S_1}{S_2} = \lambda$. 当 $\lambda \in \left[\left(\frac{a^2+b}{2a^2}\right)^2, +\infty\right)$ 时直线 l 存在,且方程为 $y = \pm\frac{\sqrt{4a^4\lambda - (a^2+b)^2}}{a}x$;当 $\lambda \in \left(0, \left(\frac{a^2+b}{2a^2}\right)^2\right)$ 时直线 l 不存在.

思考4 可将抛物线方程变化即一般化吗?

将抛物线更一般化即抛物线 $C_2: y = px^2 - b(p > 0)$(或 $y = -px^2 + b(p > 0)$),则又得到更一般化的命题:

结论2 已知椭圆 $C_1: \frac{x^2}{a^2} + \frac{y^2}{b^2} = 1(a > b > 0)$,抛物线 $C_2: y = px^2 - b(p > 0)$(或 $y = -px^2 + b(p > 0)$). 设 C_2 与 y 轴的交点为 M,过坐标原点 O 的直线 l 与 C_2 相交于点 A,B,直线 MA, MB 分别与 C_1 相交于点 D,E. 记 $\triangle MAB, \triangle MDE$ 的面积分别是 S_1, S_2,设 $\frac{S_1}{S_2} = \lambda$. 当 $\lambda \in \left[\left(\frac{a^2 p + b}{2a^2 p}\right)^2, +\infty\right)$ 时直线 l 存在,且方程为 $y = \pm\frac{\sqrt{4a^4 p^2 \lambda - (a^2 p + b)^2}}{a}x$;当 $\lambda \in \Big(0,$

$\left(\dfrac{a^2p+b}{2a^2p}\right)^2$)时直线 l 不存在.

注 上述内容参考了安徽王耀辉老师的文章《2011 年湖南高考数学性质 21 题的另解及探究》(数学通讯,2012(1)).

例 3 (2009 年高考辽宁卷题)已知椭圆 C 过点 $A\left(1,\dfrac{3}{2}\right)$,两个焦点为 $(-1,0)$,$(1,0)$.

(Ⅰ)求椭圆 C 的方程;

(Ⅱ)E,F 是椭圆 C 上的两个动点,如果直线 AE 的斜率与 AF 的斜率互为相反数,证明直线 EF 的斜率为定值,并求出这个定值.

评述 此题以椭圆为背景,测试了被测试者对椭圆方程和有特定条件的直线方程的求解. 测试了探求定值的求解方法.

解析 (Ⅰ)由题意,$c=1$,于是有 $\dfrac{1}{1+b^2}+\dfrac{9}{4b^2}=1$,解得 $b^2=3$,所以椭圆方程为 $\dfrac{x^2}{4}+\dfrac{y^2}{3}=1$.

(Ⅱ)设直线 AE 方程为 $y=k(x-1)+\dfrac{3}{2}$,代入 $\dfrac{x^2}{4}+\dfrac{y^2}{3}=1$,得 $(3+4k^2)x^2+4k(3-2k)x+4\left(\dfrac{3}{2}-k\right)^2-12=0.$

设 $E(x_E,y_E)$,$F(x_F,y_F)$,因为点 $A\left(1,\dfrac{3}{2}\right)$ 在椭圆上,所以

$$x_E=\dfrac{4\left(\dfrac{3}{2}-k\right)^2-12}{3+4k^2}$$

$$y_E=kx_E+\dfrac{3}{2}-k$$

又直线 AF 的斜率与 AE 的斜率互为相反数,在上式中以 $-k$ 代 k,可得

$$x_F=\dfrac{4\left(\dfrac{3}{2}+k\right)^2-12}{3+4k^2}$$

$$y_F=-kx_F+\dfrac{3}{2}+k$$

所以直线 EF 的斜率

$$k_{EF}=\dfrac{y_F-y_E}{x_F-x_E}$$

$$=\dfrac{-k(x_F+x_E)+2k}{x_F-x_E}=\dfrac{1}{2}.$$

即直线 EF 的斜率为定值,其值为 $\dfrac{1}{2}$.

解答完测试题之后,我们能想到什么吗?

思考 1 这个定值与点 A 的坐标以及椭圆的方程有什么关系?

经探求,有如下的结论:

结论 1 过椭圆 $\dfrac{x^2}{a^2}+\dfrac{y^2}{b^2}=1(a>b>0)$ 上一定点 $A(x_0,y_0)$(点 A 不是椭圆的顶点)作斜

率互为相反数的两条直线，分别交椭圆于 E, F 两点，则直线 EF 的斜率为定值，且定值为 $\dfrac{b^2 x_0}{a^2 y_0}$.

证明 设直线 AE 的方程为 $y = k(x - x_0) + y_0$，代入 $\dfrac{x^2}{a^2} + \dfrac{y^2}{b^2} = 1$ 并整理得

$$(b^2 + a^2 k^2) x^2 + 2a^2 k y_0 x - 2a^2 k x_0 x + a^2 k^2 x_0^2 + a^2 y_0^2 - 2a^2 k x_0 y_0 - a^2 b^2 = 0$$

设 $E(x_E, y_E), F(x_F, y_F)$，因为点 $A(x_0, y_0)$ 在椭圆上，所以

$$x_0 \cdot x_E = \dfrac{a^2 k^2 x_0^2 + a^2 y_0^2 - 2a^2 k x_0 y_0 - a^2 b^2}{b^2 + a^2 k^2}$$

得

$$x_E = \dfrac{a^2 k^2 x_0^2 + a^2 y_0^2 - 2a^2 k x_0 y_0 - a^2 b^2}{(b^2 + a^2 k^2) x_0}$$

又直线 AF 的斜率与 AE 的斜率互为相反数，在上式中以 $-k$ 代替 k，可得

$$x_F = \dfrac{a^2 k^2 x_0^2 + a^2 y_0^2 + 2a^2 k x_0 y_0 - a^2 b^2}{(b^2 + a^2 k^2) x_0}$$

又

$$y_E = k(x_E - x_0) + y_0$$
$$y_F = -k(x_F - x_0) + y_0$$

所以直线 EF 的斜率

$$k_{EF} = \dfrac{y_F - y_E}{x_F - x_E} = \dfrac{-k(x_F + x_E) + 2k x_0}{x_F - x_E}$$

因为

$$x_F - x_E = \dfrac{4 a^2 k x_0 y_0}{(b^2 + a^2 k^2) x_0}$$

$$x_F + x_E = \dfrac{2(a^2 k^2 x_0^2 + a^2 y_0^2 - a^2 b^2)}{(b^2 + a^2 k^2) x_0}$$

所以

$$k_{EF} = \dfrac{-k(x_F + x_E) + 2k x_0}{x_F - x_E}$$

$$= \dfrac{-k \times \dfrac{2(a^2 k^2 x_0^2 + a^2 y_0^2 - a^2 b^2)}{(b^2 + a^2 k^2) x_0} + 2k x_0}{\dfrac{4 a^2 k x_0 y_0}{(b^2 + a^2 k^2) x_0}}$$

$$= \dfrac{a^2 b^2 + b^2 x_0^2 - a^2 y_0^2}{2 a^2 x_0 y_0}$$

因为点 $A(x_0, y_0)$ 在椭圆上，所以 $\dfrac{x_0^2}{a^2} + \dfrac{y_0^2}{b^2} = 1$，即 $b^2 x_0^2 + a^2 y_0^2 = a^2 b^2$.

所以 $a^2 b^2 - a^2 y_0^2 = b^2 x_0^2$，代入直线 EF 的斜率的表达式，得 $k_{EF} = \dfrac{2 b^2 x_0^2}{2 a^2 x_0 y_0} = \dfrac{b^2 x_0}{a^2 y_0}$. 即直线 EF 的斜率为定值，其值为 $k_{EF} = \dfrac{b^2 x_0}{a^2 y_0}$.

下面我们来验证上面这个结论与测试题答案是否吻合.

令 $a^2=4, b^2=3, x_0=1, y_0=\dfrac{3}{2}$,则 $k_{EF}=\dfrac{b^2 x_0}{a^2 y_0}=\dfrac{3\times 1}{4\times \dfrac{3}{2}}=\dfrac{1}{2}$,与答案完全相同.

思考2 当 $a=b$ 时椭圆就成了圆,显然它也具有这一性质.那么双曲线具有这样的性质吗?

结论2 过双曲线 $\dfrac{x^2}{a^2}-\dfrac{y^2}{b^2}=1(a>0,b>0)$ 上一定点 $A(x_0,y_0)$(点 A 不是双曲线的顶点)作斜率互为相反数的两条直线,分别交双曲线于 E,F 两点,则直线 EF 的斜率为定值,且定值为 $-\dfrac{b^2 x_0}{a^2 y_0}$.

证明 设直线 AE 的方程为 $y=k(x-x_0)+y_0(k\neq 0)$,代入 $\dfrac{x^2}{a^2}-\dfrac{y^2}{b^2}=1$ 并整理得

$$(b^2-a^2k^2)x^2-(-2a^2k^2 x_0+2a^2 k y_0)x-a^2k^2 x_0^2-a^2 y_0^2+2a^2 k x_0 y_0-a^2 b^2=0$$

设 $E(x_E,y_E),F(x_F,y_F)$,因为点 $A(x_0,y_0)$ 在双曲线上,所以

$$x_0\cdot x_E=\dfrac{-a^2k^2 x_0^2-a^2 y_0^2+2a^2 k x_0 y_0-a^2 b^2}{b^2-a^2k^2}$$

得

$$x_E=\dfrac{-a^2k^2 x_0^2-a^2 y_0^2+2a^2 k x_0 y_0-a^2 b^2}{(b^2-a^2k^2)x_0}$$

又直线 AF 的斜率与 AE 的斜率互为相反数,在上式中以 $-k$ 代替 k,可得

$$x_F=\dfrac{-a^2k^2 x_0^2-a^2 y_0^2-2a^2 k x_0 y_0-a^2 b^2}{(b^2-a^2k^2)x_0}$$

又

$$y_E=k(x_E-x_0)+y_0$$
$$y_F=-k(x_F-x_0)+y_0$$

所以直线 EF 的斜率

$$k_{EF}=\dfrac{y_F-y_E}{x_F-x_E}=\dfrac{-k(x_F+x_E)+2kx_0}{x_F-x_E}$$

因为

$$x_F-x_E=\dfrac{-4a^2 k x_0 y_0}{(b^2-a^2k^2)x_0}$$

$$x_F+x_E=\dfrac{-2(a^2k^2 x_0^2+a^2 y_0^2+a^2 b^2)}{(b^2-a^2k^2)x_0}$$

所以

$$k_{EF}=\dfrac{-k(x_F+x_E)+2kx_0}{x_F-x_E}$$

$$=\dfrac{\dfrac{-k\times -2(a^2k^2 x_0^2+a^2 y_0^2+a^2 b^2)}{(b^2-a^2k^2)x_0}+2kx_0}{\dfrac{-4a^2 k x_0 y_0}{(b^2-a^2k^2)x_0}}$$

$$=\dfrac{a^2 b^2+b^2 x_0^2+a^2 y_0^2}{-2a^2 x_0 y_0}$$

因为点 $A(x_0,y_0)$ 在双曲线上,所以 $\dfrac{x_0^2}{a^2} - \dfrac{y_0^2}{b^2} = 1$,即 $b^2x_0^2 - a^2y_0^2 = a^2b^2$,所以 $a^2b^2 + a^2y_0^2 = b^2x_0^2$,代入直线 EF 的斜率的表达式,得 $k_{EF} = \dfrac{2b^2x_0^2}{-2a^2x_0y_0} = -\dfrac{b^2x_0}{a^2y_0}$,即直线 EF 的斜率为定值,其值为 $k_{EF} = -\dfrac{b^2x_0}{a^2y_0}$.

思考 3 同是圆锥曲线,是不是抛物线也具有这一性质?

结论 3 过抛物线 $y^2 = 2px(p>0)$ 上一定点 $A(x_0,y_0)$(点 A 不是抛物线的顶点)作斜率互为相反数的两条直线,分别交抛物线于 E,F 两点,则直线 EF 的斜率为定值,且定值为 $-\dfrac{p}{y_0}$.

事实上,此结论为高考题:2004 年北京卷 17 题中的第(2)问:

题目 过抛物线 $y^2 = 2px(p>0)$ 上一定点 $P(x_0,y_0)(y_0>0)$,作两条直线分别交抛物线于 $A(x_1,y_1)$、$B(x_2,y_2)$.

(1) 求该抛物线上纵坐标为 $\dfrac{p}{2}$ 的点到其焦点 F 的距离;

(2) 当 PA 与 PB 的斜率存在且倾斜角互补时,求 $\dfrac{y_1 + y_2}{y_0}$ 的值,并证明直线 AB 的斜率是非零常数.

此时,设直线 PA 的斜率为 k_{PA},直线 PB 的斜率为 k_{PB}.

由 $y_1^2 = 2px_1, y_0^2 = 2px_0$,相减得 $(y_1 - y_0)(y_1 + y_0) = 2p(x_1 - x_0)$,故 $k_{PA} = \dfrac{y_1 - y_0}{x_1 - x_0} = \dfrac{2p}{y_1 + y_0}$ $(x_1 \neq x_0)$;同理可得 $k_{PB} = \dfrac{2p}{y_2 + y_0}$ $(x_2 \neq x_0)$,由 PA,PB 倾斜角互补知 $k_{PA} = -k_{PB}$,即 $\dfrac{2p}{y_1 + y_0} = -\dfrac{2p}{y_2 + y_0}$,所以 $y_1 + y_2 = -2y_0$,故 $\dfrac{y_1 + y_2}{y_0} = -2$.

设直线 AB 的斜率为 k_{AB},由 $y_2^2 = 2px_2, y_1^2 = 2px_1$,相减得 $(y_2 - y_1)(y_2 + y_1) = 2p(x_2 - x_1)$,所以 $k_{AB} = \dfrac{y_2 - y_1}{x_2 - x_1} = \dfrac{2p}{y_1 + y_2}$ $(x_1 \neq x_2)$.

将 $y_1 + y_2 = -2y_0(y_0>0)$ 代入,得 $k_{AB} = \dfrac{2p}{y_1 + y_2} = -\dfrac{p}{y_0}$,所以 k_{AB} 是非零常数.于是我便证明了结论 3.

思考 4 既然三类圆锥曲线都有此性质,那么这个统一的性质该如何表述呢?

结论 4 过圆锥曲线上一定点 $A(x_0,y_0)$(点不是圆锥曲线的顶点)作斜率互为相反数的两条直线,分别交曲线于 E,F 两点,则直线 EF 的斜率为定值.

思考 5 这个定值与点 A 的坐标及圆锥曲线的方程有什么必然的联系呢?

结论 5 过圆锥曲线上一定点 $A(x_0,y_0)$(点 A 不是圆锥曲线的顶点)作斜率互为相反数的两条直线,分别交曲线于 E,F 两点,则直线 EF 的斜率为定值,且该定值等于点 A 处切线斜率的相反数.

事实上,在圆锥曲线方程中,将 y 看成 x 的函数,然后对方程的两边分别对 x 求导,则:

(1) 在椭圆方程 $\dfrac{x^2}{a^2} + \dfrac{y^2}{b^2} = 1(a > b > 0)$，即 $b^2x^2 + a^2y^2 = a^2b^2(a > b > 0)$ 两边同时对 x 求导，得 $2b^2x + 2a^2yy' = 0$，所以 $y' = -\dfrac{b^2x}{a^2y}$，故点 $P(x_0, y_0)$ 处切线斜率为 $y'|_{x=x_0} = \dfrac{-b^2x_0}{a^2y_0}$。由结论 1 知 $k_{EF} = \dfrac{b^2x_0}{a^2y_0}$，所以 $k_{EF} = -y'|_{x=x_0}$。

(2) 在双曲线方程 $\dfrac{x^2}{a^2} - \dfrac{y^2}{b^2} = 1(a > 0, b > 0)$，即 $b^2x^2 - a^2y^2 = a^2b^2(a > 0, b > 0)$ 两边同时对 x 求导得 $2b^2x - 2a^2yy' = 0$，所以 $y' = \dfrac{b^2x}{a^2y}$，故点 $P(x_0, y_0)$ 处的切线斜率为 $y'|_{x=x_0} = \dfrac{b^2x_0}{a^2y_0}$。由结论 2 知 $k_{EF} = -\dfrac{b^2x_0}{a^2y_0}$，所以 $k_{EF} = -y'|_{x=x_0}$。

(3) 在抛物线方程 $y^2 = 2px(p > 0)$ 两边同时对 x 求导，得 $2yy' = 2p$，即 $y' = \dfrac{p}{y}$。故点 $P(x_0, y_0)$ 处切线斜率为 $y'|_{x=x_0} = \dfrac{p}{y_0}$。由结论 3 知 $k_{EF} = -\dfrac{p}{y_0}$，所以 $k_{EF} = -y'|_{x=x_0}$。

注 上述内容参考了杨冬梅、鲁金松老师的文章《对一道高考题的思考》(数学教学,2010(3):46-48).

例 4 (2010 年高考江苏卷题) 在平面直角坐标系 xOy 中，如图 8-2，已知椭圆 $\dfrac{x^2}{9} + \dfrac{y^2}{5} = 1$ 的左、右顶点为 A, B，右焦点为 F，设过点 $T(t, m)$ 的直线 TA, TB 与此椭圆分别交于点 $M(x_1, y_1), N(x_2, y_2)$，其中 $m > 0, y_1 > 0, y_2 < 0$.

（Ⅰ）设动点 P 满足 $PF^2 - PB^2 = 4$，求点 P 的轨迹；

（Ⅱ）设 $x_1 = 2, x_2 = \dfrac{1}{3}$，求点 T 的坐标；

（Ⅲ）设 $t = 9$，求证：直线 MN 必过 x 轴上的一定点（其坐标与 m 无关）.

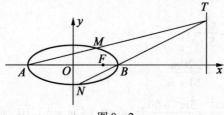

图 8-2

评述 本题主要测试求简单曲线的方程，测试直线与椭圆的方程等基础知识，测试运算求解能力和探究问题的能力.

解析 由题设得 $A(-3, 0), B(3, 0), F(2, 0)$.

（Ⅰ）如图 8-2，设点 $P(x, y)$，则 $PF^2 = (x-2)^2 + y^2, PB^2 = (x-3)^2 + y^2$.

由 $PF^2 - PB^2 = 4$，得 $(x-2)^2 + y^2 - (x-3)^2 - y^2 = 4$，化简得 $x = \dfrac{9}{2}$.

故所求点 P 的轨迹为直线 $x = \dfrac{9}{2}$.

（Ⅱ）如图 8-2，由 $x_1 = 2$，$\dfrac{x_1^2}{9} + \dfrac{y_1^2}{5} = 1$ 及 $y_1 > 0$，得 $y_1 = \dfrac{5}{3}$，则点 $M\left(2, \dfrac{5}{3}\right)$，从而直线 AM 的方程为 $y = \dfrac{1}{3}x + 1$；由 $x_2 = \dfrac{1}{3}$，$\dfrac{x_2^2}{9} + \dfrac{y_2^2}{5} = 1$ 及 $y_2 < 0$，得 $y_2 = -\dfrac{20}{9}$，则点 $N\left(\dfrac{1}{3}, -\dfrac{20}{9}\right)$，从而直线 BN 的方程为 $y = \dfrac{5}{6}x - \dfrac{5}{2}$.

由 $\begin{cases} y = \dfrac{1}{3}x + 1 \\ y = \dfrac{5}{6}x - \dfrac{5}{2} \end{cases}$ 解得 $\begin{cases} x = 7 \\ y = \dfrac{10}{3} \end{cases}$，所以点 T 的坐标为 $\left(7, \dfrac{10}{3}\right)$.

（Ⅲ）如图 8-3，由题设知，直线 AT 的方程为 $y = \dfrac{m}{12}(x+3)$，直线 BT 的方程为

$$y = \dfrac{m}{6}(x-3)$$

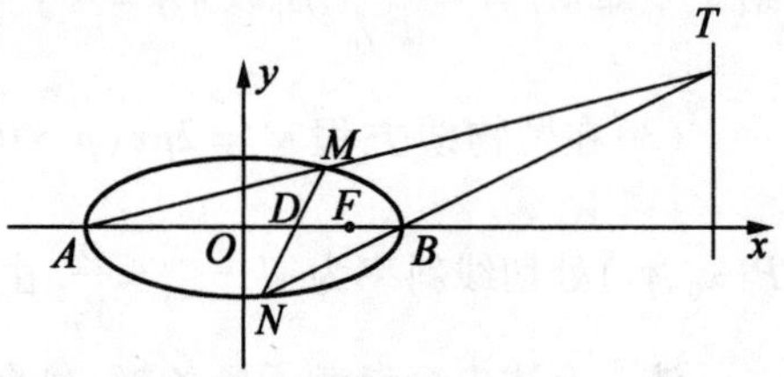

点 $M(x_1, y_1)$ 满足 $\begin{cases} y_1 = \dfrac{m}{12}(x_1 + 3) \\ \dfrac{x_1^2}{9} + \dfrac{y_1^2}{5} = 1 \end{cases}$ 得

$$\dfrac{(x_1-3)(x_1+3)}{9} = -\dfrac{m^2}{12^2} \cdot \dfrac{(x_1+3)^2}{5}$$

图 8-3

因为 $x_1 \neq -3$，则 $\dfrac{x_1-3}{9} = -\dfrac{m^2}{12^2} \cdot \dfrac{x_1+3}{5}$，解得 $x_1 = \dfrac{240 - 3m^2}{80 + m^2}$.

从而得 $y_1 = \dfrac{40m}{80 + m^2}$.

点 $N(x_2, y_2)$ 满足 $\begin{cases} y_2 = \dfrac{m}{6}(x_2 - 3) \\ \dfrac{x_2^2}{9} + \dfrac{y_2^2}{5} = 1 \end{cases}$.

解得 $x_2 = \dfrac{3m^2 - 60}{20 + m^2}$，$y_2 = -\dfrac{20m}{20 + m^2}$.

若 $x_1 = x_2$，则由 $\dfrac{240 - 3m^2}{80 + m^2} = \dfrac{3m^2 - 60}{20 + m^2}$ 及 $m > 0$，得 $m = 2\sqrt{10}$，此时直线 MN 的方程 $x = 1$，过点 $D(1, 0)$.

若 $x_1 \neq x_2$，则 $m \neq 2\sqrt{10}$，直线 MD 的斜率

$$k_{MD} = \dfrac{\dfrac{40m}{80+m^2}}{\dfrac{240-3m^2}{80+m^2} - 1} = \dfrac{10m}{40 - m^2}$$

直线 ND 的斜率

$$k_{ND}=\dfrac{\dfrac{-20m}{20+m^2}}{\dfrac{3m^2-60}{20+m^2}-1}=\dfrac{10m}{40-m^2}.$$

得 $k_{MD}=k_{ND}$,所以直线 MN 过点 D.

因此,直线 MN 必过 x 轴上的定点 $(1,0)$.

解答完上述试题,我们看到了什么吗?又想到什么吗?

从第(Ⅲ)问可以看到,设 A,B 为椭圆 $C:\dfrac{x^2}{9}+\dfrac{y^2}{5}=1$ 的左、右顶点,T 为直线 $x=9$ 上任一点,直线 TA,TB 与此椭圆 C 分别交于点 M,N,则直线 MN 必过定点 $(1,0)$.

思考 1 上述结论,这是椭圆 C 特有的性质吗?换言之,对于一般的椭圆 $\dfrac{x^2}{a^2}+\dfrac{y^2}{b^2}=1$ 是否也有类似的结论?

如图 8-4,设椭圆 $C:\dfrac{x^2}{a^2}+\dfrac{y^2}{b^2}=1(a>b>0)$ 长轴的两个端点为 A_1,A_2,点 P 的坐标为 $P(a^2,m)$,直线 PA_1,PA_2 与椭圆 C 异于 A_1,A_2 的交点分别为 $M(x_M,y_M),N(x_N,y_N)(M,N$ 是不同的两点),则直线 PA 的方程为: $y=\dfrac{m}{a(a+1)}(x+a)$.

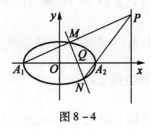

图 8-4

由 $\begin{cases}\dfrac{x^2}{a^2}+\dfrac{y^2}{b^2}=1\\ y=\dfrac{m}{a(a+1)}(x+a)\end{cases}\Rightarrow[(a+1)^2b^2+m^2]x^2+2max+[m^2-b^2(a+1)^2]a^2=0$,所以

$$-ax_M=\dfrac{[m^2-b^2(a+1)^2]a^2}{m^2+(a+1)^2b^2}\Rightarrow x_M=\dfrac{ab^2(a+1)^2-am^2}{m^2+b^2(a+1)^2}$$

$$y_M=\dfrac{m}{a(a+1)}(x_M+a)=\dfrac{2(a+1)b^2m}{m^2+b^2(a+1)^2}$$

即交点 $M\left(\dfrac{ab^2(a+1)^2-am^2}{m^2+b^2(a+1)^2},\dfrac{2(a+1)b^2m}{m^2+b^2(a+1)^2}\right)$

同理可得,交点 $N\left(\dfrac{am^2-ab^2(a-1)^2}{m^2+b^2(a-1)^2},\dfrac{-2(a-1)b^2m}{m^2+b^2(a-1)^2}\right)$

若 $m^2\neq b^2(a^2-1)$,因为 $k_{MQ}=\dfrac{\dfrac{2(a+1)b^2m}{m^2+b^2(a+1)^2}}{\dfrac{ab^2(a+1)^2-am^2}{m^2+b^2(a+1)^2}-1}=\dfrac{2b^2m}{b^2(a^2-1)-m^2}$,

$k_{NQ} = \dfrac{\dfrac{-2(a-1)b^2 m}{m^2+b^2(a-1)^2}}{\dfrac{am^2-ab^2(a-1)^2}{m^2+b^2(a-1)^2}-1} = \dfrac{2b^2 m}{b^2(a^2-1)-m^2}$，所以 $k_{MQ} = k_{NQ}$，所以 $M(x_M, y_M)$，$N(x_N, y_N)$，$Q(1,0)$ 三点共线，所以直线过定点 $Q(1,0)$.

若 $m^2 = b^2(a^2-1)$，则 $x_M = \dfrac{ab^2(a+1)^2 - am^2}{m^2+b^2(a+1)^2} = 1$，$x_N = 1$，直线过定点 $Q(1,0)$.

至此，我们得到了下面的结论：

结论 1 如图 8-4，已知椭圆 $C: \dfrac{x^2}{a^2} + \dfrac{y^2}{b^2} = 1(a>b>0)$ 长轴的两个端点为 A_1, A_2，点 P 在直线 $l: x = a^2$ 上，直线 PA_1, PA_2 与椭圆 C 异于 A_1, A_2 的交点分别为 M, N（M, N 是不同的两点）. 当点 P 在直线 $x = a^2$ 上运动时，直线 MN 恒经过定点 $Q(1,0)$.

思考 2 从结论 1 可以看出，直线 MN 恒经过的定点 $Q(1,0)$ 与椭圆的形状大小无关（因定点的坐标与 a, b 无关），那么，定点 Q 的坐标与什么相关联呢？是否会与直线 l 的位置有关呢？

若将直线 l 设为椭圆的准线 $x = \dfrac{a^2}{c}$，通过计算得出直线 MN 恒经过的定点为 $Q(c,0)$. 得到了更为一般性的结论：

结论 2 已知椭圆 $C: \dfrac{x^2}{a^2} + \dfrac{y^2}{b^2} = 1(a>b>0)$ 长轴的两个端点为 A_1, A_2 点 P 在直线 $l: x = \dfrac{a^2}{x_0}$ 上，直线 PA_1, PA_2 与椭圆 C 异于 A_1, A_2 的交点分别为 M, N（M, N 是不同的两点）. 当点 P 在直线 $x = \dfrac{a^2}{x_0}$ 上运动时，直线 MN 恒经过定点 $Q(x_0, 0)$.

证明 由已知可知 A_1, A_2 的坐标分别是 $A_1(-a, 0), A_2(a, 0)$，设点 $P\left(\dfrac{a^2}{x_0}, t\right)$，直线 MN 的方程为 $x = ny + m$.

(1) 当 $x_0 \neq \pm a$ 时，直线 PA_1 的方程为 $y = \dfrac{tx_0}{a(a+x_0)}(x+a)$，直线 PA_2 的方程为 $y = \dfrac{tx_0}{a(a-x_0)}(x-a)$，直线 A_1A_2 的方程为 $y = 0$. 所以由两直线 PA_1, PA_2 组成的二次曲线 C_1 的方程为 $\left[y - \dfrac{tx_0}{a(a+x_0)}(x+a)\right] \cdot \left[y - \dfrac{tx_0}{a(a-x_0)}(x-a)\right] = 0$，由两直线 A_1A_2, MN 组成的二次曲线 C_2 的方程为 $y(x - ny + m) = 0$，因为椭圆 C 过两曲线 C_1, C_2 的交点 A_1, A_2, M, N. 所以存在实数 λ, μ 使得 $y(x - ny + m) + \lambda\left[y - \dfrac{tx_0}{a(a+x_0)}(x+a)\right] \cdot \left[y - \dfrac{tx_0}{a(a-x_0)}(x-a)\right] = \mu\left(\dfrac{x^2}{a^2} + \dfrac{y^2}{b^2} - 1\right)$. 比较上式中左、右两边 xy 项的系数得

$$1 - \dfrac{2t\lambda x_0}{a^2 - x_0^2} = 0 \qquad ①$$

比较上式中左、右两边 y 的系数得

$$-m + \frac{2t\lambda x_0^2}{a^2 - x_0^2} = 0 \qquad ②$$

由①、②两式解得 $m = x_0$. 所以直线 MN 的方程即为 $x = ny + x_0$, 即直线 MN 过定点 $Q(x_0, 0)$.

(2) 当 $x_0 = \pm a$ 时, 容易验证直线 MN 也过定点 $Q(x_0, 0)$.

由(1)、(2)可知: 当点 P 在直线 $x = \dfrac{a^2}{x_0}$ 上运动时, 直线 MN 恒经过定点 $Q(x_0, 0)$.

思考 3   运用类比思想还能得到新的结论吗?

结论 3   如图 8 – 5, 设椭圆 $C: \dfrac{x^2}{a^2} + \dfrac{y^2}{b^2} = 1 (a > b > 0)$ 短轴的两个端点 B_1, B_2, 点 P 在定直线 $l: y = \dfrac{b^2}{x_0}$ 上运动, 直线 PB_1, PB_2 与椭圆 C 异于 B_1, B_2 的交点分别为 M, N (M, N 是不同的两点), 则直线 MN 过定点 $Q(0, x_0)$.

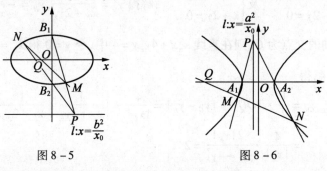

图 8 – 5   图 8 – 6

思考 4   若将椭圆换成双曲线, 是否具有类似的结论呢?

结论 4   如图 8 – 6, 已知双曲线 $C: \dfrac{x^2}{a^2} - \dfrac{y^2}{b^2} = 1$ 实轴的两个端点为 A_1, A_2, 点 P 在直线 $l: x = \dfrac{a^2}{x_0}$ 上, 直线 PA_1, PA_2 与双曲线 C 异于 A_1, A_2 的交点分别为 M, N (M, N 是不同的两点), 当点 P 在直线 $l: x = \dfrac{a^2}{x_0}$ 上运动时, 直线 MN 恒经过定点 $Q(x_0, 0)$.

结论 3, 4 的证明过程与结论 1 或结论 2 的探究过程类似(证略).

注   上述内容参考了李剖华、朱保仓老师的文章《一道高考试题的研究性学习》(中学数学研究, 2014(7): 16-18).

例 5   (2010 年高考重庆卷题) 已知以原点 O 为中心, $F(\sqrt{5}, 0)$ 为右焦点的双曲线 C 的离心率 $e = \dfrac{\sqrt{5}}{2}$.

(Ⅰ) 求双曲线 C 的标准方程及其渐近线方程;

(Ⅱ) 如图 8 – 7, 已知过点 $M(x_1, y_1)$ 的直线 $l_1: x_1 x + 4 y_1 y = 4$ 与过点 $N(x_2, y_2)$ (其中 $x_1 \neq x_2$) 的直线 $l_2: x_2 x + 4 y_2 y = 4$ 的交点 E 在双曲线 C 上, 直线 MN 与两条渐近线分别交于 G, H 两点, 求 $\triangle OGH$ 的面积.

评述   本小题测试双曲线的定义、方程和性质等有关知识, 测试直线与圆锥曲线的位置关系及运算能力, 解题关键是由直线 l_1, l_2 的方程得直线 MN 的方程.

解析 （Ⅰ）设 C 的标准方程为 $\dfrac{x^2}{a^2} - \dfrac{y^2}{b^2} = 1(a>0, b>0)$，则由题意得 $c = \sqrt{5}$，$e = \dfrac{c}{a} = \dfrac{\sqrt{5}}{2}$. 因此 $a = 2$，$b = \sqrt{c^2 - a^2} = 1$，C 的标准方程为 $\dfrac{x^2}{4} - y^2 = 1$.

C 的渐近线方程为 $y = \pm \dfrac{1}{2}x$，即 $x - 2y = 0$ 和 $x + 2y = 0$.

（Ⅱ）**方法 1** 如图 8-7，由题意，点 $E(x_E, y_E)$ 在直线 $l_1: x_1 x + 4y_1 y = 4$ 和 $l_2: x_2 x + 4y_2 y = 4$ 上，因此有 $x_1 x_E + 4 y_1 y_E = 4$，$x_2 x_E + 4 y_2 y_E = 4$，故点 M, N 均在直线 $x_E x + 4 y_E y = 4$ 上，因此直线 MN 的方程为 $x_E x + 4 y_E y = 4$.

设 G, H 分别是直线 MN 与渐近线 $x - 2y = 0$ 及 $x + 2y = 0$ 的交点.

由方程组 $\begin{cases} x_E x + 4 y_E y = 4 \\ x - 2y = 0 \end{cases}$ 及 $\begin{cases} x_E x + 4 y_E y = 4 \\ x + 2y = 0 \end{cases}$，解得 $y_G = \dfrac{2}{x_E + 2 y_E}$，$y_H = -\dfrac{2}{x_E - 2 y_E}$.

设 MN 与 x 轴的交点为 Q，则在直线 $x_E x + 4 y_E y = 4$ 中，令 $y = 0$ 得 $x_Q = \dfrac{4}{x_E}$（易知 $x_E \neq 0$）.

注意到 $x_E^2 - 4 y_E^2 = 4$，得

$$S_{\triangle OGH} = \dfrac{1}{2} \cdot |OQ| \cdot |y_G - y_H| = \dfrac{4}{|x_E|} \cdot \left| \dfrac{1}{x_E + 2 y_E} + \dfrac{1}{x_E - 2 y_E} \right|$$

$$= \dfrac{4}{|x_E|} \cdot \dfrac{2|x_E|}{x_E^2 - 4 y_E^2} = 2$$

方法 2 设 $E(x_E, y_E)$，由方程组

$$\begin{cases} x_1 x + 4 y_1 y = 4 \\ x_2 x + 4 y_2 y = 4 \end{cases}$$

解得

$$\begin{cases} x_E = \dfrac{4(y_2 - y_1)}{x_1 y_2 - x_2 y_1} \\ y_E = \dfrac{x_1 - x_2}{x_1 y_2 - x_2 y_1} \end{cases}$$

因为 $x_2 \neq x_1$，则直线 MN 的斜率 $k = \dfrac{y_2 - y_1}{x_2 - x_1} = -\dfrac{x_E}{4 y_E}$.

故直线 MN 的方程为 $y - y_1 = -\dfrac{x_E}{4 y_E}(x - x_1)$.

注意到 $x_1 x_E + 4 y_1 y_E = 4$，因此直线 MN 的方程为 $x_E x + 4 y_E y = 4$.

下同方法 1.

解答完上述测试题，可有什么想法吗？

思考 1 在第（Ⅱ）问中，$S_{\triangle OGH}$ 为定值 2，那么在哪些条件下 $|OG|$ 与 $|OH|$ 有何种关系呢？

经探索，可得下述结论：

双曲线性质 1 设 E 是双曲线 $\dfrac{x^2}{a^2} - \dfrac{y^2}{b^2} = 1(a > b > 0)$ 上一点，过 E 向椭圆：$\dfrac{x^2}{a^2} + \dfrac{y^2}{b^2} = 1$ 作

切线,切点是 P,Q,过 P,Q 两点的直线 l 交渐近线于 G,H,则 $|OG| \cdot |OH|$ 是定值 $a^2 + b^2$.

证明 设 $E(x_0, y_0)$,由 E 向椭圆:$\dfrac{x^2}{a^2} + \dfrac{y^2}{b^2} = 1$ 作切线,易知过切点 P,Q 的直线方程是:$l:\dfrac{x_0 x}{a^2} + \dfrac{y_0 y}{b^2} = 1$.

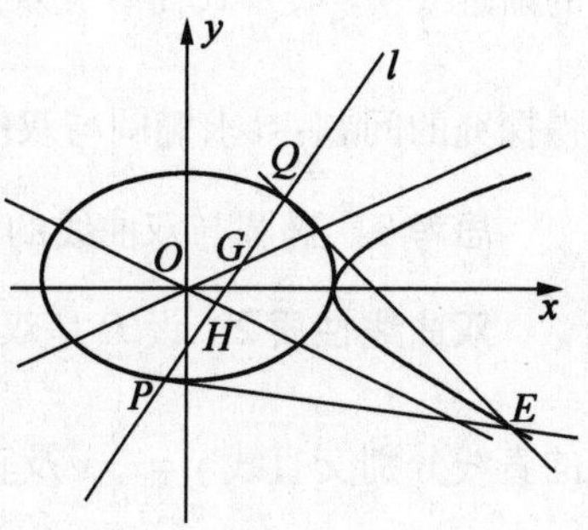

将 $\dfrac{x_0 x}{a^2} + \dfrac{y_0 y}{b^2} = 1$ 与 $y = \dfrac{b}{a}x$ 联立得:$x_G = \dfrac{1}{\dfrac{x_0}{a^2} - \dfrac{y_0}{ab}}$,将 $\dfrac{x_0 x}{a^2} +$

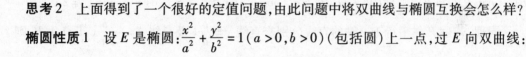

$\dfrac{y_0 y}{b^2} = 1$ 与 $y = -\dfrac{b}{a}x$ 联立得:$x_H = \dfrac{1}{\dfrac{x_0}{a^2} - \dfrac{y_0}{ab}}$,于是 $x_G \cdot x_H =$

图 8-8

$\dfrac{1}{\dfrac{x_0^2}{a^4} - \dfrac{y_0^2}{a^2 b^2}} = a^2$. 所以 $|OG||OH| = \left(1 + \dfrac{b^2}{a^2}\right) x_G \cdot x_H = a^2 + b^2$.

思考 2 上面得到了一个很好的定值问题,由此问题中将双曲线与椭圆互换会怎么样?

椭圆性质 1 设 E 是椭圆:$\dfrac{x^2}{a^2} + \dfrac{y^2}{b^2} = 1 (a > 0, b > 0)$(包括圆)上一点,过 E 向双曲线:$\dfrac{x^2}{a^2} + \dfrac{y^2}{b^2} = 1$ 作切线,切点是 P,Q,过 P,Q 两点的直线 l 分别交 $y = \pm \dfrac{b}{a}x$ 于点 G,H,则 $\dfrac{1}{|OG|^2} + \dfrac{1}{|OH|^2}$ 是定值 $\dfrac{2}{a^2 + b^2}$.

证明 设 $E(x_0, y_0)$,由 E 向双曲线:$\dfrac{x^2}{a^2} - \dfrac{y^2}{b^2} = 1$ 作切线,易知过切点 P,Q 的直线方程是

$$l:\dfrac{x_0 x}{a^2} - \dfrac{y_0 y}{b^2} = 1$$

将 $\dfrac{x_0 x}{a^2} - \dfrac{y_0 y}{b^2} = 1$ 与 $y = \dfrac{b}{a}x$ 联立得:$x_G = \dfrac{1}{\dfrac{x_0}{a^2} - \dfrac{y_0}{ab}}$.

将 $\dfrac{x_0 x}{a^2} - \dfrac{y_0 y}{b^2} = 1$ 与 $y = -\dfrac{b}{a}x$ 联立得:$x_H = \dfrac{1}{\dfrac{x_0}{a^2} + \dfrac{y_0}{ab}}$.

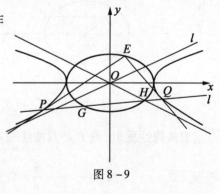

图 8-9

于是

$$\dfrac{1}{x_G^2} + \dfrac{1}{x_H^2} = \left(\dfrac{x_0}{a^2} - \dfrac{y_0}{ab}\right)^2 + \left(\dfrac{x_0}{a^2} + \dfrac{y_0}{ab}\right)^2 = \dfrac{2}{a^2}\left(\dfrac{x^2}{a^2} + \dfrac{y^2}{b^2}\right) = \dfrac{2}{a^2}$$

因而

$$\dfrac{1}{|OG|^2} + \dfrac{1}{|OH|^2} = \dfrac{1}{\left(1 + \dfrac{b^2}{a^2}\right)}\left(\dfrac{1}{x_G^2} + \dfrac{1}{x_H^2}\right) = \dfrac{2}{a^2} \cdot \dfrac{a^2}{a^2 + b^2} = \dfrac{2}{a^2 + b^2}$$

得出这个结论后,注意到以上的椭圆结论之所以出现,是在椭圆中引入了类似于双曲线

的渐近线 $y = \pm \dfrac{b}{a}x$,而有关双曲线的渐近线的定值问题是很有趣的,于是又思考到一个值得探究的问题:寻求椭圆与双曲线的渐近线间关于直线 $y = \pm \dfrac{b}{a}x$ 的一些定值问题.

思考3 椭圆与双曲线的渐近线间有什么定值结论吗?

双曲线性质2 设 P 是双曲线 $\dfrac{x^2}{a^2} - \dfrac{y^2}{b^2} = 1(a>0,b>0)$ 上任意一点,过 P 作平行于 x 轴的直线分别交直线 $y = \dfrac{b}{a}x$ 及直线 $y = -\dfrac{b}{a}x$ 于 A,B,则 $|PA||PB| = a^2$.

椭圆性质2 如图 8-10,设 P 是椭圆 $\dfrac{x^2}{a^2} + \dfrac{y^2}{b^2} = 1(a>0,b>0)$ 上任意一点,过 P 作平行于 x 轴的直线分别交直线 $y = \dfrac{b}{a}x$ 及直线 $y = -\dfrac{b}{a}x$ 于 A,B,则 $|PA|^2 + |PB|^2 = 2a^2$(定值).

证明 设 $P(a\cos\theta, b\sin\theta)$,过 P 作平行于 x 轴的直线:$y = b\sin\theta$,得 $A(a\sin\theta, b\sin\theta)$,$B(-a\sin\theta, b\sin\theta)$,则 $|AP|^2 + |PB|^2 = a^2(\cos\theta - \sin\theta)^2 + a^2(\cos\theta + \sin\theta)^2 = 2a^2$.

同理,若过 P 作平行于 y 轴的直线分别交直线 $y = \dfrac{b}{a}x$ 及直线 $y = -\dfrac{b}{a}x$ 于点 A,B,则

$$|PA|^2 + |PB|^2 = 2b^2$$

注 结论对于圆也成立,以下相同.

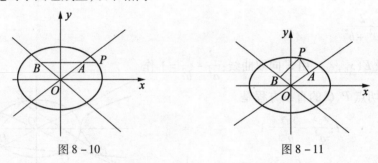

图 8-10　　　　　图 8-11

双曲线性质3 设 P 是双曲线 $\dfrac{x^2}{a^2} - \dfrac{y^2}{b^2} = 1(a>0,b>0)$ 上任意一点,过 P 作两条直线分别与直线 $y = \dfrac{b}{a}x$ 及直线 $y = -\dfrac{b}{a}x$ 垂直,垂足分别是 A,B,则 $|PA||PB| = \dfrac{a^2b^2}{a^2+b^2}$.

椭圆性质3 如图 8-11,设 P 是椭圆 $\dfrac{x^2}{a^2} + \dfrac{y^2}{b^2} = 1(a>0,b>0)$ 上任意一点,过 P 作两条直线分别与直线 $y = \dfrac{b}{a}x$ 及直线 $y = -\dfrac{b}{a}x$ 垂直,垂足分别是 A,B,则 $|PA|^2 + |PB|^2 = \dfrac{2a^2b^2}{a^2+b^2}$ (定值).

证明 设 $P(a\cos\theta, b\sin\theta)$,则

$$|PA| = \dfrac{|ab\cos\theta - ab\sin\theta|}{\sqrt{a^2+b^2}}, \quad |PB| = \dfrac{|ab\cos\theta + ab\sin\theta|}{\sqrt{a^2+b^2}}$$

于是:$|PA|^2 + |PB|^2 = \dfrac{2a^2b^2}{a^2+b^2}$.

双曲线性质4 设 P 是双曲线 $\dfrac{x^2}{a^2} - \dfrac{y^2}{b^2} = 1 (a>0,b>0)$ 上任意一点,过 P 作两条直线分别与直线 $y = \dfrac{b}{a}x$ 及直线 $y = -\dfrac{b}{a}x$ 平行,并与 $y = \dfrac{b}{a}x$ 及 $y = -\dfrac{b}{a}x$ 分别交于点 A,B,则 $|PA||PB| = \dfrac{a^2+b^2}{4}$.

椭圆性质4 设 P 是椭圆 $\dfrac{x^2}{a^2} + \dfrac{y^2}{b^2} = 1 (a>0,b>0)$ 上任意一点,过 P 作两条直线分别与直线 $y = \dfrac{b}{a}x$ 及直线 $y = -\dfrac{b}{a}x$ 平行,并与 $y = \dfrac{b}{a}x$ 及 $y = -\dfrac{b}{a}x$ 分别交于点 A,B,则 $|PA|^2 + |PB|^2 = \dfrac{a^2+b^2}{2}$(定值).

证明 设 $P(a\cos\theta, b\sin\theta)$,列方程组求得
$$A\left(\dfrac{a(\cos\theta-\sin\theta)}{2}, \dfrac{b(\sin\theta-\cos\theta)}{2}\right), B\left(\dfrac{a(\cos\theta+\sin\theta)}{2}, \dfrac{b(\sin\theta+\cos\theta)}{2}\right)$$
所以
$$|PA|^2 + |PB|^2 = |OA|^2 + |OB|^2 = \dfrac{a^2+b^2}{2}$$

双曲线性质5 设 P 是双曲线 $\dfrac{x^2}{a^2} - \dfrac{y^2}{b^2} = 1 (a>0,b>0)$ 上任意一点,过 P 作两直线分别与直线 $y = \dfrac{b}{a}x$ 及直线 $y = -\dfrac{b}{a}x$ 平行,这两条直线交 x 轴于点 A,B,交 y 轴于点 M,N,O 为坐标原点,则(1)$|OA||OB| = a^2$;(2)$|OM||ON| = b^2$.

椭圆性质5 设 P 是椭圆 $\dfrac{x^2}{a^2} + \dfrac{y^2}{b^2} = 1 (a>b>0)$ 上任意一点,过 P 作两直线分别与直线 $y = \dfrac{b}{a}x$ 及直线 $y = -\dfrac{b}{a}x$ 平行,这两条直线交 x 轴于点 A,B,交 y 轴于点 M,N,O 为坐标原点(P 非直线 $y = \pm\dfrac{b}{a}x$ 与椭圆交点),则:

(1)$|OA|^2 + |OB|^2 = 2a^2$(定值);(2)$|OM|^2 + |ON|^2 = 2b^2$(定值).

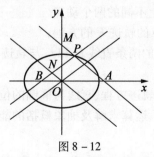

图 8–12

证明 设 $P(a\cos\theta, b\sin\theta)$,求得直线 PNB:$y = \dfrac{b}{a}x + b(\sin\theta - \cos\theta)$,直线 PAM:$y = -\dfrac{b}{a}x + b(\sin\theta + \cos\theta)$,令 $y = 0$,则 $|OA| = |a(\cos\theta-\sin\theta)|$,$|OB| = |a(\cos\theta+\sin\theta)|$ 于

是得:

(1) $|OA|^2 + |OB|^2 = 2a^2$. 若令 $x = 0$, 则: (2) $|OM|^2 + |ON|^2 = 2b^2$.

双曲线性质6 A 在直线 $y = \dfrac{b}{a}x$ 上, B 在直线 $y = -\dfrac{b}{a}x$ 上, AB 的中点 P 在双曲线 $\dfrac{x^2}{a^2} - \dfrac{y^2}{b^2} = 1$ $(a > 0, b > 0)$ 上, 则 $|OA||OB| = a^2 + b^2$.

椭圆性质 A 在直线 $y = \dfrac{b}{a}x$ 上, B 在直线 $y = -\dfrac{b}{a}x$ 上, AB 的中点 P 在椭圆 $\dfrac{x^2}{a^2} + \dfrac{y^2}{b^2} = 1$ $(a > 0, b > 0)$ 上, 则 $|OA|^2 + |OB|^2 = 2(a^2 + b^2)$ (定值).

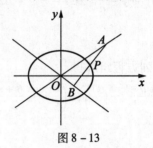

图 8-13

证明 设 $A\left(x_1, \dfrac{b}{a}x_1\right)$, $B\left(x_2, -\dfrac{b}{a}x_2\right)$, 则 $P\left(\dfrac{x_1 + x_2}{2}, \dfrac{b}{a} \cdot \dfrac{x_1 - x_2}{2}\right)$, 将 P 的坐标代入到 $\dfrac{x^2}{a^2} + \dfrac{y^2}{b^2} = 1$ 中得

$$\frac{(x_1 + x_2)^2}{4a^2} + \frac{(x_1 - x_2)^2}{4a^2} = 1$$

就是: $x_1^2 + x_2^2 = 2a^2$, 于是

$$|OA|^2 + |OB|^2 = \left(1 + \frac{b^2}{a^2}\right)(x_1^2 + x_2^2) = 2(a^2 + b^2)$$

注 上述内容参考了王志和老师的文章《一道高考题引出的研究性学习》(数学通报, 2011(10):33-36.)

例6 (2010年高考广东卷题) 已知双曲线 $\dfrac{x^2}{2} - y^2 = 1$ 的左、右顶点分别为 A_1, A_2, 点 $P(x_1, y_1), Q(x_1, -y_1)$ 是双曲线上不同的两个动点.

(Ⅰ) 求直线 A_1P 与 A_2Q 交点的轨迹 E 的方程;

(Ⅱ) 若过点 $H(0, h)(h > 1)$ 的两条直线 l_1 和 l_2 与轨迹 E 都只有一个交点, 且 $l_1 \perp l_2$, 求 h 的值.

评述 本小题测试交轨法求轨迹方程、直线与椭圆的位置关系、一元二次方程根与系数的关系, 测试推理论证、数学变形、运算求解及抽象概括的能力, 测试利用所知识综合分析解决问题的能力.

解析 (Ⅰ) 由题设知 $|x_1| > \sqrt{2}$, $A_1(-\sqrt{2}, 0)$, $A_2(\sqrt{2}, 0)$, 则有:

直线 A_1P 的方程为

$$y = \frac{y_1}{x_1 + \sqrt{2}}(x + \sqrt{2}) \qquad ①$$

直线 A_2Q 的方程为

$$y = -\frac{y_1}{x_1-\sqrt{2}}(x-\sqrt{2}) \qquad ②$$

方法 1 联立①、②解得交点坐标为 $x = \frac{2}{x_1}, y = \frac{\sqrt{2}y_1}{x_1}$,即

$$x_1 = \frac{2}{x}, y_1 = \frac{\sqrt{2}y}{x} \qquad ③$$

则 $x \neq 0, |x| < \sqrt{2}$,而点 $P(x_1, y_1)$ 在双曲线 $\frac{x^2}{2} - y^2 = 1$ 上,所以 $\frac{x_1^2}{2} - y_1^2 = 1$.

将式③代入上式,整理得所求轨迹 E 的方程为

$$\frac{x^2}{2} + y^2 = 1, x \neq 0 \text{ 且 } x \neq \pm\sqrt{2}$$

方法 2 设点 $M(x,y)$ 是 A_1P 与 A_2Q 的交点,①×②得

$$y^2 = -\frac{y_1^2}{x_1^2-2}(x^2-2) \qquad ④$$

又点 $P(x_1, y_1)$ 在双曲线上,因此

$$\frac{x_1^2}{2} - y_1^2 = 1, \text{ 即 } y_1^2 = \frac{x_1^2}{2} - 1$$

代入式④,整理得 $\frac{x^2}{2} + y^2 = 1$.

因为点 P, Q 是双曲线上的不同两点,所以它们与点 A_1, A_2 均不重合,故点 A_1 和 A_2 均不在轨迹 E 上.

过点 $(0,1)$ 及 $A_2(\sqrt{2},0)$ 的直线 l 的方程为 $x + \sqrt{2}y - \sqrt{2} = 0$. 解方程组
$\begin{cases} x + \sqrt{2}y - \sqrt{2} = 0 \\ \frac{x^2}{2} - y^2 = 1 \end{cases}$ 得 $\begin{cases} x = \sqrt{2} \\ y = 0 \end{cases}$,所以直线 l 与双曲线只有唯一交点 A_2.

故轨迹 E 不经过点 $(0,1)$,同理轨迹 E 也不经过点 $(0,-1)$.

综上分析,轨迹 E 的方程为

$$\frac{x^2}{2} + y^2 = 1, x \neq 0 \text{ 且 } x \neq \pm\sqrt{2}$$

(Ⅱ)设经过点 $H(0,h)$ 的直线为 $y = kx + h (h > 1)$,联立 $\frac{x^2}{2} + y^2 = 1$ 得

$$(1 + 2k^2)x^2 + 4khx + 2h^2 - 2 = 0$$

令 $\Delta = 16k^2h^2 - 4(1 + 2k^2)(2h^2 - 2) = 0$,得 $h^2 - 1 - 2k^2 = 0$,解得

$$k_1 = \sqrt{\frac{h^2-1}{2}}, k_2 = -\sqrt{\frac{h^2-1}{2}}$$

由于 $l_1 \perp l_2$,则 $k_1 k_2 = -\frac{h^2-1}{2} = -1$,故 $h = -\sqrt{3}$.

过点 A_1, A_2 分别引直线 l_1, l_2 通过 y 轴上的点 $H(0,h)$,且使 $l_1 \perp l_2$. 因此 $A_1H \perp A_2H$. 由

$\dfrac{h}{\sqrt{2}} \times \left(-\dfrac{h}{\sqrt{2}}\right) = -1$,得 $h = \sqrt{2}$. 此时,l_1,l_2 的方程分别为 $y = x + \sqrt{2}$ 与 $y = -x + \sqrt{2}$.

它们与轨迹 E 分别仅有一个交点 $\left(-\dfrac{\sqrt{2}}{3}, \dfrac{2\sqrt{2}}{3}\right)$ 与 $\left(\dfrac{\sqrt{2}}{3}, \dfrac{2\sqrt{2}}{3}\right)$.

所以,符合条件的 h 的值为 $\sqrt{3}$ 或 $\sqrt{2}$.

解答完此试题后,又想到了什么吗?

思考1 如何用好交轨法求轨迹方程(整体消参)?

(Ⅰ)**解** 由 A_1,A_2 为双曲线的左右顶点知,$A_1(-\sqrt{2}, 0)$,$A_2(\sqrt{2}, 0)$,$A_1P: y = \dfrac{y_1}{x_1 + \sqrt{2}}(x + \sqrt{2})$,$A_2Q: y = \dfrac{-y_1}{x_1 - \sqrt{2}}(x - \sqrt{2})$,两式相乘得,$y^2 = \dfrac{-y_1^2}{x_1^2 - 2}(x^2 - 2)$.

因为点 $P(x_1, y_1)$ 在双曲线上,所以 $\dfrac{x_1^2}{2} - y_1^2 = 1$,即 $\dfrac{y_1^2}{x_1^2 - 2} = \dfrac{1}{2}$,故 $y^2 = -\dfrac{1}{2}(x^2 - 2)$,所以 $\dfrac{x^2}{2} + y^2 = 1$,即直线 A_1P 与 A_2Q 交点的轨迹方程为 $\dfrac{x^2}{2} + y^2 = 1$.

思考2 如何验证轨迹方程的纯粹性和完备性?

(1)点 $P(x_1, y_1)$,$Q(x_1, -y_1)$ 是双曲线上不同的两个动点,说明了 $P(x_1, y_1)$ 和 $Q(x_1, -y_1)$ 两个点不能重合,故应挖去椭圆长轴的两个端点,即 $y \neq 0$.

(2)椭圆短轴的两个端点是怎么生成的呢?此时直线 A_1P 和直线 A_2Q 分别和两渐近线平行,$P(x_1, y_1)$,$Q(x_1, -y_1)$ 两点不存在,这与"点 $P(x_1, y_1)$,$Q(x_1, -y_1)$ 是双曲线上的两个动点"相矛盾,故也应挖去椭圆短轴的两个端点,即 $x \neq 0$.

综合上面两点分析,所求的方程应为 $\dfrac{x^2}{2} + y^2 = 1$($x \neq 0$,且 $y \neq 0$).

思考3 第(Ⅱ)问中 h 的值唯一吗?

(Ⅱ)**方法1** 设 $l_1: y = kx + h$,则由 $l_1 \perp l_2$ 知
$$l_2: y = -\dfrac{1}{k}x + h$$

将 $l_1: y = kx + h$ 代入 $\dfrac{x^2}{2} + y^2 = 1$ 得 $\dfrac{x^2}{2} + (kx + h)^2 = 1$,即 $(1 + 2k^2)x^2 + 4khx + 2h^2 - 2 = 0$.

由 l_1 与 E 只有一个交点知,$\Delta = 16k^2h^2 - 4(1 + 2k^2)(2h^2 - 2) = 0$,即 $1 + 2k^2 = h^2$.

同理,由 l_2 与 E 只有一个交点知,$1 + 2 \cdot \dfrac{1}{k^2} = h^2$,消去 h^2 得 $\dfrac{1}{k^2} = k^2$,即 $k^2 = 1$,从而 $h^2 = 1 + 2k^2 = 3$,又 $h > 1$,故 $h = \sqrt{3}$.

方法2 由题意知直线 l_1 和 l_2 都是椭圆 E 的切线,由对称性知,两直线的倾斜角分别为 $45°$ 和 $135°$,设其方程为 $y = \pm x + h$,代入椭圆 E 的方程 $\dfrac{x^2}{2} + y^2 = 1$,得 $\dfrac{x^2}{2} + (\pm x + h)^2 = 1$,即 $3x^2 \pm 4hx + 2h^2 - 2 = 0$,由 $\Delta = 0$ 得 $16h^2 - 4 \times 3 \times (2h^2 - 2) = 0$,即 $h^2 = 3$,又 $h > 1$,故 $h = \sqrt{3}$.

探究知,h 应该有三种情况:

(1)直线 l_1 和 l_2 都是椭圆 E 的切线时,$h = \sqrt{3}$;

(2) 当直线 l_1 和 l_2 分别经过 A_1,A_2 时,$h=\sqrt{2}$;

(3) 直线 l_1 为椭圆 E 的一条切线,直线 l_2 经过 A_2,或直线 l_2 为椭圆 E 的一条切线,直线 l_1 经过 A_1,此时 $h=\sqrt{\dfrac{1+\sqrt{17}}{2}}$.

而答案只给出了 $h=\sqrt{3}$ 的一种情况.

思考 4 对试题可以推广吗?

命题 1 若双曲线 $\dfrac{x^2}{a^2}-\dfrac{y^2}{b^2}=1(a>0,b>0)$ 的弦 PQ 与实轴 A_1A_2 垂直,设直线 A_1P 与直线 A_2Q 的交点为 M,则点 M 的轨迹为椭圆 $\dfrac{x^2}{a^2}+\dfrac{y^2}{b^2}=1(a>b>0)$.

命题 2 若椭圆 $\dfrac{x^2}{a^2}+\dfrac{y^2}{b^2}=1(a>b>0)$ 的弦 PQ 与长轴 A_1A_2 垂直,设直线 A_1P 与直线 A_2Q 的交点为 M,则点 M 的轨迹为双曲线 $\dfrac{x^2}{a^2}-\dfrac{y^2}{b^2}=1(a>b>0)$.

命题 3 若双曲线 $\dfrac{x^2}{a^2}-\dfrac{y^2}{b^2}=1(a>0,b>0)$ 的两条相互垂直的切线的交点为 M,则点 M 的轨迹为圆 $x^2+y^2=a^2-b^2$,且经过椭圆 $\dfrac{x^2}{a^2}+\dfrac{y^2}{b^2}=1(a>b>0)$ 的两个焦点.

命题 4 若椭圆 $\dfrac{x^2}{a^2}+\dfrac{y^2}{b^2}=1(a>b>0)$ 的两条相互垂直的切线的交点为 M,则点 M 的轨迹为圆 $x^2+y^2=a^2+b^2$,且经过双曲线 $\dfrac{x^2}{a^2}-\dfrac{y^2}{b^2}=1(a>b>0)$ 的两个焦点.

下面给出命题 2 和 4 的证明(其余可类似证):

命题 2 的证明 设点 P 的坐标为 (x_0,y_0),则 $Q(x_0,-y_0)$,又因为 $A_1(-a,0),A_2(a,0)$,所以直线 A_1P 的方程为 $y=\dfrac{y_0}{x_0+a}(x+a)$,直线 A_2Q 的方程为 $y=\dfrac{-y_0}{x_0-a}(x-a)$,两式相乘得 $y^2=\dfrac{-y_0^2}{x_0^2-a^2}(x^2-a^2)$,而点 $P(x_0,y_0)$ 在椭圆上,所以 $\dfrac{x_0^2}{a^2}+\dfrac{y_0^2}{b^2}=1$,即 $\dfrac{-y_0^2}{x_0^2-a^2}=\dfrac{b^2}{a^2}$.故 $y^2=\dfrac{b^2}{a^2}(x^2-a^2)$,即 $\dfrac{x^2}{a^2}-\dfrac{y^2}{b^2}=1$.

命题 4 的证明 设点 M 的坐标为 (x_0,y_0),两个切点 $P(x_1,y_1),Q(x_2,y_2)$,则两切线 MP,MQ 的方程为 $\dfrac{x_1x}{a^2}+\dfrac{y_1y}{b^2}=1,\dfrac{x_2x}{a^2}+\dfrac{y_2y}{b^2}=1$.又因为点 M 在两切线上,得 $\dfrac{x_1x_0}{a^2}+\dfrac{y_1y_0}{b^2}=1,\dfrac{x_2x_0}{a^2}+\dfrac{y_2y_0}{b^2}=1$,所以直线 PQ 的方程为 $\dfrac{x_0x}{a^2}+\dfrac{y_0y}{b^2}=1$.由 $\begin{cases}\dfrac{x^2}{a^2}+\dfrac{y^2}{b^2}=1\\\dfrac{x_0x}{a^2}+\dfrac{y_0y}{b^2}=1\end{cases}\Rightarrow\dfrac{x^2}{a^2}+\dfrac{y^2}{b^2}=\left(\dfrac{x_0x}{a^2}+\dfrac{y_0y}{b^2}\right)^2\Rightarrow\dfrac{a^2-x_0^2}{a^4}x^2-\dfrac{2x_0y_0xy}{a^2b^2}+\dfrac{b^2-y_0^2}{b^4}y^2=0.$

变形为 $\dfrac{a^2 - x_0^2}{a^4}\left(\dfrac{x}{y}\right)^2 - \dfrac{2x_0 y_0}{a^2 b^2}\left(\dfrac{x}{y}\right) + \dfrac{b^2 - y_0^2}{b^4} = 0$，则 $\dfrac{x_1}{y_1} \cdot \dfrac{x_2}{y_2} = \dfrac{\dfrac{b^2 - y_0^2}{b^4}}{\dfrac{a^2 - x_0^2}{a^4}} = \dfrac{a^4}{b^4} \cdot \dfrac{b^2 - y_0^2}{a^2 - x_0^2}$. 又因为

切线 MP, MQ 的斜率分别为 $k_{MP} = -\dfrac{b^2 x_1}{a^2 y_1}$，$k_{MQ} = -\dfrac{b^2 x_2}{a^2 y_2}$，由题意知两切线相互垂直，所以 $k_{MP} \cdot k_{MQ} = -1$，故 $\dfrac{b^4}{a^4} \cdot \dfrac{x_1 x_2}{y_1 y_2} = -1$，将以上各式代入并化简得 $x_0^2 + y_0^2 = a^2 + b^2$.

这说明椭圆 $\dfrac{x^2}{a^2} + \dfrac{y^2}{b^2} = 1 (a > b > 0)$ 的两条相互垂直的切线的交点的轨迹为 $x^2 + y^2 = a^2 + b^2$，且经过双曲线 $\dfrac{x^2}{a^2} - \dfrac{y^2}{b^2} = 1 (a > b > 0)$ 的焦点.

注 上述内容参考了尤伟峰老师的文章《一道高考试题的解读》(中学数学研究, 2012(9): 12-14.)

8.2 发掘出教师的研究活动素材

8.2.1 研究测评数学试题是数学教师的重要工作

数学教师能否依据特定的数学教学内容、教学对象与教学环境创造性地去进行教学，这无疑被看成数学教师"教学能力"的一个主要方面. 但是，如果我们承认教学能力有一个不断发展和提高的过程，而且，教学能力与理论水平之间又存在相互制约、互相促进的密切联系，那么，我们也就应当把一定的理论学习与钻研能力看成所说的"教学能力"的一个重要组成部分. 特别是，一个高水平的数学教师既应善于从理论的高度对自己的数学教学工作作出总结，也应能自觉地以先进的教育理论、宽厚的数学功底去改进自己的教学工作. 显然，如果从较高的角度去分析，这也就是指，一个高水平的数学教师应具有一定的科研能力.

但是，又应该如何培养自己的科研能力呢？或者说，如何才能促使自己更好地做到理论学习钻研与数学实践密切结合呢？一个最有效的方法就是"干中学"，"边干边学"，岗位锻炼成才.

一个教师，只有走教学与科研相结合之路，才能将教育教学工作提高到一个新的境界.

数学测评是检验教学效果的重要方式，研究数学测评试题是数学教师的重要工作，因测评试题情境新颖，构思独特，设问别致，这其中包含了命制者的大量心血，但命制者研究设计的路径却隐藏于题外，若解后不注意反思、总结，则很难捕捉试题的基本走向，试题检测的深度与广度也不易被发掘，久而久之，只能是广种薄收. 研究测评试题，不仅是命制者的事，也是教师一项常态化的工作，要认真去感知问题的发生、发展过程，明晰问题的来龙去脉，寻求问题的解决方法，探求问题的拓展延伸，揭示问题的本质特征，才能领悟试题命制的意图，向学生讲清楚试题的实质，发挥试题的最大功能.

那么如何研究测评试题呢？

视角1 研究试题的立意

试题的立意主要包括知识立意和能力立意两个方面. 知识立意主要是测试被测试者对基础知识和基本方法的掌握程度. 能力立意首先确定试题在能力方面测试的目的,然后对照能力要求,选择重点的考查内容,设计恰当的设问方式. 能力立意的试题是以基础知识、基本技能和主要数学思想方法为载体,去践行测试的目的.

视角2 研究试题的解法

测评试题的解法一般是入口宽、深入难、解法多. 能区分不同知识水平被测试者的思维层次性. 在阶段数学复习教学中,要真正发挥测评试题的基础性、典型性和示范性,从不同角度对问题进行分析探究. 获得不同解法的启迪. 这既能培养被测试者的学习兴趣,又能培养被测试者思维的发散性、选择性、灵活性和深刻性,还能培养被测试者的数学探究意识,为他们终身学习奠定基础.

视角3 研究试题的背景

研究测评题的背景,就是要深挖题源,研而不倦. 测评数学试题的背景是通过不同知识载体和依托不同方式实现的. 特别是几类特殊性测评试题是命制人员花费心血,集体研讨才定下来的,它们一般背景深厚,有"来头". 讲究试题的来历,"出身"背景已是当今令人瞩目的趋势. 由于试题的背景化,使得试题"身份"提高,更加富有新意,以其构思的优美和精巧吸引广大中学数学教师,以其含量丰富的知识、技巧、方法、思想,给我们的研究留下广阔天地.

视角4 研究试题的变式

变式就是要将试题进行重组、嫁接、引申、拓展. G. 波利亚说过:"好问题同种蘑菇类似,它们都成堆生长,找到一个以后,你应当在周围找一找,很可能附近就有好几个."也许数学测试题目本身看似"普通",但若能对条件进行调整,就会有许多意外收获,最终"普通"也能变成"特别". 数学的魅力在于"变",有"变"才有"用",有"变"才能"活".

视角5 研究试题的导向

一道好测试题并不在于它的深奥,而在于它的导向和示范作用. 好的测评试题往往不一定都是新题,它往往就来源于教材,既能引导师生重视教材作用和基本知识的学习,又能让师生意识到仅仅靠题海战术和死记硬背是无法在测评中取得高分."测评指挥棒"在当代中国是客观存在的,测评的导向始终是中学数学教学最关注的问题,无论是从学生学的角度还是从教师教的角度,测评都起到积极的导向作用.

以测评试题为基本素材,对试题进行解法探究、变式拓展和背景解读,实际上就是测评试题的"二次开发",为教师的授课提供有益的、切合被测学生学情的案例,其目的就是让测评试题更有利于学生对数学知识的理解和思维的发展. 认真研究测评试题,活化测评试题,进一步开发测评试题,拓展其教育功能,是备考复习的有效途径之一. 测评备考中对测评试题的开发,需要我们建立在对测评试题和教材纵深研究的基础上,善于用联系的观点探究课本题和测评试题的变式,善于用联系的观点探究课本题和测评试题的变式,善于在课本题中寻找测评试题的原型,探究测评试题与课本题的结合点,再将这些问题做恰当的分解或整合、延伸或拓展. 教师在课堂上要有意识地引导学生从题目的变化中发现不变的本质,练就一手"莫让浮云遮望眼,除尽繁华识真颜"的硬本领,避免让学生机械重复地训练,避免让学生思维在低层次之间游走,尽量让学生体会柳暗花明又一村的豁然开朗,经历从苦思不得其解到得来全不费工夫的酣畅淋漓,努力使中学课堂教学丰富、鲜活、高效,精彩纷呈.

8.2.2 从测评数学试题中发掘出研究活动素材

例7(5.1节中例1)

此例在5.1节中已介绍了其立意和背景研究,在此再看这道测评题的解答,然后研究这道测评题的推广.

解析 (Ⅰ)$a_n = \begin{cases} a, & n=1 \\ r(r+1)^{n-2}a, & n \geq 2 \end{cases}$(过程略).

(Ⅱ)对于任意的$m \in \mathbf{N}^*$,且$m \geq 2$,a_{m+1}, a_m, a_{m+2}成等差数列,证明如下.

方法1 当$r=0$时,由(Ⅰ)知

$$a_n = \begin{cases} a, n=1 \\ 0, n \geq 2 \end{cases}$$

故对于任意的$m \in \mathbf{N}^*$,且$m \geq 2$,a_{m+1}, a_m, a_{m+2}成等差数列.

当$r \neq 0, r \neq -1$时,$a_1 = a$,且$a_2, a_2, \cdots, a_n, \cdots$成等比数列,公比为$q = 1+r, q \neq 1$.

若存在$k \in \mathbf{N}^*$,使得S_{k+1}, S_k, S_{k+2}成等差数列,则$S_{k+1} + S_{k+2} = 2S_k$,且

$$a + \frac{a_2(1-q^k)}{1-q} + a + \frac{a_2(1-q^{k+1})}{1-q} = 2\left[a + \frac{a_2(1-q^{k-1})}{1-q}\right]$$

化简得$q^k + q^{k+1} = 2q^{k-1}$,所以$q + q^2 = 2$.

当$m \geq 2$时,$a_{m+1} + a_{m+2} = a_m q + a_m q^2 = a_m(q+q^2) = 2a_m$,则对于任意的$m \in \mathbf{N}^*$,且$m \geq 2$,$a_{m+1}, a_m, a_{m+2}$成等差数列.

方法2 当$r \neq 0, r \neq -1$时,因$S_{k+2} = S_k + a_{k+1} + a_{k+2}$,$S_{k+1} = S_k + a_{k+1}$,若存在$k \in \mathbf{N}^*$,使得$S_{k+1}, S_k, S_{k+2}$成等差数列,即$S_{k+1} + S_{k+2} = 2S_k$,则

$$2S_k + 2a_{k+1} + a_{k+2} = 2S_k, 即 a_{k+2} = -2a_{k+1}$$

由(Ⅰ)知,$a_2, a_3, \cdots, a_n, \cdots$的公比$r+1 = -2$,于是对于任意的$m \in \mathbf{N}^*$,且$m \geq 2$,$a_{m+1} = -2a_m$,从而$a_{m+2} = 4a_m$.

故$a_{m+1} + a_{m+2} = 2a_m$,即a_{m+1}, a_m, a_{m+2}成等差数列.

下面研究这道测评题的推广:

命题1 设S_n是等比数列$\{a_n\}$的前n项和,若存在$k \in \mathbf{N}^*$,使得S_{k+1}, S_k, S_{k+2}成等差数列,则对于任意的$m \in \mathbf{N}^*$,a_{m+1}, a_m, a_{m+2}也成等差数列.

证明 设数列$\{a_n\}$的公比为q.

若$q=1$,则$S_{k+1} = (k+1)a_1, S_{k+2} = (k+2)a_1, S_k = ka_1$.

若$a_1 \neq 0$,得$S_{k+1} + S_{k+2} \neq 2S_k$,所以$q \neq 1$.

由题设知,$S_{k+1} + S_{k+2} = 2S_k$,所以

$$\frac{a_1(1-q^{k+1})}{1-q} + \frac{a_1(1-q^{k+2})}{1-q} = \frac{2a(1-q^k)}{1-q}$$

整理得 $q^{k+1} + q^{k+2} = 2q^k$,则$q + q^2 = 2$

所以 $a_{m+1} + a_{m+2} = a_m q + a_m q^2 = a_m(q+q^2) = 2a_m$

因此对于任意的$m \in \mathbf{N}^*$,a_{m+1}, a_m, a_{m+2}也成等差数列.

命题 2 设 S_n 是等比数列 $\{a_n\}$ 的前 n 项和,若存在 $k,m,t \in \mathbf{N}^*$ ($k+t \neq 2m$),使得 S_k, S_m, S_t 成等差数列,则 a_k, a_m, a_t 也成等差数列.

证明 设数列 $\{a_n\}$ 的公比为 q.

若 $q=1$,则 $S_k = ka_1, S_m = ma_1, S_t = ta_1$,因为 $k+t \neq 2m$,所以 $S_k + S_t \neq 2S_m$,所以 $q \neq 1$,由 $S_k + S_t = 2S_n$,得

$$\frac{a_1(1-q^k)}{1-q} + \frac{a_1(1-q^t)}{1-q} = \frac{2a_1(1-q^m)}{1-q}$$

整理,得 $q^k + q^t = 2q^m$,则 $q^{k-1} + q^{t-1} = 2q^{m-1}$.

所以 $a_k + a_t = a_1(q^{k-1} + q^{t-1}) = 2a_1 q^{m-1} = 2a_m$,因此,$a_k, a_m, a_t$ 也成等差数列.

命题 3 设 S_n 是等比数列 $\{a_n\}$ 的前 n 项和,若存在 $k,m,t \in \mathbf{N}^*$ ($k+t \neq 2m$),使得 S_k, S_m, S_t 成等差数列,则对于任意的 $n \in \mathbf{N}^*$,$a_{k+n}, a_{m+n}, a_{t+n}$ 也成等差数列.

证明 设数列 $\{a_n\}$ 的公比为 q,因为 S_k, S_m, S_t 成等差数列,由命题 2 的证明过程可得 $q^k + q^t = 2q^m$ ($q \neq 1$),所以

$$a_{k+n} + a_{t+n} = a_n q^k + a_n q^t = a_n(q^k + q^t) = 2a_n q^m = 2a_{m+n}$$

因此 $a_{k+n}, a_{m+n}, a_{t+n}$ 也成等差数列.

注 上述内容参考了谢志庆老师的文章《一道高考试题的教材背景及推广研究》(数学通报,2011(10)).

例 8 (2011 年高考江苏卷题)设 M 为部分正整数组成的集合,数列 $\{a_n\}$ 的首项 $a_1 = 1$,前 n 项和为 S_n,已知对任意整数 $k \in M$,当整数 $n > k$ 时,$S_{n+k} + S_{n-k} = 2(S_n + S_k)$ 都成立.

(Ⅰ)设 $M = \{1\}$,$a_2 = 2$,求 a_5 的值;

(Ⅱ)设 $M = \{3,4\}$,求数列 $\{a_n\}$ 的通项公式.

立意研究

此题是一道典型的探究试题,设计巧妙. 首先它测试了等差数列的通项 a_n 与前 n 项和 S_n 的关系;其次它测试了众多的数学思想和方法,如本题(2)求数列的通项公式. 它需要用转化的思想、变换的思想、逼近的思想、参数消元的思想和方法来研究 $\{a_n\}$ 的性质(由 k_1, k_2, b_1, b_2 的特征值来确定). 再次它测试了被测试者的能力素质,像问题(2)通过递推演绎、恒等变换、平移变换、对称变换、参数消元等手段证明 $\{a_n\}$ 为等差数列,对被测试者的直觉思维能力、逻辑思维能力、自主探索能力和创新意识提出了极高要求,尤其逆向思维能力起着举足轻重的作用.

解法研究

解析 (Ⅰ)解题过程略. $a_5 = 8$.

(Ⅱ)首先证明存在 $n_0 = 8$,当 $n \geq n_0, n \in \mathbf{N}$ 时,$\{a_n\}$ 为等差数列.

因 $k \in M = \{3,4\}$,且 $n > k$ 时,

$$S_{n+k} + S_{n-k} = 2(S_n + S_k), S_{n+1+k} + S_{n+1-k} = 2(S_{n+1} + S_k)$$

得 $a_{n+1+k} + a_{n+1-k} = 2a_{n+1}$,$a_{n+1+k} - a_{n+1} = a_{n+1} - a_{n+1-k}, n = k+1, k+2, \cdots$.

当 $k = 3$ 时

$$a_{n+4} - a_{n+1} = a_{n+1} - a_{n-2}, n = 4,5,6 \qquad ①$$

当 $k = 4$ 时

$$a_{n+5} - a_{n+1} = a_{n+1} - a_{n-3}, n = 5,6,7 \qquad ②$$

由式①得,当 $n \geq 8, n \in \mathbf{N}$ 时,有
$$2a_n = a_{n-3} + a_{n+3} = a_{n-6} + a_{n+6} \qquad ③$$

由式②得,当 $n \geq 8, n \in \mathbf{N}$ 时,有
$$a_{n-2} + a_{n+2} = a_{n-6} + a_{n+6} \qquad ④$$

由③、④两式得 $n \geq 8, n \in \mathbf{N}$ 时, $2a_n = a_{n-2} + a_{n+2}$,即
$$a_{n+2} - a_n = a_n - a_{n-2} \qquad ⑤$$

于是,当 $n \geq 9$ 时,$a_{n-3}, a_{n-1}, a_{n+1}, a_{n+3}$ 成等差数列,即
$$a_{n-3} + a_{n+3} = a_{n-1} + a_{n+1} \qquad ⑥$$

由③、⑤、⑥三式得,当 $n \geq 9$ 时
$$2a_n = a_{n-1} + a_{n+1} \qquad ⑦$$

即存在 $n_0 = 8$,当 $n \geq 8, n \in \mathbf{N}$ 时,$\{a_n\}$ 为等差数列. 且设公差为 d.

其次证明: $2 \leq n \leq 8, n \in 8, n \in \mathbf{N}, \{a_n\}$ 也是公差为 d 的等差数列.

方法 1 原参考答案提供的方法:对区间平移变换,$n+6 \geq 8, n \in \mathbf{N}$.
由式③得
$$2a_{n-6} = a_n + a_{n+12} \qquad ⑧$$
$$a_{n+7} = a_{n+1} + a_{n+13} \qquad ⑨$$

⑨ - ⑧,得 $2(a_{n+7} - a_{n+6}) = a_{n+1} - a_n + a_{n+13} - a_{n+12}$,即 $2d = a_{n+1} - a_n + d$,所以 $a_{n+1} - a_n = d$.

故 $\{a_n\}$ 在 $2 \leq n \leq 8, n \in \mathbf{N}$ 时也是公差为 d 的等差数列.

方法 2 与原参考答案不同的解决方法作对称变换且达成平移的目标,由式①,得当 $2 \leq n \leq 8, n \in \mathbf{N}$ 时
$$a_n = 2a_{n+3} - a_{n-6} \qquad ⑩$$
$$a_{n+3} = 2a_{n+6} - a_{n+9} \qquad ⑪$$
$$a_{n+6} = 2a_{n+9} - a_{n+12} \qquad ⑫$$

由⑩、⑪、⑫三式得
$$a_n = 4a_{n+9} - a_{n+12} \qquad ⑬$$

便有
$$a_{n+1} = 4a_{n+10} - 3a_{n+13} \qquad ⑭$$

⑭ - ⑬,得
$$a_{n+1} - a_n = 4(a_{n+10} - a_{n+9}) - 3(a_{n+13} - a_{n+12}) = 4d - 3d = d.$$

故 $\{a_n\}$ 在 $2 \leq n \leq 8, n \in \mathbf{N}$ 时也是公差为 d 的等差数列.

下证: $a_2 - a_1 = d$.

由题设: $S_{n+k} - S_n - (S_n - S_{n-k}) = 2S_k, k \in M$,即 $a_{n+k} + a_{n+k-1} + \cdots + a_{n+1} - (a_n + a_{n-1} + \cdots + a_{n+1-k}) = 2S_k$,即
$$k^2 d = 2S_k, k \in M = \{3, 4\} \qquad ⑮$$

将 $k = 3, 4$ 分别代入式⑮,得
$$7d = 2a_1 + 4a_2 \qquad ⑯$$
$$10d = 2a_1 + 6a_2 \qquad ⑰$$

⑰-⑯,得 $2a_2 = 3d$,将 $a_2 = \frac{3}{2}d$ 代入式⑯,得 $a_1 = \frac{1}{2}d$,故 $a_2 - a_1 = d$.

综上所得:$\{a_n\}$是等差数列,且 $a_1 = 1$,公差 $d = 2$,故 $a_n = 2n-1$.

推广研究

将 $M = \{3,4\}$ 推广至 $M = \{2p+1, q\}, p \in \mathbf{N}^*, q = 2,4$,具有相同的结论.

解 (1)当 $p = 0$ 时,$M = \{1,2\}$ 或 $M = \{1,4\}$,只需考查 $M = \{1\}$ 的情形,即就是原题的第(Ⅰ)问.

(2)当 $p \geq 1$ 时,$M = \{2p+1, 2\}$ 或 $M = \{2p+1, 4\}$,特别地,当 $p = 1$ 时,$M = \{3,4\}$,就是原题的第(Ⅱ)问.

现研究 $M = \{2p+1, 4\}, p > 1, p \in \mathbf{N}$ 的情形.

因 $k \in M = \{2p+1, 4\}, n > k$ 时,恒有
$$S_{n+k} + S_{n-k} = 2S_n + 2S_1, S_{n+1+k} + S_{n+1-k} = 2S_{n+1} + 2S_1$$
得 $a_{n+1+k} + a_{n+1-k} = 2a_{n+1}$,亦有
$$a_{n+1+k} - a_{n+1} = a_{n+1} - a_{n+1-k}, n = k+1, k+2 \quad \text{①}$$

首先,证明存在 $n_0 = 6p+2$,当 $n \geq n_0, n \in \mathbf{N}$ 时,$\{a_n\}$ 为等差数列.

当 $k = 2p+1, n > k, n \in \mathbf{N}$ 时,由式①得
$$a_{n+1+2p+1} - a_{n+1} = a_{n+1} - a_{n+1-(2p+1)} \quad \text{②}$$

当 $k = 4, n > 4, n \in \mathbf{N}$ 时,由(1)得
$$a_{n+5} - a_{n+1} = a_{n+1} - a_{n-3} \quad \text{③}$$

由式②得,$\{a_n\}$ 从第2项开始每隔过 $2p$ 项的项所成的数列成等差数列.

由式③得,从第2项开始每隔过3项的所成的数列成等差数列.

作以下探究:考虑 $4(2p+1) = 8p+4$ 时的情形.

对于式②,令 $n = 2p+2$,得
$$a_2, a_{2p+3}, a_{4p+4}, a_{6p+5}, a_{8p+6} \quad \text{④}$$

成等差数列,

在式③中,令 $n = 4$ 得
$$a_2, a_6, \cdots, a_{4p+2}, a_{4p+6}, \cdots a_{8p+2}, a_{8p+6} \quad \text{⑤}$$

成等差数列.

所以当 $n \geq 4p+4, n \in \mathbf{N}$ 时,由式④得
$$2a_n = a_{n-(2p+1)} + a_{n+2p+1} = a_{n-(4p+2)} + a_{n+(4p+2)} \quad \text{⑥}$$

由式⑤得
$$2a_n = a_{n-2} + a_{n+2} = a_{n-6} + a_{n+6} = a_{n-(2p+1)} + a_{n+(2p+1)} = a_{n-(4p+2)} + a_{n+(4p+2)} \quad \text{⑦}$$

由式⑥、⑦可得,当 $n \geq 4p+4, n \in \mathbf{N}$ 时
$$2a_n = a_{n-2} + a_{n+2} \quad \text{⑧}$$

由式⑧知,$\{a_n\}$ 从 $4p+2$ 项开始,每隔过1项的项所成数列成等差数列.

令 $n - (2p+1) = 4p+2$,即 $n = 6p+3$.

当 $n \geq 6p+3, n \in \mathbf{N}$ 时,$a_{n-(2p+1)}, a_{n-(2p-1)}, \cdots, a_{n-3}, a_{n-1}, a_{n+1}, a_{n+3}, \cdots, a_{n+2p-1}, a_{n+2p+3}$ 成等差数列. 即有
$$a_{n-1} + a_{n+1} = a_{n-3} + a_{n+3} = \cdots = a_{n-(2p+1)} + a_{n+(2p+1)} \quad \text{⑨}$$

由式⑥、⑧、⑨得
$$n \geq 6p+3, n \in \mathbf{N}, 2a_n = a_{n-1} + a_{n+1} \qquad ⑩$$

由式⑩知，$\{a_n\}$ 从 $6p+2$ 项开始成等差数列，公差为 d，其次证明：$2 \leq n \leq 6p+2, n \in \mathbf{N}$，$\{a_n\}$ 是公差为 d 的等差数列.

由式②得
$$a_n = 2a_{n+2p+1} - a_{n+4p+2} \qquad ⑪$$
$$a_{n+2p+1} = 2a_{n+4p+2} - a_{n+6p+3} \qquad ⑫$$
$$a_{n+4p+2} = 2a_{n+6p+3} - a_{n+8p+4} \qquad ⑬$$

由式⑪、⑫、⑬得
$$a_n = 4a_{n+6p+3} - 3a_{n+8p+4} \qquad ⑭$$
便有
$$a_{n+1} = 4a_{n+1+6p+3} - 3a_{n+1+8p+4} \qquad ⑮$$

⑮ − ⑭得，$a_{n+1} - a_n = 4d - 3d = d (2 \leq n \leq 6p+2, n \in \mathbf{N})$. 故 $2 \leq n \leq 6p+2, n \in \mathbf{N}$ 时，$\{a_n\}$ 是公差为 d 的等差数列.

最后证明：$a_2 - a_1 = d$.

由题设：$S_{n+k} - S_n - (S_n - S_{n-k}) = 2S_k, k \in M$，即
$$a_{n+k} + a_{n+k-1} + \cdots + a_{n+1} - (a_n + a_{n-1} + \cdots + a_{n+1-k}) = 2a_k$$
即
$$k^2 d = 2S_k, k \in M = \{2p+1, 4\} \qquad ⑯$$

将 $k = 4$ 代入式⑯得
$$10d = 2a_1 + 6a_2 \qquad ⑰$$

将 $k = 2p+1$ 代入式⑯得
$$(6p+1)d = 2a_1 + 4pa_2 \qquad ⑱$$

⑱ − ⑰得 $(6p+1)d = (4p-2)a_2$，得 $a_2 = \dfrac{3}{2}d$.

将 $a_2 = \dfrac{3}{2}d$ 代入式⑰，得 $a_1 = \dfrac{1}{2}d$，故 $a_2 - a_1 = d$.

综上所得，$\{a_n\}$ 是等差数列，且 $a_1 = 1$，公差 $d = 2$. 故 $a_n = 2n - 1$.

同样的方法可得 $M = \{2p+1, 2\}, p > 1, n \in \mathbf{N}$ 时，$a_n = 2n - 1$.

变式研究

设 M 为部分正整数组成的集合，数列 $\{a_n\}$ 的首项 $a_1 = \sqrt{2}$，前 n 项积为 $T_n (= \prod_{i=1}^{n} a_i = a_1 a_2 \cdots a_n)$，对任意整数 $k \in M$，当 $n > k$ 时，$T_{n+k} \cdot T_{n-k} = (T_n \cdot T_k)^2$ 都成立.

(1) 设 $M = \{1\}$，$a_2 = \sqrt{2}$，求 a_5 的值；

(2) 设 $M = \{2p+1, q\}$，$p \in \mathbf{N}, q = 2$ 或 4 时，求正项数列 $\{a_n\}$ 的通项公式.

解 (1) 因 $k \in M = \{1\}$，则 $T_{n+1} \cdot T_{n-1} = T_n \cdot T_1 (n \geq 2)$，便有 $\dfrac{T_{n+1}}{T_n} \cdot \dfrac{1}{\frac{T_n}{T_{n-1}}} = T_1^2 = a_1^2$，即

$$\dfrac{a_{n+1}}{a_n} = a_1^2 = 2 (n \geq 2), \text{故 } a_5 = \dfrac{a_5}{a_4} \cdot \dfrac{a_4}{a_3} \cdot \dfrac{a_3}{a_2} \cdot a_2 = 2^3 a_2 = 8\sqrt{2}.$$

(2) 现解答 $M = \{4, 2p+1\}, p > 1, p \in \mathbf{N}$ 时的情形.

又 $T_{n+k} \cdot T_{n-k} = (T_n \cdot T_k)^2$, 则 $T_{n+1+k} \cdot T_{n+1-k} = T_{n+1}^2 \cdot T_k^2$, 得 $a_{n+1-k} \cdot a_{n+1-k} = a_{n+1}^2$ ($n = k+1, k+2, \cdots$), 则

$$\frac{a_{n+1+k}}{a_{n+1}} = \frac{a_{n+1}}{a_{n+1-k}} \quad (n = k+1, k+2, \cdots) \qquad ①$$

第一步, 证明存在 $n_0 = 6p+2$, 当 $n \geq n_0, n \in \mathbf{N}$ 时, $\{a_n\}$ 成等比数列.

当 $k = 2p+1, n > 1, n \in \mathbf{N}$ 时, 由式①得

$$\frac{a_{n+2p+2}}{a_{n+1}} = \frac{a_{n+1}}{a_{n-2p}} \quad (n = 2p+2, 2p+3, \cdots) \qquad ②$$

当 $k = 4$ 时, 由式①得

$$\frac{a_{n+5}}{a_{n+1}} = \frac{a_{n+1}}{a_{n-3}} \quad (n = 5, 6, \cdots) \qquad ③$$

因 $4(2p+1) = 8p+4$, 当 $n = 2p+2$ 时, 由式②得

$$a_2, a_{2p+3}, a_{4p+4}, a_{6p+5}, a_{8p+6} \qquad ④$$

成等比数列.

当 $n = 4$ 时

$$a_2, a_6, \cdots, a_{4p-2}, a_{4p+2}; a_{4p+6}, a_{4p+10}, \cdots, a_{8p+2}, a_{8p+6} \qquad ⑤$$

成等比数列.

当 $n \geq 4p+4, n \in \mathbf{N}$ 时, 由序列④得

$$a_n^2 = a_{n-(2p+1)} \cdot a_{n+2p+1} = a_{n-(4p+2)} \cdot a_{n+(4p-2)} \qquad ⑥$$

由式⑤得

$$a_{n-2} \cdot a_{n+2} = a_{n-6} \cdot a_{n+6} = \cdots = a_{n-(2p+1)} \cdot a_{n+(2p+1)} = a_{n-(4p+2)} \cdot a_{n+(4p+2)} \qquad ⑦$$

由式⑥、⑦得, 当 $n \geq 4p+4, n \in \mathbf{N}$ 时

$$a_n^2 = a_{n-2} \cdot a_{n+2} = \cdots = a_{n-(2p+1)} \cdot a_{n+(2p+1)} = \cdots = a_{n-(4p+2)} \cdot a_{n+(4p+2)} \qquad ⑧$$

由式⑧知: $\{a_n\}$ 从 $4p+2$ 项开始, 每隔过 1 项的项所成数列成等比数列.

令 $n-(2p+1) \geq 4p+2$, 即 $n \geq 6p+3, n \in \mathbf{N}$ 时, 则 $a_{n-(2p+1)}, \cdots, a_{n-3}, a_{n-1}, a_{n+1}, a_{n+3}, \cdots, a_{n+(2p-1)}, a_{n+2p+1}$ 是等比数列, 即有

$$a_{n-1} \cdot a_{n+1} = a_{n-3} \cdot a_{n+3} = \cdots = a_{n-(2p+1)} \cdot a_{n-(2p-1)} \qquad ⑨$$

由式⑧、⑨得 $n \geq 6p+3, n \in \mathbf{N}$

$$a_n^2 = a_{n-1} \cdot a_{n+1} \qquad ⑩$$

由式⑨得, 存在 $n_0 = 6p+2$, 当 $n \geq n_0$ 时, 此时 $\{a_n\}$ 成等比数列, 且设公比为 q.

第二步: 证明 $2 \leq n \leq 6p+2, p \in \mathbf{N}$ 时, $\{a_n\}$ 是公比为 q 的等比数列.

由式①得 $a_n \cdot a_{n+4p+2} = a_{n+2p+1}^2$

$$a_n = \frac{a_{n+2p+1}^2}{a_{n+4p+2}} \qquad ⑪$$

$$a_{n+2p+1} = \frac{a_{n+4p+2}^2}{a_{n+6p+3}} \qquad ⑫$$

$$a_{n+4p+2} = \frac{a_{n+6p+3}^2}{a_{n+8p+4}} \qquad ⑬$$

由式⑪、⑫、⑬得
$$a_n = \frac{a_{n+6p+3}^4}{a_{n+8p+4}^3} \quad ⑭$$

便有
$$a_{n+1} = \frac{a_{n+1+6p+3}^4}{a_{n+1+8p+4}^3} \quad ⑮$$

$\frac{⑮}{⑭}$,得

$$\frac{a_{n+1}}{a_n} = \frac{\dfrac{a_{n+1+6p+3}^4}{a_{n+1+8p+4}^3}}{\dfrac{a_{n+6p+3}^4}{a_{n+8p+4}^3}} \quad ⑯$$

故 $2 \le n \le 6p+2, p \in \mathbf{N}$ 时,$\{a_n\}$ 是公比为 q 的等比数列.

最后证明:$\dfrac{a_2}{a_1} = q$.

由定义式,$T_{n+k} \cdot T_{n-k} = (T_n \cdot T_k)^2$,即 $\dfrac{T_{n+k}}{T_n} \cdot \dfrac{1}{\dfrac{T_n}{T_{n-k}}} = T_k^2$,即 $\dfrac{a_{n+k}\cdots a_{n+1}}{a_n \cdots a_{n+1-k}} = T_k^2$,即 $(q^k)^k = T_k^2$,

亦就是 $q^{k^2} = T_k^2$.

当 $k=4$ 时,有 $q^{16} = a_1^2(a_2 a_3 a_4)^2 = a_1^2 q^6 a_2^6$,即

$$q^{10} = a_1^2 \cdot a_2^6 \quad ⑰$$

当 $k=2p+1$ 时,$q^{(2p+1)^2} = a_1^2 a_2^{4p} q^{2q(2p-1)}$,即

$$q^{6p+1} = a_1^2 a_2^{4p} \quad ⑱$$

$\dfrac{⑱}{⑰}$ 得,$a_2^{4p-6} = q^{6p-9}$,得 $a_2^2 = q^3$,代入式⑰,得 $a_1^2 = q > 0$,即 $a_1 = \sqrt{q}$.

故 $\dfrac{a_2}{a_1} = q$,又因 $a_1 = \sqrt{2}$,则 $q = 2$.

综上所得:$\{a_n\}$ 是等比数列,且首项 $a_1 = \sqrt{2}$,公比 $q = 2$,故 $a_n = \sqrt{2 \cdot 2^{n-1}} = 2^{n-\frac{1}{2}}$.

同样的方法可证 $M = \{2, 2p+1\}$,$p \in \mathbf{N}^*$ 时,$a_n = 2^{n-\frac{1}{3}}$.

注 上述内容参考了薛惠良老师的文章《2011 年江苏高考数学压轴题的推广、迁移及反思》(中数数学研究,2011(12)).

例9 (7.3.2 节例30)

此例在 7.3.2 中已介绍了其立意和解法研究,下面对该测试题的本质结构特征及其内在联系进行研究.

注意到,已知条件中,椭圆 C 方程中的 $a^2 = 3, b^2 = 2$,$\triangle OPQ$ 的面积 $\dfrac{\sqrt{6}}{2}$ 恰好等于 $\dfrac{1}{2}ab$. 问题中的两个结论:$x_1^2 + x_2^2 = 3, y_1^2 + y_2^2 = 2$,恰好就是:$x_1^2 + x_2^2 = a^2, y_1^2 + y_2^2 = b^2$;$|OM| \cdot |PQ|$ 的最大值为 $\dfrac{5}{2}$,恰好就是 $\dfrac{a^2 + b^2}{2}$. 看似偶然,其实是必然!

下面试图解开隐藏在其中的"玄机".

我们先将问题一般化:

设动直线 l 与椭圆 $C: \dfrac{x^2}{a^2} + \dfrac{y^2}{b^2} = 1 (a>b>0)$ 交于 $P(x_1,y_1)$，$Q(x_2,y_2)$ 两不同点，O 为坐标原点，记 $\triangle OPQ$ 的面积为 $S_{\triangle OPQ}$，M 为线段 PQ 的中点.

下面我们从几个角度进行深入的探究.

探究 1 $\triangle OPQ$ 的面积的取值范围是什么？

分析
$$\begin{aligned}
S_{\triangle OPQ} &= \dfrac{1}{2} |\overrightarrow{OP}| |\overrightarrow{OQ}| \sin \angle POQ \\
&= \dfrac{1}{2} |\overrightarrow{OP}| |\overrightarrow{OQ}| \sqrt{1 - \cos^2 \angle POQ} \\
&= \dfrac{1}{2} \sqrt{|\overrightarrow{OP}|^2 |\overrightarrow{OQ}|^2 - (\overrightarrow{OP} \cdot \overrightarrow{OQ})^2} \\
&= \dfrac{1}{2} \sqrt{(x_1^2 + y_1^2)(x_2^2 + y_2^2) - (x_1 x_2 + y_1 y_2)^2} \\
&= \dfrac{1}{2} \sqrt{x_1^2 y_2^2 + x_2^2 y_1^2 - 2 x_1 x_2 y_1 y_2}
\end{aligned}$$

由基本不等式，得
$$-2 x_1 x_2 y_1 y_2 = 2(x_1 y_1) \cdot (-x_2 y_2) \leqslant x_1^2 y_1^2 + x_2^2 y_2^2$$

故
$$S_{\triangle OPQ} \leqslant \dfrac{1}{2} \sqrt{(x_1^2 + x_2^2)(y_1^2 + y_2^2)} \qquad (*)$$

而
$$\dfrac{x_1^2}{a^2} + \dfrac{y_1^2}{b^2} = 1 \qquad ①$$

$$\dfrac{x_2^2}{a^2} + \dfrac{y_2^2}{b^2} = 1 \qquad ②$$

① + ② 得

$$\dfrac{x_1^2 + x_2^2}{a^2} + \dfrac{y_1^2 + y_2^2}{b^2} = 2 \qquad (**)$$

由基本不等式，得
$$\begin{aligned}
2 &= \dfrac{x_1^2 + x_2^2}{a^2} + \dfrac{y_1^2 + y_2^2}{b^2} \\
&\geqslant 2 \sqrt{\dfrac{(x_1^2 + x_2^2)(y_1^2 + y_2^2)}{a^2 b^2}}
\end{aligned}$$

即 $(x_1^2 + x_2^2)(y_1^2 + y_2^2) \leqslant a^2 b^2$，由式 $(*)$ 得：$S_{\triangle OPQ} \leqslant \dfrac{1}{2} ab$.

显然，当点 P 无限趋近于点 Q 时，$S_{\triangle OPQ}$ 无限趋近于 0，由此得到：

性质 1 $S_{\triangle OPQ}$ 的取值范围是 $\left(0, \dfrac{1}{2} ab\right]$.

探究 2 "$\triangle OPQ$ 的面积为定值 $\dfrac{1}{2} ab$" 的充要条件是什么？

分析 由探究 1 的分析过程知，$S_{\triangle OPQ} \leqslant \dfrac{1}{2} ab$，等号当且仅当 $x_1 y_1 = -x_2 y_2$ 且 $\dfrac{x_1^2 + x_2^2}{a^2} =$

$\frac{y_1^2+y_2^2}{b^2}=1$ 时成立. 由式(* *)知, $x_1^2+x_2^2=a^2 \Leftrightarrow y_1^2+y_2^2=b^2$, 由此得到:

性质 2-1 $S_{\triangle OPQ}=\frac{1}{2}ab$ 的充要条件是 $x_1y_1+x_2y_2=0$ 且 $x_1^2+x_2^2=a^2$.

性质 2-2 $S_{\triangle OPQ}=\frac{1}{2}ab$ 的充要条件是 $x_1y_1+x_2y_2=0$ 且 $y_1^2+y_2^2=b^2$.

注意到:若 $x_1^2+x_2^2=a^2$, 则 $y_1^2+y_2^2=b^2$, 有 $|OP|^2+|OQ|^2=(x_1^2+y_1^2)+(x_2^2+y_2^2)=a^2+b^2$;反之,若 $|OP|^2+|OQ|^2=a^2+b^2$, 则 $(x_1^2+x_2^2)+(y_1^2+y_2^2)=a^2+b^2$, 与式(* *)联立,解得: $x_1^2+x_2^2=a^2, y_1^2+y_2^2=b^2$, 由此得到:

性质 2-3 $S_{\triangle OPQ}=\frac{1}{2}ab$ 的充要条件是 $x_1y_1+x_2y_2=0$ 且 $|OP|^2+|OQ|^2=a^2+b^2$.

再注意到:若 $x_1y_1+x_2y_2=0$ 且 $x_1^2+x_2^2=a^2$, 则

$$(x_1y_1+x_2y_2)^2 = x_1^2y_1^2+x_2^2y_2^2+2x_1x_2y_1y_2 = x_1^2 \cdot b^2\left(1-\frac{x_1^2}{a^2}\right)+x_2^2 \cdot b^2\left(1-\frac{x_2^2}{a^2}\right)+2x_1x_2y_1y_2$$

$$=\frac{2b^2}{a^2} \cdot x_1^2x_2^2+2x_1x_2y_1y_2=0$$

因此, 若 $x_1x_2 \neq 0$, 则有 $\frac{b^2}{a^2}x_1x_2+y_1y_2=0$, 故 $k_{OP} \cdot k_{OQ}=\frac{y_1y_2}{x_1x_2}=-\frac{b^2}{a^2}$.

反之, 若 $k_{OP} \cdot k_{OQ}=\frac{y_1y_2}{x_1x_2}=-\frac{b^2}{a^2}$, 则 $y_1^2y_2^2=\frac{b^4}{a^4}x_1^2x_2^2$.

即 $b^2\left(1-\frac{x_1^2}{a^2}\right) \cdot b^2\left(1-\frac{x_2^2}{a^2}\right)=\frac{b^4}{a^4} \cdot x_1^2x_2^2$.

即 $(a^2-x_1^2)(a^2-x_2^2)=x_1^2x_2^2$, 得 $x_1^2+x_2^2=a^2$, 且

$$(x_1y_1+x_2y_2)^2 = x_1^2y_1^2+x_2^2y_2^2+2x_1x_2y_1y_2$$

$$=x_1^2 \cdot b^2\left(1-\frac{x_1^2}{a^2}\right)+x_2^2 \cdot b^2\left(1-\frac{x_2^2}{a^2}\right)-2 \cdot \frac{b^2}{a^2}x_1^2x_2^2$$

$$=\frac{2b^2}{a^2}x_1^2x_2^2-2 \cdot \frac{b^2}{a^2}x_1^2x_2^2=0$$

由此得到:

性质 2-4 若 $x_1x_2 \neq 0$, 则 $S_{\triangle OPQ}=\frac{1}{2}ab$ 的充要条件是 OP 与 OQ 的斜率乘积 $k_{OP} \cdot k_{OQ}=-\frac{b^2}{a^2}$.

探究 3 由 $S_{\triangle OPQ}=\frac{1}{2}ab$ 还可以得到哪些重要的结论?

分析 若 $S_{\triangle OPQ}=\frac{1}{2}ab$ 为定值,由性质 2-1~2-4 知

$$x_1^2+x_2^2=a^2, y_1^2+y_2^2=b^2, |OP|^2+|OQ|^2=a^2+b^2, k_{OP} \cdot k_{OQ}=-\frac{b^2}{a^2}(\text{当}x_1x_2 \neq 0 \text{ 时})$$

都为定值. 因此

$$\frac{x_1 x_2}{a^2} + \frac{y_1 y_2}{b^2} = 0 \qquad ③$$

①+②+③×2 得

$$\frac{(x_1+x_2)^2}{a^2} + \frac{(y_1+y_2)^2}{b^2} = 2 \qquad ④$$

设线段 PQ 的中点为 $M(x,y)$, 则 $x_1+x_2=2x, y_1+y_2=2y$, 代入式④得: $\frac{x^2}{a^2} + \frac{y^2}{b^2} = \frac{1}{2}$.

另外, 由

$$2\overrightarrow{OM} = \overrightarrow{OP} + \overrightarrow{OQ} \qquad ⑤$$
$$\overrightarrow{PQ} = \overrightarrow{OQ} - \overrightarrow{OP} \qquad ⑥$$

知⑤^2+⑥^2 利用基本不等式得

$$4|OM|^2 + |PQ|^2 = 2(|OP|^2 + |OQ|^2)$$
$$= 2(a^2+b^2) \geq 2 \times 2|OM| \cdot |PQ|$$

故 $|OM| \cdot |PQ| \leq \frac{a^2+b^2}{2}$.

由此得到:

性质 3 若 $S_{\triangle OPQ} = \frac{1}{2}ab$, 则线段 PQ 中点 M 的轨迹方程为 $\frac{x^2}{a^2} + \frac{y^2}{b^2} = \frac{1}{2}$, 且 $|OM||PQ|$ 的最大值为 $\frac{a^2+b^2}{2}$.

探究 4 显然 $k_{OP} \cdot k_{OQ} = -\frac{b^2}{a^2} \neq -1$, 若 $k_{OP} \cdot k_{OQ} = -1$ 即 $\angle POQ = 90°$ 时, 又可以得到什么结论呢?

分析 当 OP 的斜率存在且不等于 0 时, 设 $OP: y=kx$, 代入椭圆方程得: $x^2 = \frac{a^2 b^2}{b^2 + a^2 k^2}$, 则 $x_1^2 = \frac{a^2 b^2}{b^2 + a^2 k^2}, y_1^2 = k^2 x_1^2 = \frac{a^2 b^2 k^2}{b^2 + a^2 k^2}$, 故 $\frac{1}{|OP|^2} = \frac{1}{x_1^2 + y_1^2} = \frac{b^2 + a^2 k^2}{a^2 b^2 (1+k^2)}$.

由 $OP \perp OQ$ 知, $OQ: y = -\frac{1}{k}x$, 因此用 $-\frac{1}{k}$ 代替上式中的 k, 得 $\frac{1}{|OQ|^2} = \frac{b^2 k^2 + a^2}{a^2 b^2 (1+k^2)}$.

所以 $\frac{1}{|OP|^2} + \frac{1}{|OQ|^2} = \frac{a^2+b^2}{a^2 b^2} = \frac{1}{a^2} + \frac{1}{b^2}$.

当 OP 的斜率不存在或等于 0 时, 易验证上式依然成立. 由此得到:

性质 4-1 若 $\angle POQ = 90°$, 则 $\frac{1}{|OP|^2} + \frac{1}{|OQ|^2} = \frac{1}{a^2} + \frac{1}{b^2}$ 为定值.

由基本不等式, 得 $\frac{1}{|OP|^2} + \frac{1}{|OQ|^2} \geq \frac{2}{|OP||OQ|}$, 即 $\frac{1}{a^2} + \frac{1}{b^2} \geq \frac{2}{|OP||OQ|}$, 故 $S_{\triangle OPQ} = \frac{1}{2}|OP||OQ| \geq \frac{a^2 b^2}{a^2+b^2}$, 再结合性质 1, 得到:

性质 4-2 若 $\angle POQ = 90°$, 则 $S_{\triangle OPQ}$ 的取值范围是 $[\frac{a^2 b^2}{a^2+b^2}, \frac{1}{2}ab)$.

若 $\angle POQ = 90°$, 过原点 O 作 $OH \perp PQ$ 于点 H, 则由 $|OP||OQ| = |PQ||OH|$, 得 $\frac{1}{|OH|^2} = $

$$\frac{|PQ|^2}{|OP|^2|OQ|^2} = \frac{|OP|^2+|OQ|^2}{|OP|^2|OQ|^2} = \frac{1}{|OP|^2}+\frac{1}{|OQ|^2} = \frac{1}{a^2}+\frac{1}{b^2}, 即 |OH| = \frac{ab}{\sqrt{a^2+b^2}},$$
这说明原点 O 到直线 PQ 的距离等于定长 $\frac{ab}{\sqrt{a^2+b^2}}$. 由此得到:

性质 4-3 若 $\angle POQ = 90°$, 则 O 在直线 PQ 上的射影 H 的轨迹方程是 $x^2+y^2 = \frac{a^2b^2}{a^2+b^2}$.

性质 4-4 若 $\angle POQ = 90°$, 则直线 PQ 恒与定圆 $x^2+y^2 = \frac{a^2b^2}{a^2+b^2}$ 相切.

我们称此定圆为椭圆的"伴随圆". 反之, 我们可以猜想得到:

性质 4-5 任意作圆 $x^2+y^2 = \frac{a^2b^2}{a^2+b^2}$ 的一条切线交椭圆 $\frac{x^2}{a^2}+\frac{y^2}{b^2}=1(a>b>0)$ 于 P, Q 两点, 则恒有 $\angle POQ = 90°$.

证明 当 PQ 的斜率存在时, 设 $PQ: y = kx+m$, 代入椭圆方程, 得
$$(b^2+a^2k^2)x^2+2a^2kmx+a^2(m^2-b^2)=0$$
则
$$x_1+x_2 = -\frac{2a^2km}{b^2+a^2k^2}, x_1x_2 = \frac{a^2(m^2-b^2)}{b^2+a^2k^2}$$

由直线 PQ 与圆相切, 得 $\frac{|m|}{\sqrt{k^2+1}} = \frac{ab}{\sqrt{a^2+b^2}}$, 则
$$m^2(a^2+b^2) = a^2b^2(k^2+1)$$
从而
$$\begin{aligned}\overrightarrow{OP} \cdot \overrightarrow{OQ} &= x_1x_2+y_1y_2 = x_1x_2+(kx_1+m)(kx_2+m) \\ &= (1+k^2)x_1x_2+km(x_1+x_2)+m^2 \\ &= \frac{(1+k^2)a^2(m^2-b^2)}{b^2+a^2k^2} - \frac{2a^2k^2m^2}{b^2+a^2k^2}+m^2 \\ &= \frac{m^2(a^2+b^2)-a^2b^2(k^2+1)}{b^2+a^2k^2} = 0\end{aligned}$$

故 $\angle POQ = 90°$.

当 PQ 的斜率不存在时, $P\left(\frac{ab}{\sqrt{a^2+b^2}}, \frac{ab}{\sqrt{a^2+b^2}}\right), Q\left(\frac{ab}{\sqrt{a^2+b^2}}, -\frac{ab}{\sqrt{a^2+b^2}}\right)$, 依然有 $\angle POQ = 90°$.

有意思的是, 性质 4-4, 4-5 可以类比到双曲线: 若直线 l 交双曲线 $\frac{x^2}{a^2}-\frac{y^2}{b^2}=1(b>a>0)$ 于两点 P, Q, 且 $\angle POQ = 90°$, 则直线 l 恒与定圆 $x^2+y^2 = \frac{a^2b^2}{b^2-a^2}$ 相切. 反之, 任意作圆 $x^2+y^2 = \frac{a^2b^2}{b^2-a^2}$ 的一条切线交双曲线 $\frac{x^2}{a^2}-\frac{y^2}{b^2}=1(b>a>0)$ 于 P, Q 两点, 则恒有 $\angle POQ = 90°$, 限于篇幅, 不再赘述.

注 上述内容参考了徐广华老师的文章《2011 年高考山东卷理科题的深度探究》(数学通报, 2012(6):49-51).

例10 (2010年高考安徽卷(理)题)椭圆 E 经过点 $A(2,3)$,对称轴为坐标轴,焦点 F_1, F_2 在 x 轴上,离心率 $e=\dfrac{1}{2}$.

(Ⅰ)求椭圆 E 的方程;

(Ⅱ)求 $\angle F_1AF_2$ 的平分线所在直线的方程.

(Ⅲ)在椭圆 E 上是否存在关于直线 l 对称的相异两点?若存在,请找出;若不存在,请说明理由.

立意研究

本测试题测试椭圆的定义及标准方程、椭圆的简单几何性质、直线的点斜式方程与一般方程、点到直线的距离公式、点关于直线的对称等基础知识.测试解析几何的基本思想、综合运算能力、探究意识与创新意识.

解法研究

解析 (Ⅰ)设椭圆 E 的方程为 $\dfrac{x^2}{a^2}+\dfrac{y^2}{b^2}=1$.

由 $e=\dfrac{1}{2}$,即 $\dfrac{c}{a}=\dfrac{1}{2}$,得 $a=2c$,则 $b^2=a^2-c^2=3c^2$.

从而椭圆的方程可化为 $\dfrac{x^2}{4c^2}+\dfrac{y^2}{3c^2}=1$.

将 $A(2,3)$ 代入上式,得 $\dfrac{1}{c^2}+\dfrac{3}{c^2}=1$,解得 $c=2$(负值舍去).

故椭圆 E 的方程为 $\dfrac{x^2}{16}+\dfrac{y^2}{12}=1$.

(Ⅱ)**方法1** 由(Ⅰ)知 $F_1(-2,0)$,$F_2(2,0)$,所以直线 AF_1 的方程为 $y=\dfrac{3}{4}(x+2)$,即 $3x-4y+6=0$,直线 AF_2 的方程为 $x=2$.

由点 A 在椭圆 E 上的位置知,直线 l 的斜率为正数.

设 $P(x,y)$ 为 l 上任一点,则 $\dfrac{|3x-4y+6|}{5}=|x-2|$.

若 $3x-4y+6=5x-10$,得 $x+2y-8=0$(因其斜率为负,故舍去).

于是,由 $3x-4y+6=-5x+10$ 得 $2x-y-1=0$.

故直线 l 的方程为 $2x-y-1=0$.

方法2 因 $A(2,3)$,$F_1(-2,0)$,$F_2(2,0)$,则 $\overrightarrow{AF_1}=(-4,-3)$,$\overrightarrow{AF_2}=(0,-3)$.

从而 $\dfrac{\overrightarrow{AF_1}}{|\overrightarrow{AF_1}|}+\dfrac{\overrightarrow{AF_2}}{|\overrightarrow{AF_2}|}=\dfrac{1}{5}(-4,3)+\dfrac{1}{3}(0,3)=-\dfrac{4}{5}(1,2)$,即 $k_l=2$,故 $l:y-3=2(x-2)$,即 $2x-y-1=0$.

(Ⅲ)**方法1** 假设存在这样的两个不同的点 $B(x_1,y_1)$ 和 (x_2,y_2).

因 $BC\perp l$,则 $k_{BC}=\dfrac{y_2-y_1}{x_2-x_1}=-\dfrac{1}{2}$.

设 BC 的中点为 $M(x_0,y_0)$,则 $x_0=\dfrac{x_1+x_2}{2}$,$y_0=\dfrac{y_1+y_2}{2}$.

由于 M 在 l 上,故
$$2x_0 - y_0 - 1 = 0 \qquad ①$$

又 B,C 在椭圆上,所以有 $\dfrac{x_1^2}{16} + \dfrac{y_1^2}{12} = 1$ 与 $\dfrac{x_2^2}{16} + \dfrac{y_2^2}{12} = 1$.

两式相减,得 $\dfrac{x_2^2 - x_1^2}{16} + \dfrac{y_2^2 - y_1^2}{12} = 0$,即

$$\dfrac{(x_1 + x_2)(x_2 - x_1)}{16} + \dfrac{(y_1 + y_2)(y_2 - y_1)}{12} = 0$$

将该式整理为 $\dfrac{1}{8} \cdot \dfrac{x_1 + x_2}{2} + \dfrac{y_2 - y_1}{x_2 - x_1} \cdot \dfrac{1}{6} \cdot \dfrac{y_1 + y_2}{2} = 0$,并将直线 BC 的斜率 k_{BC} 和线段 BC 的中点表示代入这个表达式中,得 $\dfrac{1}{8}x_0 - \dfrac{1}{12}y_0 = 0$,即

$$3x_0 - 2y_0 = 0 \qquad ②$$

① $\times 2 - ②$ 得 $x_0 = 2, y_0 = 3$.

即 BC 的中点为 A,而这是不可能的.

故不存在满足题设条件的相异两点.

方法 2 假设存在 $B(x_1, y_1), C(x_2, y_2)$ 两点关于直线 l 对称,则 $l \perp BC$,则 $k_{BC} = -\dfrac{1}{2}$.

设直线 BC 的方程为 $y = -\dfrac{1}{2}x + m$,将其代入椭圆方程 $\dfrac{x^2}{16} + \dfrac{y^2}{12} = 1$,得一元二次方程

$$3x^2 + 4\left(-\dfrac{1}{2} + m\right)^2 = 48$$

即
$$x^2 - mx + m^2 - 12 = 0$$

设 x_1 与 x_2 是该方程的两个根,由根与系数的关系得 $x_1 + x_2 = m$,于是 $y_1 + y_2 = -\dfrac{1}{2}(x_1 + x_2) + 2m = \dfrac{3m}{2}$.

故线段 BC 的中点坐标为 $\left(\dfrac{m}{2}, \dfrac{3m}{4}\right)$.

又线段 BC 的中点在直线 $y = 2x - 1$ 上,则 $\dfrac{3m}{4} = m - 1$,得 $m = 4$.

即线段 BC 的中点坐标为 $(2, 3)$,与点 A 重合,矛盾.

故不存在满足题设条件的相异两点.

推广研究

经过探究,可推广得如下结论:

命题 1 设点 P 是椭圆 $\dfrac{x^2}{a^2} + \dfrac{y^2}{b^2} = 1(a > b > 0)$ 上除去四个顶点外的一点,点 E, F 分别是左、右焦点,点 A 是 $\triangle PEF$ 的内心,e 是椭圆的离心率,$\angle EPF$ 的平分线所在的直线为 l.

(1) 若点 P 的坐标为 (x_1, y_1),则 l 的方程为 $\dfrac{x}{x_1} + \dfrac{(e^2 - 1)y}{y_1} - e^2 = 0$;

(2) 若点 A 的坐标为 (x_2, y_2),则 l 的方程为 $\dfrac{x}{x_2} + \dfrac{(e - 1)y}{y_2} - e = 0$.

证明 (1)设 PA 交 x 轴于点 B, $E(-c,0)$, $F(c,0)$, 如图 8-14, e 是离心率, 由三角形内角平分线性质定理知

$$\frac{|BA|}{|AP|}=\frac{|EB|}{|EP|}=\frac{|FB|}{|FP|}=\frac{|EB|+|FB|}{|PE|+|PF|}=\frac{2c}{2a}=e$$

故 $\dfrac{|FB|}{|PF|}=e$.

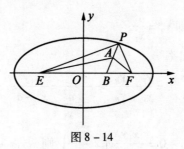

图 8-14

从而 $|PF|=\dfrac{1}{e}|FB|=\dfrac{1}{e}(c-x_B)=a-\dfrac{x_B}{c}$.

另外,由椭圆焦半径公式知 $|PF|=a-ex_P$, 比较两式得 $\dfrac{x_B}{e}=ex_P$, 所以 $x_B=c^2 x_P=e^2 x_1$, 故得点 $B(e^2 x_1,0)$, 所以角平分线 PB 的斜率 $k=\dfrac{y_P-y_B}{x_P-x_B}=\dfrac{y_1-0}{x_1-e^2 x_1}=\dfrac{y_1}{x_1(1-e^2)}$, 故所求的角平分线方程为 $y-0=\dfrac{y_1}{x_1(1-e^2)}(x-e^2 x_1)$ 即

$$\frac{x}{x_1}+\frac{(e^2-1)y}{y_1}-e^2=0$$

(2)由(1)的证明得 $\lambda=\dfrac{BA}{AP}=e$, 故由定比分点公式知

$$x_A=\frac{x_B+\lambda x_P}{1+\lambda}=\frac{e^2 x_P+ex_P}{1+e}=ex_P$$

故 $x_P=\dfrac{x_A}{e}=\dfrac{x_2}{e}$.

由 $\lambda=\dfrac{BA}{AP}=\dfrac{y_A-y_B}{y_P-y_A}=\dfrac{y_A-0}{y_P-y_A}=e$, 知 $y_P=\dfrac{1+e}{e}y_A=\dfrac{1+e}{e}y_2$, 故得点 $P\left(\dfrac{x_2}{e},\dfrac{1+e}{e}y_2\right)$.

所以平分线 PA 的斜率 $k=\dfrac{y_A-y_P}{x_A-x_P}=\dfrac{y_2-\dfrac{1+e}{e}y_2}{x_2-\dfrac{x_2}{e}}=\dfrac{y_2}{x_2(1-e)}$, 故所求方程为 $y-y_2=\dfrac{y_2}{x_2(1-e)}(x-x_2)$, 即

$$\frac{x}{x_2}+\frac{(e-1)y}{y_2}-e=0$$

命题 2 设 $P(x_1,y_1)$ 是双曲线 $\dfrac{x^2}{a^2}-\dfrac{y^2}{b^2}=1(a>0,b>0)$ 上除去两个顶点外的一点, 点 E,

F 分别是左、右焦点，点 A 是 $\triangle PEF$ 的内心，则 $\angle EPF$ 的内角平分线 PA 所在的直线方程为 $\dfrac{x_1 x}{a^2} - \dfrac{y_1 y}{b^2} = 1$.

证明 不妨设点 P 在右分支上，PA 交 x 轴于点 $B(x_2, 0)$, $E(-c, 0)$, $F(c, 0)$, 双曲线的离心率为 e, 则由双曲线右分支的焦半径公式及三角形内角平分线性质定理得 $\dfrac{|PE|}{|PF|} = \dfrac{|EB|}{|FB|}$, 故 $\dfrac{ex_1 + a}{ex_1 - a} = \dfrac{x_2 - (-c)}{c - x_2}$, 即 $x_2 = \dfrac{a^2}{x_1}$.

所以，内角平分线 PA 的斜率

$$k = \frac{y_P - y_B}{x_P - x_B} = \frac{y_1}{x_1 - \dfrac{a^2}{x_1}} = \frac{x_1 y_1}{x_1^2 - a^2}$$

故内角平分线 PA 的方程 $y - 0 = \dfrac{x_1 y_1}{x_1^2 - a^2}\left(x - \dfrac{a^2}{x_1}\right)$, 则 $x_1 y_1 x + (a^2 - x_1^2) y = y_1 a^2$, 即 $b^2 x_1 y_1 x + (a^2 b^2 - b^2 x_1^2) y = y_1 a^2 b^2$.

因为点 $P(x_1, y_1)$ 在双曲线 $\dfrac{x^2}{a^2} - \dfrac{y^2}{b^2} = 1$ 上，所以 $a^2 b^2 - b^2 x_1^2 = -a^2 y_1^2$, 代入上式得 $b^2 x_1 y_1 x - a^2 y_1^2 y = y_1 a^2 b^2$, 故 $b^2 x_1 x - a^2 y_1 y = a^2 b^2$, 即 $\dfrac{x_1 x}{a^2} - \dfrac{y_1 y}{b^2} = 1$.

若我们将内心引申为旁心进行研究，则得：

命题 3 设点 $P(x_1, y_1)$ 是椭圆 $\dfrac{x^2}{a^2} + \dfrac{y^2}{b^2} = 1 (a > b > 0)$ 上除去四个顶点外的一点，点 E, F 分别是左、右焦点，点 A 是 $\triangle PEF$ 的旁心，则 $\angle EPF$ 的外角平分线 PA 所在的直线方程为 $\dfrac{x_1 x}{a^2} + \dfrac{y_1 y}{b^2} = 1$.

证明 不妨设旁心 A 是 $\angle PEF$ 的内角平分线和 $\angle EFP$ 的外角平分线的交点，直线 PA 交 x 轴于点 $B(x_2, 0)$, $E(-c, 0)$, $F(c, 0)$, 椭圆的离心率为 e, 则由椭圆焦半径公式及三角形外角平分线性质定理得 $\dfrac{|PE|}{|PF|} = \dfrac{|EB|}{|FB|}$, 则 $\dfrac{a + ex_1}{a - ex_1} = \dfrac{x_2 + c}{x_2 - c}$, 即 $x_2 = \dfrac{a^2}{x_1}$.

所以外角平分线 PA 的斜率

$$k = \frac{y_P - y_B}{x_P - x_B} = \frac{y_1}{x_1 - \dfrac{a^2}{x_1}} = \frac{x_1 y_1}{x_1^2 - a^2}$$

故外角平分线 PA 的方程为 $y - 0 = \dfrac{x_1 y_1}{x_1^2 - a^2}\left(x - \dfrac{a^2}{x_1}\right)$, 则 $x_1 y_1 x + (a^2 - x_1^2) y = y_1 a^2$, 即 $b^2 x_1 y_1 x + (a^2 b^2 - b^2 x_1^2) y = y_1 a^2 b^2$.

因为点 $P(x_1, y_1)$ 在椭圆 $\dfrac{x^2}{a^2} + \dfrac{y^2}{b^2} = 1$ 上，所以 $a^2 b^2 - b^2 x_1^2 = a^2 y_1^2$, 代入上式得 $b^2 x_1 y_1 x + a^2 y_1^2 y = y_1 a^2 b^2$, 故 $b^2 x_1 x + a^2 y_1 y = a^2 b^2$, 即 $\dfrac{x_1 x}{a^2} + \dfrac{y_1 y}{b^2} = 1$.

命题 4 设点 P 是双曲线 $\dfrac{x^2}{a^2} - \dfrac{y^2}{b^2} = 1 (a>0, b>0)$ 上除去两个顶点外的任一点,点 E,F 分别是左、右焦点,点 A 是 $\triangle EPF$ 旁心,双曲线的离心率为 e,$\angle EPF$ 的外角平分线所在的直线为 l.

(1) 若点 P 的坐标为 (x_1, y_1) 则 l 的方程为 $\dfrac{x}{x_1} + \dfrac{(e^2-1)y}{y_1} - e^2 = 0$;

(2) 若点 A 的坐标为 (x_2, y_2),则 l 的方程为 $\dfrac{x}{x_2} + \dfrac{(e-1)y}{y_2} - e = 0$.

证明 (1) 不妨设旁心 A 是 $\angle PEF$ (或 $\angle PFE$)的内角平分线和 $\angle EPF$ 及 $\angle EFP$ (或 $\angle FEP$)的外角平分线的交点,PA 交 x 轴于点 $B, E(-c, 0), F(c, 0)$.

当点 P 在右分支上时,如图 8-15 所示.由三角形内、外角平分线性质定理知

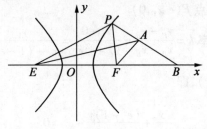

图 8-15

$$\dfrac{|BA|}{|AP|} = \dfrac{|EB|}{|EP|} = \dfrac{|FB|}{|FP|} = \dfrac{|EB|-|FB|}{|PE|-|PF|} = \dfrac{2c}{2a} = e$$

所以 $\dfrac{|FB|}{|FP|} = e$,即

$$|PF| = \dfrac{1}{e}|FB| \quad\quad\quad ①$$

由式①得

$$|PF| = \dfrac{1}{e}|FB| = \dfrac{1}{e}(x_B - c) = \dfrac{x_B}{e} - a$$

另外,由双曲线的右焦半径公式知 $|PF| = ex_P - a$.比较两式得 $\dfrac{x_B}{e} = ex_P$.

当点 P 在左分支上时,如图 8-16 所示.
由三角形内、外角平分线性质定理知

$$\dfrac{|BA|}{|AP|} = \dfrac{|FB|}{|FP|} = \dfrac{|EB|}{|EP|} = \dfrac{|FB|-|EB|}{|PF|-|PE|} = \dfrac{2c}{2a} = e$$

故 $\dfrac{|EB|}{|EP|} = e$,即

$$|PE| = \dfrac{1}{e}|EB| \quad\quad\quad ②$$

由式②得 $|PE| = \dfrac{1}{e}|EB| = \dfrac{1}{e}(-c - x_B) = -a - \dfrac{x_B}{e}$.

另外,由双曲线的左焦半径公式知 $|PF| = -ex_P - a$.比较两式得 $-a - \dfrac{x_B}{e} = -ex_P - a$,从

而得 $\dfrac{x_B}{e} = ex_P$.

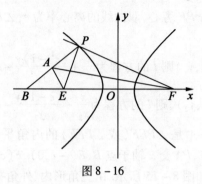

图 8-16

所以 $x_B = e^2 x_P = e^2 x_1$, 故点 $B(e^2 x_1, 0)$.

所以角平分线 PB 的斜率 $k = \dfrac{y_P - y_B}{x_P - x_B} = \dfrac{y_1 - 0}{x_1 - e^2 x_1} = \dfrac{y_1}{x_1 - (1-e^2)}$, 故所求的角平分线方程为 $y - 0 = \dfrac{y_1}{x_1(1-e^2)}(x - e^2 x_1)$, 即

$$\dfrac{x}{x_1} + \dfrac{(e^2-1)y}{y_1} - e^2 = 0.$$

(2) 由(1)的证明得 $\lambda = \dfrac{BA}{AP} = e$, 故由定比分点公式知

$$x_A = \dfrac{x_B + \lambda x_P}{1 + \lambda} = \dfrac{e^2 x_P + e x_P}{1 + e} = e x_P.$$

故 $x_P = \dfrac{x_A}{e} = \dfrac{x_2}{e}$.

由定比分点公式知

$$\lambda = \dfrac{BA}{AP} = \dfrac{y_A - y_B}{y_P - y_A} = \dfrac{y_A - 0}{y_P - y_A} = e.$$

故 $y_P = \dfrac{1+e}{e} y_A = \dfrac{1+e}{e} y_2$, 故得点 $P\left(\dfrac{x_2}{e}, \dfrac{1+e}{e} y_2\right)$, 所以角平分线 PA 的斜率

$$k = \dfrac{y_A - y_P}{x_A - x_P} = \dfrac{y_2 - \dfrac{1+e}{e} y_2}{x_2 - \dfrac{x_2}{e}}$$

$$= \dfrac{y_2}{x_2(1-e)}.$$

故所求的方程为 $y - y_2 = \dfrac{y_2}{x_2(1-e)}(x - x_2)$, 即 $\dfrac{x}{x_2} + \dfrac{(e-1)y}{y_2} - e = 0$.

注 上述内容参考了玉邴图老师的文章《对一道数学高考题的研究》(数学教学,2012(7):27-29).

例11 (2014年高考陕西卷题)设函数 $f(x) = \ln(1+x)$, $g(x) = xf'(x)$, $x \geq 0$, 其中 $f'(x)$ 是 $f(x)$ 的导函数.

（Ⅰ）令 $g_1(x)=g(x), g_{n+1}(x)=g(g_n(x)), n\in \mathbf{N}^*$，求 $g_n(x)$ 的表达式；

（Ⅱ）若 $f(x)\geqslant ag(x)$ 恒成立，求实数 a 的取值范围；

（Ⅲ）设 $n\in \mathbf{N}^*$，比较 $g(1)+g(2)+\cdots+g(n)$ 与 $n-f(n)$ 的大小，并加以证明.

背景研究

本题是 2014 年陕西理科卷的最后一题，是压轴题，综合测试了函数、导数、数列、不等式的相关知识，第（Ⅰ）、（Ⅱ）问测试了被测试者的"双基"，第（Ⅲ）问证明数列和不等式，看起来很平常，实际上却背景丰富，有一定难度和区分度，也有很大的研究空间.

解法研究

解析 （Ⅰ）由 $f(x)=\ln(x+1)$，得 $f'(x)=\dfrac{1}{1+x}$，故 $g(x)=\dfrac{x}{1+x}, x\geqslant 0$. 当 $x>0$ 时，$g(x)>0$，由 $g_{n+1}(x)=g(g_n(x))$，得 $g_{n+1}(x)=\dfrac{g_n(x)}{1+g_n(x)}$.

取倒数得 $\dfrac{1}{g_{n+1}(x)}=\dfrac{1+g_n(x)}{g_n(x)}=\dfrac{1}{g_n(x)}+1$，即 $\dfrac{1}{g_{n+1}(x)}-\dfrac{1}{g_n(x)}=1$，所以数列 $\left\{\dfrac{1}{g_n(x)}\right\}$ 是以 $g_1(x)$ 为首项，1 为公差的等差数列，从而 $\dfrac{1}{g_n(x)}=\dfrac{1}{g_1(x)}+(n-1)\times 1=\dfrac{1+nx}{x}$.

故 $g_n(x)=\dfrac{x}{1+nx}(x>0)$.

又当 $x=0$ 时，$g_n(0)=\dfrac{0}{1+0}=0$.

所以，综上得

$$g_n(x)=\dfrac{x}{1+nx}\quad (x\geqslant 0)$$

（Ⅱ）由题意得 $\ln(x+1)\geqslant \dfrac{ax}{1+x}(x\geqslant 0)$ 恒成立，令 $h(x)=\ln(x+1)-\dfrac{ax}{1+x}(x\geqslant 0)$，即 $h(x)\geqslant 0$ 恒成立

$$h'(x)=\dfrac{1}{x+1}-\dfrac{a(1+x)-ax}{(1+x)^2}=\dfrac{x+1-a}{(1+x)^2}$$

当 $a\leqslant 1$ 时，$h'(x)\geqslant 0$，$h(x)$ 在 $[0,+\infty)$ 内递增，故 $h(x)\geqslant h(0)=0$，所以符合要求；

当 $a>1$ 时，$h(x)$ 在 $(0,a-1)$ 内递减，在 $(a-1,+\infty)$ 内递增，此时 $h(a-1)<h(0)=0$，所以不符合要求；

综上得，实数 a 的取值范围为 $(-\infty,1]$.

（Ⅲ）由题意得 $g(1)+g(2)+\cdots+g(n)=\dfrac{1}{2}+\dfrac{2}{3}+\cdots+\dfrac{n}{n+1}, n-f(n)=n-\ln(n+1)$.

比较结果为：$g(1)+g(2)+\cdots+g(n)>n-\ln(n+1)$，证明如下：

上述不等式等价于

$$\dfrac{1}{2}+\dfrac{1}{3}+\dfrac{1}{4}+\cdots+\dfrac{1}{n+1}<\ln(n+1)$$

方法 1 用数学归纳法证明：当 $n=1$ 时，$\dfrac{1}{2}<\ln 2$，命题成立.

假设当 $n=k$ 时命题成立,即

$$\frac{1}{2}+\frac{1}{3}+\frac{1}{4}+\cdots+\frac{1}{k+1}<\ln(k+1)$$

则当 $n=k+1$ 时,$\frac{1}{2}+\frac{1}{3}+\frac{1}{4}+\cdots+\frac{1}{k+1}+\frac{1}{k+2}<\ln(k+1)+\frac{1}{k+2}$.

又在(Ⅱ)中取 $a=1$,可得 $\ln(1+x)>\frac{x}{1+x},x>0$,令 $x=\frac{1}{k+1}$,则 $\ln\frac{k+2}{k+1}>\frac{1}{k+2}$.

所以 $\frac{1}{2}+\frac{1}{3}+\frac{1}{4}+\cdots+\frac{1}{k+1}+\frac{1}{k+2}<\ln(k+1)+\ln\frac{k+2}{k+1}=\ln(k+2)$,所以当 $n=k+1$ 时,命题成立.

方法 2 构造数列证明不等式.

观察不等式左边,是数列和的形式,所以可以考虑将右边也改写成数列和的形式.

令 $b_1+b_2+\cdots+b_n=\ln(n+1)$,则 $b_n=\ln\frac{n+1}{n}$,所以只要证 $\frac{1}{n+1}<\ln\frac{n+1}{n}$.

在(Ⅱ)中取 $a=1$,可得 $\ln(1+x)>\frac{x}{1+x}(x>0)$,令 $x=\frac{1}{n}$,则可得 $\ln\frac{n+1}{n}>\frac{1}{n+1}$,

故有 $\ln\frac{2}{1}>\frac{1}{2},\ln\frac{3}{2}>\frac{1}{3},\cdots,\ln\frac{n+1}{n}>\frac{1}{n+1}$,累加得

$$\ln(n+1)>\frac{1}{2}+\frac{1}{3}+\frac{1}{4}+\cdots+\frac{1}{n+1}$$

方法 3 构造单调函数证明不等式.

即证 $\frac{1}{2}+\frac{1}{3}+\frac{1}{4}+\cdots+\frac{1}{n+1}-\ln(n+1)<0$,令 $f(n)=\frac{1}{2}+\frac{1}{3}+\frac{1}{4}+\cdots+\frac{1}{n+1}-\ln(n+1)$,则 $f(n)-f(n-1)=\frac{1}{n+1}+\ln n-\ln(n+1)=\frac{1}{n+1}-\ln\frac{n+1}{n}$.

在(2)中取 $a=1$,可得 $\ln(1+x)>\frac{x}{1+x},x>0$.

令 $x=\frac{1}{n}$,则可得 $\ln\frac{n+1}{n}>\frac{1}{n+1}$.

所以 $f(n)-f(n-1)<0$,故 $f(n)$ 单调递减,故 $f(n)\leq f(1)=\frac{1}{2}-\ln 2<0$.

上面三种证法通俗易懂,都是证明数列和不等式的通法,需要指出的是,上面的三种证法中都要借助函数不等式 $\ln(1+x)>\frac{x}{1+x}(x>0)$,来处理,这个不等式看起来很平常,实际上却背景丰富.

背景研究

不等式 $\ln(1+x)\geq\frac{x}{1+x}$ 来源于不等式 $\ln x\leq x-1$,实际上用 $\frac{1}{1+x}$ 去替换 $\ln x\leq x-1$ 中的 x 即得 $\ln(1+x)\geq\frac{x}{1+x}$. 而函数不等式 $\ln x\leq x-1$ 很不平凡,它的左边是超越函数(对数函数),右边是多项式函数(一次函数),它将对数函数和一次函数联系了起来,它的背景是高等数学中的泰勒公式,根据泰勒公式,函数 $f(x)=\ln x$ 在 $x=1$ 处的展开式为 $\ln x=$

$(x-1) - \dfrac{(x-1)^2}{2} + \cdots + (-1)^{n+1}\dfrac{(x-1)^n}{n} + \cdots$,所以,易得 $\ln x \leqslant x - 1$.

另外,不等式 $\ln x \leqslant x - 1$ 还有很多变形形式,例如 $\ln x \geqslant 1 - \dfrac{1}{x}$,$e^x \geqslant x + 1$. 实际上,用 $\dfrac{1}{x}$ 去换 $\ln x \leqslant x - 1$ 中的 x 即得 $\ln x \geqslant 1 - \dfrac{1}{x}$,用 e^x 去换 $\ln x \leqslant x - 1$ 中的 x 即得 $e^x \geqslant x + 1$.

第(Ⅲ)问的本质研究

数列和不等式 $\dfrac{1}{2} + \dfrac{1}{3} + \dfrac{1}{4} + \cdots + \dfrac{1}{n+1} < \ln(n+1)$ 结构简洁、表达流畅,实际上也有丰富的几何意义,可以用定积分来解释.

令 $f(x) = \dfrac{1}{x}(x > 0)$,其图像如图 8-17,则 $f(x)$ 在 $(0, +\infty)$ 内单调递减.

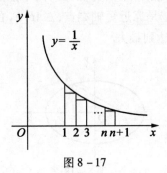

图 8-17

由定积分的几何意义知每个小曲边梯形的面积大于对应的矩形的面积,即 $\displaystyle\int_i^{i+1} f(x)\,\mathrm{d}x > f(i+1)$,即 $\ln(i+1) - \ln i > \dfrac{1}{i+1}$. 再令 $i = 1, 2, \cdots, n$,然后累加即得

$$\dfrac{1}{2} + \dfrac{1}{3} + \dfrac{1}{4} + \cdots + \dfrac{1}{n+1} < \ln(n+1)$$

所以数列和不等式 $\dfrac{1}{2} + \dfrac{1}{3} + \dfrac{1}{4} + \cdots + \dfrac{1}{n+1} < \ln(n+1)$ 的几何意义就是:矩形的面积和小于曲边梯形的面积.

注 上述内容参考了戚有建老师的文章《一道高考压轴题的多角度研究》(中学数学研究,2014(4)).

例 12 (3.4 节中例 6)

立意研究

下面从测试基础知识、数学思想方法、能力水平等方面分析该题的立意.

以测试基础知识立意:本题以构成三角形的充要条件、三角形面积公式、基本不等式、多元函数的条件最值等高中数学主干知识为测试内容.

以测试思想方法立意:判断构成三角形的充要条件,求多元函数最值,求三角形的面积等基本方法,并测试了分类讨论的思想、化归与转化的思想、数形结合的思想等.

以测试能力水平立意:该题测试了考生的思维能力、运算能力、实践能力和创新意识,占几大能力的比重较大. 该题对思维能力进行了比较全面的测试,既测试了观察、联想、猜想等直觉思维能力,又测试了构成三角形的充要条件、面积公式的选择与应用等逻辑思维能力.

被测试者通过对5根细棒的各种摆放和拼接的操作,实现了对实践能力测试的目标. 本题是一个全新的问题,具有较大的自由度和思考空间,对被测试者的综合素质(含心理素质)是一大考验,被测试者只有心情平和、广泛联想、大胆猜想、关于探究,才能用创新思维解决问题.

解法研究

对一道试题从不同角度进行探讨,进而得到多种解法,这既能培养学习的兴趣,又能培养思维的发散性、选择性、灵活性、深刻性,还能培养数学探究意识,还可以优化解题策略和方法.

解法1 一个三角形的一边长度固定,另外两边长度之和固定,则另外两边长度之差的绝对值越小,这个三角形的面积越大,这一结论可借助椭圆直观地观察.

如图8-18,设$\triangle AF_1F_2$的顶点F_1,F_2为椭圆的两个焦点,底边F_1F_2的长度固定. 点A在椭圆上,直观比较可知,点A越是靠近短轴端点,$\triangle AF_1F_2$的高AB越大,其面积越大. 当A是短轴端点时,$\triangle AF_1F_2$的面积达到最大.

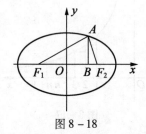

图8-18

以$S(a,b,c)$表示边长为a,b,c的三角形的面积,根据上面的结论可知
$$S(2,9,9)<S(3,8,9)<S(4,7,9)<S(5,6,9)<S(6,7,7)$$
$$S(4,8,8)<S(5,7,8)<S(6,6,8)<S(6,7,7)$$

把所有的细木棍都用上,只可能出现上面这些边长情况,因此$S(6,7,7)=6\sqrt{10}$最大.

故当边长为$2+5,3+4,6$时,面积最大,最大面积为$S=\dfrac{6\sqrt{7^2-3^2}}{2}=6\sqrt{10}(\text{cm}^2)$,选B.

注 此解法思维量大、运算量大、解题过程长,想到这种解法还是有创见的.

解法2 由于只有5根木棒,可将各种情况都列出来,予以比较即可.

以$S(a,b,c)$表示边长为a,b,c的三角形的面积,把所有的细木棍都用上,只可能出现下面的情况

$S(2,9,9),S(3,8,9),S(4,7,9),S(5,6,9),S(6,7,7),S(4,8,8),S(5,7,8),S(6,6,8),S(6,7,7)$

通过计算可知,最大面积为$S(6,7,7)=6\sqrt{10}$,选B.

注 运算功底好的被测试者可以采用此种解法.

解法3 当联想到"算术—几何平均值不等式"时,不难知道,"和为定值的几个正数,当它们相等时其乘积最大". 由此我们不难感悟和猜想:对周长一定的三角形,边长越接近时面积越大,从而以$2+5,3+4,6$作为三角形的三边得到的三角形面积最大,计算这个等腰三角形的面积可知选B.

注 此解法充分运用直觉思维,思维量大,运算量小,值得提倡. 本题体现了"多考点想,少考点算"的命制理念.

背景研究

高等数学的一些基本问题、基本思想、基本概念、基本方法为设计测评试题提供了广阔而又深刻的背景,这是因为高等数学的基本思想和方法是测试被测试者进一步学习潜能的良好素材. 以高等数学为背景的题目构思精巧、背景深刻、形式新颖,在课本例习题、复习资料和模拟试题中难以找到,是测试被测试者创新意识最好的题型之一. 解答这类题目没有现成方法可借鉴,会使一些被测试者感到难以入手,从而使该类题目有很好的区分度,这类试题有利于检测被测试者学习的潜能,因此,命题老师比较喜欢创作一些含有高等数学背景的试题.

本题的高等数学背景是著名的等周原理:

等周原理1:周长一定的三角形,以正三角形的面积最大.

等周原理2:周长一定的凸多边形,以正多边形的面积最大.

等周原理3:周长一定的闭曲线,以圆的面积最大.

我们知道,当周长一定时,三边越是接近,其面积越大. 这个结论可由等周原理1直接推出,而等周原理1是不难证明的. 事实上,根据海伦公式,设三角形的半周长是 l,则面积

$$S = \sqrt{l(l-a)(l-b)-(l-c)} \leqslant \left(\frac{l+l-a+l-b+l-c}{3}\right)^2 = \frac{8}{27}l^3$$

这就证明上述等周原理1.

推广研究

研究试题的推广可以培养探究意识和创新意识.

试题的推广是指对试题进行引申、加强与深化. 对试题的推广,有利于促进认知的深化,开拓思维视野,并能培养发现问题、提出问题、分析问题和解决问题的能力,还能培养数学探究能力.

下面我们对该题进行推广.

命题1 设 n 为正整数,用长度分别为 $n, n+1, n+2, n+3, n+4$(单位:cm)的5根细棒围成一个三角形(允许连接,但不允许折断),求所得三角形的最大面积.

由解法1可知,以 $n+4$ 为底边,$n+(n+3)=2n+3$ 与 $(n+1)+(n+2)=2n+3$ 为两腰的等腰三角形的面积最大.

命题2 设 $a_i \in \mathbf{N}, i=1,2,3,4,5$,且 $a_1 < a_2 < a_3 < a_4 < a_5$,用长度分别为 a_1, a_2, a_3, a_4, a_5(单位:cm)的5根细棒围成一个三角形(允许连接,但不允许折断),求所得三角形的最大面积.

由命题1可知,以 a_1+a_4, a_2+a_3, a_5 作为三边构成的三角形的面积最大.

命题3 用长度分别为 $1,2,3,\cdots,10$(单位:cm)的10根细棒围成一个三角形(允许连接,但不允许折断)求得三角形的最大面积.

在此问题中,围三角形的周长为55 cm,则以 $1+2+3+4+5=18, 3+7+8=18, 9+10=19$ 作为三角形的三边得到的三角形面积最大.

命题4 用长度分别为 $3,5,7,9,10,11$(单位:cm)的6根细棒围成一个三角形(允许连接,但不允许折断)求得三角形的最大面积.

在此问题中,围成三角形的周长为45 cm,注意到 $45=3\times15$,容易误认为每边都是15,作为三边构成的正三角形的面积最大,但每边都是15做不到. 正确结论应是以 $3+11, 5+$

$10,7+9$ 作为三边构成的三角形的面积最大.

命题5 用长度分别为 $1,2,3,4,5,6$(单位:cm) 的 6 根细棒围成一个凸四边形(允许连接,但不允许折断)求所得凸四边形的最大面积.

在此问题中,围成三角形的周长为 21 cm,利用结论"对周长一定的凸四边形,边长越接近时面积越大"知,以 $1+4,2+3,5+6$ 作为凸四边形的四边得到的凸四边形面积最大.

命题6 设 n 为大于 6 的整数,用长度分别为 $1,2,3,\cdots,n$(单位:cm) 的 n 根细棒围成一个三角形(允许连接,但不允许折断)求得三角形的最大面积.

在此问题中,围成三角形的周长为 $\dfrac{(1+n)n}{2}$ cm 利用结论:"对周长一定的三角形,边长越接近时面积越大",可得

猜想 当 $\dfrac{(1+n)n}{2}=3k,k\in\mathbf{N}^*$ 时,以 k,k,k 作为三边构成的正三角形的面积最大;

当 $\dfrac{(1+n)n}{2}=3k+1,k\in\mathbf{N}^*$ 时,以 $k,k,k+1$ 作为三边构成的等腰三角形的面积最大;

当 $\dfrac{(1+n)n}{2}=3k+2,k\in\mathbf{N}^*$ 时,以 $k,k+1,k+1$ 作为三边构成的等腰三角形的面积最大.

命题7 设 n,m 为正整数,$n\geq m+1\geq 5$,用长度分别为 $1,2,3,\cdots,n$(单位:cm) 的 n 根细棒围成一个凸 m 边形(允许连接,但不允许折断),求所得凸 m 边形的最大面积.

命题8 设 $a_i\in\mathbf{N}^*,i=1,2,3,\cdots,n,m\in\mathbf{N}^*,n\geq m+1\geq 5$,且 $a_1,a_2,a_3,\cdots,a_n$ 成等差数列,用长度分别为 $a_1,a_2,a_3,\cdots,a_n$(单位:cm) 的 n 根细棒围成一个凸 m 边形(允许连接,但不允许折断),求所得凸 m 边形的最大面积.

变式研究

变化试题的常见方法有加强或削弱试题的条件或结论,变换试题的背景,迁移试题的内容,改变设问的方式等.

变式题1 用长度分别为 $2,3,4,6,8$(单位:cm) 的 5 根细棒围成一个三角形(允许连接,但不允许折断),求所得三角形的最大面积.

变式题2 用长度分别为 $1,2,3,\cdots,10$(单位:cm) 的 10 根细棒围成一个三角形(允许连接,但不允许折断),求所得三角形的最大面积.

变式题3 用长度分别为 $3,5,7,9,10,10$(单位:cm) 的 6 根细棒围成一个三角形(允许连接,但不允许折断),求所得三角形的最大面积.

注 上述内容参见了赵思林老师的文章《一道全国高考数学试题的角度探究》(数学通报,2009(11)).

主要参考文献

[1] 教育部考试中心. 高考数学测量理论与实践[M]. 北京:高等教育出版社,2007.
[2] 田万海. 数学教学测量与评估[M]. 上海:上海教育出版社,1995.
[3] 晨旭. 中学数学考试命题研究[M]. 长沙:湖南教育出版社. 1997.
[4] 张敏强. 教育测量学[M]. 北京:人民教育出版社,1998.
[5] 奚定华,查国建,陈嘉驹. 高中数学能力型问题[M]. 上海:上海教育出版社,2005.
[6] 沈文选. 从课本例问题到各类测试题的创作研究[J]. 中学教研(数学),2009(1):13-18.
[7] 沈文选. 从数学测评到测评数学的研究[J]. 湖南教育,2011(6):27-29.

作者出版的相关书籍与发表的相关文章目录

书籍类

[1] 走进教育数学. 北京:科学出版社,2015.

[2] 单形论导引. 哈尔滨:哈尔滨工业大学出版社,2015.

[3] 奥林匹克数学中的几何问题. 长沙:湖南师范大学出版社,2015.

[4] 奥林匹克数学中的代数问题. 长沙:湖南师范大学出版社,2015.

[5] 奥林匹克数学中的真题分析. 长沙:湖南师范大学出版社,2015.

[6] 走向 IMO 的平面几何试题诠释. 哈尔滨:哈尔滨工业大学出版社,2007.

[7] 三角形——从全等到相似. 上海:华东师范大学出版社,2005.

[8] 三角形——从分解到组合. 上海:华东师范大学出版社,2005.

[9] 三角形——从全等到相似. 台北:九章出版社,2006.

[10] 四角形——从分解到组合. 台北:九章出版社,2006.

[11] 中学几何研究. 北京:高等教育出版社,2006.

[12] 几何课程研究. 北京:科学出版社,2006.

[13] 初等数学解题研究. 长沙:湖南科学技术出版社,1996.

[14] 初等数学研究教程. 长沙:湖南教育出版社,1996.

文章类

[1] 关于"切已知球的单形宽度"一文的注记. 数学研究与评论,1998(2):291-295.

[2] 关于单形宽度的不等式链. 湖南数学年刊,1996(1):45-48.

[3] 关于单形的几个含参不等式(英). 数学理论与学习,2000(1):85-90.

[4] 非负实数矩阵的一条运算性质与几个积分不等式的证明. 湖南数学年刊,1993(1):140-143.

[5] 数学教育与教育数学. 数学通报,2005(9):27-31.

[6] 数学问题 1151 号. 数学通报,2004(10):46-47.

[7] 再谈一个不等式命题. 数学通报,1994(12):26-27.

[8] 数学问题 821 号. 数学通报,1993(4):48-49.

[9] 数学问题 782 号. 数学通报,1992(8):48-49.

[10] 双圆四边形的一些有趣结论. 数学通报,1991(5):28-29.

[11] 数学问题 682 号. 数学通报,1990(12):48.

[12] 数学解题与解题研究的重新认识. 数学教育学报,1997(3):89-92.

[13] 高师数学教育专业《初等数学研究》教学内容的改革尝试. 数学教育学报,1998(2):95-99.

[14] 奥林匹克数学研究与数学奥林匹克教育. 数学教育学报,2002(3):21-25.

[15] 数学奥林匹克中的几何问题研究与几何教育探讨. 数学教育学报,2004(4):78-81.

[16] 涉及单形重心的几个几何不等式. 湖南师大学报,2001(1):17-19.

[17] 平面几何定理的证明教学浅谈. 中学数学,1987(9):5-7.
[18] 两圆相交的两条性质及应用. 中学数学,1990(2):12-14.
[19] 三圆两两相交的一条性质. 中学数学,1992(6):25.
[20] 卡尔松不等式是一批著名不等式的综合. 中学数学,1994(7):28-30.
[21] 直角三角形中的一些数量关系. 中学数学,1997(7):14-16.
[22] 关联三个正方形的几个有趣结论. 中学数学,1999(4):45-46.
[23] 广义凸函数的简单性质. 中学数学,2000(12):36-38.
[24] 中学数学研究与中学数学教育. 中学数学,2002(1):1-3.
[25] 含60°内角的三角形的性质及应用. 中学数学,2003(1):47-49.
[26] 角格点一些猜想的统一证明. 中学数学,2002(6):40-41.
[27] 完全四边形的一条性质及应用. 中学数学,2006(1):44-45.
[28] 完全四边形的 Miquel 点及其应用. 中学数学,2006(4):36-39.
[29] 关于两个著名定理联系的探讨. 中学数学,2006(10):44-46.
[30] 一类旋转面截线的一条性质. 数学通讯,1985(7):31-33.
[31] 一道平面几何问题的再推广及应用. 数学通讯,1989(1):8-9.
[32] 一类和(或积)式不等式函数最值的统一求解方法. 数学通讯,1993(6):18-19.
[33] 正三角形的连续. 中等数学,1995(6):8-11.
[34] 关联正方形的一些有趣结论与数学竞赛命题. 中等数学,1998(1):10-15.
[35] 关于2003年中国数学奥林匹克第一题. 中等数学,2003(6):9-14.
[36] 完全四边形的优美性质. 中等数学,2006(8):17-22.
[37] 椭圆焦半径的性质. 中等数学,1984(11):45-46.
[38] 从一道竞赛题谈起. 湖南数学通讯,1993(1):30-32.
[39] 概念复习课之我见. 湖南数学通讯,1986(3):2-4.
[40] 单位根的性质及应用举例. 中学数学研究,1987(4):17-20.
[41] 题海战术何时了. 中学数学研究,1997(3):5-7.
[42] 一道高中联赛平面几何题的新证法. 中学教研(数学),2005(4):37-40.
[43] 平行六面体的一些数量关系. 数学教学研究,1987(3):23-26.
[44] 浅谈平面几何定理应用的教学. 数学教学研究,1987(5):14-16.
[45] 对"欧拉不等式的推广"的简证. 数学教学研究,1991(3):11-12.
[46] 正四面体的判定与性质. 数学教学研究,1994(3):29-31.
[47] 矩阵中元素的几条运算性质与不等式的证明. 数学教学研究,1994(3):39-43.
[48] 逐步培养和提高学生解题能力的五个层次. 中学数学(苏州),1997(4):29-31.
[49] 数学教师专业化与教育数学研究. 中学数学,2004(2):1-4.
[50] 中学数学教师岗位成才与教育数学研究. 中学数学研究,2006(7):封二-4.
[51] 2005年全国高中联赛加试题另解. 中学数学研究,2005(12):10-12.
[52] 2002年高中联赛平面几何题的新证法. 中学数学杂志,2003(1):40-43.
[53] 2001年高中联赛平面几何题的新证法. 中学数学杂志,2002(1):33-34.
[54] 构造长方体数的两个法则. 数学教学通讯,1998(2):36.
[55] 抛物线弓形的几条有趣性质. 中学数学杂志,1991(4):9-12.

[56] 空间四边形的一些有趣结论. 中学数学杂志,1990(3):37-39.

[57] 关于求"异面直线的夹角"公式的简证. 中学数学教学(上海),1987(2):25.

[58] 发掘例题的智能因素. 教学研究,1989(4):26-30.

[59] 数学创新教育与数学教育创新. 现代中学数学,2003(1):2-7.

[60] 剖析现实. 抓好新一轮课程改革中的高中数学教学. 现代中学数学,2004(4):2-7.

[61] 基础+创新=优秀的教育. 现代中学数学,2005(2):1-3.

[62] 平面几何内容的教学与培训再议. 现代中学数学,2005(4):封二.

[63] 运用"说课"这一教学研究和教学交流形式的几点注意. 现代中学数学,2006(1):封二-1.

[64] 二议数学教育与教育数学. 现代中学数学,2006(3):封二-3.

[65] 直角四面体的旁切球半径. 中学数学报,1986(8).

[66] 析命题立意,谈迎考复习. 招生与考试,2002(2).

⊙ 编后语

　　沈文选先生是我多年的挚友,我又是这套丛书的策划编辑,所以有必要在这套丛书即将出版之际,说上两句.

　　有人说:"现在,书籍越来越多,过于垃圾,过于商业,过于功利,过于弱智,无书可读."

　　还有人说:"从前,出书难,总量少,好书就像沙滩上的鹅卵石一样显而易见,而现在书籍的总量在无限扩张,而佳作却无法迅速膨化,好书便如埋在沙砾里的金粉一样细屑不可寻,一读便上当,看书的机会成本越来越大."(无书可读——中国图书业的另类观察,侯虹斌《新周刊》,2003,总166期)

　　但凡事总有例外,摆在我面前的沈文选先生的大作便是一个小概率事件的结果.文如其人,作品即是人品,现在认认真真做学问,老老实实写著作的学者已不多见,沈先生算是其中一位,用书法大师、教育家启功给北京师范大学所题的校训"学为人师,行为世艺"来写照,恰如其分.沈先生"从一而终",从教近四十年,除偶有涉及 n 维空间上的单形研究外,将全部精力投入到初等数学的研究中,不可不谓执着,成果也是显著的,称其著作等身并不为过.

　　目前,国内高校也开始流传美国学界历来的说法"不发表则自毙(*Publish or Perish*)".于是大量应景之作选出,但沈先生已退休,并无此压力,只是想将多年的研究做个总结,可算封山之作.所以说这套丛书是无书可读时代的可读之书,选读此套丛书可将读书的机会成本降至无穷小.

这套书非考试之用,所以切不可抱功利之心去读.中国最可怕的事不是大众不读书,而是教师不读书,沈先生的书既是给学生读的,也是给教师读的.2001年陈丹青在上海《艺术世界》杂志开办专栏时,他采取读者提问他回答的互动方式.有一位读者直截了当地问:"你认为在艺术中能够得到什么?"陈丹青答道:"得到所谓'艺术':有时自以为得到了,有时发现并没得到."(陈丹青.与陈丹青交谈.上海文艺出版社,2007,第12页).读艺术如此,读数学也如此,如果非要给自己一个读的理由,可以用一首诗来说服自己,曾有人将古代五言《神童诗》扩展成七言:

古今天子重英豪,学内文章教尔曹.

世上万般皆下品,人间唯有读书高.

沈先生的书涉猎极广,可以说只要对数学感兴趣的人都会开卷有益,可自学,可竞赛,可教学,可欣赏,可把玩,只是不宜远离.米兰·昆德拉在《小说的艺术》中说:"缺乏艺术细胞并不可怕,一个人完全可以不读普鲁斯特,不听舒伯特,而生活得很平和,但一个蔑视艺术的人不可能平和地生活."(米兰·昆德拉.小说的艺术.董强,译.上海译文出版社,2004,第169页)将艺术换以数学结论也成立.

本套丛书其旨在提高公众数学素养,打个比方说它不是药,但它是营养素与维生素,缺少它短期似无大碍,长期缺乏必有大害.2007年9月初,法国中小学开学之际,法国总统尼古拉·萨科奇发表了长达32页的《致教育者的一封信》,其中他严肃指出:当前法国教育中的普通文化日渐衰退,而专业化学习经常过细、过早.他认为:"学者、工程师、技术员不能没有文学、艺术、哲学素养;作家、艺术家、哲学家不能没有科学、技术数学素养."

最后我们祝沈老师退休生活愉快,为数学工作了一辈子,教了那么多学生,写了那么多书和论文,您太累了,也该歇歇了.

刘培杰

2017年5月1日

刘培杰数学工作室
已出版(即将出版)图书目录——初等数学

书　　名	出版时间	定　价	编号
新编中学数学解题方法全书(高中版)上卷(第2版)	2018—08	58.00	951
新编中学数学解题方法全书(高中版)中卷(第2版)	2018—08	68.00	952
新编中学数学解题方法全书(高中版)下卷(一)(第2版)	2018—08	58.00	953
新编中学数学解题方法全书(高中版)下卷(二)(第2版)	2018—08	58.00	954
新编中学数学解题方法全书(高中版)下卷(三)(第2版)	2018—08	68.00	955
新编中学数学解题方法全书(初中版)上卷	2008—01	28.00	29
新编中学数学解题方法全书(初中版)中卷	2010—07	38.00	75
新编中学数学解题方法全书(高考复习卷)	2010—01	48.00	67
新编中学数学解题方法全书(高考真题卷)	2010—01	38.00	62
新编中学数学解题方法全书(高考精华卷)	2011—03	68.00	118
新编平面解析几何解题方法全书(专题讲座卷)	2010—01	18.00	61
新编中学数学解题方法全书(自主招生卷)	2013—08	88.00	261
数学奥林匹克与数学文化(第一辑)	2006—05	48.00	4
数学奥林匹克与数学文化(第二辑)(竞赛卷)	2008—01	48.00	19
数学奥林匹克与数学文化(第二辑)(文化卷)	2008—07	58.00	36′
数学奥林匹克与数学文化(第三辑)(竞赛卷)	2010—01	48.00	59
数学奥林匹克与数学文化(第四辑)(竞赛卷)	2011—08	58.00	87
数学奥林匹克与数学文化(第五辑)	2015—06	98.00	370
世界著名平面几何经典著作钩沉——几何作图专题卷(上)	2009—06	48.00	49
世界著名平面几何经典著作钩沉——几何作图专题卷(下)	2011—01	88.00	80
世界著名平面几何经典著作钩沉(民国平面几何老课本)	2011—03	38.00	113
世界著名平面几何经典著作钩沉(建国初期平面三角老课本)	2015—08	38.00	507
世界著名解析几何经典著作钩沉——平面解析几何卷	2014—01	38.00	264
世界著名数论经典著作钩沉(算术卷)	2012—01	28.00	125
世界著名数学经典著作钩沉——立体几何卷	2011—02	28.00	88
世界著名三角学经典著作钩沉(平面三角卷Ⅰ)	2010—06	28.00	69
世界著名三角学经典著作钩沉(平面三角卷Ⅱ)	2011—01	38.00	78
世界著名初等数论经典著作钩沉(理论和实用算术卷)	2011—07	38.00	126
发展你的空间想象力	2017—06	38.00	785
走向国际数学奥林匹克的平面几何试题诠释.第1卷	即将出版		1043
走向国际数学奥林匹克的平面几何试题诠释.第2卷	即将出版		1044
走向国际数学奥林匹克的平面几何试题诠释.第3卷	2019—03	78.00	1045
走向国际数学奥林匹克的平面几何试题诠释.第4卷	即将出版		1046
平面几何证明方法全书	2007—08	35.00	1
平面几何证明方法全书习题解答(第2版)	2006—12	18.00	10
平面几何天天练上卷·基础篇(直线型)	2013—01	58.00	208
平面几何天天练中卷·基础篇(涉及圆)	2013—01	28.00	234
平面几何天天练下卷·提高篇	2013—01	58.00	237
平面几何专题研究	2013—07	98.00	258

刘培杰数学工作室
已出版(即将出版)图书目录——初等数学

书　名	出版时间	定　价	编号
最新世界各国数学奥林匹克中的平面几何试题	2007—09	38.00	14
数学竞赛平面几何典型题及新颖解	2010—07	48.00	74
初等数学复习及研究(平面几何)	2008—09	58.00	38
初等数学复习及研究(立体几何)	2010—06	38.00	71
初等数学复习及研究(平面几何)习题解答	2009—01	48.00	42
几何学教程(平面几何卷)	2011—03	68.00	90
几何学教程(立体几何卷)	2011—07	68.00	130
几何变换与几何证题	2010—06	88.00	70
计算方法与几何证题	2011—06	28.00	129
立体几何技巧与方法	2014—04	88.00	293
几何瑰宝——平面几何500名题暨1000条定理(上、下)	2010—07	138.00	76,77
三角形的解法与应用	2012—07	18.00	183
近代的三角形几何学	2012—07	48.00	184
一般折线几何学	2015—08	48.00	503
三角形的五心	2009—06	28.00	51
三角形的六心及其应用	2015—10	68.00	542
三角形趣谈	2012—08	28.00	212
解三角形	2014—01	28.00	265
三角学专门教程	2014—09	28.00	387
图天下几何新题试卷·初中(第2版)	2017—11	58.00	855
圆锥曲线习题集(上册)	2013—06	68.00	255
圆锥曲线习题集(中册)	2015—01	78.00	434
圆锥曲线习题集(下册·第1卷)	2016—10	78.00	683
圆锥曲线习题集(下册·第2卷)	2018—01	98.00	853
论九点圆	2015—05	88.00	645
近代欧氏几何学	2012—03	48.00	162
罗巴切夫斯基几何学及几何基础概要	2012—07	28.00	188
罗巴切夫斯基几何学初步	2015—06	28.00	474
用三角、解析几何、复数、向量计算解数学竞赛几何题	2015—03	48.00	455
美国中学几何教程	2015—04	88.00	458
三线坐标与三角形特征点	2015—04	98.00	460
平面解析几何方法与研究(第1卷)	2015—05	18.00	471
平面解析几何方法与研究(第2卷)	2015—06	18.00	472
平面解析几何方法与研究(第3卷)	2015—07	18.00	473
解析几何研究	2015—01	38.00	425
解析几何学教程.上	2016—01	38.00	574
解析几何学教程.下	2016—01	38.00	575
几何学基础	2016—01	58.00	581
初等几何研究	2015—02	58.00	444
十九和二十世纪欧氏几何学中的片段	2017—01	58.00	696
平面几何中考.高考.奥数一本通	2017—07	28.00	820
几何学简史	2017—08	28.00	833
四面体	2018—01	48.00	880
平面几何证明方法思路	2018—12	68.00	913
平面几何图形特性新析.上篇	2019—01	68.00	911
平面几何图形特性新析.下篇	2018—06	88.00	912
平面几何范例多解探究.上篇	2018—04	48.00	910
平面几何范例多解探究.下篇	2018—12	68.00	914
从分析解题过程学解题:竞赛中的几何问题研究	2018—07	68.00	946
二维、三维欧氏几何的对偶原理	2018—12	38.00	990
星形大观及闭折线论	2019—03	68.00	1020

刘培杰数学工作室
已出版(即将出版)图书目录——初等数学

书 名	出版时间	定 价	编号
俄罗斯平面几何问题集	2009—08	88.00	55
俄罗斯立体几何问题集	2014—03	58.00	283
俄罗斯几何大师——沙雷金论数学及其他	2014—01	48.00	271
来自俄罗斯的5000道几何习题及解答	2011—03	58.00	89
俄罗斯初等数学问题集	2012—05	38.00	177
俄罗斯函数问题集	2011—03	38.00	103
俄罗斯组合分析问题集	2011—01	48.00	79
俄罗斯初等数学万题选——三角卷	2012—11	38.00	222
俄罗斯初等数学万题选——代数卷	2013—08	68.00	225
俄罗斯初等数学万题选——几何卷	2014—01	68.00	226
俄罗斯《量子》杂志数学征解问题100题选	2018—08	48.00	969
俄罗斯《量子》杂志数学征解问题又100题选	2018—08	48.00	970
463个俄罗斯几何老问题	2012—01	28.00	152
《量子》数学短文精粹	2018—09	38.00	972
谈谈素数	2011—03	18.00	91
平方和	2011—03	18.00	92
整数论	2011—05	38.00	120
从整数谈起	2015—10	28.00	538
数与多项式	2016—01	38.00	558
谈谈不定方程	2011—05	28.00	119
解析不等式新论	2009—06	68.00	48
建立不等式的方法	2011—03	98.00	104
数学奥林匹克不等式研究	2009—08	68.00	56
不等式研究(第二辑)	2012—02	68.00	153
不等式的秘密(第一卷)	2012—02	28.00	154
不等式的秘密(第一卷)(第2版)	2014—02	38.00	286
不等式的秘密(第二卷)	2014—01	38.00	268
初等不等式的证明方法	2010—06	38.00	123
初等不等式的证明方法(第二版)	2014—11	38.00	407
不等式・理论・方法(基础卷)	2015—07	38.00	496
不等式・理论・方法(经典不等式卷)	2015—07	38.00	497
不等式・理论・方法(特殊类型不等式卷)	2015—07	48.00	498
不等式探究	2016—03	38.00	582
不等式探秘	2017—01	88.00	689
四面体不等式	2017—01	68.00	715
数学奥林匹克中常见重要不等式	2017—09	38.00	845
三正弦不等式	2018—09	98.00	974
函数方程与不等式:解法与稳定性结果	2019—04	68.00	1058
同余理论	2012—05	38.00	163
[x]与{x}	2015—04	48.00	476
极值与最值.上卷	2015—06	28.00	486
极值与最值.中卷	2015—06	38.00	487
极值与最值.下卷	2015—06	28.00	488
整数的性质	2012—11	38.00	192
完全平方数及其应用	2015—08	78.00	506
多项式理论	2015—10	88.00	541
奇数、偶数、奇偶分析法	2018—01	98.00	876
不定方程及其应用.上	2018—12	58.00	992
不定方程及其应用.中	2019—01	78.00	993
不定方程及其应用.下	2019—02	98.00	994

刘培杰数学工作室
已出版(即将出版)图书目录——初等数学

书　　名	出版时间	定　价	编号
历届美国中学生数学竞赛试题及解答(第一卷)1950—1954	2014—07	18.00	277
历届美国中学生数学竞赛试题及解答(第二卷)1955—1959	2014—04	18.00	278
历届美国中学生数学竞赛试题及解答(第三卷)1960—1964	2014—06	18.00	279
历届美国中学生数学竞赛试题及解答(第四卷)1965—1969	2014—04	28.00	280
历届美国中学生数学竞赛试题及解答(第五卷)1970—1972	2014—06	18.00	281
历届美国中学生数学竞赛试题及解答(第六卷)1973—1980	2017—07	18.00	768
历届美国中学生数学竞赛试题及解答(第七卷)1981—1986	2015—01	18.00	424
历届美国中学生数学竞赛试题及解答(第八卷)1987—1990	2017—05	18.00	769
历届IMO试题集(1959—2005)	2006—05	58.00	5
历届CMO试题集	2008—09	28.00	40
历届中国数学奥林匹克试题集(第2版)	2017—03	38.00	757
历届加拿大数学奥林匹克试题集	2012—08	38.00	215
历届美国数学奥林匹克试题集:多解推广加强	2012—08	38.00	209
历届美国数学奥林匹克试题集:多解推广加强(第2版)	2016—03	48.00	592
历届波兰数学竞赛试题集.第1卷,1949～1963	2015—03	18.00	453
历届波兰数学竞赛试题集.第2卷,1964～1976	2015—03	18.00	454
历届巴尔干数学奥林匹克试题集	2015—05	38.00	466
保加利亚数学奥林匹克	2014—10	38.00	393
圣彼得堡数学奥林匹克试题集	2015—01	38.00	429
匈牙利奥林匹克数学竞赛题解.第1卷	2016—05	28.00	593
匈牙利奥林匹克数学竞赛题解.第2卷	2016—05	28.00	594
历届美国数学邀请赛试题集(第2版)	2017—10	78.00	851
全国高中数学竞赛试题及解答.第1卷	2014—07	38.00	331
普林斯顿大学数学竞赛	2016—06	38.00	669
亚太地区奥林匹克竞赛题	2015—07	18.00	492
日本历届(初级)广中杯数学竞赛试题及解答.第1卷(2000～2007)	2016—05	28.00	641
日本历届(初级)广中杯数学竞赛试题及解答.第2卷(2008～2015)	2016—05	38.00	642
360个数学竞赛问题	2016—08	58.00	677
奥数最佳实战题.上卷	2017—06	38.00	760
奥数最佳实战题.下卷	2017—05	58.00	761
哈尔滨市早期中学数学竞赛试题汇编	2016—07	28.00	672
全国高中数学联赛试题及解答:1981—2017(第2版)	2018—05	98.00	920
20世纪50年代全国部分城市数学竞赛试题汇编	2017—07	28.00	797
高中数学竞赛培训教程:平面几何问题的求解方法与策略.上	2018—05	68.00	906
高中数学竞赛培训教程:平面几何问题的求解方法与策略.下	2018—06	78.00	907
高中数学竞赛培训教程:整除与同余以及不定方程	2018—01	88.00	908
高中数学竞赛培训教程:组合计数与组合极值	2018—04	48.00	909
高中数学竞赛培训教程:初等代数	2019—04	78.00	1042
国内外数学竞赛题及精解:2016～2017	2018—07	45.00	922
许康华竞赛优学精选集.第一辑	2018—08	68.00	949
高考数学临门一脚(含密押三套卷)(理科版)	2017—01	45.00	743
高考数学临门一脚(含密押三套卷)(文科版)	2017—01	45.00	744
新课标高考数学题型全归纳(文科版)	2015—05	72.00	467
新课标高考数学题型全归纳(理科版)	2015—05	82.00	468
洞穿高考数学解答题核心考点(理科版)	2015—11	49.80	550
洞穿高考数学解答题核心考点(文科版)	2015—11	46.80	551

— 4 —

刘培杰数学工作室
已出版(即将出版)图书目录——初等数学

书 名	出版时间	定 价	编号
高考数学题型全归纳:文科版.上	2016—05	53.00	663
高考数学题型全归纳:文科版.下	2016—05	53.00	664
高考数学题型全归纳:理科版.上	2016—05	58.00	665
高考数学题型全归纳:理科版.下	2016—05	58.00	666
王连笑教你怎样学数学:高考选择题解题策略与客观题实用训练	2014—01	48.00	262
王连笑教你怎样学数学:高考数学高层次讲座	2015—02	48.00	432
高考数学的理论与实践	2009—08	38.00	53
高考数学核心题型解题方法与技巧	2010—01	28.00	86
高考思维新平台	2014—03	38.00	259
30分钟拿下高考数学选择题、填空题(理科版)	2016—10	39.80	720
30分钟拿下高考数学选择题、填空题(文科版)	2016—10	39.80	721
高考数学压轴题解题诀窍(上)(第2版)	2018—01	58.00	874
高考数学压轴题解题诀窍(下)(第2版)	2018—01	48.00	875
北京市五区文科数学三年高考模拟题详解:2013～2015	2015—08	48.00	500
北京市五区理科数学三年高考模拟题详解:2013～2015	2015—09	68.00	505
向量法巧解数学高考题	2009—08	28.00	54
高考数学万能解题法(第2版)	即将出版	38.00	691
高考物理万能解题法(第2版)	即将出版	38.00	692
高考化学万能解题法(第2版)	即将出版	28.00	693
高考生物万能解题法(第2版)	即将出版	28.00	694
高考数学解题金典(第2版)	2017—01	78.00	716
高考物理解题金典(第2版)	2019—05	68.00	717
高考化学解题金典(第2版)	2019—05	58.00	718
我一定要赚分:高中物理	2016—01	38.00	580
数学高考参考	2016—01	78.00	589
2011～2015年全国及各省市高考数学文科精品试题审题要津与解法研究	2015—10	68.00	539
2011～2015年全国及各省市高考数学理科精品试题审题要津与解法研究	2015—10	88.00	540
最新全国及各省市高考数学试卷解法研究及点拨评析	2009—02	38.00	41
2011年全国及各省市高考数学试题审题要津与解法研究	2011—10	48.00	139
2013年全国及各省市高考数学试题解析与点评	2014—01	48.00	282
全国及各省市高考数学试题审题要津与解法研究	2015—02	48.00	450
新课标高考数学——五年试题分章详解(2007～2011)(上、下)	2011—10	78.00	140,141
全国中考数学压轴题审题要津与解法研究	2013—04	78.00	248
新编全国及各省市中考数学压轴题审题要津与解法研究	2014—05	58.00	342
全国及各省市5年中考数学压轴题审题要津与解法研究(2015版)	2015—04	58.00	462
中考数学专题总复习	2007—04	28.00	6
中考数学较难题、难题常考题型解题方法与技巧.上	2016—01	48.00	584
中考数学较难题、难题常考题型解题方法与技巧.下	2016—01	58.00	585
中考数学较难题常考题型解题方法与技巧	2016—09	48.00	681
中考数学难题常考题型解题方法与技巧	2016—09	48.00	682
中考数学中档题常考题型解题方法与技巧	2017—08	68.00	835
中考数学选择填空压轴好题妙解365	2017—05	38.00	759

刘培杰数学工作室
已出版(即将出版)图书目录——初等数学

书　　名	出版时间	定　价	编号
中考数学小压轴汇编初讲	2017—07	48.00	788
中考数学大压轴专题微言	2017—09	48.00	846
北京中考数学压轴题解题方法突破(第4版)	2019—01	58.00	1001
助你高考成功的数学解题智慧:知识是智慧的基础	2016—01	58.00	596
助你高考成功的数学解题智慧:错误是智慧的试金石	2016—04	58.00	643
助你高考成功的数学解题智慧:方法是智慧的推手	2016—04	68.00	657
高考数学奇思妙解	2016—04	38.00	610
高考数学解题策略	2016—05	48.00	670
数学解题泄天机(第2版)	2017—10	48.00	850
高考物理压轴题全解	2017—04	48.00	746
高中物理经典问题25讲	2017—05	28.00	764
高中物理教学讲义	2018—01	48.00	871
2016年高考文科数学真题研究	2017—04	58.00	754
2016年高考理科数学真题研究	2017—04	78.00	755
2017年高考理科数学真题研究	2018—01	58.00	867
2017年高考文科数学真题研究	2018—01	48.00	868
初中数学、高中数学脱节知识补缺教材	2017—06	48.00	766
高考数学小题抢分必练	2017—10	48.00	834
高考数学核心素养解读	2017—09	38.00	839
高考数学客观题解题方法和技巧	2017—10	38.00	847
十年高考数学精品试题审题要津与解法研究.上卷	2018—01	68.00	872
十年高考数学精品试题审题要津与解法研究.下卷	2018—01	58.00	873
中国历届高考数学试题及解答.1949—1979	2018—01	38.00	877
历届中国高考数学试题及解答.第二卷,1980—1989	2018—10	28.00	975
历届中国高考数学试题及解答.第三卷,1990—1999	2018—10	48.00	976
数学文化与高考研究	2018—03	48.00	882
跟我学解高中数学题	2018—07	58.00	926
中学数学研究的方法及案例	2018—05	58.00	869
高考数学抢分技能	2018—07	68.00	934
高一新生常用数学方法和重要数学思想提升教材	2018—06	38.00	921
2018年高考数学真题研究	2019—01	68.00	1000

书　　名	出版时间	定　价	编号
新编640个世界著名数学智力趣题	2014—01	88.00	242
500个最新世界著名数学智力趣题	2008—06	48.00	3
400个最新世界著名数学最值问题	2008—09	48.00	36
500个世界著名数学征解问题	2009—06	48.00	52
400个中国最佳初等数学征解老问题	2010—01	48.00	60
500个俄罗斯数学经典老题	2011—01	28.00	81
1000个国外中学物理好题	2012—04	48.00	174
300个日本高考数学题	2012—05	38.00	142
700个早期日本高考数学试题	2017—02	88.00	752
500个前苏联早期高考数学试题及解答	2012—05	28.00	185
546个早期俄罗斯大学生数学竞赛题	2014—03	38.00	285
548个来自美苏的数学好问题	2014—11	28.00	396
20所苏联著名大学早期入学试题	2015—02	18.00	452
161道德国工科大学生必做的微分方程习题	2015—05	28.00	469
500个德国工科大学生必做的高数习题	2015—06	28.00	478
360个数学竞赛问题	2016—08	58.00	677
200个趣味数学故事	2018—02	48.00	857
470个数学奥林匹克中的最值问题	2018—10	88.00	985
德国讲义日本考题.微积分卷	2015—04	48.00	456
德国讲义日本考题.微分方程卷	2015—04	38.00	457
二十世纪中叶中、英、美、日、法、俄高考数学试题精选	2017—06	38.00	783

— 6 —

刘培杰数学工作室
已出版(即将出版)图书目录——初等数学

书　名	出版时间	定　价	编号
中国初等数学研究　2009卷(第1辑)	2009—05	20.00	45
中国初等数学研究　2010卷(第2辑)	2010—05	30.00	68
中国初等数学研究　2011卷(第3辑)	2011—07	60.00	127
中国初等数学研究　2012卷(第4辑)	2012—07	48.00	190
中国初等数学研究　2014卷(第5辑)	2014—02	48.00	288
中国初等数学研究　2015卷(第6辑)	2015—06	68.00	493
中国初等数学研究　2016卷(第7辑)	2016—04	68.00	609
中国初等数学研究　2017卷(第8辑)	2017—01	98.00	712
几何变换(Ⅰ)	2014—07	28.00	353
几何变换(Ⅱ)	2015—06	28.00	354
几何变换(Ⅲ)	2015—01	38.00	355
几何变换(Ⅳ)	2015—12	38.00	356
初等数论难题集(第一卷)	2009—05	68.00	44
初等数论难题集(第二卷)(上、下)	2011—02	128.00	82,83
数论概貌	2011—03	18.00	93
代数数论(第二版)	2013—08	58.00	94
代数多项式	2014—06	38.00	289
初等数论的知识与问题	2011—02	28.00	95
超越数论基础	2011—03	28.00	96
数论初等教程	2011—03	28.00	97
数论基础	2011—03	18.00	98
数论基础与维诺格拉多夫	2014—03	18.00	292
解析数论基础	2012—08	28.00	216
解析数论基础(第二版)	2014—01	48.00	287
解析数论问题集(第二版)(原版引进)	2014—05	88.00	343
解析数论问题集(第二版)(中译本)	2016—04	88.00	607
解析数论基础(潘承洞,潘承彪著)	2016—07	98.00	673
解析数论导引	2016—07	58.00	674
数论入门	2011—03	38.00	99
代数数论入门	2015—03	38.00	448
数论开篇	2012—07	28.00	194
解析数论引论	2011—03	48.00	100
Barban Davenport Halberstam 均值和	2009—01	40.00	33
基础数论	2011—03	28.00	101
初等数论100例	2011—05	18.00	122
初等数论经典例题	2012—07	18.00	204
最新世界各国数学奥林匹克中的初等数论试题(上、下)	2012—01	138.00	144,145
初等数论(Ⅰ)	2012—01	18.00	156
初等数论(Ⅱ)	2012—01	18.00	157
初等数论(Ⅲ)	2012—01	28.00	158

刘培杰数学工作室
已出版（即将出版）图书目录——初等数学

书　　名	出版时间	定　价	编号
平面几何与数论中未解决的新老问题	2013—01	68.00	229
代数数论简史	2014—11	28.00	408
代数数论	2015—09	88.00	532
代数、数论及分析习题集	2016—11	98.00	695
数论导引提要及习题解答	2016—01	48.00	559
素数定理的初等证明.第2版	2016—09	48.00	686
数论中的模函数与狄利克雷级数(第二版)	2017—11	78.00	837
数论:数学导引	2018—01	68.00	849
范式大代数	2019—02	98.00	1016
解析数学讲义.第一卷,导来式及微分、积分、级数	2019—04	88.00	1021
解析数学讲义.第二卷,关于几何的应用	2019—04	68.00	1022
解析数学讲义.第三卷,解析函数论	2019—04	78.00	1023
分析·组合·数论纵横谈	2019—04	58.00	1039
数学精神巡礼	2019—01	58.00	731
数学眼光透视(第2版)	2017—06	78.00	732
数学思想领悟(第2版)	2018—01	68.00	733
数学方法溯源(第2版)	2018—08	68.00	734
数学解题引论	2017—05	58.00	735
数学史话览胜(第2版)	2017—01	48.00	736
数学应用展观(第2版)	2017—08	68.00	737
数学建模尝试	2018—04	48.00	738
数学竞赛采风	2018—01	68.00	739
数学测评探营	2019—05	58.00	740
数学技能操握	2018—03	48.00	741
数学欣赏拾趣	2018—02	48.00	742
从毕达哥拉斯到怀尔斯	2007—10	48.00	9
从迪利克雷到维斯卡尔迪	2008—01	48.00	21
从哥德巴赫到陈景润	2008—05	98.00	35
从庞加莱到佩雷尔曼	2011—08	138.00	136
博弈论精粹	2008—03	58.00	30
博弈论精粹.第二版(精装)	2015—01	88.00	461
数学 我爱你	2008—01	28.00	20
精神的圣徒　别样的人生——60位中国数学家成长的历程	2008—09	48.00	39
数学史概论	2009—06	78.00	50
数学史概论(精装)	2013—03	158.00	272
数学史选讲	2016—01	48.00	544
斐波那契数列	2010—02	28.00	65
数学拼盘和斐波那契魔方	2010—07	38.00	72
斐波那契数列欣赏(第2版)	2018—08	58.00	948
Fibonacci数列中的明珠	2018—06	58.00	928
数学的创造	2011—02	48.00	85
数学美与创造力	2016—01	48.00	595
数海拾贝	2016—01	48.00	590
数学中的美(第2版)	2019—04	68.00	1057
数论中的美学	2014—12	38.00	351

刘培杰数学工作室
已出版(即将出版)图书目录——初等数学

书 名	出版时间	定 价	编号
数学王者 科学巨人——高斯	2015—01	28.00	428
振兴祖国数学的圆梦之旅:中国初等数学研究史话	2015—06	98.00	490
二十世纪中国数学史料研究	2015—10	48.00	536
数字谜、数阵图与棋盘覆盖	2016—01	58.00	298
时间的形状	2016—01	38.00	556
数学发现的艺术:数学探索中的合情推理	2016—07	58.00	671
活跃在数学中的参数	2016—07	48.00	675
数学解题——靠数学思想给力(上)	2011—07	38.00	131
数学解题——靠数学思想给力(中)	2011—07	48.00	132
数学解题——靠数学思想给力(下)	2011—07	38.00	133
我怎样解题	2013—01	48.00	227
数学解题中的物理方法	2011—06	28.00	114
数学解题的特殊方法	2011—06	48.00	115
中学数学计算技巧	2012—01	48.00	116
中学数学证明方法	2012—01	58.00	117
数学趣题巧解	2012—03	28.00	128
高中数学教学通鉴	2015—05	58.00	479
和高中生漫谈:数学与哲学的故事	2014—08	28.00	369
算术问题集	2017—03	38.00	789
张教授讲数学	2018—07	38.00	933
自主招生考试中的参数方程问题	2015—01	28.00	435
自主招生考试中的极坐标问题	2015—04	28.00	463
近年全国重点大学自主招生数学试题全解及研究.华约卷	2015—02	38.00	441
近年全国重点大学自主招生数学试题全解及研究.北约卷	2016—05	38.00	619
自主招生数学解证宝典	2015—09	48.00	535
格点和面积	2012—07	18.00	191
射影几何趣谈	2012—04	28.00	175
斯潘纳尔引理——从一道加拿大数学奥林匹克试题谈起	2014—01	28.00	228
李普希兹条件——从几道近年高考数学试题谈起	2012—10	18.00	221
拉格朗日中值定理——从一道北京高考试题的解法谈起	2015—10	18.00	197
闵科夫斯基定理——从一道清华大学自主招生试题谈起	2014—01	28.00	198
哈尔测度——从一道冬令营试题的背景谈起	2012—08	28.00	202
切比雪夫逼近问题——从一道中国台北数学奥林匹克试题谈起	2013—04	38.00	238
伯恩斯坦多项式与贝齐尔曲面——从一道全国高中数学联赛试题谈起	2013—03	38.00	236
卡塔兰猜想——从一道普特南竞赛试题谈起	2013—06	18.00	256
麦卡锡函数和阿克曼函数——从一道前南斯拉夫数学奥林匹克试题谈起	2012—08	18.00	201
贝蒂定理与拉姆贝克莫斯尔定理——从一个拣石子游戏谈起	2012—08	18.00	217
皮亚诺曲线和豪斯道夫分球定理——从无限集谈起	2012—08	18.00	211
平面凸图形与凸多面体	2012—10	28.00	218
斯坦因豪斯问题——从一道二十五省市自治区中学数学竞赛试题谈起	2012—07	18.00	196

刘培杰数学工作室
已出版(即将出版)图书目录——初等数学

书　名	出版时间	定　价	编号
纽结理论中的亚历山大多项式与琼斯多项式——从一道北京市高一数学竞赛试题谈起	2012—07	28.00	195
原则与策略——从波利亚"解题表"谈起	2013—04	38.00	244
转化与化归——从三大尺规作图不能问题谈起	2012—08	28.00	214
代数几何中的贝祖定理(第一版)——从一道IMO试题的解法谈起	2013—08	18.00	193
成功连贯理论与约当块理论——从一道比利时数学竞赛试题谈起	2012—04	18.00	180
素数判定与大数分解	2014—08	18.00	199
置换多项式及其应用	2012—10	18.00	220
椭圆函数与模函数——从一道美国加州大学洛杉矶分校(UCLA)博士资格考题谈起	2012—10	28.00	219
差分方程的拉格朗日方法——从一道2011年全国高考理科试题的解法谈起	2012—08	28.00	200
力学在几何中的一些应用	2013—01	38.00	240
高斯散度定理、斯托克斯定理和平面格林定理——从一道国际大学生数学竞赛试题谈起	即将出版		
康托洛维奇不等式——从一道全国高中联赛试题谈起	2013—03	28.00	337
西格尔引理——从一道第18届IMO试题的解法谈起	即将出版		
罗斯定理——从一道前苏联数学竞赛试题谈起	即将出版		
拉克斯定理和阿廷定理——从一道IMO试题的解法谈起	2014—01	58.00	246
毕卡大定理——从一道美国大学数学竞赛试题谈起	2014—07	18.00	350
贝齐尔曲线——从一道全国高中联赛试题谈起	即将出版		
拉格朗日乘子定理——从一道2005年全国高中联赛试题的高等数学解法谈起	2015—05	28.00	480
雅可比定理——从一道日本数学奥林匹克试题谈起	2013—04	48.00	249
李天岩-约克定理——从一道波兰数学竞赛试题谈起	2014—06	28.00	349
整系数多项式因式分解的一般方法——从克朗耐克算法谈起	即将出版		
布劳维不动点定理——从一道前苏联数学奥林匹克试题谈起	2014—01	38.00	273
伯恩赛德定理——从一道英国数学奥林匹克试题谈起	即将出版		
布查特—莫斯特定理——从一道上海市初中竞赛试题谈起	即将出版		
数论中的同余数问题——从一道普特南竞赛试题谈起	即将出版		
范·德蒙行列式——从一道美国数学奥林匹克试题谈起	即将出版		
中国剩余定理:总数法构建中国历史年表	2015—01	28.00	430
牛顿程序与方程求根——从一道全国高考试题解法谈起	即将出版		
库默尔定理——从一道IMO预选试题谈起	即将出版		
卢丁定理——从一道冬令营试题的解法谈起	即将出版		
沃斯滕霍姆定理——从一道IMO预选试题谈起	即将出版		
卡尔松不等式——从一道莫斯科数学奥林匹克试题谈起	即将出版		
信息论中的香农熵——从一道近年高考压轴题谈起	即将出版		
约当不等式——从一道希望杯竞赛试题谈起	即将出版		
拉比诺维奇定理	即将出版		
刘维尔定理——从一道《美国数学月刊》征解问题的解法谈起	即将出版		
卡塔兰恒等式与级数求和——从一道IMO试题的解法谈起	即将出版		
勒让德猜想与素数分布——从一道爱尔兰竞赛试题谈起	即将出版		
天平称重与信息论——从一道基辅市数学奥林匹克试题谈起	即将出版		
哈密尔顿-凯莱定理:从一道高中数学联赛试题的解法谈起	2014—09	18.00	376
艾思特曼定理——从一道CMO试题的解法谈起	即将出版		

刘培杰数学工作室
已出版(即将出版)图书目录——初等数学

书　名	出版时间	定　价	编号
阿贝尔恒等式与经典不等式及应用	2018—06	98.00	923
迪利克雷除数问题	2018—07	48.00	930
贝克码与编码理论——从一道全国高中联赛试题谈起	即将出版		
帕斯卡三角形	2014—03	18.00	294
蒲丰投针问题——从2009年清华大学的一道自主招生试题谈起	2014—01	38.00	295
斯图姆定理——从一道"华约"自主招生试题的解法谈起	2014—01	18.00	296
许瓦兹引理——从一道加利福尼亚大学伯克利分校数学系博士生试题谈起	2014—08	18.00	297
拉姆塞定理——从王诗宬院士的一个问题谈起	2016—04	48.00	299
坐标法	2013—12	28.00	332
数论三角形	2014—04	38.00	341
毕克定理	2014—07	18.00	352
数林掠影	2014—09	48.00	389
我们周围的概率	2014—10	38.00	390
凸函数最值定理:从一道华约自主招生题的解法谈起	2014—10	28.00	391
易学与数学奥林匹克	2014—10	38.00	392
生物数学趣谈	2015—01	18.00	409
反演	2015—01	28.00	420
因式分解与圆锥曲线	2015—01	18.00	426
轨迹	2015—01	28.00	427
面积原理:从常庚哲命的一道CMO试题的积分解法谈起	2015—01	48.00	431
形形色色的不动点定理:从一道28届IMO试题谈起	2015—01	38.00	439
柯西函数方程:从一道上海交大自主招生的试题谈起	2015—02	28.00	440
三角恒等式	2015—02	28.00	442
无理性判定:从一道2014年"北约"自主招生试题谈起	2015—01	38.00	443
数学归纳法	2015—03	18.00	451
极端原理与解题	2015—04	28.00	464
法雷级数	2014—08	18.00	367
摆线族	2015—01	38.00	438
函数方程及其解法	2015—05	38.00	470
含参数的方程和不等式	2012—09	28.00	213
希尔伯特第十问题	2016—01	38.00	543
无穷小量的求和	2016—01	28.00	545
切比雪夫多项式:从一道清华大学金秋营试题谈起	2016—01	38.00	583
泽肯多夫定理	2016—03	38.00	599
代数等式证题法	2016—01	28.00	600
三角等式证题法	2016—01	28.00	601
吴大任教授藏书中的一个因式分解公式:从一道美国数学邀请赛试题的解法谈起	2016—06	28.00	656
易卦——类万物的数学模型	2017—08	68.00	838
"不可思议"的数与数系可持续发展	2018—01	38.00	878
最短线	2018—01	38.00	879
幻方和魔方(第一卷)	2012—05	68.00	173
尘封的经典——初等数学经典文献选读(第一卷)	2012—07	48.00	205
尘封的经典——初等数学经典文献选读(第二卷)	2012—07	38.00	206
初级方程式论	2011—03	28.00	106
初等数学研究(Ⅰ)	2008—09	68.00	37
初等数学研究(Ⅱ)(上、下)	2009—05	118.00	46,47

刘培杰数学工作室
已出版(即将出版)图书目录——初等数学

书　　名	出版时间	定　价	编号
趣味初等方程妙题集锦	2014—09	48.00	388
趣味初等数论选美与欣赏	2015—02	48.00	445
耕读笔记(上卷):一位农民数学爱好者的初数探索	2015—04	28.00	459
耕读笔记(中卷):一位农民数学爱好者的初数探索	2015—05	28.00	483
耕读笔记(下卷):一位农民数学爱好者的初数探索	2015—05	28.00	484
几何不等式研究与欣赏.上卷	2016—01	88.00	547
几何不等式研究与欣赏.下卷	2016—01	48.00	552
初等数列研究与欣赏·上	2016—01	48.00	570
初等数列研究与欣赏·下	2016—01	48.00	571
趣味初等函数研究与欣赏.上	2016—09	48.00	684
趣味初等函数研究与欣赏.下	2018—09	48.00	685
火柴游戏	2016—05	38.00	612
智力解谜.第1卷	2017—07	38.00	613
智力解谜.第2卷	2017—07	38.00	614
故事智力	2016—07	48.00	615
名人们喜欢的智力问题	即将出版		616
数学大师的发现、创造与失误	2018—01	48.00	617
异曲同工	2018—09	48.00	618
数学的味道	2018—01	58.00	798
数学千字文	2018—10	68.00	977
数贝偶拾——高考数学题研究	2014—04	28.00	274
数贝偶拾——初等数学研究	2014—04	38.00	275
数贝偶拾——奥数题研究	2014—04	48.00	276
钱昌本教你快乐学数学(上)	2011—12	48.00	155
钱昌本教你快乐学数学(下)	2012—03	58.00	171
集合、函数与方程	2014—01	28.00	300
数列与不等式	2014—01	38.00	301
三角与平面向量	2014—01	28.00	302
平面解析几何	2014—01	38.00	303
立体几何与组合	2014—01	28.00	304
极限与导数、数学归纳法	2014—01	38.00	305
趣味数学	2014—03	28.00	306
教材教法	2014—04	68.00	307
自主招生	2014—05	58.00	308
高考压轴题(上)	2015—01	48.00	309
高考压轴题(下)	2014—10	68.00	310
从费马到怀尔斯——费马大定理的历史	2013—10	198.00	Ⅰ
从庞加莱到佩雷尔曼——庞加莱猜想的历史	2013—10	298.00	Ⅱ
从切比雪夫到爱尔特希(上)——素数定理的初等证明	2013—07	48.00	Ⅲ
从切比雪夫到爱尔特希(下)——素数定理100年	2012—12	98.00	Ⅲ
从高斯到盖尔方特——二次域的高斯猜想	2013—10	198.00	Ⅳ
从库默尔到朗兰兹——朗兰兹猜想的历史	2014—01	98.00	Ⅴ
从比勃巴赫到德布朗斯——比勃巴赫猜想的历史	2014—02	298.00	Ⅵ
从麦比乌斯到陈省身——麦比乌斯变换与麦比乌斯带	2014—02	298.00	Ⅶ
从布尔到豪斯道夫——布尔方程与格论漫谈	2013—10	198.00	Ⅷ
从开普勒到阿诺德——三体问题的历史	2014—05	298.00	Ⅸ
从华林到华罗庚——华林问题的历史	2013—10	298.00	Ⅹ

刘培杰数学工作室
已出版(即将出版)图书目录——初等数学

书　　名	出版时间	定　价	编号
美国高中数学竞赛五十讲.第1卷(英文)	2014—08	28.00	357
美国高中数学竞赛五十讲.第2卷(英文)	2014—08	28.00	358
美国高中数学竞赛五十讲.第3卷(英文)	2014—09	28.00	359
美国高中数学竞赛五十讲.第4卷(英文)	2014—09	28.00	360
美国高中数学竞赛五十讲.第5卷(英文)	2014—10	28.00	361
美国高中数学竞赛五十讲.第6卷(英文)	2014—11	28.00	362
美国高中数学竞赛五十讲.第7卷(英文)	2014—12	28.00	363
美国高中数学竞赛五十讲.第8卷(英文)	2015—01	28.00	364
美国高中数学竞赛五十讲.第9卷(英文)	2015—01	28.00	365
美国高中数学竞赛五十讲.第10卷(英文)	2015—02	38.00	366
三角函数(第2版)	2017—04	38.00	626
不等式	2014—01	38.00	312
数列	2014—01	38.00	313
方程(第2版)	2017—04	38.00	624
排列和组合	2014—01	28.00	315
极限与导数(第2版)	2016—04	38.00	635
向量(第2版)	2018—08	58.00	627
复数及其应用	2014—08	28.00	318
函数	2014—01	38.00	319
集合	即将出版		320
直线与平面	2014—01	28.00	321
立体几何(第2版)	2016—04	38.00	629
解三角形	即将出版		323
直线与圆(第2版)	2016—11	38.00	631
圆锥曲线(第2版)	2016—09	48.00	632
解题通法(一)	2014—07	38.00	326
解题通法(二)	2014—07	38.00	327
解题通法(三)	2014—05	38.00	328
概率与统计	2014—01	28.00	329
信息迁移与算法	即将出版		330
IMO 50年.第1卷(1959—1963)	2014—11	28.00	377
IMO 50年.第2卷(1964—1968)	2014—11	28.00	378
IMO 50年.第3卷(1969—1973)	2014—09	28.00	379
IMO 50年.第4卷(1974—1978)	2016—04	38.00	380
IMO 50年.第5卷(1979—1984)	2015—04	38.00	381
IMO 50年.第6卷(1985—1989)	2015—04	58.00	382
IMO 50年.第7卷(1990—1994)	2016—01	48.00	383
IMO 50年.第8卷(1995—1999)	2016—06	38.00	384
IMO 50年.第9卷(2000—2004)	2015—04	58.00	385
IMO 50年.第10卷(2005—2009)	2016—01	48.00	386
IMO 50年.第11卷(2010—2015)	2017—03	48.00	646

刘培杰数学工作室
已出版(即将出版)图书目录——初等数学

书 名	出版时间	定 价	编号
数学反思(2006—2007)	即将出版		915
数学反思(2008—2009)	2019—01	68.00	917
数学反思(2010—2011)	2018—05	58.00	916
数学反思(2012—2013)	2019—01	58.00	918
数学反思(2014—2015)	2019—03	78.00	919
历届美国大学生数学竞赛试题集.第一卷(1938—1949)	2015—01	28.00	397
历届美国大学生数学竞赛试题集.第二卷(1950—1959)	2015—01	28.00	398
历届美国大学生数学竞赛试题集.第三卷(1960—1969)	2015—01	28.00	399
历届美国大学生数学竞赛试题集.第四卷(1970—1979)	2015—01	18.00	400
历届美国大学生数学竞赛试题集.第五卷(1980—1989)	2015—01	28.00	401
历届美国大学生数学竞赛试题集.第六卷(1990—1999)	2015—01	28.00	402
历届美国大学生数学竞赛试题集.第七卷(2000—2009)	2015—08	18.00	403
历届美国大学生数学竞赛试题集.第八卷(2010—2012)	2015—01	18.00	404
新课标高考数学创新题解题诀窍:总论	2014—09	28.00	372
新课标高考数学创新题解题诀窍:必修1~5分册	2014—08	38.00	373
新课标高考数学创新题解题诀窍:选修2—1,2—2,1—1,1—2分册	2014—09	38.00	374
新课标高考数学创新题解题诀窍:选修2—3,4—4,4—5分册	2014—09	18.00	375
全国重点大学自主招生英文数学试题全攻略:词汇卷	2015—07	48.00	410
全国重点大学自主招生英文数学试题全攻略:概念卷	2015—01	28.00	411
全国重点大学自主招生英文数学试题全攻略:文章选读卷(上)	2016—09	38.00	412
全国重点大学自主招生英文数学试题全攻略:文章选读卷(下)	2017—01	58.00	413
全国重点大学自主招生英文数学试题全攻略:试题卷	2015—07	38.00	414
全国重点大学自主招生英文数学试题全攻略:名著欣赏卷	2017—03	48.00	415
劳埃德数学趣题大全.题目卷.1:英文	2016—01	18.00	516
劳埃德数学趣题大全.题目卷.2:英文	2016—01	18.00	517
劳埃德数学趣题大全.题目卷.3:英文	2016—01	18.00	518
劳埃德数学趣题大全.题目卷.4:英文	2016—01	18.00	519
劳埃德数学趣题大全.题目卷.5:英文	2016—01	18.00	520
劳埃德数学趣题大全.答案卷:英文	2016—01	18.00	521
李成章教练奥数笔记.第1卷	2016—01	48.00	522
李成章教练奥数笔记.第2卷	2016—01	48.00	523
李成章教练奥数笔记.第3卷	2016—01	38.00	524
李成章教练奥数笔记.第4卷	2016—01	38.00	525
李成章教练奥数笔记.第5卷	2016—01	38.00	526
李成章教练奥数笔记.第6卷	2016—01	38.00	527
李成章教练奥数笔记.第7卷	2016—01	38.00	528
李成章教练奥数笔记.第8卷	2016—01	48.00	529
李成章教练奥数笔记.第9卷	2016—01	28.00	530

刘培杰数学工作室
已出版(即将出版)图书目录——初等数学

书　名	出版时间	定　价	编号
第19~23届"希望杯"全国数学邀请赛试题审题要津详细评注(初一版)	2014—03	28.00	333
第19~23届"希望杯"全国数学邀请赛试题审题要津详细评注(初二、初三版)	2014—03	38.00	334
第19~23届"希望杯"全国数学邀请赛试题审题要津详细评注(高一版)	2014—03	28.00	335
第19~23届"希望杯"全国数学邀请赛试题审题要津详细评注(高二版)	2014—03	38.00	336
第19~25届"希望杯"全国数学邀请赛试题审题要津详细评注(初一版)	2015—01	38.00	416
第19~25届"希望杯"全国数学邀请赛试题审题要津详细评注(初二、初三版)	2015—01	58.00	417
第19~25届"希望杯"全国数学邀请赛试题审题要津详细评注(高一版)	2015—01	48.00	418
第19~25届"希望杯"全国数学邀请赛试题审题要津详细评注(高二版)	2015—01	48.00	419
物理奥林匹克竞赛大题典——力学卷	2014—11	48.00	405
物理奥林匹克竞赛大题典——热学卷	2014—04	28.00	339
物理奥林匹克竞赛大题典——电磁学卷	2015—07	48.00	406
物理奥林匹克竞赛大题典——光学与近代物理卷	2014—06	28.00	345
历届中国东南地区数学奥林匹克试题集(2004~2012)	2014—06	18.00	346
历届中国西部地区数学奥林匹克试题集(2001~2012)	2014—07	18.00	347
历届中国女子数学奥林匹克试题集(2002~2012)	2014—08	18.00	348
数学奥林匹克在中国	2014—06	98.00	344
数学奥林匹克问题集	2014—01	38.00	267
数学奥林匹克不等式散论	2010—06	38.00	124
数学奥林匹克不等式欣赏	2011—09	38.00	138
数学奥林匹克超级题库(初中卷上)	2010—01	58.00	66
数学奥林匹克不等式证明方法和技巧(上、下)	2011—08	158.00	134,135
他们学什么:原民主德国中学数学课本	2016—09	38.00	658
他们学什么:英国中学数学课本	2016—09	38.00	659
他们学什么:法国中学数学课本.1	2016—09	38.00	660
他们学什么:法国中学数学课本.2	2016—09	28.00	661
他们学什么:法国中学数学课本.3	2016—09	38.00	662
他们学什么:苏联中学数学课本	2016—09	28.00	679
高中数学题典——集合与简易逻辑·函数	2016—07	48.00	647
高中数学题典——导数	2016—07	48.00	648
高中数学题典——三角函数·平面向量	2016—07	48.00	649
高中数学题典——数列	2016—07	58.00	650
高中数学题典——不等式·推理与证明	2016—07	38.00	651
高中数学题典——立体几何	2016—07	48.00	652
高中数学题典——平面解析几何	2016—07	78.00	653
高中数学题典——计数原理·统计·概率·复数	2016—07	48.00	654
高中数学题典——算法·平面几何·初等数论·组合数学·其他	2016—07	68.00	655

刘培杰数学工作室
已出版(即将出版)图书目录——初等数学

书　名	出版时间	定　价	编号
台湾地区奥林匹克数学竞赛试题.小学一年级	2017—03	38.00	722
台湾地区奥林匹克数学竞赛试题.小学二年级	2017—03	38.00	723
台湾地区奥林匹克数学竞赛试题.小学三年级	2017—03	38.00	724
台湾地区奥林匹克数学竞赛试题.小学四年级	2017—03	38.00	725
台湾地区奥林匹克数学竞赛试题.小学五年级	2017—03	38.00	726
台湾地区奥林匹克数学竞赛试题.小学六年级	2017—03	38.00	727
台湾地区奥林匹克数学竞赛试题.初中一年级	2017—03	38.00	728
台湾地区奥林匹克数学竞赛试题.初中二年级	2017—03	38.00	729
台湾地区奥林匹克数学竞赛试题.初中三年级	2017—03	28.00	730
不等式证题法	2017—04	28.00	747
平面几何培优教程	即将出版		748
奥数鼎级培优教程.高一分册	2018—09	88.00	749
奥数鼎级培优教程.高二分册.上	2018—04	68.00	750
奥数鼎级培优教程.高二分册.下	2018—04	68.00	751
高中数学竞赛冲刺宝典	2019—04	68.00	883
初中尖子生数学超级题典.实数	2017—07	58.00	792
初中尖子生数学超级题典.式、方程与不等式	2017—08	58.00	793
初中尖子生数学超级题典.圆、面积	2017—08	38.00	794
初中尖子生数学超级题典.函数、逻辑推理	2017—08	48.00	795
初中尖子生数学超级题典.角、线段、三角形与多边形	2017—07	58.00	796
数学王子——高斯	2018—01	48.00	858
坎坷奇星——阿贝尔	2018—01	48.00	859
闪烁奇星——伽罗瓦	2018—01	58.00	860
无穷统帅——康托尔	2018—01	48.00	861
科学公主——柯瓦列夫斯卡娅	2018—01	48.00	862
抽象代数之母——埃米·诺特	2018—01	48.00	863
电脑先驱——图灵	2018—01	58.00	864
昔日神童——维纳	2018—01	48.00	865
数坛怪侠——爱尔特希	2018—01	68.00	866
当代世界中的数学.数学思想与数学基础	2019—01	38.00	892
当代世界中的数学.数学问题	2019—01	38.00	893
当代世界中的数学.应用数学与数学应用	2019—01	38.00	894
当代世界中的数学.数学王国的新疆域(一)	2019—01	38.00	895
当代世界中的数学.数学王国的新疆域(二)	2019—01	38.00	896
当代世界中的数学.数林撷英(一)	2019—01	38.00	897
当代世界中的数学.数林撷英(二)	2019—01	48.00	898
当代世界中的数学.数学之路	2019—01	38.00	899

刘培杰数学工作室
已出版(即将出版)图书目录——初等数学

书　名	出版时间	定　价	编号
105个代数问题:来自AwesomeMath夏季课程	2019—02	58.00	956
106个几何问题:来自AwesomeMath夏季课程	即将出版		957
107个几何问题:来自AwesomeMath全年课程	即将出版		958
108个代数问题:来自AwesomeMath全年课程	2019—01	68.00	959
109个不等式:来自AwesomeMath夏季课程	2019—04	58.00	960
国际数学奥林匹克中的110个几何问题	即将出版		961
111个代数和数论问题	2019—05	58.00	962
112个组合问题:来自AwesomeMath夏季课程	2019—05	58.00	963
113个几何不等式:来自AwesomeMath夏季课程	即将出版		964
114个指数和对数问题:来自AwesomeMath夏季课程	即将出版		965
115个三角问题:来自AwesomeMath夏季课程	即将出版		966
116个代数不等式:来自AwesomeMath全年课程	2019—04	58.00	967
紫色慧星国际数学竞赛试题	2019—02	58.00	999
澳大利亚中学数学竞赛试题及解答(初级卷)1978~1984	2019—02	28.00	1002
澳大利亚中学数学竞赛试题及解答(初级卷)1985~1991	2019—02	28.00	1003
澳大利亚中学数学竞赛试题及解答(初级卷)1992~1998	2019—02	28.00	1004
澳大利亚中学数学竞赛试题及解答(初级卷)1999~2005	2019—02	28.00	1005
澳大利亚中学数学竞赛试题及解答(中级卷)1978~1984	2019—03	28.00	1006
澳大利亚中学数学竞赛试题及解答(中级卷)1985~1991	2019—03	28.00	1007
澳大利亚中学数学竞赛试题及解答(中级卷)1992~1998	2019—03	28.00	1008
澳大利亚中学数学竞赛试题及解答(中级卷)1999~2005	2019—03	28.00	1009
澳大利亚中学数学竞赛试题及解答(高级卷)1978~1984	即将出版		1010
澳大利亚中学数学竞赛试题及解答(高级卷)1985~1991	即将出版		1011
澳大利亚中学数学竞赛试题及解答(高级卷)1992~1998	即将出版		1012
澳大利亚中学数学竞赛试题及解答(高级卷)1999~2005	即将出版		1013
天才中小学生智力测验题.第一卷	2019—03	38.00	1026
天才中小学生智力测验题.第二卷	2019—03	38.00	1027
天才中小学生智力测验题.第三卷	2019—03	38.00	1028
天才中小学生智力测验题.第四卷	2019—03	38.00	1029
天才中小学生智力测验题.第五卷	2019—03	38.00	1030
天才中小学生智力测验题.第六卷	2019—03	38.00	1031
天才中小学生智力测验题.第七卷	2019—03	38.00	1032
天才中小学生智力测验题.第八卷	2019—03	38.00	1033
天才中小学生智力测验题.第九卷	2019—03	38.00	1034
天才中小学生智力测验题.第十卷	2019—03	38.00	1035
天才中小学生智力测验题.第十一卷	2019—03	38.00	1036
天才中小学生智力测验题.第十二卷	2019—03	38.00	1037
天才中小学生智力测验题.第十三卷	2019—03	38.00	1038

刘培杰数学工作室
已出版(即将出版)图书目录——初等数学

书　名	出版时间	定　价	编号
重点大学自主招生数学备考全书:函数	即将出版		1047
重点大学自主招生数学备考全书:导数	即将出版		1048
重点大学自主招生数学备考全书:数列与不等式	即将出版		1049
重点大学自主招生数学备考全书:三角函数与平面向量	即将出版		1050
重点大学自主招生数学备考全书:平面解析几何	即将出版		1051
重点大学自主招生数学备考全书:立体几何与平面几何	即将出版		1052
重点大学自主招生数学备考全书:排列组合.概率统计.复数	即将出版		1053
重点大学自主招生数学备考全书:初等数论与组合数学	即将出版		1054
重点大学自主招生数学备考全书:重点大学自主招生真题.上	2019—04	68.00	1055
重点大学自主招生数学备考全书:重点大学自主招生真题.下	2019—04	58.00	1056

联系地址:哈尔滨市南岗区复华四道街10号　哈尔滨工业大学出版社刘培杰数学工作室
网　　址:http://lpj.hit.edu.cn/
邮　　编:150006
联系电话:0451—86281378　　13904613167
E-mail:lpj1378@163.com